Biomimetic Building Skin Heat and Moisture Control Technology

仿生建筑表皮热湿调控技术

郭海新 庄 智 著

同濟大學出版社
TONGJI UNIVERSITY PRESS
·上海·

图书在版编目(CIP)数据

仿生建筑表皮热湿调控技术 / 郭海新，庄智著. —上海：同济大学出版社，2024.4
ISBN 978-7-5765-1116-1

Ⅰ. ①仿… Ⅱ. ①郭… ②庄… Ⅲ. ①仿生—应用—建筑物—热湿舒适性—调控 Ⅳ. ①TU55

中国国家版本馆 CIP 数据核字(2024)第 071767 号

仿生建筑表皮热湿调控技术

郭海新　　庄　智　著

责任编辑 姜　黎　**责任校对** 徐春莲　**封面设计** 张　微

出版发行　同济大学出版社　www.tongjipress.com.cn
(地址:上海市四平路 1239 号　邮编:200092　电话:021-65985622)
经　　销　全国各地新华书店
排　　版　南京文脉图文设计制作有限公司
印　　刷　上海颛辉印刷厂有限公司
开　　本　787mm×1092mm　1/16
印　　张　25.5
字　　数　574 000
版　　次　2024 年 4 月第 1 版
印　　次　2024 年 4 月第 1 次印刷
书　　号　ISBN 978-7-5765-1116-1

定　　价　168.00 元

序 1

随着人类对自然界认识的不断深化，我们开始从自然界中汲取灵感，寻求解决现实问题的新方法。在建筑领域，仿生建筑的出现，正是这一新方法的生动运用。它借鉴了生物界某些生物体功能组织和形象构成的规律，将这些自然界的智慧融入建筑设计，不仅丰富了建筑的处理手法，还促进了建筑形体结构以及建筑功能布局的高效设计和合理形成。

仿生建筑，顾名思义，是以生物为模板的建筑学说（建筑学创新技术）。它研究生物体在复杂多变的自然环境中如何适应、生存和繁衍，将其生物学上的优势和特点转化为建筑设计的元素。在仿生建筑的实践中，设计师们从自然界中汲取灵感，运用先进的科技手段，创造出了许多令人惊叹的作品。比如，某些建筑设计通过动物的体形系数，从蜂巢和蜗牛壳得到结构的启示，从蚂蚁窝推导自然通风的机理；将植被引入建筑中形成微气候的方法；完全依赖自然环境中的阳光、风力、环境温度等元素来满足建筑物的使用要求。然而，在迄今为止的大多仿生建筑中，表皮热湿调控技术处于一个非常重要而尚未充分被研究的领域。这种技术模拟生物体的皮肤功能，通过智能材料和系统设计，实现对建筑内部环境的精准调控。

表皮热湿调控技术的主要目标是在不同的气候条件下，保持建筑内部环境的稳定舒适。它利用先进的材料和技术，模拟生物体皮肤的热湿调节机制，根据外部环境的变化自动调节建筑内部的温度和湿度。这种技术不仅可以提高建筑的能效，减少能源消耗，还可以改善人们的居住环境，提高生活质量。

充分利用特殊的材料和构造方式，可以实现对建筑表皮的高效热湿调控，从而为提升建筑节能减排、绿色低碳、数字化智慧化转型，实现超低能耗、零能耗和零碳建筑提供新型思路和创新理念。这种设计不仅能提高建筑的保温隔热性能对于不同气候区域的适应性，还能增强建筑结构的安全性。

仿生建筑作为一种绿色建筑技术，正逐渐成为未来建筑发展的重要趋势。它不仅关注建筑本身的美观和功能，更注重建筑与自然环境之间的和谐共生。通过仿生建筑的设计和实践，我们可以更好地理解和利用自然界大美不言的智慧，创造出更加舒适、健康和可持续的居住环境。

仿生建筑表皮热湿调控技术为我们提供了一个全新的视角和思路，

让我们能够更深入地理解建筑与自然的关系。随着这一技术的不断发展和完善，相信未来的建筑将更加贴近自然，更加适配人类的生活需求，为我们创造一个更加美好的居住环境。

本书的两位作者，以全新的角度和视野解构了建筑表皮，给读者带来了在超低能耗和低碳建筑发展方向上与众不同的想象空间。两位作者也是“建筑围护结构热活性化”网上论坛的活跃参与者，该论坛由清华大学、同济大学和华中科技大学共同发起，使得该领域的研究者有了相互交流，相互促进的机会。希望本书的出版能进一步促进建筑领域研究的新发展。

两位作者在清华大学过增元院士首先发明的“炽理论”基础上进行了探索，将其引入建筑热湿环境过程中表皮传热的能效评价，并在分析建筑表皮热传递机理的基础上，进一步提出了采用“湇”来代替“湿炽”，并以此作为建筑表皮湿传递机理的新方法、新理论。该方面研究独辟蹊径，行业内鲜见有人涉猎。希望本书能够引发同行们对此领域的关注。尤其是针对建筑表皮-围护结构的热湿传递及对建筑能耗的影响研究领域处于建筑学、建筑物理和建筑环境的学科交叉处，各专业的研究大多自辟方向，鲜有交集，遑论深度融合。两位作者尝试将上述研究方向融会贯通，尽管业内同行尚有不同见解，但也是学术研究中的大胆探索。

我和作者之一郭海新君是大学同学，同时也是郭君尊甫郭骏教授的门下弟子。郭君多次表示，希望将此书向他疫情期间仙逝而未能等到本书付梓的父亲献礼，我也深受感动。郭海新君早年负笈海外，我和他尽管同行，但学术上交流并不多。学生时代郭君像个文青，一直以为他会去改行搞艺术。未承想他孜孜矻矻，居然和同事庄智教授一起完成了这本独辟蹊径的专著。在此祝贺郭君的学术成就，同时也与他一起告慰他的父亲、我的导师，郭骏大先生的在天之灵。

李德英

北京建筑大学教授、博士生导师

中国建筑节能协会副会长

2024 年 3 月

序　2

我国的建筑节能工作从 20 世纪 80 年代起步，经过 40 年的不懈努力已完成了“30%—50%—65%”的三步目标。当下，“双碳”目标的提出为我国的建筑节能带来了新的机遇和挑战，推动近零能耗建筑和零碳建筑研究和建造已经成为我国乃至全球的建筑节能发展趋势。

建筑围护结构是外部环境因素和内部居住者需求之间的界面，是决定室内质量和控制室内条件的关键因素，建筑围护结构在管理和控制能源浪费方面起着至关重要的作用，因而其是影响建筑能耗的关键设计因素之一。在过去 40 年的建筑节能发展过程中，建筑围护结构的节能研究和技术得到高度重视，节能设计标准对围护结构热工性能的要求不断提升。随着“净零能耗”建筑的要求和技术的发展，围护结构有了质的变化，从抵御气候不利影响，到利用气候禀赋智能调节，其性能从静态到动态，主动与环境交互，能够响应动态的外部气候条件和人类行为，以及建筑功能相关的用户环境要求而变化，达到最优性能是围护结构的发展方向。郭海新教授和他的同事庄智教授共同撰写的《仿生建筑表皮热湿调控技术》一书应运而生，值得赞贺！

《仿生建筑表皮热湿调控技术》一书将作者多年在仿生建筑表皮热湿调控领域的专业经验和研究成果及国际上同类技术进行梳理，以独到的视角对仿生建筑表皮热湿活性化的基础理论和技术方法进行了系统阐述，在此基础上结合案例展示，形成完整的建筑表皮仿生的技术路径，对于推动建筑领域节能减排和实现“双碳”目标具有重要意义。本书两位作者在表皮湿活性化的研究过程中，对我们华南理工大学建筑学院、亚热带建筑与城市科学全国重点实验室常年研究的建筑围护结构蒸发冷却技术也多有关注，并提出了富有建设意义的技术方案。尤其是将围护结构被动蒸发冷却技术与人体出汗生理机能进行对比，使其具有了“功能仿生”的意义，也算是“脑洞大开”的一个颇有建树的思路。由于中国东南沿海处于独特的“雨热同期”类型的亚热带季风气候区域，因而在建筑节能方向探索上甚少发达国家成熟经验可借鉴，以致不得不独辟蹊径。对于上述高温高湿地区建筑节能新思路的拓展，两位作者在本书中也作了很多建设性的探索，希望本书能给以该气候区域建筑节能为研究方向的同行们带来一些有益的启发。

本书作者之一郭海新教授是我国暖通学科第一位博士生导师郭骏教

授的长子，子承父业，深耕在建筑节能领域。我是1989年进入哈尔滨建筑工程学院(现哈尔滨工业大学)，在郭骏教授、许文发教授门下开始建筑节能的学习与研究的。从我的导师那里论起，我应当是郭海新教授的师妹；从我们的研究教学方向论起，我们也是同行，所以我和他互称师兄妹。彼时郭师兄在德国工作，郭骏先生经常和我们自豪地谈起他。师兄回国后，我和他则有了更多的学术交流机会，这些都给我留下深刻的印象。但由于师兄留学海外，并未跟随郭骏教授深造，同时又跨界于高校和企业，颇有点“学术多元融合”的意味，因此我对他的学术主攻方向并不十分了解，但每次和他交流，他都有些令人意想不到的学术见解，颇有些“见山不是山，见水不是水”的感觉。也好奇他这些“非主流”的学术观点，是否能自成体系，给我们建筑节能行业的发展贡献些新的思想。

2020年年底给我的导师郭骏教授90大寿庆生，师兄第一次“官宣”最近将和同事共同完成一本专著，献给老爸做寿礼。那时只想着来日方长，等大先生下次做寿，大家聚会可以拜读大作。想不到大先生竟于一年前作古，天人永隔。在此希望师兄与庄智教授共同撰写的专著也可以遥祭大先生的在天之灵，以及告慰近年来离开我们的老一辈暖通学科元老们。

赵立华
中国建筑节能协会、副监事长
华南理工大学建筑学院、亚热带建筑与
城市科学全国重点实验室教授
2024年3月

前 言

我国建筑能耗约占全社会耗能的三分之一，建筑节能一直是我国社会及经济可持续发展的重要长期工作。对于建筑用能构成中最大的暖通空调能耗而言，建筑表皮（也称“围护结构”）的热湿性能是影响建筑冷热负荷及室内环境水平的关键因素之一。我国自上世纪 80 年代开始关注围护结构节能设计，主要的技术措施是使用保温材料，并通过出台相应的标准及规范来逐步提升建筑表皮的热工性能要求。随着我国“碳达峰碳中和”（简称“双碳”）战略目标的提出，未来零能耗及零碳等高性能建筑发展将成为可能，如何进一步提升建筑表皮性能是行业努力的方向。

借鉴人体皮肤自主调温调湿的仿生学理念，本书将作者多年在仿生建筑表皮热湿领域的专业经验和研究成果加以系统总结，并对国际上同类技术进行消化理解和梳理，力图以独到的视角对仿生建筑表皮热湿活性化的基础理论和技术方法进行系统阐述，在此基础上结合案例展示，形成完整的建筑表皮仿生的技术路径，这些，对于推动建筑领域节能减排和实现“双碳”目标具有重要意义。

本书共分为 9 章，首先，介绍了恒温动物及植物体温要求及调节机理的相关理论，通过生物体温控手段引出建筑表皮仿生理念及启示。其次，对目前主流建筑节能理论进行回顾、分析与对比，包括被动式建筑节能理论、低㶲（LowEx）建筑能耗理论，以及基于㶲理论的建筑热湿环境营造热学原理。再次，讨论了室内热湿环境营造涉及的基本问题，并从需求出发提出基于溶液循环系统的仿生建筑表皮思路。在此基础上，基于建筑室内热湿环境营造需求分析，进行表皮热活性化机理分析、材料调湿理论及表皮热湿活性化技术介绍。最后，以某住宅和办公楼项目为例，进行热湿活性表皮工程设计及性能评估。

本书既可以作为从事智能高效围护结构技术研发专业人员的参考书，也可以作为建筑节能、绿色低碳建筑领域从业者的专业教材。

参与本书编写的作者有郭海新（涉及第 2、3、5、7、8 章）、庄智（主要涉及第 1、4、6、9 章）。参加编校工作的老师和学生有姜黎、赵田、肖钰澄、常甜馨、陈天康、费晨辉、邢洋洋、张帆等。本书在立项及写作之时，承蒙同济大学龙惟定教授、清华大学李先庭教授的大力推荐；本书两位作者也积极参与了同济大学、清华大学、华中科技大学等多家高校共同发起的“建筑围护结构热活性化”线上交流平台的各项组织工作，该平台的活动对本书的完成起到了很大的启发及支持。在此，衷心感谢为本书撰写作出贡献的老师和同学们！

国家自然科学基金项目(51608370)、同济大学“中央高校基本科研业务费专项资金”项目、同济大学学术专著(自然科学类)出版基金项目为本书的研究与出版提供了资助，作者表示衷心感谢！

本书初稿原拟请我们两人多年的领导龙惟定老师、作者之一郭海新的父亲郭骏老师审稿，但仅龙老师对书稿进行了部分审阅。令人惋惜的是，在此期间两位前辈先后因病辞世，未能见到本书付梓。睹物思人，唏嘘不已！

本书内容横跨多个学术领域，限于编著时间及作者水平，对所涉及的行业可能流于浅尝辄止，但我们衷心希望为同行打开思路，为探索更多的领域提供启发。书中的不足与疏漏之处敬请读者批评指正。

同济大学中德工程学院
郭海新　庄　智
2024 年 3 月

目录

生物体温控机制与仿生建筑

1.1 各种相关建筑理念

1.1.1 有机建筑

有机建筑(organic architecture)是现代建筑运动中的一个派别,其代表人物包括美国建筑师赖特等。这个流派认为每一种生物所具有的特殊外貌,是由它能够生存于世的内在因素决定的(图 1-1)。同样,每个建筑的形式、构成,以及与之有关的各种问题的解决,都要依据各自的内在因素来思考,以力求合情合理。

这种思想的核心暗合老子曾提倡的"道法自然"(赖特十分欣赏中国的老子哲学),它要求我们依照大自然所启示的道理行事。由于建筑中所要模仿的是自然界中的有机结构,因而这一流派的建筑取名为"有机建筑"。有机建筑是一种崇尚自然并且被赋予生命的建筑类别。自然既是有机建筑的基本材料也是建筑设计灵感的来源。任何具有生命的有机体,它们外在和内在形式结构的设计都可以为我们提供贴近自然且维持自身结构稳定的设计思想和启迪。

有机建筑根植于对生活、自然和自然形态的情感,从自然世界及其多种生物多样性形式与过程中摄取营养。有机建筑中自由流畅的曲线造型和富有表现力的形式强调美与和谐,与人的身体、心灵和精神融为一体。在一个设计良好的"有机"建筑中,我们真正可以获得心旷神怡的感受。

赖特将建筑看成是"活"的有生命的建筑,认为建筑与一切有机生命相类似,处于连续不断的发展进程之中。在建筑上独创性地使用这个词,指的是局部与整体和整体与局部一样,整体统一正是"有机"这个词的真正含义,内在的本质的含义。只有当一切都是局部相对整体如同整体相对局部一样时,我们才可以说有机体是一个活的东西。这种在任何动植物中可以发现的对应关系是有机生命的根本。所谓的有机建筑就是人类精神活的表现，即活的建筑。

图 1-1 有机建筑案例①[来源：世界十大知名别墅大推荐(北京室内设计)]

有机建筑设计理念与造型理论中“自内设计”的理念有着密切的关系，例如“自内设计”要求每一次设计都始于一种理论、一种概念，由此向外发展，在变化中获得形式，而建筑本身作为一个不可分割的整体，在设计时首先需要确定建筑的核心概念和理论。因而有机体经过漫长的时代变迁和发展，到今天的所形成的自然形态和结构，对未来建筑的设计概念和理论都有着相当重要的启示。②

1.1.2 仿生建筑

仿生建筑(biomimetic building)以生物界某些生物体功能组织和形象构成规律为研究对象，探寻自然界中科学合理的建造规律，并通过这些研究成果的运用来丰富和完善建筑的处理手法，促进建筑形体结构以及建筑功能布局等的高效设计和合理形成。从某种意义上说，仿生建筑也是绿色建筑，仿生技术手段也应属于绿色技术的范畴。

建筑仿生学的表现与应用方法，归纳起来大致有四个方面：城市环境仿生、使用功能仿生、建筑形式仿生、组织结构仿生。

当然，往往也会出现综合性的仿生应用，形成一种城市与建筑的仿生整体。建筑仿生可以是多方面的，也可以是综合性的，如果能成功应用仿生原理就能创造出新奇和适应环境生态的建筑形式。同时仿生建筑学也向人们昭示着必须遵循和注重许多自然界的规律，它告诉人们建筑仿生应该注重环境生态、经济效益与形式新奇的有机结合，仿生创新更需要学习和发挥新科技的特点。要做到这一点，建筑师必须善于类推，从自然界中观察吸收一切有用的因素作为创作灵感，同时学习生物科学的机理并结合现代建筑技术来为建筑创新服务。仿生并不是单纯地模仿照抄，它

① http://wap.gaodik.com/case/detail/1051.

② https://baike.baidu.com/item/%E6%9C%89%E6%9C%BA%E5%BB%BA%E7%AD%91/299942?fr=aladdin.

是借鉴动物、植物的生长机理以及一切自然生态的规律，结合建筑的自身特点而适应新环境的一种创作方法，它无疑是最具有生命力的，也是可持续发展的保证。

建筑形式的仿生是创新的一种有效方法，它是通过研究生物千姿百态的规律后而探讨在建筑上应用的可能性（图 1-2），这不仅要使功能、结构与新形式有机融合，而且还应是超越模仿而升华为创造的一种过程①。

图 1-2 仿生建筑案例①［来源：26 种最具创意垂直农场设计揭秘（组图）］

1.1.3 生态建筑

生态建筑（ecological building）是根据当地的自然生态环境，运用生态学、建筑技术科学的基本原理和现代科学技术手段等，合理安排并组织建筑与其他相关因素之间的关系，使建筑和环境之间成为一个有机的结合体，同时具有良好的室内气候条件和较强的生物气候调节能力，以提供人们居住生活的环境舒适，使人、建筑与自然生态环境之间形成一个良性循环系统。

1. 生态建筑设计原则

一般来讲，生态是指人与自然的关系，那么生态建筑就应该处理好人、建筑和自然三者之间的关系，它既要为人创造一个舒适的空间小环境（即健康宜人的温度、湿度，清洁的空气，好的光环境、声环境，以及具有长效多适的灵活开敞的空间等），同时又要保护好周围的大环境——自然环境（即对自然界的索取要少、对自然环境的负面影响要小）。

以建筑设计为着眼点，生态建筑主要表现为：利用太阳能等可再生能源，注重自然通风，自然采光与遮阴，为改善小气候采用多种绿化方式，为增强空间适应性采用大跨度轻型结构，水的循环利用，垃圾分类、处理以及充分利用建筑废弃物等（图 1-3）。

① http://tech.sina.com.cn/d/2010-01-20/00053786704.shtml? from=wap.

图 1-3　生态建筑案例①(来源:网络)

(1) 生态化原则

生态建筑必须是节约能源、资源,采用自然通风、自然采光、太阳能等设计。建筑本身低能运行,包括保温隔热复合墙、节能玻璃、智能化遮阳系统等的应用。能保证延长建筑物的寿命,符合建筑节能规范的要求;能保证长时间连续运行,且具有高可靠性、低能耗、低噪声。

(2) 环保化原则

生态建筑大量采用绿色型、环保型建筑材料。包括防霉、抗菌功能复合内墙涂料、小材黏合剂、排烟脱硫石膏以及石膏矿粉复合胶凝材料和高性能水性木材表面装饰涂料等,并能改善室内环境控制,有良好的室内空气质量、建筑声环境和建筑光环境。

(3) 人性化原则

生态建筑必须符合人性化原则,树立"以人为本"的建筑设计理念。生态建筑追求高效节约但不能以降低生活质量、牺牲人的健康和舒适性为代价,原始的土坯房绝对不能称为生态建筑。[①]

1.1.4　共性及不足

综合分析在上述各类建筑流派的探索实践中的共性,可以看出,迄今为止主要是在可以称为"被动式"的方向进行尝试:例如从蜂巢和蜗牛壳得到结构的启示,从蚂蚁窝中得到自然通风的启示等。除此而外,将植被引入建筑形成微气候也是较受推崇的方法。然而,在建筑热工方面采用主动干预的"道法自然"仍然乏善可陈,即完全依赖自然环境中的动力如

① https://baike.baidu.com/pic/%E7%94%9F%E6%80%81%E5%BB%BA%E7%AD%91/7274837/1/b151f8198618367a6c64072d24738bd4b21ce555?fromModule=lemma_top-image&ct=single#aid=0&pic=55a628d166839d2c9a502766.

阳光、风力、环境温度等元素来满足建筑物的使用要求。

尽管上述各类建筑流派的底层逻辑中都含有某种“仿生”的含义，力图使建筑拥有某种生命力，进而以更加自然的方式建造和运维建筑，但在实现室内热湿舒适环境方面，即在运维期间造成建筑物生命周期中最大能耗的环节，对于充分运用自然之力来实现这些目标仍未能得窥“自然之道”的门径。

事实上，各类动植物在热工上的贡献绝不亚于在结构上的贡献。从通过阳光合成叶绿素的植物，通过毛细管输送水分再通过枝叶形成绿荫，到完全依赖环境温度，从而将自身的生存、活动调节为完全环境依赖的甲壳动物、冷血动物，再进一步到形成了完整的体温控制机制，从而做到几乎不依赖环境保障生存及活动的恒温动物，动植物在体温控制机理方面的进化给予人类的启示还远未被人类领悟。

1.2 恒温动物的体温要求及调节机理

1.2.1 恒温动物的体温

生物体生存的自然环境温度变化很大，有些地区不仅四季温差大，日间温度也有大幅度变化，而温度对生命系统具有重要的影响。构成生物体的基本成分是蛋白质、脂质、核酸等生物大分子，蛋白质分子中的肽键、核酸碱基之间的共价键以及细胞膜中的磷脂等均易受温度变化的影响。此外，机体在细胞和分子水平发生的各种化学反应常需酶的催化，温度变化能影响酶的活性，其反应速率在一定的范围内随温度的升高而增加。可见温度是影响细胞结构和功能的重要因素，机体相对稳定的温度是维持正常生命活动的重要保障。自然界中，动物的进化是大家耳熟能详的一个科学知识。从保持体温的角度来看，动物的进化有个明显的特征，即从无法控制体温的低等冷血动物进化到可以自主控制体温的高等温血动物。鸟类和哺乳类动物的体温是相对稳定的，故称为恒温动物(homeotherm animal)。而低等动物，如爬行类、两栖类的体温随环境温度的变化而变化，称为变温动物(poikilotherm animal)。二者在控制体温上的差异十分明显:冷血动物的体温随室外气温变化而变化，并在不同的体温下，呈现不同的运动能力。在温度适宜的环境中，冷血动物与温血动物的活动特征无异，如鳄鱼捕捉斑马逃杀之间都在运动;在温度较严酷的环境中，则会有很大不同:在酷夏，冷血动物们纷纷钻入水中，靠水体来散发体热;在严冬，冷血动物们由于体温过低无法维持正常活动纷纷冬眠。而温血动物则在同样情况下活动如常。因此，所谓“早起的鸟儿有虫吃”，其原理就是鸟儿是恒温动物，在寒冷的清晨仍保持着活动能力，而清晨的昆虫由于体温过低，仍未恢复活动能力，因而很容易被鸟儿捕捉。同样，家喻户晓的寓言“农夫与蛇”，也同样在描述冷血动物和恒温动物在寒冷天气下的活动能力。

恒温动物是通过体内完善的体温调节机制，包括自主性体温调节和行为性体温调节，使机体的体温通常保持在高于环境温度的相对稳定水平，这对高等动物稳定表达复杂的生物学特性十分重要。变温动物的体温通常与环境温度相同或略高于环境温度，主要通过行为性体温调节活动，使机体与环境进行热交换。总之，温度是影响机体内环境的重要因素之一，生物体的体温作为基本的生命体征是判断健康状况的重要指标。

在地球上，所有的哺乳动物都是恒温动物，恒温动物的体温均在 38 ℃左右，所以 38 ℃基本就是一个黄金温度。哺乳动物在地球生物中属于高级生命形式。但恒温动物中也有卵生动物，比如鸟类，鸟类的体温在 41 ℃左右。恒温动物相对于变温动物来说具有很大的优势，尤其是恒温动物可以在任何外界温度下，保持较高的行动能力，从而能适应更复杂的环境，而变温动物的行动能力受环境温度的影响很大，在低温时还需要休眠。但是恒温动物也有着很明显的弱点，比如：1)需要消耗更多的能量，来维持自身的体温，而同体积变温动物能量消耗只有恒温动物的十分之一，于是恒温动物需要不断地进食。2)在环境温度较低时容易失温，于是需要借助其他手段来保持体温，比如人类需要添加衣物，部分野生动物需要聚集起来取暖，等等。

对于人类来说，环境温度变化一定的情况下，平均体温的增加，会消耗掉更多的能量，如果平均体温降低，机体的反应速度和运动能力也会大大降低，于是就存在一个最佳温度，使得这两方面达到最优值。人类最终选择了 37 ℃。也有生物学家提出，人类平均体温的进化，或许与真菌有关，自然界中很多真菌是人类的致命杀手，然而真菌喜欢低温，超过三分之二的真菌在 37 ℃无法生存，人类能接触到的真菌高达 4 000 种，但是只有 400 多种能引起感染，其中一个原因就是体温能保持在 37 ℃左右。相比之下，鸟类拥有更高的平均体温，于是鸟类感染真菌的可能性更低。但是人类不能随便提高体温，因为那样会消耗更多的能量，生物学家经过计算，避免真菌感染和降低体能消耗的最优解，是体温保持在 36.7 ℃左右，与人类体温基本吻合。

从能量消耗的角度而言，假设同等体型的变温动物和恒温动物都需要基本相同的摄入来维持生命（如鳄鱼和斑马），则恒温动物消耗更多的食物用于维持体温。而维持体温则意味着恒温动物需要与周边环境维持一个热平衡，即不断地将体内所产生热量散发到周边环境中去，既不能太多也不能太少。

1.2.2 恒温动物的体型

很久以来就有一种已被广泛接受的看法认为，同种或同类温血动物，生活在寒冷地区的体躯较大，而生活在暖热地区的体躯则较小。例如，寒带的北极熊的体躯比热带的马来熊大得多，北极狐比热带耳廓狐体形也大。这类规律性的现象早在 1847 年就由德国动物学家伯格曼（C. Bergmann）发现并指出，随后被归结为伯格曼法则[①]。

对于恒温动物，伯格曼法则认为这是由于随着体形的增大，动物的相对体表面积（即体表面积与动物体积之比）变小，从而导致体表发散比率变小，因而能更好地保存热量以适应高纬度地区的寒冷环境。不过，目前也有科学家认为这可能是由于高纬度地区的植物有更丰富的营养，动物在食用了这些植物后才长得更大。

伯格曼法则继续发展，1876 年美国动物学家艾伦（J. Allen）提出另一定律：恒温动物身体的突出部分如四肢、尾巴和外耳等，在低温环境中生活的有变短变小的趋势。最明显的是麝牛，它们的躯体虽然很魁梧，耳朵却很小，四肢奇短，几乎没有尾巴，看上去极不匀称。还有冻原地带的北极狐的外耳小于温带产赤狐的外耳，而赤狐的外耳又短于生活在热带非洲大耳狐的外耳（图 1-4、图 1-5）。这一著名例子表明，同一类温血动物，在寒冷地带生活者，其身体的突出部分比较短小，有利于保温；而在暖热地区生活者，身体的突出部分较为长大，有利于散热，伯格曼法则和艾伦定律（Allen's Rule）是两条有关动物适应环境温度的知名法则。

图 1-4　不同气候区域同样物种外形区别：非洲耳廓狐（左）；北极狐（右）（来源：网络）

如果将伯格曼定律和艾伦定律简化为对一个几何体的描述，则可以理解为北极动物应当拥有一个"O"形的体型，从而更多地保留体内的热量；而热带动物则应当拥有一个"H"形的体型，从而拥有更多的散热面积，犹如热交换设备的翅膀。如极地鸟类和热带鸟类（图 1-6）。

对于体型相似的动物而言，极地的皮毛与热带的皮毛也有相当大的区别，如同样拥有"O"形身材的北极熊与河马，就需要不同的表皮策略，以及利用环境—吸收阳光/通过水散热的能力（图 1-7）。

① https://baike.baidu.com/item/%E4%BC%AF%E6%A0%BC%E6%9B%BC%E6%B3%95%E5%88%99/6015004?fr=aladdin.

图 1-5　不同气候区域同样物种外形区别：长耳兔（左）；北极兔（右）（来源：网络）

图 1-6　不同气候区域鸟类区别：热带鸟类（左）；极地鸟类（右）（来源：网络）

图 1-7　不同气候区域相似外形（"O"体型）动物表皮：热带动物（左）；极地动物（右）（来源：网络）

再看拥有智慧的人类，则通过衣着来改变外表皮，以适应维持 37 ℃体温与环境的换热需求（图 1-8）。

图 1-8　不同气候区域人类衣着：马赛人衣着（左）；因纽特人衣着（右）（来源：网络）

1.2.3 恒温动物的体温调节机理①

温血动物身体能够维持恒定体温的原因，就在于构成基础生理活动的新陈代谢提供的能量，正好等于身体向外界散发的能量。暴露在寒冷的空气下，人可以通过增加衣服、动物可以增加皮毛的厚度来保持体温。但是不管是人的衣服，还是动物的皮毛，都不会主动散发热量。也就是说，恒温动物的体温，是靠食物代谢的发热量来维持的。因为变温动物不必非要用自己的能量来取暖或降温，相比恒温动物，同样重量的变温动物只需要 1/10～1/3 的能量生活，因此也只需要相对少的食物。换句话说，同等体型的恒温动物，其食物的能量转化中有 2/3～9/10 将作为废热用以维持体温。而在恒温动物体温普遍高于环境温度的情况下，无论身处何处，都是需要完成由食物转化成为热量的过程的。

身体向外界所散发的能量和两个因素有关：一是动物身体由上皮细胞围成的开放表面积。包括与外界直接接触的皮肤，以及呼吸时与外界空气接触的上呼吸道。二是体温和环境温度的温差。身体暴露在空气中，既有向外界散发的热量，又有从周围环境中吸收的热量。

我们知道，体重与身体高度的三次方成正比，而皮肤的面积是和身体高度的二次方成正比。所以体重的增加速度会比皮肤面积的增加速度要更快。在寒冷的地区，动物会通过增加体重，来抵消散发的热量。反过来在热带地区，动物会增加皮肤的表面积，来增加身体的散热。就像非洲的大象，耳朵特别大，通过耳朵上面丰富的毛细血管来散发身体的热量。海洋里的哺乳动物普遍都比陆地上的哺乳动物大很多。虎鲸的体重可以达到 9 t，是非洲大象的 1.5～2 倍。因为海水的导热率比空气要高很多，所以海洋里的鲸类才可以长到惊人的重量。如果鲸类长期地暴露在空气中，会因为身体里的热量散发不出去而导致体温过高，引发脏器衰竭死亡。

还必须注意，所有恒温动物都拥有相对均匀的体温：以人体为例，在整个身体中，没有比 38 ℃（肝部）温度更高的地方：这似乎与我们通常所理解的供热系统有所区别，即，既不存在一个明显的热源，也没有类似换热器之类的末端。热量在整个身体中呈弥散式分配，直至表皮内层，温差仅有 1～2 ℃上下。最新的研究表明，人体的发热源不仅仅是迄今为止认为的肝脏等部位，也存在于细胞中的线粒体[1]。线粒体是温血动物产热的主要角色，而在外部温度为恒定的 38 ℃情况下，线粒体的温度将高出 10 ℃以上，并以±50 ℃为最高值。该研究仍待进一步证实。

另外一个属性则是低于外界温度波动的方式：新陈代谢将持续在体内产生热量，并且被带出体外，从而保持体温稳定。无论外界温度如何，甚至超过体温，恒温动物们都必须维持体温恒定。在外界温度低于体温

① https://mbd.baidu.com/newspage/data/landingsuper?context=%7B%22nid%22%3A%22news_9316672027837650216%22%7D&n_type=1&p_from=3.

的情况下，哺乳动物们似乎还比较容易适应，但环境温度越接近体温，散热就越困难。

对于人类拥有冠绝各类哺乳动物的躯体散热能力，进而拥有了超凡的长跑耐力这点，也引发了诸多讨论。如网络上的热帖①：放眼地球上的哺乳动物，你会发现，绝大多数哺乳动物都穿着“长毛外衣”。这层外衣不仅能保暖、防潮、防晒、防刮擦，抵抗有害寄生虫和细菌的入侵，还具有伪装功能，有助于迷惑猎食者，甚至还能表明自己的情绪。

不过，“毛皮外衣”也有明显的弊端，那就是影响身体的散热。身体热量是在细胞代谢过程中产生的，细胞越多，产生的热量就越多，换句话说，身体体积越大，产热就越多。但是环境的温度则是不断在变化的，如果气温高于体温，则要想办法尽量把体热散掉，否则就有生命危险。为了有效散热，穿“长毛外衣”的动物们就不得不想尽办法来解决散热问题。如犬类选择喘气的方式，羚羊则把动脉血中的热量转移到已通过呼吸冷却过的小静脉血中……

尽管哺乳动物们都有自己的散热法术，但它们的散热能力还是有限的，它们只能选择避免过热，于是不得不在运动方面作出让步。如大多数猫科动物选择在晚间凉爽时段活动。世界上跑得最快的陆生动物猎豹，也只是在短距离冲刺的时候才拿出这个高速度，如果连续冲刺 20 分钟以上，猎豹就会因身体过热而虚脱，甚至丧命。有时候猎豹之所以对善于奔跑的猎物无可奈何，不是因为速度比不上猎物，而是因为身体构造无法及时排出长途奔袭过程中肌肉做功所产生的废热。

人类在长期的进化过程中，进化出了一种简单实用的人体“空调器”：全身拥有 200 万～500 万个小汗腺，每天能分泌大量汗液；因小汗腺靠近皮肤表面，所以能够通过皮肤表面微小的毛孔快速排放汗液，使得人类可以非常有效地释放过剩热量。当然，若想要这个“空调器”高效率地运转，人类只能选择脱掉“长毛外衣”。而那些穿着“长毛外衣”的哺乳动物们虽然也有排汗的“空调器”，但效率就没法和人类同日而语了，因为它们的主要产汗腺体位于皮肤深处，所以排出的汗液会立即在浓密的毛发上形成一层油性的、有时呈泡沫状的混合物，这种混合物就像胶水一样会让原本浓密的毛发更加聚拢，从而产生密不透风、阻止散热的反面效果，这就使得它们的“空调器”热传递效率大大降低。

人类到底是如何做到这一点的呢？简单来说，哺乳动物最怕热的部分就是大脑，因为大脑是单位体积产生热量最多的器官，也是对外界温度变化最敏感的器官。为了给大脑降温，一些哺乳动物的头盖骨上进化出了很多小孔，名叫“蝶导静脉孔”(Emissary Foramina)，大脑产生的静脉血通过这些细小的蝶导静脉直接穿出头盖骨，流过整个头皮，并在这一过程

① https://www.toutiao.com/a6608311343625798147/?tt_from=weixin&utm_campaign=client_share&wxshare_count=1×tamp=1538665807&ap%E2%80%A6.

中把热量扩散到空气中，这就是哺乳动物的“静脉散热系统”。考古学家通过对人类祖先头盖骨的研究，发现早期直立人的这套“静脉散热系统”的工作效率远高于羚羊、大象和狮子等非洲哺乳动物的类似系统。正是依靠这套散热系统，我们的祖先这才敢在非洲炎热的正午走出藏身洞穴四处觅食，并依靠这一顿午饭活了下来。那么，人类是如何觅食的呢？答案是靠长跑。人类的短距离冲刺速度远不如绝大部分非洲野生动物，但人类进化出了超级的耐力，可以用每小时 20 km 的速度连续奔跑 4～5 h，猎物就是这样被我们的祖先追捕上的！人类是如何做到这一点的呢？首先，人类是汗腺最发达的哺乳动物。狗和猪都没有汗腺，一些食草动物虽然有汗腺，但都不如人类的发达。在剧烈运动的情况下，一匹马每平方米皮肤每小时大约可以排汗 100 g，骆驼为 250 g，人类则可以达到惊人的 500 g！也就是说，一个成年人在剧烈运动时每小时大约可以排出 1～1.5 L 汗水，这些汗水可以带走相当于一个 600 W 白炽灯泡所产生的热量。其次，长时间的奔跑需要大量的氧气，这就对呼吸效率提出了很高的要求。大部分四蹄哺乳动物的呼吸都是被动式的，也就是说，它们并不能自主地控制呼吸的频率和深度，而是只能依靠四肢在奔跑时的动作，顺便带动胸腔的扩张和收缩，进行被动式呼吸。另外，大部分非洲哺乳动物都只能通过鼻孔呼吸，这就大大限制了它们的呼吸效率。经过多年的演变，人类逐渐进化出了主动式呼吸，呼吸的频率和深度完全可以自由控制。另外，人类又进化出一套用嘴呼吸的方式，这就进一步提高了人类的呼吸效率。于是，体型弱小的人类最终进化成为地球上最有耐力的哺乳动物。

1.2.4　人体体温及其调节机理

1. 体表温度和体核温度

在各种环境温度下，人体各部位的温度并不完全一致，但脑和躯干核心部位的温度却能保持相对稳定。因此，在研究体温时通常将人体分为核心与表层两个部分。核心部分的温度称为体核温度(core temperature)；表层部分的温度称为体表温度(shell temperature)。生理学或临床医学中所说的体温(body temperature)通常是指机体核心部分的平均温度。

从观察体温的角度来划分的人体核心部分与表层部分并非固定不变，而是随环境温度的变化而发生改变。如图 1-9 所示，在寒冷环境中，核心部分的区域缩小，主要集中在头部与胸腹腔内脏，表层部分的区域相应扩大，表层与核心部分之间的温度梯度明显。相反，在炎热环境中，核心部分的区域扩大，可扩展到四肢，表层部分的区域明显缩小，表层与核心部分之间的温度梯度变小。

(1) 体表温度：体表温度一般低于体核温度，在体表层各部位之间也有较大温差，且易受环境温度的影响。体表层最外侧的皮肤的温度称为皮肤温度(skin temperature)。当环境温度为 23 ℃时，足部皮肤温度约

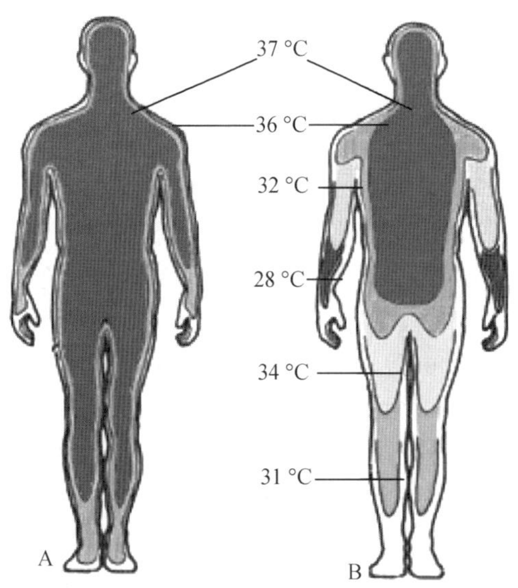

A：环境温度35 °C　　B：环境温度20 °C

图 1-9　在不同环境温度下人体体温分布状态

27 ℃，手部约 30 ℃，躯干部约 32 ℃，额部 33～34 ℃，即四肢末梢皮肤温度低，越近躯干、头部，皮肤温度越高。当气温达 32 ℃以上时，皮肤温度的部位差异将变小。

与之相反，在寒冷环境中，皮肤温度的部位差异变大，即随着气温下降，手、足部皮肤温度降低最为显著，而额头部皮肤温度的变动相对较小。

皮肤温度与局部血流量密切相关，凡能影响皮肤血管舒缩的因素都能改变皮肤温度。例如，人在寒冷环境中或情绪激动时，交感神经兴奋，皮肤血管紧张性增高，血流量减少，皮肤温度降低，特别是手的皮肤温度显著降低，可从 30 ℃骤降至 24 ℃。由于皮肤温度的变化在一定程度上可以反映血管的功能状态，因此，临床上利用红外线热影像仪检测手的温度可辅助诊断外周血管疾病。

(2) 体核温度：体核温度是相对稳定的，各部位之间的温度差异较小，其中肝和脑的代谢旺盛，全身各器官中温度最高，约 38 ℃；肾、胰腺及十二指肠等器官温度略低；直肠的温度则更低，约 37. 5 ℃。由于机体核心部分各个器官通过血液循环交换热量而使温度趋于一致，因此，核心部分的血液温度可代表体核温度的平均值。

(3) 平均体温：在分析机体的体温调节反应时需要考虑平均体温(mean body temperature, T_{MB})的变化，即机体各部位温度的平均值。平均体温可根据机体体核温度和皮肤温度以及机体核心部分和表层部分在整个机体中所占的比例进行计算，公式如下：

$$T_{MB} = \alpha \cdot T_{core} + (1 - \alpha) \cdot T_{MS} \tag{1-4}$$

式中的 T_{MB} 代表平均体温，T_{core} 为体核温度，T_{MS} 为平均皮肤温度，α 为核心部分在机体全部组织中所占的比例，$(1-\alpha)$ 为表层部分所占的比例。由于核心部分与表层部分的相对比例在不同的环境温度下可发生较大的变动，因此，α 值不是固定不变的，一般情况下，在适宜的温度环境中 α 值约为 0.67，在炎热环境中可达 0.8～0.9，在寒冷环境中约为 0.64。平均皮肤温度（mean skin temperature，T_{MS}）可通过体表各区域的皮肤温度分别乘以该区域占总体表面积的比例，再经过加和求出。

2. 人体体温的变化范围

正常情况下，人的体温是相对稳定的，当某种原因使体温异常升高或降低时，若超过一定界限，将危及生命。脑组织对温度的变化非常敏感，当脑温超过 42 ℃时，脑功能将严重受损，诱发脑电反应可完全消失，因此，发热、中暑等体温异常升高时，及时应用物理降温等方法防止脑温过度升高是至关重要的。当体温超过 44～45 ℃时，可导致体内蛋白质发生不可逆性变性而致死。反之，当体温过低时神经系统功能降低，低于 34 ℃时可出现意识障碍，低于 30 ℃时可致神经反射消失，心脏兴奋传导系统功能异常，可发生心室纤维性颤动。当体温进一步降低至 28 ℃以下时，则会引起心脏活动停止。

人体的主要散热部位是皮肤。在安静状态下，当环境温度低于机体表层温度时，大部分体热通过辐射、传导和对流等方式向外界发散，小部分体热随呼出气、尿、粪等排泄物排出体外。在劳动或运动时，还会有汗腺分泌汗液，通过水分的蒸发增加散热。

蒸发散热又可分为无感蒸发和出汗两种形式。

（1）无感蒸发（insensible perspiration）：指体内的水分从皮肤和黏膜（主要是呼吸道黏膜）表面不断渗出而被汽化的过程。由于这种蒸发不易被人们察觉，且与汗腺活动无关，故此得名，其中水从皮肤表面的蒸发又称不显汗。在环境温度低于 30 ℃时，人体通过不感蒸发所丢失的水分相当恒定，为 12～15 g/(h · m^2)。一般情况下人体 24 h 的无感蒸发量约为 1 000 mL，其中从皮肤表面蒸发 600～800 mL，通过呼吸道黏膜蒸发 200～400 mL。在肌肉活动或发热状态下，不显汗可增加。婴幼儿无感蒸发的速率比成人高，因此，在缺水的情况下，婴幼儿更容易发生严重脱水。临床上在给患者补液时，应注意补充无感蒸发丢失的这部分体液量。对于有些不能分泌汗液的动物，无感蒸发则是一种有效的散热途径，如狗在炎热环境下常采取热喘呼吸（panting）的方式来增加散热。

（2）出汗（perspiration）：指汗腺主动分泌汗液的活动。通过汗液蒸发可有效带走大量体热。出汗可被意识到，故又称可感蒸发（sensible perspiration）。人体皮肤上分布有两种汗腺，即大汗腺和小汗腺。大汗腺局限于腋窝和阴部等处，开口于毛根附近，从青春期开始活动，可能和性功能有关，而与体温调节反应无关。小汗腺可见于全身皮肤，其分布密度因部位而异，手掌和足环最多，额部和手背次之，四肢和躯干最少。然而，汗腺的分泌能力却以躯干为最强。小汗腺是体温调节反应重要的效应器，在炎热的环境下以及运动和劳动时对维持体热平衡起到关键的作用。在汗液的成分中水分约占 99%，固体成分约占 1%。在固体成分中，大部分为 NaCl，也有乳酸及少量 KCl 和尿素等。当汗腺分泌时分泌管腔内的压力可高达 250 mmHg 以上，表明汗液不是简单的血浆滤出物，而是汗腺细胞主动分泌产生的。

3. 人体温度调节系统的组成和原理

袁修干[2]在《人体热调节系统的数学模拟》中提出，人体温度调节系统是由许多器官和组织构成的，从控制论的观点来看，它是一个负反馈闭环控制系统，如图 1-10 所示。该系统中，体温是输出量，人体的基准温度为参考输入量。与一般的闭环控制系统相同，它也包括测量元件、控制器、执行机构和被控对象等。从传热学的观点来看，人体相当于一个含内热源的三维传热系统。人体内由于生化过程的持续进行而不断产生能量。这些能量的大部分都最终转变成热量；同时人体还通过传导、对流、辐射和蒸发等途径，不断地与外界交换热量；此外，体内外还存在机械能的交换。由于上述原因引起的能量不断地产生和转化，人体温度也随之发生变化。为了保证生命活动的正常进行，须将体温控制在一定范围内。

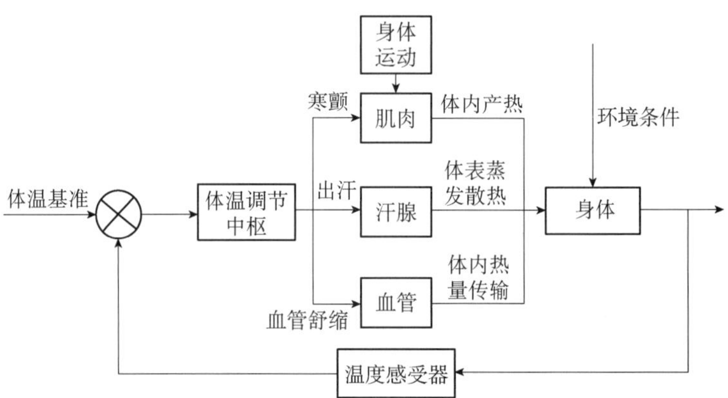

图 1-10　人体温度控制系统简化框图[2]

体温控制是按以下过程实现的：人体中广泛地存在着温度感受器，感受器是系统测量元件。这些感受器将感受到的体温变化传送到中枢神经系统，感受到的温度信号经过综合处理后，再由中枢神经系统发送到人体的各效应器；效应器则根据不同的控制指令产生相应的控制活动。这些活动包括：血管运动、汗腺活动、肌肉运动。由此而控制产热和散热的动态平衡，使体温达到相对稳定值。

此外，人类在环境温度改变时，还可通过一系列的行为反应和活动对体温进行调节，以适应环境温度的变化。例如，增减衣着、建筑房屋、创设人工气候环境等,从而达到防暑或御寒的目的。这些行为性体温调节是有意识的活动,说明人的大脑活动在人体热调节过程中也同样起着重要作用。

4. 体温调节的基本方式

机体体温调节有自主性和行为性体温调节两种基本方式。自主性体温调节(autonomic thermoregulation)是指在体温调节中枢的控制下,通过增减皮肤的血流量、出汗、战栗和调控代谢水平等生理性调节反应,以维持产热和散热的动态平衡,使体温保持在相对稳定的水平。行为性体温调节(behavioural thermoregulation)是指有意识地进行的有利于建立体热平衡的行为活动,如改变姿势、增减衣物、人工改善气候条件等。

(1) 自主性体温调节

自主性体温调节主要是通过反馈控制系统实现对体温的调节,维持体温的相对稳定。在这个控制系统中,下丘脑的体温调节中枢属于控制部分,由此发出的传出信息控制受控系统的活动,如驱动骨骼肌战栗产热,改变皮肤血管口径,促进汗腺分泌等,从而使机体的产热量和散热盘保持平衡。当内、外环境变化使体温波动时,通过温度检测装置,即存在于皮肤及机体内部(包括神经中枢)的温度感受器,将信息反馈至体温调节中枢,经过中枢的整合作用,发出适当的调整受控系统活动的信息,建立起当时条件下的体热平衡。此外,通过前馈系统,及时启动体温调节机制,避免体温出现大幅波动。人或其他恒温动物区别于变温动物的主要特征是具备完善的自主性体温调节功能,当环境温度有较大幅度变化时,仍可通过调控产热和散热反应,使体温保持相对稳定。

(2) 行为性体温调节

恒温动物和变温动物都具有行为性体温调节的能力。例如,人能根据气候变化增减衣物,使用冷、暖空调改变局部气温环境等。动物表现为在寒冷环境中具有日光趋向性行为,而在炎热环境下躲在树阴下或钻进洞穴中。行为性体温调节是变温动物的重要体温调节手段。对于恒温动物,行为性体温调节也是体温调节过程的重要一环,一般当环境温度变化时,首先采取行为性体温调节。通常行为性体温调节和自主性体温调节互相补充,以保持体温的相对稳定。机体产生的体温调节行为是根据温热的舒适感决定的。热舒适性(thermal comfort)是指来自温度感受器的温度信息经高级神经中枢整合后产生的主观的舒适或不适的感觉。机体采取的体温调节行为是向着有利于产生温热舒适的感觉方向进行的。

1.2.5 恒温动物体温调节的启示

从能量转化方式来说,冷血动物与温血动物并无明显差别:二者都是通过消化食物获得相应的能量,而又将该能量转化为肌肉的工作,从而得以运动。另有部分能量将通过脂肪等方式贮存起来,待需要时再提取转化。但二者明显的差别,在于能量转化中产生的热量,冷血动物并不能像温血动物一样将其用于保持体温。而温血动物将食物消化时的热量用于维持体温,并有能力在环境温度不适宜时,通过燃烧所贮存的脂肪来维持体温。

从冷血动物与温血动物的身体解剖特征来说,两者之间最大特征则为温血动物的全身布满了毛细血管,而冷血动物的表皮则缺乏毛细血管。通过表皮下毛细血管中不停歇流动的血液,以及毛细血管的张缩来控制血液的流量,控制热量从体内向四周的散发,从而最终维持合适的体温(图 1-11)。

图 1-11　典型变温动物(表皮无毛细血管)(左);典型恒温动物(表皮有毛细血管)(右)(来源:网络)

从能量利用效率来看,以表皮毛细管控制体温的方式很高。从体内温度的分布可以看出,温血动物的体内并无类似于建筑物内供热所需要的热源的高于平均体温的发热器官。而以几乎无温差的方式维持体温,所需热量的品位不超过表皮温度的腔体温控技术,从节约能量的角度来说有极大的借鉴意义。

1.3　植物的“体温”要求及调节机理

与恒温动物相比,植物应当属于更加原始的生物形态。然而这并不意味着我们在建筑节能上不必向植物学习有用的技能。尽管植物在抵御寒冷上的能力不值得仿效,除了落叶、枯萎等维持生命、等待春天的“机会主义”手段外并无可借鉴之处,植物在炎热环境中维持凉爽的能力,仍为绝大多数动物在炎热环境中维持体温、躲避炎热提供了环境和机会。非洲大多数动物需要在树荫下熬过白天的炎热,即为植物提供低于周边环境温度的证明。

1.3.1　植物的蒸腾能力

《植物生理学(第六版)》[3]中,对植物控制“体温”的能力做了详细介绍:

植物控制自身温度，进而影响环境温度的能力，依赖于两方面的功能：一是遮阳能力，通过茂密的叶片阻挡阳光直射；二是蒸腾作用，通过植物的毛细管不断地将水分提供给叶片，再经过蒸腾作用，利用水的相变带走叶面周边的热量。

陆生植物吸收的水分，一小部分（1%～5%）用于代谢，绝大部分散失到体外去。水分从植物体中散失到外界的方式有两种：(1)以液体状态散失到体外；(2)以气体状态散失到体外，即蒸腾作用，这是主要的方式。

蒸腾作用（transpiration）是指水分以气体状态，通过植物体的表面（主要是叶子），从体内散失到体外的现象。蒸腾作用虽然基本上是一个蒸发过程，但是与物理学上的蒸发不同，因为蒸腾过程还受植物气孔结构和气孔开度的调节。

植物在进行光合作用的过程中，必须和周围环境发生气体交换；在气体交换的同时，又会引起植物大量丢失水分。植物在长期进化中，对这种生理过程形成了一定的适应性，以调节蒸腾水量。

1.3.2 植物蒸腾作用的指标

蒸腾作用能够降低叶片的温度。阳光照射到叶片上时，大部分光能转变为热能，叶子如果没有降温的本领，则叶温过高，叶片会被灼伤。而在蒸腾过程中，液态水变为水蒸气时需要吸收热量（1 g 水变成水蒸气需要吸收的能量，在 20 ℃时是 2 444.9 J，30 ℃时是 2 430.2 J），因此，蒸腾能够降低叶片的温度。

蒸腾作用常用的指标有下列 3 种：

(1) 蒸腾速率（transpiration rate, TR）：即植物在一定时间内单位叶面积蒸腾的水量。一般用每小时每平方米叶面积蒸腾水量的克数表示[g/(m^2 · h)]。通常白天的蒸腾速率是 15～250 g/(m^2 · h)，夜间是 1～20 g/(m^2 · h)。

(2) 蒸腾比率（transpiration ratio, TR）即植物蒸腾丢失水分和光合作用产生的干物质的比值。一般用 g、kg 表示，即植物消耗 1 kg 水所形成干物质的克数。一般野生植物的蒸腾比率是 1～8 g/kg，而大部分作物的蒸腾比率是 2～10 g/kg。

(3) 水分利用效率（water use efficiency, WUE）亦即蒸腾系数（transpiration coefficient），WUE 是 TR 的倒数。WUE 是指植物制造 1 g 干物质所消耗的水分克数。一般野生植物的 WUE 为 125～1 000 g/g，农作物为 100～500 g/g。

从植物对水的利用指标可以看出，通过自身的水分获取能力（根系为主）、输送能力（毛细管），以及蒸腾能力，植物很好地控制了自身的温度。水在植物生长过程中所起的作用，绝大多数用于输送养料和维持适宜的温度，仅有极少部分（1%～5%）用于生长（代谢）。

1.3.3 蒸腾作用的影响因素

蒸腾作用快慢取决于叶内外的蒸气压差大小，所以凡是影响叶内外蒸气压差的外界条件，都会影响蒸腾作用。

光照是影响蒸腾作用的最主要的外界条件，它不仅可以提高大气的温度，同时也提高叶温，一般叶温比气温高 2～10 ℃。大气温度的升高增强水分蒸发速率，叶片温度高于大气温度，使叶内外的蒸气压差增大，蒸腾速率更快。此外，光照促使气孔开放，减少内部阻力，从而增强蒸腾作用。

空气相对湿度和蒸腾速率有密切的关系。在靠近气孔下腔的叶肉细胞的细胞壁表面水分不断转变为水蒸气，所以气孔下腔的相对湿度高于空气湿度，保证了蒸腾作用顺利进行。但当空气相对湿度增大时，叶内外蒸气压差就变小，蒸腾变慢。所以空气相对湿度直接影响蒸腾速率。

温度对蒸腾速率影响很大。当相对湿度相同时，温度越高，蒸气压越大；当温度相同时，相对湿度越大，蒸气压就越大。叶片气孔下腔的相对湿度总是大于空气的相对湿度，叶片温度一般比气温高一些，厚叶更是如此。因此，当大气温度增高时，气孔下腔蒸气压的增加大于空气蒸气压的增加，所以叶内外的蒸气压差加大，有利于水分从叶内逸出，蒸腾加强。

风对蒸腾的影响比较复杂。微风促进蒸腾，因为风能将气孔外边的水蒸气吹走，补充一些相对湿度较低的空气，扩散层变薄或消失，外部扩散阻力减小，蒸腾就加快。可是强风反而不如微风，因为强风可能引起气孔关闭，内部阻力加大，蒸腾就会慢一些。

蒸腾作用的昼夜变化是由外界条件决定的在天气晴朗、气温不太高、水分供应充分的日子里，随着太阳的升起，气孔渐渐张大；同时，温度增高，叶内外蒸气压差变大，蒸腾渐快，在中午 12 时至下午 1～2 时达到高峰，此后随太阳的西落蒸腾下降，以至接近停止。但在云量变化造成光照变化无常的天气下，蒸腾变化则无规律，受外界条件综合影响，其中以光照为主要影响因素。

气孔和气孔下腔都直接影响蒸腾速率。气孔频度（每平方厘米叶片的气孔数）和气孔大小直接影响内部阻力。在一定范围内，气孔频度大且气孔大时，蒸腾较强；反之则蒸腾较弱。气孔内腔容积大的，即暴露在气孔内腔的湿润细胞壁面积大，不断补充水蒸气，保持较高的相对湿度，蒸腾快，否则较慢（图 1-12）。

叶片内部面积大小也影响蒸腾速率。因为叶片内部面积（指内部暴露的面积，即细胞间隙的面积）增大，细胞壁的水分变成水蒸气的面积就增大，细胞间隙充满水蒸气，叶内外蒸气压差大，有利于蒸腾。

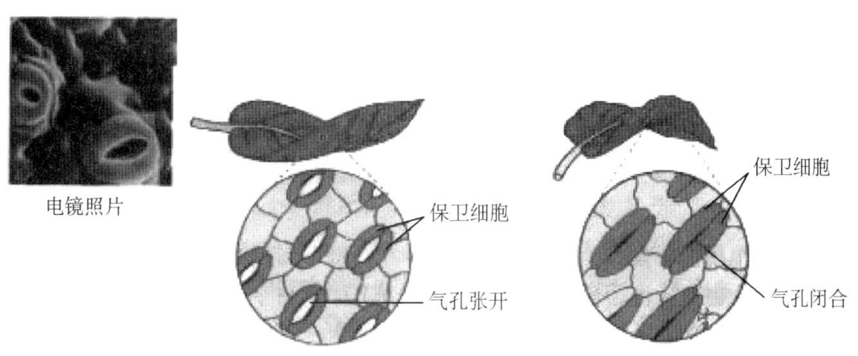

图 1-12 植物叶片上的气孔(来源:网络)

1.4 生物体温控对建筑仿生的启示

1.4.1 动物的进化和建筑的进化

从“有机建筑”理念的实施到生物维护体温能力的分析,可以看出,我们在维持建筑物“体温”的能力上,和自然界的动植物相比还相差甚远。不算远古的单细胞生物和三叶虫,就从脊椎动物算起,沿着“维持体温”的发展线,我们可以清晰地看到动物们努力的进化轨迹。随着体温的恒定,动物的进化程度更加高阶,直至进化出人类,而人类又使用了服装和建筑,从而最终成为万物之王(图 1-13)。

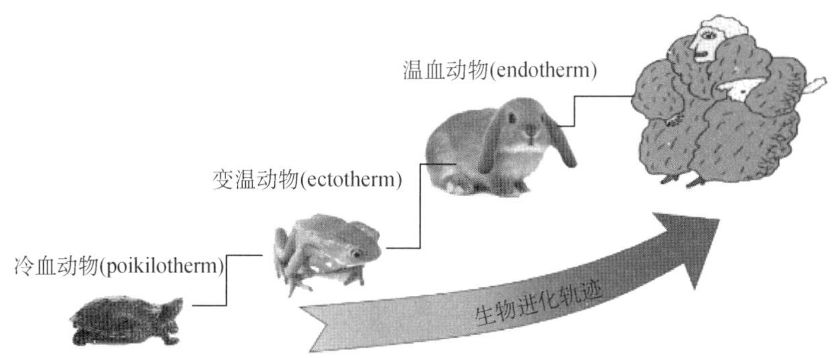

图 1-13 体温恒定能力随着生物进化的轨迹

在建筑技术上,人类发明了各类高端建筑技术和建筑理念,但就恒定体温而言,仍未领悟到大自然的鬼斧神工,仅能与“变温动物”相媲美。而相较变温动物的躯体升温,在建筑物内获得室内舒适度的技术,也只能与晒太阳的乌龟相比(图 1-14)。建筑与乌龟的区别是,乌龟晒太阳是运用的“被动式”节能技术;而建筑的能源大多取自敷设在建筑物内部的“热源”,是个“主动式”结构。

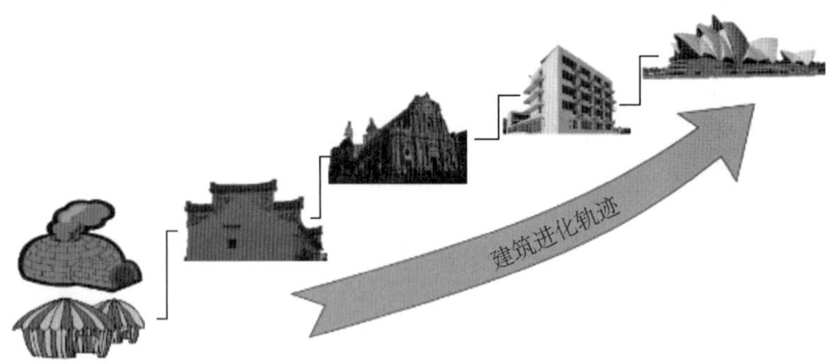

图 1-14　室内温度控制能力伴随着建筑技术进化,然而并未走生物进化的道路

1.4.2　人体结构和建筑结构

从几何形状和热工机理而言,完全可以把脊椎动物与建筑物相比:所有脊椎动物都拥有一个类似于圆柱体的躯干,近似于一栋圆形建筑。除了冷血动物外,哺乳动物具有在环境温度变化下保持体温的能力。非洲的河马和北极的北极熊生活在完全不同的环境中,二者体型相似,体温也并无区别,均为与人体类似的 37 ℃左右。

如果我们人体进行一些“拓扑”的变化,使其拥有建筑的特征,则我们可以更好地去想象人体的器官是如何在发挥着建筑结构或部件的功能(图 1-15)。

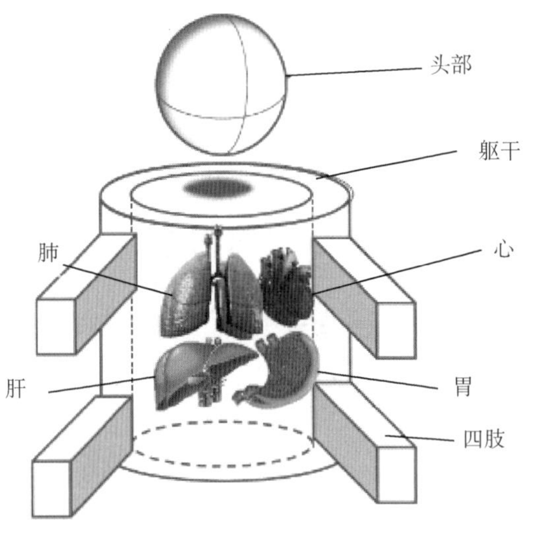

人体结构(器官)—建筑结构(设备部件)对照表

人体结构(器官)	建筑结构(设备部件)
躯干、头部	建筑形体、围护结构
四肢	凸出结构、散热肋片
心脏	循环装置、水泵
肺脏	通风换气、风机
胃脏	能量转换装置、锅炉
肝脏	蓄能装置
动、静脉	供回水管路

图 1-15　几何化的人体构造

来自网络的一些矢量图,则更加逼真地展示了人体的结构(对应建筑的承重结构)和人体的循环系统(对应建筑的循环系统)(图 1-16、图 1-17)。

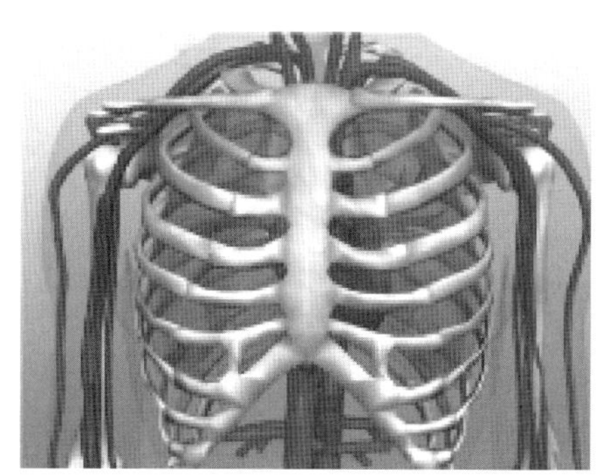

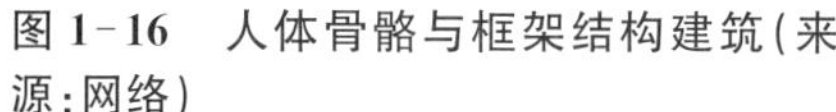

图 1-16　人体骨骼与框架结构建筑(来源:网络)

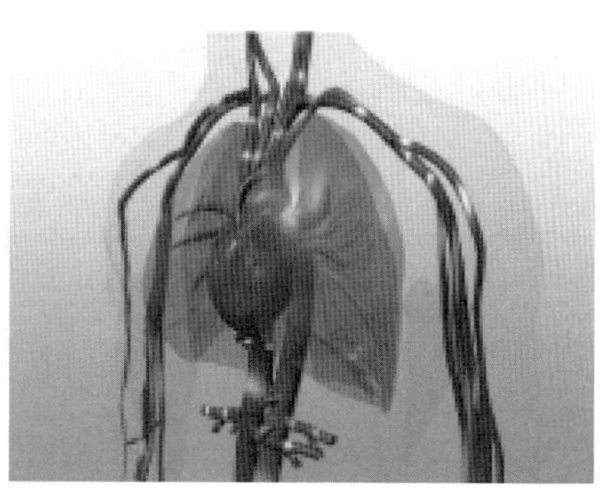

图 1-17　人体心肺及动脉静脉与建筑通风及水系统(来源:网络)

我们尝试着将人体的温度控制系统与建筑物的温度控制系统进行对比,如图 1-18 所示。

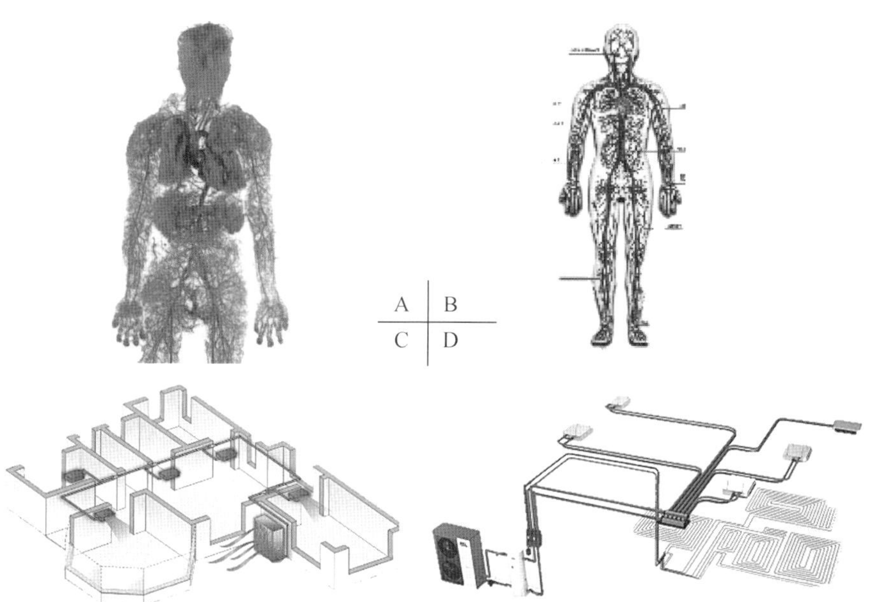

图 1-18　人体循环系统和建筑循环(冷热)系统(A,人体毛细血管;B,人体血液循环;C,建筑物空气系统;D,建筑物冷热水系统)(来源:网络)

可以看到,相比建筑物“简单粗放”的空气和水(或其他冷热媒)系统,人体拥有的各类血管长度加起来很长。其中总面积可达 6 000 m^2 左右的毛细血管网,它的复杂程度远超各类建筑物的冷热媒循环系统,其血液循环提供的输配能力和热量的分配能力也远超建筑物各类系统中的冷热媒循环。

对于建筑物表皮热工性能与人体表皮的热工性能详细对比将在后续章节进行,此处仅就建筑物与人体作为两种与周边进行持续热交换的几何体粗略对比，以求了解二者在能量利用/消耗量级上的区别。

1. 人体与环境进行热湿交换特征和建筑与环境热湿交换指标纵览

(1) 人体

• 人体躯干有着建筑物的特征要素：表皮"供热系统"。其中可以找到管路系统(血管)、水泵(心脏)，但末端和冷热源大不相同。人体躯干中的"供热系统"并不对应建筑物中空调系统的"换热末端"。

• 人体内部的热源应当称为"弥散型"热源：按照目前最新的生理学研究成果，以线粒体在转化 ATP(腺苷三磷酸)过程中发热为主，肌肉战栗为辅，将摄入食物的化学能最终转化成为热能。而且热能转化发生在体内各器官。而传统上认为体内温度最高的肝脏温度则仅略高于体温，约 38～39 ℃。

• 由食物获得的热量通过毛细血管分布到躯干各部位，维持各部位的温度，并通过表皮将多余的热量排放出去。但排放过程中并不借助温差传热，而起作用的毛细血管中的血液温度则恒定地保持为 37 ℃。

• 毛细血管是血液与周围组织进行物质交换的主要部位。人体毛细血管的总面积很大，体重 60 kg 的人，毛细血管的总面积可达 6 000 m^2。毛细血管管壁很薄，并与周围的细胞相距很近，这些特点是进行热量交换的有利条件。同时，血管的动脉、静脉血液温度并无差别，也就是说，血液输送热能的方式并不依赖温差，或者说热源的温度和控制温度间(体温)几乎没有明显温差。

• 人的每日摄入量折合成约 10 000 kJ 热量，为可再生能源(食物)，但并非显热形式，在体内也并未燃烧发热。摄入的能量中显热部分没有计算，应该可以忽略不计，因为最典型的食物摄入并不含显热(汉堡＋冰可乐)，可以完全视为化学能，不计入显热输入。

• 人的平均散热量为 100～130 W，设人体表皮平均 2 m^2，则单位面积散热为 50～65 W/m^2。

• 而人体和环境保持理想状况温差为 17 K(37～20 ℃)，即环境温度 ±20 ℃，相当于冬季供热的工况(20～3 ℃，或 18～±0 ℃)，则人表皮"传热系数"为约 3.8 $W/(m^2 \cdot K)$。

• 人体中并无"冷源"，躯干的降温方式并不需要输入冷量。

• 如果上述推理成立，人体适应环境温度变化的方式，则在温差变化时，维持单位面积散热能力，"传热系数"需要相应变化，即需要一个"动态传热系数"。

• 在温差小于 17 ℃，即环境温度高于 20 ℃时，人体的散热将更加依赖出汗，即体表水分蒸发，也即类似植物的蒸腾作用，通过水相变带走热量。

• 最成功的热带动物是人类，其出汗功能冠绝生物界。因此人类应对热带的能力足以傲视全恒温动物界。这也是人类成为地球霸主的核心技术。

● 如果将人的躯干看成为“建筑物”，则人的体积约为 0.07 m^3，人的表皮面积为约 2.0 m^2，“体形系数”为 28.6。血液(冷热媒)的温度与体温近似相同(37 ℃)。

● 如果我们把食品和自然能源同等看待，从维持腔体温度角度，都是低品位、“无品位”能源，或者是低㶲，食物消化过程转化的热量甚至是废热。

(2) 建筑

● 现有建筑外表皮(表皮)功能是“冷血动物”功能，因此需要高能耗补充达到控制建筑物内部温度的效果。其保温加热都与恒温动物机理相差甚远，故大量耗费燃料。相比之下恒温动物仅需要进食和拥有皮毛。

● 外表皮单位表面积的散热量，人体是 60 W，保温建筑物约 7 W (0.4×17 K)，此处取国家建筑节能规范所要求的节能建筑表皮传热系数(0.4 m^2 · K)，人的“传热系数”比建筑物大约 10 倍，因而单位面积散热能力也大了约 10 倍。

● 表皮蒸发降温技术迄今为止没有被人类作为建筑物温度控制技术所掌握。除了“外墙绿植”和“表皮淋水”类尝试外，“出汗”功能尚未实现。

● 再比较能源品位，人的食物是每天 10 000 kJ，忽略显热，食物和饮料都可以视为“可再生能源”。建筑物全靠显热，而且热源温度与室内控制温度的温差不小于 10 K。低于 35 ℃的热源(热水)几乎无法用于建筑物供热；等于室内温度(26 ℃)的水也无法用于控制室内夏季温度(蒸发/蒸腾)。

2. 人体的体型系数和建筑物的体型系数

为方便对比，假设一栋建筑面积为 314 m^2 的圆柱形建筑，其体型系数定为 0.4。据此可计算出该建筑物的高度应为 $H=5$ m，其外表皮的总面积应为 $F=628$ m^2，体积为 $V=1\,570$ m^3。

(1) 假设冬季热负荷 50 W/m^2 建筑面积，则总热负荷为 $Q_H=314\times 50=15.7$ kW

单位表面积热负荷为 $q_{FH}=Q_H/F=314\times 50/628=25$ W/m^2

(2) 假设夏季冷负荷为 300 W/m^2 建筑面积，则总冷负荷为 $Q_C=314\times 300=94.2$ kW

单位表面积冷负荷为 $q_{FC}=Q_C/F=314\times 300/628=150$ W/m^2

以同样的方式计算人体的体型系数。假设一个“标准人”身高 1.78 m，体重 65 kg，则该标准人的体积 0.065 m^3(人体密度=水)。按照《建筑环境学》[4]公式计算，其外表面积为：

$$
\begin{aligned}
Ad &= 0.61H + 0.012\,8M - 0.152\,9 \\
&= 0.61\times 1.78 + 0.012\,8\times 65 - 0.152\,9 \\
&= 1.76\ \text{m}^2
\end{aligned}
$$

则人的体型系数为

$$F/V = 1.76/0.064 = 27$$

可以看到，与建筑物相比，人的体型系数非常不理想，几乎是建筑物的近68倍。

3. 人的代谢发热和建筑物的冷热负荷

按照《建筑环境学》(同上)[4]所介绍，人体的发热与代谢直接相关，而代谢则又与活动强度直接相关，见表1-1。

表1-1 部分典型活动强度时人的能量代谢率

对象	活动类型	W/m^2	Met
休息	睡眠	40	0.7
	斜倚	45	0.8
	静坐	60	1.0
	轻松站立	70	1.2
办公室	坐姿:阅读、写字、打字	55、60、65	1.0、1.0、1.1
	文件整理:坐姿、站姿	70、80	1.2、1.4
	步行、举物/搬运	100、120	1.7、2.0
步行(平面上)	3.2 km/h(0.9 m/s)	115	2.0
	4.3 km/h(1.2 m/s)	150	2.6
	6.4 km/h(1.8 m/s)	220	3.8
驾驶/飞行	汽车	60～115	1.0～2.0
	飞机:常规、仪表着陆、战斗	70、105、140	1.2、1.8、2.4
	重型车辆	185	3.2
职业活动	烹饪	95～115	1.6～2.0
	房屋打扫	115～200	2.0～3.4
	保持坐姿的重肢体活动	130	2.2
	机械加工:锯切(桌锯)、轻度(电器工业)、重度	105、115～140、235	1.8、2.0～2.4、4.0
	处理50 kg的袋子	235	4.0
娱乐活动	跳舞	140～255	2.4～4.4
	体操/运动	175～235	3.0～4.0
	网球(单打)	210～270	3.6～4.0
	篮球	290～440	5.0～7.6
	摔跤、竞技	410～505	7.0～8.7

从表1-1中可以看出，人的代谢(发热)Q，从睡眠的40 W/m^2 直至重

劳动的 410～505 W/m²，变化范围为 10 倍，而代谢率变化范围也为 10 倍（M＝0.7～8.7 met）。

按前面所计算的建筑物热负荷，粗略以单位建筑面积 50 W/m² 估算，计算出单位外表皮的热流密度为约 25 W/m²（热负荷），少于人睡眠时的表皮散热。

同样按前面所计算的建筑物冷负荷，粗略以单位面积 300 W/m² 估算，计算出单位外表皮的热流密度为约 150 W/m²（冷负荷），大约为跳舞的人体散热量。

在此必须注意，对于建筑物而言，冷热负荷意味着热量方向相反：热负荷意味着热量由建筑物内经由表皮向外流失，因而需要尽量减少热量的流失，或向建筑物内部补充热量，以维持内部热环境，即所谓"冬季工况"或"供热工况"；而冷负荷则并非仅仅是热量经由流入建筑物内部，同时也包括室内人员设备的散热无法及时流出表皮，此时需要由建筑物内向外带走热量，或输入相当的冷量，同样维持内部环境，即所谓"夏季工况"或"供冷工况"。

4. 人与建筑物所处的不同工况

在进入后续章节的详细讨论之前，在此先假定"冬季工况"与"夏季工况"的分野，在于环境温度是否低于或高于室内设定温度，如 20 ℃。环境温度低于室温，属于"冬季工况"、环境温度高于室温，属于"夏季工况"。此时忽略影响建筑物室内温度恒定的"内扰/外扰"区别，同时忽略过渡季节非稳态传热造成室内温度在允许范围内波动，从而不需要考虑冷热负荷（图 1-19）。

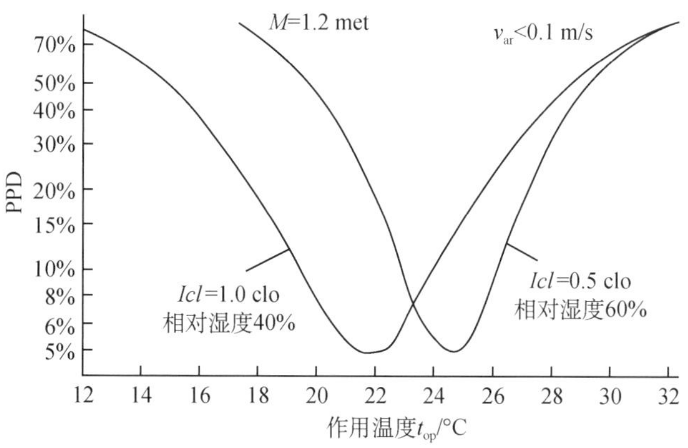

图 1-19　办公室环境作用温度与 PPD 之间的关系（黄晨，2016）

从这个角度而言，人体这个"建筑"所承担的，则几乎是持续的"冬季工况"：针对体温 37 ℃而言，人类正常所处的、可长时间停留的环境温度都位于 37～38 ℃以下，也就是室内从"过冷"到"过热"的状况，也即 PPD 范围为 10%（－0.5～＋0.5 范围）的状况：

可以看到，在 $Icl=0.5$ clo 的夏季状态下，人体的舒适范围尚在 +18～+32 ℃范围内，跨度达到 14 ℃。而这个跨度还远未覆盖人在忍受不舒适的条件下，躯体能够承受的环境温度。

实验发现裸身男子静卧于温度处于 22.5～35 ℃范围内的测热小室内，人体的产热量基本不变。但在 22.5 ℃下停留 1～2 h 后，身体会出现冷战，同时产热量开始增加。环境温度升高时，细胞内的化学反应速度增加，发汗、呼吸以及循环机能加强也会导致代谢率增加[5]。

而在这个温度波动范围内，根据人的活动强度，以及相应的代谢强度，人体的温度波动仅仅在 36～40 ℃之间波动(图 1-20)：

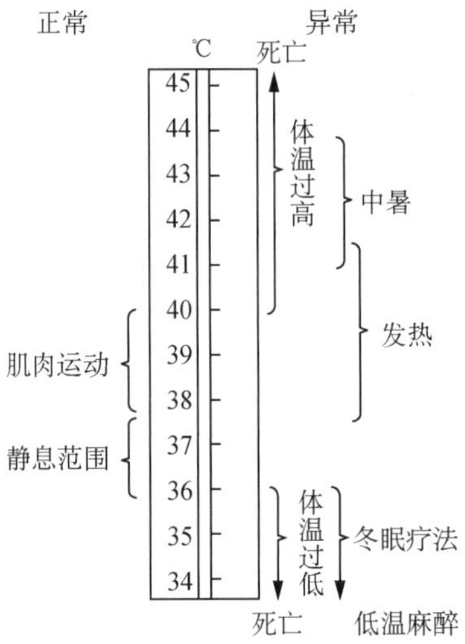

图 1-20　人类体温范围[5]

表 1-2　人体皮肤温度与人体热感觉的关系变化示意图[5]

皮肤温度	状态	皮肤温度	状态
45 ℃以上	皮肤组织迅速损伤，热痛阀	32～30 ℃	较大(3～6 met)运动量时感觉舒适
43～41 ℃	被烫伤的疼痛感	31～29 ℃	坐着时有不愉快的冷感
41～39 ℃	疼痛阀	25 ℃(局部)	皮肤丧失感觉
39～37 ℃	热的感觉	25 ℃(手)	非常不快的冷感觉
37～35 ℃	开始有热的感觉	15 ℃(手)	极端不快的冷感觉
34～33 ℃	休息时处于热中性状态，热舒适	5 ℃(手)	伴随疼痛的冷感觉
33～32 ℃	中等(2～4 met)运动量时感觉舒适		

综上所述，需要人类以自身机能维持体温(0.5～1.0 clo)的环境，大约为 18～37 ℃，与体温的温差为约 0～19 ℃。在此范围内人体将通过向外散热来维持体温不变，但由于代谢率不同，单位面积热流密度变化范围

达 10 倍，同时皮肤温度、表面散热方式则发生变化（对流、辐射、汗液蒸发的比例）。

同样值得注意的是，尽管出现了环境温度达 14 ℃的波动和散热量达 10 倍的波动，但其“热媒”血液温度并无大幅度变化。无论是低于舒适阈值的 18 ℃以下环境温度，还是达到甚至高于目标温度（37 ℃体温）的环境温度，人体中血液的温度始终维持着与体温相同的温度（37～38 ℃）。与此同时，人体表皮温度根据室外环境温度发生波动，从较低的 28 ℃，到较高的 34～36 ℃。除此以外，还伴随着增强表面散热能力的汗液蒸发。

与之相对的是建筑物的“冬季工况”能力：相对应人体在环境温度低于目标温度 19 ℃的情况下维持体温的需求，等同于一个设计室温 20 ℃的建筑物在＋1 ℃环境下维持室内温度的需求。而此时的建筑物已经需要极为夸张的表皮保温（$Uw \leqslant 0.15\ \mathrm{W/(m^2 \cdot K)}$，被动房指标），相对应的室内单位平方米产热能力（内扰），则估算为 50 $\mathrm{W/m^2}$。

更进一步，各类补充室内热量的系统（供热系统）所需要的热媒温度，则均远高于建筑物的“体温”，即室内设计温度 20 ℃。从传统最高的热媒温度 130 ℃（低压蒸汽、城市热网供水），到新技术最低的 35 ℃（地暖）。以最低的供热温度地暖为例，其供热温度（35 ℃）仍高于室内目标温度（18～20 ℃）足足 15～17 ℃。

5. 人体散热能力和建筑物散热能力

由于室内环境作为人类长期舒适停留的场合，其热环境的考量可以说最终是为了满足人以最佳方式排出几乎从不停歇的代谢过程中的废热为目标，即所谓“热中性温度（thermal neutral temperature）”区，因此该环境需要经常保持低于人体温度约 11～19 ℃，而对应该环境温度下人体的散热能力，则在 40～505 $\mathrm{W/m^2}$ 的巨大幅度上波动。

而这个要求，也可以与建筑物在室外环境温度接近及超过室内目标温度时的要求类似。当建筑物由于日射得热和内扰出现冷负荷时，由于室内外不存在足够的温差，其内扰部分无法通过表皮传到室外，从而形成了需要通过输入冷量来平衡的冷负荷。

而这又体现了人体的“建筑热物理”优势：人体的散热并不完全依赖导热对流辐射，而是在此之上加上了传质和相变，即汗液蒸发部分。由于这个能力，人体甚至在环境温度高于体温的情况下，仍能有条件地向环境散热，以保持体温低于环境温度。

决定人体代谢率的最显著因素是肌肉活动强度。因此，当活动强度一定时，人体的发热量在一定温度范围内可以近似看作是常数。但随着环境空气温度的不同，人体向环境散热量中显热和潜热的比例是随着环境空气温度变化的。环境空气温度越高，人体的显热散热量就越少，潜热散热量越多。环境空气温度达到或超过人体体温时，人体向外界的散热形式就全部变成了蒸发潜热散热（图 1-21）。

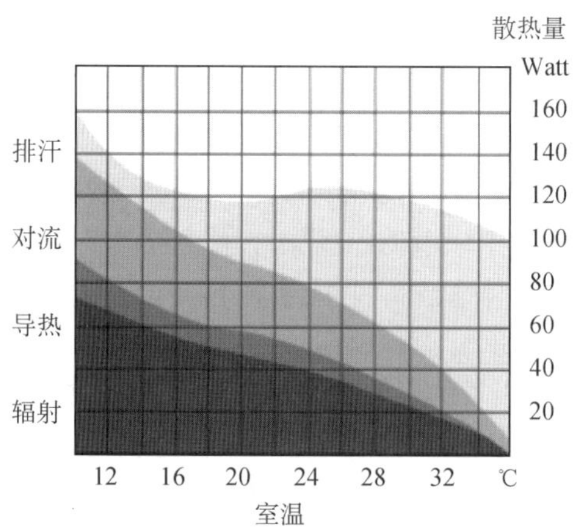

图 1-21　不同温度下人体散热方式比例

表 1-3　成年男子在不同环境温度条件下的散热、散湿量[5]

活动强度	散热散湿	环境温度(℃)										
		20	21	22	23	24	25	26	27	28	29	30
静坐	显热(w)	84	81	78	74	71	67	63	58	53	48	43
	潜热(w)	26	27	30	34	37	41	45	50	55	60	65
	散湿(g/h)	38	40	45	50	56	61	68	75	82	90	97
极轻劳动	显热(w)	90	85	79	75	70	65	61	57	51	45	41
	潜热(w)	47	51	56	59	64	69	73	77	83	89	93
	散湿(g/h)	69	76	83	89	96	102	109	115	123	132	139
轻度劳动	显热(w)	93	87	81	76	70	64	58	51	47	40	35
	潜热(w)	90	94	100	106	112	117	123	130	135	142	147
	散湿(g/h)	134	140	150	158	167	175	184	194	203	212	220
中等劳动	显热(w)	117	112	104	97	88	83	74	67	61	52	45
	潜热(w)	118	123	131	138	147	152	161	168	174	183	190
	散湿(g/h)	175	184	196	207	219	227	240	250	260	273	283
重度劳动	显热(w)	169	163	157	151	145	140	134	128	122	116	110
	潜热(w)	238	244	250	256	262	267	273	279	285	291	297
	散湿(g/h)	356	365	373	382	391	400	408	417	425	434	443

从表 1-3 中可以看出。同样的活动强度，在环境温度为 20 ℃时，显热与潜热所占的散热比例与环境温度为 30 ℃时有很大不同，然而其总散热量则大致不变，同时散湿量大幅度增加。可以说，散湿能力也即潜热换

热能力在人体散热能力上占有举足轻重的地位，而在建筑散热能力上则完全缺失。同样的热量向外排放，在人体仅为 40～400 g/h 的水分蒸发，而在建筑则为单位面积表皮 200 W/m^2，即约 400 W/m^2 的单位建筑面积冷负荷，其所需投入的冷量及相应设备代价之高，完全无法望人体性能之项背。

1.4.3 人体和建筑的热工对比

综上所述，从建筑热物理角度将人体视为建筑并与常规建筑进行对比，可以得到以下结论：

(1) 人的躯干与建筑物是可比的；

(2) 人的体型系数比建筑物差得多(68 倍)，因而属于“不节能”建筑；

(3) 人体发热量远大于建筑冷热负荷(近 10 倍)，因而人体具有远高于建筑物的换热能力；

(4) 人体散热环境(37 ℃～环境温度范围)与建筑物散热环境(20 ℃～+1 ℃)量级相似；

(5) 人体换热所动用的热媒驱动温差(热源—目标温度)极小，相比之下建筑物所需的驱动温差极大(35 ℃地暖—130 ℃市政管网)；

(6) 人体表皮单位面积换热可控能力(19 ℃温差，40～505 W/m^2，37 ℃体温不变)远超建筑物温度控制系统(同样 19 ℃温差，25～150 W/m^2，20～26 ℃目标温度范围)；

(7) 人体所拥有的“热传递循环系统”(动静脉、毛细血管)远比建筑物所使用的冷热源、输配及末端系统复杂且高效；

(8) 人体表皮所拥有的调节显热散热能力机制(毛细血管舒张)是目前建筑技术上尚不具备的，其根据需求调节表皮热流密度的能力远超目前各类建筑节能技术；

(9) 人体表皮所拥有的潜热散热能力(汗液蒸发)是目前建筑技术上尚不具备的，其效果应远超目前的空调技术水平；

(10) 人体内部的热量传递可以分为导热和对流，其机制相比建筑物内发生的热量传递方式远为复杂，最大的区别在于人体内部热量传递所采用的介质为血液；

(11) 尽管血液中约 90%的成分为水，但其拥有的传递热能的“能量密度”远超建筑物中所采用的各类介质(空气、水、制冷剂)；

(12) 尤其是血液所拥有的在体内各处触发带有热效应的生理变化能力，如发热(ATP 转化)、出汗(相变)等，其物理、化学及生物变化所能产生的热效应让所有的建筑冷热媒望尘莫及。

因此可以得出结论，人类躯体拥有着远比建筑技术先进高效的“建筑热物理”技术，这也是本书致力于探讨和发掘的方向。

2 建筑节能基础理论

2.1 概述

2.1.1 三种理论的发展历程

1. 被动式理论

被动式建筑节能技术产生于20世纪80年代末至90年代初，正是西方工业发达国家兴起节能环保的高峰时期。在这个时期，欧洲各国，尤其是德国/奥地利作为技术创新的温床，出现了大量的建筑节能新技术。而德国被动房技术理念也是这个时期出现的技术。按照目前国内建筑节能行业上对被动式建筑理论创建的叙事，该理论源于中欧技术交流中的思维碰撞。被动房建筑的概念是在德国上世纪80年代低能耗建筑的基础上建立起来的，1988年瑞典隆德大学(Lund University)的阿达姆森教授(Bo Adamson)和德国的菲斯特博士(Wolfgang Feist)首先提出这一概念，他们认为"被动房"建筑应该是不用主动的采暖和空调系统就可以维持舒适室内热环境的建筑。1991年在德国的达姆施塔特(Darmstadt)建成了第一座被动房建筑(Passive House Darmstadt Kranichstein)，在建成至今的十几年里，一直按照设计的要求正常运行，取得了很好的效果。1996年，菲斯特博士在德国达姆施塔特创建了被动房研究所(Passivhaus Institute)，该研究所是目前被动房建筑研究最权威的机构之一。如今，在欧洲很多国家和美国都建立了被动房建筑的研究机构。在欧洲已经有上万座被动房建筑，并且被动房的理念已经不再只局限于住宅建筑中，在一些公共建筑中，也逐渐开始采用被动房的标准进行建设。

需要指出的是，在此前后在德国及欧洲地区都涌现了大量的建筑节能技术，如目前已经被国内视为家常便饭的新建建筑"标配"地暖，也是在这个时期由德国从百年前的工业革命遗产中发掘出来，进行二次开发而成为低能耗高舒适采暖末端技术，进而普及千家万户的。同样的技术还有冷辐射天花、置换通风等一大批先进技术。

与上述同期出现的技术不同的是，被动式节能建筑的推动者不再是传统为建筑能耗负责的暖通空调科研人员和工程师，而是原来对节能并不关心的建筑师们。在社会发展整体趋势的推动下，欧洲建筑师的环保意识被唤醒。他们对建筑的"社会责任感"充分反思，因此也出现了各类相关的学派、风格、理念和实践尝试。两位德国被动房技术的奠基人，均为建筑物理、建筑结构方面的专家，其研究范围均未深入涉及暖通空调领域①②。而由建筑师所推动的建筑节能理念，和传统上由暖通空调专家所开发的技术就有技术路线上的极大不同：暖通专家们致力于开发高性能、高效率的冷热源、系统、末端，以及各类可再生能源的利用，而建筑师们则诉诸建筑本体的热工性能。从德国被动房技术的终极追求就可以看出，建筑师们追求的是"没有冷暖设备的舒适建筑"，而这对于暖通工程师而言属于颠覆性的模式。

2. 低㶲理论

低㶲理论建立了一套以"㶲"(exergy)为评价标准的评价体系，将现有各类成熟的建筑用能技术进行了分类和评价。与被动式建筑节能技术的创立背景不同的是，低㶲理论的原创团队是以暖通空调专家为核心的一群专业工程师和教授。在1990—2010年间，由德国柏林工业大学Dirk Müller教授领衔的一批西欧、北欧教授和暖通专家为核心的团队建立了"低㶲技术联盟"，通过各基金会及企业的赞助支持，对建筑能耗的特殊性做了大量的理论分析，并提供了大量指导性意见。低㶲理论更加注重能源品位的合理利用分析，也即国内业界所谓的"高质高用、低质低用"理念的具体实施层面研究。在整个低㶲理论学术研究活跃期间，低㶲联盟定期组织各项学术活动，在学术研究方向上进行分工合作，进行了大量实验，发表了大量学术成果，并通过各类示范工程展示了该技术的实际价值。参与该项目的各方均将项目的目标限定在学术的范围内，而且确定了研究的方向和界限，划出了"有所不为"的范围。以下方向为低㶲(low exergy, LowEx)理论研究的方向：冷热电联产、热泵与制冷机、蓄能技术、热网技术、平面热活性化与换热装置、控制技术；以下方向则为"有所不为"方向：冷热源技术、冷热媒输配与分配技术。

低㶲联盟开宗明义地将自身研发的宗旨定位为"降低㶲耗"，而将整个研发的最终目的确定为以下成果输出：研究㶲分析方法及工具、开发相

① Lund University Publications (Hg.): Bo Adamson. Online verfü gbar unter, https://lup.lub.lu.se/search/person/bkl-bad.

② Wolfgang Walter Josef Feist. Online verfü gbar unter, https://www.researchgate.net/profile/Wolfgang_Feist.

应的软件、发表成果、举办讲座以及展示示范产品及项目。

可以看出，与被动式建筑理念开发推广浓厚的商业目的不同，低㶲理论的开发旨在给行业提供一个节能方向和手段的判断工具。活动期间联盟除软件外没有自行开发任何一种产品，也没有任何一个企业以“低㶲”为旗号开发市场。但在该学术研究活跃期间，大量的欧洲企业参与其间，尤其是以德国在该行业的各著名企业为主力的制造业为该理论提供了大量的支持，并对自己的产品、系统技术做了大量的研发创新。在2011年，低㶲研究成果作为国际能源协会建筑与区域能源分会（IAE-EBC）第49号子课题（Annex 49）[1]验收通过后，该学术组织认为其学术目标已经实现，联盟活动逐渐减弱。但低㶲理论目前在建筑节能、暖通空调行业已经成为一个学术共识。

3. 煅理论

煅理论最早缘起可追溯到本世纪初，过增元院士等提出了热量传递势能的概念[2,3]，后来改称为煅[4]，英文名为 entransy[5]。这个概念是从热传导和导电比拟得出的。这两种物理现象很类似，从概念、物理量到物理定律都很类似，二者的比拟也曾用来解决复杂的稳态和瞬态传热问题，比如人们可以用电阻代替热阻的电学实验来比拟热学实验。但过增元院士等通过比拟发现，电学中有电势能的概念，但传热却没有对应的物理量，因而提出了煅。它可表征热量对外传热的能力，也可理解为热量的势能。

自然界发生的任意热量传递过程，均不可避免地带来煅的耗散。换言之，煅在自然发生的传热过程中只减不增。因此就可得到煅耗散的概念。基于这个概念，过增元院士等得到了煅耗散极值原理和最小热阻原理。煅耗散极值原理即在给定传热量时，最小传热温差对应最小煅耗散；给定传热温差时，最大传热量对应最大煅耗散。最小热阻原理则表明，上述煅耗散极值对应最小热阻，这个热阻是基于煅耗散的概念定义的。此外，研究人员还得到了基于煅理论的最小作用量原理、孤立系统的热平衡判据、封闭系统的热平衡判据、煅的微观表述等等。

煅理论是中国学术界在基础理论上的一个重大贡献，尤其是在热学这种纯理论的方向上。但煅理论并不是针对建筑节能而提出的一个具体可操作性的理论，而是在热学、热力学和传热学的理论基础上提出了新的概念和物理量。煅理论迄今为止仍在理论建设过程中，学者们致力用煅理论去分析传统热力学、传热学理论未能充分揭示的热力学和传热学现象，如最小熵产理论等。

2.1.2 三种理论的归类

从建筑节能各类技术的原理来分类，可以将建筑节能分为以下四大方向：

(1) 减少建筑物自身的能量消耗:该目标设定以建筑物自身为目标,通过在建筑热物理范畴的理论分析,找到能耗发生的方式和途径,并提出相应的解决方案。被动式节能建筑理论从根本上属于该类技术。

(2) 从能源系统上寻找最佳方案:由于传统的供冷供热、采暖空调系统源自工业革命后的技术发展,需要对其效果,尤其是能量利用效率进行大量的优化。低烟理论从根本上属于该类技术的一个理论总结及提升。

(3) 可再生能源替代:同样是在工业革命技术上的发展创新,可再生能源应用技术注重在原有基于化石能源应用技术基础上发展创新,用可再生能源替代,从而减少对于地球资源和环境的压力。该技术方向自成体系,但与上述方向均有关联交叉。

(4) 行为节能管理:通过大量采用信息控制类技术,使得设备运行方式更加符合实际能耗需求的发生方式,加上对使用者的节能意识培育、设备使用手段培训等,使得能耗设备的运行更加高效。该方式主要基于设备运营,故首先自成体系,并与用能系统优化有深度结合。

目前被动式节能理念和低烟理念已经在建筑节能上形成成熟的技术路径或解决方案。尤其是被动式节能理论,已经形成了一套自成体系的技术生态圈。同样,低烟理论则属于对用能系统优化形成了一套理论基础,并进一步成为对各类用能系统的判断标准。除此之外,煾理论则更倾向于从传热理论方面指导建筑节能,还未形成完整的体系。

2.2 被动式理论①

2.2.1 被动式理念

被动式的理念,很重要的一点,是用"内扰"抵御"外扰"。"扰"的概念,是破坏原有平衡的干扰因素。在建筑热物理上,"扰"便是破坏原有建筑热平衡的热量传递。而以"扰"的来源区分,可分为"外扰"——与室外气象条件相关,"内扰"——与室内的使用方式和强度相关。"外扰",可能是得热(夏季),从而最终形成"冷负荷",也可能是失热(冬季),从而形成热负荷。而"内扰"则几乎仅为得热。在目前的教科书中,"内外扰"这个概念更多地用于说明夏季冷负荷的生成;而在冬季,则"内扰"往往被默认为补偿型的得热,从而忽略不计。

外扰的特征,是与室外气象条件呈正相关关系:首先起决定因素的是建筑物所在地,由此决定了外扰的绝对量级。同时外扰也随着日夜、季节由正到负持续变化。在表皮的作用下,部分外扰(如墙体传热)影响到室内温度有一定的迟滞性。

① 对于被动房的思考, http://chinagb.net/zt/qita/bdf/index.shtml.

内扰的特征，则是与室内使用情况呈正相关关系：室内用途决定了内扰总的绝对量级，使用时段、节奏又决定了其发生的总量。同时，内扰几乎在所有场合均为正值，即各类能源形式在经过转换（灯光、设备应用）或纯粹散热（人体散热）后，形成对室内的热量输入。内扰在很多场所不是个连续值，如商场、学校、影院等。内扰可能通过表皮和室内材料的蓄热能力的吸收而并不直接作用到室内温度变化上。

而维护室内舒适度和建筑节能的要求，排除卫生、洁净方面的要求，则是在全年寻找理想的方式来实现热平衡。从该角度而言，主动、被动的区别仅为维持热平衡的手段：主动式诉诸设备系统，被动式诉诸围护。比如，德国被动房技术所采用的各项节能技术手段，是通过改变表皮的热工性能，使得外扰与内扰之间达到热平衡。即以增强各项热工性能指标的方式，使得外扰尽可能减少，以至于与内扰形成热平衡。由德国“被动式技术研究所”介绍的在德国实行的技术指标如图 2-1 所示。

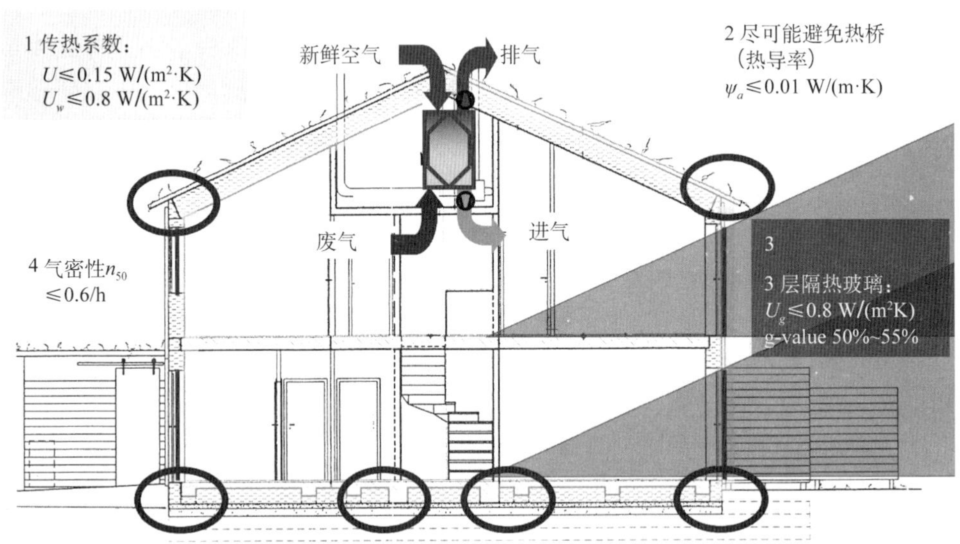

图 2-1　德国被动房技术节能措施（来源：德国 Passivhaus Institut）

通过上述内外扰特性分析，可以得出结论：这种热平衡是有前置条件的，在前置条件不具备的场合，被动式节能理念则不适用。具体而言，形成被动式理论所需要的热平衡状态，需要内外扰互为抵消的状态。

内扰在所有发生时段均为正值，而外扰则在供热季为负值，供冷季为正值，过渡季则在正负之间变化。也就是说，希望通过内外扰形成热平衡，只能在供热季和部分过渡季。如果进一步排除过渡季，则被动式的适用场合仅限于外扰在一个有限范围内波动（不大于内扰最终能够抵消）的供热季。

综上所述，被动式理论的核心在于通过表皮热工性能（综合 U 值、遮阳、玻璃 G 值）的优化，使外扰形成的负荷不大于反向作用的内扰，从而避免向室内提供热量。在此基础上的新风换气技术，则仅是选取相应的成熟技术，来补偿表皮失去透气能力后的新风换气要求，以及配合被动式理论，形成完整的节能建筑系统方案，因而并不具有特别的技术创新意义。而对表皮热工性能提升的过度依赖，还进一步造成了该技术的经济性问题，即以过高的代价(各类表皮保温、无冷桥、密封等技术及材料)获取了表皮热工性能的提升，但其回报则仅限于减少了也许与投入无法相抵的供热能耗(图 2-2)。

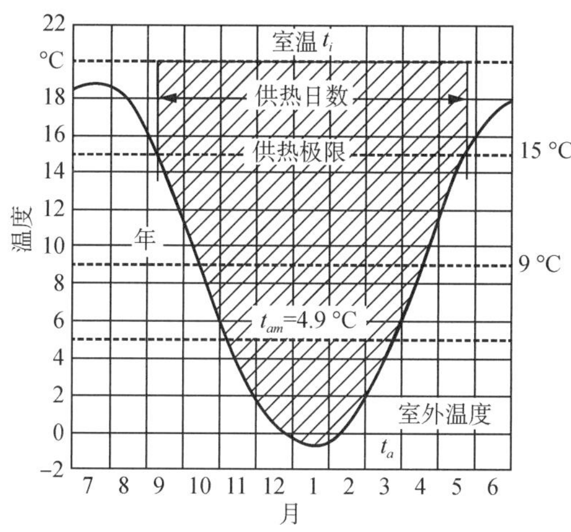

图 2-2　德国柏林供热季节室外空气温度[6]

2.2.2　被动式理论的局限性讨论

1. 专注于供热季的节能理念

被动式理念所产生的地区，是欧洲传统的供热地带，即德国/奥地利。该区域在当地采暖规范中要求室外日气温 15 ℃以下即开始供热，不存在集中供热系统的起始时间管理制度。但一般将每年 9 月 1 日到第二年 5 月 31 日作为供热季节看待。

按上述定义，德奥地区冬季漫长(9 个月)，但室外平均气温并不很低。德奥地区典型的气象条件见表 2-1、表 2-2。

表 2-1　奥地利典型城市室外平均空气温度及度日数

城市	4～10 月			5～9 月		年平均温度/℃
	采暖天数	平均温度/℃	度日数	采暖天数	度日数	
因斯布鲁克	212	3.2	4 010	69	450	−18
萨尔茨堡	212	3.1	3 985	75	565	−18
维也纳	212	3.4	3 720	51	418	−15

表 2-2　德国若干典型城市室外平均空气温度及度日数[6]

城市	5~9 月			6~8 月		年平均温度	
	采暖天数	平均温度	度日数	采暖天数	度日数	t_{20}℃	t_{10}℃
柏林	252	4.9	3 809	23	155	−12	−12
不来梅(机场)	256	5.6	3 703	30	205	−10	−12
杜塞尔多夫	245	6.5	3 300	22	139	−8	−10
埃森	249	6.1	3 470	32	216	−9	−10
法兰克福(市区)	242	6.0	3 387	14	91	−10	−10
汉堡(机场)	259	5.2	3 837	35	241	−10	−12
汉诺威(机场)	257	5.3	3 782	32	216	−11	−14
卡斯鲁厄	242	5.9	3 409	14	88	−10	−12
斯图加特(市区)	244	6.0	3 434	18	121	−11	−12
基尔	262	5.5	3 813	36	234	−8	−10
慕尼黑(机场)	255	4.1	4 046	30	219	−15	−16

* t_{20}=20 年间取 20 次平均温度　t_{10}=10 年间取 20 次平均温度。

以此相对应的中国北方传统供热区域典型城市的气象条件见表 2-3、表 2-4。

表 2-3　中国典型城市的平均温度与度日数

城市	起止日期	天数	室外均温/℃	计算温度/℃	度日数
哈尔滨	10.18—4.12	177	−9.9	−26.0	4 938
长春	10.21—4.9	171	−8.3	−23.0	4 497
沈阳	10.31—3.31	152	−5.1	−19.0	3 587
乌鲁木齐	10.24—4.3	162	−8.5	−22.0	4 293
兰州	11.2—3.14	133	−2.8	−11.0	2 776
银川	10.30—3.24	146	−3.0	−15.0	3 168
西安	11.21—3.2	102	1.1	−5.0	1 724
呼和浩特	10.21—4.4	166	−6.2	−19.0	4 017
太原	11.5—3.21	137	−2.6	−12.0	2 822
北京	11.12—3.17	126	−1.6	−9.0	2 470
天津	11.16—3.15	120	−1.5	−9.0	2 340

需要说明的是，德奥所选取的室内设计温度为 20 ℃，而中国现行的室内设计温度则为 18 ℃。

表 2-4 不同气候区典型城市气象参数

城市	哈尔滨	沈阳	营口	北京	郑州	驻马店	上海	韶关	广州
气候分区	严寒 B 区	严寒 C 区	寒冷地区	寒冷地区	寒冷地区	夏热冬冷	夏热冬冷	夏热冬冷	夏热冬暖
HDD18	5 032	3 929	3 526	2 699	2 106	1 956	1 540	747	373
CDD26	14	25	29	94	125	142	199	249	313

如果将中国上述典型城市的供热季节(天数)和德奥相比,可以看出两者又相差甚巨:中国最北方的寒冷城市哈尔滨仅有 177 天供热,而维也纳却有 212 天,柏林则竟有 252 天。

2. 表皮热工性能对于夏热冬冷地区能耗的影响分析

由于中国的建筑节能工作由北方严寒与寒冷地区启动,北方地区学习参照了北美和欧洲寒冷地区的保温节能模式,包括计算模型、分析软件及技术产品,建筑节能的成效非常显著。南方地区在开展建筑节能工作时,应用技术基本学习北方,许多方面是模仿、照搬。但由于南北气候区域显著不同,夏热冬冷地区建筑单位面积冬季采暖耗能为前者的 1/11[7]。与北方严寒及寒冷地区相比,建筑单位面积能耗数量不同,所面临的建筑节能主要矛盾有极大差别,因而对于被动式节能技术在冬冷夏热地区的适应性必须做更进一步的分析。

图 2-3 为挪威专家提供的每座建筑的采暖能耗-温度曲线图,可以看出,冬季室外平均温度直接影响该建筑的采暖能耗高低,室外平均温度越低,能耗越高;斜线的斜率表明其保温性能,保温越好,斜线越平,斜率越小;两条斜线之间的差值表示相同保温措施在不同室外温度区域冬季采暖节能量是不同的;此外,冬季采暖能耗还与采暖期的长短有关,严寒地区长达半年,寒冷地区有四个月,夏热冬冷地区通常为两个月。图 2-3 说明了冬季室外平均气温对建筑采暖能耗的直接影响。

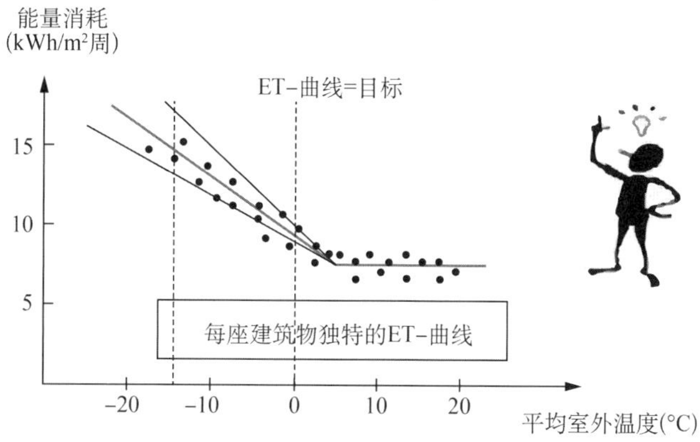

图 2-3 采暖能耗-温度曲线图[7]

夏热冬冷地区建筑节能设计标准对于控制建筑表皮传热系数有明确要求,《公共建筑节能设计标准》(GB 50189—2005)中说明:“夏热冬冷地区…… 对于公共建筑(办公楼、商场、宾馆等)当屋面 K 值降为 0.8 W/(m^2 · K),外墙平均 K 值降为 1.1 W/(m^2 · K)时,再减少 K 值对降低建筑能耗已不明显”,如图 2-4 所示。

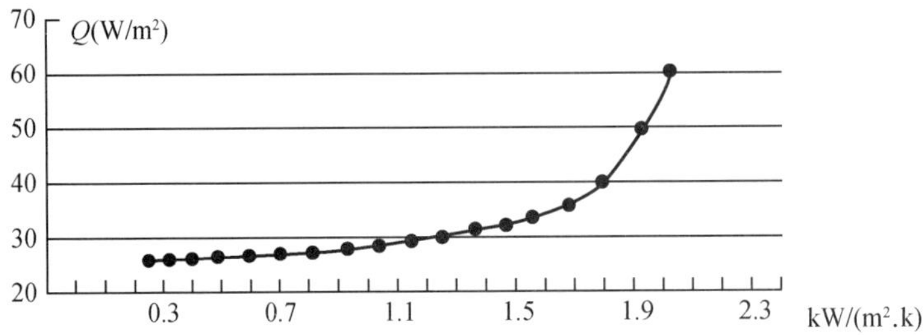

图 2-4　外墙 K 值与单位平方米能耗的关系[7]

《夏热冬冷地区居住建筑节能设计标准》(JGJ 134—2010)也指出:“当屋面 K 值降为 1.0 W/(m^2 · K),外墙平均 K 值降为 1.5 W/(m^2 · K)时,再减小 K 值对降低建筑能耗的作用已不明显。”[8]这些限制充分表明,在标准制定过程中已经充分认识到,夏热冬冷地区建筑表皮的传热系数 K 值要求明显与北方寒冷地区不同,不能也不应仅仅只通过无限制地降低外墙、屋面 K 值以满足节能设计权衡计算要求。这些限制也说明,与北方不同,夏热冬冷地区的建筑节能,不能只通过表皮的保温措施来使节能率由 50%提高到 65%甚至更高(图 2-4)。

曾宪纯等[7]认为,针对夏季建筑表皮的节能技术研究不够。建筑材料的隔热、热惰性、蓄热性,阳光辐射下建筑表皮的升温机理和模型,表皮遮挡阳光技术研究、建筑表皮降温效果分析研究需要进一步深化。夏热冬冷地区夏季空调能耗不仅与气温相关,也与建筑表皮外表面温度高低相关。现场实测,当夏季室外气温达 36 ℃,而杭州市某建筑外墙表面及屋顶表面因为阳光辐射升高至 56 ℃、63 ℃,对于相同的建筑表皮,同样按照传热系数计算建筑能耗,显然后者应该高于前者很多。

以某办公建筑为例,利用较为常用的建筑节能计算软件,绘制了如图 2-5 所示的该建筑的各围护结构单位面积能耗变化曲线。

从图 2-5 中看到:B 图表明外墙保温层等厚度增加,传热系数降低使冬季采暖能耗也降低,但是软件也反映出当保温层的 K 值为 1.0 W/(m^2 · K)后,保温层等厚度增加的节能效果越来越小,与标准条文说明概念一致;A 图表明外墙传热系数降低对夏季空调节能没有效果。

图 2-5 中 D、C 图反映屋面的保温效果,情况与外墙相似。

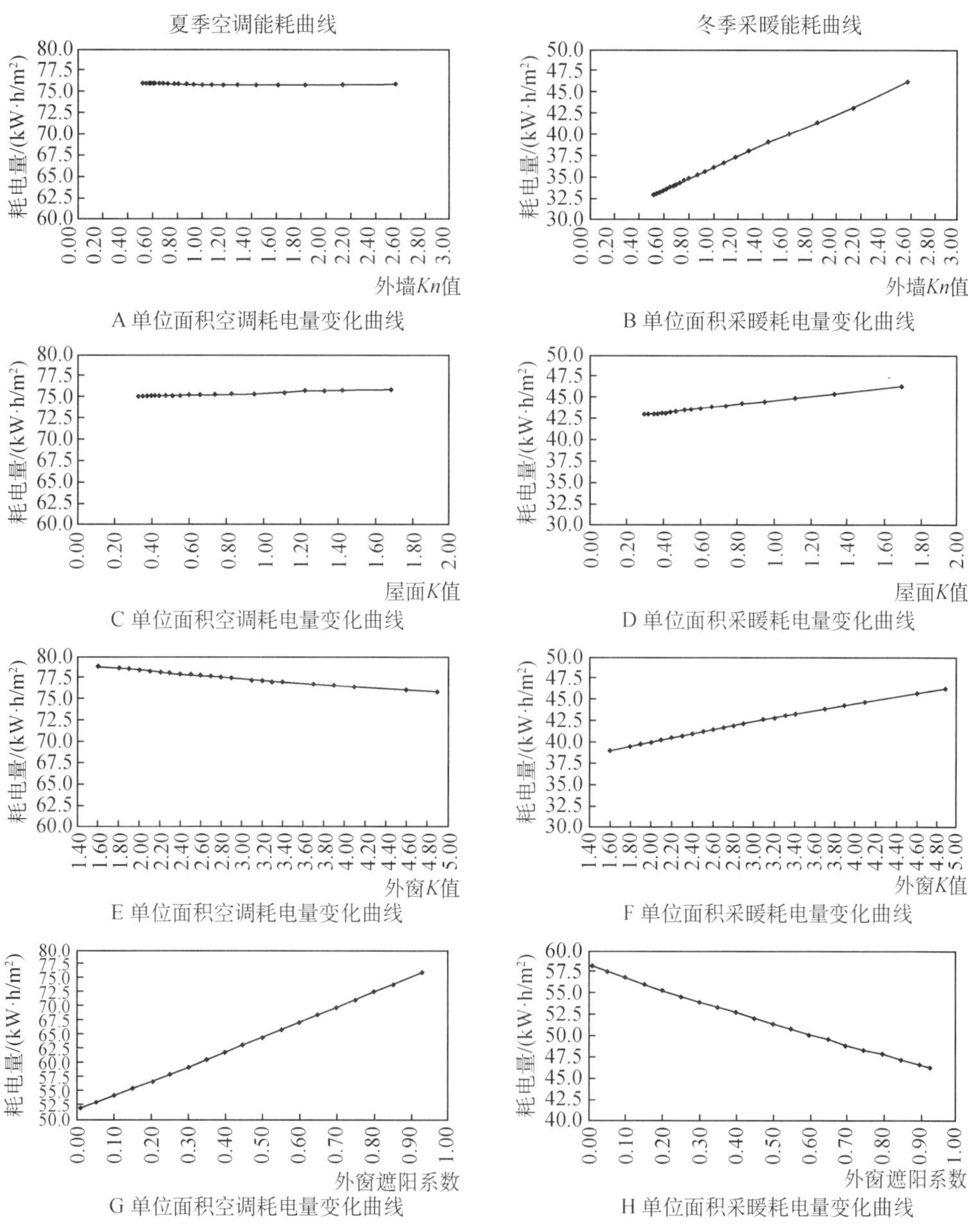

图 2-5　某办公楼单位面积空调、采暖能耗变化曲线[7]

图 2-5 中 F 图表明外窗传热系数降低对冬季采暖节能有降低效果；E 图表明外窗传热系数降低对夏季空调降耗反而不利，这与全封闭建筑、24 h 全时段空调计算模式有关。

图 2-5 中 G 图反映外窗遮阳的夏季良好节能效果，遮阳系数越低，节能作用越好；H 图反映在夏热冬冷地区遮阳系数越低，冬季采暖

能耗越高，清楚表明在该地区固定外遮阳负面作用，应该采用活动外遮阳。

3. 夏热冬冷地区的过渡季节问题

夏热冬冷地区在维持室内舒适(温度)方面的特殊性，在于其供热季较短，年日平均气温≤5 ℃的日数约 90 天，供冷季较长，年日平均气温≥25 ℃的日数为 40～100 天，其余时间则是过渡季，约 200 天。改变表皮热工性能所带来的供热季节能贡献，远不如严寒地区和寒冷地区大。即使其原理能带来供热季的节能效果，但在≤90 天的时间段里，对室外温度 0～10 ℃情况下的节能回报仍与寒冷地区(90～145 天，－10～0 ℃)和德奥(212～252 天，－10～18 ℃)无法相提并论。

除此之外，被动式节能技术所强调的表皮热工性能优化将进一步造成内外扰相互抵消的困难，从而在绝大多数时间引起过热，以至于室内过早地出现不必要的冷负荷。如果不考虑主动式温控系统(空调系统)来排除多余的热扰，则室内舒适度将在绝大多数时间得不到保证，室内温度将持续处于偏高的状态。

也即是说，过于强化的表皮热工性能和密闭性能将造成表皮在该区域必要的“热通透性”丧失，在内外扰均为得热的情况下，无法通过表皮“被动式地”排出不必要的得热，从而人为地制造了附加的冷负荷。而且，这部分附加的冷负荷将发生在本不需要任何能耗，而室内温度原本不需调节便可满足舒适需求的过渡季。换言之，夏热冬冷地区建筑物表皮所需要的“散热”能力由于表皮热工性能的增强而消失了。对于德国被动房技术而言，此段时间的室内温度将持续处于一个较高的程度，从而无法满足舒适要求。而安装了空调系统的“主动式”建筑，则需在过渡季无谓地开启空调设备来消除冷负荷。

从建筑节能市场而言，该气象区域也正是中国经济最发达的区域之一(长三角)。如果一个并不节能的技术在该地区推广，事实上造成了空调能耗过高，将在经济上进一步造成损失。

4. 夏热冬暖地区供冷季隔热的问题

如前文所分析，作为被动式节能基础的内外扰互抵原理在供冷季无法实现，即内外扰在供冷季将叠加成为总冷负荷。而作为配合主动式空调系统的表皮热工性能改善，也仅能针对外扰部分进行优化，减少外扰侵入。也即是说，被动式节能理念在温暖地区是不适用的。

同时，保温与隔热并非同一个名词，而德国被动房技术中则并未区分两种技术。供冷季的室内外温差和供热季的室内外温差以及由其作为驱动温差所引起的热流属于完全不同的数量级：

$$q_{外,冷} / q_{外,热} = \left| \frac{\Delta\theta_{冷}}{\Delta\theta_{热}} \right| = (34\ ℃ - 26\ ℃)/[20\ ℃ - (-15\ ℃)]$$
$$= 12/35 \approx 1/3 \quad (2\text{-}1)$$

也即是说,假设表皮的热工性能完全一致,供冷季的表皮负荷也仅是供热季的 1/3。因此,在供冷季的外扰中,表皮传热部分所占的比例与供热季的比例完全不是同一个数量级。按照中国目前工程经验值作匡算,热负荷为冷负荷的 1/3,则供冷季表皮部分负荷仅为总冷负荷的 1/9。也即是说,在供冷季的负荷构成中,内扰(得热)和日射(准内扰)以及新风换气成为热扰主要部分。

除此之外,夏热冬暖地区 7 月平均气温 25～29 ℃的气候条件意味着室外温度将在日夜之间在室温(26 ℃)上下波动,即所谓"瞬时得热"是否能够转化为冷负荷的经典问题。在此情况下,通过表皮的热流在日夜之间将出现双向往复的情况,而这种情况在以内扰为主要构成负荷的供冷季,本应成为利用室外自然冷源的一个手段,即利用夜间的室内外温差(26～18 ℃)来部分消除内扰和日射形成的负荷。而过度强调的表皮热工性能改善反而将减弱该散热能力,即表皮的"呼吸"能力。

5. 高温高湿地区的湿负荷问题

中国东部地区(胡焕庸线以东)的气候条件与欧洲气候条件的一个重大区别,在于空气中的含水量。尤其是夏热冬冷地区和夏热冬暖地区,室外空气的相对湿度远大于欧洲(图 2-6、图 2-7)。

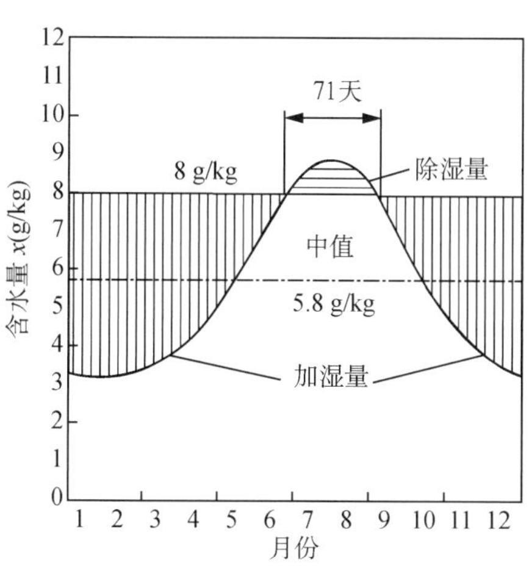

图 2-6　柏林空气平均含水量(8 g/kg 相当于 22 ℃/50%)[6]

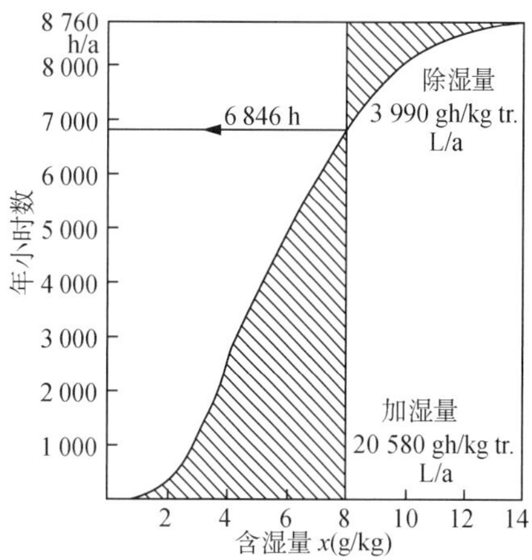

图 2-7　波茨坦空气含水量发生频率

表 2-5 中国主要城市相对湿度(2013 年)

城　市	1 月	2 月	3 月	4 月	5 月	6 月	7 月	8 月	9 月	10 月	11 月	12 月	年平均
北京	61%	51%	45%	39%	47%	71%	71%	69%	68%	60%	42%	40%	55%
天津	67%	59%	48%	42%	47%	65%	71%	67%	68%	63%	52%	55%	59%
石家庄	71%	69%	44%	45%	53%	68%	74%	68%	73%	66%	45%	47%	60%
太原	53%	52%	40%	40%	43%	61%	78%	70%	69%	63%	51%	46%	56%
呼和浩特	59%	40%	35%	33%	32%	51%	69%	67%	59%	50%	52%	51%	50%
沈阳	72%	64%	60%	58%	55%	65%	78%	80%	75%	77%	66%	68%	68%
长春	72%	64%	60%	58%	50%	63%	73%	74%	59%	61%	62%	69%	64%
哈尔滨	71%	67%	67%	59%	54%	67%	76%	76%	64%	68%	69%	76%	68%
上海	70%	75%	65%	57%	71%	77%	58%	63%	74%	72%	67%	69%	68%
南京	71%	79%	63%	51%	70%	78%	67%	66%	74%	69%	65%	64%	68%
杭州	76%	81%	67%	56%	69%	78%	51%	58%	74%	73%	68%	65%	68%
合肥	79%	84%	71%	62%	79%	84%	79%	74%	79%	73%	73%	70%	76%
福州	72%	79%	73%	71%	81%	80%	69%	72%	69%	60%	70%	63%	72%
南昌	81%	90%	79%	77%	78%	81%	68%	64%	71%	61%	70%	54%	73%
济南	68%	66%	41%	43%	56%	61%	77%	65%	60%	49%	49%	46%	57%
郑州	60%	64%	43%	42%	52%	52%	66%	54%	55%	49%	50%	45%	53%
武汉	78%	87%	75%	70%	80%	81%	72%	69%	83%	76%	81%	73%	77%
长沙(望城)	77%	87%	70%	70%	72%	69%	51%	54%	72%	59%	68%	58%	67%

（续表）

城　市	1月	2月	3月	4月	5月	6月	7月	8月	9月	10月	11月	12月	年平均
广州	73%	80%	85%	90%	89%	84%	86%	87%	83%	72%	75%	65%	81%
南宁	83%	87%	78%	82%	83%	79%	81%	82%	83%	73%	76%	77%	80%
海口	82%	85%	78%	81%	83%	80%	84%	84%	87%	78%	83%	75%	82%
重庆(沙坪坝)	72%	73%	59%	61%	73%	66%	59%	59%	80%	81%	87%	84%	71%
成都(温江)	75%	73%	64%	70%	74%	76%	84%	78%	83%	82%	80%	79%	77%
贵阳	83%	86%	73%	81%	80%	78%	74%	77%	79%	77%	81%	76%	79%
昆明	66%	46%	50%	51%	65%	68%	79%	79%	78%	80%	74%	75%	68%
拉萨	15%	23%	27%	40%	42%	47%	60%	53%	56%	50%	27%	21%	38%
西安(泾河)	45%	69%	40%	48%	60%	52%	73%	63%	64%	59%	67%	57%	58%
兰州(皋兰)	49%	42%	26%	27%	51%	58%	71%	63%	72%	57%	57%	59%	53%
西宁	42%	41%	28%	36%	56%	61%	73%	67%	74%	62%	60%	62%	55%
银川	43%	28%	24%	24%	38%	49%	57%	51%	58%	48%	45%	52%	43%
乌鲁木齐	79%	80%	62%	50%	40%	45%	42%	44%	40%	49%	75%	89%	58%

（来源：中国统计年鉴）

表 2-6　中国主要城市空气含湿量和湿空气密度年平均值

序号	地点	大气压力 (kPa)	温度 (℃)	相对湿度	含湿量 (g/kg 干空气)	湿空气密度 (kg/m³)
1	呼和浩特	89.5	5.8	60%	3.8	1.290 0
2	哈尔滨	99.3	3.6	75.5%	3.8	1.290 0
3	乌鲁木齐	91.3	5.7	62%	3.9	1.290 0
4	长春	98.6	4.9	73%	4.0	1.289 9
5	拉萨	65.1	7.5	41%	4.1	1.289 8
6	西宁	77.4	5.7	56.5%	4.2	1.289 7
7	沈阳	101.1	7.8	71%	4.6	1.289 4
8	银川	89.0	8.5	61%	4.8	1.289 3
9	太原	92.6	9.5	61.5%	4.9	1.289 2
10	兰州	84.7	9.1	59.5%	5.1	1.289 0
11	北京	100.1	11.4	61.5%	5.1	1.289 0
12	天津	101.6	12.2	65.5%	5.8	1.288 5
13	石家庄	100.6	12.9	63.5%	6.2	1.288 2
14	济南	100.9	14.2	63.5%	6.4	1.288 0
15	郑州	100.2	14.2	68%	6.9	1.287 6
16	西安	96.9	13.3	69.5%	6.9	1.287 6
17	南京	101.5	15.3	77%	8.3	1.286 6
18	杭州	101.1	16.2	78.5%	8.5	1.286 4
19	上海	101.5	15.7	79%	8.6	1.286 3
20	合肥	101.2	15.7	78%	8.7	1.286 3
21	武汉	101.3	16.3	77.5%	8.7	1.286 3
22	南昌	100.9	17.5	74.5%	9.3	1.285 8
23	贵阳	89.3	15.3	77.5%	9.5	1.285 6
24	长沙	101.0	17.2	78%	9.6	1.285 6
25	昆明	81.0	14.7	75.5%	9.9	1.285 3
26	成都	95.6	16.2	82.5%	10.0	1.285 0
27	福州	100.5	19.6	76%	10.9	1.284 6
28	广州	101.3	21.3	76.5%	12.1	1.283 7

（续表）

序号	地点	大气压力(kPa)	温度(℃)	相对湿度	含湿量(g/kg 干空气)	湿空气密度(kg/m^3)
29	南宁	100.4	21.6	78.5%	12.4	1.283 4
30	台北	101.3	22.1	79.5%	13.3	1.282 8
31	香港	101.3	22.8	76%	13.6	1.282 5

（来源：网络）

从对比中，可以看出，中国典型城市与德国柏林室外空气含水量确实存在着较大的差别。如德国柏林的平均含湿量仅为 5.8 g/kg，按德国要求，大于 8 g/kg 而需要除湿的天数仅为 71 天，其余时间室外空气含水量均低于 5.8 g/kg，该含水量的空气与室内空气交换，可以很好地起到干空气的作用，降低室内的相对湿度，甚至于在供热季还需要人工加湿，以保证室内空气相对湿度不低于舒适标准。而中国天津与德国柏林相似。而 8 g/kg 的含水量，仍属于较为干燥的空气(26 ℃/60%的空气含湿量为约 12～13 g/kg)。由此引起的结果，便是中国东部地区的夏季(供冷季)负荷中，潜热负荷/除湿负荷比例明显大于显热负荷/冷负荷。

而被动式节能技术中所缺失的则是空气相对湿度处理技术。由于德奥地区的气候条件并无夏季除湿的需求，同时如上所述，德奥地区供热空调的主要季节是冬季供热，因而对于新风的湿负荷可以不予考虑，故被动式节能技术中除了简单的新风换气＋热回收技术，并无明确的除湿技术。因而在中国东部地区面临着其技术方案中缺失供冷季空气处理适用技术选项的问题。

而对除湿的需求会进一步引起能耗的问题：被动式技术所强调的热平衡，仅能适用于显热负荷部分，而对于潜热负荷则无法应用。尤其是湿负荷，在供冷季季节是外扰(室外空气相对湿度造成的湿扰)和内扰(人员和含水材料如食品、饮料)通过呼吸、出汗和水蒸气蒸发进入空气中的水分。如室外空气含水量较低(如德奥地区)，则通过新风换气达到湿平衡并非不可能；但在中国东部地区的室外空气含水量情况下，则必须通过除湿手段满足室内空气相对湿度的要求。而现有的市场成熟除湿技术中，尚无不需能耗而能长期运行的方案。除湿剂之类的技术，对于持续的湿负荷而言均属于杯水车薪。

目前市场成熟的空气除湿技术，均或多或少地需要动用冷冻或冷却(吸收/吸附式除湿)技术，尤其是性价比较高的冷冻除湿技术，需要用较高的能耗制备冷量。在冷冻除湿过程中，所处理过的除湿空气由于其空气温度必须低于机器露点而将带有较大的冷量，从而对供冷季所需消除冷负荷的冷量形成了较好的适配关系。而被动式技术由于并不针对高温高湿环境的空气处理，故在中国东部地区的供冷季无法提供相应的解决方案而显得水土不服。

6. 严寒地区的新风热回收结冰问题

德国被动房技术中,要求室外新风完全靠效率为大于75%的热回收机组来完成加热,达到向室内送风的空气温度。该技术在寒冷地区尚能基本满足需求,但在严寒地区则遇到了热回收装置的结冰问题。

从焓湿图2-8中可以看出,新风热回收的机理,是新风和排风之间进行显热换热或全热换热。其中显热换热通过金属隔板热回收装置的传热,仅回收排风中的显热部分,而全热热回收则同时回收潜热部分。

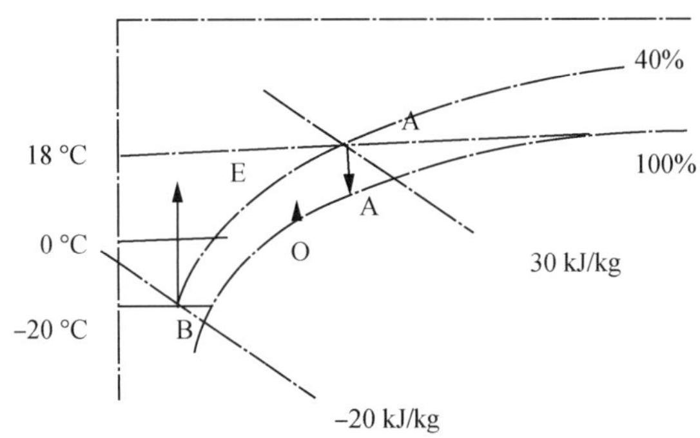

图2-8 供热季新风换气焓湿图分析

以显热热回收为例:假设新风换气机的新风/排风风量比例为1∶1,则排风的75%焓值将用于加热新风。而单位新风最终状态则是室内温度18 ℃。简单以升温表示新风加热程度,即新风被加热到室内外温差的75%,其余25%则成为外扰的一部分,由室内热量(内扰)平衡,即:

如室外温度为−10 ℃,

$h_B = -8$ kJ/kg,

则:$\Delta\theta = 18 - (-10) = 28$(升至室温);

$28 \times 75\% = 21$,

$t_{B'} = -10 + 21 = 11$ ℃(热交换升温);

$h_{B'} = 12$ kJ/kg,

$\Delta h = 22$ kJ/kg(升温所需焓差);

此时室内温度为18 ℃:$h_A = 30$ kJ/kg;

则:$h_{A'} = h_A + \Delta h = 30 - 22 = 8$ kJ/kg,

$t_{A'} = -2$ ℃(露点略低于冰点);

如室外温度为−20 ℃,

$h_B = -20$ kJ/kg,

则:$\Delta\theta = 18 - (-20) = 38$(升至室温);

$38 \times 75\% = 28.5$,

$t_{B'} = -20 + 28.5 = 8.5$ ℃(热交换升温);

$h_{B'}=10$ kJ/kg，

$\Delta h=30$ kJ/kg(升温所需焓差)；

此时室内温度为 18 ℃：$h_A=30$ kJ/kg；

则：$h_{A'}=h_A-\Delta h=30-30=0$ kJ/kg，

$t_{A'}=-6$ ℃(露点低于冰点)。

在以上假设条件下，由于排风需要对室外新风加热，其温度迅速下降。如要满足德国被动房的排风交出 75%的焓值，用以加热新风的要求，则排风温度将首先降温至露点，然后沿露点再降至冰点，出现结冰现象。此现象将在室外温度接近−10 ℃时出现。

如新风量大于排风量，形成正压送风，则新风的极限温度将更高(约−5 ℃)。一旦低于该温度，排风侧将出现结冰现象。此时新风将无法被充分加热，从而使得送风温度过低，影响到室内舒适度。

冰点的出现与下述因素有关：

(1) 室外空气温度及温度波动；

(2) 室内空气相对湿度；

(3) 新风/排风比例；

(4) 热回收效率。

如采用全热回收，则将出现新风、排风同时结冰现象，从而使得新风换气机无法持续工作。

因此，如果在严寒地区采用德国被动房技术，在表皮高度密封，依赖新风换气运行时，新风换气机的“被动式”运行严重受上述因素影响。尤其是室外温度低于 10 ℃后，被动式新风热回收技术在原理上变得不可行。

2.3 低㶲(Low Exergy)理论

2.3.1 㶲的定义

低㶲理论(Low Exergy，LowEx)首先从卡诺循环开始对㶲的概念进行了重新澄清。对于一份能量而言，在其参与热工转换过程中，仅有一部分能转换成为功，而另一部分则无法转换，而是流失到周边环境中去。可转换部分能量为㶲，不可转换部分能量为炁(图 2-9)。

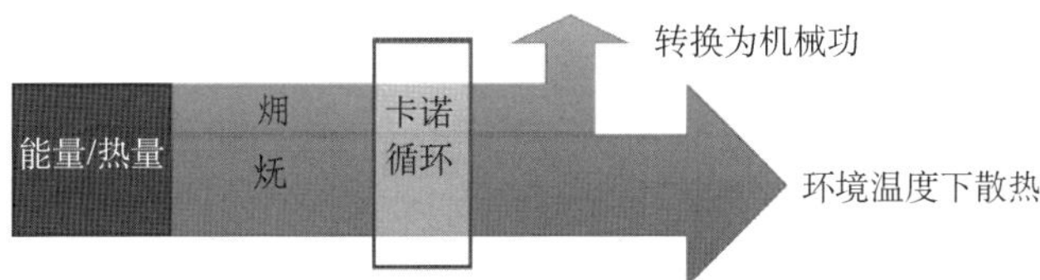

图 2-9 能量、㶲与炁的关系

可转化部分能量意味着能量的精华，是可以由一种能量形式转化为另一种能量形式的。不同的能量形式有着不同的转化能力，而这就是㶲的定义(图 2-10)。

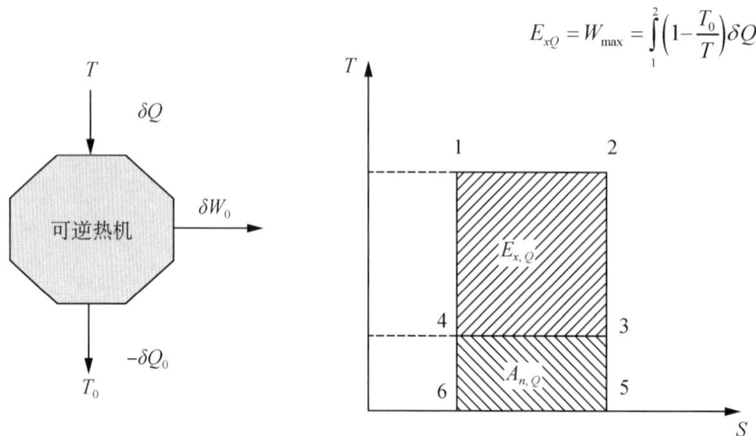

图 2-10　㶲的定义及表达式

按上述㶲的定义，则以下例子可以更加形象地说明㶲和炕的区别：同样的 100 kJ 能量，可以以电能形式存放在一个 12 V、23 A 的蓄电池中，也可以以热能形式存放在一个处在 43 ℃温度的 1 kg 水中(图 2-11)。

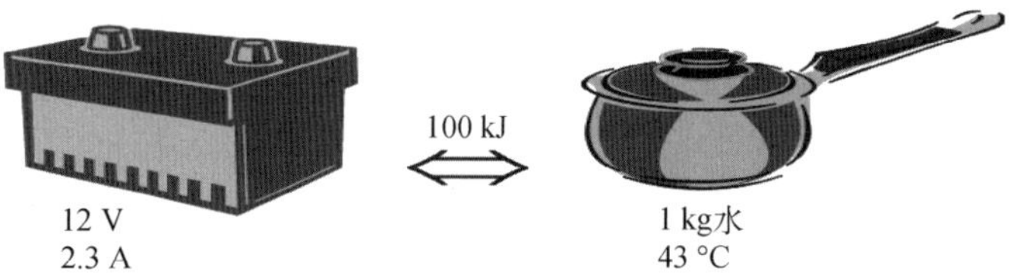

图 2-11　同样的能量，不同的㶲值[9]

二者虽然有同样的能量，但有完全不同的能量品位(能质系数)。12 V/23 A 的电能可以几乎实现所有形式的能量转化，而处在 43 ℃的 1 kg 水则完全无法实现任何能量转换，而仅能向温度更低的位置传热。蓄电池中的电能能质系数为 100%，而 55 ℃温热水的能质系数则仅为约 15%[1]。

低㶲理论将 20 ℃(室内设计温度)和 0 ℃(欧洲平均冬季室外计算温度)分别作为㶲的坐标点，引入热量㶲图表，并将室温(20 ℃)与环境温度(−10 ℃、0 ℃)的温差作为能质系数的计算依据，得出此时室温的能质系数为 10%或 7%(图 2-11)。在此基础上，低㶲理论按照能源品位对建筑物的能源供应和需求建立了相应的对比(图 2-12、图 2-13)。

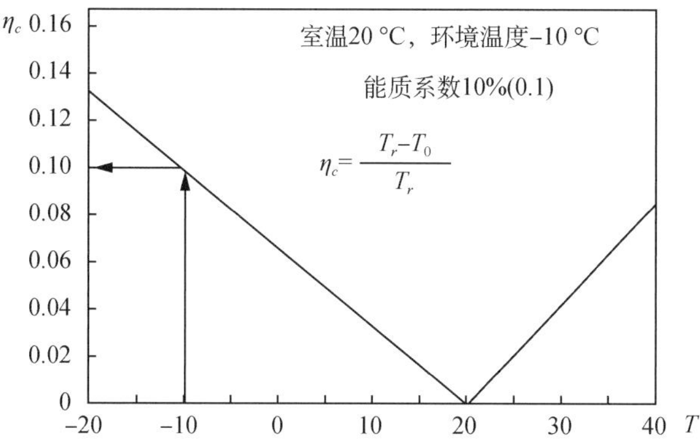

图 2-12　以室温 20 ℃为零烟点时室温 20 ℃的能质系数(Müller)[9]

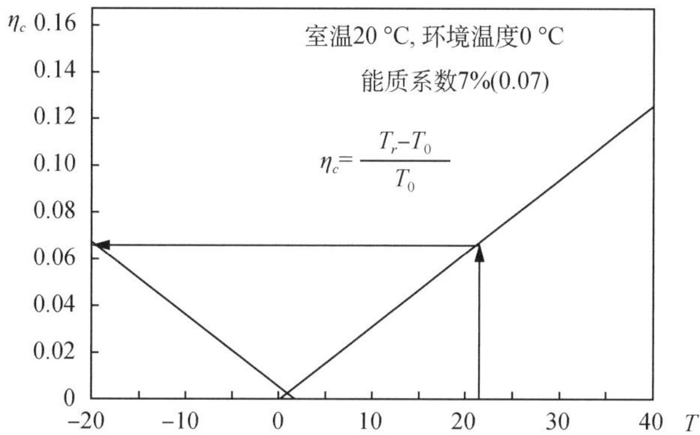

图 2-13　以室外温度 0 ℃为坐标点时室温的能质系数(Schmidt)[10]

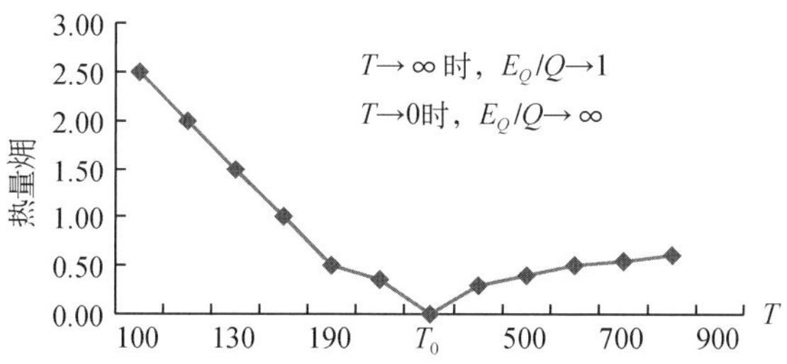

图 2-14　热量烟(能质系数)与温度的关系

2.3.2　基于低烟理论的建筑用能评价

1. 烟分析

低烟理论认为，如果将建筑物与环境作为一个能量平衡体系，则需要分析建筑物作为一个热力学开放系统的能量流入流出(图 2-15)。

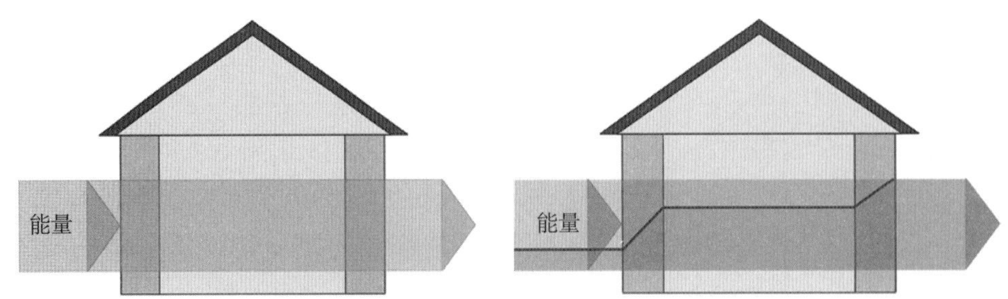

图 2-15 流经建筑物的能流与㶲流(Müller)

如果一个建筑物的室内温度在一个时间段内没有发生变化,则意味着该建筑物在此时间段并未消耗能量。能量只是流经该建筑物而已。如果希望减少该建筑的能量流,则需要对该建筑的能量流需求进行改善,降低能量流的需求。此时从维持室温的角度而言,便是改善表皮 U 值的"被动式"建筑节能理念。

但如果分析流经该建筑物的㶲流或能量品位,则可发现其能量品位在流入流出之间发生了极大变化。流入建筑物的㶲(制备、驱动、热功转换)将在建筑物内完全被消耗掉,最终成为室温与环境温度之间的温差所拥有的㶲值或能质系数(7%)。

在 Annex49 中对于建筑中能量流(Energy Flow)和㶲流(Ex Flow)分别做了分析,认为二者在建筑中发生的方式并不相同。根据热力学第一定律,能量是不会消失的,它只是在应用过程中转化为了其他能量形式,而能量转化的最终形式为热能,即 Energy 在建筑物的流动后,最终主要以热的形式通过表皮流出。但根据热力学第二定律,可以表现能量所拥有的做功能力、即能量转化能力的㶲(Ex)则在能量流动过程中逐渐减少,从热量的制备、输送、分配、流出过程中,Ex 在热量制备环节已经大量消耗,从而几乎丧失了所有做功能力。而在输送、分配环节中,甚至不得不进一步输入外部的 Ex 以完成这些环节。最终的热量在通过表皮时,可以进行能量转换的 Ex 则消耗殆尽。

低㶲理论认为,对于任意一个用能环节,都可以以㶲效率来评价其用能的合理性,即:

$$Ex_{in} + Ex_{out} - Ex_{sto} - Ex_{irrev} = 0 \tag{2-2}$$

式中,Ex_{in} 为流入系统的㶲;Ex_{out} 为流出系统的㶲;Ex_{sto} 为存入系统的㶲;Ex_{irrev} 为耗散的㶲。

$$\Psi = Ex_{out}/Ex_{in} = \lambda_{out}/\lambda_{in} \tag{2-3}$$

以㶲效率评估各类常规建筑用能系统,尤其是供冷供热系统,将得到不同的㶲效率,而传统的系统㶲效率均较差。

从降低建筑物整体能耗角度而言,表皮无疑是对能耗影响最大的因素之一。尤其是在供热工况下，表皮的负荷构成了能耗需求的主要部分。然而一次能源供应、能量转化为热能、经过输配和室内散热，直至流出表皮成为环境能源，其中大量的能量并未到达表皮，而是损失在中间环节（图 2-16）。

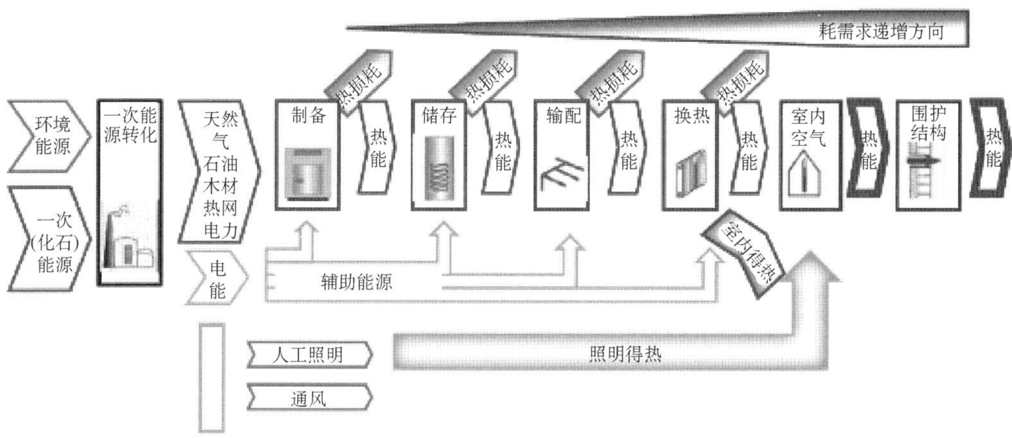

图 2-16　从一次能源最终转化成环境能源的能量流[1,10]

从烟耗的角度分析，则整个系统的烟损并未发生在表皮上，而是在转化成为热能的环节被消耗掉（图 2-17）。

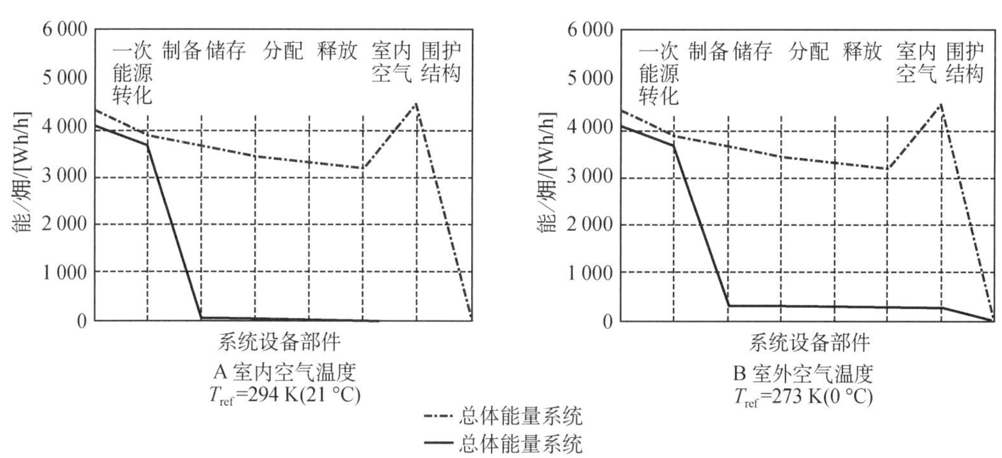

图 2-17　通过供热系统的能流与烟流，A 室温（21 ℃）为零烟点，B 室外温度（0 ℃）为零烟点[10]

低烟理论通过建筑物内部的能量流和烟流分析得出结论，认为现有建筑用能系统的能量品位匹配完全处于不合理状态：从供热角度看待建筑物出现的能耗，仅仅是在室外环境温度介乎于－10～0 ℃之间时维持室内温度 20 ℃的一个不含热工转换过程的热力系统，以室温和环境温度为高低位热源，得到其能质系数处于 7%～15%之间；而为了维持室温 20 ℃的能量补充需求，应当也只需要补充稍高于 7%～15%能质系数的能量即可。而现有常规系统均用极高能质系数的能源端向建筑物供能,如化石燃料或电能,其能质系数均可认为是在 0.95～1.0 之间。供方与需方的能质系数差距极大,而所有的㶲都在系统中以㶲效最低,甚至完全无谓的功—热转化方式变得荡然无存。

低㶲理论进一步分析了一个典型建筑用能系统中的能量流,从一次能源/可再生能源进入系统、沿途的损失到进入室内空气,最终通过表皮散失到环境中的全过程。从分析中可以看出,建筑物的用能系统十分不合理:仅仅是为了对上述 20 ℃(室温)—0/－10 ℃(环境温度)热力系统补充所消耗的能量,从一次能源投入、转换热能、储存、输配、到向室内空气散热以维持 20 ℃室温,沿途的工作温度都远高于 20 ℃的目标温度。而由此引起的向环境的热量散失,仅有少部分(室内输配系统散热)能回到最终用途上。

对于同样的用能系统能量流,低㶲理论做了进一步的㶲损分析。从分析可看出,作为高能质系数的一次能源/电能,其所含的㶲在热能制备的环节便已消耗殆尽。一旦电能、化学能在制备过程中转化成为热能,㶲值便将彻底耗散。

2. 能质系数

按照《民用建筑能耗分类及表示方法》(GB/T 34913—2017),能质系数(Energy Coefficient)为能源的㶲与该能源数量的比值,其数值在 0～1 之间。能源的品位越高,对应的能质系数越大(图 2-18)。

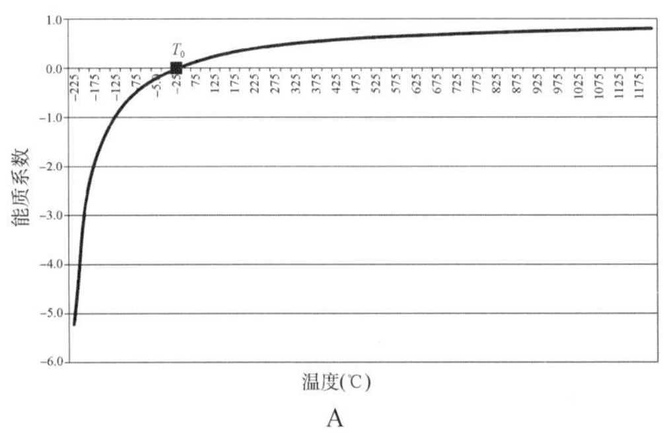

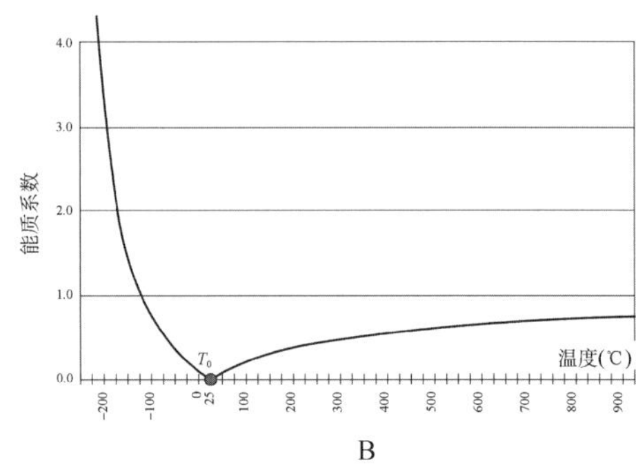

图 2-18 以温度 25 ℃为坐标原点的能质系数图表[A 相对值;B 绝对值(Annex 49)][1]

$$\lambda = \frac{E_x}{Q} \tag{2-4}$$

式中,λ 为该种能源的能质系数,数值在 0～1 之间,比如电力的能质系数 $\lambda = 1$;Q 为该种能源相应的热量;E_x 为该种能源的㶲。

冷/热媒的能质系数可分为以下两类:

(1) 热水的能质系数,对于供回水温度分别为 T_1 和 T_2 的热水,能质系数见式:

$$\lambda = 1 - \frac{T_0}{T_1 - T_2} \ln \frac{T_1}{T_2} \tag{2-5}$$

式中，T_0 为环境温度，单位为开(K)；T_1 为热水供水温度，单位为开(K)；T_2 为热水回水温度，单位为开(K)。

(2) 冷水的能质系数，对于供、回水温度分别为 T_1 和 T_2 的冷水，能质系数见式：

$$\lambda = \frac{T_c}{T_1 - T_2} \ln \frac{T_1}{T_2} - 1 \tag{2-6}$$

式中，T_0 为环境温度，单位为开(K)；T_1 为冷水供水温度，单位为开(K)；T_2 为冷水回水温度，单位为开(K)。

当冷水温度低于环境温度时(例如数据中心冬季仍采用冷水进行降温)，则采用式(2-5)计算冷水的能质系数。

在低㶲理论能质系数计算中，选择液化气(LNG)能质系数 0.94，即高位热值(Szargut 和 Styrylska，1964)①。

能量在整个建筑用能中是守恒的，但沿程不断散失，最终到达真正需要的末端只有制备并输入部分的几分之一。而㶲则是沿程被耗散，尤其是在制备热能的环节，由于热能是能量的最低级形式，所以在制备热能的环节，无论其他何种形式的㶲，都将在这个环节转换为能质系数极低的热能㶲，同时失去其全部的做功能力。

同时也因为最终对于供热而言的能量品位需求仅仅是为了补偿能质系数为 7%的相当于 20 ℃室温的低㶲，所以整个㶲的耗散过程变得极其不合理(图 2-19)。

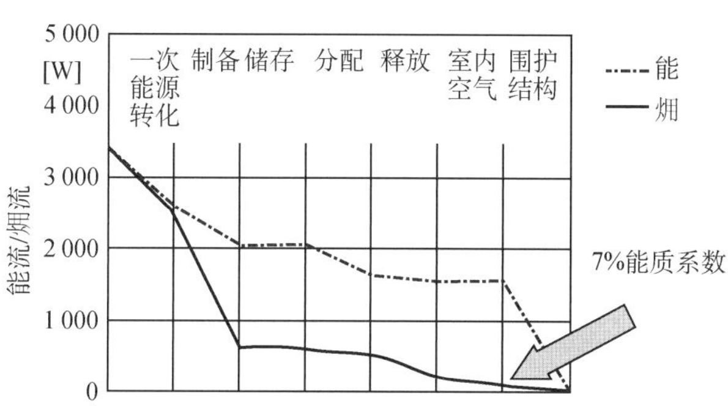

图 2-19　建筑用能系统中不同位置的能流与㶲流

3. 辐射换热的㶲及能质系数①

低㶲理论研究者进一步将建筑物用能系统辐射换热的热量㶲计算公

① 能质系数 0.94 来自基准温度 25 ℃。随着所选择的基准环境改变，这个值也将变化。但此处由于在所需考虑的温度范围内变化影响极小而采取了一个定值。

式及能质系数分别推导出来，从而可以对辐射换热系统的㶲效率进行评估：

$$Ex_{rad}=\varepsilon_{res}\cdot\sigma\cdot A\left[(T^4-T_0^4)-\frac{4}{3}T_0(T^3-T_0^3)\right] \tag{2-7}$$

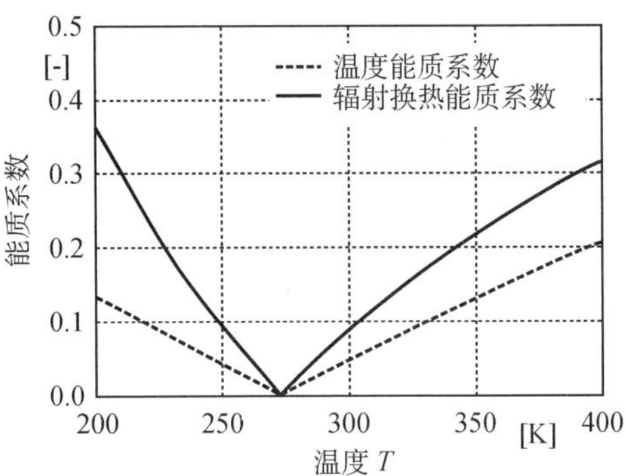

图 2-20 温度 T 与 T_0 间的温度能质系数和辐射换热能质系数[10]

其中：

$$\frac{1}{\varepsilon_{res}}=\frac{1}{\varepsilon_1}+\frac{1}{\varepsilon_2}-1 \tag{2-8}$$

ε_{res} 为两换热表面的辐射系数。

辐射换热的能质系数：

$$F_{Q,red}=\frac{\sigma\left[(T^4-T_0^4)-\frac{4}{3}T_0(T^3-T_0^3)\right]}{\sigma(T^4-T_0^4)}=1-\frac{4}{3}T_0\frac{T^3-T_0^3}{T^4-T_0^4} \tag{2-9}$$

$F_{Q,red}$ 为能质系数(λ)。

从图 2-20 中可以看出，辐射换热拥有更小的能质系数，这意味着辐射换热有着与对流和导热相比更小的㶲耗散。

两辐射面之间换热的㶲值：

$$Ex_{rad}=\varepsilon_{res}\cdot\sigma\cdot A\left[(T_{suf1}^4-T_{suf2}^4)-\frac{4}{3}T_0(T_{suf1}^3-T_{suf2}^3)\right] \tag{2-10}$$

建筑用能系统中冷热辐射表面与环境换热的㶲值：

$$Ex_{rad,active}=Q_{rad,active}\left[1-\frac{4}{3}\frac{T_0}{T_{suf,active}^4-T_{r,op}^4}(T_{suf,active}^3-T_{r,op}^3)\right] \tag{2-11}$$

4. 现有系统的㶲效率评估

出于聚焦供热工况的目标设定，低㶲理论进一步对各类供热系统的能耗与㶲耗进行归类，得出以下的结论(图 2-21)：

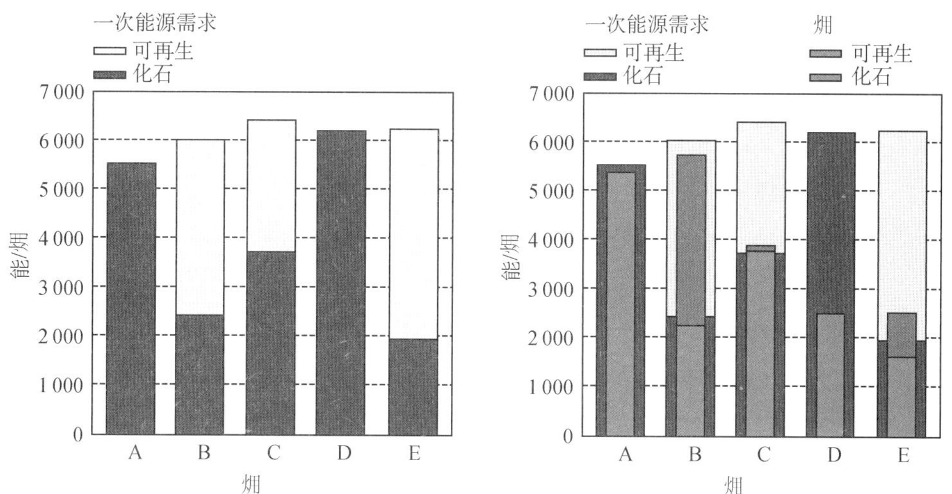

图 2-21 不同系统的能耗和㶲耗[1]

A 冷凝式锅炉/地暖

B 木屑球/地暖

C 地源热泵 D 热网(废热)/地暖

E 热网/可再生能源

(水温 28/22 ℃)

选择水温为 22～28 ℃的地暖为参照系统，是因为地暖本身的供回水温度对应的能质系数与室温的能质系数相差无几，因而可以视为㶲损最小的散热方式。此时为其供热的能源、制备热能、输配等环节的㶲损则可以进行对比，㶲损越低的系统，㶲效率越高。

2.3.3 人体的最佳㶲效率及其与环境的关系

低㶲理论同样将人体作为一个热力系统进行考察，观察其在环境中保持体温所形成的能量流和㶲效率。如上文所述，人体作为一个恒温动物需要持续地将热量排放到环境中去，该热量是通过食物(化学㶲)在代谢和肌肉做功过程中转化而来。

图 2-22 展示了人体㶲需求在冬夏季的状况。其中，图 2-22A 展示了需求与平均辐射温度和空气温度的关系，图 2-22B 展示了它与平均辐射温度和空气运动速度的关系。在供热季节，最小㶲需求将通过较高的平均辐射温度和较低的空气温度来满足。大量经验表明，如果处于最舒适的环境状态中，人体的㶲需求就将是最小的。在夏季工况下，则是较高的平均辐射温度和平均的空气运动速度导致最小的㶲需求。采用自然通风冷却内部房间的方式可以将㶲耗降到最低，而同时保持舒适状态。

达到最小㶲耗的条件，也即所谓热中性条件，可以通过低温供热或者高温供冷系统实现(如辐射系统)，实现这个方式所需要能量的温度与室温极其接近。低㶲系统用于供冷供热能提供一个非常理想的热舒适环境。

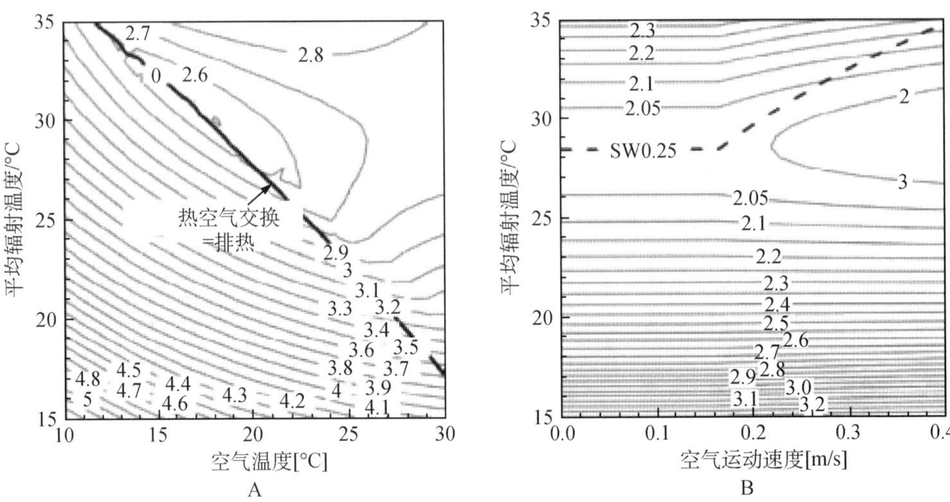

图 2-22　A 冬季(0 ℃，相对湿度 40%)工况下人体㶲消耗率[单位 W/m² (体表)]与环境温度的关系，此时室内空气温度(18 至 20 ℃)和平均辐射温度(23 至 25 ℃)为人体保持最低㶲耗的理想状态；B 夏季(33 ℃，相对湿度 60%)条件下人体㶲消耗率[单位为 W/m² (体表)]与平均辐射温度和空气流速的关系

2.3.4　低㶲理论的局限性讨论

低㶲理论从热力学第二定律出发，独辟蹊径地为建筑能耗领域提供了一个与众不同的思路和理论体系。其主要论点如下：

(1) 不再将建筑用能与其他用能方式混为一谈，而是将建筑用能方式的“低㶲”特性强调出来：

以㶲分析和能质系数为手段，将建筑用能的能质系数和功能的能质系数之间巨大差异揭示出来，使得建筑用能的“低㶲”特点明确揭示出来。

(2) 把“节能”和“节㶲”概念厘清，尤其是将“炁”的含义再次澄清：

有别于传统建筑节能将“能”“㶲”“炁”混为一谈的方式，将流经建筑物的能流分为“㶲”“炁”两部分，并指出需要关注的是“㶲”的部分。传统的不分“能”“㶲”的节能概念，造成了节能手段与所节约下的能之间品位不对称的问题，在低㶲理论分析中也得到了揭示。

(3) 以低㶲理论对现有各类建筑用能系统技术进行了“㶲效率”评估：

以此揭示了“节能”与“节㶲”并不是完全等值的，而是不同的节能技术在“节能”与“节㶲”上可以有完全不同的表现。而节㶲才真正具有技术及经济性的效益。

但低㶲理论由于其立足于中欧气象条件以及以学术探讨为宗旨的立

项背景，仍有不少缺憾。在此对低烟理论的欠缺之处做以下分析：

(4) 以供热工况为目标设定，整个体系对供冷、除湿、新风换气等需求无法合理顾及：

尽管在分析中也提供了换气(风机)烟效分析，供冷烟效分析，但对于除湿、新风负荷等部分的分析仅仅一带而过。对于中欧气象条件而言，上述负荷仅为比重不大的负荷部分，而在其他气象区域如中国的夏热冬冷地区或夏热冬暖地区，则上述负荷成为主要负荷，此时低烟理论的分析略显不足。尤其是湿负荷分析，对于湿空气烟的分析不太具有说服力。

(5) 以室外供热环境温度(0 ℃)为烟坐标点(零烟点)，同样造成对供热系统以外系统的评价失真：

同样由于中欧的气象条件，冬季室外温度并不非常低，故取－15～0 ℃室外环境温度做烟分析能够基本涵盖建筑用能的情况，而更低的室外温度则意味着更大的烟损(20 ℃室温/－25 ℃环境温度，温差 45 ℃)，此时烟分析结论将进一步呈现不同的结果。

(6) 未能明确给出低烟的界限(如 60 ℃，有机朗肯循环的下限)，以至在烟评价中无法合理量化：

尽管该理论的命名为低烟(Low Exergy，LowEx)，但对于烟的分级仅限于热量烟的热源温度高低，并未明确地给出界限，如以热源 X℃为限，高于此温度为烟，低于此温度为低烟(图 2-23)。

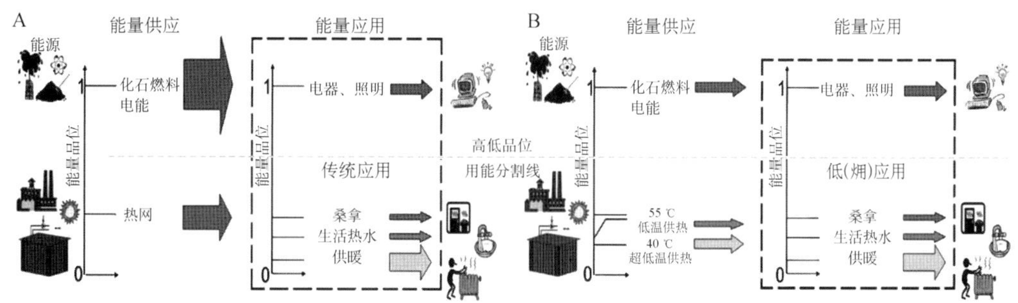

图 2-23 能源供应和能源需求的品位对比[A 现状，B 未来)(Schmidt，Arif)][10]

回归烟的原始定义，烟为拥有某温度的热能所拥有的做功能力，则应当以某评价标准为界限。如以有机朗肯循环最低热媒温度为下限。可进行热功转换的热源温度随着技术发展不断变化，且最低极限温度呈下降趋势，其中有机朗循环驱动发电是目前所知最低的热功温度。根据所选择的工质不同，其工质蒸发温度也不同。目前理论允许的最低朗肯循环(如正丁烷、异丁烷、戊烷、氯乙烷、氨以及氟利昂系列等物质)做功温度为 60 ℃，故可将 60 ℃作为烟/低烟的界限[11-13]。所有低于 60 ℃的热源可以定义为低烟热源。

定义 60 ℃(能质系数约为 12%)为低烟上限的另一个意义是在制冷

工况中，60 ℃的热源可以用于吸收式或吸附式制冷循环的再生。由于供冷与供热在能源品位上可以认为互为正负，故低品位冷源（低㶲冷源）的制备可以采用 60 ℃的热源，从而使供冷供热均限定在低㶲利用范围内。对于生活热水需求而言，60 ℃也符合目前绝大多数卫生标准。以 60 ℃为界限，可以将建筑用能中的“低㶲”需求与其他“㶲需求”以量化的形式分离开来，从而在未来的标准制定、执行，以及系统设备开发中有一个明确的指标。

定义 60 ℃为低㶲的另一方面意义，在于从经济上而言，60 ℃热源由于不再拥有热功转换能力，因此不应当再将其与高于 60 ℃的㶲作为同样的热量看待。对于其他需要进行热功转换或者高温高㶲的场合而言，如工艺流程，转化成膨胀功等，通过转换所得到的再小比例的功，其能质系数均可认为是 1，而低于 60 ℃的热源，尽管从卡诺循环理论上仍有做功的能力（能质系数大于 0），但已经无法通过任何目前实用技术所能实现的热力循环来获得功，因此其能量的品位不再具有与可做功的热能品位相比性，因而不再需要考虑其㶲值，而仅需要判断其能质系数，判断其拥有的向更低品位热源不做功传热的能力。因此低于 60 ℃的低㶲热源，其单位热能的经济价值也应当远低于高于 60 ℃的㶲热源。对于 60 ℃以下的热能，在赋值（定价）上与高于 60 ℃的热能区别对待，如在定价上做出区别，对于促进低品位能源的充分利用，应当有更加积极的意义。

同时，对于低㶲的使用，是否仍需要以节能的标准去判定，是否对于低㶲的利用可以满足于“质”的控制而不再对“量”的消耗做更多的要求，也就是说对于低㶲的用量不再做无谓的限制或优劣评价，也是值得考虑的。

再次回归到以卡诺循环为描述方法的热力学第二定律分类，“𬉼”是拥有环境温度的热能，但不具备热功转换能力。60 ℃的热源按上述分析已不再具有转换能力，是否也可以看作将㶲计算坐标定义到 60 ℃，而将 60 ℃以下的热能定义为“𬉼”？

为进一步区分“可做功热能”（㶲）和“不可做功热能”（低㶲），以及目前处于模糊区域的“𬉼”之间的定义，建议采用以下定义：㶲（excergy）对应热源 $T>60$ ℃（333 K）；低㶲（LowEx）对应热源 $T\leqslant 60$ ℃（333 K）。

（7）未能将建筑用能（室内环境营造）的热能特性明确定义表述：

尽管在能量品位、转化分析中应用了卡诺循环及㶲理论，但并未将建筑能耗的“不做功”特点，以至在能耗分析中仍受到各种“㶲效率”的无谓制约。尤其是对所有建筑用能环节进行㶲分析，对于建筑能源系统优化决策是否有意义，尚需期待。

建筑用能中的舒适环境营造中，维持室内舒适温度的部分，在能量使用角度的特点，是“由热到热”的一个过程。室内用能的终极形态是热能的形式（室温），而所采用的手段也是热能（供冷供热）。相比于国民经济三大能耗部分的另两大部分（制造、交通），以及建筑用能中的其他部分

(输送——电梯、照明——光线),在维持室内热舒适的任务中,除了输配部分(风机、水泵)以外,是不需要能量转换的。也就是说,只需要维持热量交换过程的最小温差,就可以完成室内热舒适的任务。需求侧对能量转换(㶲)的极小要求与满足要求所消耗的功之间存在着巨大的优化空间。而这部分本应当在低㶲理论中阐述得更加清晰和可操作(评价指标)。

(8) 对于"炕"的定义尚有进一步理论探讨的空间:

由于㶲值的计算需要一个坐标系,而对于建筑物热舒适环境的营造而言可以有多种选择,因而也影响了"㶲值"和"炕值"的确定。由于根据热力学第二定律,"炕"本身是无效能源,故在讨论中往往不再深入。但仔细观察㶲值计算的坐标点(零㶲点)选取,在不同坐标点之间由温差造成的热势差仍然有其用于热平衡的价值。

在低㶲理论中用到了以下几个坐标点(零㶲点):室内温度 20 ℃(冬季),以及 25 ℃(夏季/理想?);室外环境温度 0 ℃,−15 ℃;土壤温度 15 ℃;外太空温度 3 K(−270 ℃)。

其中土壤温度和外太空温度在计算中意义不大,但以下坐标也可能有意义:夏季室外环境温度(34 ℃干球、23 ℃湿球),人体核心温度(37 ℃),现有技术无法再进行热功转换的极限温度(60 ℃)。

在不同的工况下,上述温度之间的温差少则 3~5 ℃(室温/湿球),多则 50 ℃以上(冬季室外/体温),各坐标之间温差带来的焓值,是否可以按照"有价值的炕"来看待?是否能加入用能体系中来?

(9) 对于建筑外表皮热活性化的特殊方案未予重视:

尽管采用建筑外表皮活性化并未减少表皮的负荷,甚至总的能耗将会有所增加,却减少了㶲(Ex)的需求。在极端情况下,除了无法避免的输送㶲耗外,可以完全用炕耗来代替现有技术的㶲耗。该部分分析请见下章。

2.4 煅(Entransy)理论

尽管低㶲理论对建筑能耗分析提供了超越传统热力学、传热学理论的视野,同时也提出了一整套对建筑能耗进行㶲分析的理论体系,并对建筑能耗评估提出了最小㶲损的判断标准,但其关注点仍明显在于"热",而对"冷""湿"的形成和控制分析显得颇为吃力和有争议。究其原因,仍是囿于对于建筑热湿环境营造中的主要矛盾判断过于集中于冬季热环境,而将夏季工况中的热湿耦合现象作为较为边缘的任务加以补充说明,对于该部分理论的合理性、实用性未做更多的讨论。在将该理论引入中国,并在以夏季工况为主的气候区域运用于实际工程时,该理论便显露出无所适从。为此,清华大学江亿、刘晓华团队也做了详细的分析[12],认为迄今为止在建筑热湿环境营造方向上的理论基础已不再适应其实际需求。江亿等人的主要观点如下:

(1) 室内热湿环境营造应该作为一门系统的学科，而其学科迄今为止所依据的理论基础来自两方面：(a)工程热力学、传热学和流体力学，而这三门专业基础课均属于工程热物理范畴，是热能动力、制冷及一些机械工程系统的共性内容，并不能反映出室内热湿远景营造学科的特殊性；(b)人体热舒适理论，这部分理论建立了本学科需求侧问题的理论基础，但这部分理论又未能考虑如何营造室内热湿环境这一基本问题，同时也未能考虑非民用建筑的需求问题。

(2) 在对室内热湿环境营造的需求从起初的"从无到有"发展到"最优能耗方案"、进而发展到"为何需要能源"的阶段时，原始的理论显得捉襟见肘。采用机械工业的手段能做到"从无到有"，能在其理论基础构架内做到"能效最优"，却无法解释"能耗是如何形成的"这个最基本的问题。

(3) 尤其是在热湿环境营造任务从传统节能理论所关注的"以热为主"进展到"热湿耦合"，进而发现"湿环境"营造被传统理论选择性忽略但在相当多的场合却是能耗的主要成分时，传统理论无法进一步提供优化的指导方向。

(4) 在实际的供暖空调系统中，由各类风机水泵所造成输送能耗占到系统总能耗的 30%～70%，而传统理论中却很难将输送能耗与冷热源能耗共同分析，进而提供一个整体的优化方向。

针对上述问题，江亿等人提出将"炽理论"作为建筑热湿环境营造的理论基础，重新定义其需求的形成、变化，以及如何选择针对性的技术完成热湿环境营造的思路。即从能源使用的角度而不再是从热量或冷量的角度看待室内温湿度维持的过程，将建筑热湿环境营造理解成为以建筑表皮为边界，通过室内与某个或多个热源或热汇之间的热量及湿量传递来维持室内适宜的空气参数的任务。以这个视角来看待建筑热湿环境形成过程，可以认为该过程即是以建筑物表皮为边界，室内持续产热产湿，并通过表皮传递到室外的过程；而热湿环境营造过程，则是在上述过程自发进行过程中，出现室内热湿环境偏离目标值，因而需要通过人为干预，使得室内热湿环境重新回到目标值的过程。

回顾之前介绍的人体维持躯体热湿平衡的机理，可以发现二者之间的诸多共同之处：同样是隔着表皮，同样是持续散热散湿，同样是需要维持体温/室内温湿度。而对比迄今为止的采用机械手段维持建筑物室内热湿环境的工作原理和效率，显然大自然在设计人类维持躯体内温湿度上做得更好。

2.4.1 炽的定义[13]

炽是清华大学过增元院士等提出的一种用来描述物体热量传递能力的物理量，其物理意义是指热能传递的势能(或势容)[4]。对温度为 T、比热容为 c_p 的物体连续进行可逆加热(可逆加热是指物体与热源之间的温

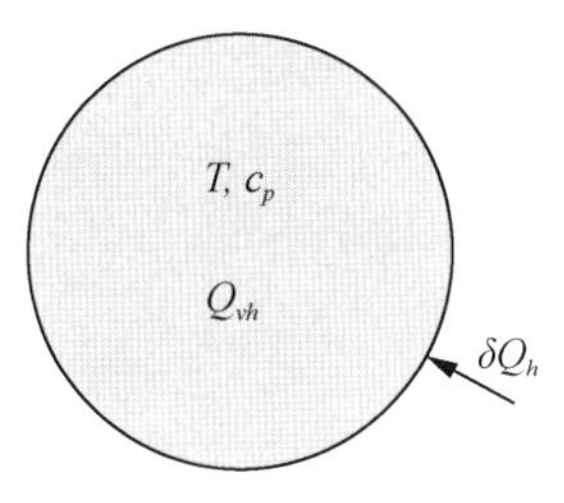

图 2-24 火积表达式的物理推导

差无限小,加入的热量无穷小),此过程意味着需要无穷多个热源,这无穷多个热源的温度是以无穷小量逐渐增加的,且每个热源提供的热量也都是无穷小的(图 2-24)。

由于在不同温度下提供的热的品位是不同的,温度实质上是热量的势,因此在向物体加入热量的同时,物体的温度升高,也就同时向物体加入了热量的势能,或称为热势能。以绝对零度为基准时,一个物体的热势能即火积为:

$$E_n=\int_0^T \mathrm{d}E_n=\int_0^T Q_{vh}\,\mathrm{d}T \tag{2-12}$$

式中,E_n 为物体的热势能,即火积,J·K;Q_{vh} 为物体的比热容量,J/K。

当 Cp 为常数时,物体的火积可用下式表示,其中 M 为物体的质量,kg。

$$E_n=\frac{1}{2}Mc_pT^2 \tag{2-13}$$

对于单位质量的定比热容物体,当温度从 T_1 变化到 T_2 时,其火积 E_n 的变化可用下式计算:

$$\Delta E_n=\int_{T_1}^{T_2}\mathrm{d}E_n=\frac{1}{2}Mc_p(T_2^2-T_1^2) \tag{2-14}$$

微元体内的热传递势能损失只和导热系数以及温度梯度有关,而积分后宏观传热过程的火积耗散只与传热量和传热温差有关,都与温度的绝对值无关。

热量传递过程是一个不可逆过程,在传递过程中会产生耗散,这种耗散称为"火积耗散",热量传递过程的火积耗散等于参与热量传递过程的物体初始状态与结束状态所具有的火积的差。火积耗散实质是对热量传递过程不可逆性的度量;火积耗散描述的是热量传递过程中体系传热能力的损失。正如黏性流动因克服摩擦阻力而耗散的机械能,电流通过电阻耗散电能,在热量传递过程中,由于各种不可逆因素,热量虽然在数量上是守恒的,但热量的"传递势能"却被不可逆过程耗散掉,那么这部分传热势能的耗散就需要用火积耗散来描述。

赵甜等[14]进一步通过力学的例子来更加直观地描述火积的含义:考虑两个形状完全一致的水箱,其底面积为 S,水的密度为 ρ,重力加速度为 g,两侧液面高度分别为 H_1、H_2,且 $H_1>H_2$,两箱以一根足够细的管道从底部连接,如图 2-25 所示,初始时阀门关闭,系统初始的重力势能为

$$E_h=\frac{1}{2}\rho S(H_1^2+H_2^2) \tag{2-15}$$

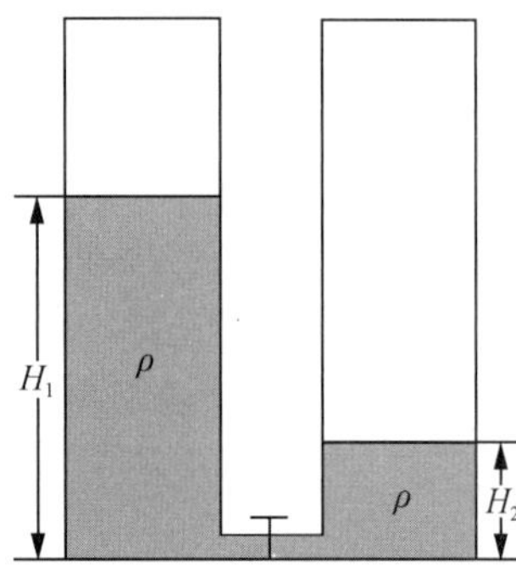

图 2-25 两水箱系统示意图

由于管道足够细，打开阀门后液体从左侧流至右侧直至两侧压力平衡为止. 忽略管道中液体体积，平衡状态时液面高度为 $H'=(H_1+H_2)/2$，系统的重力势能为

$$E_{h2}=\frac{1}{4}\rho S(H_1+H_2)^2 \tag{2-16}$$

该过程中两水箱系统内流体的质量是不变的，因此不能用质量定义过程的效率，但注意到 $E_{h2}<E_{h1}$，这说明由于存在流动阻力，流动过程中有能量损失，一部分势能转化为内能，故而这一过程传递能量的效率可以用终态及初态液体含有的重力势能之比定义(图 2-26)。

$$\eta=\frac{E_{h2}}{E_{h1}}=\frac{(H_1+H_2)^2}{2(H_1^2+H_2^2)} \tag{2-17}$$

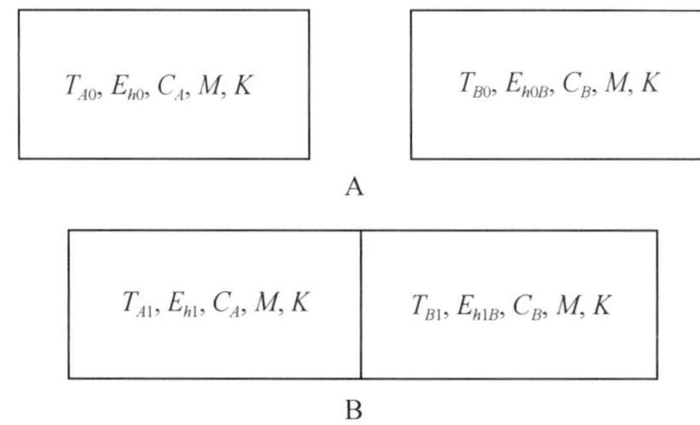

图 2-26 两物体接触导热示意图[A 初始状态，B 相互接触状态][15]

η 越大则说明流动中损失的势能越少，效率越高。

同样的描述也适用于如图 2-27 所示的两物体间的不可逆导热过程：在该过程中热量守恒，与水箱系统中质量相似，故不能用热量来定义传热过程的效率，但可以采用烟。两物体接触前的烟分别为

$$E_{h1}=\frac{1}{2}CT_1^2 \tag{2-18}$$

$$E_{h2}=\frac{1}{2}CT_2^2 \tag{2-19}$$

当时间足够长达到热平衡时，两物体的温度均为 $T_3=(T_1+T_2)/2$，此时两物体的烟分别为

$$E'_{h1}=E'_{h2}=\frac{1}{2}CT_3^2 \tag{2-20}$$

注意到 $E'_{h1}+E'_{h2}<E_{h1}+E_{h2}$，说明在传热过程中烟存在耗散，因而

可以定义传热过程的效率为系统末态炽与系统初始炽之比：

$$\eta_h = \frac{E_{h,\mathrm{end}}}{E_{h,\mathrm{end}}} = \frac{(T_1 + T_2)^2}{2(T_1^2 + T_2^2)} \tag{2-21}$$

从式(2-21)可以看到，如此定义的炽传递效率与物体的导热系数无关，只与两物体的初始温度有关，这一传热过程中两物体初始温差越大，传递过程中的炽耗散越多，效率越低。

基于炽分析可以得到炽耗散极值原理等，并已成功应用到不同传热过程的优化分析中，其中导热过程中的最小炽耗散原理表述为：在导热热流给定的条件下，物体中的炽耗散最小时，导热温差值就最小；最大炽耗散原理表述为：在导热温差给定的条件下，当物体中的能耗散最大时，导热热流值就最大。最小炽耗散原理和最大炽耗散原理统称为炽耗散极值原理(图 2-27)。熵(或㶲)是用于研究热功转化过程的热学参数，㶲是指相对于参考状态的做功能力，熵(或㶲)分析方法也是一种热力学层面的分析；而炽则是分析热量传递过程的热学参数。采用炽分析方法优化换热器的热量传递过程时，可以得到比熵产或㶲分析更优的结果，例如在体点导热问题中，当两个定温冷却点的温度存在差异时，利用耗散极值原理优化得到的温度场结果要优于采用熵产分析得到的结果。

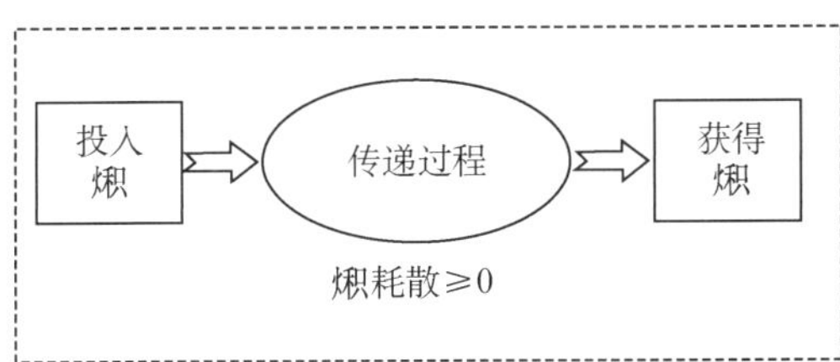

图 2-27　传热过程体系及热学分析参数

对于不涉及热功转换的传热体系，处理过程满足炽平衡关系，如图 2-27 所示，该体系中投入的炽 $E_{n,投入}$ 等于炽耗散 $\Delta E_{n,dis}$ 与系统获得的炽 $E_{n,获得}$ 两部分之和，如下式：

$$E_{n,投入} = E_{n,获得} + \Delta E_{n,dis} \tag{2-22}$$

同样，对于任意传热过程的炽耗散 $\Delta E_{n,dis} \geqslant 0$ 与传热过程中 $\Delta E_{n,dis} = 0$ 时，则为可逆过程(实现无温差的传热过程)。对于实际的传热过程，由于存在有限温差下的传热、冷热气流混合时的热量传递过程等，使得炽耗散 $\Delta E_{n,dis} > 0$，即进出体系的炽并不相等。当系统得到炽 $E_{n,获得}$ 一定时，通过减少传热过程的炽耗散 $E_{n,dis}$ 就可以降低对系统提供炽 $E_{n,投入}$ 的需求。

对于传递热量一定的传热网络，传热网络的总炽耗散 $\Delta E_{n,dis}$ 可表示为下式中 Q 与等效温差 $\Delta\overline{T}$ 乘积的形式。减少传热过程中各个环节的炽

耗散 $\Delta E_{n,dis}$，即可减少总的等效温差 $\Delta\overline{T}$，也就有助于降低整个处理过程的温差驱动力需求，从而提高系统的整体性能。

$$\Delta E_{n,dis}=Q\cdot\Delta\overline{T} \tag{2-23}$$

传热学中利用热阻来反映热量传递过程的阻力，热阻的含义为单位热流量传递引起的温升大小（单位：K/W），传统意义上的热阻，只有在“单热源、单热汇”的一维传热时才有其明确的物理意义；而对于多热源、多热汇等多维热量传递问题难以定义明确的热阻。而在有了炽耗散概念后，可据此定义出具有明确物理意义的热阻。对于单一体系的传热过程或是存在多个热源、热汇的复杂热量传递过程，可以根据该过程的炽耗散 $\Delta E_{n,dis}$ 来定义热阻，从而分析该过程的热量传递阻力。根据炽耗散定义的热阻 R_h 如下式所示：

$$R_h=\frac{\Delta E_{n,dis}}{Q^2}=\frac{\Delta\overline{T}}{Q}，其中\ \Delta\overline{T}=\frac{\Delta E_{n,dis}}{Q} \tag{2-24}$$

上述利用炽耗散定义的热阻，为优化传热过程提供了重要指标。对于热量传递过程（不涉及热功转换）而言，炽耗散极值原理可统一表述为最小热阻原理，即在热量传递过程中最小热阻与最优的换热性能一致。

国际能源协会建筑与区域能源分会（IEA-EBC）第 59 号子课题（Annex 59）为中国清华大学担任课题组负责人的研发项目。该项目的理论基础建立在 Entransy 炽理论上，以该理论为分析手段，对建筑能耗及优化提出了新的思路[14-17]。

2.4.2 热湿交换过程的炽-湇分析

在蒸发冷却过程中，通过水和空气进行热湿交换获得冷量，用上述的炽分析法则仍然无法准确揭示热湿转换的关系。因此，江亿等[18]提出了与“显热炽”相对应的“湿炽”概念，将热湿转换之间的过程用显热炽和湿炽之间的转化来描述，从而使得热湿转换过程得以解耦，进而更清晰地分析热湿转换过程。

本书建议引入现有汉字中的生僻字“湇”代替湿炽，因其涉及“水”，而又含有“湇”字自身的“水积聚、郁结”的含义，有类似于“焓、熵、炯”的字面含义。下文将用“湇”指代“湿炽”。

湿炽（湇）是类比显热炽的定义给出的传湿能力角度的定义[18]：

$$J_{a,W}=\frac{G_a d_a d_a}{2} \tag{2-25}$$

式中

$J_{a,W}$ ——湿空气的湇（湿炽）；

G_a ——干空气的质量流量，kg/s；

d_a ——湿空气的含湿量,kg/kg。

式中,$G_a \cdot d_a$ 表示的是湿空气中总的水蒸气量,d_a 表示的是湿空气和干空气之间的含湿量差。式(2-25)表示的湿㶲的物理意义是,相对于干空气,湿空气总的传湿能力[18]。

在任意过程的空气-水热湿交换过程中,无论是理想过程还是考虑传热㶲损失和湆损失的实际过程,㶲-湆的转换系数均为[18]

$$K_{W_s}=\frac{\Delta J_{S,tr}}{\Delta J_{W,tr}}=r_0\left[\frac{\Delta T}{\Delta d}\right]_{st} \tag{2-26}$$

式中

K_{W_s} ——㶲-湆转换系数;

$\Delta J_{S,tr}$ ——过程中转换得到的显热㶲;

$\Delta J_{W,tr}$ ——过程中转换成显热㶲的湿㶲(湆);

r_0——自然环境 T_0 点水的汽化潜热;

ΔT ——转换状态前后温差;

Δd ——转换状态前后含湿量差;

$(\Delta T/\Delta d)_{st}$ ——饱和线上温度和含湿量之间的线性系数。

谢晓云等[19]利用该㶲、湆转换的原理,对于蒸发冷却过程进行了分析。对于空气-水直接接触的直接蒸发冷却制备冷水的过程,处于不饱和状态下的空气与水接触进行热量传递和质量传递,设空气的流量和水的流量满足下式:

$$G_w c_{p,w}=G_a c_{p,ea} \tag{2-27}$$

式中,G_w、G_a 分别为水和空气的流量;$c_{p,w}$ 为水的比定压热容;$c_{p,ea}$ 为湿空气的等效比热容。在此前提下,当空气-水的热湿交换面积无限大时,空气先沿等焓线达到接近进风湿球温度的状态,之后沿饱和线达到进口水温对应的状态。

根据㶲-湆的表达式[18],可以得到系统输入的湆 $\Delta J_{W,in}$ 如下式:

$$\Delta J_{W,in}=\frac{1}{2}G_a(d_o-d_{o_s})^2=\frac{1}{2}W_{\max}(d_{o_s}-d_o) \tag{2-28}$$

式中,$W_{\max}$ 为热湿交换面积无限大时系统的传质量,也即系统的极限传质量。根据㶲和湆的转换关系,有

$$\frac{\Delta J_{S,tr}}{\Delta J_{W,tr}}=\frac{\Delta J_{s,ob}+\Delta J_{s,loss}}{\Delta J_{W,in}-\Delta J_{W,loss}}=r_0\left[\frac{\Delta T}{\Delta d}\right]_{st} \tag{2-29}$$

式中

$\Delta J_{S,tr}$ ——实际过程由湿转化成的显热;

$\Delta J_{W,tr}$ ——用来转化的湿;

$\Delta J_{s,ob}$ ——过程实际获得的显热;

$\Delta J_{s,loss}$——过程的各类显热损失，包括显热传递损失、排风损失、混合损失等；

$\Delta J_{W,loss}$——过程的各类湿损失，包括传湿损失、排风损失、混合损失等；

r_0——水的汽化潜热；

$(\Delta t/\Delta d)_{st}$——饱和线的线性系数。若假设整个过程饱和线为直线，则炽和湇的转换系数恒为常数。

由湇转化为炽的转换关系可知，当过程中不存在显热损失、湿损失时，可以实现炽和湇间的可逆转换，即全部输入的湇转换为炽。设可逆转换成的显热为 $\Delta J_{s,tr,i}$，则有

$$\Delta J_{s,tr,i}=\Delta J_{W,in}r_0\left(\frac{\Delta t}{\Delta d}\right)_{st} \tag{2-30}$$

整理上述公式，可得

$$\Delta J_{s,tr,i}=\frac{1}{2}W_{\max}r_0(t_0-t_{dp,0})=\frac{1}{2}Q_{L,\max}(t_0-t_{dp,0}) \tag{2-31}$$

式中，$Q_{L,\max}$ 为 $W_{\max}$ 所对应的汽化潜热，即

$$Q_{L,\max}=r_0W_{\max} \tag{2-32}$$

由此，对于直接蒸发冷却制备冷水的过程，根据以上公式，可以将过程的热湿转换关系用图 2-28 来表示。

图中 t_a 为沿程空气温度；t_w 为沿程水温；d_{wa} 为水表面饱和空气含湿量；d_a 为空气的含湿量；$t_{wh,0}$ 为进口空气的湿球温度；$d_{wh,0}$ 为进口空气湿球温度下的饱和空气含湿量。

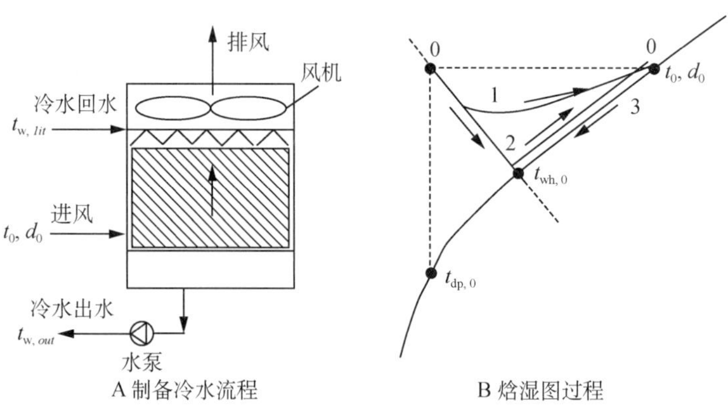

图 2-28 直接蒸发冷却制备冷水的流程[19]

图 2-28B 上半部分为和质量传递相关的过程，下半部分为和热量传递相关的过程。图 2-29A、C、E 的横坐标轴表示传质量，纵坐标轴表示空气或水表面饱和空气的含湿量；图 2-29B、D、F、G 的横坐标轴表示显热传递量，纵坐标轴表示空气或水的温度。其中图 2-29A—B 为输入的湇与炽

的可逆转换过程，图 2-29A 的阴影部分面积即可表示输入的湽 $\Delta J_{W,in}$，图 2-29B 的阴影部分面积即可表示由输入的湽可逆转换成的烬 $\Delta J_{s,tr,i}$。图 2-29C、D 表示同时发生的传质和传热过程。当换热面积无限大时，由于空气先沿等焓线降温到湿球温度，此时水的温度保持在湿球温度，因此空气和水之间的传质过程、传热过程在空气的等焓变化段均存在损失，分别为 $\Delta J_{W,loss}$ 和 $\Delta J_{s,loss}$，如图 2-29C、D 的网格线区域所示。图 2-29E—F 为按照烬-湽转换关系进行湽和烬之间的转换过程。由图 2-29G 可知，用来转换的湽 $\Delta J_{W,tr}$ 相当于在输入的湽基础上，在相应的品位上减去传质过程损失的湽 $\Delta J_{W,loss}$，之后按照烬和湽之间的转换系数转换成烬 $\Delta J_{s,tr}$，然后在相应品位上减去传热过程损失的烬 $\Delta J_{s,loss}$，即为过程获得的烬 $\Delta J_{s,ob}$。

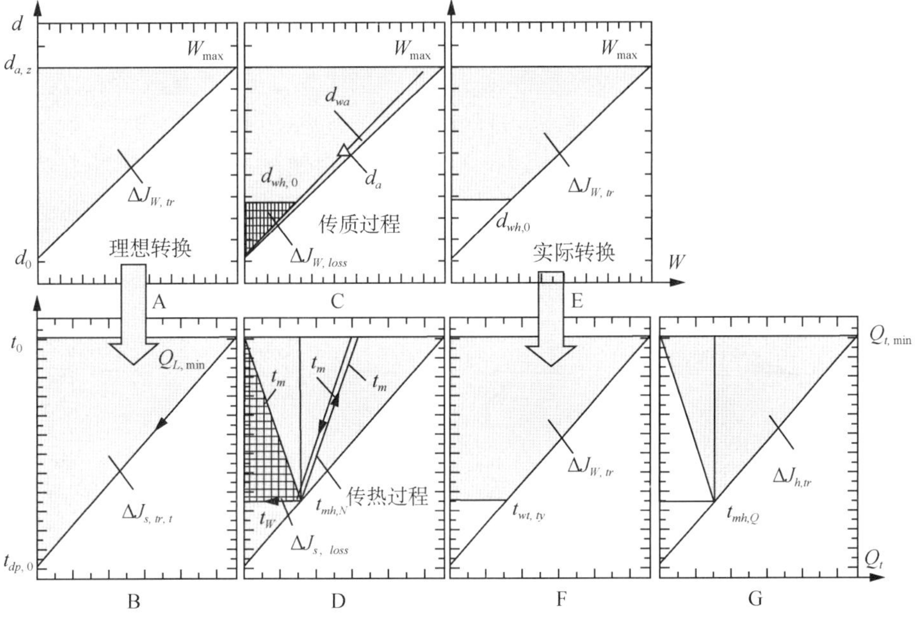

图 2-29　直接蒸发冷却过程烬、湽转换分析[19]

由图 2-29G 可见，直接蒸发冷却制备冷水的过程中，当换热面积无限大时，最终获得了品位在湿球温度和进水温度（室外温度）之间线性变化的、冷量等于 $Q_{L,max}$ 的制冷量。这正好是实际发生的空气-水直接蒸发冷却的结果。

采用同样的分析方式，谢晓云等[19]也分析了间接蒸发流程获得冷水的湽-烬转换过程。间接蒸发冷水机流程的核心在于用空气-水蒸发冷却过程制备出的一部分冷水预冷进风，可使进风状态等湿接近饱和线，使蒸发冷却过程满足参数匹配，同时通过合理设置预冷新风用冷水和用户冷水的流量比，可使冷水机内部各过程均满足流量匹配。在匹配的工况下，根据表冷器的显热传递方程、空气-水热湿交换方程，对冷水出水温度求极限，可推导出间接蒸发冷水机出水的极限温度能够达到进风的露点温度。

2.4.3 基于炽理论的热湿环境营造思考

作为项目主持方，清华大学刘晓华等[20]重新审视了建筑热湿环境营造的最原始诉求，并分析了迄今为止的各类供热空调技术路线，认为必须跳出传统的思维模式，寻找新的理论框架来获得突破。该团队通过十多年的研究和工程实践，初步形成了这个新的理论框架，并将其运用到对于建筑热湿环境营造和能耗发生的分析中。

按照传统理论，建筑物内部的温度是通过合适的热量流动来保证的。在冬季，由于流入热量不足，故需要通过供热系统向室内提供足够的热量，从而保证室温。在夏季，则是室内热量过多，因此需要通过提供冷量去抵消过多的热量。而冷热负荷则是建筑物所需要的冷热量。在此基础上，进一步认为表皮是影响冷热负荷的主要因素，因此改善表皮的热工性能便可以减少冷热负荷，进而减少维持室温的能耗。

而新的理论框架认为，建筑物自身在使用过程中便伴随着热量释放过程，主要为人员、设备、灯光和表皮透明部分的日射，这些热量释放均发生在建筑物内环境中（图 2-30）。维护建筑物内环境的温度状态，便是持续地将这部分热量排除（图 2-31）。而排除这些热量的途径有三种：

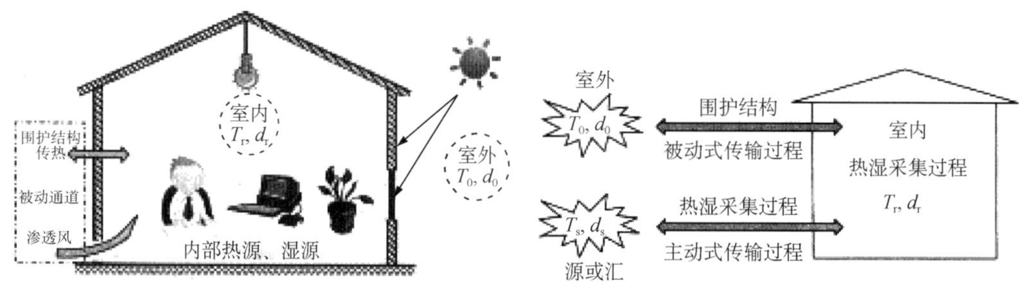

图 2-30　建筑室内热源、湿源与表皮被动式传输过程

图 2-31　营造建筑热湿环境的基本过程

（1）将室内产热通过表皮（包括传热和通风）以“被动式”的形式向周边环境排出；

（2）如表皮排出热量能力不足，则需要采用机械系统（供冷、空调，主动系统）将多余的热量排出；

（3）如表皮排出热量能力过大，则需要通过机械系统（供热，主动系统）向建筑物内补充过多排出的部分热量。

该理论框架与本书前面章节的所分析的建筑能耗发生原因有以下两个观点高度重合：

（1）建筑物使用过程是一个持续发热过程，需要连续地向周边环境排出热量——与恒温动物的生存方式完全一致；

(2) 维持建筑物内部环境的温度恒定首先是对表皮排出热量能力的要求，在表皮无法胜任的情况下，用机械系统来辅助完成。

通过采用该理论框架分析维护建筑物内部环境温度的过程，得出的结论是表皮自身热工性能的不足造成能耗发生。由于驱动建筑物内部热量向外部环境排出的驱动力为室内外温差，而温差随着室外环境温度变化，同时表皮的综合热阻可变化范围则极为有限，因而造成了对主动式系统的要求。

以该理论框架分析，现有供冷供热系统所采用的工作原理，均与建筑热湿环境营造的最本质需求相差太远，以致大量的资源在过程中被消耗掉。该理论同样认为，能源的品位和量具有同样重要的意义，甚至在热湿环境营造中更加应当注重能源品位的合理应用，而对“量”的关注还在其次。大量高品位的能源运用到建筑中，其能源的品位在应用中无谓地被消耗和灭失，是目前技术最为不合理的地方。对能源品位的不合理使用，主要体现在主动供暖空调系统各环节的无谓温差消耗上，即无谓的烟耗散上。

出于以上的分析，该框架体系提出的建筑热湿环境营造系统构建原则为：

- 扩大被动式表皮的可调节范围，即扩展被动式系统的有效时间，从而降低对主动式供热空调的需求；
- 减少主动式供暖空调系统各个环节的消耗温差，实现“高温供冷、低温供热”，有效提高冷热原能源利用效率。

2.5 建筑节能理论的启示

本书后续章节将继续展开以不同角度分析建筑室内热湿环境营造的有效途径，为此本章梳理本书所涉及的国内外典型的建筑热湿环境营造及节能理论，并与本书所介绍的动植物维护体温机理进行对比。以下是对本章所简要介绍的 3 个理论进行归纳，并挑出其核心部分与生物，尤其是人类维持体温的机理进行对比，希望由此澄清本书所涉及的技术方案所依据的理论背景。

(1) 被动式建筑节能理念将建筑热湿环境营造的全部要求都寄托在表皮热工性能和新风热回收换气上，如上述分析，其所能覆盖的室外气象条件受到较大的限制。尤其对于高温高湿气候缺乏应对措施，对于人体舒适理论也几乎未涉及。

(2) 低烟理论从卡诺循环和热力学第二定律出发，着重分析了供热工况下的热能品位问题，提出现有供热系统技术无谓地消耗了大量的高烟效(接近 1)的烟，而热舒适环境的营造，以室内外温度为烟效计算温度所计算的㶲效不过 7%～15%。但低㶲在选取㶲值计算参考坐标点(零㶲点)上并未给出令人信服的方案,使得㶲值和㶲效计算对比缺乏足够的说服力。对于湿工况的营造维护、新风处理的㶲值评估也未深入。同时,尽管低㶲理论在对能源的“质”与“量”上提出了全新的理论分析框架,但对于“不做功”的建筑热湿环境营造分析,却仍然一概套用㶲效计算法,使得“低㶲”和“炕”的概念并未清晰地用于区分“建筑热湿环境营造能耗”和其他类型的热工转换能耗,进而导致分析结论对于低品位能源利用仍然缺乏实际操作的指导性。

(3) 炽理论自身属于热学上的一个创新,其涵盖的意义极为广泛,且迄今为止仍在发掘。对于建筑热湿环境营造而言,仅是炽理论的一个较小的部分,却有很大的意义,即该理论不再考虑“热功转换”过程中的各种评价体系要求,而是专注于热量传输中的势差分析。正是由于在建筑热湿环境营造中所涉及的“热环境”和“湿环境”,都是在以建筑表皮为边界的内部环境中保持平衡,并不涉及热功转换,因而采用炽理论来分析系统能耗更加合理和准确。

(4) 3 个理论的共同之处,在于不约而同地将焦点放在表皮上,希望通过表皮的优化改善建筑能耗状况。低㶲理论认为以建筑热舒适为目的的㶲损只发生在表皮两侧的驱动温差上,所以只要提供抵消㶲损的功就应当满足需求,除了输送能耗部分,其他所有超出部分的㶲损都应当尽量避免;炽理论则将建筑物热湿环境营造视为维持一个不断有热湿流入的系统维持热湿平衡的过程,将控制热湿流出系统的能力作为评价指标,而流出系统最合理的界面则是将系统与环境分隔的表皮。对于热量流出表皮的驱动力,炽理论与低㶲理论并无实质区别,但通过建立湿平衡概念,以及湿度差概念,补充了低㶲理论在评价体系上完整性的不足。

(5) 炽理论的出发点,即建筑内部环境在使用过程中通过人体、设备、灯光及太阳能入射形成了连续的热和湿的流入,而营造合理的温湿度环境则为采用最佳方式达到热湿平衡。该理论已经与以人体为典型代表的恒温动物维持躯干温度的机制极为相近,因此本书将人体维持体温机制引入,作为以上理论进一步探讨发展方向的一个尝试。

表 2-7　几种以表皮为界面的节能理论技术核心对比

	被动式	低㶲	㶲	人体(轻装)	人体(冬装)
系统界面	表皮	表皮与供热系统	表皮与热湿环境营造系统	表皮与血液循环系统	表皮与血液循环系统
控制目标	冬季室内温度 18～22 ℃	冬季室内温度 18～22 ℃	全年室内热湿环境 ● 冬季 18 ℃ ● 夏季 28 ℃ ● 相对湿度 40%～65%	躯干温度恒定 37 ℃	躯干温度恒定 37 ℃
环境状态	相当于中国寒冷地区	相当于中国寒冷地区及严寒地区	除极端气象条件外所有气候区域	中性气候带(轻着装)	寒冷气候(冬装)
驱动温差 ΔT_{min}—ΔT_{max}	0～35 K	0～50 K	−10～50 K	0～22 K	22～67 K
㶲值 $Ex=1-T_0/T_r$，$T_0=273$ ℃	7%	同被动式	同被动式	12%	12%
最大传热能力	$U\cdot\Delta T_{max}$ ● 非透明部分 0.15×35=5.25 W/m² ● 透明部分 0.8×35=28 W/m²	同被动式	同被动式	● 睡眠：40 W/m²(全热) ● 竞技：505 W/m²(全热)	
传热能力控制	空气循环	主动设备	主动设备	表皮毛细血管	表皮毛细血管
驱动湿差 Δd_{min}—Δd_{max}					
最大传湿能力				● 睡眠：21 g/(h·m²) 14 W/m²(潜热) ● 重度劳动：246 g/(h·m²) 165 W/m²(潜热)	

（续表）

	被动式	低㶲	㶲	人体（轻装）	人体（冬装）
传湿能力控制	空气循环	主动设备	主动设备	表皮汗腺	表皮汗腺
技术要点	表皮强化，按 ΔT_{max} 设置保温层 U 值	适宜保温层 U 值＋低温（㶲）供热系统	适宜保温层 U 值＋热湿分控＋高温供冷/低温供热系统	表皮血液循环＋出汗能力	表皮血液循环＋出汗能力
技术代价	1. 保温材料 U 值 2. 防冷桥技术 3. 防空气渗透技术	1. 采用低温末端换热 2. 采用低㶲热源供热 3. 采用适宜温度的可再生能源/废热	1. 采用低温末端换热 2. 采用低㶲热源供热 3. 采用适宜温度的可再生能源/废热 4. 采用独立低㶲新风/除湿系统	1. 正常食物、水分摄入 2. 轻薄衣着	1. 正常食物、水分摄入 2. 厚重衣着

注：人体散热散湿量以《建筑环境学》（黄晨、朱颖心）书中表格为准，人体表皮面积以 1.8 m^2 计算。

3 室内热湿环境营造与表皮仿生

3.1 建筑室内热湿环境营造

3.1.1 概述

为了更深刻而准确地揭示维持室内环境所需能耗的本质，清华大学江亿等在《室内热湿环境营造系统的热学分析框架》中提出了“室内热湿环境营造”的概念[1]，以取代已经沿用了100多年的“暖通空调”概念。在这个新概念下，室内热湿环境营造任务被从能耗发生原理上重新解构，摆脱了“供热”“供冷”的源自机械工程系统、热能动力的视角，不再将工程热力学、传热学、流体力学作为不容置疑的基础理论，而是从“需求”如何发生的角度来分析究竟热湿营造过程从原理上是在解决什么问题。

在这个视角之下，建筑物内的热湿环境营造任务被澄清为在室内环境使用中的热湿平衡维持过程。传统视角认为，供冷供热的需求发生是因为室内环境需要根据室外气候变化相应地提供热量和冷量，从而使目标状态(温湿度)能维持在合适的范围内。而所需要投入的冷热量应当具有何种品位、耗费了多少与维持室内温湿度任务无关的能耗及其他代价(制备、输送能耗)，则不在供冷供热过程所需考虑的主要任务范围之内。

而热湿环境营造视角则认为，在由表皮所包围的空间内，其使用过程实际上就是不同的热源(人员、设备、灯光以及透过窗户的太阳辐射等)的热量释放过程，和湿源(人体、含水材料、植物、开放水面等)向室内空气散发水蒸气的过程，这些热量不可避免地要改变室内温度。而这也将进一步引起室内积累的热量通过表皮向室外排放。在热量产出和排放达到平衡时，室内的温度是可以自我维持恒定的。而如果这个被动的排放过程失衡，则需要人为干预：在排放不足时用空调系统主动协助排放，在排放过量时用供热或空调系统主动补足过度排出的热量。同样，进入室内空气的水蒸气也会通过空气循环、透过表皮的空气渗透等途径排到室外。在排放不足时需要辅助排放，在排放过量时要补充水分。

从前一章中介绍的哺乳动物和人体维持体温的机制，可以看到，室内热湿环境营造过程与人体维持体温极为相似：一样的封闭空间，一样地持续发热，一样地以表皮/腔体为边界，一样地被动排向周边环境。所不同的是交换的媒介不同：建筑是通过建筑表皮（围护结构）进行热交换，而人体是通过人体表皮进行热湿交换。很明显，人体的表皮拥有比建筑表皮强得多的控制热湿排放功能。对于建筑物而言，想要通过改变表皮的热工性能来达到热平衡难以做到。同样，树木通过树叶提供了极为出色的降温效果，植物的降温机制也值得我们借鉴。

3.1.2 室内热湿环境营造涉及的问题提出

江亿等在《室内热湿环境营造系统的热学分析框架》[1]中提出，改变观察问题的角度，从能源使用的角度，而不再是从热量或冷量的角度来看室内温度维持的过程，可以得到如下的不同认识：将表皮视为被动的传输过程，仅分析室内各种热源（人员、设备、灯光以及透过窗户的太阳辐射等）的热量释放过程，这些室内热源均是向室内释放热量，要维持室内温度状态则需要持续地排出这些热量。可以通过表皮（包括传热和渗风）被动地向室外排出这些热量；当表皮不能排出全部热量时，需要采用由空调系统构成的主动系统排出多余的热量；当表皮被动地过量排出了热量时，则需要通过空调或供暖这些主动系统补偿这部分多排出的热量。

该理论认为，只要是正常使用的建筑物，必然在室内有人员活动、设备使用等伴随着发热的过程，而这些热量产生并不作为正常室内应用所必须“同时提供”的功能，某种程度上属于“副产品”。这些热量将通过室内外空气循环和通过表皮向室外流出，而流出的量则随室外气象条件变化而变化。当室内外温差过大时，会有过量的热量流出，温差过小或出现室外温度高于室温时，会有部分热量通过同样途径反向进入室内。室内热湿环境营造则是希望在出现由室内向室外散热过量时，适时地减少流出，或者适量地补充过量的流失，以及在热量流出不足，甚至反向流入时，人为介入排出室内的过量热量。

回顾前文中对于恒温动物尤其是人体控制体温生理机能的分析，可以看到此处有极为类似的需求：恒温动物由于代谢产生大量的热量，为维持合适的体温需要及时将热量排到体外；而建筑物在使用中也会出现类似于“代谢”的现象，即在使用中伴随着发热，这些热量也同样需要及时排到室外。

在前文及本章中，我们介绍了自然界的动植物如何利用自身的生理机能完成体温控制。尤其是人体的表皮，拥有极为优秀的控制热流的能力，因而可以在广域的温差范围控制体温。同样植物也有着自己的一套散热机制，可以及时将过多的热量通过蒸腾排出体外。

如果我们能够在建筑物与恒温动物的“保持体温”目标上保持一致，则我们就可以进一步来观察人体的表皮和建筑物的“表皮”在控制传热功能上究竟有哪些异同。既然现代人类 90%以上的时间都在室内度过，则意味着人类的活动区域与建筑物的使用区域几乎完全重合(除去那些特殊的建筑，如极地考察站、种子库、火星基地之类的极端情况)。这也意味着，建筑物与人类所面临的室外温度波动是一致的。

对应于建筑物的体量，室内由于正常使用而产生的热量，如人员、设备、照明等(内扰)，其总量在全年大致处于一个变化不大的窄幅波动区间，而与此相对应的人体活动则根据其代谢的强度在超过 10 倍的范围内变化，同样其总散热量和散湿量也在极大的范围内变化(5 倍上下)。

在改变视角的情况下，人体表皮优异地控制“动态 U 值”的能力，以及在必要时开启“表皮蒸发”功能的能力就极为明显地展示出来。与此相对应的，建筑物的表皮只能算是个“乌龟壳”。

在处于同样的热源(人体体温 37 ℃)和热汇(环境温度)间，而目标温度有所不同(人体 37 ℃，建筑物 20 ℃)的前提下，不同的表皮特性带来的能量流控制能力和结果极为明显。

在这个视角之下，分析和研究室内热湿环境营造过程即分析和研究如下几个基本问题：

(1) 表皮系统传热传湿的特点。如何改进建筑表皮的性能使得较少地依赖空调供暖系统就可以营造符合要求的室内热湿环境?

(2) 空调供暖系统的各类热源、热汇的特点。怎样选择适宜的热汇和热源?

(3) 空调供暖系统输送热量性能。怎样在满足热量传递需求的基础上使其消耗最少的常规能源?

(4) 系统中水蒸气的传递。水蒸气传递驱动力(湿度差)与热量传递驱动力(温差)之间如何相互转换?

3.1.3 基于热湿环境营造的表皮热性能分析

刘晓华等[2]提出了从与传统理论完全不同的视角出发、基于热学原理分析的表皮传热理论。该理论认为，建筑热湿环境营造过程的根本任务是将室内多余的热量、水分等排出，以满足室内温湿度参数需求，其实质是在一定的驱动力下，完成室内热源、湿源与室外适宜的热汇、湿汇之间进行的热量、水分“搬运”和传递的过程(图 3-1、图 3-2)。

其中：T_r 为空气温度；d 为含湿量；s 为源或汇；r 为室内。

如以表皮为系统边界，观察其热湿传递过程，则可以表达成为图 3-2 形式。

仅对于室内热环境营造而言，需要满足以下条件：

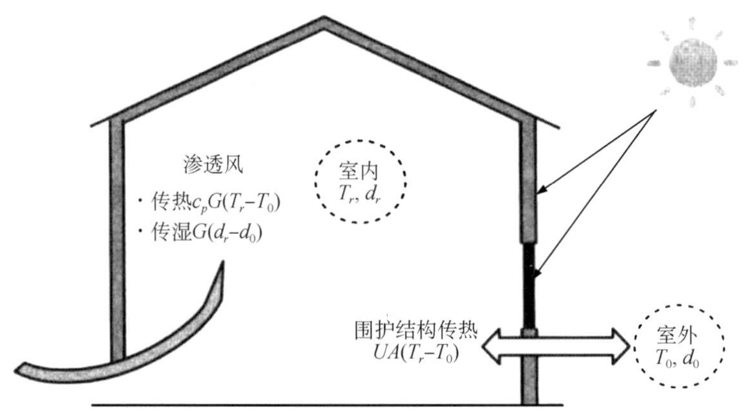

图 3-1 通过围护结构的排热量和排湿量[15]

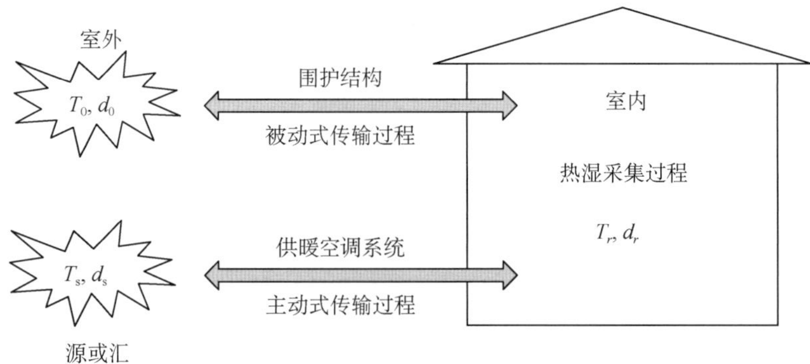

图 3-2 建筑热湿环境营造的基本过程[1]

$$Q_{en} = Q_0 + Q_{ac} \tag{3-1}$$

其中：

Q_0——室内产热量　（内扰＋日射）

Q_{en}——通过表皮排出的热量　（被动排热）

Q_{ac}——通过空调系统排出的热量　（主动排热）

如通过表皮的排热与室内产热相当，即 $Q_{en} = Q_0$，则 $Q_{ac} = 0$，即无须主动空调系统进行冷热量补充。此时

$$(UA + c_pG) = \frac{Q_0}{T_r - T_0} \tag{3-2}$$

式中：

U——综合传热系数　W/(m^2 · K)

A——表皮面积　m^2

G——室内外空气交换量　kg/s

c_p——空气比热　　　　J/(kg·K)

T_r——室温　　　　　　K

T_0——室外空气干球温度　K

对于一般的建筑应用环境来说，室内产热是绝对的，即 Q_0 为正值。除日射部分外，Q_0 室内的产热量一般来自室内人员、设备、灯光等，相对于室内外传热驱动力（$T_r - T_0$）在一年内大范围的变化幅度而言，室内产热量化的变化相对较小。如果将日射得热也归入内扰（Q_0），则以下情况成立：

$Q_{en}=Q_0$——通过表皮的热量散失与室内得热相等，（内扰＝外扰）建筑物自动维持热平衡

$Q_{en}>Q_0$——通过表皮的热量散失过多，（外扰＞内扰）需要向室内补充热量（供热）

$Q_{en}<Q_0$——通过表皮的热量散失不足，（外扰＜内扰）需要由室内排出热量（供冷）

上述推论揭示了室内热环境营造过程与表皮热工性能的相关性，即表皮热工性能决定了机械系统（供热空调）是否需要运行和需要排出/补充多少热量。在此基础上，可以进一步将表皮的热工性能和传热驱动力（$T_r - T_0$）之间关系表示出来，如图 3-3 所示。

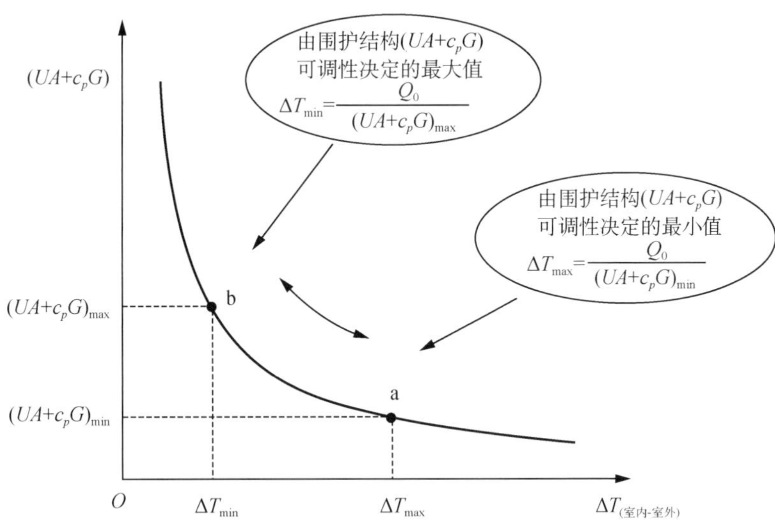

图 3-3　表皮性能随室内外驱动温差的变化情况[2]

图中，

$$(UA + c_pG) = \frac{Q_0}{T_r - T_0} \tag{3-3}$$

为表皮性能随驱动温差变化的关系式。其中：c_pG 为空气渗透、自然通风、新风换气；UA 为表皮传热。

该图表示，在 Q_0 变化较小的情况下，$(UA+c_pG)$ 与 (T_r-T_0) 间成反比关系，在室内温度 T_r 变化范围同样较小的情况下，$(UA+c_pG)$ 的变化范围越大，承受 T_0 变化范围越大。

ΔT_{min} 和 ΔT_{max} 表示表皮性能 $(UA+c_pG)$ 所允许的 (T_r-T_0) 波动范围，在此范围之内，表皮可以通过自身的调节能力适应室外温度波动，而不需要机械系统协助来维持室内热环境。超出这个范围，则表皮不再能适应温度波动，因而需要运行机械系统（供热供冷）来补充以完成热平衡。即：

$(T_r-T_0)<\Delta T_{min}$ ——表皮排出热量不足，需要机械系统协助排出热量（供冷）

$(T_r-T_0)>\Delta T_{max}$ ——表皮排出热量过度，需要机械系统协助补充热量（供热）

对于常规表皮而言，c_p 作为空气的比热容为一个常数，A 作为某一特定表皮的换热面积也只能作为常量看待。因而在 T_0 随季节、日夜变化时，U 值（表皮综合传热系数）和 G（空气渗透、自然通风、新风换气）则成为了被动式（不启动机械系统）情况下的调节手段。

在不考虑新风换气（机械系统）前提下，G 作为流过表皮的空气量主要受人工操作可开启部分（门窗）影响，无组织换气（空气渗透）在此由于难以控制，并且在主流建筑节能理论中作为干扰因素需要尽量加以控制，因而通过技术手段尽量消减，以至于不再能作为控制变量。同样开窗调节手段目前也受到诸多理论的质疑，加上现代化幕墙技术对可开启外窗都尽量加以限制，因而其无法作为主要调控手段考虑。

过度强调表皮性能的技术流派，如被动式建筑技术，则在改善 U 值的情况下寄希望于 G 的调节范围可以弥补过度强调 U 值的不足，其效果值得商榷。

U 值在传统上一直作为常量考虑，而且目前主流建筑节能理论都力主采用限制 U 值的技术方案以应对 ΔT_{max}，但却带来了 ΔT_{min} 同样变大，进而导致表皮自身调节范围和能力下降、即排热能力受到影响的结果。对于寒冷地区、严寒地区建筑而言，该技术主要针对冬季工况需求并无太大的副作用，但对于冬冷夏热、冬暖夏热地区建筑而言，该方案的过渡季节和夏季排热能力下降则带来了较大的副作用。

对于玻璃幕墙类型的表皮而言，其广义 U 值是可以在一定范围内调节变化的，如采用窗帘、遮阳卷帘等方式，或者双道玻璃幕墙技术等，均能通过改变表皮热阻而改变 U 值（不考虑遮挡日射部分效果）。

图 3-4 表示了表皮性能调节范围与机械系统运行以实现建筑热环境营造的相互关系。

很明显，如果从能耗角度分析，则在 A（空调）、T（过渡）和 H（供热）三个区域中，T 区是能耗最低，甚至不耗能的工况，即过渡季节工况。而其

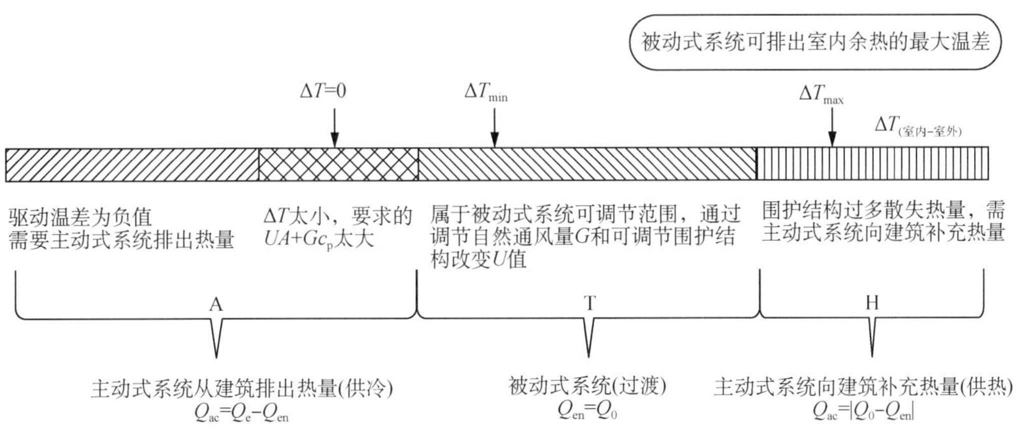

图 3-4　与不同室内外驱动温差(T_r-T_0)对应的系统方式[2]

余工况(A、H)则需要消耗能源以实现建筑热环境营造。也即意味着如果能够人为地扩大 T 区，即人工延长了过渡区，则意味着压缩了 A 区和 H 区，从而节省了能耗。

同样分析，可以得到建筑排湿过程与室内外不同驱动湿差的关系。室内产湿量可通过表皮被动式传输过程以及空调系统主动式传输过程共同承担，即

$$M_0=M_{en}+M_{ac} \tag{3-4}$$

式中：

M_0——室内产湿量；

M_{en}——通过表皮完成的排湿量；

M_{ac}——通过主动式空调系统完成的湿交换量(增减)。

对于常规使用的建筑而言，室内总有相当的产湿量，即 M_0 为正值。而如相应的产湿量能够透过表皮排到室外，即 $M_{en}=M_0$，则并不需要 M_{ac}，即通过空调系统主动排湿。

而 M_{en} 部分则又由透过表皮的空气渗透和水蒸气组成，即

$$M_{en}=G(d_r-d_0)+K_v(P_r-P_0) \tag{3-5}$$

式中：

G——室内外空气交换量，kg/s；

d_r/d_0——室内外空气含湿量，g/kg；

K_v——水蒸气渗透系数，kg/(Pa · m^2 · h)；

P_r/P_0——室内外水蒸气分压力单位。

其中，$G(d_r-d_0)$ 为空气渗透所导致的透过表皮的湿量传递，$K_v(P_r-P_0)$ 为蒸气透过表皮所导致的湿量传递。可以看出，两部分的驱动并不相同：空气部分的驱动湿差为含湿量，而蒸气渗透的驱动湿差则为

水蒸气分压力。由于水蒸气分压力与含湿量之间有单值的关系[$d = 0.622P_v/(B-P_v)$①,B 为大气压力,P_v 为水蒸气分压力],即 $P_v = f(d)$,故也可以认为透过表皮湿量传递所需的驱动为含湿量差 Δd。

对于常规建筑而言,透过表皮的蒸气量可以忽略不计,从而使得被动式湿平衡的手段仅剩下控制空气量。如仍将透过表皮的湿量传递考虑在内,并简化上述公式,近似地认为水蒸气分压力与含湿量呈线性关系,则

$$M_{en} = (G + fK_v)/\Delta d$$

其中

$$f = \Delta P/\Delta d \tag{3-6}$$

此时,对于表皮适应室内外含湿量差变化,以适应室内产湿的关系便可以表现如图 3-5 所示。

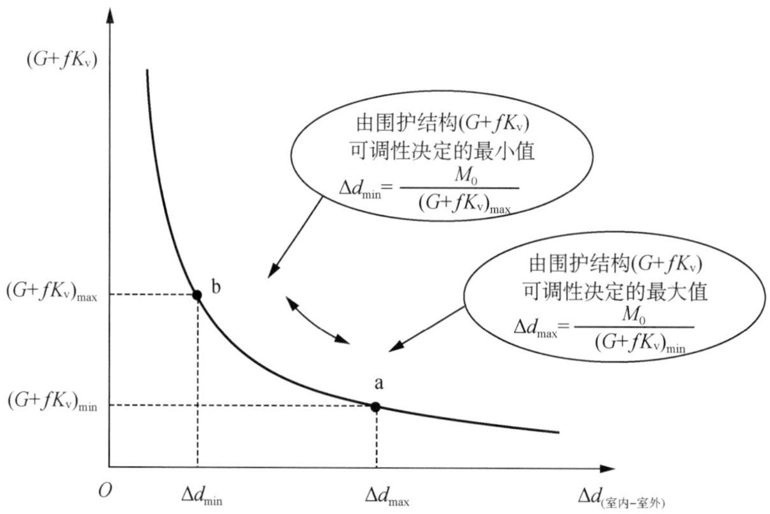

图 3-5　表皮性能随室内外驱动湿差变化关系[2]

以现有的表皮传湿能力而言,透过表皮的水蒸气几乎可以忽略不计,也就是说,能够调节的仅仅是表皮的渗风量。图 3-6 显示了不同的室内外驱动湿差下对应的系统状况:

Δd_{min} 和 Δd_{max} 表示表皮性能($G + fK_v$)所允许的驱动湿差($d_r - d_0$)波动范围,在此范围之内,表皮可以通过自身的调节能力适应室外湿度波动,而不需要机械系统协助来维持室内湿环境。超出这个范围,则表皮不再能适应湿度波动,因而需要运行机械系统(加湿除湿)来补充以完成热平衡,即:

① 由于在室温下饱和空气 $P_v = 2\,337$ Pa,仅为大气压力的约 2%,故在本书所讨论的温度范围内可以将含湿量和水蒸气分压力的关系简化为 $P_v = 1\,623\,d$ [Pa^2]。

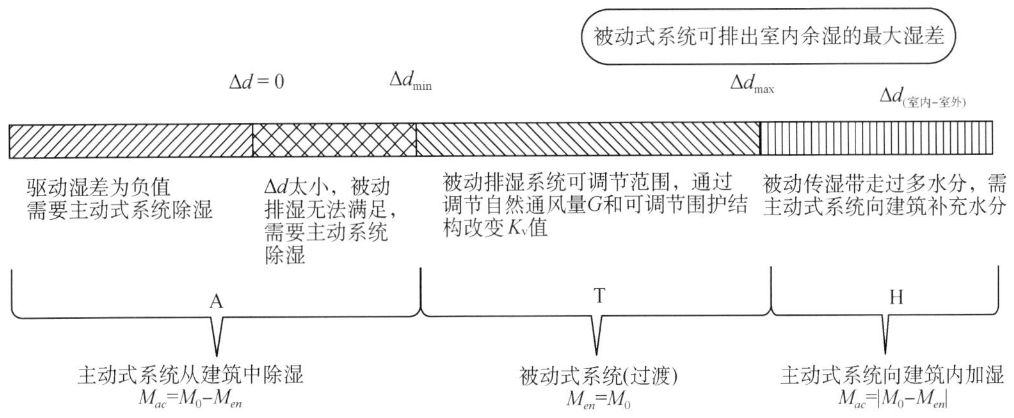

图 3-6　不同室内外驱动湿差(d_r-d_0)对应的系统方式[2]

$(d_r-d_0)<\Delta d_{\min}$——表皮排出水分不足，需要机械系统协助排出水分(除湿)

$(d_r-d_0)>\Delta d_{\max}$——表皮排出水分过度，需要机械系统协助补充水分(加湿)

很明显，与表皮的传热能力相比，除去空气渗透所能携带的水分，能够透过表皮的水分微乎其微。由于表皮的防水要求，室内外之间通过表皮的水分被动迁移受到极大限制，以至于可以忽略不计。对于室内空气湿度较低，$(d_r-d_0)>\Delta d_{\max}$ 的情况而言，由于提高室内的空气湿度相对而言较为简单，完全可以通过室内人员有意识地活动来改善，而不一定需要开启机械设备来补充水分，因而所引起的能耗增加尚为有限；但在室内空气湿度过大，$(d_r-d_0)<\Delta d_{\min}$ 的情况下，通过机械系统来降低湿度，将水分排出室外，所需要动用的能耗则较大。而如何增大 $\Delta d_{\min}-\Delta d_{\max}$ 的覆盖范围，则需要对表皮处理水分迁移的能力进行革命性的开发，否则空气渗透可以提供的能力极为有限。

3.2　面向热湿环境营造的建筑表皮仿生

3.2.1　人体表皮结构和建筑物表皮的对比

从第 1 章中初探哺乳动物神奇的体温维持功能，以及人类作为“超级动物”所拥有的更进一步的体温控制能力，到本章前半部分以热湿交换为主要内容详细了解了人体表皮的构造，对照本专业目前以“热学原理”为出发点对建筑热湿环境营造的反思，我们必然能看出些有价值的关联：

在第 1 章的结尾部分，我们已经尝试将建筑物与人体进行了对比，并发现人体维持体温的机理几乎就是建筑热湿环境营造的诉求。而这个机理最终体现在人类强大的皮肤功能上。

以下将人体的皮肤结构加以简化，进而与建筑表皮进行对比，从而尝试提炼出人体皮肤针对热湿传递的机制，以及建筑表皮相对应所缺失的机理，以及探讨建筑物是否可能通过“仿生”的手段来实现人体皮肤的功能。同时，我们也引进植物的水分输送和蒸腾机理进行对照。

表 3-1 建筑表皮/人体表皮/植物叶片热湿维护机理对照

	建筑物	人体	植物
内部环境温度	22～26 ℃	37 ℃	变化
含水量	8～13 g/kg(空气)	90%以上	60%以上
表皮/表皮/叶片			
建筑表皮 墙体 保温层 防水层 面层	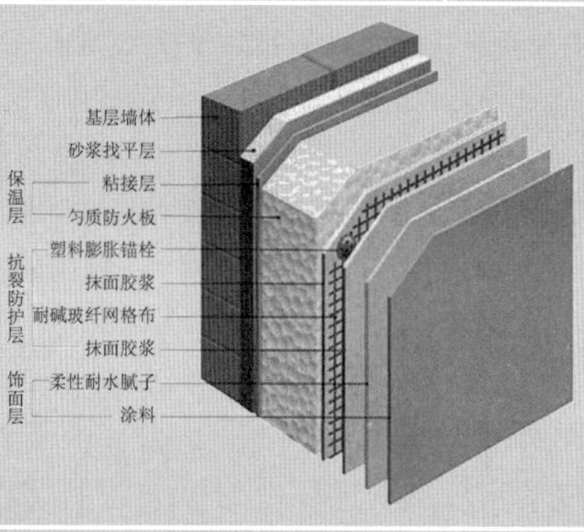 基层墙体 砂浆找平层 保温层：粘接层、匀质防火板 塑料膨胀锚栓 抗裂防护层：抹面胶浆、耐碱玻纤网格布、抹面胶浆 饰面层：柔性耐水腻子、涂料		
人体表皮 角质层 真皮 毛细血管 脂肪 汗腺	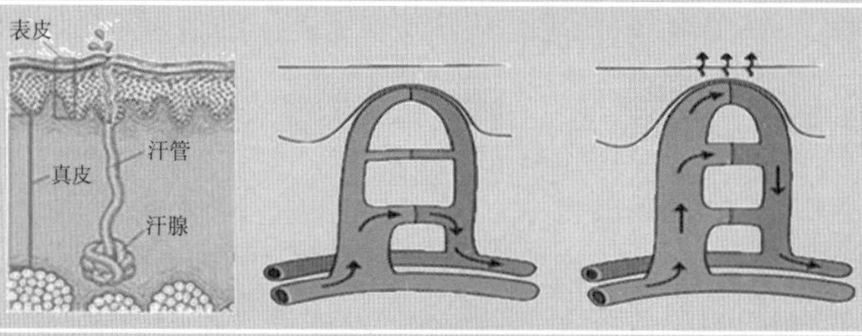 表皮 汗管 真皮 汗腺		
植物叶片 叶脉 叶肉 气孔	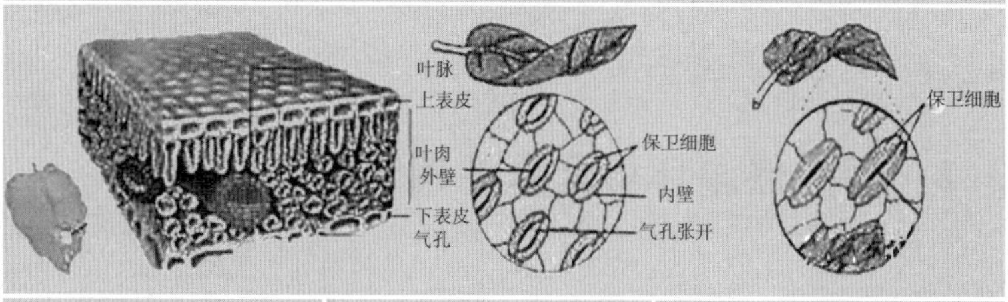 叶脉 上表皮 叶肉 外壁 下表皮 气孔	保卫细胞 内壁 气孔张开	保卫细胞
介质成分	空气、水、制冷剂	血液	营养液
介质工作温度	7/12 ℃、60/80 ℃	体温	接近环境温度
内外环境差别			
温度			
T 外≪T 内	靠保温层控制散热 供热维持温度	毛细血管收缩减少排热 寒战发热	落叶减少与外界质交换
T 外<T 内	靠保温层减少散热	毛细血管收缩减少排热	叶片蒸腾生长

（续表）

	建筑物	人体	植物
T 外＝T 内	开窗 空调维持温度	毛细血管舒张增加排热 小汗腺排汗增加排热	叶片蒸腾冷却
T 外＞T 内	空调维持温度	小汗腺增加排汗	叶片增加蒸腾
T 外≫T 内	空调维持温度	小汗腺大量排汗	气孔闭合保护水分
湿度			
D 内↑	空调除湿	小汗腺相应排汗	叶片吐水
D 内↓	空调加湿	小汗腺减少排汗	叶片脱落

从表 3-1 简单对比可以看出，除植物在较低外温情况下并无可比之处外，在其他不同状况下，建筑物、人体和植物的控制温湿度都有相似的目的性。而对比控制温湿度的手段可以看出，在排热排湿两个功能上，人体和植物都有着远强于建筑表皮的功能。

因此，在人体皮肤和植物叶片的温湿度控制机理上寻找借鉴，也许是一个值得探索的更加高效合理地营造建筑热湿环境的途径。

3.2.2　人体皮肤和植物叶片对建筑仿生表皮的启示

正如《皮肤学》[3]中介绍的，哺乳动物的代谢率，不是和体型成正比的，而是和体表面积成正比。无论其形体差异多大，如马和小鼠，其单位体表面积的代谢率几乎都是 1 000 kcal/d 上下。因此，通常都是以单位时间内每平方米体表面积的产热量来衡量能量代谢率。而这也就值得我们反思：我们的建筑物能耗强度，尤其是冷热负荷，以单位建筑面积为基数来衡量是否有道理？

《室内热湿环境营造系统的热学分析框架》[1]一文提到，室内各种热源全年的负荷（发热量）其实是比较恒定的，和建筑物的使用方式有关，与气候关联不大。而这个内热源强度，也可称之为内扰，是否也可以视为类似于“代谢率”的一个参数？这个参数是否在建筑物的“体形系数”合理的前提下，是与建筑物外表面积成比例的？

人体在 22.8 ℃的环境中感觉最舒适（中性温度），也就意味着此时人体与外界处于一个温湿度“最佳平衡”状态：37 ℃体温和 22.8 ℃环境温度所形成的温差为 14.2 ℃，相当于一栋建筑在室温 22.8 ℃时，室外空气温度为 8.6 ℃的环境下的能量平衡，这已经是较为典型的冬季工况了，大致相当于北京 11 月份和 3 月份的室外日间平均温度。也就是说，如果一栋位于北京的建筑物单位外表面内扰的强度为 1 000 kcal/d，同时这栋建筑的“体形系数”与人类相近，则这栋建筑在这个室外环境中应当是“零能耗”的。从目前强调的“被动式”建筑理念来看，通过调整表皮的外保温，控制综合传热系数，做到这一点应当并无问题。尤其是冬季室外空气温度为 6～8 ℃的时间段在中欧地区还是比较长的。加上日间的表皮日照得热和室内能耗强度可能高于哺乳动物，所以被动式建筑的理念在“最佳平衡点”是可以通过哺乳动物几乎相等的单位皮肤代谢率得到证明的。

然而本书所讨论的方向，并非如何通过建筑物的“外表皮”功能来克服更低的室外温度，如被动式节能技术所探讨的，而是要探讨如何应对更高的室外温度，和可能更强的“代谢率”，即室内的热扰。被动式技术过于夸大了表皮保温隔热的价值，而忽略了很多情况下很多建筑物，尤其是使用强度大、内部产热量大的建筑物，所面临的问题是如何有效的维持排热功能。

正如《建筑热湿环境营造过程的热学原理》[2] 所分析的，所谓“零能耗”建筑技术的出发点，在于单一供热工况下减少室内向室外的热湿迁移，在驱动温差（T_r-T_0）和驱动湿差（d_r-d_o）几乎全年为正值的西北欧气象条件下，即以冬季的“外扰”为主的室内热湿环境营造任务前提下，表皮的保温隔热性能增强与控制热流和水分迁移的方向完全一致，因而达成零能耗的原理完全成立。但在高温高湿地区，以“内扰”和“湿扰”为主的场合，简单地改善表皮的热工性能，增加热阻，减少 U 值，所能起的作用则极为有限，甚至完全起到了反作用。

如前文和本章所探讨的，哺乳动物维持体温的能力，以至于植物维持“体温”的能力，便有许多可以借鉴的地方。只要不突破临界点，哺乳动物们在野外的活动并不需要各种复杂的技术：人类奔跑、晒太阳、树下乘凉、水中游泳、钻洞、按季节换毛，通过进食比冷血动物多 10 倍的食物获取能量。但他们或许仍然比一栋建筑的单位外表面积能耗节能。

而树木则通过茂密的叶片持续地蒸腾和遮阴给大自然提供了低于环境温度的场所，让动物们可以在树荫下度过炎夏。通过遮阴和蒸腾，树荫下的空气温度可以比烈日下的空气温度差 10 ℃左右。

人体皮肤和建筑物表皮（围护结构），究竟有哪些结构上的区别，这些区别又形成了哪些功能上的区别？

（1）最小排热量模式（温差大于 14.2 ℃）：

- 人体皮肤靠脂肪层，建筑围护结构靠保温层，形成固定 U 值；
- 人体表皮靠减少表层毛细血管血液流动，建筑围护结构无此功能，因此需要增加热阻，减少 U 值；
- 如果此时建筑围护结构的 U 值过大，则需要向室内供热；人体靠寒战发热提供热量。

（2）理想排热量模式（温差约等于 14.2 ℃）：

- 人体的适宜流量血液循环增加向皮肤表面输送热量（血液温度 37 ℃），建筑物靠固定 U 值＋墙体热惰性形成热平衡。

(3) 增强排热量模式(温差小于 14.2 ℃—温差趋近 0 ℃):

● 皮肤进一步开放表皮毛细血管,更多的血液流向表面(表皮温度趋近 37 ℃),变相地改变了皮肤的 U 值(等效 U 值?),增加了单位面积表皮的散热;

● 小汗腺开始增加排汗,通过水分流出躯体+表面蒸发带走热量;

● 建筑物表皮的固定 U 值限制了进一步增加排热,通过空气流通(开窗)补偿;

● 必要时将通过机械手段(空调)排出室内热量。

(4) 高强度排热量模式(温差反转,以及内部出现高热量):

● 血液循环量倍增,表皮温度接近躯体深处温度(37 ℃),等效 U 值最大化;

● 排汗功能最大化,占排热主要部分;

● 建筑物表皮排热不再起作用,完全靠机械排热维持热湿环境。

通过以上的对比推演,可以看出人体皮肤在功能上的优势:通过双重的手段实现了对排热量的控制,而且其控制的覆盖范围可以极大。

人体通过调节皮肤的毛细血管血流量和皮肤出汗,将自身的排热从睡眠状态的 40 W/m^2 调整到激烈运动时的超过 500 W/m^2,假设排热需求完全是由于人体活动所造成的内扰,而体温和环境温度不变,则这 12~13 倍的排热能力变化即意味着皮肤 U 值的波动范围。

同样以 14.2 ℃的温差计算,则意味着皮肤的 U 值能够在 2.8~35.2 $W/(m^2 \cdot K)$之间变化,而如果建筑物的表皮拥有这个 U 值变化范围,则应当能够应对极大的排热需求变化。

可以想象,拥有类似功能的建筑表皮能够覆盖相当大的排热量波动范围,从而大幅度减少甚至避免投入机械供热和空调。

同时,由于血液循环+汗腺组成的湿传递能力,可以在每天形成 10 L 以上水的排放能力,简单按照人体拥有 2 m^2 皮肤计算,则每平方米每天可以排放 5~6 L 水,而这在建筑表皮上又是目前完全不具备的功能。

而形成这个能力的机理是遍布全身和皮肤的毛细血管,以及分布在表皮的无数小汗腺。通过动脉静脉所形成的连接躯干深处和表皮表面的毛细血管网,不正是表皮两侧完成热量传递的循环介质吗?

在《室内热湿环境营造系统的热学分析框架》[1]中,设想通过设置分别在表皮两端通过热交换器来同室内外空气进行换热,再由连接两个换热器的水循环系统携带热量从高温侧传递到低温侧的工作原理,以此取代现有的各类热湿营造过程(图 3-7),而人体皮肤不也正在完成着同样的任务(图 3-8)吗?不仅如此,皮肤的毛细血管微循环+表皮出汗所组成的散热机理,甚至将换热器两侧的温差需求都取消了,而代之以几乎无温差的"弥散式循环传热"。

血液循环更进一步所能做到的是将体内的水分通过遍布全身的毛细

血管搜集、输配，并有目的地分布到表皮，再通过汗腺以出汗形式排出体外。该机能并未要求人体表皮拥有被动式的“透水”性能，整个水分由内向外地排放完全可控，并根据人体需求形成有效的体温控制。而这个能力，在建筑环境技术上迄今为止尚无法想象。

由汗液蒸发所带来的散热能力，无疑属于相变蒸发换热，皮肤表面通过周围空气、周边物体表面温差所引起的对流、辐射换热也是毋庸置疑的。但是通过无数毛细血管中血液循环所实现的“弥散式无温差换热”，究竟应当归入对流换热还是传质换热？

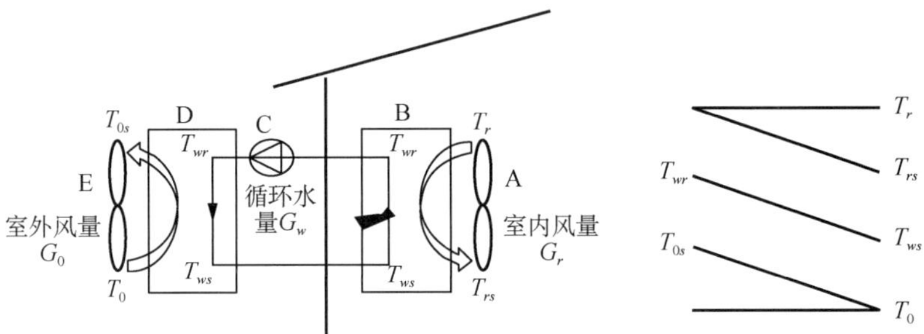

A—室内风机；B—室内侧空气-水换热器；C—水泵；D—室外侧空气-水换热器；E—室外侧风机；T_r—室内回风温度；T_{rs}—室内送风温度；T_0—室外温度；T_{0s}—室外排风温度；T_{wr}—D 进水温度；T_{ws}—B 进水温度

图 3-7 空气-水换热器系统形式及温差[2]

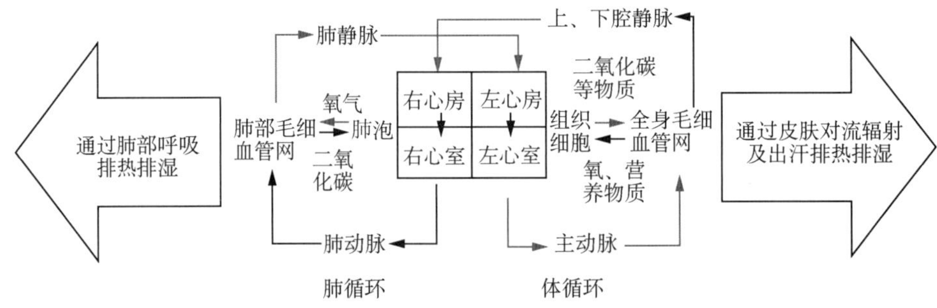

图 3-8 人体血液循环以及与外界的热湿交换(体温—室温)(来源:网络)

3.2.3 “仿生型”建筑表皮畅想

“人造皮肤”和“人造叶片”在功能上除了模仿人类皮肤和植物的蒸发/蒸腾功能，从而得到排出热量/减少得热的功能外，同时也提供了一个选项:浓缩溶液。对于热带及亚热带地区而言，过高的空气相对湿度一直是空调能耗的一大因素。而目前在中国得到大力推广的各类液体除湿技术，其除湿溶液的再生为能耗的主要部分。“人造皮肤”或“人造叶片”如能同时形成溶液再生能力，并进一步形成循环再生系统，将使得该仿生技术拥有更加巨大的节能潜力。

(1) “人造皮肤”和“人造叶片”在建筑上应有不同的使用方式

“人造皮肤”将成为表皮外表皮的内部构造，用于带走围墙表面得热的水分将在整个表皮的“皮下”通过“汗腺”分配，并形成循环系统。在“皮肤”表面温度升高时，“汗液”蒸发带走热量，以避免表皮表面温度升高。

“人造叶片”则应独立地悬挂在建筑物外表皮的外层，类似于遮阳装置。用于带走热量的水分则通过集中布置的管线，将液体引向叶片，通过叶片的散热促使周边环境温度下降，同时形成类似树下的阴影，同样避免表皮表面温度升高。

(2) 对于“人造皮肤”需要进行相应的开发性研究

“人造皮肤”内部的“汗腺”属于类似于人体血管的半透膜形式，可以用目前已经技术成熟的中空纤维来完成类似的功能。目前中空纤维中有“膜蒸馏”功能的品种(脱气膜)，允许水蒸气渗透、但阻止其他溶液成分透过。

在表皮嵌入上述中空纤维，并在外表面材料上进一步采用防水透气材料，形成防水透气表面。该表面可以允许水蒸气透过，但同时可以阻止水分进入。中空纤维则负责通过液体循环将水分带到该材料表面。

如采用一定浓度的溶液完成该循环，则通过单位面积表皮表面的水蒸气蒸发量可控:由于不同溶液浓度所形成的与外界不同相对湿度间的水蒸气分压力决定了水蒸气的蒸发量，调节溶液的流量和浓度便可调节单位面积“人造皮肤”的蒸发量，也即单位面积所带走的热量。

在该技术方案下，通过在单位面积“人造皮肤”内嵌入能够提供足够蒸发能力(膜通量)的中空纤维脱气膜，控制植入密度、单根中空纤维膜的膜通量，最终形成了单位面积的蒸发能力，即排热能力;而调节排热量的手段则有溶液的浓度、流量，以及初始温度(蒸发量的影响因素)。

对于外表皮表面防水透气层则需要进行其他的尝试:既要保持足够的水蒸气通透率，又要防止雨水及其他湿气对于表皮尤其是保温层的侵蚀。是否做成多层结构，在“表皮”的后方再增加防水层，则需要进一步探讨。

(3) 对于“人造叶片”需要进行相应的开发性研究

如同样采用中空纤维脱气膜作为“叶片”的毛细管，而“叶片”表面并无自然叶片表面的微小蒸腾孔，则“人造叶片”无法像自然叶片那样开闭蒸腾孔以控制蒸发量。因此只能借助调节系统溶液流量、浓度及温度来改变蒸发量。

除了拥有“表皮”的蒸气渗透功能外，“叶片”需要拥有足够的遮阳功能，但不需要有特别强的防水能力。

“叶片”的安装固定方式可以参考遮阳结构，但“叶片”上有溶液通道，必须考虑溶液循环能力及连接部位的可靠。

“叶片”的蒸发是否确实给建筑物带来了降低表皮得热的收益需要通

过实验进行验证。由于遮阳+“叶片”本身的投资代价与因此而得到的降低表皮得热、从而进一步降低建筑能耗之间的因果关系，其投资回报能力完全要依靠最终效果来保障。

“皮肤”与“叶片”所形成的溶液循环系统在夏季同时也成为了一套“溶液再生”系统，系统中所携带的溶液，在经过“皮肤”或“叶片”的蒸发过程后，失去水分成为浓溶液。如采用除湿溶液完成上述循环，则浓缩的除湿溶液可以用于室内除湿，一举两得。在室内除湿需求未发生时，也可以用适当的容器储存浓溶液，以备不时之需。在冬季，如果以浓溶液在系统中循环，并适当控制溶液温度，则通过溶液和周边空气所形成的水蒸气分压力吸收空气中的水蒸气，同时也升高了所嵌入墙体的材料的温度。该思路是否有效仍需大量论证。

4 建筑表皮热过程分析与仿生需求

4.1 面向建筑热环境营造的围护结构动态需求

前面章节从生物-人体-建筑物围护结构的角度探讨了生物与建筑物围护结构的差异，并期待以此建立围护结构热工性能优化的新方向。本章将进一步从建筑热物理—传热学角度分析维持建筑物内部热环境稳定这一目标与围护结构热工性能之间的关系。

4.1.1 建筑室内环境热平衡分析

从建筑热物理的角度来看，尽量减少“外扰”对室内热环境的影响是围护结构很重要的功能之一，即所谓“遮风避雨”。“扰”的概念，是破坏原有平衡的干扰因素。在建筑热物理上，“扰”便是破坏原有建筑热平衡的热量传递。而“扰”以来源区分，可分为“外扰”——与室外气象条件相关，和“内扰”——和室内的使用方式和强度相关。“外扰”，可能是得热（夏季），从而最终形成“冷负荷”，也可能是失热（冬季），从而形成“热负荷”。而“内扰”则几乎仅为得热。在目前的教科书中，“内外扰”这个概念更多地用于说明夏季冷负荷的生成；而在冬季，则“内扰”往往被默认为补偿型的得热，从而忽略不计。

（1）**外扰**：由于室外气象条件与室内的差异所造成的冷热负荷（“－”为由内向外，“＋”为由外向内），具体包括：

- 非透明部分围护结构传热 $Q_{墙}$：冬（－）夏（＋）；
- 透明部分围护结构传热 $Q_{窗}$：冬（－）夏（＋）；
- 透明部分围护结构日照得热 $I_{窗}$：全年（＋）；
- 冷桥传热 $Q_{桥}$：冬（－）夏（＋）；
- 空气渗透 $Q_{渗}$：冬（－）夏（＋）；
- 空气置换 $Q_{空}$：冬（－）夏（＋）。

外扰的特征，是与室外气象条件呈正相关关系：首先起决定因素的是建筑物所在地，由此决定了外扰的绝对量级。同时外扰也随着日夜、季节由正到负持续变化。在围护结构的作用下，部分外扰（如墙体传热）影响到室内温度有一定的迟滞性。

（2）**内扰：**由于室内人员活动及设备使用所造成的冷负荷（无热负荷），具体包括：

- 人员散热 $Q_{人}$：全年（+）；
- 照明散热 $Q_{照}$：全年（+）；
- 设备散热 $Q_{设}$：全年（+）。

内扰的特征，则是与室内使用情况呈正相关关系：室内用途决定了内扰总的绝对量级，使用时段、节奏又决定了其发生的总量。同时，内扰几乎在所有场合均为正值，即各类能源形式在经过转换（灯光、设备应用）或纯粹散热（人体散热）后，形成对室内的热量输入。内扰在很多场所不是个连续值，如商场、学校、影院等。内扰可能通过围护结构和室内材料的蓄热能力的调节而并不直接作用到室内温度变化上。

从上述的内外扰角度分析，则在建筑物的内外之间，以围护结构为分界，有以下三个不同季节的平衡需求。其中 $Q_{冷}$ 为所需冷量，$Q_{热}$ 为所需热量：

供热季：

$$Q_{热}=\underbrace{\{Q_{墙}+Q_{窗}+Q_{桥}+Q_{渗}+Q_{空}\}_{外}}_{外扰}\underbrace{-I_{窗}-\{Q_{人}+Q_{照}+Q_{设}\}_{内}}_{内扰} \tag{4-1}$$

供冷季：

$$Q_{冷}=\underbrace{\{Q_{墙}+Q_{窗}+Q_{桥}+Q_{渗}+Q_{空}\}_{外}}_{外扰}\underbrace{+I_{窗}+\{Q_{人}+Q_{照}+Q_{设}\}_{内}}_{内扰} \tag{4-2}$$

过渡季：日间如夏，夜间如冬。

如果将透明部分辐射得热视为“准内扰”，加入内扰组，则可将上述热平衡进一步整理为如下形式：

供热季： $Q_{热}=\Sigma_{外}Q_i-\Sigma_{内}Q_j \qquad \theta_{外}\leqslant 15\ ℃$ （4-3）

过渡季： $Q_0=\Sigma_{外}Q_i+\Sigma_{内}Q_j\approx 0 \qquad \theta_{内}\geqslant\theta_{外}\geqslant 15\ ℃$ （4-4）

供冷季： $Q_{冷}=\Sigma_{外}Q_i+\Sigma_{内}Q_j \qquad \theta_{外}\geqslant\theta_{内}$ （4-5）

4.1.2 以围护结构为平衡点的内外扰平衡

维护室内舒适度和建筑节能的要求，在不考虑卫生、洁净方面的要求的前提下，则是在全年寻找理想的方式来实现热平衡。从该角度而言，对于围护结构的热工性能要求是，一方面在内外扰叠加的情况下，尽量减少外扰的影响；另一方面，在内外扰呈反向作用的情况下，又期待外扰与内扰相抵消，从而在保证室内热舒适环境的前提下，期待以此减少供热设备的初投资及运行能耗。

从目前的建筑节能技术研究方向来看，有相当的精力花在了改变围护结构热工性能上，即以增强各项热工性能指标的方式，尽可能地减少外扰，从而尽可能减少能量输入/输出，即机械供热供冷，以达到热平衡。其原理，可以用图 4-1 表达(此处以 U 值概括外墙、外窗、冷桥等传热部分的综合传热系数，忽略空气渗透)：

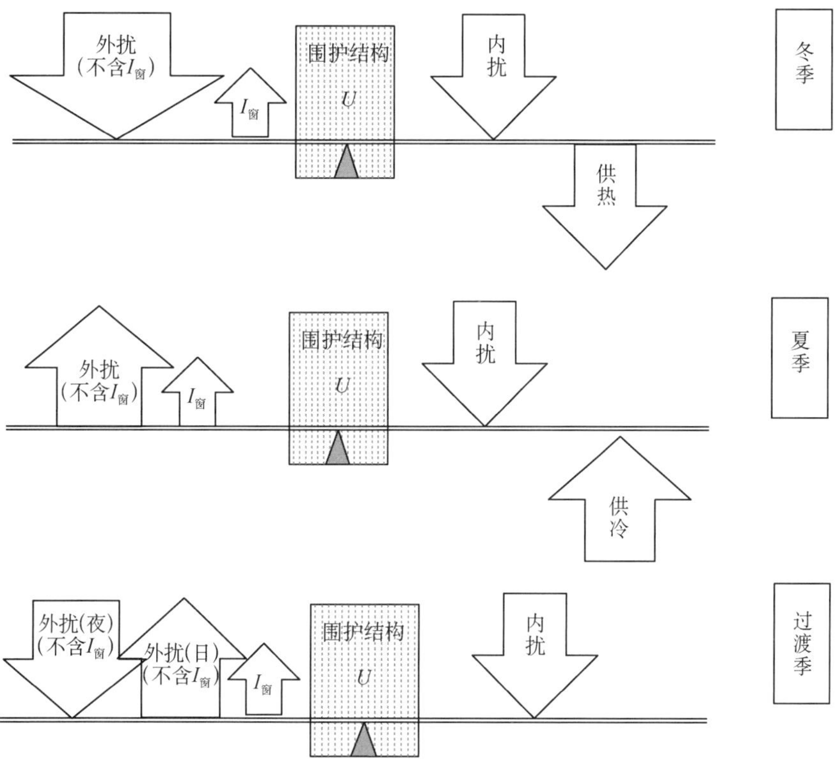

图 4-1　围护结构两侧的内外扰及热平衡

如上文分析，内扰在所有发生时段均为正值，而外扰则在供热季为负值，供冷季为正值，过渡季则在正负之间变化。也就是说，希望通过内外扰形成热平衡，只能在供热季和部分过渡季。如果进一步排除过渡季，则内外扰相抵消的情况仅限于供热季。

同时也可以看出，由于在供热季存在着内外扰抵消的现象，而在供冷季则是内外扰叠加，所以冷热负荷之间也有着不同的量级：一般而言热负荷约为 50 W/m^2，而冷负荷则经常超过 100 W/m^2，而对应着供热季的室内外平均温差大多不少于 15 ℃，而供冷季节的室内外平均温差则经常仅为 5 ℃上下。

4.1.3 围护结构 U 值和能耗之间的关系

从图 4-2、图 4-3 可以进一步看出，随着 U 值的改变，其外扰也随之改变，二者之间大致呈现正比关系。同样，由于供热量作为内外扰相互抵消后的补偿，与 U 值之间也大致呈现正比的关系。

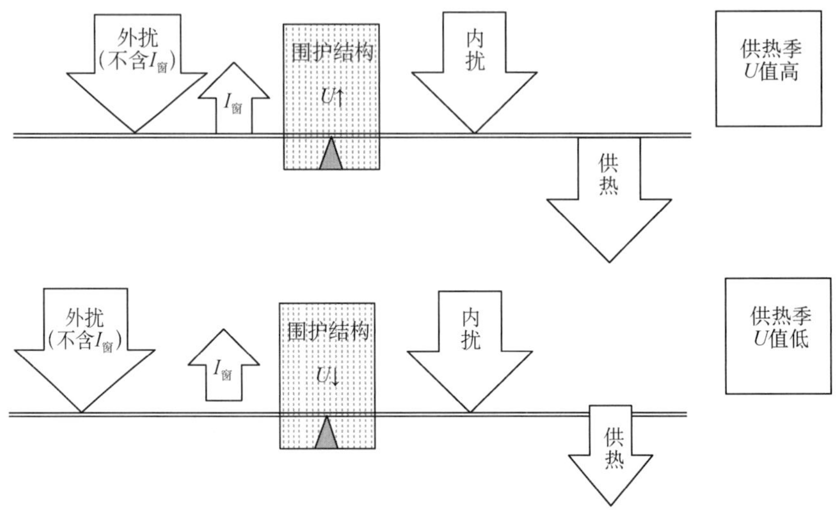

图 4-2 围护结构综合传热系数 U 值变化对冬季工况外扰形成负荷及相应供热量的影响

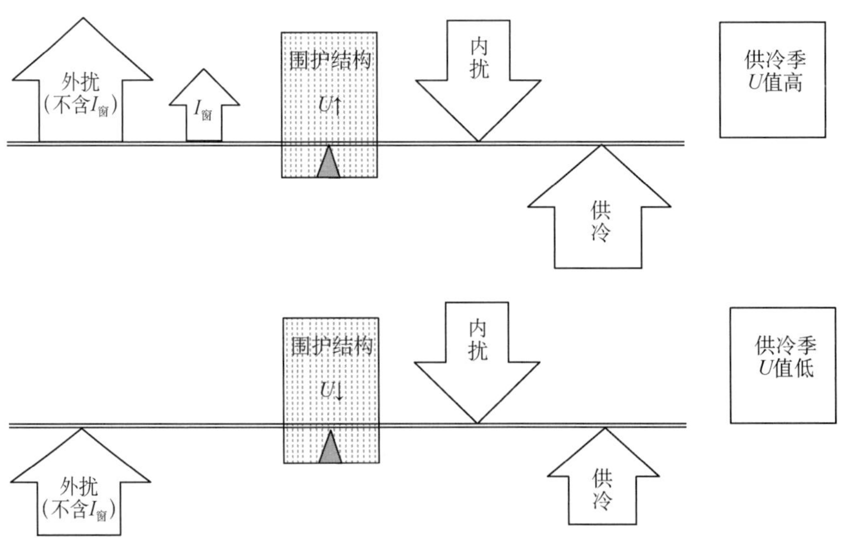

图 4-3 围护结构综合传热系数 U 值变化对夏季工况外扰形成负荷及相应供热量的影响

4.1.4 静态围护结构 U 值和动态热扰之间的矛盾

出于建筑节能的考量，要求围护结构尽可能多地减少外扰的影响，进一步对减少能耗的热平衡作出贡献，也是被动式节能技术的要点，即在冬季以改善围护结构热工性能的方式来减少外扰，使其与内扰相等：

$$Q_{热} = \Sigma_{外} Q_i - \Sigma_{内} Q_j = 0 \tag{4-6}$$

由于内扰的不可干预性，即使用目的和方式决定了内扰的发生总量和时段，通过改变围护结构热工性能达到热平衡的极限也就受到了限制。其限制可以是以下几方面。

（1）外扰相关

- 建筑物所处的气候区域：发生外扰的绝对总量；
- 建筑技术的发展阶段：可以用于实现提升围护结构热工性能建材和建筑技术的能力（图 4-4）。

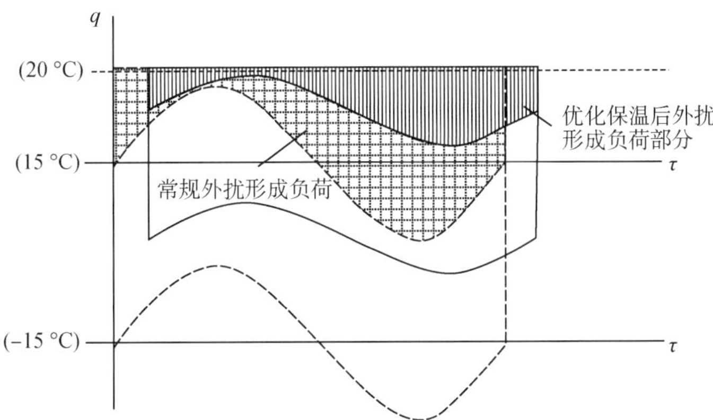

图 4-4　外扰曲线对比(常规/优化保温)，供热季

（2）内扰相关

- 建筑物，房间使用方式：发生内扰的绝对总量；
- 室内材料的蓄热能力：平衡内扰波动对室温的影响能力。

可以看到，维持热平衡的所有变量均是时间变量，而改变围护结构热工性能得到的仅仅是一个常数。通过上述外扰分析，可以看出，外扰均为随时间变化的因变量，而室外温度和时间则是自变量：

$$Q_{外} = f(\theta_{外}, \tau) \tag{4-7}$$

也就是说，在改变了围护结构热工性能后，外扰的波幅和滞后将会相应变化，而周期则不会发生变化。

对围护结构的热工性能改造，其本意是“被动式”的，即并无“主动的”能量输入，而是减少外扰造成的热损耗。然而由于必须遵守能量守恒定律，供热季由于外扰损失掉的能量，终究需要补充进来。而被动式所期待的，则是由内扰来补充所损失的能量。

但内扰的特征，是与时间有关，与室外空气温度无关。除日射外，其他部分均仅与使用时间和使用方式有关。也即内扰具有不可调节性，不可能根据室外气象条件进行相应调节。在外扰变化时，内扰可能小于、等于或大于外扰(图 4-5)。

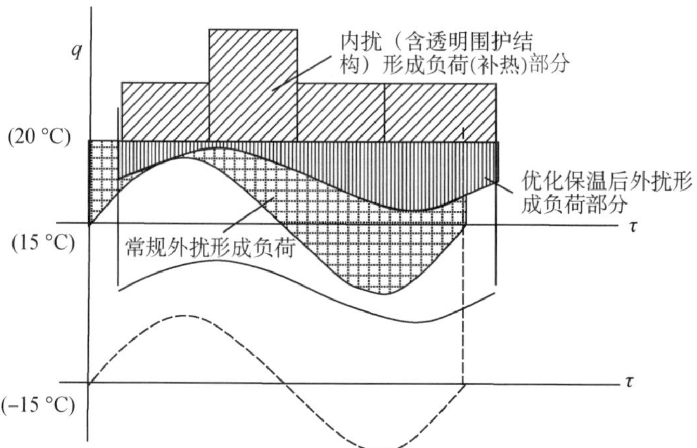

图 4-5 内外扰在供热季节的变化对比

同时，在节能环保理念的趋势下，内扰实际呈下降趋势。如家电设备、照明设备的负荷，均在过往十多年内持续下降。作为建筑节能控制能耗的措施之一，照明能耗目前占建筑总能耗的比例日益下降，以至于内扰呈现持续下降趋势。而内扰中基本维持原状的部分，几乎只剩下单位面积室内人员负荷部分。

而就室内人员总负荷部分而言，实际也处于下降趋势。单位平方米人员密度在住宅和办公建筑均越来越低。其趋势如下。

住宅建筑：人均拥有住宅面积增加，居家时间缩短；

办公建筑：人均拥有办公面积增加，电商时代带来办公楼使用率下降。

"全球变暖"尚未对建筑供热季外扰形成足够强大的数据支撑，使得内外扰平衡得以在更广大的统计数据层面得到支持的前提下，推广被动式节能理念，仍需慎重对待。

在内扰与不同建筑形式、使用方式相关，而外扰与室外气候条件相关的大前提下，优化围护结构 U 值来寻求内外扰平衡仍应当在以下小前提下得以实施：

供热季： $\Sigma_{外} Q_i - \Sigma_{内} Q_j$，即 $Q_{热} \leqslant 0$ (4-8)

此时，内扰总量足以补偿外扰，并且在室外气象条件造成的外扰总量能满足上述条件的区域。在这种情况下，可以做到不再需要向室内补热，即"被动式建筑"的理念可以通过改善围护结构的热工性能在一定程度上得以实现。

但如上所述，内扰的总量与使用方式相关，与气象条件无关。而这个总量能否满足被动式节能的前提，则又取决于与气象条件直接相关的外扰的总量。假设 U 值满足被动式节能技术所设定的围护结构热工性能，如 $U \leqslant 0.15\ \mathrm{W/(m^2 \cdot K)}$，$U_w \leqslant 0.8\ \mathrm{W/(m^2 \cdot K)}$，则该技术指标将进一步转化为外扰和围护结构 U 值及室外温度的关系，即室外温度和 U 值为自变量（在此忽略冷桥和渗透部分），外扰为因变量：

$$Q_{外} = f(\theta_{外},\ U,\ \tau) \tag{4-9}$$

而 U 值则与围护结构保温层材料物性（λ）和厚度（δ）有关，而 λ 和 δ 的选择都是从经济合理性方面考虑的。由于 U 值和保温材料的厚度成反比关系，故增加保温层厚度的边际效应是急速递减的。如果物性和厚度从经济性上设定了上限，则通过优化保温能寻求到的内外扰平衡场合极为受限。

1. 室外设计温度、U 值与负荷之间的关系

为了抵御外扰，维持建筑室内环境，目前的技术方案是在室外气象条件、围护结构热工性能和室内供热空调设备之间选择最佳匹配方案。如上分析，室外气象条件是自变量，能耗是因变量，而围护结构的热工性能迄今为止仍是个常数。这也就意味着，为了最大限度地保障室内环境，U 值只能取最小值。

影响到 U 值选取的因素，主要为室外设计温度、室内设计温度，以及围护结构的材料物性和构造。其中室内设计温度以满足人体舒适度或室内需求为目标，而室外设计温度则按照在可能发生的最不利情况下来考虑。

室外设计温度的考量有各种不同的规定，但基本按照当地气象数据来确定。如《民用建筑供暖通风与空气调节设计规范》[1]（GB 50736—2016）规定的采暖与空调室外设计温度采用当地历年平均 5 天的日平均温度，是在考虑围护结构的蓄热能力等因素后取的最大值。

然而在整个需要通过能耗系统干预来维持室内环境的周期中，历年平均 5 天的日平均温度所发生频率如字面所表达。按此计算出来的能耗需求，则呈现出极少的发生频率。

从供热区域的室外空气温度分布来看，大约 85%以上的时间，外扰造成的负荷仅为设计负荷的 50%以下，而仅有 15%的时间，外扰所产生的负荷会处于 50%以上。也即：

$$\Sigma_{外} Q_i / \Sigma_{内} Q_j \geqslant 50\% \quad (85\%\ 时间保证) \tag{4-10}$$

$$\Sigma_{外} Q_i / \Sigma_{内} Q_j \leqslant 50\% \quad (其余\ 15\%\ 时间) \tag{4-11}$$

也即是说，U 值的选取，最终会使围护结构的热工特性在绝大多数供冷供热时段处于“闲置”状态。真正需要围护结构发挥其热工特性的时间，大约是每年 5 天时间；而相对较好的发挥特性的时段，如果按照 50%的外扰负荷来设计，也不过是整个时间段的 15%。而其他时段 U 值的作用则是相应减少供热能耗，直至内扰与外扰能够相互抵消，进入“被动式”

节能的状态。单纯从减少供热系统初投资和运行能耗的角度而言，在经济允许的范围内，不考虑空气渗透和新风换气，只要内扰的规模与外扰的基本保持在同等的量级之内，降低 U 值可以达到完全不再需要供热系统而完全依靠内外扰相互抵消而达到平衡的静态结果。

然而，由于内外扰各自遵循不同的规律变化，从相互平衡的角度而言，内扰几乎可以看成为一个常数，而外扰则随室外气候条件变化，即意味着即使选择用综合 U 值将外扰控制在相当于 50%以室外计算温度所计算出的围护结构负荷情况下，仍有 85%的时间会出现内扰大于外扰的情况。

2. 内扰大于外扰所引起的问题

内扰的超出部分则会引起室温升高，在选择通过降低综合 U 值提高围护结构热工性能的前提下，将造成建筑物的散热能力严重不足，因而成为一个近乎悖论的现象：为供热季节能而采取的措施，造成了供热季室温在很多情况下过高，以至于需要通过开窗手段来降温。如果开窗本身会影响室内舒适度，或者出于同样的理由从技术角度被加以限制（不可开启或仅能有限度开启），那么室温过高在冬季都将影响室内舒适度。

例如，德国被动房技术就面临一个非常严重的“季节平衡”问题：如果按照 100%的内扰贡献大于等于外扰负荷设计，室内几乎将持续地处于一个过热状态；如果按照 50%的外扰负荷来设计，则室温将在 15%的时间段低于设计温度。也即：

$$\Sigma_{外} Q_i / \Sigma_{内} Q_j \geqslant 50\% \qquad (85\%\text{ 时间保证}) \qquad (4\text{-}12)$$

$$\Sigma_{外} Q_i / \Sigma_{内} Q_j \leqslant 50\% \qquad (\text{其余 }15\%\text{ 时间}) \qquad (4\text{-}13)$$

如果将该现象拓展到过渡季和供冷季，情况会更加严重，建筑物的室内将持续处于过热状态。由于被动式要求减少甚至放弃主动式调温系统，用户则在室内过热状况下几乎无计可施。尽管有限地升温（$20\ ℃ \leqslant \theta_{内} \leqslant 26\ ℃$）在冬季仍是可接受的，但在很多情况下，室温甚至突破了这个界限。

上述情况在目前运行的被动式节能技术示范项目中已见诸报道。比如德国，有些德国被动房技术的过热问题极为明显，尤其是内扰变化较大的场所（如幼儿园、学校等建筑）。由于德国在供热季室外温度尚低，开窗作为散热手段尚可作为调节手段。但开窗所引起的室内温度场变化、气流组织变化和空气洁净度变化等次生问题，也需引起重视。

采用蓄热能力较强的室内建筑材料可以部分弥补这个问题，尤其是在内扰瞬间波动的情况下，通过室内材料的蓄热能力即热惰性减缓室温波动，从而实现“调峰填谷”的功能。然而墙体材料的蓄热能力，毕竟仅仅是减弱室温的波动，另一个反向热流所平衡掉积攒或损失的热量，对于持续性的失衡则无效。

当然对于大多数建筑而言，室内材料的蓄热能力仍然是可期待的，绝大多数建筑的室内材料热惰性是可以缓解室温波动和提供相当程度的蓄热能力的。但该性能又在另一个方面出现了问题，即室内环境的初始阶段达到室温的过程。在有意识地减少甚至放弃了主动供热能力情况下，向室内输入能量的方式仅限于内扰。而在建筑物投入使用之前，除了日射部分，其他内扰均不发生。因此建筑物在投入使用初期，室温从初始的接近室外温度状态上升到正常室温需要极为漫长的时间。在此期间，所有开始使用的内扰热量，均被室内蓄热材料所吸收，而无法用于室内升温。这个问题对于间歇使用的建筑而言极为关键，如学校、办公楼、商场等建筑在周一上学、上班和开门时段。

3. 过度强调围护结构热工性能在供冷季所引起的负面效果

如上分析，对于供热季节而言，改善围护结构的热工性能，即尽量降低综合 U 值，其出发点是在供热季内外扰所形成热流的相反方向，从而可以通过改变围护结构的热工性能，降低外扰，使得外扰在部分时段不大于内扰，从而在理想(设定)条件下相互抵消，以此完全省却供热能耗，同时在其他时段减少保持热平衡所需的供热能耗。

同样如上分析，内外扰所形成的热流在供冷季并非是反向的，而是同样作为“得热”最终形成冷负荷。在此情况下，室内并无如供热季外扰所形成的建筑物由内向外的热损失，或可称为“冷扰”，而是均为“热扰”。在“热扰”叠加的情况下，内外扰相抵的情况无从发生，从而使得被动式节能的原理在供冷季无法实现：

供冷季： $Q_{冷}=\Sigma_{外}Q_i+\Sigma_{内}Q_j\nleq 0\qquad \theta_{外}\geqslant\theta_{内}$　(4-14)

由于室外温度在供热季和过渡季处于低于室温的情况($\theta_{外}\leqslant\theta_{内}$)，因而事实存在着一个持续的自然冷源，引入新风则可以作为一个抵消过热的外扰(冷扰)来运用。因此对于供热季主要季节的气候区域，过热问题可在某种程度上通过开窗或机械引进新风来消除。

但一旦公式(4-14)的情况出现，则必须由外部输入冷量 $Q_{冷}$ 来消除热扰。此时，通过围护结构提升热工性能所能做到的极致，无非是提高热阻和增强遮阳使外扰无限缩小。然而即使外扰为零，$Q_{冷}$ 仍然存在。此时由于室外温度大于等于室温($\theta_{外}\geqslant\theta_{内}$)，不再存在自然冷源，故开窗或机械引进新风的方式也不再有效(图 4-6)。

4. 过渡季所期待的内外扰相抵效应发生的不利变化

在几乎所有需要维持室温的气候区域都存在或长或短的过渡季，其定义是在供冷和供热之间无须提供任何人为干预室温手段的时段，一般而言就是春秋季时段。不同的气候区域过渡季长度和气候条件也有所不同，不排除出于“行为节能”而人为干预的“强制过渡季”，如中国北方的供暖期与欧洲设定室外温度 15 ℃为限之间的时间段。在该时间段内，一方面室外气候条件基本能满足人体舒适的要求；另一方面，出于行为节能，

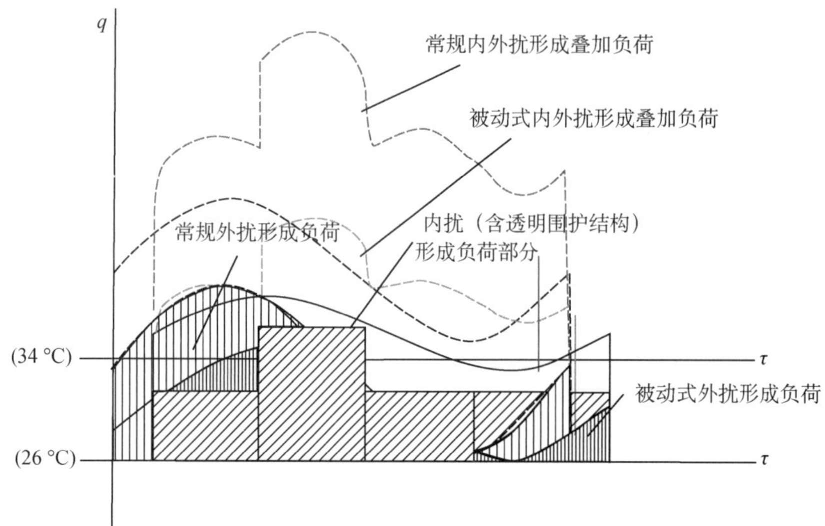

图 4-6　供冷季内外扰叠加形成冷负荷

人们主动放弃对室温的精准控制。

室内温度在舒适——基本舒适之间波动的前提下，与德国被动房技术的原理几乎相同：在内扰（热扰）基本不变的前提下，由于存在着与供热季相比大幅度降低的外扰（冷扰），使得冷热相抵成为可能。

过渡季：

$$Q_0 = \Sigma_{外} Q_i \pm \Sigma_{内} Q_j \approx 0 \qquad \theta_{内} \approx 26℃ \geqslant \theta_{外} \geqslant 15\ ℃ \quad (4\text{-}15)$$

过渡季的一个特征，是室外温度在室温（26 ℃）上下波动，另一个特征，则是日照得热与供热季相比大幅增加，即内扰（热扰）实际上是相比冬季有所增加的。

由于围护结构和室内蓄热材料的热惰性，外扰和内扰将以滞后的方式形成负荷，即室内的温度上升将落后于内外扰的发生，从而使得室温的波动趋于平稳。但最终减少室内温度波动的因素，是在一个波动周期内的室内热平衡。如果在周期之内热平衡无法实现，则室温终将偏离正常范围。

如上分析，与供热季相比，过渡季节的总得热（热扰）是增加的，而冷扰则开始大幅下降（26 ℃ $\geqslant \theta_{外} \geqslant$ 15 ℃）。此时能够维持热平衡的条件，只能通过维持较高的冷扰来达到。尽管与供热季室温相比过渡季所设定的室温较高（26 ℃），同时允许室温有限波动，但可供使用的自然冷源大幅减少，并且不能在全时段都满足（日夜波动及周期性升降）。也即是说，在过渡季的首要任务，变成了增大冷扰的能力，从而达到周期性的热平衡。

在过渡季可用于热平衡的冷扰，为围护结构散热和新风换气两部分。但两部分在过渡季都是周期性地在冷热扰之间反复波动。而围护结构散热能力则正是与保温能力相矛盾的热工性能：此时综合 U 值的提高意味着散热能力的丧失(图 4-7)。

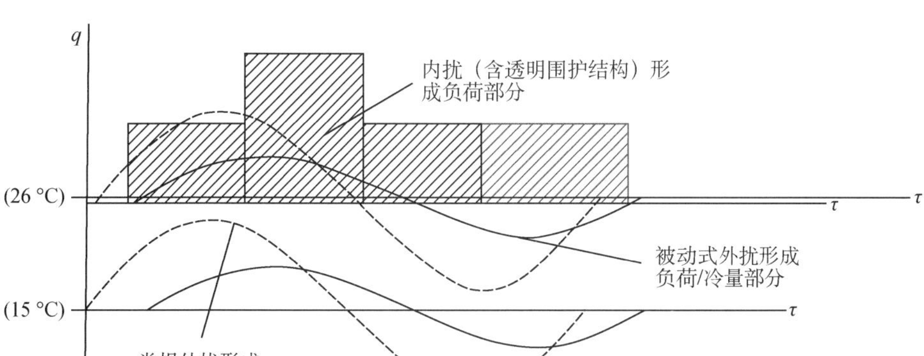

图 4-7 过渡季外扰形成负荷/冷量

通过降低综合 U 值改善围护结构的热工性能，实际上就是将原来发生在过渡季节的室内外热平衡时间段，通过改善围护结构热工性能移到了供热季。而在此情况之下，过渡季与供热季的外部条件变化，除了目标温度(室温)升高了 6 ℃(20～26 ℃)外，热扰(部分时段外扰)大幅增加，冷扰(部分时段)则同步大幅减少。

与此同时，还需要考虑传热的驱动温差。由于过渡季的冷源(室外空气)温度与室温之间的温差大幅减少($\Delta\theta \leqslant 26 \sim 15$ ℃)，在同样的传热系数/比热容下，单位面积围护结构的传热能力和单位体积新风的显热携带能力均比供热季有大幅的下降。也即是说，在过渡季同样面积围护结构所能获得的单位冷量或许只有供热季的几分之一。以过渡季室外温度 15 ℃和冬季室外温度－15 ℃为例：

$$q_{外0}/q_{外} = \frac{\Delta\theta_{外0}}{\Delta\theta_{外}} = (26-15)/[20-(-15)] \tag{4-16}$$
$$= 11/35 \approx 1/3$$

而实际的单位面积传热能力相关比例还要小于上述比例。由于半无限大平面非稳态传热的衰减，小于 5 ℃的室内外温差很可能使围护结构处于近似“绝热”的状态，即通过围护结构的热流可以忽略不计。

也即是说，在过渡季的热平衡难以实现，以致室内会频繁地出现过热而温度过高的情况。此时由于新风携带冷量的能力大幅下降，使得通过新风实现热平衡需要通过放大 3 倍的风量来实现，这又会带来室内气流组织的问题。在被动式节能技术要求大幅度减少冷风渗透的情况下，开窗成了唯一的手段。而开窗的极限尚难满足热平衡的要求，同时还需要面对全面开窗所遇到的所有相关问题(室外空气污染、噪声污染、室内风速过高等)。

同时，室内人员在过渡季对室内舒适度的要求与供热季有所不同，对室内过热的耐受能力不如供热季。如在供热季，在人员出入室内外阶段，除了身上衣着、所携带的物品等会带入部分未计算在内的“外扰/冷扰”，从而减轻室内过热外，室内较高温度所带来的“烘烤感”，也是较为受欢迎的。偏高的室温（≥20 ℃），能较快地提高室内的人员体感温度。而在过渡季节，较高的室温则会引起人员的不适。

4.1.5 围护结构传热能力的可调节范围分析

1. 供热度日数和空调度日数分析

《建筑节能气象参数标准》[2]（JGJ/T 346—2014）对采暖度日数和空调度日数作了以下规定：

（1）采暖度日数

需要采暖的强度和需要采暖的天数两方面可以反映一个地区气候寒冷程度的指标。一年中，当室外日平均温度低于冬季采暖室内计算温度时，将日平均温度与冬季采暖室内计算温度差的绝对值累加，得到一年的采暖度日数。本标准中冬季采暖室内计算温度采用 18 ℃，以 HDD18 表示。

第 m 年的采暖度日数可以用以下公式表达：

$$t_m^{hdd} = \sum_{i=1}^{365}(18 - t_{m\cdot i}) \times \mathrm{sign}(18 - t_{m\cdot i}) \tag{4-17}$$

其中

$$\mathrm{sign}(18 - t_{m\cdot i}) = \begin{cases} 1, 18 - t_{m\cdot i} > 0 \\ 0, 18 - t_{m\cdot i} \leqslant 0 \end{cases}$$

（2）空调度日数

需要空调降温的强度和需要空调降温的天数两方面可以反映一个地区气候炎热程度的指标。一年中，当室外日平均温度高于夏季空调室内计算温度时，将日平均温度与夏季空调室内计算温度差的绝对值累加，得到一年的空调度日数。本标准中夏季空调室内计算温度采用 26 ℃，以 CDD26 表示。

第 m 年的空调度日数可以用以下公式表达：

$$t_m^{cdd} = \sum_{i=1}^{365}(t_{m\cdot i} - 26) \times \mathrm{sign}(t_{m\cdot i} - 26) \tag{4-18}$$

其中

$$\mathrm{sign}(t_{m\cdot i} - 26) = \begin{cases} 1,\ t_{m\cdot i} - 26 > 0 \\ 0,\ t_{m\cdot i} - 26 \leqslant 0 \end{cases} \tag{4-19}$$

规范中的 $(18 - t_{m\cdot i})$ 和 $(t_{m\cdot i} - 26)$，其实质为采暖工况下及空调工况下的室内外驱动温差。

图 4-8 所示为将 $(T_r - T_0)$ 视为室内外热传递驱动温差时，中国典型城市全年 $(T_r - T_0)$ 的变化。

将上述室内外驱动温差的纵坐标加以调整，使其拥有同样的尺度，将

获得更加直观的区域差别视图(图 4-9)。

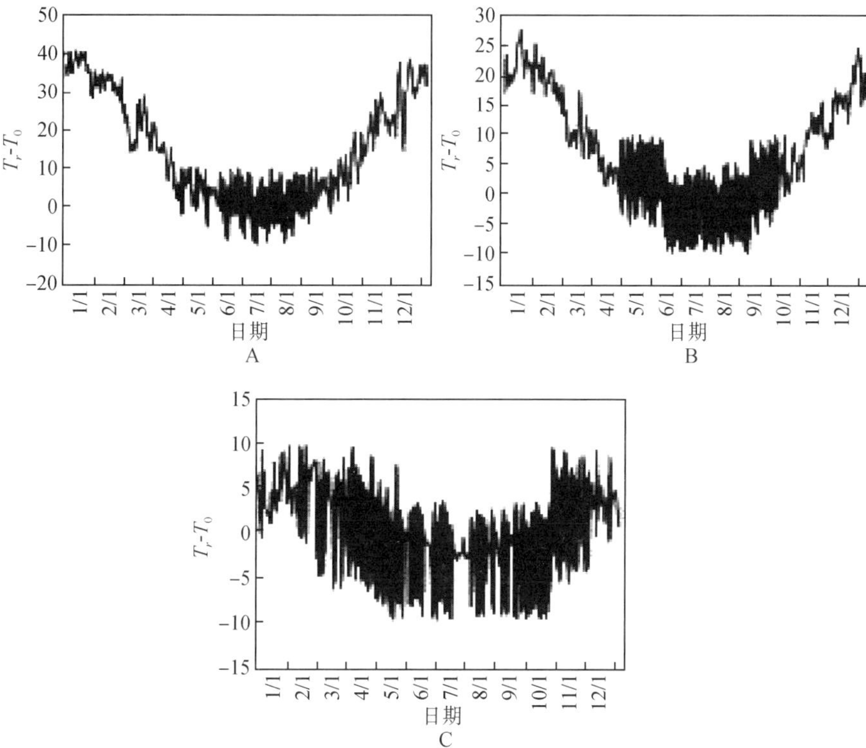

图 4-8 室内温度在 18 ℃和 28 ℃时我国典型城市全年室内外驱动温差($T_r - T_0$)[3]

A 哈尔滨;B 北京;C 广州

注:室外日平均温度低于 18 ℃时,室内按 18 ℃计算;室外日平均温度高于 28 ℃时,室内按 28 ℃计算;室外日平均温度在 18~28 ℃之间时,室内分别按 18 ℃和 28 ℃与室外日平均温度相减,得出一可能区域。

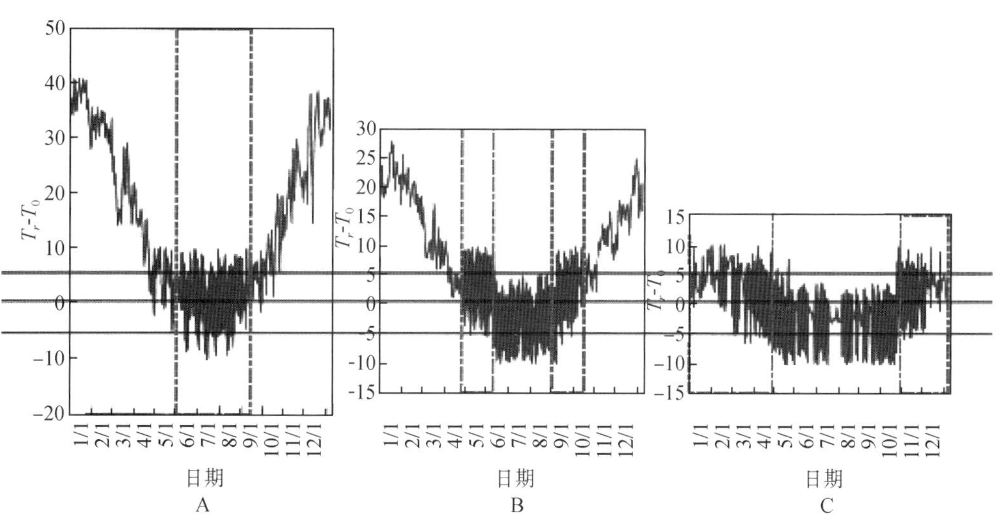

图 4-9 拓展图 4-8 纵坐标显示的我国典型城市全年室内外驱动温差($T_r - T_0$)

注:辅助线为($T_r - T_0$),分别为−5 ℃和+5 ℃状态。

由图 4-9 的拓展纵坐标可以看出，我国三个典型城市的室内外驱动温差区别极大。如果以偏离室温±5 ℃为标准来对比，并给予一定程度的“容忍度”，则哈尔滨在 5～9 月期间的绝大多数情况是可以满足的。同时这段时间也对应着能耗较小的过渡季及夏季，但其他时间段则远远偏离了这个范围，直至极端的 40 ℃；北京在 4～6 月和 8～10 月呈现出相应的状态，其极端偏移在冬季为约 25 ℃，夏季则约为－10 ℃；而广州则在跨年的 10～4 月期间大致在范围内，其极端偏移也各为±10 ℃。

按照上述国标(JGJ/T 346—2014)给出的计算方法，可以对中国不同建筑气候区域进行采暖度日数(HDD)和空调度日数(CDD)的计算，并将其相应的结果进行对比。其对比结果可以非常明显地看出不同建筑气候区域供热供冷需求之间的巨大差别(表 4-1)。

表 4-1　不同建筑气候区域典型城市采暖度日数和空调度日数对比

严寒地区					
城镇	HDD18	CDD26	城镇	HDD18	CDD26
呼和浩特	4 186	11	哈尔滨	5 032	14
鄂尔多斯	4 226	3	长春	4 642	12
张家口	3 637	24	沈阳	3 929	25
乌鲁木齐	4 329	36	西宁	4 478	0
—	—	—	拉萨	3 425	0
寒冷地区					
石家庄	2 388	147	北京	2 699	94
太原	3 160	11	天津	2 743	92
西安	2 178	153	大连	2 924	16
银川	3 472	11	济南	2 211	160
兰州	3 094	16	青岛	2 401	22
吐鲁番	2 758	579	郑州	2 016	125
夏热冬冷地区					
上海	1 540	199	宁波	1 493	235
重庆	1 089	217	武汉	1 501	283
合肥	1 725	210	长沙	1 466	230
南京	1 775	176	南昌	1 326	250
杭州	1 509	211	成都	1 344	56

（续表）

夏热冬暖地区					
福州	681	267	南宁	473	259
厦门	490	178	桂林	989	195
广州	373	313	海口	75	427
深圳	223	374	三亚	3	498
温和地区					
贵阳	1 703	3	昆明	1 103	0

如果将视野放大到国外更多的建筑气候区域，则可以看到在 HDD 和 CDD 之间更大的区别（图 4-10—图 4-12、表 4-2）。

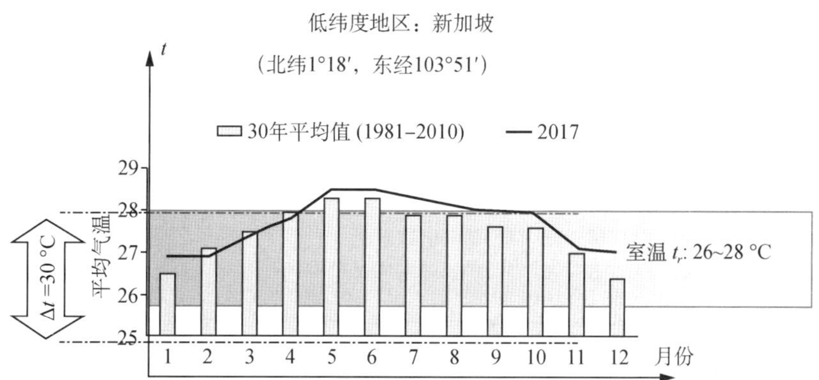

图 4-10　新加坡月平均温度

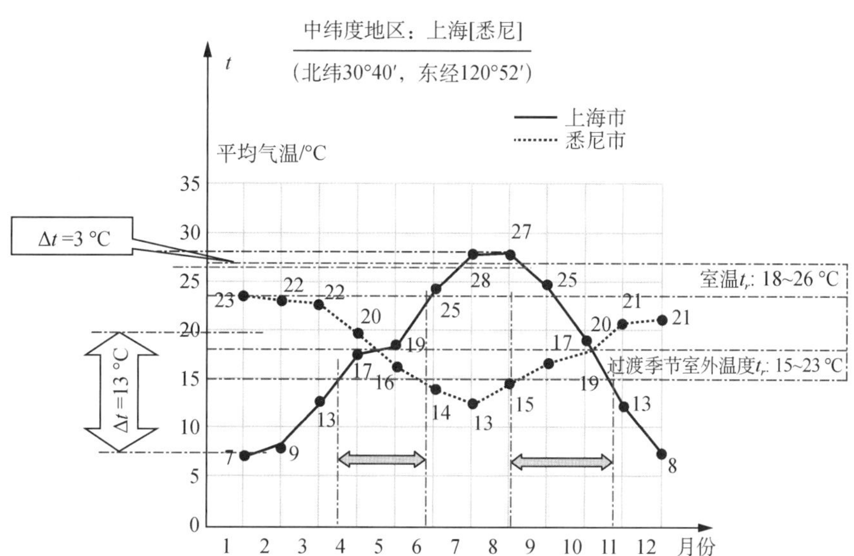

图 4-11　上海/悉尼月平均温度

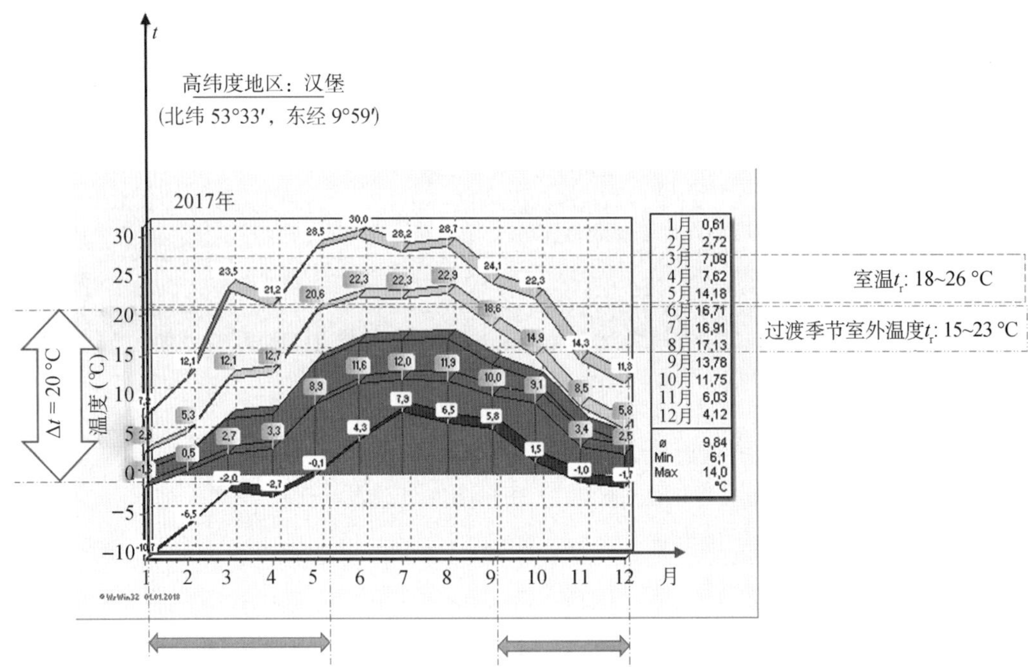

图 4-12 汉堡月平均温度

表 4-2 不同纬度建筑气候区域 CDD 和 HDD 对比

气候区域	夏季温差	供冷时段	空调度日数 CDD26	冬季温差	供热时段	采冷度日数 HDD20/18	过渡季时段
高纬度(汉堡)	—	—	—	20 ℃	259 d	3 837	≈120 d
中纬度(上海)	≈1 ℃	≈120 d	199	≈13 ℃	≈90 d	1 540	≈150 d
低纬度(新加坡)	≈3 ℃	全年	698	—	—	—	—

2. 围护结构热工性能与室内外驱动温差间的相互关系

如围护结构被动式传输热量过程能够满足室内温度需求，则：

$$Q_0 = Q_{en}$$

如围护结构不能满足要求，则需通过主动式系统补充：

$$Q_0 = Q_{en} + Q_{ac} \tag{4-20}$$

式中

Q_0——室内产热量；

Q_{en}——通过围护结构排出的热量；

Q_{ac}——通过主动式空调系统排出的热量(可正可负)。

以 $Q_0 = Q_{en}$ 来要求围护结构，则应当有以下平衡式：

$$(UA + c_p G) = \frac{Q_0}{T_r - T_0} \tag{4-21}$$

式中

U	综合传热系数	$W/(m^2 \cdot K)$
A	围护结构面积	m^2
G	室内外空气交换量	kg/s
c_p	空气比热	$J/(kg \cdot K)$
T_r	室温	K
T_0	室外空气干球温度	K
$(T_r - T_0)$	驱动热量传递的驱动温差	

如果近似地将 Q_0 视为影响室内环境的内扰，将 Q_{en} 视为外扰，则在 Q_0 和 Q_{en} 之间，有以下的关系：

$Q_{en} = Q_0$——热量散失与室内得热相等(内扰=外扰)，则室内自动维持热平衡

$Q_{en} > Q_0$——热量散失过多(外扰>内扰)，需要向室内补充热量(供热)

$Q_{en} < Q_0$——热量散失不足(外扰<内扰)，需要由室内排出热量(供冷)

室内的产热量一般来自室内人员、设备、灯光等，如与恒温动物的体温控制原理对比，这部分发热可以视为建筑物在使用中所产生的代谢热量。对于动物而言，其代谢发热随其行为方式有极大变化，如动物在极端安静到剧烈运动之间的变化会使得其发热量在超过 10 倍的范围变化。同时为维持体温恒定，围护结构的散热能力也需要发生相应的变化。与此同时，生物所需要应对的环境温度变化与建筑物所需应对的室外温度变化无异。

对于建筑物而言，相对于室内外传热驱动力 $(T_r - T_0)$ 在一年内大范围的变化幅度，室内产热 Q_0 的变化相对较小，故可以近似视为定值。因而建筑物对围护结构传热能力调节范围的要求，实际上远小于恒温动物或人体对皮肤调节传热能力的要求。

如果将 $(T_r - T_0)$ 作为围护结构两侧由室内向室外排热的驱动温差，从图 4-9 可看出，在中国 3 个典型城市全年的 $T_r - T_0$ 分布情况。如本书其他章节所分析的，对于相对恒定的室内温度和作为常数的围护结构综合传热系数而言，室外温度的不同波动造成了驱动温差在不同城市和不同时刻显著的变化，进而引起了驱动温差的变化。由于室内产热量的相对波动范围较小，对围护结构传热能力适应室外温度波动的要求将会提高。该要求体现在图 4-13 中。

当 Q_0 为定值时，图 4-14 给出了所要求的围护结构性能(即 $UA + c_pG$) 随传热驱动力的变化情况：

图 4-14 所表示的即是围护结构性能 $(UA + c_pG)$ 跟随驱动温差变化的理想曲线。如果围护结构能够拥有跟随曲线变化的性能，则对于室温控制而言，就不再需要主动式系统向室内输送或由室内排出热量。

在 Q_0 变化较小的情况下，$(UA + c_pG)$ 与 $(T_r - T_0)$ 间成反比关系，

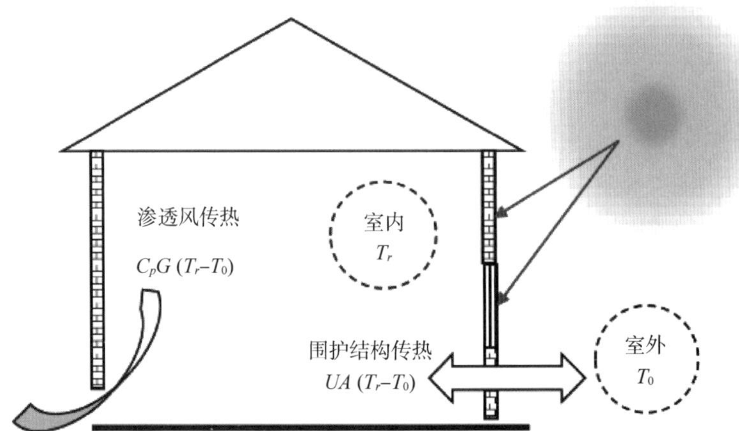

图 4-13　通过围护结构的排热量

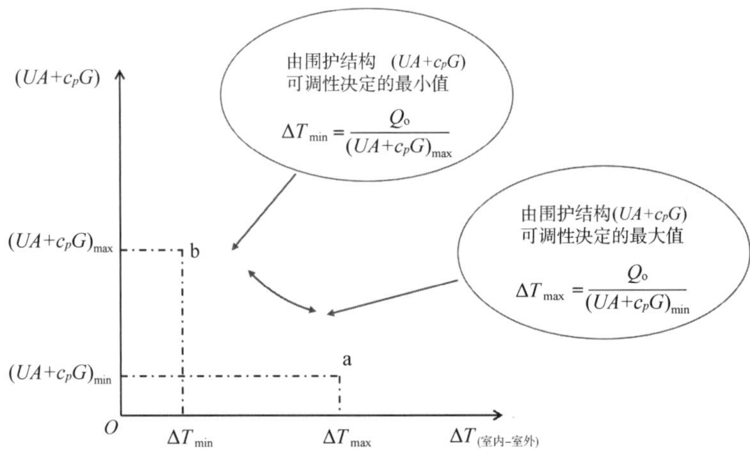

图 4-14　要求的围护结构性能随室内外驱动温差的变化情况

在室内温度变化范围同样较小的情况下，$(UA+c_pG)$ 可以调控的变化范围越大，承受 T_0 变化范围越大。

进一步对上式推导，可以得出：

$$UA+c_pG=\frac{Q_0'+Q_0''}{T_r-T_0}=\frac{Q_0'}{T_r-T_0}+\frac{Q_0''}{T_r-T_0} \tag{4-22}$$

其中 Q_0' 为围护结构中传热部分所承担的热量，Q_0'' 为空气渗透（含开窗）部分所承担的热量。则

$$UA=\frac{Q_0'}{T_r-T_0} \tag{4-23}$$

$$c_pG=\frac{Q_0''}{T_r-T_0} \tag{4-24}$$

对于迄今为止的围护结构技术而言，Q_0' 的可调范围极为有限（遮阳、窗帘等方式），而 Q_0'' 的调节范围则与空气流动量 G 有关。而 G 的变化中，除了不可控的空气渗透外，还有相对可控的开窗和可以更精密控制的机械换气等手段，相比 Q_0' 丰富得多。但 Q_0'' 的可调范围增加，如采用增加可开启面积（窗墙比）等手段，又会在另一方面减弱 Q_0' 的性能，二者之间仍有较大的矛盾。因此，对于 Q_0' 也即 U 值的调节能力，是一个有潜力的方向。

图 4-15 表示了选择固定 U 值情况下，改变 G 适应室外环境温度 T_0 的能力。由于 $(UA+c_pG)$ 与 (T_r-T_0) 间成反比关系，在视 T_r 为恒定的前提下，$(UA+c_pG)$ 的可调节范围越大，可适应的 T_0 变化范围越大。而在 U 不可变的前提下，可调的只剩下 G 值。

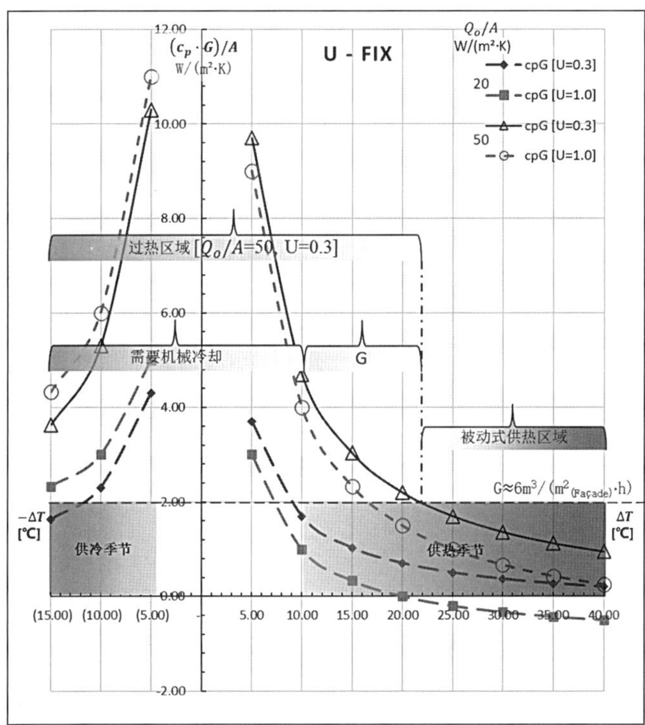

图 4-15　U 值固定前提下围护结构随 G 变化适应 T_0 变化的能力

在目前的节能技术发展方向上，所采用的 U 值呈越来越小的趋势。以德国被动房技术的要求为例，则有以下要求：

- $U_{\text{非透明}} \approx 0.15\ \text{W/(m}^2\cdot\text{K)}$
- $U_{\text{透明}} \approx 0.8\ \text{W/(m}^2\cdot\text{K)}$

而按照现有规范则对 U 值的要求为：

- $U_{\text{非透明}} \approx 3.0\ \text{W/(m}^2\cdot\text{K)}$

在分析单位平方米围护结构的可调节性能时，可以对窗/墙的不同 U 值进行综合平均。

而对于围护结构空气渗透量 G，也可以假设为：

- $G \approx 6\ m^3/(m^2_{(外立面)} \cdot h) \rightarrow 2.0\ W/(m^2_{(外立面)} \cdot K)$

如果 T_0 过分接近 T_r，无论通过围护结构传热或通过空气交换 Q_0 都不可能从房间侧消散到室外环境中，此时主动冷却将是必要的(图 4-16)。

如果 Q_0 较高[50 W/m²(外立面)]，ΔT 到过度保温区的极限在 17～22 ℃(T_0=+3～−2 ℃)之间。U 值越低，Q_0 所能满足的被动式供热区域对应的 ΔT 越大，相对应的过热区也越大。

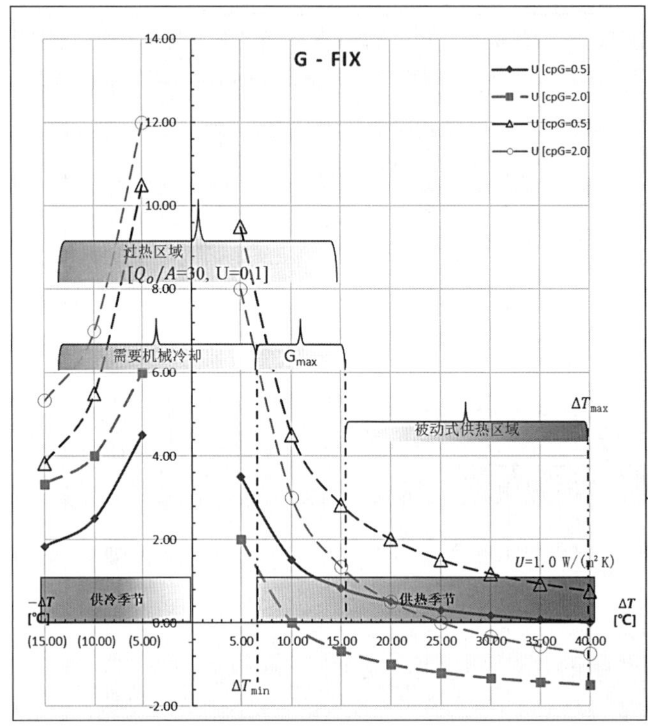

图 4-16 限制 G 前提下围护结构随 U 值变化适应 T_0 变化的能力

如果 Q_0 较低[20 W/m²(外立面)]，ΔT 到过度保温区的极限在 6～8 ℃(T_0=+14～+12 ℃)之间。由于 Q_0 较低，被动式供热区域则限制在 ΔT=20 ℃(U=1.0 W/(m²·K))，这也意味着可能需要主动加热以保持 T_r。

在面对不同的 Q_0 时，如果 G 被限制了，观察 ΔT 和 U 之间的关系，可以发现：ΔT 越小，为保持 T_r，所需要的 U 值就越大。

如果 Q_0 较低(20 W/m²(外立面))，同时 U=1.0 W/(m²·K)，G 较小情况下($c_p \cdot G/A$=0.5 W/m²·K)，ΔT 极限约为 12 ℃(T_0=+6 ℃)。在这个较小的 ΔT 情况下，可以通过控制 G 到 G_{max}，而一直采取被动式手段避免过热。

如果进一步增加保温，则可以采取被动式技术来保持 T_r(ΔT_{max}=

40 ℃，$T_0=-22$ ℃）。

如果 $\Delta T<12$ ℃，则需要将 G 控制到 G_{max}，也即在 $c_p \cdot G/A=2.0$ W/(m^2(外立面)·K)情况下，$\Delta T_{min}=+7$ ℃，$T_0\approx 11$ ℃。如果 ΔT 更小，同时 $T_r=26$ ℃必须维持，则在 Q_0 时也需要采用机械空调。

在供冷情况下，如果 ΔT 处于较为常见的情况（$\Delta T=15$ ℃，$T_0=41$ ℃），则 U 值对负荷的影响较小。

4.1.6 围护结构拥有动态 *U* 值的价值

通过以上分析可以得出结论，即无论是供冷季还是供热季，一个优化过的围护结构综合 U 值无法在不同的室外气候条件下达到各时段最优。尤其是在过渡季所起的作用可以说几乎是负面的。

（1）维护室内热环境所要求的最终是在内外扰之间取得平衡；尽量减少通过机械手段达到平衡所需要的能量。

（2）内扰可以视为一个常数，仅与使用方式有关。

（3）外扰则是室外温度的因变量，从冬季远低于室内目标温度（$3\text{ K}\leqslant \Delta t\leqslant 50\text{ K}$）到夏季稍高于室内目标温度（$\Delta t\leqslant 12\text{ K}$）。

（4）利用围护结构建筑保温材料热工特性所能达到的 U 值只能是个常数，无法跟随自变量变化。

因此，从整个建筑物所处的周期性变化的室外气候条件角度而言，不存在一个综合 U 值，能在整个周期做到以围护结构为平衡点的最优热平衡。

回顾上述章节对于动植物维护体温能力的分析和与建筑物围护结构热工原理的解构，可以得出结论，一个类似人类围护结构的建筑外围护结构，可以根据环境温度改变热工特性的、即拥有一个“动态 U 值”的围护结构，将能够更好地适应上述热平衡的需求。

尽管 HDD 和 CDD 的意义在于以室内外温差作为驱动温差，用以判断由于室外气象引起热量流过围护结构的强度，进而被广泛用于研究气候与能源使用之间的关系，但在实际计算中，HDD 和 CDD 的计算仅基于气温单一要素，并未考虑其他气候要素对能耗变化的贡献。是否能够反映建筑的真实能耗，评估能耗的适用性和可靠性有待于评估[1]。采用决定系数对比 HDD 和 TRNSYS 模拟的负荷结果对比分析的结果表明，各城市采暖度日与热负荷存在线性正相关关系，其中严寒地区的哈尔滨和夏热冬冷地区的上海二者的决定系数分别为 0.995 和 0.991，而寒冷地区的天津二者的决定系数也达到 0.952，均达到极显著水平（$P<0.001$）。从各气候区代表城市制冷季逐月制冷度日与冷负荷的回归分析来看，尽管各城市制冷度日与冷负荷的正相关关系均达到极显著水平（$P<0.001$），但各城市之间有明显差异。而且二者的相关关系为非线性关系，表明各代表城市的冷负荷均受由多个气象要素的共同影响[3]。

HDD和CDD在判断热负荷和冷负荷上所出现的差异，说明冬季采暖负荷与驱动温差的相关性更高，而空调负荷则不仅受驱动温差影响，同时也受其他因素影响。因此采暖度日可以可靠地反映供热能耗，而制冷度日并不能完全反映制冷能耗。制冷能耗不但受气温的影响，而且与湿度有较大的关系。对不同气候区的研究结果表明，气温并非唯一影响要素，制冷季各月差异更明显。比如哈尔滨制冷能耗6月和8月均受气温影响，而7月湿度也起到一定作用。上海6月主要受气温影响，7～9月主要受湿球温度的影响。广州6～9月均是湿球温度为主要影响因子。此外，太阳辐射也有一定的贡献。由于制冷能耗受多个气候要素的影响，使得基于单一温度计算的度日数难以可靠地反映建筑制冷能耗[1]（表4-3、表4-4）。

表4-3　不同气候区各城市各月采暖度日与供热负荷回归分析的决定系数[1]

月份	哈尔滨	天津	上海
10	0.954	—	—
11	0.976	0.920	—
12	0.977	0.911	0.931
1	0.984	0.901	0.919
2	0.982	0.932	0.943
3	0.971	0.922	—
4	0.929	—	—

表4-4　不同气候区各城市各月制冷度日与冷负荷回归分析的决定系数[3]

月份	哈尔滨	天津	上海	广州
6	0.423	0.390	0.648	0.427
7	0.283	0.556	0.631	0.382
8	0.189	0.318	0.605	0.318
9	—	—	0.599	0.301

究其原因，仍然是由于采暖负荷与空调负荷的构成完全不相同，本章也已做了充分分析。而度日数能够反映的仅仅是外扰的强度，因其与室外环境温度成正比。如内扰、阳光入射等扰量引起的空调负荷成分，与室外温度之间并无关联，因而CDD无法完全预测该部分负荷。同样，湿负荷也无法通过CDD来测算。

对比恒温动物维持体温的机理，可以看出维持一定程度ΔT的重要性：由于维持生命需要代谢，而代谢中能量转换最终以热的形式排出体外，代谢强度越高，Q_0越大。而为了维持Q_0，在A无法改变的情况下，G需要承担的部分将明显增加。尤其是“综合U值”改变能力较差的恒温动物，如我们熟悉的猫科犬科动物，其吐舌呼吸均承担了相当大比例的排热功能。

而在人类身上，则体现了非常明显的改变“U 值”的能力，即围护结构毛细血管的舒张和汗液的蒸发换热。本书各章节对此已经有所介绍。但这部分排热的前提是需要有人体和环境足够的 ΔT（排热）和 $\Delta\omega$（排湿），二者之间的比例极为复杂，可参见本书第 2 章所介绍的人体散热能力分析。

作为有代谢现象，即不断产生 Q_0 的躯体，需要有一个相应的 Q_{en}，以实现躯体的热平衡，因此需要保证一个 $\Delta T_{\min}$。对于人体而言是体温（≈37 ℃）和环境的热中性温度（25～28 ℃）之差，或者更加极端的则是围护结构外侧人工设置的 T_0，如清华大学朱颖心的冷却背心实验所测定的 27 ℃[2]①。此时 $\Delta T_{\min}$=10 ℃属于针对人体代谢强度所需要保持的。对于建筑物而言，由于室温 T_r 可以允许在 18～26 ℃之间波动，同时尽管 Q_0 相对其他扰量而言较为恒定，但在过渡季与日射强度关系较大，故可以认为 $\Delta T_{\min}$ 的波动范围可以低至 3 ℃，即对于 T_r =18 ℃ 的情况，可以允许 T_0 为 15 ℃。该温度正是欧洲普遍采用的启动机械采暖设备供热的临界温度。

而在计算 HDD(18)时，则实际上默认 T_0 =18 ℃，此时按照 $\Delta T_{\min}$= 3 ℃计算，室温 T_r 已达到 21 ℃。至于该室温是否引起建筑室内环境舒适度提高，则另当别论。

同样在计算 CDD(26)时，实际上默认 T_0 = 26 ℃，此时同样按照 $\Delta T_{\min}$=3 ℃计算，室温 T_r 已达到 29 ℃，明显高于热中性温度或设计标准给定温度(26 ℃)，因而采用 CDD 测算空调负荷会引起误差。

由此可以对围护结构动态 U 值的意义做以下结论：

(1) 对于采暖负荷而言，由于其负荷构成的单一性(Q_{en})，以及较大的 ΔT($\Delta T_{\max}$=40 ℃)，Q_0 可以作为热源看待，并通过设置尽量小的 U 值来扩大被动式采暖的范围。选择覆盖的 $\Delta T_{\max}$ 范围越大，过渡季和空调季过热的可能性越大；

(2) 对于空调负荷而言，由于其负荷构成的复杂性，U 值对负荷构成的影响有限，以采暖负荷为标准所选择的理想 U 值，会引起空调负荷的增加，即产生过热区域；

(3) 一旦 ΔT 超出 T_r 波动所能承受的范围，即 $\Delta T > \Delta T_{\max}$，或 $\Delta T < \Delta T_{\min}$，则意味着室温适应和通过 G 的调节手段均不再能控制通过围护结构的热平衡，即 $Q_{en} = Q_0$，此时则必须采取机械供热或机械空调；

(4) 如果能在以 G 为调节手段之上，增加改变 U 值的手段，则可以进一步拓展 $\Delta T_{\max}$—$\Delta T_{\min}$ 的区间，从而进一步减少启动机械采暖和机械空调的需求，进而达到节能的目的(图 4-17)。

① 朱颖心：碳中和目标下的建筑环境营造-友绿网，https://www.ugreen.cn/newsDetail/11264.

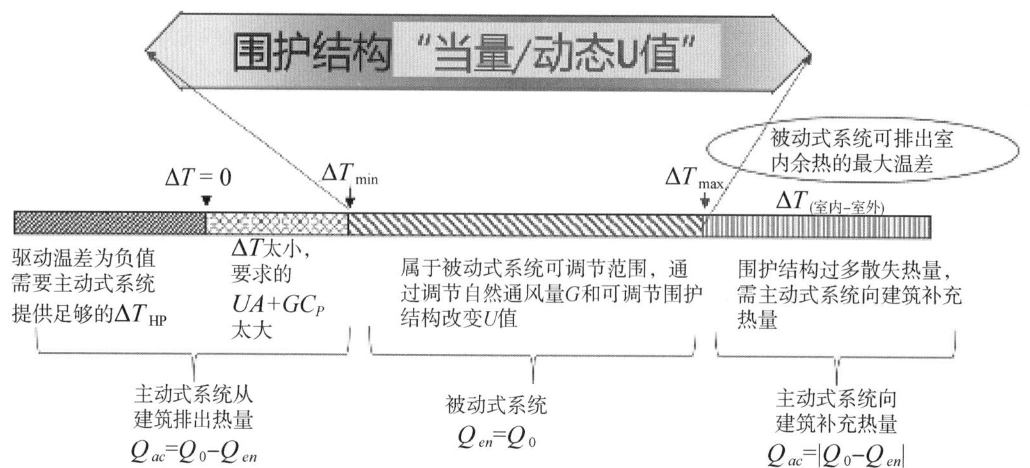

图 4-17 采用动态当量 U 值来拓展被动式供冷供热的区间

4.2 仿生围护结构的火积(Entransy)分析

4.2.1 从传统的供冷供热理念转向热湿环境营造理念

从能量守恒的角度来看待建筑能耗中的热湿环境营造部分能耗，应当认为建筑物并没有"消耗"掉能量或者将输入的能量"转换"成为其他能量形式，即所谓的"做功"过程，而仅仅是在能量的"流入"和"流出"过程中达到了平衡状态。江亿等[5]提出，室内热湿环境营造过程中热环境部分的能量需求实际是一个通过热量输入/输出来平衡室内向周边散失热量的过程。与传统的供冷供热理念不同，室内热湿营造过程控制理论认为，供暖空调系统的任务就是通过室内与某个或多个热源或热汇之间的热量传递来维持室内适宜的空气参数。而室内热环境的变化，则是由室内的得热（人员、设备散热，日射等）与失热（围护结构传热、空气渗透等）之间失去平衡而导致的。作为一个热力学闭合系统，其边界则为建筑物的围护结构。可以认为，室内热环境平衡根本上是以围护结构为边界的热能输入/输出的平衡。

4.2.2 传统模式与围护结构热活性化形成的火积耗散对比

应用刘晓华等引入火积理论分析传热过程的方法，对围护结构热活性化技术进行分析，可以更加清晰地展示围护结构热活性化在火积耗散角度所带来的优势。

运用火积理论对热湿营造过程进行分析，并着重围绕围护结构热活性化与常规供热空调系统对比，需要对热湿营造过程做相应的简化设定：

（1）忽略空气渗透部分和换气部分，仅对控制室内空气温度进行分析；

(2) 忽略室内热源的换热过程,仅分析室内冷热末端与室内空气的热交换;

(3) 忽略室内空气温度的不均匀性、假设室内空气温度处处均匀一致;

(4) 忽略室内空气与围护结构内表面之间传热温差,假设围护结构内表面温度与室温一致;

(5) 忽略室内其他物体表面与围护结构内表面之间传热温差,假设围护结构内表面与室内其他部分无辐射换热;

(6) 忽略围护结构材料的蓄能变化,假设仅存在一维方向热流;

(7) 忽略围护结构内部的材料导热性能差异,假设墙体温度梯度为直线。

在做出以上设定后,以围护结构内表面为边界、由供热/供冷室内末端向围护结构的传热和由围护结构向室外的传热所产生的炽耗散,对于冬夏季工况,针对采用不同的机械系统及热活性化系统,可以形成以下几种典型组合,见表 4-5。

表 4-5　采用不同机械方式应对冬夏季工况的类型

温控方式 / 工况	机械系统,对流换热	机械系统,辐射换热	热活性化层温度≠室温	热活性化层=室温
冬季 W	W1:散热器供热	W2:地暖供热	W3:热活性化层低于室温	W4:热活性化层等于室温
夏季 S	S1:风机盘管供冷	S2:冷辐射吊顶供冷	S3:热活性化层低于室温	S4:热活性化层等于室温

在以下的热传递模型中,采用刘晓华等文献[4-6]中的炽耗散分析方法,近似地将围护结构内表面温度视为室温,忽略其他部分的热量影响(内扰、空气渗透等),将以围护结构内表面为界的两侧热平衡简化为室内供热/供冷末端—围护结构内表面—室外环境之间的热平衡。即

$$Q_{\mathrm{En}} = c m_{\mathrm{c}} \Delta t_{\mathrm{C}} = UA \Delta t_{\mathrm{F}} \tag{4-25}$$

其中

Q_{En} ——围护结构传热量;

c ——冷热媒比热容;

m_{c} ——冷热媒质量流量;

Δt_{C} ——室内热交换末端供回水温差;

UA ——围护结构传热能力;

Δt_{F} ——室内外温差。

将室内末端与围护结构内表面作为一个达到热平衡的孤立系统看待,则其的炽耗散情况为

$$\Delta E_{n,C}=\frac{1}{2}Q_{En}\Delta t_C \tag{4-26}$$

$$\Delta E_{n,R}=\frac{1}{2}Q_{En}\left|\frac{t_s+t_r}{2}-t_{in}\right| \tag{4-27}$$

$$\Delta E_{n,en}=\frac{1}{2}Q_{En}\left|t_{in}-t_{out}\right| \tag{4-28}$$

其中

$\Delta E_{n,C}$——室内末端供回水温差造成的烟耗散；

$\Delta E_{n,R}$——由室内末端平均温度与室温差造成的烟耗散；

$\Delta E_{n,en}$——由室内外温差造成的烟耗散；

$\frac{t_s+t_r}{2}$——室内末端的供水平均温度；

$t_{in}-t_{out}$——室内外温差。

采用TQ图表示两侧的热平衡，可以得到以下示意图：

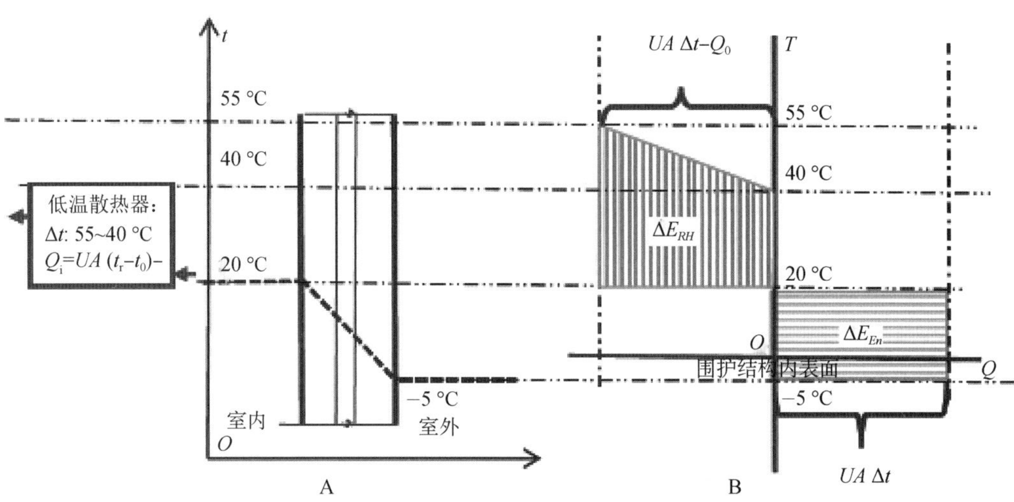

图 4-18　W1工况(散热器供热)时温度—烟耗散关系

A 围护结构内温度分布；B 以围护结构内表面为分界的烟耗散

1. 采用散热器供热时的烟耗散

图4-18中左侧(A)表示在冬季采用低温散热器供热情况下，散热器向室内传热和室内热量通过围护结构传至室外分别的温度变化。右侧(B)则在T-Q图上表达各部分的烟耗散。此时散热器以15 ℃的供回水温差向室内输送热量，并最终使围护结构内表面达到平均20 ℃，以此形成了室内末端(热源)向围护结构主动提供热量的过程，并形成了烟耗散($\Delta E_{n,C}$)。与此同时，由于围护结构内表面(半无限大平壁，20 ℃)与室外环境(热汇，−5 ℃)之间的温差[t_r-t_0=20 ℃−(−5 ℃)=23 ℃]，也将发生热量传递，即围护结构部分烟耗散($\Delta E_{n,en}$)。按照设定条件，散热器仅承担Δt=23 ℃时围护结构散热的UA部分，并将扣除室内产热部分。此时散热

器所形成的炽耗散（$\Delta E_{n,C}$）远大于围护结构内表面温度为 20 ℃、室外环境温度为−5 ℃情况下作为热负荷(过量散热)所形成的炽耗散（$\Delta E_{n,en}$）。

按照上述炽耗散表达式，采用散热器所形成的炽耗散情况如下：

围护结构炽耗散 $\Delta E_{n,en}$：

$$\Delta E_{n,en}=\frac{1}{2}Q_{En}\left|t_{in}-t_{out}\right|=\frac{1}{2}(20-(-5))Q_{En}=12.5Q_{En} \tag{4-29}$$

散热器炽耗散 $\Delta E_{n,C}$：

$$\Delta E_{n,C}=\frac{1}{2}Q_{En}\left|\frac{t_s+t_r}{2}-t_{in}\right|=\frac{1}{2}\left(\frac{55+40}{2}-20\right)Q_{En}=12.75Q_{En} \tag{4-30}$$

炽耗散差 $\Delta E_{n,C}-\Delta E_{n,F}$：

$$\Delta E_{n,C}-\Delta E_{n,F}=12.75Q_E-12.5Q_E=0.25Q_E \tag{4-31}$$

可以看出，采用低温散热器供热方式，其炽耗散(向室内提供热量)的量级与此时由于室内外温差造成的围护结构炽耗散几乎是同等级别的。这也意味着低温散热器用于供热应当属于合理范围，而高于该温度的供热方式(90/70 的散热器供回水温度，130/60 的热网供回水温度)，则将带来无谓的炽耗散。

2. 采用地暖供热时的炽耗散

图 4-19 表示，在同样的围护结构负荷(内表面温度 20 ℃，室外温度−5 ℃)即围护结构部分炽耗散(ΔE_E)情况下，采用平面辐射供暖(35−30 ℃)时的室内热源侧炽耗散情况。忽略由于采用墙暖造成的与地暖不同的壁面温度梯度变化，假设围护结构壁面仍维持 20 ℃平均温度，则该表面与室外环境之间换热所形成的炽耗散(ΔE_E)与前一种情况并无区别。但由于采用了平面辐射供热，水温远低于散热器，因而所形成的炽耗散(ΔE_F)远小于采用散热器的炽耗散(ΔE_R)。

上述两种情况均为采用了主动式系统(散热器、地暖)来补充围护结构被动散热过程中所损失的热量，此时被动散热过程的驱动温差为冬季室温 t_r 与室外环境温度 t_0 之差，并将围护结构表面温度设定为与室温相同。由于驱动温差与室外环境温度呈线性关系，在 UA 为定值情况下，一旦室外温度低于一定值，则围护结构散热大于被动散热极限，便需要启动主动式系统补偿过度散热部分。

同样按照上述炽耗散表达式，采用地暖所形成的炽耗散情况如下：

围护结构损耗炽耗散 $\Delta E_{n,en}$ 不变，为 $\Delta E_{n,en}=12.5Q_E$

地暖炽耗散 $\Delta E_{n,C}$：

$$\Delta E_{n,C}=\frac{1}{2}Q_{En}\left|\frac{t_s+t_r}{2}-t_{in}\right|=\frac{1}{2}\left(\frac{35+30}{2}-20\right)Q_{En}=6.25Q_{En} \tag{4-32}$$

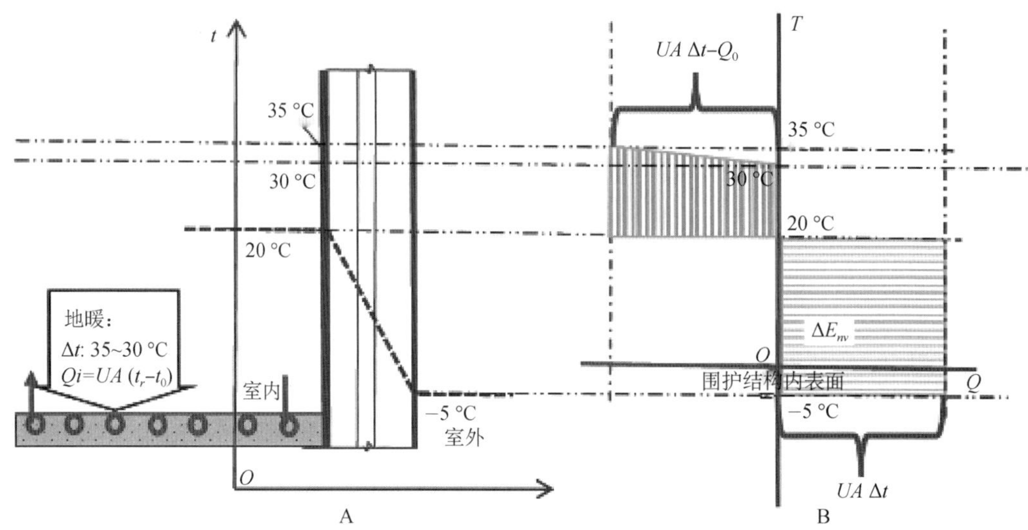

图 4-19 W2 工况(地暖供热)时温度—焩耗散关系
A 围护结构内温度分布；B 以围护结构内表面为分界的焩耗散

焩耗散差 $\Delta E_{n,C}-\Delta E_{n,F}$：

$$\Delta E_{n,C}-\Delta E_{n,F}=6.25Q_{En}-12.5Q_{E}=-6.25Q_{En} \tag{4-33}$$

可以看出，采用地暖供热方式，其焩耗散(向室内提供热量)的量级甚至低于围护结构的焩耗散，因而采用地暖供热在成熟的供暖方案中，则是“焩最优”的选择。

3. 采用围护结构热活性化时的焩耗散($t_m<t_r$)

而如果进一步采用围护结构热活性化技术，则其焩耗散过程则如图 4-20 所示。

下图所示则为围护结构热活性化后的焩耗散情况，与上面示意图所表示的工况不同，该工况进一步做了以下设定：

(1) 热活性层位于围护结构中部某位置，在该层所有位置温度均匀；

(2) 该层温度(t_m)为假定温度，通过在该层所设置水管中水循环形成，该温度与室温(20 ℃)间温差($t_{in}-t_m$)正好使得室内产热 Q_0 能够传递出来($Q_{en}=Q_0$)。

在此设定之下，室内产热 Q_0 将传至热活性层，以维持室内侧处于热平衡状态，既不会传出过多造成室温下降，也不会传出不足造成室温上升。该部分传热所产生的焩耗散为被动产生，并无能耗发生。而由热活性层至室外传热热量则为在热活性层与室外环境温差(t_m-t_{out})驱动下的热量。由于设定了 $Q_{en}=Q_0$，以及室内无其他补充热源，故维持热活性层温度的热量将直接通过该层植入的循环水管输入。

设围护结构由内表面至热活性层的传热系数为 U_1，由热活性层至围护结构外表面的传热系数为 U_2，则

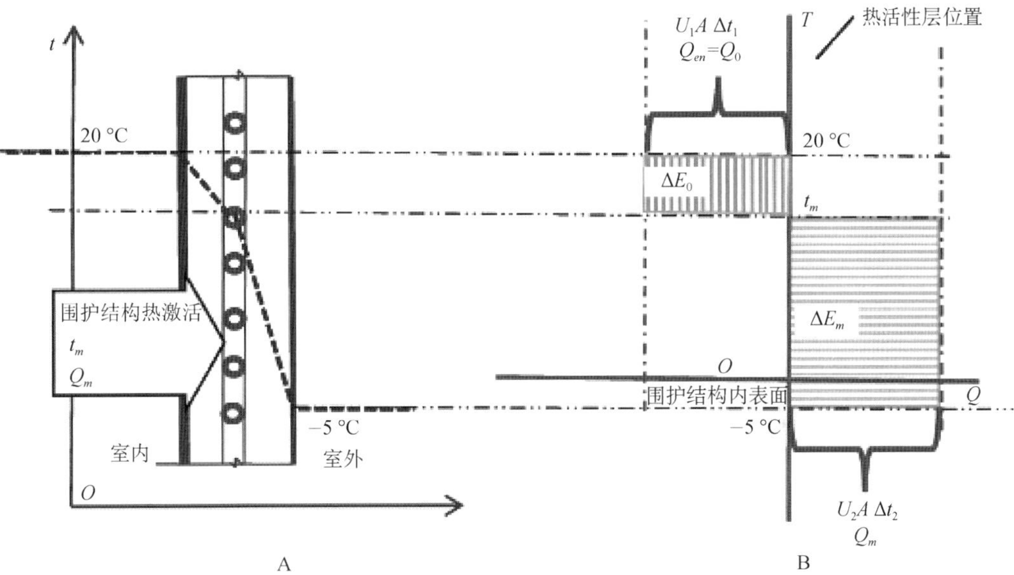

图 4-20　W3 工况(热活性化，t_m<室温)时温度—㶲耗散关系

A 围护结构内温度分布；B 以热活性化层为分界的㶲耗散

$$Q_0=U_1A(t_{in}-t_m),t_m=t_{in}-\frac{Q_0}{U_1A} \tag{4-34}$$

$$Q_m=U_2A(t_m-t_{out}) \tag{4-35}$$

且由于

$$U=\frac{1}{\Sigma R}=\frac{1}{\Sigma R_1+\Sigma R_2},且U_1=\frac{1}{\Sigma R_1},U_2=\frac{1}{\Sigma R_2} \tag{4-36}$$

故 $U_1,U_2>U$，其中 ΣR_1、ΣR_2 分别为由围护结构内表面到热活性层 m 点的热阻，即由热活性层 m 点到围护结构外表面的热阻。

$$Q_0=UA(t_{in}-t_{out})=U_1A(t_{in}-t_m),\ t_m=t_{in}-\frac{U}{U_1}(t_{in}-t_{out})<t_{in} \tag{4-37}$$

t_m 将略低于 t_r，但高于原温度梯度中在热活性化层的温度。因而，由热活性层输入的热量，其总量可能大于 $Q_i(Q_{ac})$，但其㶲耗散将远小于 Q_i。这也意味着替代 Q_i 的热能，甚至低于由于室温所拥有的能量品位。

同样按照上述㶲耗散表达式，采用围护结构热活性化时的㶲耗散($t_m<t_r$)情况如下：

围护结构损耗㶲 $\Delta E_{n,F}$ 不变，为 $\Delta E_{n,F}=12.5Q_E$。但由于加入热活性层，故围护结构㶲耗散将拆分成两部分，其中一部分为排除室内产热所需要的㶲耗散，即

室内产热㶲耗散 $\Delta E_{n,0}$：

$$\Delta E_{n,0}=\frac{1}{2}Q_0(t_{in}-t_m)=\frac{1}{2}(20-t_m)Q_0 \tag{4-38}$$

热活性层耗散 $\Delta E_{n,m}$：

$$\Delta E_{n,F}=\frac{1}{2}Q_m(t_m-t_{out})=\frac{1}{2}[t_m-(-5)]Q_m=\frac{1}{2}(t_m+5)Q_m \tag{4-39}$$

由于热活性层的介入，围护结构的能量散失（Q_{en}）仅等于室内产热（Q_0），属于即使对于冬季工况而言也需要考虑排出室外，或用于补偿其他热损失，以保证室内温度不至于过高的部分能量。而形成该受控热量流出所需要用于热活性化的热量，由于其平均温度 t_m，低于室温 t_0，其㶲耗散也小于原围护结构的散热。

4. 采用围护结构热活性化时的㶲耗散($t_m=t_r$)

如采用与室温相同的热活性层温度，则由室内向热活性层的传热为0，因而形成了一个“准绝热”表面。此时由热活性层向室外的传热成为了建筑物的“热屏障”，而形成及维持热屏障的水温则接近 t_m。该工况下，围护结构所形成的外扰完全被热活性层所抵消，对于室内侧而言围护结构负荷为0，室内产热及日射负荷成为了室内的得热部分。在不采取其他平衡措施的情况下，该部分得热甚至会引起室温偏高(图 4-21)。

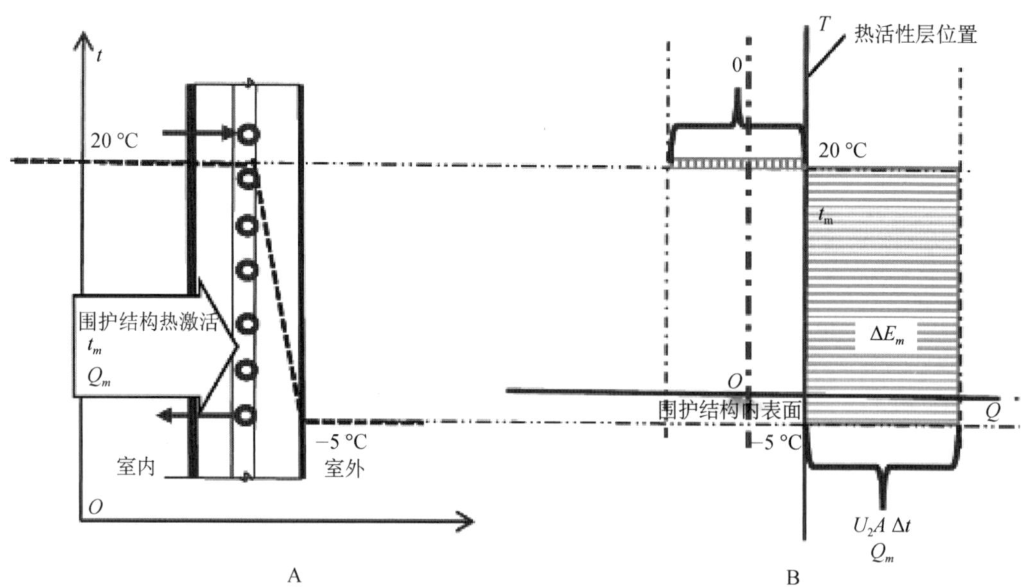

图 4-21　W3 工况(热活性化，t_m =室温)时温度—㶲耗散关系

A 围护结构内温度分布；B 以热活性化层为分界的㶲耗散

此时热活性层的㶲耗散与原室内外温差所形成的㶲耗散相同，但由于采用热活性层技术代替了原有供热系统，使得系统供水温度等于或低于室温，可以说其炽耗散的代价甚至可以忽略不计。

对于供冷工况而言，其炽耗散情况与供热相似。

5. 采用风机盘管时的炽耗散

图 4-22 表示采用风机盘管处理夏季工况下冷负荷的炽耗散情况。与冬季工况不同，内部产热 Q_0 在夏季工况下必须叠加到室内负荷区，并通过机械手段消除。

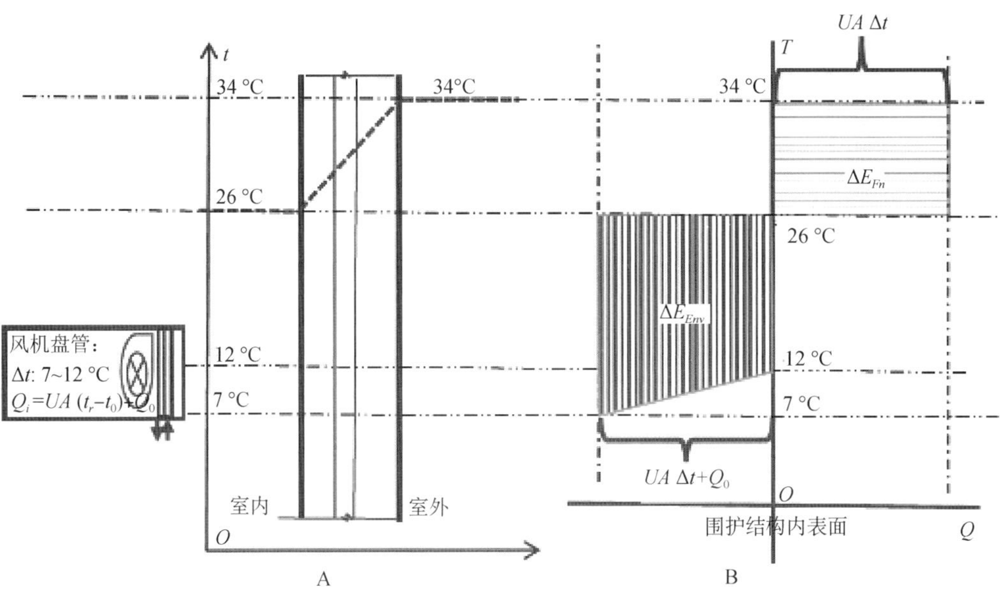

图 4-22　S1 工况（风机盘管供冷）时温度—炽耗散关系

A 围护结构内温度分布；B 以围护结构内表面为分界的炽耗散

6. 采用冷辐射吊顶时的炽耗散

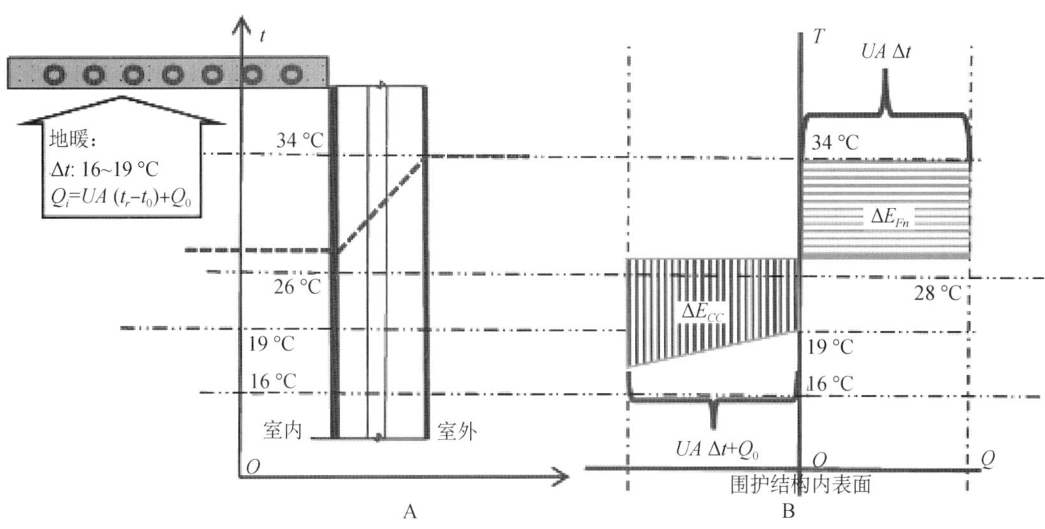

图 4-23　S2 工况（冷辐射吊顶供冷）时温度—炽耗散关系

A 围护结构内温度分布；B 以围护结构内表面为分界的炽耗散

图 4-23 所示为采用冷辐射吊顶供冷系统时的火积耗散，可以看出，该系统所产生的火积耗散将小于风机盘管系统。

7. 采用围护结构热活性化时的火积耗散($t_m = t_r$)

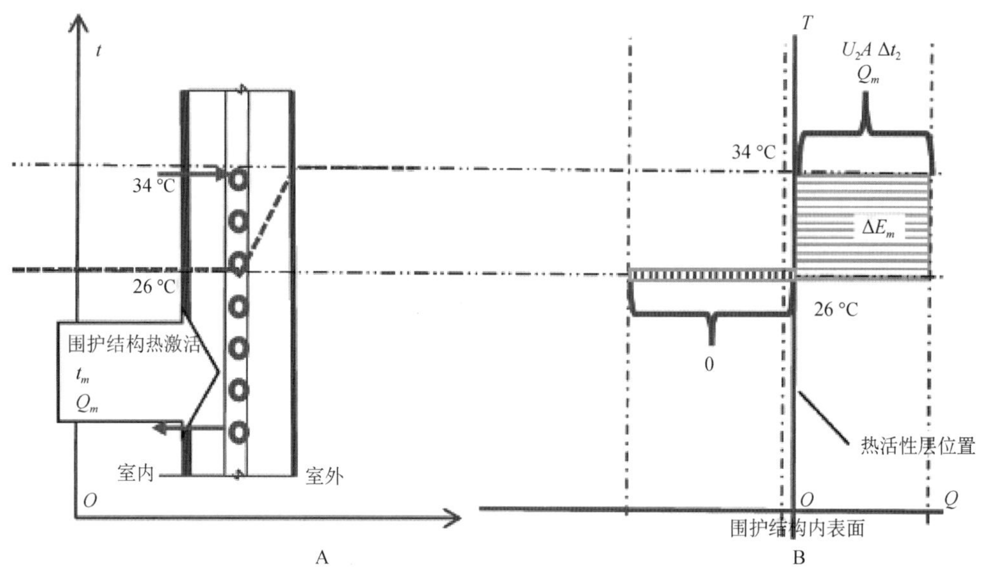

图 4-24　S4 工况(热活性化，t_m = 室温)时温度—火积耗散关系

A 围护结构内温度分布；B 以热活性化层为分界的火积耗散

图 4-24 所表示的情况为在热活性层形成了一个与室温完全相同的均匀温度，此时由室内向该层的传热由于驱动温差为 0 而不再发生。室外向围护结构所传入的热量完全由热活性层吸收并由植入水管中的循环水带走。

8. 采用围护结构热活性化时的火积耗散($t_m < t_r$)

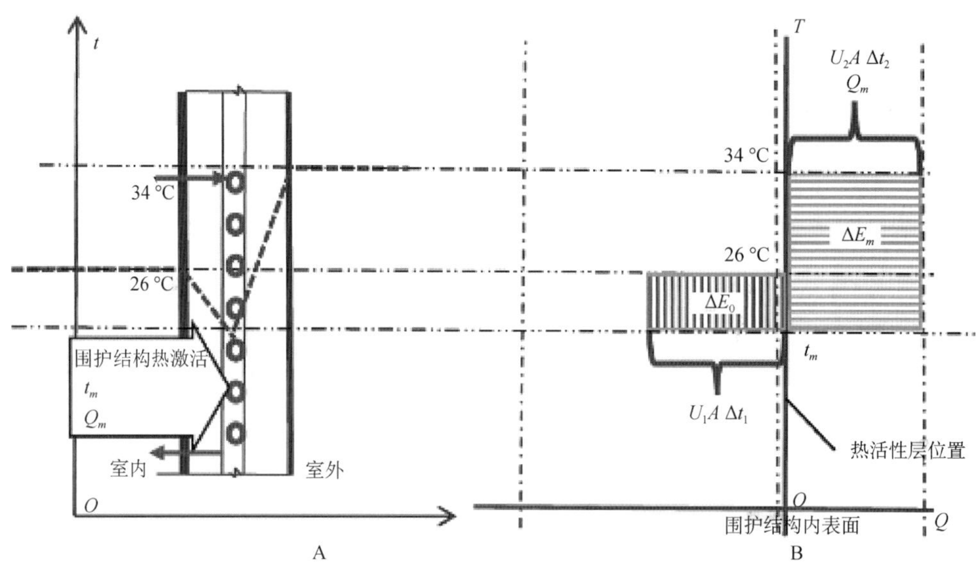

图 4-25　W3 工况(热活性化，t_m < 室温)时温度—火积耗散关系

A 围护结构内温度分布；B 以热活性化层为分界的火积耗散

图 4-25 所示情况为在热活性层中通过水循环形成一个低于室温的温度 t_m，该温度的设定要求使得($t_r - t_m$)作为驱动温度正好能将室内产热 Q_0 排出。此时室内侧的热量正好向外(热活性层)排出到形成热平衡，因而不再需要其他辅助机械手段来维持室温。

4.2.3 传统模式与围护结构热活性化形成的热流及能量品位对比

如果将不同形式的供热供冷系统所需温度进行对比，可以看出其所需能量品位的区别(表 4-6)。

表 4-6 不同机械方式所需冷热源温度对比

温控方式 / 工况	机械系统，对流换热	机械系统，辐射换热	热活性化层温度≠室温	热活性化层＝室温
冬季 W	W1：常规：80～60 ℃ 低温：55～40 ℃	W2：45～40 ℃	W3：<18～20 ℃	W4：＝18～20 ℃
夏季 S	S1：7～12 ℃	S2：16～19 ℃	S3：<26 ℃	S4：＝26 ℃

可以看出，在所有方式中，冬季采用 W3 方案的水温最低，也即最接近环境温度，而夏季 S4 方案的水温最高，同样也最接近环境温度。这也意味着制备相应品位的冷热媒所需要消耗的能量(㶲耗)最低，以及可选用的可再生能源范围最广。如冬季所需要的 20 ℃热活性层温度，加上制备——输送及传热温度衰减，其热源温度应不超过 30 ℃，对于太阳能冬季热利用、余热利用等方式都将有更大的适用范围。同样夏季所需的 26 ℃热活性层温度，加上温度衰减，其冷源温度应不低于 15～20 ℃，在许多地区接近湿球温度，因此完全可以采用冷却塔来供应。其他地区则可通过地表水、地下水或土壤源热泵来供应。

如果引进低㶲理论对各系统的㶲耗进行评估，并以室温作为"零㶲点"，并将拥有室内外温差间温度的能量视为"炁"，则 W1、S1 为常规系统所消耗的㶲，W2、S2 为低㶲系统，而 W3、W4、S3、S4 则几乎可以说是"炁"系统。

4.2.4 对于室内湿环境营造的探讨

㶲理论与低㶲理论在用于建筑能耗分析上差别较大的部分，在㶲理论分析中，全面考虑并分析了建筑环境营造的需求，而低㶲理论中则较为单一地将供热作为室内舒适环境营造的核心任务来对待，而对供冷、相对湿度控制和新风需求等部分的分析则仅作为补充。因此，低㶲理论对于中欧的气候区域而言应当有足够的实用性，而对中国的夏热冬冷、夏热冬暖地区而言，㶲理论分析则具有更加明确的针对性。

图 4-26 则表现出以($d_r - d_0$)为室内外传湿驱动力时，中国典型城市的($d_r - d_0$)全年变化情况[5]：

采用与上面热传递相同的分析方法，可以得到建筑排湿过程与室内

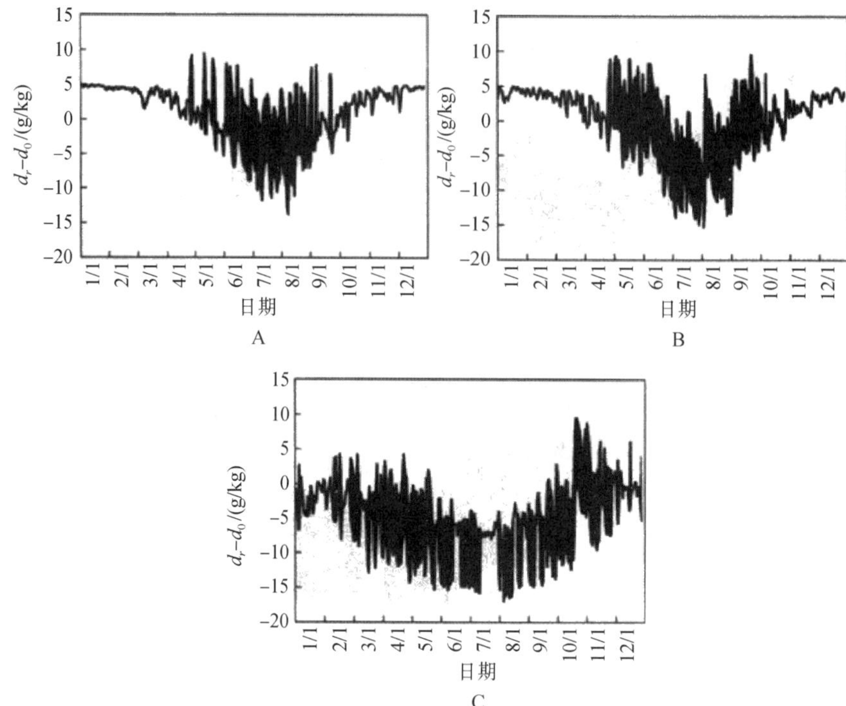

图 4-26 室内相对湿度在 40%～60%时我国典型城市全年室内外驱动湿差(d_r-d_0)

A 哈尔滨；B 北京；C 广州

注：当室外日平均温度低于 18 ℃时，室内含湿量按 5.1 g/kg(18 ℃，40%)计算；当室外日平均温度高于 28 ℃时，室内含湿量按 14.2 g/kg(28 ℃，60%)计算；当室外日平均温度在 18～28 ℃之间时，室内分别按 5.1 g/kg 与室外日平均含湿量相减，得出一可能区域。

外不同驱动湿差的关系。室内产湿量可通过围护结构被动式传输过程以及空调系统主动式传输过程共同承担，如下式所示：

$$M_0 = M_{en} + M_{ac} \tag{4-40}$$

式中

M_0——室内产湿量；

M_{en} ——通过围护结构的排湿量；

M_{ac} ——通过主动式空调系统的排湿量(或许要补充的湿量)。

对于一般的建筑应用环境，室内产湿量是绝对的，为正值。当围护结构可以准确地排除室内的产湿量时 ($M_0 = M_{en}$)，无须主动式空调系统，仅通过围护结构即可营造适宜的室内湿度水平。由于通过墙体的湿传递在现有技术中可以忽略不计，故可以认为湿量通过围护结构完全依靠空气携带，故：

$$M_0 = G(d_r - d_0) \quad G = M_0/(d_r - d_0) \tag{4-41}$$

由于在采用"被动式"维持室内热湿环境的方式时，通过围护结构的空气需要同时承担热湿负荷的双重任务，而室外环境的 T_0 和 d_0 又属于不可控的变量，故确定一个合适的空气量只属于可能性往往不大的理想状态。该要求体现在下图 4-27 中：

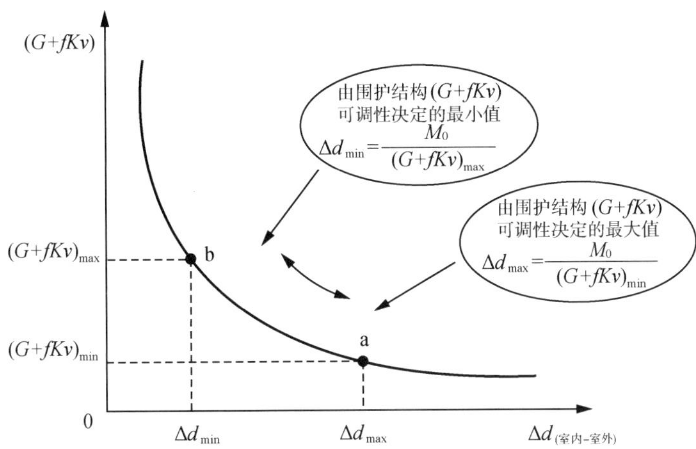

图 4-27　围护结构随室内外驱动湿差变化关系[5]

当通过控制空气量的方式来实现“被动式”技术要求，同时满足温度及湿度平衡出现困难时，对于围护结构的“传湿能力”也出现了需求，而这个要求迄今为止尚未有过相关的研究。

5 建筑表皮湿过程分析与活性化需求

5.1 不同气候下建筑热湿环境营造特点

根据世界气候类型分布(表 5-1),中国所处的气候区域,有亚热带季风和湿润气候、温带季风气候和温带大陆性气候三个区域,及少量高原山地气候等类型,但缺乏地中海气候和温带海洋性气候。而同时,主要的经济技术发达国家,则以地中海气候和温带海洋性气候(西欧、南欧)为主。

与我国处于类似亚热带季风和湿润气候区域的国家,有美国东南部、澳大利亚东南部和日本,除此之外,便只有南美洲东岸有类似的气候区域。该类区域的气候特点,则为夏季高温多雨,冬季温和少雨,1 月均温在 0 ℃以上,一年四季分明,风向随季节而变化。换言之,这个地区建筑热湿环境营造的主要任务,是以夏季为主的降温除湿工况,而冬季供热则不再为主要工况。比该地区更加热湿的气候区域,则是热带季风和热带雨林气候区域。

进一步观察三类高温多雨的气候区域,可以发现位于热带季风和热带雨林气候区域的国家,除新加坡外,大多为发展中国家和不发达国家。也可以说,在这个气候区域的国家,应当很难有足够的科研实力和市场需求,能够培育出一个足够成熟的与自己气候区域相适应的优质的热湿环境营造技术。

与中国同处亚热带季风和湿润气候区域的国家,为美国和日本,因此迄今为止最成熟的空调技术也来自这两个国家是有其必然性的。但这两个国家同时也在空调能耗上面临同样的困境,其中美国的单位建筑空调能耗高居全球之首,而日本的空调技术则走的是“家电化”的技术路线,对于中国同类型气象区域的技术示范意义并不明显。

但同时在这两个国家也确实有针对该气候区域的新技术探索处于各研发阶段,如日本的多孔材料墙体,用以控制室内的相对湿度波动。或许这些研发由于尚未遇到合适的商机而未能成熟,进而进入市场化阶段,也使得国内在该地区的节能探索缺少足够的标杆。

另外，同处该气候区域的美日中三国地区，又以中国东南沿海的热湿气候条件表现更为极端。由于台风的影响，该区域在冷湿负荷上的表现比美日同类区域更为极端。

而南欧/西欧位于地中海/温带海洋性气候区域，其气候特征为夏季炎热干燥、冬季温和多雨或全年温和湿润，气温和降水的年变化比较小。尤其目前各类较为前沿的建筑节能技术，大多出自温带海洋性气候区域，因此建筑热湿环境营造所需要解决的主要问题是冬季工况的高效低能耗运行，而夏季则不需要面对高湿气候带来的湿负荷问题，以及外扰与内扰叠加形成冷负荷的问题。

冷湿负荷为主的气候区域空调能耗特征，几乎不存在热负荷，而以冷负荷和湿负荷为主。其中湿负荷比例极大，以中国南方（广州地区）为例，约占总冷湿负荷的 40%[1]。

在以上所述的区域，其空调系统呈现以下特征：

（1）几乎无冬季能耗：上述区域冬季室外温度较高，故建筑物内几乎没有供热需求。

（2）除湿能耗占空调能耗比例大：在其他气候区域几乎可以忽略不计的除湿能耗，在上述地区成为主要能耗。以中国南方地区的分析结果为例[2]，除湿能耗为空调总能耗的 20%～40%。

（3）除湿需求与空调需求不同步：典型的中国南方初夏（如梅雨季节），空气相对湿度极大，而气温并不高。除湿成为该气候区域的一个典型需求。

对于该类地区而言，采用冷水或制冷剂作为空调介质都并不理想，为维持室内温度与湿度两个任务所选择的技术路线，也带来了采用其他工质代替现有工质的需求。

表 5-1　世界气候类型及其分布（来源：百度文库）

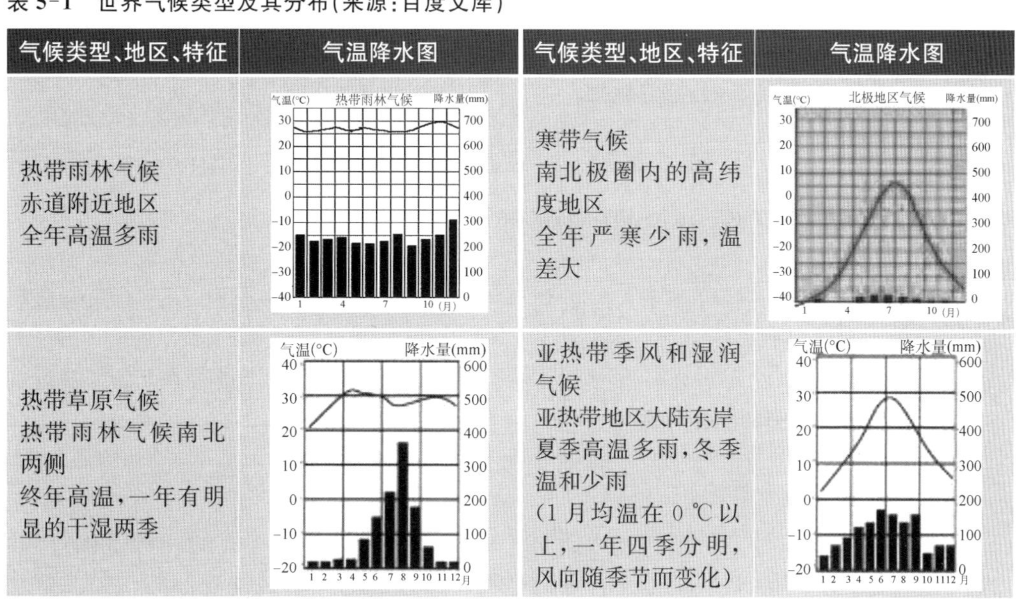

气候类型、地区、特征	气温降水图	气候类型、地区、特征	气温降水图
热带雨林气候 赤道附近地区 全年高温多雨	热带雨林气候	寒带气候 南北极圈内的高纬度地区 全年严寒少雨，温差大	北极地区气候
热带草原气候 热带雨林气候南北两侧 终年高温，一年有明显的干湿两季		亚热带季风和湿润气候 亚热带地区大陆东岸 夏季高温多雨，冬季温和少雨 （1 月均温在 0 ℃以上，一年四季分明，风向随季节而变化）	

（续表）

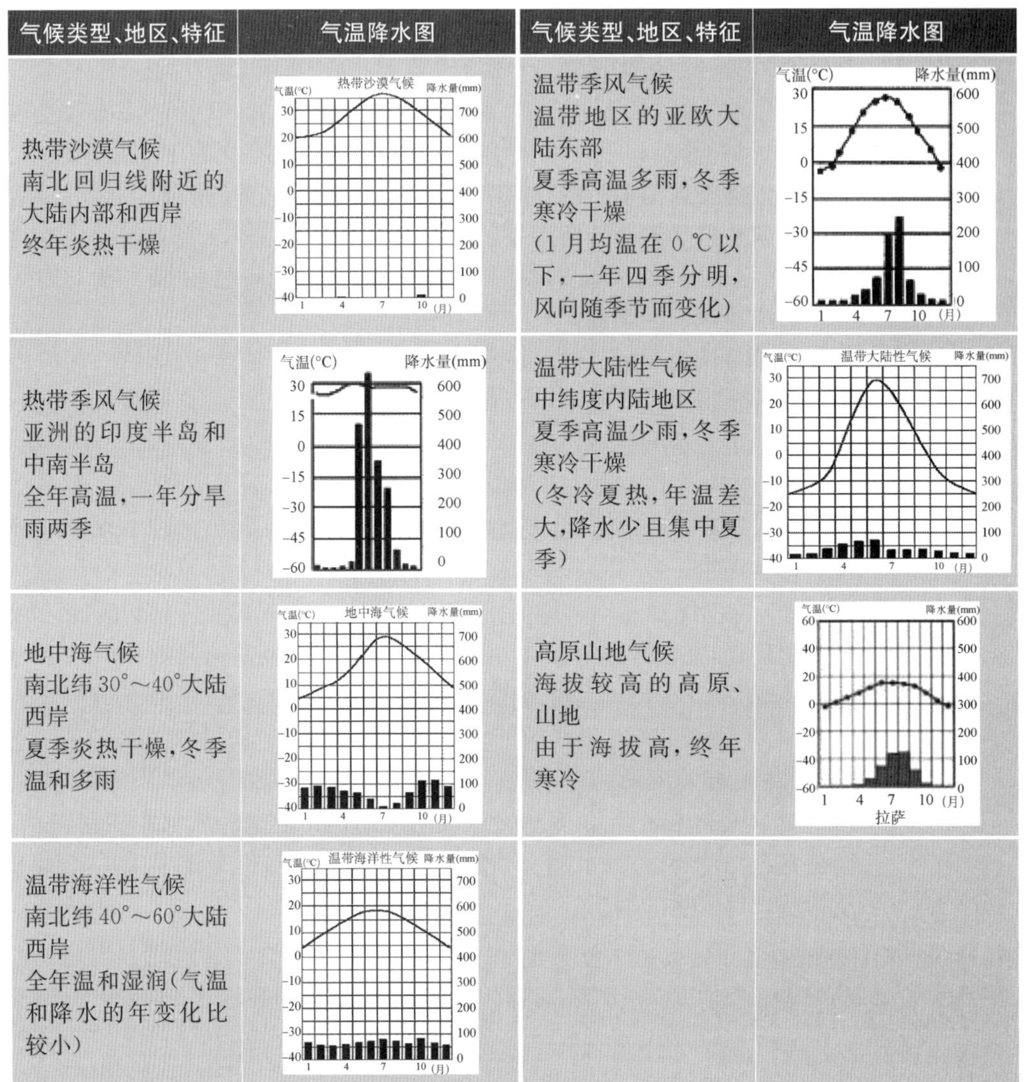

气候类型、地区、特征	气温降水图	气候类型、地区、特征	气温降水图
热带沙漠气候 南北回归线附近的大陆内部和西岸 终年炎热干燥	热带沙漠气候	温带季风气候 温带地区的亚欧大陆东部 夏季高温多雨，冬季寒冷干燥 （1月均温在0℃以下，一年四季分明，风向随季节而变化）	
热带季风气候 亚洲的印度半岛和中南半岛 全年高温，一年分旱雨两季		温带大陆性气候 中纬度内陆地区 夏季高温少雨，冬季寒冷干燥 （冬冷夏热，年温差大，降水少且集中夏季）	温带大陆性气候
地中海气候 南北纬30°～40°大陆西岸 夏季炎热干燥，冬季温和多雨	地中海气候	高原山地气候 海拔较高的高原、山地 由于海拔高，终年寒冷	拉萨
温带海洋性气候 南北纬40°～60°大陆西岸 全年温和湿润（气温和降水的年变化比较小）	温带海洋性气候		

5.2 建筑热湿环境自然调和原理

孟庆林等基于人与自然环境共生的基本原则，提出了热环境的自然调和原理[3]。

简而言之，这一原理是通过重构自然环境中的能量存在形式，以达到优化热环境的目的。

5.2.1 概论

所谓自然调和实际是自然环境中的能量存在形式的一种重构过程，自然调和效应则是这种重构过程后所发生的环境特征变异的现象。就建筑热环境而言，原热环境中的气候能量表达形式 1（温度$_1$、湿度$_1$、辐射$_1$、风速$_1$），通过改变环境构建方式而发生了改变，形成了另一种能量表达形式 2（温度$_2$、湿度$_2$、辐射$_2$、风速$_2$），并且引起了热环境质量产生质的变化（变异），即 $PMV_1 \rightarrow PMV_2$，$WBGT_1 \rightarrow WBGT_2$。

这种能量重构过程不仅涉及环境气象要素及其之间的融合与转换，还包括其与调和界面之间的相互作用。

根据人们对热环境质量的要求，总可以通过自然调和过程在气候能量与环境构建方式之间实现满意的和谐共生的热环境。热环境的自然调和原理如图 5-1 所示。

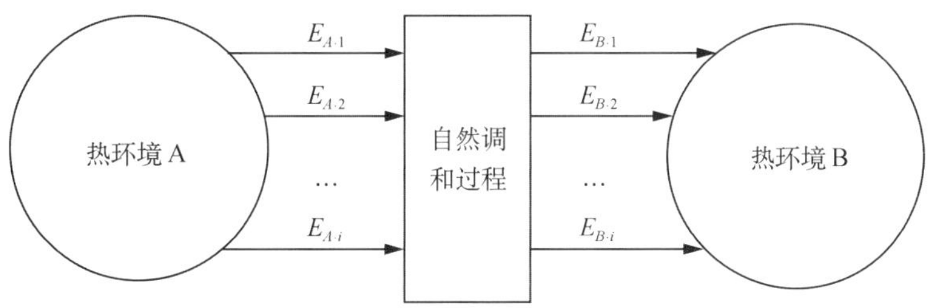

图 5-1　热环境的自然调和原理[3]

热环境 A 通过自然调和过程而变成了热环境 B，能量要素 $\sum_{i=1}^{n} E_{A\cdot i}$ 经过重组改变成了新的形式之 $\sum_{i=1}^{n} E_{B\cdot i}$。因此，自然调和过程是能量形式的重构过程，它包括环境气象要素之间及其与调和界面之间互为融合而发生的能量转换和重新构建。而能量总量保持不变，只是形式发生改变。

事实上，自然界中若干气象因素每时每刻都在自发地生成某些自然现象，这就是多因素同时积聚在某一场所自然调和后的效果，被称为自然调和效应。

比如：自然的降水、太阳辐射热、自然的风速三者，作为热环境 A 的能量结构，作用在多孔材料表面的结果，就会产生被动蒸发冷却现象，获得材料的降温；作用在光伏板表面则会产生光电现象，获得电能（太阳能与风能和降水等自然能量的综合）；作用在道路表面可以吸附汽车尾气，净化城市空气。转换成化学能。

产生自然调和效应的条件有两个：一是具备完整的气象要素，二是必须要有调和界面。自然调和所需要的气象有完整性要求，可以概括为太阳辐射热、天然降水和自然风力三个方面，其中最为重要的是天然降水。调和界面是气候能量发生形式转换的场所，如建筑的外表、城市地表等。其中，建筑外表中的建筑表皮是最为重要的调和界面。

5.2.2 基于自然调和原理的建筑蒸发冷却

依照自然调和原理设计建筑和环境，可以产生建筑与环境的蒸发冷却却效果，进而能够被动地控制建筑与城市环境的能量消耗和改善热环境质量，如图 5-2 所示。

合理地设计城市热环境，主要是指通过改进城市地面道路的铺装材料，使用多孔介质材料增大城市地表的蓄水能力，蓄存天然降水，减少城市径流，最终降低城市热岛强度。合理地设计建筑热环境，主要是通过建筑表皮合理选型和科学用材，使用可蓄水的构造或材料容留天然降水，降低建筑表皮的温度，达到节能降耗和改善建筑室内热环境的目的。其中建筑物依靠淋水、蓄水等措施实现被动降温的理论和构造技术、设备技术、控制技术等，一直是各国建筑学者颇感兴趣的问题。

同时，在此基础上演变出多种蒸发冷却技术，如：室外空气、水体、绿地，以及道路蒸发冷却技术。

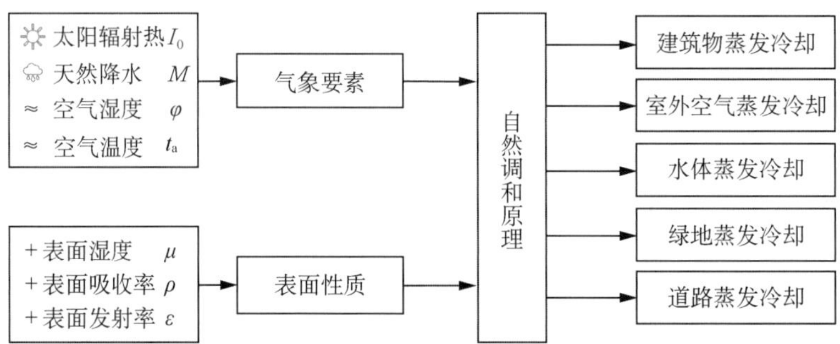

图 5-2 基于自然调和原理产生的蒸发冷却效应[3]

人类聚居的城市环境和建筑环境，与人类自然气象环境之间有着持续动态的自然调和作用。自然调和理论是支持人居环境可持续发展的重要理论之一，因为城市气候因子的自然调和作用将从根本上遏止城市化进程中的病态效应，如城市热岛效应、城市浊岛等。这些都引起学者的广泛关注。

自然调和理论研究是多学科交叉的问题，它的提出源于人类居住环境问题的产生，是在住区环境可持续发展前提下，运用生态学、气候学、工程热物理学、城市规划学、建筑学等多学科研究的背景加以提炼的产物。当前需要突破的前沿课题包括：气候因子对生态指标影响的数值描述，被动蒸发冷却的数值描述与模拟软件的开发，健康舒适前提下住区环境与生态指标的确定及其相关数值模拟等。

这些研究领域旨在通过跨学科的研究方法，实现人类居住环境的可持续发展和优化。

自然调和技术是在自然调和理论指导下的应用技术，面向提高建筑和城市物理环境的生态水平。当前需要突破的前沿课题有被动蒸发冷却用于城市住区非绿地的铺装材料的开发，调和效应的建筑外装材料的开发等。

例如基于自然调和技术的可持续建筑和城市化设计等。

从城市防热的角度看，太阳辐射热就是一个主要的不利因素，是所要消除的对象[4]。引起我国热带亚热带地区城市过热的主要原因是强烈的太阳辐射热。夏热季节城市的太阳辐照度日总量值为 7 300～7 900 W/m^2，广州为 7 318 W/m^2。尽管该值与其他亚热带城市比不算大，但因夏热时间持久以致成为城市过热的主要因素。因此，通过城市表面的某种调和机制消化掉太阳辐射热，减少城市表面导入和蓄积热量，是热带亚热带城市防热的根本途径。

风力资源在热带亚热带地区内比较，云贵川和福建、广东、广西的山区，全年风速≥3 m/s 的时间有近 2 000 h，长江中下游的江苏、浙江的东部，风速≥3 m/s 的时间为 2 000～4 000 h，东南沿海及其岛屿是我国最佳风能资源区，风速≥3 m/s 的时间有 6 000～8 000 h。广州市虽靠近沿海，但风力资源并不及华南沿海和东南沿海城市。广州城区夏热时期的热岛消失临界风速按 400 万人口计算应为 10.9 m/s，而广州城区的夏季平均风速仅为 1.8 m/s。因此，单纯依靠有限的风力资源难以消除城区的热岛现象。但构建城市风廊道、强化通风是改善城市环境的基本措施之一。

天然降水——我国亚热带地区的天然降水特点表现为，长江以南的各地年降水量均在 1 000 mm 以上，四川盆地为 1 800 mm，台湾省可达 2 000 mm，而西北内陆只有 100～200 mm。广州地区为 1 694.1 mm，从降水的时间分配规律上看，夏半年（春分至秋分）降水量约占年降水量的 78.5%左右，夏季降水量占 53.35%左右。较强的降水量为城市及建筑表面利用蒸发冷却提供了有利条件。

蒸发力水平——长江流域地区年蒸发力为 1 000～1 500 mm，广州所在的华南地区在 1 500 mm 以上，海南西部甚至超过 2 000 mm，西北干旱地区较大，在 2 500 mm 以上。可见，广州的天然降水能力高于气候蒸发力水平，因此从根本上可以肯定广州地区应用气候资源实现城市表面及环境的被动蒸发冷却的可能性。

城市能否成功地运用被动蒸发冷却技术解决热岛环境问题，重要的前提条件在于准确地评价该地区的气候特征与资源化水平。在我国西北干旱地区，年蒸发力 E_0 可达 4 000 mm，天然降水却只有 10～20 mm，年蒸发量 E 也只有 10～20 mm，因此，被动蒸发冷却技术在这一地区就无法应用。例如西安市 1958 年开始研究用于建筑的被动蒸发冷却降温技术，就是因当地气候干燥，年蒸发力大（E_0 = 1 546 mm），年蒸发量小（E = 580.2 mm），降雨量少，需要人工补充大量的蒸发用水，以至于这项技术难以普及。然而在气候湿润雨量较大的长江流域，被动蒸发冷却技术在建筑屋面应用上得到了肯定。可见，研究城市环境的被动蒸发冷却，也应该从气候要素的完整性，即太阳辐射、风能、降水三个要素的调和能力加以评价。从强调降温方法的被动性要求来讲，三个要素中降水是一个最重要的条件[4]。

与此同时，如何充分利用建筑表皮实现蒸发冷却是建筑与环境自然调和原理应用的重要场景。

5.3 表皮外表面蒸发冷却的理论分析

建筑蒸发降温的基本原理源于建筑物表面水分的蒸发冷却。在季风气候和海洋性气候地区，夏季太阳辐射强烈、温度高、湿度重、降雨量丰沛、季候风旺盛。建筑蒸发降温旨在利用天然降雨的水量，通过表皮构造形式或蓄存手段使其在建筑表皮表面形成蒸发冷却现象，实现建筑物的降温，从而达到改善室内热环境质量和降低空调负荷的目的。理论上讲，蒸发过程是一个相变传热过程。相变的存在必然要强化边界的对流换热。所谓蒸发冷却，就是指液体或含湿多孔体的表面与大气直接接触时，由于热变换与质交换的共同作用而使液体或含湿多孔体得到冷却。这时的液体或者含湿材料与气体介质之间通过接触或辐射作用进行热交换，由液体水分的蒸发进行质交换而带走大量气化潜热[5]。

建筑蒸发冷却降温是基于蒸发冷却现象实现建筑表皮被动式降温的技术。这一技术的理论核心是水分的蒸发消耗大量的太阳能量，以减少传入建筑物的热量。无论从理论研究还是实验研究都可看出，蒸发冷却技术作为一种出色的建筑防热方法，引起了建筑技术领域的极大兴趣。自 20 世纪 30 年代末蒸发冷却问题被提出，至今，各国学者仍致力于深入研究这一问题。

目前，被动蒸发冷却技术在建筑热工领域的应用多见于屋顶，且形式较多样，常见的有蓄水屋顶、植被绿化屋顶、多孔材料蒸发屋面等。而该项技术在墙体上的应用受表皮外观及相关理论技术的不成熟限制，仍没有得到很好的开发，除了古老的蚝壳墙和装饰性强、但维护成本高的瀑布墙之外，多孔材料在墙体被动蒸发冷却中的应用极为少见。事实上，广州及周边地区在运用多孔材料被动蒸发冷却技术上有其独特的优势，尤其是将含湿多孔材料作用在建筑墙体结构上，能达到调节室内外微气候的效果。

5.3.1 被动式蒸发和主动式蒸发冷却[3]

蒸发是液体表面产生的一种气化(相变)现象。蒸发过程需要的能量来自两个方向：气相一侧的能流和液相一侧的能流，如图 5-3 所示。

如果把液相一侧的能流作为考察对象，把气相一侧的能流作为扰量，那么就可以定义被动蒸发和主动蒸发的概念。被动蒸发和主动蒸发的关键区别在于气相侧能流的性质：q、v 是由人工能源构成，q_e 则属于主动蒸发，如机械设备辅助的雾化(人工气流雾化加湿器、冷却塔)、热力设备冷却过程中的液体蒸发等。

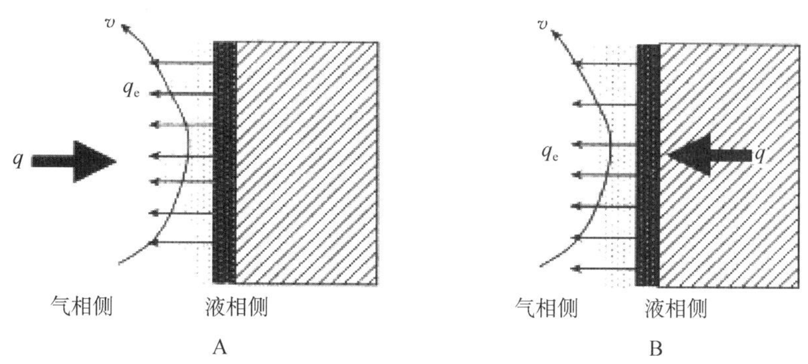

图 5-3 主动式蒸发冷却与被动式蒸发冷却示意图[3]

A 被动式蒸发冷却消耗气相侧热能；B 主动式蒸发冷却消耗液相侧热能

5.3.2 被动式蒸发冷却研究回顾[3]

总体而言，从 20 世纪 60 年代已在国内外有对该技术的各方面研究，主要在以下方面：

1. 屋顶蓄水池蒸发降温：国内外的研究从理论到实验均取得了较多的成果。如贝洛特在美国费城与亚利桑那州合作的实验，得到了以下结果。

表 5-2 三种蒸发形式效果比较[3]

屋顶蒸发形式	外表面/℃	内表面/℃	室温/℃
屋顶水池	23	13	3
屋顶洒水	25	15	3.5
屋顶含水层	27	17	4

注：表中数字为与无蒸发情况相比的降温值。

2. 洒水/喷水降温：同样在各类玻璃幕墙、屋顶上采用喷水降温的方式进行了大量实验。苏联专家马克西莫夫与中国学者赵鸿佐合作建立了关于雾面洒水蒸发冷却的水层热平衡方程式。

3. 贴敷蓄水材料的蒸发冷却：与表皮表面淋水、喷水等措施相比，在表皮表面贴附能够蓄水的多孔材料，利用多孔材料热湿迁移特性实现表皮蒸发冷却降温更具有优越性(图 5-4)。相比之下后者具有如下特点：

(1) 可实现建筑立面的蓄水降温。

(2) 水平面蓄水蒸发面可以行人。

(3) 多孔材料的蒸发阻力大，延缓材料水分干涸。

该技术由日本九州大学蒲野等人提出并进行了实验，得到了有蒸发的样板房比无蒸发房全天节电 24%的效果。

能够蓄水的多孔材料蒸发冷却降温，实质上是多孔介质传热传质问题在建筑热工学领域的扩展与深化，而多孔介质传热传质本身又是构成众多

图 5-4　广东沿海地区古代民居的蚝壳墙构造[3]

自然现象和应用技术的一个重要的基本过程，因此，国内外相关的工作和成果十分丰富。仅就建筑材料与建筑构造中的传热传湿现象而言，就有材料科学与工程、建筑热工学、工程热物理学等几个相关学科领域在不断研究，试图从学科交叉出发对多孔材料传热传湿机理和过程做出完整系统的理论描述，期待能够形成完整的学科体系，但终因这一不可逆热力学过程的复杂性和应用领域极强的个案性，使得建筑多孔材料蓄水蒸发冷却技术仍停滞在基础研究阶段，距离指导实际工程应用还有较大差距(图 5-5、图 5-6)。

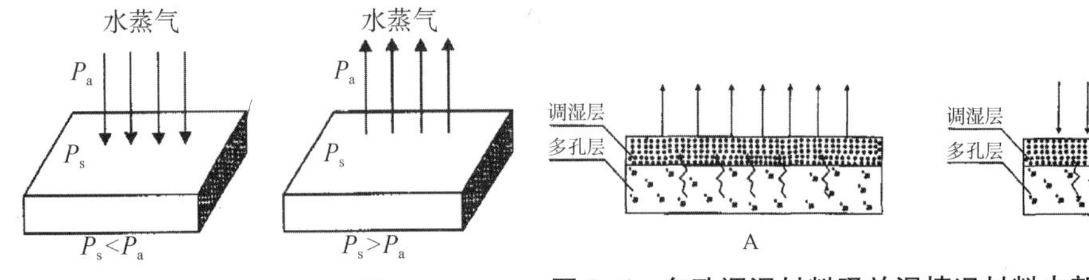

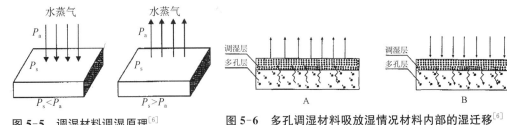

图 5-5　调湿材料调湿原理[6]

图 5-6　多孔调湿材料吸放湿情况材料内部的湿迁移[6]

A 放湿情况下材料内部的湿迁移；B 吸湿情况下材料内部的湿迁移

黄翔[6]认为，以降低建筑物表皮外表面温度为目的的利用太阳能被动蒸发冷却问题，按蒸发机理可分为两类：一类是自由水面的蒸发冷却问题，这类问题相当于包括蓄水屋面、蓄水漂浮物、浅层蓄水、流动水膜及复杂的喷雾措施等，这些问题的共同机理可认为是由一个液体自由表面与空气介质直接接触时产生的热质交换过程；另一类则是多孔材料蓄水蒸发冷却问题，这类问题的机理十分复杂，一般认为它是在毛细作用为主的热湿耦合迁移机理作用下所完成的热质交换过程。被动蒸发冷却技术在建筑物中的应用方式可按照作用对象的不同分为四类：第一类主要是对建筑物屋顶进行冷却(设置蓄水屋顶、含湿材料、加盖隔热板、设置空气层等)，第二类主要是对建筑物墙体进行冷却(在墙体中间设置空气间层)，第三类主要是对建筑物的采光顶、窗、玻璃幕墙、阳台等透光部分进行冷却(设置遮阳、贴附水膜等)，第四类主要是对建筑物室内地板进行冷却(建地下室等)(表 5-3)。

表 5-3 建筑物采用蒸发冷却技术方案汇总[6]

建筑物结构	类型	结构特征	作用机理及特点	备注
屋顶	屋顶蓄水池	直接在坚固且高导热屋顶设置浅水池，不设置任何附加设备	屋顶蓄水后，太阳的辐射热由于水分不断蒸发而减缓，由于水层的吸收作用也要夺走部分辐射热，从而可以有效地防止建筑屋顶房间的过热。同时，由于屋面的防水层是处在水层之下，不直接接受太阳紫外线的强烈照射，可以延缓材料老化。对于刚性防水屋面，蓄水层还可以缓解温度伸缩的张力，减少屋面开裂的可能性	屋面蓄水对屋顶绝湿层结构要求较高，否则会产生屋顶漏水等问题，同时维修不便，屋面无法直接上人维修
	蓄水漂浮物	在屋顶蓄水基础上在水面上增加一些浮游植物	在屋顶蓄水的基础上增加浮游植物可以使得蓄水层对于太阳辐射的透射率大大降低，同时具有普通蓄水屋面的优点，因此，带有浮游植物的蓄水屋面与普通蓄水屋面相比对于建筑物的降温效果较为显著	蓄水漂浮物这种被动方式同蓄水屋顶存在同样的问题，另外漂浮物的选择上也要注意季节与气候的问题。初投资也要稍高于前者
	带有可移动隔热板的屋顶水池	在屋顶水池上覆盖一层可移动隔热板	在夏季，日间水池由隔热板覆盖、夜间可移动的隔热板移走并且通过夜间冷却使水冷却。建筑物热量通过屋顶由室内传至周围环境并且获得冷却。通过使用带有隔热板的屋顶水池可使得屋顶得热减小，它减少了屋顶吸收的太阳辐射。在冬季、可移动隔热板在日间移开，以便水池里的水吸收太阳辐射热并加热建筑物。水池在夜间盖上隔热板以便于水池中热的水将热量传进建筑物	这种被动方式同蓄水屋顶存在同样的问题，要比先前的冷却方式增加一些设备、需要人工操作。当然要根据气候环境的不同选择其适用的区域。初投资也要稍高于前面提到的两种方式
	上部铺有粗麻布袋的屋顶水池	在屋顶水池上部铺设一层润湿的粗麻布袋，这层粗麻布袋由格栅支撑以漂浮于水面之上	粗麻布袋用来截取太阳辐射，并且通过水的蒸发、对流和热辐射以消除辐射得热和建筑物通过屋顶的热量获得	这种被动方式同蓄水屋顶存在同样的问题，这种被动冷却方式在布袋的选择上要多加注意，要选择孔隙率较大且导湿效果好的材料

（续表）

建筑物结构	类型	结构特征	作用机理及特点	备注
屋顶	蒸发反射屋顶	屋顶由一个混凝土吊顶和一个平铝板构成、屋顶直接与岩石和水的基体接触，在基体与铝板间存在一个空气层	高热容量的材料（岩石床）可以延迟日间热量进入建筑物的时间，使之在夜间进入建筑物内，从而使建筑物受其影响较小。屋顶由一个混凝土吊顶和一个平铝板构成，平铝板使得位于以岩石床为底的水池上空气层与外界环境分隔开来。这个部分防止水热气向外界扩散	这种方式结构较为复杂，对于构成的材料要求较高。投资较前几种方式要高，要有较好的密闭性。维修不是很方便
	屋顶铺设含湿材料	在建筑物面上铺设一层含湿材料，这种含湿材料多为松散的砂层或加气混凝土层等	此层材料依靠淋水或天然降水来补充含湿层水分。当材料含湿后受太阳辐射和大气对流及天空长波辐射换热，内部水分通过热湿迁移机理的作用迁移至表面并在此蒸发。屋顶铺设多孔含湿材料的方法首先解决了蓄水屋面无法上人的问题。此外，多孔含湿材料被动降温效果显著，优于现行的传统蓄水屋面	这种冷却方式解决了屋面无法上人的问题，屋顶铺设松散的多孔含湿材料的被动蒸发冷却方法适用于一些雨量丰富、风力较小的北亚热带地区（我国长江流域）。在建筑物屋顶平面使用。在气候比较干旱少雨的地区，可以采取喷淋水的方法给多孔材料层补水
	屋顶贴附水膜	在屋顶贴附一层薄水膜	贴附水膜通过水自身的显热变化吸收表面热量，而且通过水本身的蒸发作用及水与表面的综合反射作用使得来自太阳的辐射热被有效地阻隔下来，从而达到隔热降温的目的	屋顶贴附水膜在水量控制的问题上较为复杂，同时存在蓄水屋面的绝湿层问题
	屋顶设置空气隔热层	在屋顶上设置一空气隔热层：在屋顶放置一些导热性能较低的支撑物，并在上面盖一层隔热板，这样在屋顶和隔热板之间就形成了一个空气层	空气层起到了隔热作用，不但可以通过隔热板而使屋顶太阳辐射得热减少，还可以通过空气层的隔热作用使得隔热板到屋顶的传热减少，从而减少室内得热	在屋顶设置空气隔热层可以避免屋顶水池和含湿材料两种情况中屋顶防腐和绝湿层的问题，但是这种方式只能在减少建筑物得热方面有一定作用，比较单一

（续表）

建筑物结构	类型	结构特征	作用机理及特点	备注
屋顶	屋顶铺设湿润草层	直接在屋顶铺薄土层，并在土层之上种植草类植物，形成草层	这种方法方便快捷。投资少，对建筑物结构要求不高。同时草类植物可以吸收一定的太阳辐射以减少屋顶得热。并且草层内水分的蒸发有利于热量的散失	这种被动方式只是起到一个辅助的作用，对建筑物内环境影响不大。宜于同其他方式结合使用。这种方法适用于一些建筑结构已确定且改造困难的情况
墙体	墙体内部设置空气间层	通过空心砖或双层砖体形成墙体内的空间层	建筑物表皮内部存有空间层有可能大大提高建筑物热阻值，使得建筑物表皮热量的散失和获得都降低，并且无论是在冬季还是夏季都可以获得能量以保持适合的室内空气温度。还可以提高用户的舒适性——随着冬夏的不同通过升高或降低墙体内表面温度——大多数情况下，可以降低系统热量需求和制冷系统制冷能量的需求	这种方式现今在许多建筑中都得以应用，可以防止在冷气候条件下墙体结露。采用建筑物墙体内空间层通风要比采用密封墙体节约能量
	墙体外表面铺设固体多孔材料	墙体外表面铺设多孔含湿材料	墙体外表面铺设多孔含湿材料可以通过含湿材料的蒸发冷却作用降低墙体温度，同时吸收一定量的太阳辐射使得含湿材料的蒸发冷却作用增强	由于建筑物结构中墙体所占面积较大，所以应用这种方式可使得建筑物在整体上得以冷却，但在含湿材料补水方面应多加注意。铺设固体的多孔材料对于雨量丰富、风速大的南亚热带地区（我国华南地区）在建筑物外表面及城市道路上使用。初投资较大
窗、阳台、玻璃幕墙	流动水膜、水帘	在窗、阳台上设置一个简单水帘，建筑物外表面玻璃幕墙表面设置流动水膜	流过系统的空气被冷却加湿。如果使水和空气充分接触并使水和出口处的空气均达到平衡态（饱和），那么系统里的空气达到的温度将接近于出口处空气的湿球温度	这种冷却方式使得建筑物外表美观，在炎热干旱季节提高建筑物内空气湿度，提高室内舒适性。适用于开放空间多或玻璃幕大量存在的建筑物，宜于与其他冷却技术结合使用。应注意玻璃幕密封问题

（续表）

建筑物结构	类型	结构特征	作用机理及特点	备注
地板	建构地下结构	在建筑物下的地面建构一个地下结构（譬如地下室、储藏室等）	这种结构主要是使得建筑物地面蓄热能力增强，使建筑物室内空气温度曲线较为平稳，室内温度变化幅度较小，与其他冷却方法结合使得室内条件较为接近舒适度条件	这种被动方式只是起到一个辅助的作用，对建筑物内环境影响不大，宜于同其他方式结合使用
建筑物外部环境	种植植物用以遮阴	在建筑物周围种植草木，为建筑物遮阴	这种被动方式投资少，不需要特别的设置，可以在视觉效果上使人们感到舒适	

上文所涉及的表皮外表面被动式蒸发技术，其原理是利用建筑外表面的水分蒸发来减少进入表皮的热量，进而减少室内的冷负荷。该技术应当具有以下特点。

(1) 在建筑外表面上有适量的水；

(2) 水分应当尽量均匀分布；

(3) 不应当形成过厚的水层；

(4) 在需要的时间段有尽量稳定的水量存在；

(5) 允许外表面材料吸附存留一部分水；

(6) 表面存水不应当造成外墙材料物性的破坏；

(7) 长期使用表层蓄水能力保持稳定；

(8) 在不需要的时候应当减少外墙表面含水量；

(9) 对于透明表皮应当有更加有效的水层形成方式。

由于含水墙面与迄今为止的建筑技术主流方向相反，故除中式南方民居的"蚝壳墙"等技术外，大多要求防水，对于墙体结构含水的情况是排斥的。因此，除在屋顶上的各类建造尝试和玻璃幕墙淋水等带有景观特色的实验性技术外，几乎没有成熟的有利于外墙被动式蒸发降温的墙体技术。同时，对于多孔材料在反复蓄水释放循环中，盐分结晶对多孔材料可能会有污损影响。盐析现象也可能影响孔隙系统的孔隙率、孔径等。对温度敏感的盐类（如硫酸钠或其水合物芒硝）在高温情况下由于近外表面盐分迅速结晶，可能阻塞材料孔隙，使得内部溶液无法继续失水结晶，造成总失水量下降，材料含水量难以降低，热阻减小等情况。

最后一条甚为关键。由于现代建筑风格的演进，在最近几十年间建筑师们明显喜好大面积玻璃幕墙的设计，以致传统的非透明表皮部分日益减少。而透明表皮由于热工性能差，以及过多的太阳光进入室内，进一步加剧了室内空调负担。对于透明部分的建筑表皮而言，首先应当采用性能较好的遮阳技术，其次采用高性能阻热玻璃和窗框，如 Low-E 玻璃、三玻两腔、断桥、塑钢框架，在此基础上，对玻璃幕墙及膜结构外表面的淋水技术也有很多的研究及示范。

5.3.3 主动式蒸发技术——持续补水的多孔介质自由蒸发冷却分析[7]

持续补水的自由蒸发冷却方案利用多孔介质特性蒸发降温，通过湿分在多孔填料中蒸发吸热，实现表面降温。这种方案应用于空调，优点显著：节水、零耗电、无运动部件、低成本、简易制造、维护便利。然而，其制冷效果受多种因素影响，包括结构、填料性质及环境参数，需深入分析这些影响因素。

1. 多孔床结构及数学模型

持续补水的自由蒸发冷却多孔填料床可置于建筑周壁或顶部，图 5-7 展示了其水平布置的制冷原理图。填料床上部开放，下部及四壁为金属板，内部填料可选用多种材质以保证流体通透性。水从下部注入，保持底部 2～3 mm 填料处于水饱和状态，确保内部液膜和上端自由蒸发面的稳定供水，实现持续蒸发降温。

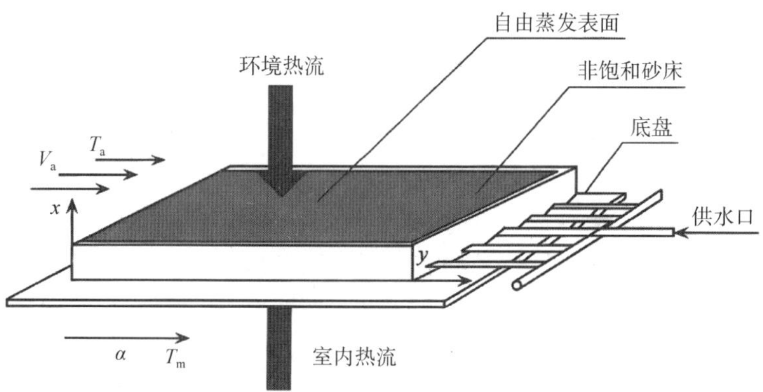

图 5-7　多孔填料床结构及供水示意图[7]

刘伟等[7]对上述模型进行了建模分析：自由蒸发冷却的多孔填料床可置于建筑周壁或顶部，填料床上部开放，下部及四壁为金属板，内部填料可选用多种材质以保证流体通透性。多孔床物理模型上表面暴露于大气之中，为对流传热传质边界，并需考虑上表面与天空的辐射。下表面模拟室内工况，为对流换热边界条件。对由边界向型砂材料内传输的热扯，不仅考虑了导热的作用，也考虑了水分及气体向边界迁移而引起的对流作用，为此相应的边界条件如下：

$$x=0:\varepsilon_g=0,\ \varepsilon_s+\varepsilon_l=1, u_g=0,$$
$$u_l=h_m(\rho_0-\rho_\infty)/(\rho_l\varepsilon_l)-\lambda_{eff}\frac{dT}{dx}=h_1(T_\infty-T_1) \tag{5-1}$$

$$\left.\begin{aligned} x=H:\rho_v\varepsilon_g u_g+\rho_1\varepsilon_1 u_1=h_m(\rho_0-\rho_\infty) \\ -\lambda_{eff}\frac{dT}{dx}+h(T_a-T_0)=\rho_1\varepsilon_1 u_1\gamma+\varepsilon'\sigma(T_0^4-T_{sky}^4)\end{aligned}\right\} \tag{5-2}$$

式中，h 为上表面换热系数；h_m 为对流传质系数，$h_m=h/(\rho_g c_g Le^{1.5})$；$\varepsilon'$ 为表面黑度；H 为多孔床高度；T_{sky} 为天空温度，$T_{sky}=0.052T^{1.5}$。下标 s 表示固相；l 表示液相；g 表示气相；I 表示多孔床底侧；o 表示多孔床上侧；a 表示环境气流。

根据上述控制方程组和边界条件，可由数值法求得未知变量 U_l、U_g、ε_l、m 及 T，计算多孔填料床的水分蒸发量和制冷量，评价多孔床的工作效率及空调性能。

2. 计算结果分析

通过数值分析一维 25 mm 多孔床模型，探讨了不同环境条件下的床内温度、气液相速度及蒸发量分布。研究发现，床内温度沿高度逐渐下降，至表面最低，主要因表面蒸发吸热。环境相对湿度对内部温度场有显著影响，低湿度时变化更剧烈；高湿度下，温度分布趋于直线，热量主要通过固体骨架及水分导热传递。高湿度减少表面蒸发量。图 5-8A—D 展示了这些影响。基准环境参数为 $RH=0.65$，$Ta=35$ ℃，$Va=3$ m/s，$h=10$ W/(m^2 · K)。

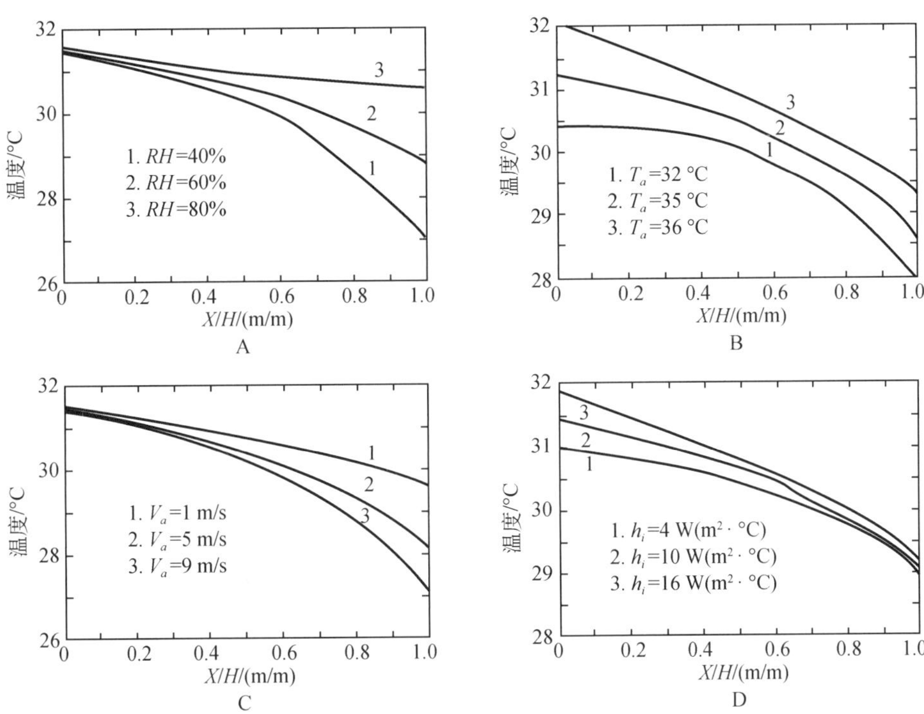

图 5-8 环境参数对内部温度的影响[7]

图 5-8B 展示了环境温度 Ta 对内部温度分布的影响。尽管不同环境温度下的分布曲线 1、2、3 趋势相似，环境温度主要影响多孔床上下表面的温度，而对内部温度变化趋势的影响较小。这是因为环境温度变化对内部蒸汽生成和气相运动的影响有限。

5.4 建筑表皮绿植热湿调节技术

5.4.1 表皮绿化技术的分类

满足“回归自然”的期待的建筑外表面绿化种植技术，一方面受到建筑师和用户的欢迎，另一方面又能与上述技术要求部分相符。

建筑外表面绿化种植技术又称为垂直绿化、立体绿化技术（Green vertical systems for buildings，Vertical greening systems），与建筑表面被动蒸发冷却一样，垂直绿化也分为屋顶绿化和墙面绿化两大方式。而墙面绿化又分为绿色表皮（green façade）和生态墙/生命墙/活墙（living wall）两大类[8]（图 5-9）。

图 5-9 左:绿色表皮;中:绿色双表皮;右:生态墙[9]

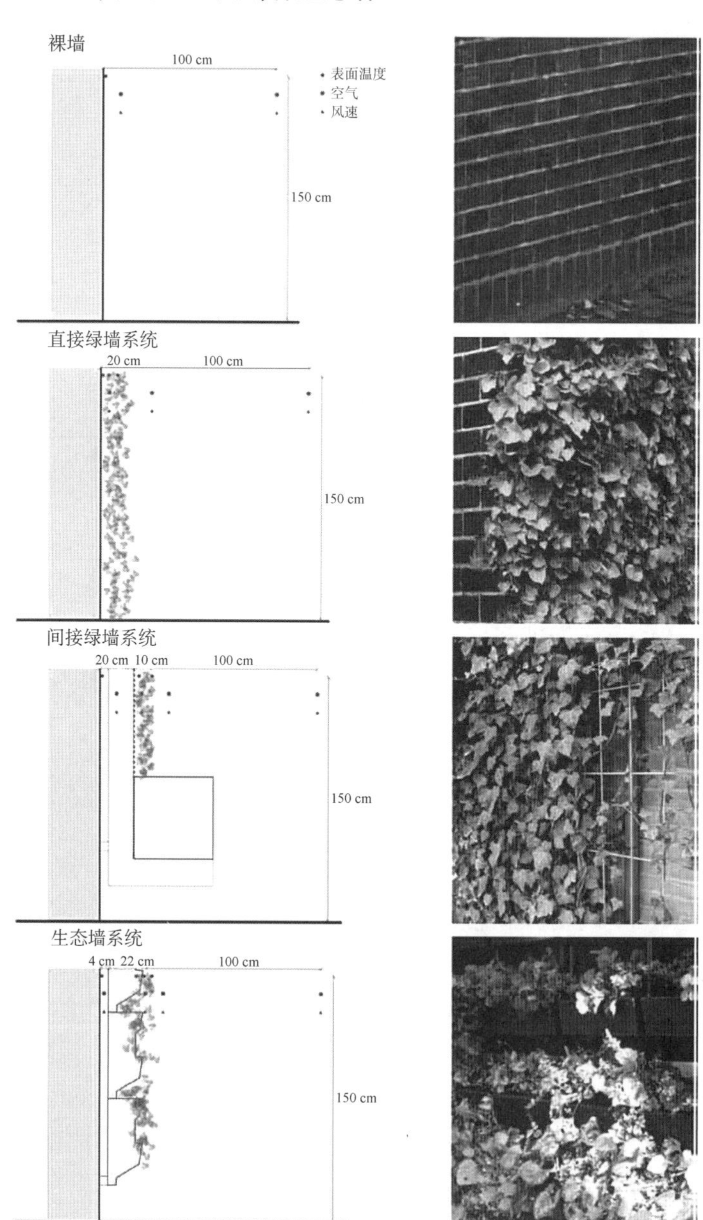

图 5-10 绿植墙面的结构及测点[9]

(1) 绿色表皮是指根植于地面或者建筑边缘的栽植槽通过攀援植物或者垂挂植物进行垂直绿化的系统。其中,不借助外在支撑系统直接攀爬式的绿化方式为传统型;利用线缆、线网、网架等支撑体系且按照支撑系统的差异又可以分为模块格网式、线材支撑式、栅网式进行栽植的绿化方式为双表皮型。另外还有一类是利用建筑前置种植槽栽植挂落植物的绿化方式。

(2) 生命墙是指根植于人工基质或盆栽土壤的垂直绿化方式,由现场浇筑的水泥、砌体、耐蚀金属框架的结构构成。其中,依托于模块槽体的为面板式,利用毡布进行支撑的为土工毡布式。生命墙用于支撑的结构材料需要精心选择,以免影响植物生长。该系统需要的维护费用较高,后期需要考虑灌溉和营养液的供应,因此需要有较完备的管理体系。

垂直绿化除了建筑学意义上的外,在生态意义上能形成围绕建筑物的一个人工生态微环境,通过植物的生长、光合作用、蒸腾作用等使原本无生命力的建筑材料如混凝土、钢结构、玻璃幕墙等呈现出自然的生机。同时,垂直绿化作为一种建筑物或构筑物竖向界面的绿化手段,可以缓解"热岛效应"、阻滞粉尘、改善空气质量、维持碳氧平衡、增加生物多样性、营造动物自然栖息地等,是缓解当前城市发展建设绿量不足,改善城市微气候环境的重要途径(图 5-10)。

5.4.2 表皮绿化的热湿调节作用

加布里埃尔等总结了垂直绿化墙面对于建筑表皮热湿调节所起的作用[10-12]。

1. 植被的遮阳效果

在两个受监控的房屋中,遮阴的树木可以节省 30%的季节性降温能耗,相当于每天平均节省 3.6 kW·h 和 4.8 kW·h。同一住宅的用电高峰可节省 0.6 kW·h 和 0.8 kW·h(其中一间住宅的用电高峰可节省 27%,另一间为 42%)。

其他有关树木的经验表明,有树木遮蔽的地区(100 W/m^2)的太阳辐射发生率明显低于没有树木遮蔽的地区(600 W/m^2)。

如果在室内空间使用植物代替百叶窗,双层立面不同层的温度通常较低。在同样的太阳辐射下,温度的增加比用百叶窗遮阳时低两倍。此外,植物表面温度永远不会超过 35 ℃,而在百叶窗中,温度可以超过 55 ℃。在双层幕墙内安装植物可以减少高达 20%的能源消耗。这种效应的大小取决于树叶的密度(树叶的层数)。

2. 由植被和基质提供的绝缘

绿墙可以使绿屏和建筑墙体之间的空间在环境条件(温度和湿度)下发生变化。这层空气可以产生一种有趣的绝缘效果。该空间的空气更新、树叶的密度和立面开口的设计都应加以考虑。对于活壁而言,其绝缘能力可随基板厚度的变化而变化。

为研究常青藤的降温效果，对一层厚常青藤覆盖的两层建筑西向墙体的热流分布进行了实验测量。在晴朗的夏日，绿墙使西侧墙转移的风冷负荷减少了 28%。

如果外面覆上一层植被，通过混凝土墙的热传递会显著降低。据相关检测报告说，活墙可以减少传递到建筑墙壁的能量为 0.24 $kW \cdot h/m^2$。

3. 通过蒸发作用的蒸发冷却

植物的蒸发蒸腾过程需要能量。这个物理过程产生了所谓的蒸发冷却，即每蒸发掉 1 g 水需要消耗 2 450 J 能量。这种蒸发冷却的叶子取决于植物的类型和暴露情况。气候条件也有影响，干燥环境或风的作用都能增加植物的蒸散量。对于有生命的壁面来说，从下层蒸发冷却是重要的。在这种情况下，承印物的湿度是一个重要的因素。

在以往对树木的经验中，由于植物（树木）的蒸发蒸腾作用而产生的冷却作用，导致建筑周围的环境温度降低。据相关检测报告说，树木蒸发的水分可以使每立方米干燥空气增加 12 kg 水的绝对湿度。

4. 改变墙面风速对对流换热的影响

建筑的绿色垂直系统起到挡风的作用，从而阻挡风对建筑立面的影响。这种效果取决于树叶的密度和穿透性，以及立面的朝向和风的方向和强度（图 5-11）。

图 5-11 绿植墙皮[10]

5 建筑表皮湿过程分析与活性化需求

提高建筑能源效率的一种方法是阻挡风。在冬季,冷风在降低建筑内部温度方面起着至关重要的作用。即使在密封的建筑中,风也会降低建筑保温的有效性。据相关研究表明,利用植被(绿色屋顶和绿色墙体)保护建筑抵御寒风,可减少 25%采暖需求。

另外,当考虑使用植物作为风对建筑物影响的调节物时,必须小心不要在夏天妨碍通风,也不要在冬天增加额外的空气的流通。

5.4.3 表皮绿化的计算模型及实测数据

目前国内外有不少学者尝试通过用建模的方式来模拟计算垂直绿化的节能效果,大致从两方面来进行:

(1) 从表皮得热角度建模,尝试再现垂直绿化所起到的上述 4 个节能效果,并通过导入气象数据来获得实际运行曲线[13-18];

(2) 从室内舒适度(PMV)角度建模,尝试对室内人员的舒适感改善来证明垂直绿化的效果[17,19]。

以上这些尝试的数量仍然较少。由于垂直绿化的边界条件难以确定,模拟结果也很难提供较有说服力的结果。这个方向的尝试显然仍属于未能充分探索的领域。

而实测数据的尝试则比较丰富[20-32],由于进行有无垂直绿化的测试对比要求相对简单,故此方向上的成果较多。成果主要集中在有无垂直绿化情况下外墙面、室温的差别。其中一些结论颇有说服力,如观察到有无垂直绿化的外墙面温差随时间(晴天)变化,在夜间几乎无差别、早晚差别不显著,而随着阳光强度在中午前后的起伏而出现温差变化,最高能达到 10~15 ℃。每日平均温差能达到 2~3 ℃。而室温的温差则在 2~3 ℃左右。同时,垂直绿化周边的空气相对湿度明显升高,约高于周边室外空气相对湿度 15%~30%(图 5-12)。

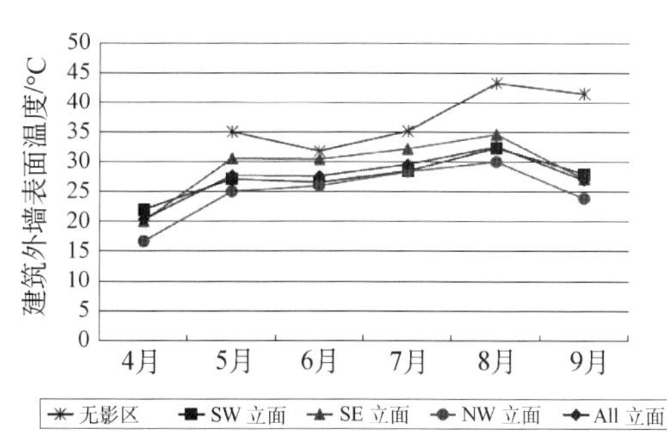

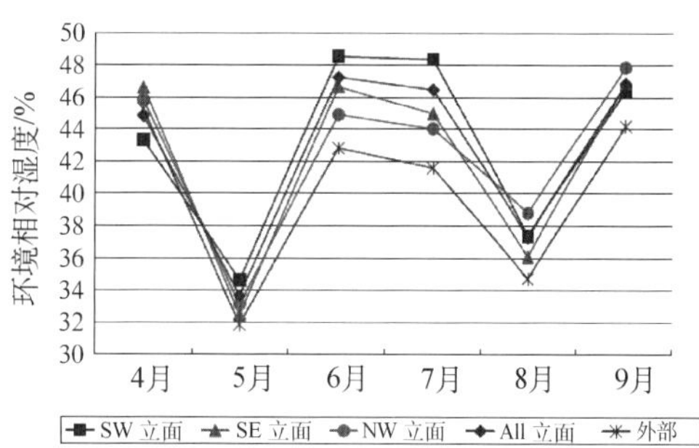

图 5-12 绿植墙面与裸露墙面的温湿度数据对比[10]

5.4.4 表皮绿化的研究盲点及问题

此类测试除了与朝向关系极大外,与垂直绿化本身的形式、植物的品种，以及测试地点的气象条件关系也很大，故对于取得普遍性的结论仍然缺乏支持性。尝试此类测试学者的学术背景差别较大[33]：有建筑学、城市规划、建筑物理方面的学者，有建筑节能、暖通空调的学者，也有园林、农业的学者。由于其知识背景不同，对垂直绿化的理解和诉求与研究的出发点也不同，最后的结论只能是更多地为学者们各自行业的课题提供若干依据，而难于为其他行业提供相关研究成果依据。

此外，垂直绿化的用户接受度方面是个研究空白。尽管在公众媒体上出现过对垂直绿化的质疑，如气味、蚊虫干扰、阳光遮挡、落叶破坏环境和植物培育维护困难、耗水量过大等问题，但鲜见学术性的研究分析成果。

对于阳光直射的高温环境下植物叶片气孔关闭，进而造成蒸腾降温效应反降的特点，仅在学术交流中有所提及，在模拟分析中，还是实测数据中，均未见涉及。同样，墙面绿植的风阻在冬夏完全相反的节能效果问题，也并无进一步的讨论。

对于垂直绿化带来的周边湿度升高，迄今为止未见评价。对于住宅而言，过高的相对湿度未必见得带来更多的益处。尤其是在可开启外窗周边，如室外持续处于高湿状态，将会引起室内相对湿度升高，进而带来舒适感降低和室内空调末端的除湿能耗增加。持续高湿的外墙环境是否会引起建筑材料、室内装修材料、家具、织物的变质、霉变等次生问题，目前未见讨论。毕竟垂直绿化不可能设置成为仅在夏季高温天气发挥作用，而在其他季节完全消失。而在其他季节是否会给建筑物和用户带来不必要的困扰，也是需要探讨的课题。

由于本书仅涉及建筑表皮的热物理性能，故未深入植物生理等方面的研究。但在若干报道中对墙面绿植的以下问题也值得关注：

(1) 墙面、屋顶绿植的浇灌问题：墙面、屋顶绿植需要大量浇灌用水。除了维持植物的生存和生长，夏季起到主要降温作用的蒸腾效应，其原理仍然是蒸发冷却。而通过墙面和屋顶绿植来提供足够的蒸腾效应，其背后必然需要有一个足够设计能力(水量)的给水系统来支撑。据报道，北京地区的屋顶绿化维护成本占到物业管理成本的 15%(未说明成本构成)。尤其是该系统不仅在降温时需要运行，在其他季节同样需要运行。期待雨水和常规的室内给水系统来支撑植物浇灌是不现实的，无论是常规给水系统的设计水量，还是因此而发生的全年附加水费，都是必须考虑在内的因素。可以建议的是将“海绵城市”的蓄水池中雨水用于浇灌，同时解决雨水的消纳问题。

(2) 北方地区绿植的冬季养护问题。由于北方的气候无法维持绿植全年生长，故在秋冬之际不得不面临植物枯死的现象。为了仅仅获得夏季墙面绿植的节能效益而在北方高投入地维持绿植的全年生存生长，或者每年反复投入重造墙面绿植是不合理的。尤其是护理不当造成的绿植大面积枯死，则完全是适得其反的效果。

5.5 现有技术对比和发展需求

5.5.1 表皮被动式蒸发和绿化系统对比

在此不对垂直绿化生态方面的特点，如光合作用、碳氧平衡等方面进行对比，而是将对比范围局限在建筑热物理诸项考察标准上。

(1) 二者相同之处：

- 二者均以降低表皮外表面温度为目的；
- 二者均以水蒸发为手段；
- 二者均不需要动用大量能源，属于利用自然能源的技术；
- 二者均无环境污染（不考虑生物质垃圾）。

(2) 被动式蒸发的优点：

- 可以保持建筑表面的风格；
- 不需要增加外表面复杂的装置；
- 不需要承担园艺工作（浇灌、施肥、修剪、清除枯死植株等）；
- 无植物带来的附加困扰（昆虫、气味、腐烂、枯死等）；
- 无坏天气困扰（雨天、大风）；
- 无设备停用困扰（植物缺水）。

(3) 被动式蒸发的问题：

- 只能依赖降水量，无法主动制造蒸腾；
- 无法精准控制外表面参与蒸发换热的部分的水分。

(4) 垂直绿化的优点：

- 纯天然，带来建筑增值；
- 有遮阳作用（多层叶片）；
- 有增加阻热效果（叶片、空气层）；
- 增加风阻，减少墙表面散热（主要针对冬季）。

(5) 垂直绿化的问题：

- 无法人为控制遮阳程度；
- 由于植物的自我保护机制，在夏季太阳直晒的过热瞬间叶子气孔会出现关闭现象；
- 对大风天气抵御能力差；
- 需要配物业/园艺公司管理植物。

5.5.2 表皮调湿性能发展需求

对于提高建筑表皮、外表皮的阻热、散热能力而言，被动式蒸发和垂直绿化无疑是较为合理的选择。其中垂直绿化并无更多的技术难度，但其适用范围仍需要探讨；而被动式蒸发迄今为止仍然属于一种尚未成熟的创新技术，如何普及并应用，目前仍未解决。

相比于目前的空调制冷技术，上述两种技术的优势极为明显：二者均属于“被动式”的降温技术。对于降温而言，消耗的仅仅是水，与目前空调技术所消耗的一次能源相比，水的消耗几乎可以忽略不计。尤其是被动式蒸发降温技术，在完全依赖雨水降温的前提下，几乎不存在任何资源消耗。也就是说，无论采用低㶲理论分析，还是采用炽理论分析，这两种技术可以视为完全不消耗㶲和炽的技术。因而在需要对室内环境进行精准控制的场合，都可以将这两个技术纳入整体系统，在“被动式”部分可以承担部分负荷的前提下，用其他成熟的“主动式”空调技术来完成室内的精准控制，从而达到节能的目的(参见本书有关湿炽、湇部分内容)。

同时两种技术也都有各自的缺陷，而且属于完全不同的管理方式：被动式蒸发可以归于建筑物理、建筑材料门类，而垂直绿化则应当属于园林艺术、建筑生态范畴。两种技术都有着较为明显的“靠天吃饭”特征：被动式蒸发要依赖降雨补充水量，而垂直绿化则要依赖植物长势和园艺维护。

因此，在建筑外表皮/表皮上可采用的进一步创新，可以带来二者的特征优势，而又尽量避免或减少二者不足的技术，仍然是值得尝试的。该技术应当具有以下特征：

(1) 能够在建筑外表面形成与室外空气间足够大的水蒸气分压力差；

(2) 能够持续的提供合适的水量；

(3) 能够在不需要蒸发降温时停止供水；

(4) 能够提供遮阳、阻风的能力；

(5) 能够改变表皮的传热系数；

(6) 能够承受恶劣气候的破坏；

(7) 能够成为满足“建筑产业化”发展方向要求，低成本批量制造；

(8) 能够在低成本维护下长期可靠运行。

为满足上述要求，可能出现两种不同的产品技术方向：

(1) 对表皮特性的优化，使其具备蒸腾能力；

(2) 在表皮外部悬挂可以模拟植物蒸腾的装置，代替垂直绿化。

上述的A方案可以视为一种针对哺乳动物、恒温动物的仿生，即让建筑自身拥有类似人体出汗的调节表皮蒸发的能力，如本书其他章节所描述分析，人体调节出汗能力冠绝生物界，而建筑物迄今为止尚未拥有该能力。而B方案则可以视为一种针对植物的仿生，即在外墙悬挂拥有类似植物叶片的装置，并使其拥有叶片的蒸腾能力，从而达到垂直绿化的效果。

5.5.3 仿生表皮调湿技术案例

1. *被动蒸发冷却墙*

黄翔在《蒸发冷却空调理论与应用》[6]中介绍了一种创意产品，称为

"被动蒸发冷却墙"。被动蒸发冷却墙由多孔陶瓷的被动式蒸发冷却壁面构成(图 5-13、图 5-14)。这些陶瓷具有毛细作用力可以储存水分,意味着在它们的垂直表面是潮湿的,当将其下端段放在水中时湿润高度可以高达 1 cm,证实了管状陶瓷 PECW 原型的冷却效果。该 PECW 能够吸收水分并且使空气流过,因此可以通过水分的蒸发降低其表面温度。被动式冷却,例如遮阳、辐射供冷、通风冷却等,可以通过在露天或者半露天环境的公园、步行区、住宅设计中引入 PECWs 以加强其效果。下面的发现是通过夏季收集到的实验数据得到的:湿润的陶瓷管垂直表面放在室外有太阳辐射的地方,1 h 湿润高度超过 1 m。潮湿的表面状况可以在夏季连续晴朗的条件下维持。陶瓷管垂直表面的温度发生了微小的变化。在夏季的白天,空气流过 PECW 时被冷却,并且温度被降低到最小值。同时发现陶瓷管阴面表面温度能够维持在一个温度几乎接近室外空气的湿球温度。

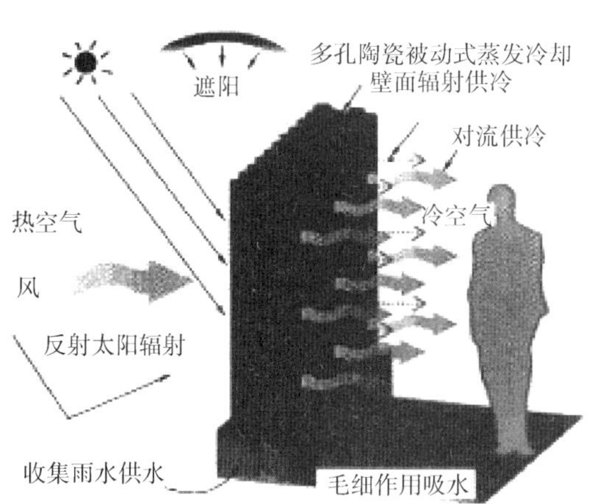

图 5-13　多孔陶瓷被动式蒸发冷却壁面示意图

图 5-14　被动式蒸发冷却壁面试验模型图

该墙面的功能是通过毛细力将水分从底部向上传递,再通过周边空气流动产生蒸腾作用,进而降低墙面周边的空气温度。据介绍,该技术为日本发明,并用于在公共绿地等场合提供局部降温效果,供游人休息纳凉。从仿生角度看待,该发明产品应当近似于一株或一丛规格合适的植物,通过表面蒸腾来提供局部凉爽的效果。但从发明者的设计出发点来看,该发明并未考虑用于建筑外表皮,而是作为独立的降温装置使用。

2. *汲液墙面*

上海海事大学陈威等对汲液式被动蒸发多孔墙体的制冷性能做了建模模拟分析[34,35]。

该技术将汲液多孔陶瓷管组成被动蒸发制冷墙,干燥空气与含湿多孔管表面进行热湿传递,产生蒸发制冷效果,通过多孔材料主动吸水补充散失的水分。沿气流方向,邻近各排多孔陶瓷管分别以交错排列和平行排列方式组合，利用干燥空气穿过墙体时与含湿表面存在蒸汽压差，驱动湿分蒸发产生制冷效应，降低气流温度(图 5-15)。

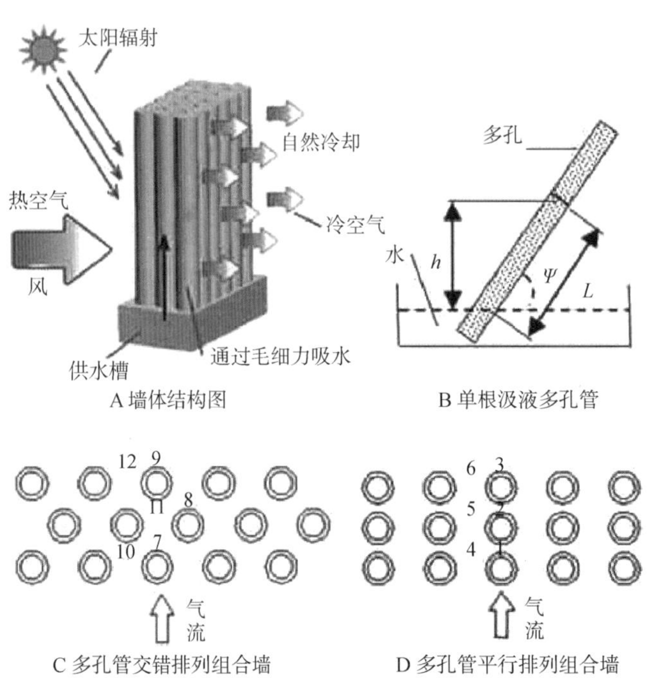

A 实验数据采集及多孔蒸发制冷管

B 单根含湿多孔管汲液特性实验

C 多孔陶瓷管电镜扫描图

图 5-15　汲液式多孔蒸发制冷墙体示意图[34]

3. 发汗冷却技术

采用类似蒸发散热技术的领域是在高强度表面散热的场合，尤其是在航空航天领域的发动机、外壳等部分。该技术在该领域又被称为发散冷却、蒸腾冷却等。而英文则比较统一地采用蒸发冷却(transpiration cooling)(图 5-16)。

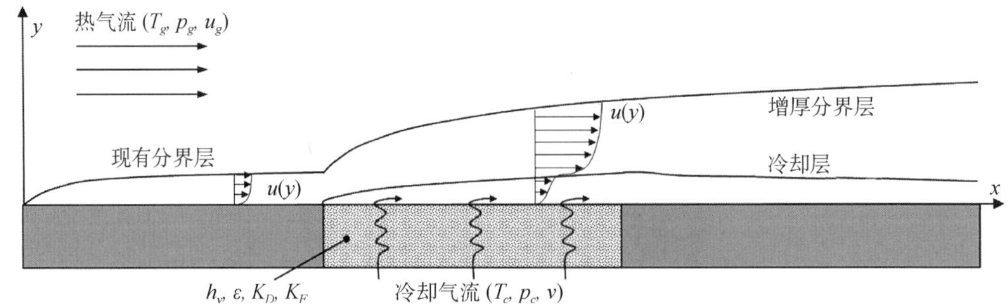

图 5-16　蒸腾冷却的工作原理[36]

与本章所讨论的技术相同，发汗冷却作为仿生技术，是利用生物为了生存对所处环境(温度)进行自身调节的一种能力和技术，即材料在高温环境下工作时，通过自身“出汗”以降低自身温度，进而达到热防护的目的[37]。发汗冷却技术作为一种非常有效的热防护技术，已经在火箭发动机热防护方面受到越来越广泛的重视。作为发汗冷却实现的物质载体，发汗冷却材料的研究一直是发汗冷却研究的关键技术之一。20 世纪 60 年代以来，美国、德国等相继开展了发汗冷却材料的研究，在材料体系的选择、制备工艺、性能考核及应用上进行了卓有成效的研究工作，取得了不少有益的研究成果[37]（图 5-17）。

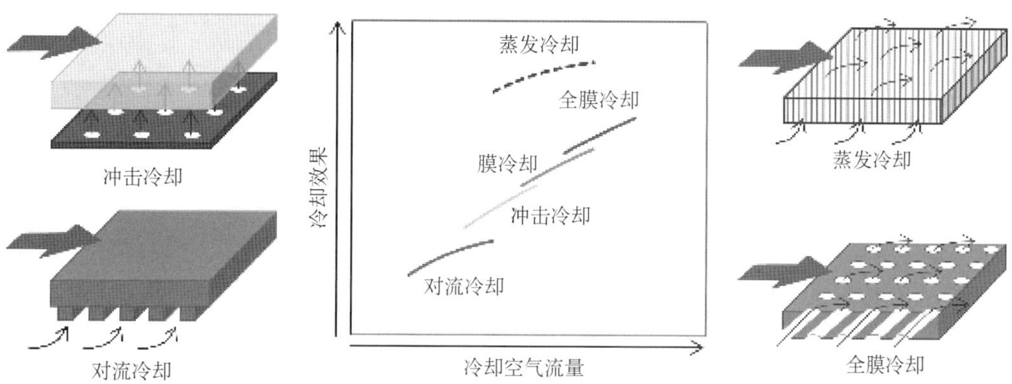

图 5-17　蒸腾冷却与其他强力表面冷却技术的对比

发汗冷却所应用的领域与建筑热湿环境营造完全不同，其所需面对的温度范围达到几百度甚至数千度，所用于蒸发散热的材料（发汗材料）也从常规的水蒸气到各类低熔点金属。其中如自发汗冷却材料为一般为粉末冶金制品，它由两部分组成：(1)作为基体材料的高熔点相，如 SiC、TiB、ZrB 等陶瓷；(2)作为冷却剂的低熔点相，如 Cu、Al 等。而多孔发汗材料主要是通过材料制备过程中的不完全致密化工艺得到具有一定孔隙率的多孔体，利用其有效孔隙通道（即开孔）实现冷却剂的传输。多孔发汗材料包括金属基和陶瓷基发汗材料体系。

发汗冷却技术作为非常有效地保护暴露在高热流和高温环境下材料或部件的一种重要的热防护方法，已经在热防护材料设计和控制方面越来越受到重视。利用发汗冷却机理制备的材料可以在军用技术及民用需求方面获得特殊应用，如超声速太空飞行器的控制舱、导弹鼻锥的热防护罩、火箭发动机喷管或者方向舵、超高声速飞行器燃烧室、液氢/液氧火箭发动机助推器、汽轮机叶片、废物再生处理的水氧化技术、核反应堆第一壁或再生层及航天器再入阶段的前缘部位热流密度达到 10～160 MW/m^2 喉衬部位。特别是火箭和导弹发动机推进系统所产生的高温、高压、高速的燃气流所产生巨大的对流热流和辐射热流，发动机推力室的喷管和喉衬的热流密度更是高达 600 MW/m^2。在所有对超高热流密度壁面的冷却方法中，发汗冷却是最有效的方法之一，其最大冷却能力

可达 $6\times10^{7}\sim1.4\times10^{9}$ W/m^{2}[38](图 5-18)。

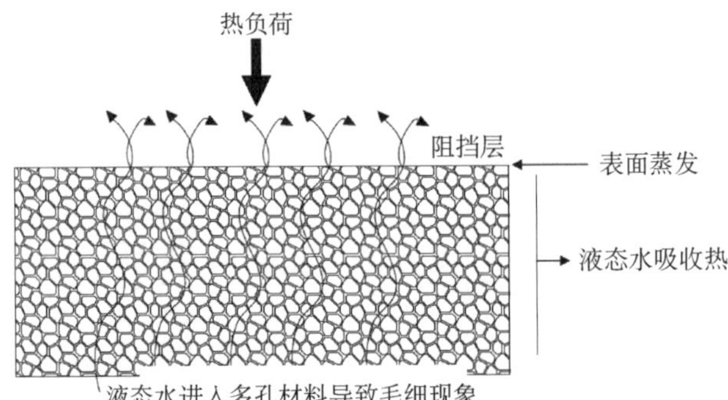

图 5-18 采用液态水作为制冷剂的发汗冷却工作原理[39]

发汗冷却作为高效的冷却技术，尽管并不属于建筑热湿环境营造范围的适用技术，但在传热原理上则可以作为外墙蒸腾降温技术合理性的一个佐证。

黄干、廖志远等[40-42]利用主流马赫数 2.2，总温 500 K 的超声速风洞实验台，研究了超声速主流条件下多孔平板相变发汗冷却规律，对于不同的注入率 F 下的发汗冷却效率 η 做了实验分析。其中注入率 F 为：

$$F=\frac{\rho_c u_c}{\rho_\infty u_\infty} \tag{5-3}$$

发汗冷却效率 η 为：

$$\eta=\frac{T_r T_w}{T_r T_c} \tag{5-4}$$

式中，ρ 表示密度；u 表示速度；T 表示温度。下标 c 表示冷却流体参数，w 表示多孔平板壁面参数，∞表示主流流体参数，r 表示壁面恢复参数。

实验中使用的多孔平板是采用粒径为 90 μm、200 μm 和 600 μm 的青铜颗粒烧结而成，其尺寸为 60 mm×30 mm×5 mm。测试段如图 5-19 所示。

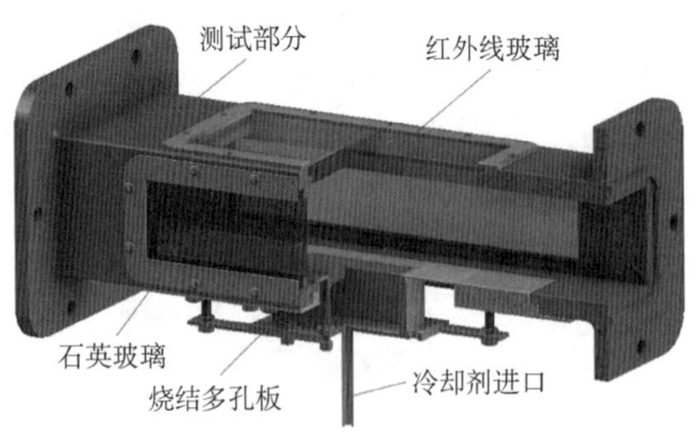

图 5-19 自发汗相变冷却测试段[40]

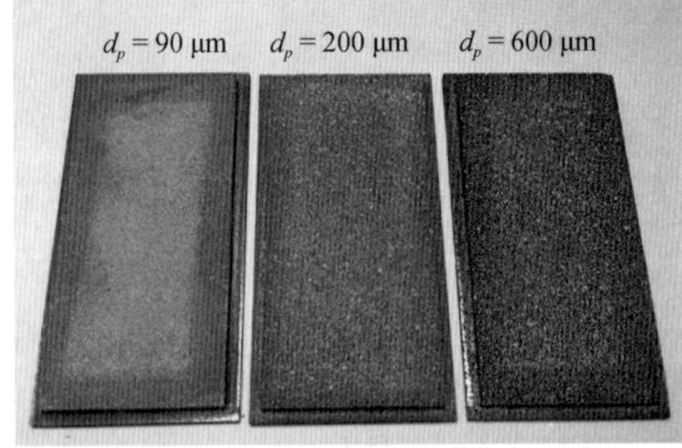

图 5-20 青铜烧结多孔平板[40]

青铜烧结多孔平板如图 5-20、图 5-21 所示。

图 5-21　青铜烧结多孔平板电镜图[40]

风洞测试系统原理见图 5-22,冷却槽内的水温约为 25 ℃。

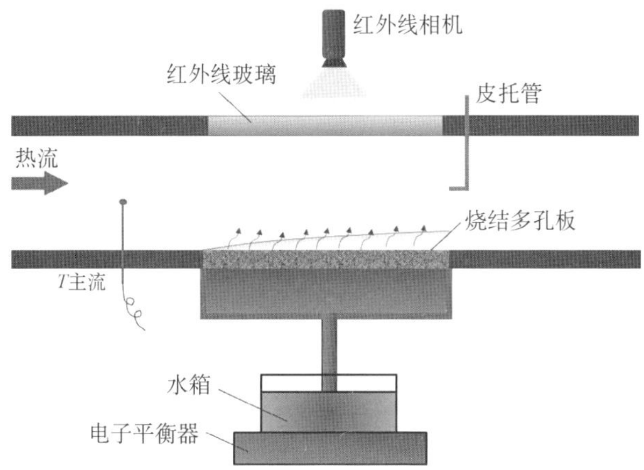

图 5-22　测试系统原理图[40]

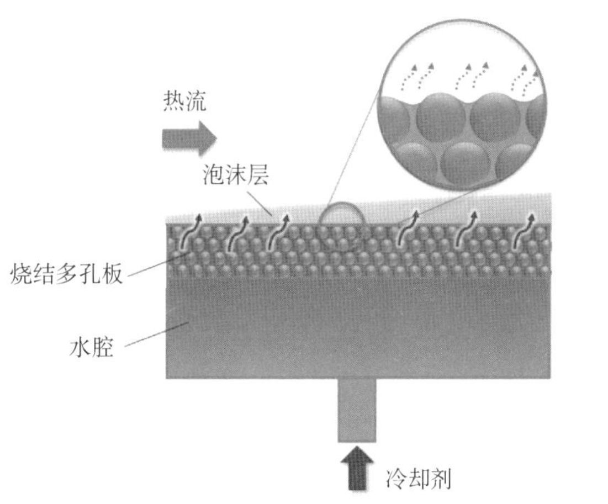

图 5-23　通过烧结多孔平板自吸引蒸腾冷却原理图[40]

烧结平板中的大量毛细管将冷却剂通过毛细力从冷却剂槽中吸引到

平板表面，在表面受热发生大量蒸腾的情况下，毛细力将吸引更多的冷却剂达到多孔平板表面，从而增加平板的冷却能力，同时也使得平板表面的温度更为均匀。多孔平板的粒径对毛细力影响较大，但并非越小越好，600 μm 的多孔板毛细力明显不足，甚至出现局部热点，但 90 μm 的粒径则又将出现气阻现象，使得冷却剂供应不足(图 5-23)。

该实验研发得出以下结论：

(1) 自吸引蒸腾冷却系统稳定，在注入率为 F 为 0.4 的情况下，温度分布均匀，冷却效率为 86%；

(2) 在主流流速达到 50 m/s，温度达到 815 K 的情况下，蒸腾表面的温度可以控制在 373 K，单位面积的冷却能力达到 1.1 MW/m^2；

(3) 相比传统的蒸腾冷却系统，自吸引系统的效率更高，并且具有根据热流密度自调节蒸腾能力的特性，表面温度更均匀；

(4) 合适的粒径可以优化毛细力，使得自吸引冷却剂的自调节能力达到最佳。

表皮热活性化技术理论及应用

6.1 建筑热湿环境营造新思路

6.1.1 传统建筑热湿环境营造系统的特征回顾

1. “大一统”式的系统理念

为进一步分析本书所涉及与建议的仿生型建筑室内环境营造系统，需要对迄今为止业已成熟应用的各类主要供热空调系统相应的分析，其在实际工程中应用的主要特征如下：供热系统传统上以一套系统覆盖所有需求，大多情况下忽略新风、加湿；加湿需求不依赖系统，由用户自行解决；新风系统作为高品质室内环境需求从供热系统中独立出来，通过热回收减轻对能耗的需求和对室内热湿环境的影响；无法同时覆盖夏季工况，在出现供冷需求时经常只能另行安装分体空调类简易系统供冷。

供冷系统已出现较多分类，但大多数系统形式仍是以一套系统覆盖所有需求，但对于除湿和冬季工况均能兼顾；部分系统将新风分出成为独立系统；温湿度独立控制（THIC）系统将热负荷（冷负荷）和湿负荷分成两个系统处理；辐射供冷技术将部分显热负荷单独处理。

除以上系统特征外，以本书的视角，上述系统均有以下特征：所有系统均不区分内扰外扰，统一作为冷热负荷处理；所有系统均基于传统机械供热、供冷的原理，针对所有内外扰最终形成的负荷提供“补救式”能源供应：出现热负荷便供热、出现冷负荷便供冷。

在此技术框架下，以㶲分析的视角进行评价，必然出现本书相应章节所分析的问题：

（1）必须按照能量品位要求最高的末端装置配置能源系统，以致系统㶲耗散过大；

（2）整个系统的设计能力仅在全年最极端的数天接近全力发挥，其他

90%以上的时间都处于出力严重不足的部分负荷工况;

(3) 对于自然冷热源的利用受到极大限制,必须进一步提升以满足系统设计能量品位的要求,无法做到“所得即所用”。

2. 对于热扰的“堵”与“疏”

从建筑物理的角度,所有最终可能影响室内热平衡的因素均称为“热扰”。但热扰的概念更多地用于夏季工况下的负荷分析计算。而对于冬季工况而言,由于维护室内热平衡的主要任务为减少通过外表皮的热量流失,这却是与外扰分析中所关注的影响方向完全相反的作用。在无法通过“被动式”手段减少表皮热量流失的情况下,必须对室内补充热量以维持热平衡,此时“内扰”则又成为一个互补性的扰量,因而经常被作为裕量处理。由于表皮的热损失在冬季工况中占有压倒性的地位,因此与夏季工况的热湿平衡分析相比,冬季热平衡的“扰量分析”通常做得较为简略。

对于热扰而言,应当在“堵”与“疏”之间做出选择,其中的“堵”意味着“御敌于国门之外”,在热扰尚未形成负荷前阻挡其对室内热湿环境发生影响;而“疏”的方式则意味着“歼灭入侵之敌”,是针对已由热扰形成的负荷通过技术手段进行消除,保证室内热环境不发生变化。

建筑物的热扰最终形成负荷的原因是建筑物自身并不具备消除热扰的机制,从而使得热扰从由于热势差而可能影响到室内热环境,等到影响变成现实,室内热环境在热扰作用下已经发生变化,即已经形成了负荷。此时再采取任何措施重新建立室内热平衡,均已经是“补救”性的措施了。

迄今为止将内外扰合并处理,是因为未能在热扰尚未形成负荷之际对热扰分别进行“前置干预”以杜绝热扰所造成的影响(堵),使其无法形成负荷。同时也在热扰并未形成负荷的过程中,通过其他技术手段消减干扰(疏),使得热扰不能或尽量少地形成负荷。而在负荷已然形成后再通过反向输入能量抵消负荷的影响(补救),其代价便大于在热扰未影响到室内热环境时事先消除热扰,也即“疏”的代价在此要高于“堵”的代价。

如果对各种内外扰的热量㶲进行评估,则可发现,绝大多数热扰的㶲均极低。

(1) 外扰:

- 日射外扰的㶲值最高,因热源取值(T_0)为太阳温度(约 6 000 ℃);
- 表皮外扰㶲值冬季较高:45℃ $\geqslant \Delta\theta \geqslant$ 10 ℃,夏季较低:10 ℃ $\geqslant \Delta\theta \geqslant$ 0 ℃;
- 新风换气外扰㶲值同上。

(2) 内扰:

- 人体内扰㶲值较低:$\Delta\theta \leqslant$ 10 ℃;

- 照明设备内扰炽值偏高：$\Delta\theta \geqslant 100$ ℃；
- 其他照明设备的内扰炽值不等：$\Delta\theta \geqslant 50$ ℃；
- 相邻非采暖、空调的房间内扰炽值极小：$\Delta\theta \leqslant 10$ ℃。

这也意味着如果采用“堵与疏”的手段，则可以尽量采用对等炽值的技术分别消减其扰量，最终使各扰量形成的负荷达到最小。而一旦扰量形成负荷，现有供热空调手段所动用的炽值则远大于热扰的炽值，因而造成大量的无谓炽耗散。相关分析请见本书其他章节。

目前采用的前置干预手段有如下几种：

- 增加墙体保温，采用防冷桥技术，减少通过非透明表皮部分的热扰（堵）；
- 控制无组织空气置换，加强表皮密闭性（堵）；
- 采用高性能门窗，减少半透明表皮的热扰（堵）；
- 加设遮阳系统，减少日射进入室内的总量（堵）；
- 采用双层幕墙技术，减少室外热扰对室内的影响（堵/疏结合）；
- 给室内发热设备配备降温系统（疏）。

其中增加墙体保温的问题已在其他章节讨论过，其核心思路为表皮热工性能特征的恒定值 UA 值无法适应季节变化的室内外 Δt，从而使得加强表皮静态热工性能这一项“堵”的技术，很难在全年的热平衡中取得最佳值。而遮阳系统同样在消除日射干扰的同时大幅降低了窗部分的光通量，使得室内光环境受到影响。相比于表皮保温措施，其适应阳光入射量变化的能力的可调性使得其适用性更强。

各类采用复杂科技手段的窗、幕墙技术，如双层幕墙技术等，实际上将针对外扰的反制技术完全前置，在“扰”与“措施”的炽值对应上更加合理。唯其过高的建造代价使得其经济性受到诸多质疑。同时，在“堵与疏”的技术平衡上，也有不少双层幕墙最终成为纯“堵”的技术，即仅形成了双层幕墙的间隔空气层，但并无足够的夹层空气循环保障，用以带走夹层内的过热空气，因此出现了未曾预料的温室效应。此时过热的夹层空气将成为室内的新热扰，对夏季工况而言不但没有贡献，反而增加了室内负荷。

3. 外扰的负荷特性分析

如果用“炽”来替代“冷热负荷”的概念，则建议采用以下概念替换。

- 热负荷——热炽亏：需要用对等的热势差来消除炽；
- 冷负荷——热炽盈：需要用对等的负热势差来消除炽；
- 湿负荷——湉盈：需要用对等的负湿差来消除湉；
- 加湿需求——湉亏：需要用对等的湿差来增加湉；

“湉”为对应“炽”概念中的“湿炽”概念的，指由于空气和材料的含水量，以及由此引起的水蒸气分压力差最终形成的湿传递势差。对于国内的 5 大类建筑气候区域而言，应当呈现如下表 6-1 的炽和湉趋势。

表 6-1 各建筑气候区域内烟及湆情况

分区名称	气候主要指标	辅助指标	烟	湆
严寒地区	1 月平均气温≤−10 ℃ 7 月平均气温≤25 ℃ 7 月平均相对湿度≥50%	年降水量 200～800 mm 年日平均气温≤5 ℃的日数 145 d	总体烟亏	部分地区湆亏
寒冷地区	1 月平均气温−10～0 ℃ 7 月平均气温 18～28 ℃	年日平均气温≥25 ℃的日数<80 d 年日平均气温≤5 ℃的日数 90～145 d	总体烟亏	部分地区湆亏
夏热冬冷地区	1 月平均气温 0～10 ℃ 7 月平均气温 25～30 ℃	年日平均气温≥25 ℃的日数 40～110 d 年日平均气温≤5 ℃的日数 0～90 d	夏季烟盈、冬季烟亏	总体湆盈
夏热冬暖地区	1 月平均气温>10 ℃ 7 月平均气温 25～29 ℃	年日平均气温≥25 ℃的日数 100～200 d	总体烟盈	总体湆盈
温和地区	1 月平均气温 0～13 ℃ 7 月平均气温 18～25 ℃	年日平均气温≤5 ℃的日数 0～90 d	总体烟均衡	总体湆均衡

该趋势分析尝试引入清华大学所推出的“热量烟”和“湿量烟”的概念以判断不同建筑气候区域中热湿环境营造系统所需面对的主要矛盾，结合目前学术界和工程界所常用的度日数法，湿日数法等判断方法，进一步对水系统、溶液系统两种系统方案在不同地区应用的合理性作出判断。

在不进一步采用其他方式判断不同建筑气候区域的负荷特点情况下，大致可以对不同的气候区域做出以下判断：

- 严寒地区、寒冷地区——室内热湿环境营造的主要矛盾为烟亏，采用水系统应能基本满足需求；
- 夏热冬冷地区——室内热湿环境营造需要同时面对烟、湆的盈亏。其中烟总体平衡，而湆则处于过盈状态，因此在采用水系统和其他类型系统（如溶液系统）之间需要作出判断；
- 夏热冬暖地区——室内热湿环境营造的主要矛盾为烟湆双盈，因此溶液系统的优势较为明显。

6.1.2 对热扰-负荷-能耗思维路径的反思

如本书其他章节所分析，建筑热湿环境营造迄今为止的思维路径是采取消除负荷影响的手段再造热湿环境，对热扰—负荷的生成过程、相互作用和能量品位不加区分。

在对热扰-得热-负荷形成过程进行进一步分析的前提下，提出了能耗系统的新分类思路。

1. 冬季工况

对于冬季工况而言，室内热环境的营造为首要任务，湿环境营造为次要任务。可根据其各自的权重做以下粗略区分：

（1）通过表皮的热量损失为最重要的㶲亏；

（2）室外空气渗透为其次的㶲亏；

（3）室内人员设备为主要的㶲盈；

（4）阳光入射为次要的㶲盈；

（5）室内的空气湿度较低为相对程度较轻的湉亏。

以上各项目前仅为判断，其各自所占能耗的比例根据不同地理位置、气候条件和使用方式有所不同，在此不再深入研讨。

传统的冬季热环境营造方式为向室内输送热量，以补偿其失去的热量，属于"补救"类型。而目前较为受关注的"被动式"节能技术则为"堵"的方式，力图通过保温等技术手段使得㶲亏和㶲盈持平，由于㶲亏与㶲盈各自按不同的规律变化，其内在的互补性不足，从而出现㶲盈和㶲亏无法互补而导致的热环境失衡，如室内过热等情况。

采用表皮热活性化技术的诉求，是尽可能地减少室内㶲盈的耗散，而取代以环境能源或免费能源，属于以表皮内表面为分界的"疏"的类型。由于环境能源和免费能源（无偿热源）的稀缺性和低品位特点，该部分贡献处于某种不确定性：

a 由于无偿能源的品位较高，或者㶲亏的峰值不高，表皮热活性化可以在整个供热周期中保证室内热环境；

b 表皮热活性化可能无法在极端气候条件下抵消全部㶲亏，但在整个供热周期的累积㶲盈带来了有偿能耗总量的可观下降；

c 无偿能源过于稀缺或品位过低，使得表皮热活性化方案得不偿失。

情况 a 属于较为少见的特例，如建筑物位于工业余热覆盖范围内，而且有大量富余。情况 c 则将导致直接放弃表皮热活性化，尤其是严寒地区的㶲亏或将数倍于寒冷地区和夏热冬冷地区，同时无偿热源也较为稀缺。而对情况 b 则需要做进一步的经济性分析，此时在表皮保温措施和热活性化措施间将呈现较复杂的整体热工性能、初投资、运营费用关系、无偿能源的品位和供应能力等多种参数交织的状态。因此对于表皮热活性化的负荷分析，将与传统负荷计算有很大不同。

而在该分析最终支持表皮热活性化技术的结论下 a 或 b 情况，对于 b 仍需进行后续的分析计算：

（1）表皮热活性化可以在极端情况下（设计负荷）承担多少㶲亏？

（2）是否考虑内扰作为㶲盈（迄今为止的负荷计算多不予考虑，直接留作裕量）？

（3）不足的㶲亏需要配备哪种形式的系统进行补偿？其所承担的峰值负荷？在整个供热周期中的有效工作时数？

由于表皮热活性化提供的实际上是一个动态的U值，故在整个供热周期中，必然在期初和期末能够完全抵消㶲亏。而补充的常规系统实际上起到的是覆盖“峰值”的作用。峰值出现的时间越短、峰值越小，则补偿系统的经济性越差。在极端的情况下，可能出现峰值出现的频率、总时数和值均较小，因而只需要采用简单的电加热系统来给室内补热，或者提高表皮热活性化的水温，用一套系统短时间内的超负荷（过热）运行保障极端气候条件下的室内热环境。

同样，也可以考虑在表皮热活性化（外系统）和辐射/对流末端（内系统）之间分配所需承担的㶲，用较为经济的方案提供室内㶲盈，与其他室内人员设备的㶲盈形成固定的内热源（代谢率）而将其余部分交予表皮热活性化＋保温结构。只需要对室内热环境给予较高的保障，该方案则在可控性上更佳。在表皮热活性化与加强保温之间，需要就系统的技术经济合理性做进一步的组合分析，以获得最优的配置。

冬季工况的新风换气和加湿需求已有较为成熟而简单的技术应用普及，如热回收型新风换气机，室内加湿器等产品，在此不再赘述。

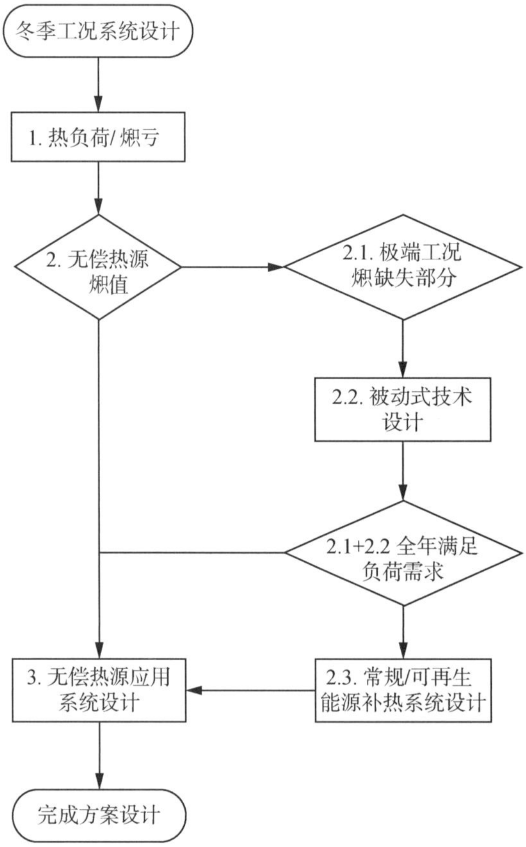

图 6-1　冬季工况下满足㶲最优应用设计流程

图 6-1 表示了在无偿㶲资源(㶲盈)可用的情况下,供热系统设计的过程。与常规供热系统设计的区别主要在于将无偿㶲盈充分应用(吃干榨净)的选择排序前置到被动式技术之前。以现有的理论来描述该方案排序,则是将无偿低品位能源的充分利用作为方案选择的第一排序,其次才是被动式技术,从而能够首先将可应用的现有热能资源充分利用,否则该部分能量将无谓地消耗在环境中。在该部分能量不足以消除冬季热负荷的情况下,则以被动式技术为相互补充方案,从而以最低代价满足冬季室内热舒适需求。只有在二者叠加仍无法满足上述需求的情况下,才考虑进一步增加主动式系统。对于主动式系统的选择则遵守可再生能源、有偿低品位能源、能效高等原则,与现有技术路线并无区别。但在满足前面优先选用无偿低㶲热源,以及配合被动式技术,将使得最后一块补热的设备投入和运行成本降至最低。

2. 冬季工况下的透明、半透明表皮

该部分表皮在冬季构成了整个表皮最为纠结的部分,除采光、开窗通气外,这部分外墙带来如下困扰:

日间透过该部分面积的阳光入射带来了可观的㶲盈($T_s^4-T_r^4$),其中 T_s 为太阳表面温度;自身过大的 U 值又带来了㶲亏(t_r-t_0)。

(1) 二者之间并非完全相抵消关系:整个供热周期内总入射量—㶲盈与其他时间的㶲亏并不总是能互相抵消;

(2) 非朝阳面该部分表皮贡献纯为㶲亏($\Delta\theta$);

(3) 内表面过低的温度对室内舒适场影响较大。

由于该部分对室内热湿环境影响最大,故采用热活性窗帘来改善这部分表皮的热工性能有相当大的意义。同时,由于热活性窗帘位于室内,故其表面平均温度对室内热环境影响较大,因而,考虑设置热活性窗帘作为兼顾消除外扰(疏)和向室内提供补热的装置值得进一步探讨。

3. 夏季工况

对于夏季工况而言,室内热湿环境的营造必须兼顾㶲盈和�盈。同时夏季工况也是内外扰分析最为清晰的典型季节。由于夏季工况下各种热湿干扰交织作用,而室外温度在日夜周期和空调全周期内一直在室温上下波动,以致热流方向往复不定,从而出现各种温度波的相互叠加和抵消。在对不同扰量有相应抵消技术方案的前提下,如何最合理地运用相应的技术方案,甚至应当运用《价值工程》的原理进行分析决策显得尤为重要。

从㶲的角度而言,外扰将通过表皮和空气交换影响室内热湿环境,即:

(1) 表现为 $UA\times\Delta\theta$ 的表皮传热㶲盈;

(2) 表现为 $Gc_p\times\Delta\theta$ 的空气置换㶲盈;

(3) 表现为 $T_s^4-T_r^4$ 的日射㶲盈。

其中(1)可以采用“堵与疏”的方式进行消减,即通过表皮保温及热活性化减少其对室内热湿环境的影响。同样，也可以通过外墙外表面的蒸发冷却进行消减，即“疏”的方法。相比表皮保温及热活性化技术，外墙表面蒸发冷却无疑能对外墙的㶲盈进行更大程度的消减。对于(3)的消减在夏季工况中往往成为最关键的问题。尤其在目前建筑风格趋向采用玻璃幕墙的情况下，可能(1)的比重大为降低，而(3)的比重成为压倒性的㶲盈。在此情况下是否能采用“仿生叶片”的溶液循环＋蒸腾降温＋遮挡技术有效消减玻璃幕墙部分的㶲盈，将十分值得讨论。

在外扰综合作用，无法严格区分并相应消减的情况下，同时考虑内扰在夏季属于“叠加负荷”而不是“相互抵消”的裕量，故有必要设置双系统来营造室内热湿环境。

溶液系统在夏季工况下可以同时用于表皮外侧和内侧。而且由于溶液与空气交换的过程在室内外完全是逆向的，故室内外末端完全可以互补，即内墙除湿、外墙再生。

4. “回南天”“梅雨”与“返潮”工况

回南天与梅雨季节为中国东南沿海的特色气候现象，此时气候几乎处于㶲平衡状态，却拥有极高的湽盈。

由于此时空气中的相对湿度在 90% 上下，即处于结露的临界状态。而室内墙面、屋顶、地面温度均略低于室外空气，故在所以室内物体表面均出现结露现象。

目前缺少对回南天和梅雨季节的学术定义，在此假设这类天气情况下的室内外温度大致相当，为 20 ℃上下，室外空气含湿量为 15 g/kg 左右。

在此类气候情况下，室内热湿环境营造的首要任务是排出空气中的水分，即解决室内的湽盈问题。如采用空调进行冷冻除湿，则由于空气中的焓值较低，在冷冻除湿过程中又同时降低了空气的焓值，其结果是解决了湽盈的问题，又带来了㶲亏的问题。

由于返潮情况较为普遍，大多发生在冬春之交的外表皮部分，与地域无关。当室外温度上升，空气含水量增加，而室内墙体表面温度低于露点时将发生结露，俗称返潮。此时空气中含水量未必很高，并不存在湽盈问题，应该属于墙面的㶲亏现象。

此时如采用溶液循环和室内除湿表面技术则可有效地解决这个问题。由于表面吸附—溶液吸收除湿过程中仅消除了湽盈，而吸收过程中释放的汽化潜热则释放到了室内空气中，升高了室温，属于等焓除湿过程，进而进一步了解空气的相对湿度，在解决了物体表面结露的问题同时，通过一套溶液循环系统完成了室内热湿营造过程(见本书第 7 章)。

由于回南天和梅雨季节均为日照不充分的季节，故依赖太阳能再生溶液并不现实。此时对于浓溶液持续供应需要考虑以下 2 个方案：

(1) 采用热泵、电加热再生溶液；

（2）通过预存浓溶液供应系统。

5. 内外负荷独立控制系统

如果我们希望能够采取“堵与疏”的方式来消减热扰，则应当对扰量成因进行区分，并采取针对性的措施来消减扰量，如采用拥有同一量级㶲值的低品位能源，或采用更加合理的被动式技术。

在该策略下，应当将内扰与外扰进行区分。如本书相应章节（第3章、第7章）分析，各扰量在不同季节对室内热湿环境的影响是不同的。同时，内外扰从干扰源的性质也各自不同。主要的内外扰分析如下（湿扰见本书第7章，此处忽略）。

（1）外扰

- 通过表皮对流/导热形成的外扰可以视为一个半无限大的干扰源，且随时间、季节呈周期性变化。但干扰的㶲值较小，并且由于表皮的热惰性，形成负荷的过程呈现一定程度的滞后性。
- 通过空气渗透形成的外扰可视为质交换，并且直接形成负荷。
- 通过半透明表皮部分的入射阳光同样可以视为一个半无限大的干扰源，且随时间呈周期性变化。由于太阳自身的温度高，故该扰量具有较大的㶲值，对室内热环境的影响也较大。但与其他外扰相比该扰量具有不连续、但在发生期间持续变化的特征。

（2）内扰

- 照明、电气设备等内扰的干扰源在发生的地点、时间上呈现较为随机的特征，但总扰量则大致呈现较为稳定的状态。
- 进出室内的物质所带来的内扰，除特殊场合外，大多无明确特征，故难以定性。
- 室内人员形成的内扰在大多情况下成为了内扰的主因，而且除特殊场合（恒温恒湿的实验、制造场所等）外，其发生的时段也正是需要满足热湿环境营造需求的时段。

（3）湿扰

- 室内人员向空气中的散湿是一个最主要的湿扰来源。由于人体在任何活动状态都通过皮肤以出汗方式向室内散湿，因而其构成了室内最主要的湿扰。
- 室内湿表面向空气中的散湿。该部分在湿负荷计算中有详细规定。
- 室内其他含水材料与室内将空气的湿交换。该部分所形成的湿负荷比例往往并不很大，但在较为特殊场合（如大量的室内绿植等）也可能形成较大比例的湿扰。
- 墙体含水向室内的逐渐释放。该部分为本书的重要内容之一。在建筑建造及使用过程中，由于墙体多孔材料的含水率和室内空气之间的水蒸气分压力差，造成和水蒸气在室内空气和墙体材料之间的质迁移。由于该部分质迁移将引起各类卫生条件的恶化，因而也属于性质较为严重的湿扰。

- 透过表皮的空气渗透。尤其对于本书所主要关注的季风气候区建筑气候条件，进入室内空气所携带的水分远远大于其他气候区域，尤其是迄今为止主导供热空调技术研发方向的西北欧各国，因而该部分湿扰的受关注程度迄今为止显得尤为不足。

从以上内外扰分析来看，对于夏季工况而言，外扰中的表皮传热、阳光入射两项较为适合采用局部降温方式消减，这也是可以考虑的一种疏导方式。

对于冬季工况而言，表皮的热损耗和空气渗透为最主要的两个扰量，而其他所有扰量均可以视为裕量，因此，将表皮部分的“堵与疏”从传统的热湿负荷营造系统中分离出来具有较大的意义。同时，由于表皮在建筑上的位置较为理想，且其热扰发生的特征也较为一致，故应将表皮部分的“堵与疏”系统单独设置。相关分析请见本书第4章。

6.1.3 以处理外扰为主要目标的表皮特征

在明确了内外扰分别控制的思路，并进一步确定以表皮外扰为控制目标的方向后，便可对迄今为止与此相关的研究成果及技术方案进行回顾。

表皮作为室内热湿环境的热力学闭合系统边界，除了需要关注其两侧的热力学状态参数有所不同，因而在两侧之间将必然发生热质交换外，同时还需要关注其材料的特征，即表皮作为建筑物的重要组成部分，有其自身的几何尺寸、材料特性，以及因此而拥有的建筑热物理特征。表皮自身并不仅仅作为一个热力学闭合系统边界存在，同时自身由于其材料的属性，也完全可以将其从内外环境中独立出来，作为一个介于室外环境和室内环境之间的一个可以拥有自身热工性能的、与室内外环境之间同样可以定义边界的独立热力学闭合系统看待。而对表皮自身所形成的热力学闭合系统进行热力学平衡控制，也即成为本章所讨论的核心内容。

表皮（外墙、外门、外窗、屋顶、地面）作为建筑物表面积和体积最大的结构组成部分，属于建筑结构的一部分，有与其他建筑结构部分类似的属性，如内墙、内窗、内门、楼板，同时又有着与内部结构不同的属性（建筑外表皮）。因此，对表皮热工性能的研究，尤其是对其进行热活性化的研究，与迄今为止的建筑结构热活性化研究之间，仍处于一个较为模糊的区域：一些学者认为其属于建筑结构热活性化（TABS）的一部分，而另一些学者则认为其属于独立的一个研究范畴。

对于透明表皮和非透明表皮热活性化的研究，也有同样的情况：有些学者将非透明和透明表皮热活性化作为同一个研究范畴的不同细分领域进行研究，而另一些学者则认为透明表皮属于单独的研究领域，而非透明表皮则属于TABS范畴。

同时，TABS技术与冷热辐射技术之间的界限也较为模糊。如楼板热活性化和地暖、冷辐射之间的区别，目前学术上并无明确的界限。研究冷热辐射的和TABS的学者各自将其划入自己所研究的范畴内。

另外，从不同的角度入手改善表皮热工性能，也带来了相互之间自成体系的、迄今为止仍然较少融汇贯通，甚至在一些情况下构成矛盾，甚至其功能相互抵消的一些现象。如由建筑学角度入手的功能性外表皮技术，与建筑物理角度入手的嵌管墙、嵌管窗等技术之间，仍然缺乏足够的协调及融合。

从表皮热活性化的研究范畴而言，应当与上述几个研究领域有较为明显的区别。如果不将表皮热活性化所需要面临和解决的问题定义清楚，并与其他研究领域进行区分，则很可能无法认清该研究领域所需要解决的核心问题，即以一个独立的系统、以最低的能耗代价、以减少直至消除外扰为最低目标，达到与其他系统组合成为建筑热湿环境营造最优组合的最终目标(图6-2)。

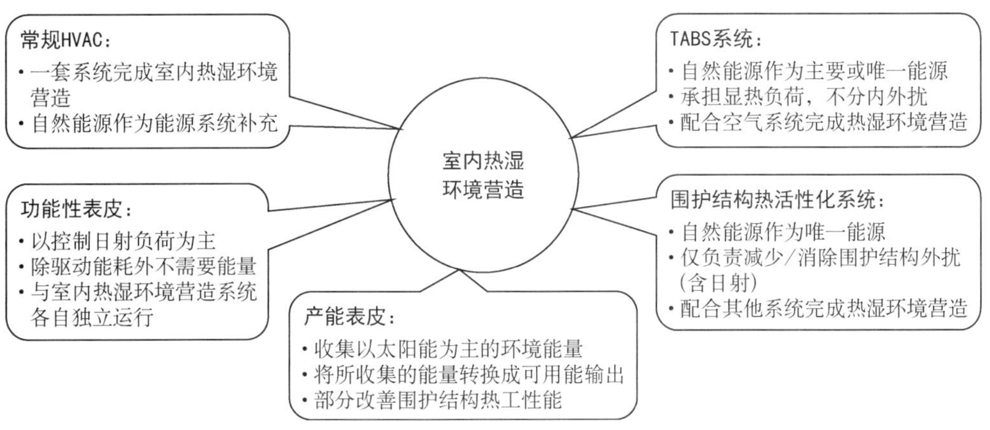

图6-2 不同系统针对室内热湿环境营造所承担的任务

6.1.4 表皮热活性化系统对于室内热湿环境营造的意义

本书第3章对于建筑热湿环境营造的原理做了详细分析，并针对目前“保温即节能”(被动房)的局限性做了相关分析。提高表皮自身的热工性能，可以减少由于外扰形成负荷并影响室内热湿环境，从而减少能耗的原理仍然值得重视。并且，提高表皮热工性能的途径并非只有静态的保温隔热、减少冷热桥和空气渗透等有限的技术手段。尤其在室外气象条件不同，供热季节并非主要季节的气候区域，表皮过度保温的贡献度明显不高，同时带来了过渡季节降低建筑物“热通透”能力的副作用。此时可以随室外温度改变热工性能的技术的优点便凸显出来。

改变表皮的热工性能，即改变$UA+Gc_p$(见第3章)。由于A(表皮总面积)和c_p(空气的比热容)均为常数，则G(室内外换气量)和U(表皮综合导热系数)便成为两个可以控制的变量。目前的常规技术很少能够改变U值,因而G便成为唯一的变量,也即在不同室外温度情况下唯一不需要能耗而改变表皮换热的技术手段。而改变G的手段,便是人们熟知的开窗通风,或通过较少的输送能耗(风机)进行机械通风。由于开窗本身并非完全不受限制,如室外空气品质、室内气流组织等制约因素,故改变U值技术便成为一个重要的发展方向。

由于常规的建材并无随意改变其物理或化学性质的能力,因而准确意义上的改变U值并不能通过更换材料或者促使材料改变理化性质来实现。所谓改变U值的技术方向,实际上是通过技术手段合成某种结构形式,并通过换热的方式、利用低品位能源来改变表皮的热流,实现所谓"当量U值"或"动态U值"的效果。因此,该技术也被称为表皮热活性化技术。如上所述,从其工作原理上来看,表皮热活性化技术也应属于TABS技术范畴中的一类。

嵌入表皮的系统,尤其是水系统,实质上相当于供冷供热系统的末端部分。尽管作为BIPV/T的外墙也同时有搜集能量的功能,但在流体系统中,仍可以将其作为末端看待。

为了控制热活性层的温度,需要通过相应的冷热源和循环系统来向热活性层提供相应的冷热量,因而相对应的冷热源对于保证该技术的优势而言显得更加重要。如果采用常规冷热源,如锅炉、热网、制冷机等冷热源来激活热活性层,由于其向室外侧热阻远小于常规系统的综合热阻,而热活性层与外侧的换热对于室内热湿环境营造而言并无贡献,属于无效换热部分(图6-3),因而其综合热效率EER将明显低于常规的室内供冷供热末端。

同时由于热活性层所需的驱动温差远小于常规系统,因此该系统对于冷热源将有着更大的选择范围。由于热活性层所处位置的常规温度梯度位于室温和环境温度之间(图6-4),故对于冬季工况而言,所有高于室外温度—热活性层常规温度的热能,均能起到改善热流的效果;同样对于夏季工况而言,所有低于该位置温度的冷源也均能用于改善热流。

如冬夏均以室内设计温度为控制点,即热活性层平均温度=室温,则意味着冬季热活性层平均温度只要达到18 ℃、夏季平均温度达到26 ℃,就在建筑物外表皮部位形成了一个"等效绝热"系统,使得外扰完全被热活性层屏蔽掉。进一步对热活性层循环取供回水4 K温差,则冬季供回水只需达到16 ℃～20 ℃,夏季24 ℃～28 ℃,并提供足够循环水量,便能通过热活性层完成对建筑物的"等效绝热屏蔽"。而冬季的20 ℃、夏季24 ℃的水温获得,相比常规系统而言是一个巨大的突破,同时这个水温区间已经无限接近环境所能提供的无限冷热源温度,如土壤温度、冷却塔温度和太阳能热水器温度。

即使自然冷热源温度无法达到室温状态,只要在冬季略高于、在夏季略低于上述介入位置的常规温度，便能有效的消除外扰影响。因而，对冷热源的选择设计是表皮热活性化有效发挥节能作用的根本。

6.2 建筑表皮活性化技术概述

6.2.1 技术方案

在不同的研究成果中，表皮热活性化技术也有不同的命名，如内嵌管墙技术（Pipe Embedded Wall，PEW），有源复合墙体技术（Thermal Source Integrated Wall，TSIW）、热激活保温技术（thermal active isolation，TAI）、热屏障技术（Thermal Barrier，TB）等。其热工原理基本相同，都是将原有的供热供冷技术中的室温控制部分从传统的散热器、地暖、辐射吊顶等室内部位移到表皮部分，从而改善室内热环境营造系统的性能。在各类尝试中，也有不同的技术方案。

采用水作为介质的表皮热活性化技术典型方案主要有如下几种。

1. 常规系统替代型（供冷供热）方案

该技术方案力图用外表皮中所嵌入的管路系统替代传统的室内系统，不仅要补偿表皮传热所带来的热损失，还要通过外表皮内表面向内传热补偿室内其他部分所造成的热损失。

建筑物的外表皮除了分为屋顶、地面，以及透明、非透明外，还有朝向的区别。各种组合使得外表皮出现不同的热损失：当冬季朝南的外窗尚能够获得日射得热时，朝北外墙外窗则不断失去热量；而在过渡季节则会出现明显的南北向房间室温差异。外窗在日间可以用来获得日射得热，却在夜间比外墙损失更多的热量。

由于无法将表皮热活性化技术用在所有外表皮部位，同时在夏季除了外扰，还需要顾及内扰，因此在设置热活性化外墙时会考虑要求其承担内负荷，从而可以将原有的室内系统完全替换。

在冷热源适宜并充分的前提下，采用系统替代型技术维持室内的热环境是完全可能的。此时被热激活的外墙部分内表面相当于冷热辐射面，同时由于热激活，该部分表皮面积不再有室内向外的冷热损失。但维持被激活部分表皮向室内提供足够冷热量需要相应的温差，而该温差则会引起向室外方向的附加热损耗。

尽管热活性化的外表皮会带来高于传统系统的能耗，但由于其介入位置所需的介质温度远低于常规系统，故在能量品位上获得了可以充分利用低品位能源的优势。考虑到冬季室内的产热，热活性化的表皮并不需要完全覆盖室内热负荷，此时略高于室温的介质温度（20 ℃左右）完全可能在室外温度较高的冬季满足维持室内温度＞18 ℃的需求，而这个能力是其他供热形式完全无法企及的（图 6-3）。

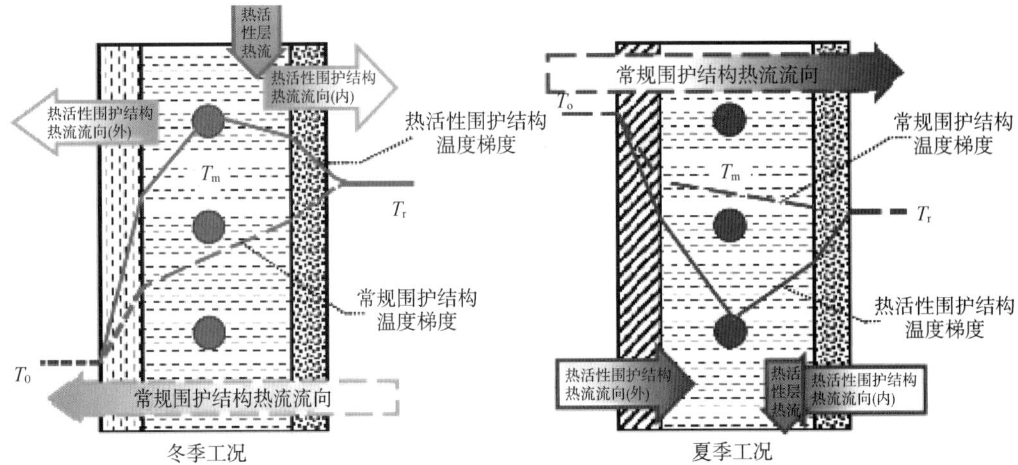

图 6-3　系统替代型围护结构热活性化与常规围护结构的温度梯度和热流的对比

2. 热工性能改善型(减少负荷)方案

对于负荷较大,或者冷热源代价较大的场合,也可以将表皮热活性化作为"热激活保温技术"使用。此时被激活的表皮形成了一个"等效热阻",以介乎于室内外温度之间的介质温度循环达到了常规表皮采用保温技术所实现的热流控制效果。尤其是对于建筑物周边的各类低品位能源、可再生能源而言,通过外墙循环有效的降低了建筑能耗,不失为一个理想的节能方案(图 6-4)。

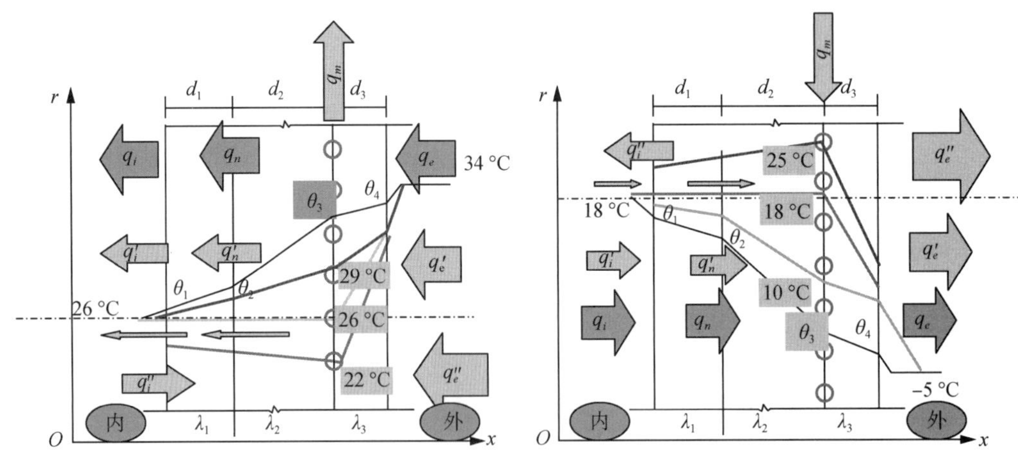

图 6-4　通过改变介质温度形成不同的温度梯度,从而起到了"等效热阻"的作用[1]

采用热激活保温技术的优点,在于该"动态热阻"可以随室外气象条件进行调节。常规的保温技术,如被动式节能技术,其外表皮的热阻无法随室内外温差或室内的冷热负荷进行变化,因而使得根据室外设计温度所计算并安装的表皮保温层,以及所形成的热阻,仅能在设计工况下符合整个建筑物的热量平衡需求，而在其他室外温度条件下则很有可能起反作用，如针对冬季工况所设计的保温层，很可能引起过渡季节及夏季的室内过热问题。相较于被动式的保温技术，“主动式”的保温技术则可以通过介质的流量和温度来改变其“动态热阻”，从而起到改变表皮热流，在更多的情况下仅凭动态热阻达到热平衡，维持室温的要求，进而大幅度减少冷热源能耗的目的。

3. 其他改进方案

根据本书其他章节提出的表皮热湿活性化技术方案，用于表皮部分的技术方式有以下几种：

(1) 外墙保温层内嵌水循环热活性化；

(2) 外窗内侧通水热活性化窗帘；

(3) 外墙表皮多孔材料＋溶液循环表面蒸发；

(4) 外窗外侧蒸腾单元＋溶液循环表面蒸腾。

其中(1)、(2)按照所采用的水温情况可以在冬夏季使用(消减外扰)，属于单纯热交换过程技术，而(3)、(4)则主要用于夏季工况，通过溶液中的水分蒸发带走表皮外表面主要由于日照获得的热量，属于热质交换过程同时发生的技术。

如果将(3)的溶液也视为与水一样的循环介质，则该系统也可以在冬季使用，但其效果与(1)大致相同，且由于溶液的比热容小于水，其热量传输效果也将小于水系统。溶液较低的凝固点可以使得系统在冬季的运行得到较好的系统防结冰保障。尽管溶液浓度所形成的水蒸气分压力较低，但冬季室外空气中的水蒸气分压力同样较低，因此冬季循环外墙溶液系统是否能出现吸收效果，即室外空气中的水蒸气向系统内溶液迁移，并同时释放汽化潜热而提高外墙外表面温度，进而起到减少表皮热损失的效果，尚待进一步探讨。

方案(3)在夏季运行时，通过外墙面日照得热形成的蒸腾作用，一方面消减了表皮的热扰；另一方面浓缩了溶液，对室内溶液系统而言同时也是一个再生源。

6.2.2 研究现状

1. 内嵌管式表皮研究(嵌管墙)

内嵌管式表皮，又称为建筑热活化系统(Thermally Activated Building Systems, TABS)在1990年左右在瑞士问世，并迅速在欧洲获得了关注。目前TABS已成为结合建筑低品位能源(LowEx)应用、短效蓄能和改善室内热舒适的一个重要研究领域。

Jae-Han L等[2]指出在TABS中使用的水，温度非常接近室温，是较节能和㶲效率较高的暖通空调系统之一，但是TABS的控制措施尚不完善且供热能力有限。由于热活化系统的传热过程具有一定的热惰性，导致控制输入改变时产生的响应较慢，因此很难将室内温度控制在较窄的范围。考虑到TABS的供热、供冷能力有限，作者将建筑按照冷、热负荷的大小进行分区，并指出要根据建筑分区的冷、热负荷需求来判定TABS的供热、供冷能力是否与建筑分区匹配。

Gregor P H 等[3]在一栋办公建筑中设置了TABS与变风量(VAV)系统，并进行两种工况下的对比。工况一：TABS与VAV系统共同工作时，TABS系统尽可能承担冷热负荷，VAV系统负责提供新风和补充少部分冷热量。其中，TABS中循环水的加热采用地源热泵，循环水的冷却采用地埋管换热器实现。工况二：VAV系统负责全部的冷热负荷和新风需求。作者对两种工况进行为期一年的运行模拟，以对比两系统的热舒适性及一次能源的消耗量。运行结果表明，工况一中TABS与VAV组合的系统能使房间温度稳定在舒适区，工况一比工况二可节约一次能源约20%。

D. O. R[4]指出，TABS与辐射吊顶供冷系统的主要区别在于，TABS能利用混凝土的蓄热能力实现冷热量的缓冲，实现在系统停止运行后的一段时间内仍能向室内提供冷热量，以维持室内较好的热舒适性。作者以带有通风冷却的TABS系统与辐射吊顶供冷系统相比较，验证了可使用自然通风在夜间冷却内埋管道的TABS系统，可利用自然冷量来冷却室内空气并降低冷负荷的峰值。结果显示，使用TABS的系统，能使冷机的制冷量降低约50%。

Joaquim R 等[5]对TABS的方式做了综述，并认为表皮热活性化也是TABS的一种形式，它不但可以向室内供冷供热，同时也可以通过维持墙内温度而减少室外气候对室内的影响。同时，汇总了TABS现有模拟方法和控制策略。其中对TABS的模拟方法有：数值模型(FEM模型、FDM模型和FVM模型)、分析模型、半参数模型、电阻电容模型(RC模型)、传递函数模型、辨识模型和模拟软件。对TABS的控制措施包括系统开关控制、供水温度控制、脉冲控制、模型预测控制、自适应和预测控制、得热调度控制等方法。作者指出，对TABS模拟方法的优化，应考虑从稳态模型改进为非稳态模型，以关注TABS的动态特性。对TABS控制方法的优化，应采用供水温度曲线作为控制输入，并考虑TABS的蓄热特性，尽量利用低品位能满足TABS的冷热源需求(图6-5)。

朱求源[6-8]提出一种内嵌管式表皮，使用直径20 mm的PB管道置入240砖墙，并将冷水或热水通入管道来向室内提供冷量或热量。在典型夏热冬冷地区气候条件下，通过CFD数值模拟对内嵌管式表皮及常规墙体进行了模拟分析对比。结果表明：内嵌管式表皮可降低室内的冷热负荷。夏季，水温降低1 ℃，墙体内表面热流值降低2.64 W/m^2；冬季，水温降低1 ℃，墙体内表面热流值降低2.31 W/m^2。考虑到内嵌管式表皮外侧是非稳态的室外环境，传统对辐射吊顶系统的传热计算模型并不适用，因此作

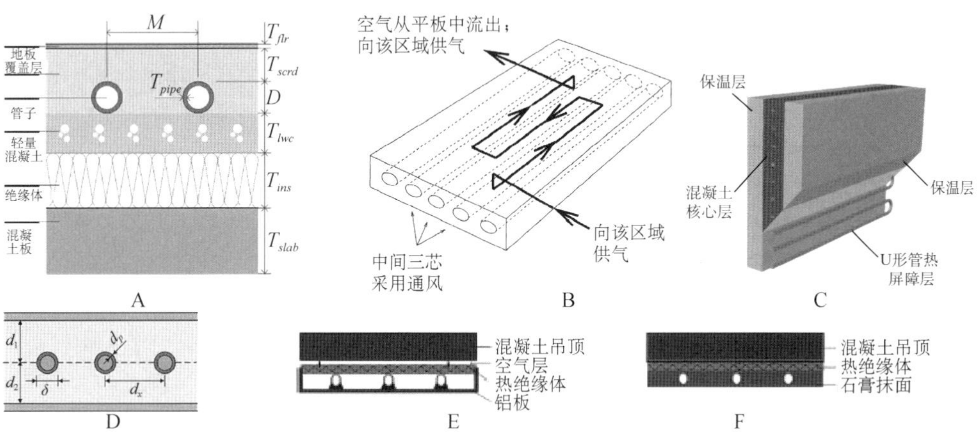

图 6-5 TABS 形式：A—辐射地板；B—空气通道空心楼板；C—嵌管外墙；D—嵌管楼板；E—吊顶辐射天花；F—埋设辐射天花[5]

者提出了内嵌管式表皮的频域有限差分模型（FDFD 模型），并采用 CFD 模拟的结果对 FDFD 模型进行了验证。结果表明 FDFD 模型较好地符合了 CFD 模拟结果（图 6-6—图 6-8）。

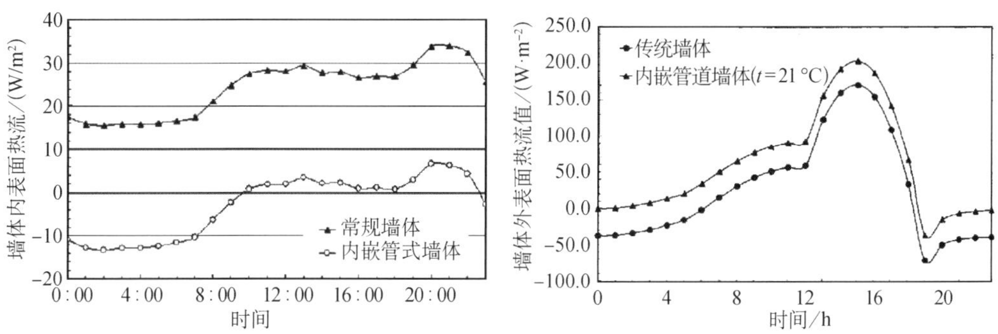

图 6-6 内嵌管式墙体与常规墙体内外表面热流对比（夏）：左，内表面热流；右，外表面热流[8]

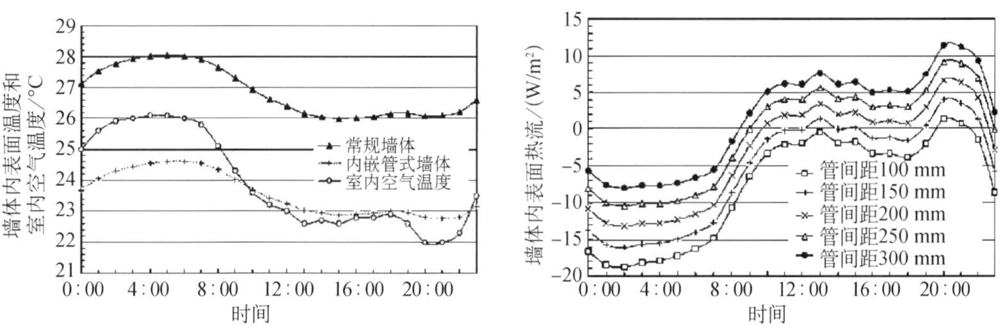

图 6-7 左，内嵌管式墙体与常规墙体内表面温度的对比；右，不同管间距对内嵌管墙体内表面热流的影响[8]

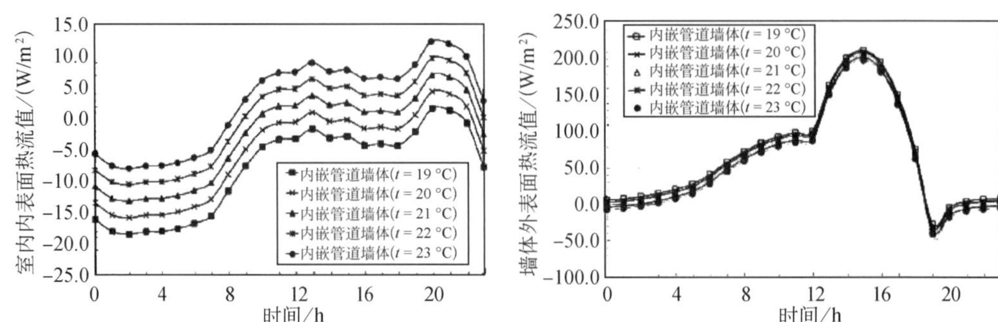

图 6-8 不同水温对内嵌管式墙体内外表面热流的影响(夏):左—内表面热流;右—外表面热流[6]

华中理工大学徐新华课题组对内嵌管式表皮做了计算机模拟及环境仓测试(图 6-9)。相关学术成果见文献[6-11]。

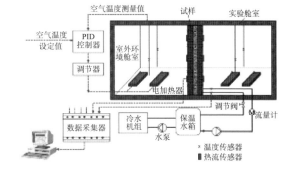

图 6-9 内嵌管式表皮的实验测试平台[9]

Chong 等[12]在利用 CFD 对内嵌管式表皮进行数值计算时,将墙体进行分层处理,提出了新的内嵌管式表皮的数值计算模型,通过与已知实验数据的对比,验证了新的数值计算模型具有更好的计算精度。在此基础上,作者建立了内嵌管式表皮负荷与系统电耗的评价指标。通过 CFD 数值模拟,对设定工况下内嵌管式表皮的传热进行分析,对多工况下典型城市冬夏季的节能效果作出对比。结果表明,在夏季,内嵌管式表皮的墙体内表面温度可比常规墙体降低约 2 ℃,显著提高了室内的热舒适性。对不同的城市,在夏季,空气湿球温度是影响内嵌管式表皮热特性的重要因素。在冬季,寒冷地区应用内嵌管式表皮具有更好的节能效果。

沈翀[13]通过模拟分析了保温、嵌管位置与水温组合对冬夏季供冷供热能耗的影响,认为对采用内保温的外墙而言,嵌管由于墙内位置处于温度梯度与室内温度差别较大的一侧,因而其热交换将更多地在管内与室外之间发生,并不具备节能潜力;而在采用外保温的情况下,则布管位置与节能效果有较大关系。如对于夏季工况,当水温较高时(如 30 ℃),嵌管应尽量靠近保温层,即靠近室外壁面,该部分位置的原始温度较高,嵌管带走热量的能力也越强。反之,若嵌管过于靠近室内壁面,该部分的原始温度就不高,甚至低于水温,嵌管可能带来负面作用。而当水温明显低于室温时,嵌管应当尽量靠近室内壁面,以避免引起过多的室外壁面传热。此时,能耗甚至出现负值,意味着可直接从室内吸收热量以降低室内空调能耗。当水温适中时,例如与室温一样,则布管位置对其效果影响不大,能耗降低率在 70%左右(图 6-10)。

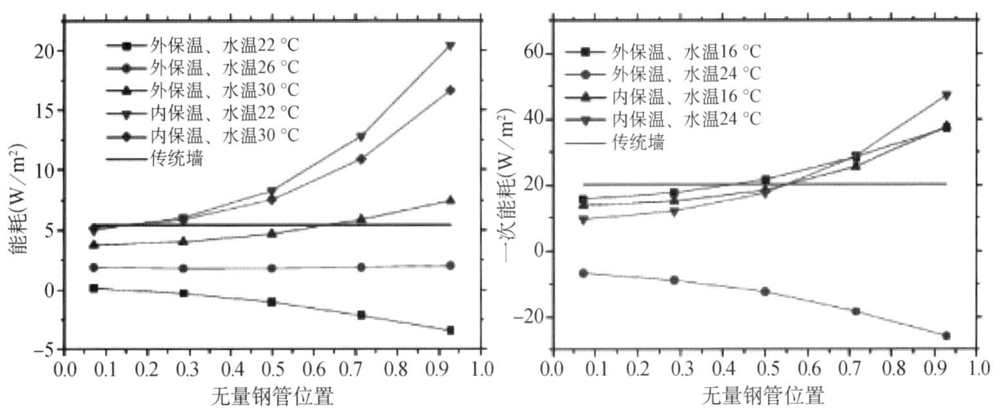

图 6-10　布管位置对能耗的影响:左,夏季工况;右,冬季工况[13]

M. Krzaczek 和 Z. Kowalczuk[14]对主动式热屏障(Thermal Barrier, TB)与简易太阳能集热器和土壤蓄能装置组合的系统全年运行工况做了模拟,得出以下结论:该系统可以通过程序控制将热屏障层的温度全年恒定在 17 ℃,而这也是采用被动式节能表皮技术情况下所需要的排除内扰所需温度,因而可以期待该系统完全能够将全年能耗控制到零能耗程度(图 6-11)。但埋管位置不应位于 TB 无效区域(ineffective zone),否则将

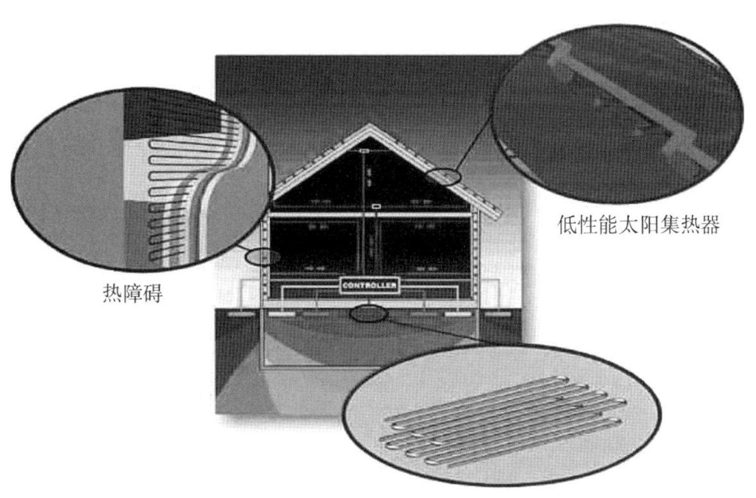

图 6-11　采用简易太阳能集热器和土壤蓄能的热屏障系统[14]

造成无谓能耗。采用 TB 可以将能耗降到传统能耗的 1/3。由于将热屏障层的温度全年恒定控制在 17 ℃上下，因而能有效的防止表皮内部及外墙内表面结露（图 6-12）。

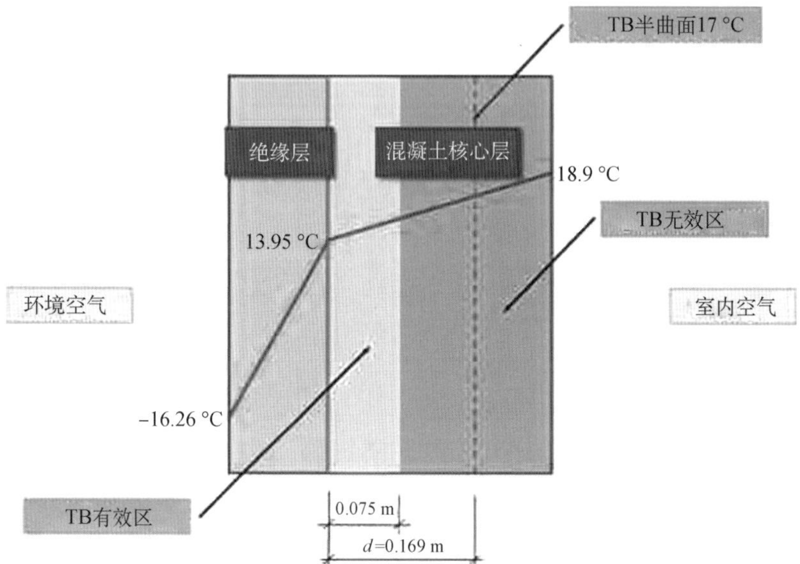

图 6-12　表皮内温度梯度及 TB 有效及无效区域[14]

M. Simko 等[15]研究了热屏障墙体的两种控制模式和墙体热特性的影响因素。利用 CALA 软件进行数值模拟，研究了供水温度、埋管位置、埋管间距、混凝土层厚度的变化对热活化墙体传热量和墙体温度分布的影响，并得出以下结论：

（1）冬季状态，根据供水温度的不同，热活化墙体可在供热和热屏障两种模式下切换；

（2）在供热模式下，埋管位于混凝土层或内抹灰层内墙体具有更大的供热能力，埋管间距越小墙体供热能力越大；

（3）在热屏障模式下，热活化墙体能显著减少热量散失，增强墙体的保温性能并对应地减小墙体保温层的厚度；

（4）保温材料的厚度、管道的间距和供水温度对供热能力有很大的影响，而混凝土的厚度则没有影响；

（5）增强埋管与周边材料传热性能对效果影响较大，因而应当考虑设置增加传热的方法。

2. 毛细管热活化墙体

Yuebin Y[16]等提出一种采用毛细管的热活化墙体（Thermo-Activated Wall，TAW），该墙体通过将低温热水或高温冷水通入墙体内部预制的毛细管热活化层，来抵消外表皮热损失，以达到维持室内温度在设定范围的目的（图 6-13—图 6-16）。作者利用矩阵实验室建立 RC 瞬态模型，研究

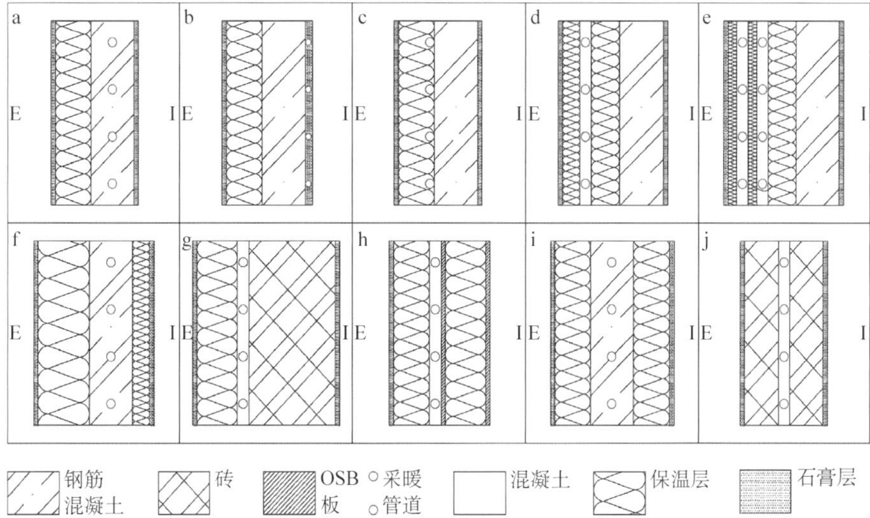

图 6-13 不同形式的热活性墙体[15]

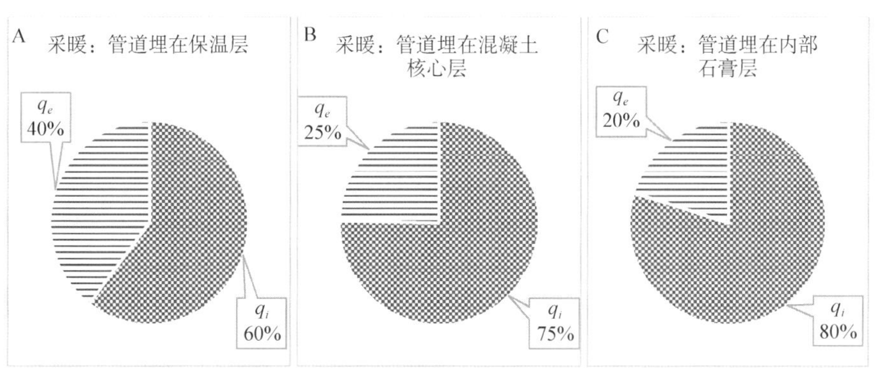

图 6-14 不同埋管位置情况下有效热流(q_i)与无效热流(q_e)之间的比例[15]

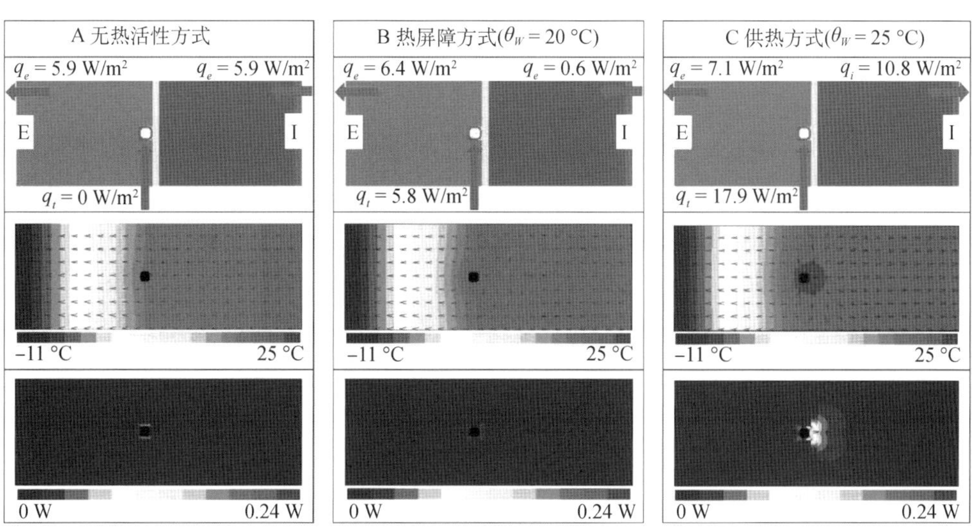

图 6-15 热流与温度分布情况，A 无热活性方式；B 热屏障方式；C 供热方式[15]

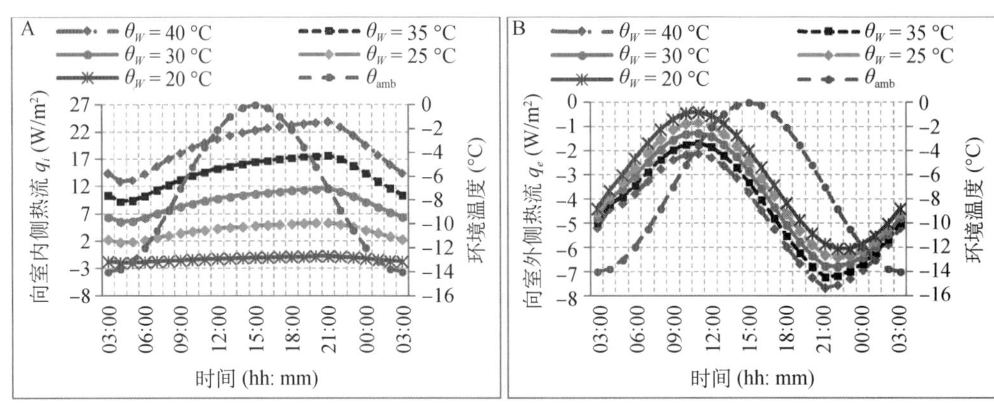

图 6-16 典型冬季日的热流情况：A，向室内侧热流；B，向室外侧热流

了室外温度变化、水温变化和流速变化对热活化墙体热性能的影响并对热活化墙体的能耗进行分析。结果表明，水温变化对热活化墙体的墙体内表面温度影响很大，而流速影响很小；能耗分析表明热活化墙体能抵消或降低室内外通过墙体的传热，并利用低品位能源在夏季为室内提供冷量。

Fuxin N[17]等研究了毛细管热活化层位置和供水温度对热活化墙体热性能的影响。针对三种不同的活化层位置，进行供水温度为 18 ℃～24 ℃，时长 4 天的运行模拟，并基于模拟结果分析活化层位置和供水温度对热活化墙体热特性的影响。结果表明，当毛细管供水温度与室内温度相同时，活化层位置越靠近室内，内墙表面温度波动越小，室内热舒适性越好。对于给定水温，热活化墙体被分为两个功能区，只有将热活化层置于可行区才能达到减少外表皮负荷和节能的目的；对于给定活化层位置，热活化墙体可耦合不同温度的水进行使用，且工作效果稳定。节能分析表明，夏(冬)季室外温度越高(低)，对应墙体的节能效果越明显，但从总量上来看，夏季比冬季的节能总量更多(图 6-17—图 6-20)。

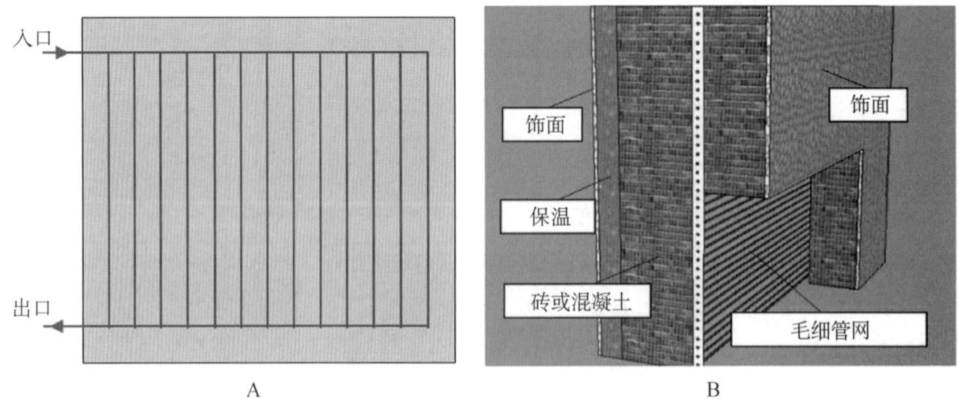

图 6-17 A，毛细管网；B，嵌入毛细管网的多层复合墙体结构[17]

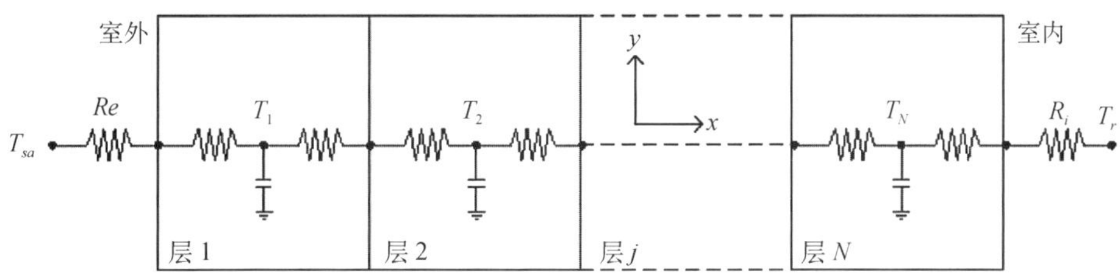

图 6-18　多层复合墙体的热阻网络图[17]

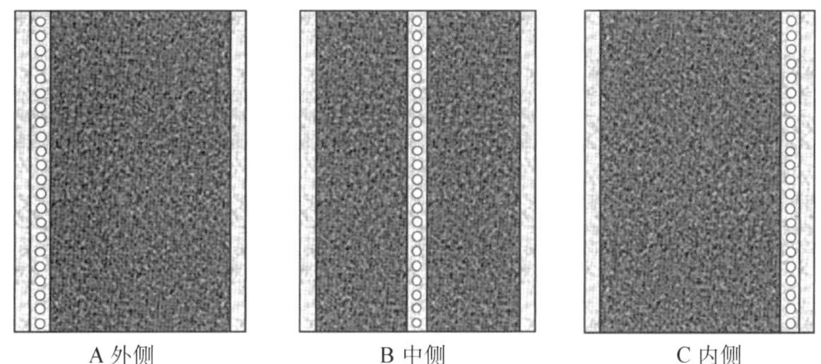

图 6-19　毛细管网在墙内的不同埋管位置[17]

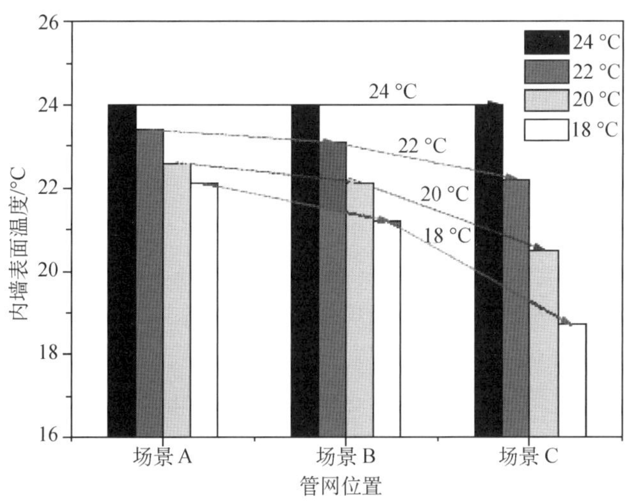

图 6-20　外墙内表面温度与埋管位置及供水温度之间的关系[17]

Glück[18,19]对采用毛细管网作为换热单元的建筑结构热活性化和表皮热活性做了大量模拟，并通过具体场景模拟获得了应用该技术的实际效果模拟结果。该模拟地点选择在阿联酋阿布扎比进行，项目采用毛细管网作为表皮热活性化水循环通道，采用海水作为自然冷源循环。

模拟选择波斯湾阿布扎比的一个 3 层楼房里的第 2 层朝南某个房间。此房间两面外墙，一面临未装活性表皮的房间，另一面临走廊。其中一面外墙上为宽 3 m 的窗。办公时间内部热源为 500 W，外界温度在

29 ℃～40 ℃间变化，室内温度在 22 点至次日早上 6 点保持 27 ℃，在 8 点至 20 点保持 24 ℃(图 6-21—图 6-23)。

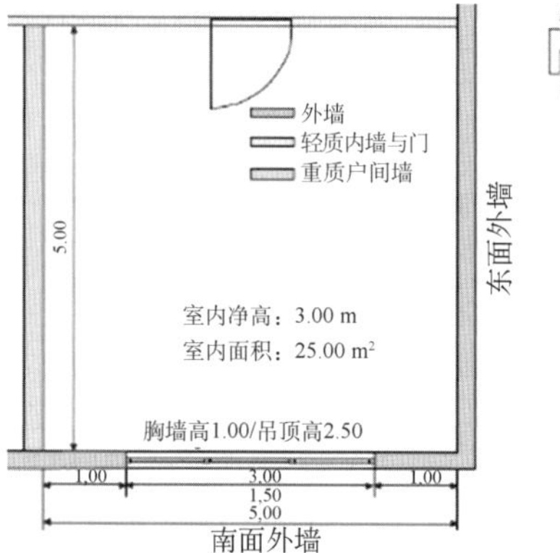

图 6-21　左，模拟建筑及单元外立面；右，模拟单元平面图[19]

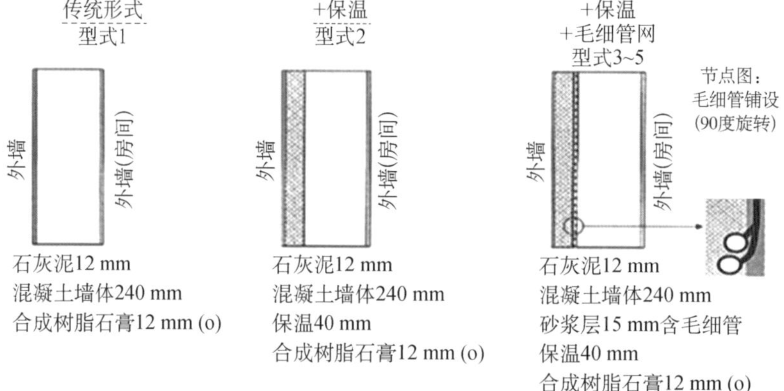

图 6-22　样板房墙体结构对比方案[19]

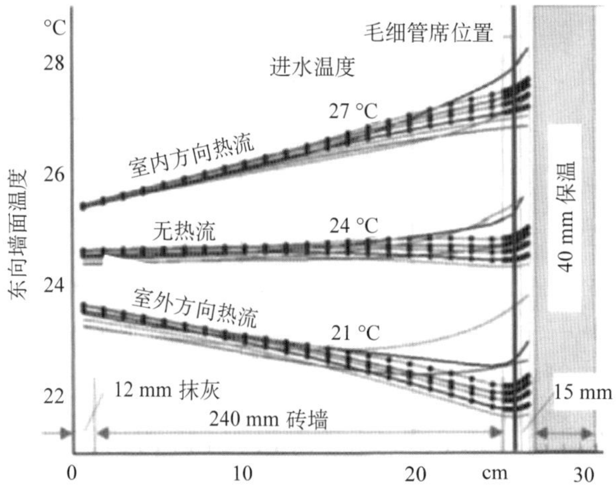

图 6-23　热活性化墙体水循环供水温度及模拟温度梯度[19]

模拟结果：假设室内温度维持在 24 ℃，那么毛细管内水温控制在与之相同的温度，即 24 ℃比较理想。如高于室内温度（如 27 ℃）则外界仍能传热给室内，但比未安装毛细管层表皮所传的热量少。若低于室内温度（如 21 ℃），那么室内室外都将传热给毛细管（表 6-2）。

表 6-2 阿布扎比毛细管热活性化外墙能耗模拟结果，来源[19]

某炎热夏天能耗参数	结构设计				
	常规外墙	+40 mm 外保温	+40 mm 外保温+毛细管夹层		
	方案 1	方案 2	方案 3	方案 4	方案 5
			供水温度 27 ℃	供水温度 24 ℃	供水温度 21 ℃
25 m² 房间模拟过程和结果（Wh/d）					
通过窗户的太阳辐射	1 945	1 945	1 945	1 945	1 945
通过窗户的传热	1 361	1 473	1 508	1 541	1 593
内部热源	6 500	6 500	6 500	6 500	6 500
新风冷负荷	1 970	2 064	2 111	2 344	2 298
空调系统冷负荷	19 894	10 925	9 025	6 548	4 958
模拟结果[Wh/(m² · d)]					
单位面积冷负荷	795.8	437	361	261.9	198.3
所需冷负荷（%）	100%	55%	45%	33%	25%
		100%	83%	60%	45%

模拟结果表明，在外墙采用不同平均水温的水循环冷却后，与未保温常规墙面相比，采用热活性化后冷负荷比例在 45%（高于室温 3 ℃）、33%（等于室温）和 25%（低于室温 3 ℃）之间，与采用 40 mm 保温常规表皮相比，冷负荷比例在 83%（高于室温 3 ℃）、60%（等于室温）和 45%（低于室温 3 ℃）之间。模拟结果未提供是否计入海水循环和控制水温部分能耗。

对于该项目的最终效果分析如下：

(1) 透过外窗的太阳辐射热流对所有方案均相同，因所有方案均采用同样的遮阳技术。

(2) 通过外窗的传热随室温下降而增大，但计算中采用了 24 h 的日平均温度。由于日间办公室温度由空调控制在 24 ℃，故夜间温度更加值得关注。夜间温度随方案数增大（方案 1～5）而降低。

(3) 内热源对各方案完全相同。

(4) 由于初始温度相同，与相邻房间之间的热流在初期相同。但由于墙体的蓄能效应，将会出现相应的差异。

(5) 送风风量为日间 100 m³/h，夜间 50 m³/h，以置换通风方式下供上回，送风温度为 21 ℃，回风温度则为天花板位置温度。因而其所提供的冷量随方案不同而有所变化。在同样的体感温度下，室内空气温度将随外墙温度(最低的环境辐射温度)下降而上升，从而使送风冷量增加。

(6) 如果采用送风消除上述所有热扰(内扰、日射、外窗传热)形成的负荷，其热平衡结果便如图 6-24 所示。

(7) 需要通过输入冷量消除的冷负荷总量与非稳态的表皮(墙体)传热量强关联，尤其是外墙部分，而这部分冷量将随着设置保温和采用外墙冷却措施而急剧下降。在后一个方案中，该效应尤其明显，其下降幅度达到所需能耗仅为原始对比能耗的 25%。

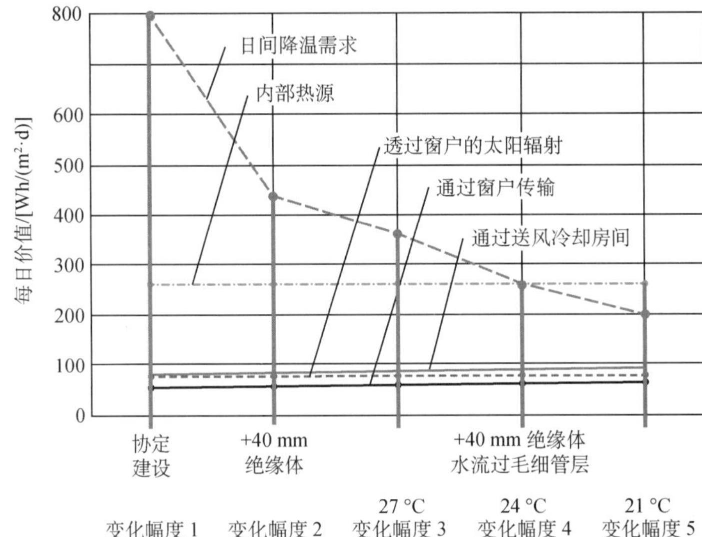

图 6-24　不同方案下的负荷构成[19]

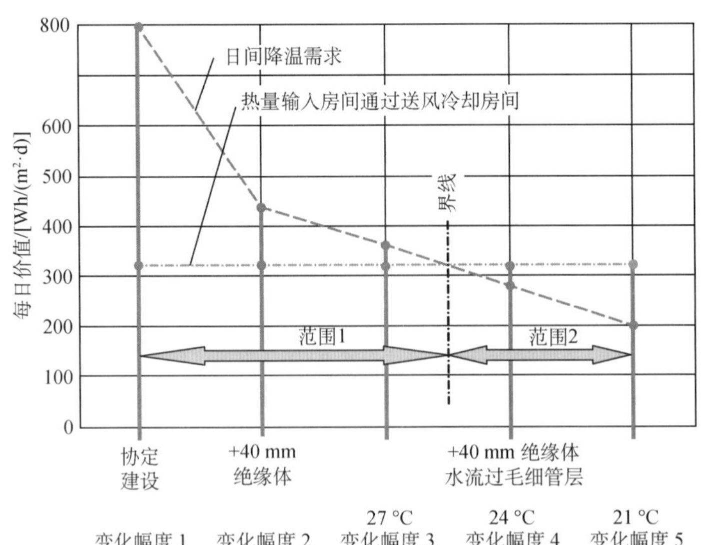

图 6-25　决定表皮热活性化系统是否承担其余负荷的毛细管网入口水温界限(24 小时平均值)[19]

图 6-25 将除外墙外的所有与室外温度无关的热扰叠加(24 小时平均值),形成一条对于各方案基本不变的单位平方米负荷/日均能耗近似直线。该直线与所模拟的不同方案所需能耗(外墙冷却除外)折线出现一个交点。该交点位于 24 ℃毛细管网供水水温和 27 ℃供水水温之间(约为 25.5 ℃),将不同供水水温分为两个功能区域:在功能区域 1 内,水温>25.5 ℃情况下,表皮热活性化层可以有效地消除非透明表皮得热部分热扰,但不能承担其余负荷;水温=25.5 ℃则将非透明表皮热扰完全消除;水温<25.5 ℃则热活性化层同时承担其他热扰所形成的负荷。

6.3 非透明热活性化表皮技术

6.3.1 系统描述及工作原理

如本书其他章节所分析,外墙水系统与外墙保温热活性化构成了建筑仿生表皮的一种形式。对于该系统的设计,有以下要点。

(1) 系统中的水温极限为室内空气温度:由于外墙热活性化的原理是减少通过表皮传递的热量,而如果由系统支持的热活性层平均温度通过水循环达到室内温度,则由于热活性层与室内的温差为 0 而形成事实上的绝热状态,即热量传递为 0,此时通过该部分表皮的热扰被完全消除。而无效循环的临界温度则为对应同样表皮而并未活性化的同样墙内位置的温度梯度(无效水温,见本书第 9 章),超过该温度点则系统反而会带来热扰。冬季高于、夏季低于室温均带来进一步的回报,即成为室内侧的热辐射或冷辐射。因此,系统水温大致为室外温度—室内温度之间的任一点,并尽量趋近室温,以求系统性能最佳。

(2) 系统中的流量极限为流经表皮最大热流密度相对应的流量:在热活性层的温度达到室温情况下,流经表皮的热流将完全在外表面与热活性层之间发生,从而保证了室内侧的绝热状态。该热流密度取决于建筑物所处位置的室外气候条件、表皮的热工性能,以及流经单位平方米热活性层的温差。小于该流量情况下热活性层将减少消减外扰的能力,大于临界点的流量由于温差原因将不再有进一步的贡献,属于无效流量范围;而最小流量临界点(流量为 0)也仅为热活性化效果消失;表皮等同于未进行热激活的常规表皮。

由热湿环境营造理论(见本书第 1 章)可知,处于使用中的建筑物除特殊情况外(低温环境,如冷库、特殊生产车间等),大多处于产热的状态,与人体代谢类似,即建筑物内部持续的有热量产出,而建筑热湿环境营造则意味着需要这部分热量以最合适的方式及强度及时排出。这也同时意味着,热量应当在所有时间都应当由内向外地流出,其流出的强大则应当与室内产热的强度相当。而热活性层的最佳工况则应当是维持一个室内到热活性层的几乎恒定的温差，该温差则与室内产热强度相当。换言之，热活性层的平均温度应当为与室内使用强度匹配的、低于室温的温度。

作为消减外扰的措施，该系统应当尽量应用自然冷热源，而不需要强求其设计工况。在上述温差和流量范围内，无论系统的平均温度和流量处于何种状态，只要对于消减外扰有足够的贡献，该系统的价值便已得到体现。

同样由于该系统的职责是尽可能消除表皮外扰，故其所需要承担的任务也将随着日夜和季节变化。按照设计工况设计的系统同样在全年绝大多数时间处于部分负荷状态，而按照室外热扰出现频率最高的工况设计的系统则有可能效率最高。从全年能效比和最佳投资回报的角度来看，并不建议该系统按照唯一系统的方式设计成必须满足最大热扰的性能。

上述性能分析不仅适用于外墙保温层活性化，也同样适用于幕墙内侧通水窗帘。

为保证以上性能，外墙水系统的工作原理特点如下。

(1) 外墙水系统完全利用自然冷热源，除循环泵输送能耗外无须其他能耗。

(2) 外墙水系统的水力分配原则如下。

- 供水温度为自然冷热源的极限温度(如冬季的太阳能热水器温度和夏季的冷却塔湿球温度)；
- 回水温度为冬季高于无效水温，夏季低于无效水温；
- 墙面分区应尽量与室内用户单元匹配，使得每个用户单元均有一组单独的外墙分支水系统；
- 每个朝向的外墙水系统应能汇总成立一个大环路，不同朝向的环路分别用总管汇总到水力调配中心。

可以说，外墙热活性化系统所动用的㶲为所有可能系统中最低值，因而几乎可以采用所有在冬季高于无效水温的热量，而在夏季采用所有低于室温的冷量。

外墙水系统的控制要求应当极为简单：冬季在自然热源/低品位免费热源可以持续提供热能的情况下，由于仅发生输送能耗和对免费热能的消耗，只要室内处于使用情况下，系统可以持续运行，直至室内停止使用，或热源不再提供能量(太阳能系统夜间状态)。夏季则在冷却塔持续供冷的情况下，可以让系统持续运行。

不同朝向墙面的水系统由于与外界换热强度不同，很可能出现不同的水温，而这也是外墙水系统的节能潜力：尤其在过渡季节的南北朝向出现较大温差时，通过外墙系统的热量转移可以较好地改善室内热环境。如室内同时设置了辐射换热系统，则可以在内外墙系统间根据水温进行切换，组合成综合平衡建筑物得热—负荷—热湿环境营造的智能化系统

(图 6-26)。

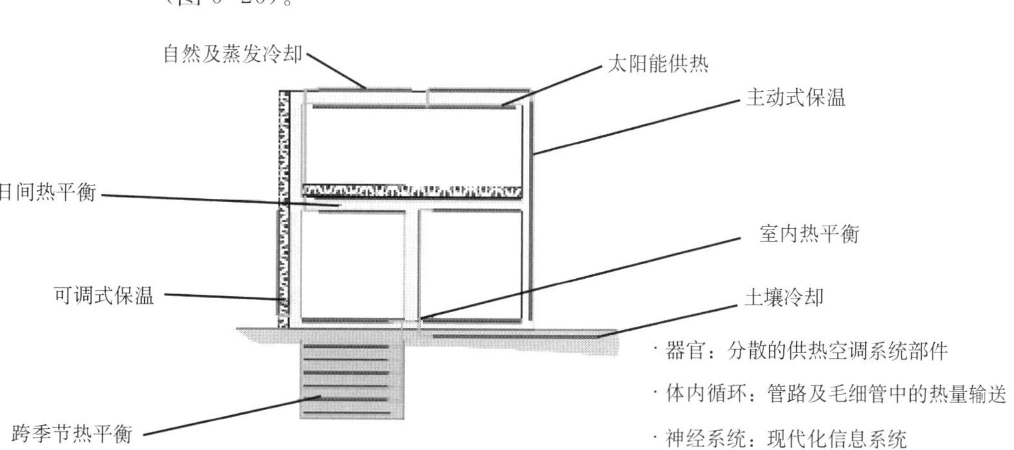

图 6-26 不同墙体表面热活性化位置(来源:柏林应用技术大学 M. Fraass 教授课件)

对于太阳辐射较强烈或日较差较大的地区,可以考虑采用水箱蓄能:即通过水箱将日间高于室温的水温所携带的热能储存到水箱中,用于夜间加热外墙。也可以理解为将夜间低于室温的自然冷量储存到水箱中,用于日间冷却朝阳方向的外墙。

较为理想的状况是在整个建筑物内通过水系统形成一个类似于人体血液循环系统的网络,并通过智能化管理,将合适的热能送到合适的部位,如在过渡季节将南北墙联通,使得朝向造成的热失衡得以恢复;或者通过水箱储能,在夏季将夜间搜集的自然能源用于室内辐射供冷,再将辐射供冷的回水输送到朝阳的外墙形成动态热阻。

6.3.2 热性能分析方法

热活化墙体有系统替代型(供热)和热工性能改善型(保温)两种工作模式。但大多数模拟均致力于采用热活性化墙体来承担原供热系统的全部功能,即用热活化墙体替代供热系统。目前的研究中对于现有资源能在多大程度上改善表皮热工性能,使得冬季整体能耗下降,尤其是利用现有低品位能源最大限度进行替代,使得高品位能耗需求下降,进而节省一次能源消耗方面仍缺乏足够的研究。

采用热活性技术形成表皮的"动态 U 值",可能达到完全取代机械供冷供热系统的效果,进而完全由热活性化部分低品位能源承担建筑热环境营造能耗,但此时对于所应用的能源仍有明确的品质要求,即与室温和室外环境温度相关的 t_m。但在 t_m 无法保证的情况下,是否可用的低品位冷热源仍然可以用于热活性化墙体,使得必要的机械供冷供热系统能耗得到可观的降低,同时通过改善表皮内表面温度而改善室内舒适环境(改善室内辐射面的不对称状态),仍是值得探讨的问题。

表皮热活性化技术本身的出发点是充分利用自然能源,或已经不再有经济价值的冷热源(废冷废热),故除去输送能耗,原则上不应当再对现有的冷热源进一步调温。此时所面临的问题是:如果冷热源无法达到上述分析中的温度,该冷热量是否仍有价值?是否可以通过表皮热活性化技术,物尽其用地利用建筑物周边的自然资源,在性价比合理的前提下,起码达到降低能耗的目的?

为此,邢洋洋[20]对采用毛细管技术进行热活性化的墙体进行了建模模拟,该模拟主要采用了与其他研究模拟不同的毛细管技术作为内嵌管路系统,并对热活化层的位置做了三种假定(图 6-27、表 6-3)。

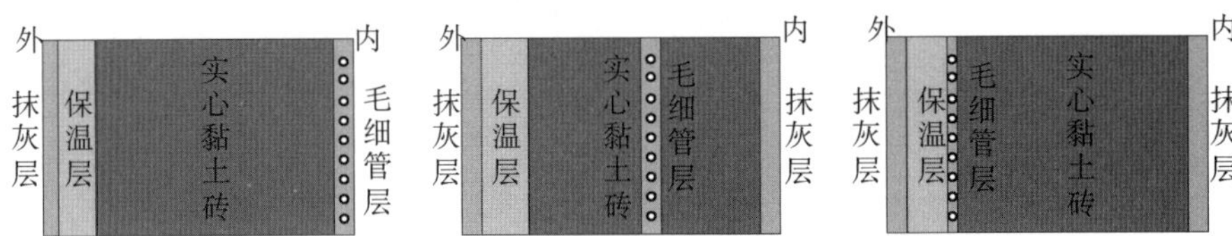

图 6-27 热活化层位置不同的 3 种墙体形式

表 6-3 墙体的材料热工参数表

材料	黏土砖块	保温层	抹灰层	毛细管混凝土层
导热系数/[W/(m·K)]	0.81	0.20	0.93	1.51
比热/[J/(kg·K)]	1 050	670	837	920
密度/(kg/m^3)	1 800	250	1 800	2 400
240 砖墙结构层厚度/mm	240	40	10	0
热活化墙体结构层厚度/mm	240	40	10	20

以郑州地区冬季工况为例,郑州室外供暖计算温度为 $T_e=-3.8$ ℃,室内温度设为 $T_i=20$ ℃,则 240 砖墙自然状态的墙体温度分布如图 6-28A 所示,墙体内表面温度为 T_0,墙体内表面热流密度为 q_i。对应图 6-28B,将低温热水通入热活化墙体中后(即给定输入热流密度 q_{in}),墙体原来自然状态的温度分布将会改变,此时墙体内表面温度为 T_1,墙体内表面热流密度为 q_1。

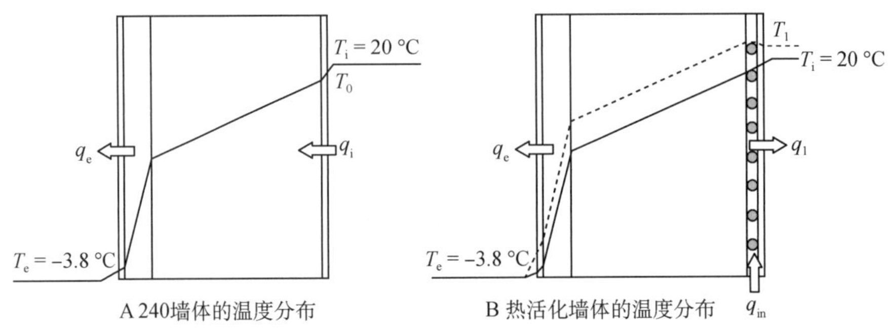

图 6-28 240 墙体的温度分布与热活化墙体温度分布对比

如表 6-4 所示，根据给定 q_{in} 与 q_i 的大小关系，热活化墙体的状态有以下 4 种。

表 6-4　冬季供热状态下热活化墙体的工作状态

编号	冬季状态	墙体内表面温度 T_1	墙体内表面热流密度 q_1
状态 1	供热状态	$T_1>T_i>T_0$	$q_1>0$，$q_{in}>q_i$（热量由墙体传至室内）
状态 2	平衡状态	$T_1=T_i>T_0$	$q_1=0$，$q_{in}=q_i$（墙体与室内无热交换）
状态 3	等效保温状态	$T_i>T_1>T_0$	$q_1<q_i<0$（热量由室内传向墙体）
状态 4	无效状态	$T_i>T_0>T_1$	$q_i<q_1<0$（热量由室内传向墙体）

综合看来，热活化墙体的工作状态共有以下 4 种：

(1) 等效保温状态：热活化墙体提升墙体的保温、隔热能力，此时热活化层的存在等效于增加保温层厚度。

(2) 平衡状态：墙体抵消外界温度变化产生的外墙负荷。即随着外界环境温度的改变，对应改变通入热活化墙体中的冷、热水温度，使墙体的内表面与室内的传热量为 0 W/m^2。

(3) 供热(供冷)状态：热活化墙体利用自然能源，作为辅助供热(供冷)系统，向室内传递热量(冷量)并减少空调电耗。

(4) 无效状态：无效的供水温度不仅起不到增益效果，反而加剧了室内向热活性层的热量传递。

综上所述，不同的供水温度范围会使墙体处于不同的工作状态，根据不同室外环境条件，动态调整热活化墙体的工作状态，可达到维持室内热舒适性和节能的目的。因此探究供水温度和热活化墙体工作状态的对应关系是本研究中的重点。

为直观反映水温变化对墙体热特性的影响，同时排除其他因素的干扰，模拟被设置在稳态条件下进行。室外空气温度设置为郑州地区的冬季供暖室外计算平均温度−3.8 ℃，室内温度则设定为 20 ℃。墙体设置为北向，毛细管层内置于内抹灰层与砖块层之间，毛细管入口水温从 16～28 ℃变化。毛细管在墙内的铺设长度为 1 延米(1 000 mm)。

以下是不同毛细管入口水温下，热活化墙体热特性的模拟结果汇总。

6.3.3　模拟结果分析

1. 入口水温对热活化墙体热特性的影响

根据图 6-29 中的模拟结果，为分析毛细管入口水温对热活化墙体的内外表面温度、工作状态与供热能力的影响，定义了无效水温、理想水温、等效保温状态水温区间等概念，通过对各工况的分析可得出如下结论：

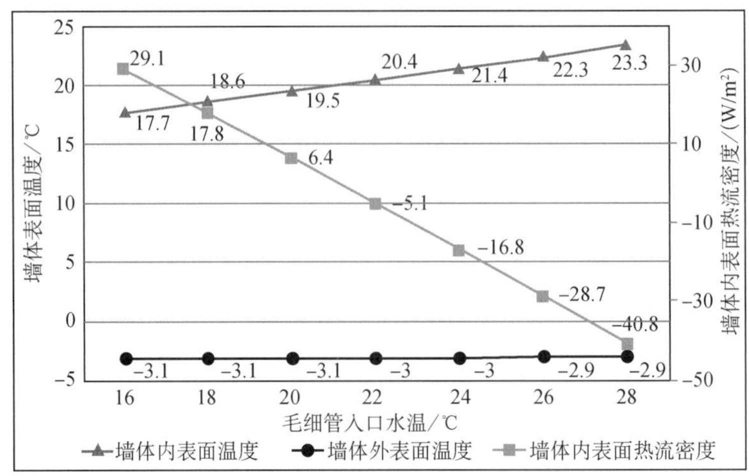

图 6-29　墙体内外表面温度及墙体内表面热流密度随毛细管入口水温变化图

(1) 墙体内表面与墙体外表面温度变化

由图 6-29 可知，当入口水温在 16～28 ℃变化时，墙体内表面平均温度由 17.7 ℃升高至 23.3 ℃，即是入口水温每增加 1 ℃，墙体内表面温度约升高 0.5 ℃，温度变化明显。而因为墙体外保温层的存在，墙体外表面温度仅由－3.1 ℃升高至－2.9 ℃，变化不明显。

(2) 无效水温(Invalid water temperature, IVMT)

无效水温即是热活化墙体等效保温状态和无效状态的分界线，此时毛细管的入口水温与出口水温相等，也等于无效水温。

由工况 5 和工况 3 可知，当毛细管入口水温为 20 ℃时，毛细管出口水温为 19.3 ℃，毛细管内水温降低，毛细管向墙体传热。墙体内表面热流密度方向由室内传向墙体，此时可判定热活化墙体处于等效保温状态。当毛细管入口水温为 20 ℃时，毛细管出口水温为 18.1 ℃，毛细管内水温升高，墙体向毛细管传热，此时，热活化层的存在加大了室内向墙体传递的热流密度(大于自然状态墙体内表面的热流密度)，热活化墙体处于无效状态。故当毛细管进出口温度相同时，此时的毛细管入口水温即为无效水温。由图 6-30 知，当入口水温为 18.5 ℃时，毛细管出口水温也为 18.5 ℃，此时无效水温即为 18.5 ℃。

(3) 理想水温(Ideal water temperature, IDMT)

理想水温是热活化墙体等效保温状态和供热状态的分界线。

由工况 5 和工况 7 可知，当毛细管入口水温为 20 ℃时，毛细管出口水温为 19.3 ℃，毛细管内水温降低，墙体内表面热流密度方向由室内传向墙体，热活化墙体处于等效保温状态。当毛细管入口水温为 22 ℃时，毛细管出口水温为 20.5 ℃，毛细管内水温降低，墙体内表面热流密度方向由墙体向室内，热活化墙体处于供热状态。当墙体内表面向室内传递的热流密度为 0 W/m² 时，将毛细管的入口水温定义为理想水温，理想水温也是热活化墙体等效保温状态和供热状态的分界线。此时热活化墙体内表面和室内环境之间的综合传热量为 0，等效于完全消除了外墙产生的负荷，因此，这也是热活化墙体最理想的状态。由图 6-30 知，当毛细管入口水温为 21.1 ℃时，墙体内表面的热流密度为 0.1 W/m²，墙体与室内环境之间的综合传热量接近为 0，故可得出此时理想水温约为 21.1 ℃。

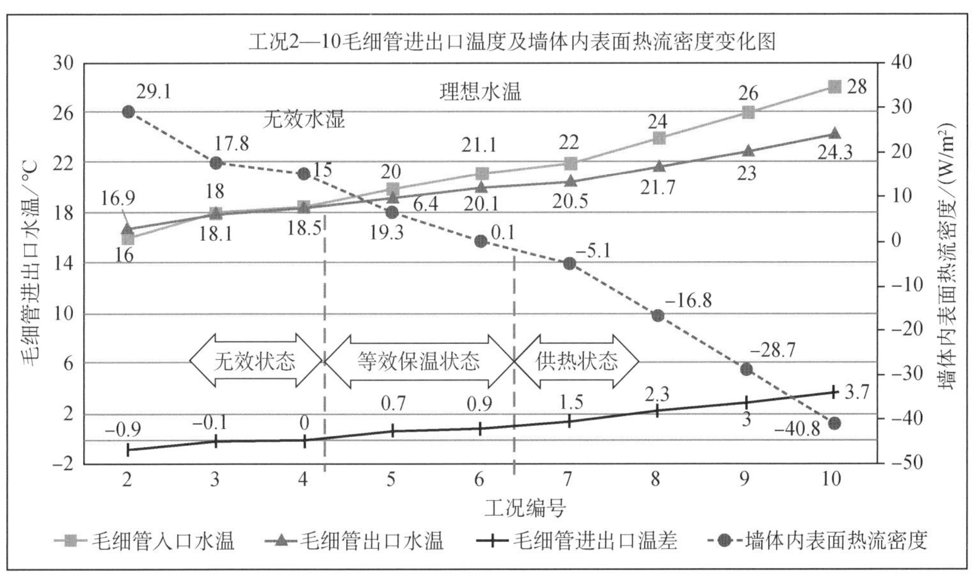

图 6-30　毛细管进出口水温及墙体内表面热流密度变化图

(4) 等效保温状态水温区间

热活化墙体处于等效保温状态时的入口水温范围区间，也即是热活化墙体无效水温到理想水温的范围区间称为热活化墙体等效保温状态水温区间。

由图 6-30 中工况 4 至工况 6 可知，当毛细管的入口水温为 18.5～21.1 ℃时，热活化墙体处于等效保温状态，热流密度的方向由室内向墙体，此时墙体内表面的热流密度由 18.0 W/m² 减小至 0 W/m²。这是因为随着毛细管入口水温的增加，热活化墙体的等效保温能力逐渐增加，直至墙体内表面和室内环境之间的热流减少为 0 W/m²。

(5) 热活化墙体的工作状态转化与供热能力

由图 6-30 可知，当毛细管入口水温低于 18.5 ℃时，热活化墙体处于无效状态，当毛细管入口水温增加至 18.5～21.1 ℃之间时，热活化墙体转换为等效保温状态，当水温继续增加至 21.1 ℃以上时，热活化墙体转换为供热状态。

当热活化墙体处于供热状态时，毛细管入口水温为 21.1～28 ℃。随着毛细管入口水温的增加，此时内墙表面的热流密度值由 0 W/m² 增加至

40.8 W/m^2,热流密度的方向由墙体到室内。故可得出结论:当热活化墙体处于供热状态时,随着毛细管入口温度的升高,热活化墙体的供热能力也将逐渐增大。

(6) 供回水温差

由图 6-30 可知,当毛细管的入口水温从 16 ℃增加至 28 ℃时,毛细管的供回水温度差由−0.9 ℃增加至 3.7 ℃。从热活化墙体的工作状态分析,当热活化墙体处于等效保温状态和供热状态时,毛细管向墙体传递热量,毛细管的供回水温差大于 0 ℃。当毛细管的供回水温差小于 0 ℃时,即是毛细管的出口水温比入口水温高,此时毛细管从室内吸收热量,加大了室内向室外传递的热流密度,热活化墙体处于无效状态。在一定范围内,随着毛细管供回水温差的增加,毛细管内热水向墙体传递的热量也在增加,墙体内表面的温度逐渐升高,热流密度逐渐增加。热活化墙体逐渐从等效保温状态转化为供热状态。这即是说,毛细管的供回水温差反映了热活化墙体的工作状态。

2. 热活化层位置对热活化墙体热特性的影响

模拟中采用的热活化墙体的基本结构尺寸为 20 mm 抹灰层+40 mm EPS 保温层+240 mm 砖块层+20 mm 内抹灰层,毛细管层厚度为 10 mm,管间距为 10 mm,埋管位置在墙体内部变化,各工况下热活化层位置如表 6-5 所示,热活化层位置在墙体内部变化示意图如图 6-31 所示。考虑热活化层处于不同位置对热活化墙体工作状态的影响,对毛细管入口水温的范围也做出以下区分:工况 1—10 中毛细管入口水温从 16~28 ℃变化,工况 11—21 中毛细管入口水温从 14~28 ℃变化,工况 22—34 中毛细管入口水温从 12~28 ℃变化。

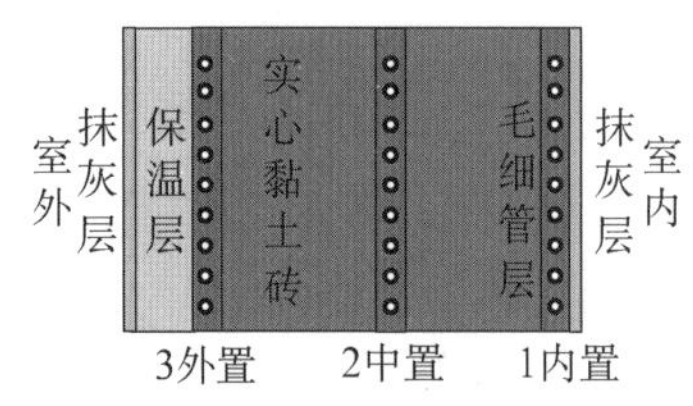

图 6-31 热活化层位置变化

表 6-5 各工况热活化层位置对应表

工况编号	热活化层位置	墙体结构
工况 1—10	位置 1:热活化层内置	毛细管层位于内抹灰层与砖块层之间
工况 11—21	位置 2:热活化层中置	毛细管层位于砖块层中间
工况 22—34	位置 3:热活化层外置	毛细管层位于砖块层与保温层之间

以下是不同热活化层位置下,热活化墙体结构单元的热特性模拟结果汇总。

从模拟数据分析中可以得出以下结论:

(1) 墙体内表面与墙体外表面温度变化

当毛细管层位置从 1-2-3 变化时,毛细管层位置在墙体内部由靠近室内侧向靠近室外侧变化(以下简称由内向外变化)。当毛细管入口温度为 28 ℃时,对应热活化墙体内表面温度分别为 23.3 ℃、21.7 ℃、21.1 ℃,

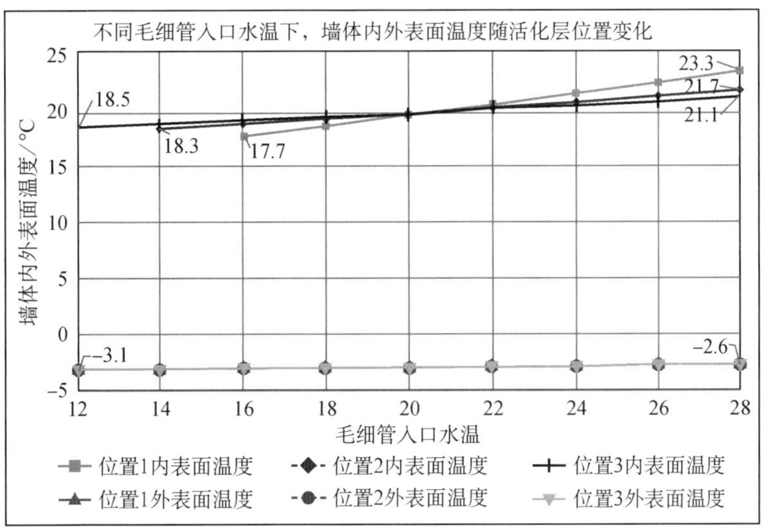

图 6-32　三种位置墙体内外表面温度变化图

对应热活化墙体外表面温度为－2.9 ℃、－2.8 ℃、－2.6 ℃。由此可知，在同样的毛细管入口水温 28 ℃下，随着毛细管层位置由内向外变化，热活化墙体内表面温度由 23.3 ℃降低至 21.1 ℃，温度变化明显；但由于墙体外保温层的存在，热活化墙体外表面温度仅由－2.9 ℃升高至－2.6 ℃，温度变化仅为 0.3 ℃，毛细管位置的变化对墙体外表面温度的影响较小。由图 6-32 并综合以上分析，可得出如下结论：当毛细管入口水温一定时，随着热活化层的位置由内向外变化，热活化墙体内表面温度逐渐降低，外表面温度逐渐升高，但内表面的温度变化要比外表面温度变化幅度更大。

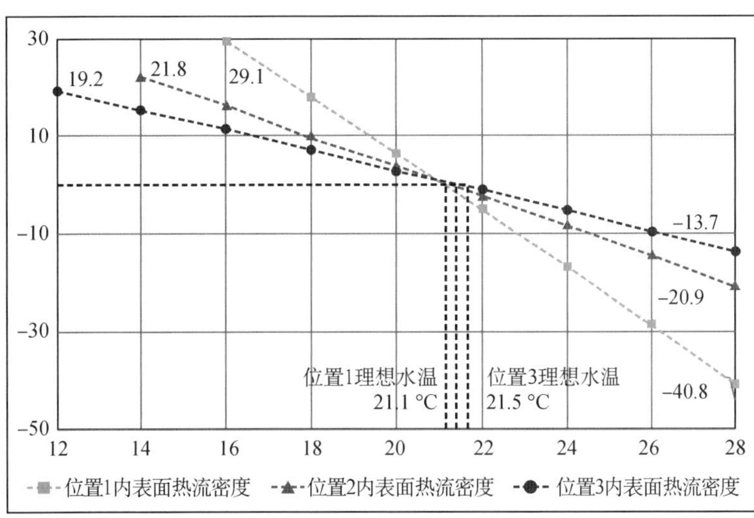

图 6-33　不同毛细管入口水温下墙体内表面热流密度及理想水温随热活化层位置变化图

(2) 供热能力

由图 6-33 可知,当毛细管入口水温为设定的最高值 28 ℃时,3 种工况下的热活化墙体均处于供热状态,墙体向室内传递的热流密度均达到对应三种位置下的最大值。随着毛细管层位置由 1-2-3 变化,毛细管层距墙体内表面的距离由近到远,墙体向室内传递热流密度的绝对值也由 40.8 W/m² 降低至 13.7 W/m²。由此,可得出如下结论:当毛细管入口水温一定且使热活化墙体处于供热状态时,随着热活化层的位置由内向外变化,热活化墙体的供热能力逐渐降低。

(3) 理想水温

理想水温是热活化墙体等效保温状态和供热状态的分界线。

分析工况 6、工况 17、工况 29 知,当毛细管层位置分别位于位置 1、位置 2、位置 3 时,对应热活化墙体的理想水温分别为 21.1 ℃、21.3 ℃、21.5 ℃。由此可知,随着热活化层的位置由内向外变化,热活化墙体的理想水温在逐渐升高,但理想水温变化的幅度不大。

(4) 无效水温

无效水温即是热活化墙体等效保温状态和无效状态的分界线。

由图 6-34 知,当毛细管层位置分别位于位置 1、位置 2、位置 3 时,对应热活化墙体的无效水温分别为 18.5 ℃、15.8 ℃、12.9 ℃。由此可知,随着热活化层的位置由内向外变化,热活化墙体的无效水温也在逐渐降低,也即是热活化墙体可利用的水温区间逐渐增加。这启示我们,当系统可用的毛细管入口水温较低时,应考虑将毛细管层置于外侧来与系统匹配。

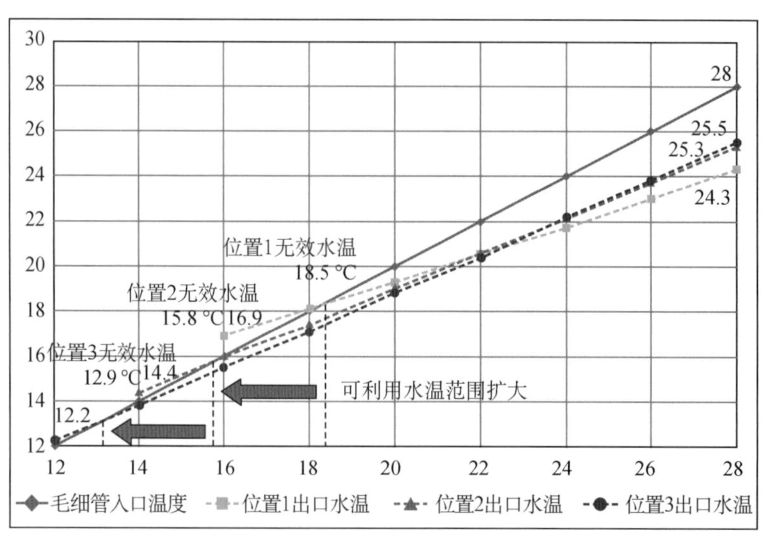

图 6-34　不同活化层位置下,毛细管进出口水温及无效水温变化图

(5) 等效保温状态水温区间

热活化墙体处于等效保温状态时的入口水温区间，也即是热活化墙体无效水温到理想水温的范围区间称为热活化墙体等效保温状态水温区间。

由(3)和(4)的分析知，当毛细管层位于位置1、位置2、位置3时，热活化墙体对应等效保温状态水温范围分别为：18.5～21.1 ℃、15.8～21.3 ℃、12.9～21.4 ℃，对应温度差为：2.6 ℃、5.5 ℃、8.5 ℃。由图6-35可知：当热活化墙体处于等效保温状态时，随着热活化层位置由内向外变化，墙体等效保温状态水温范围也逐渐增加。这是因为随着毛细管位置由内向外变化，同样的毛细管入口水温与墙体自然状态在对应位置的温度差值也越大，此时热活化层充当了"等效保温层"。因此，墙体等效保温状态的水温区间也随毛细管层的位置由内向外变化而逐渐扩大，热活化墙体可利用的水温范围也在增加。

(6) 供回水温差

由工况2—10可知，当毛细管层位于同一位置时，随着毛细管入口水温的增加，墙体的工作状态由无效状态转换为等效保温状态，再接着转换为供热状态，供回水温差也由负值转化为0再接着转化为正值。

由工况10、21、33可知，当毛细管层位置分别位于位置1、位置2、位置3，对应毛细管入口温度为28 ℃时，供回水温差达到对应位置下的最大值，分别为3.7 ℃、2.7 ℃、2.5 ℃。由此可知，当热活化墙体处于供热状态时，在同一毛细管入口水温下，随着热活化层的位置由内向外变化，毛细管的供回水温差将逐渐减小，单位长度毛细管向墙体提供热量的能力会随之下降。值得注意的是，毛细管内水单位长度的温度降是有限度的，在一定范围内，毛细管单位长度的温度降越大，则热活化墙体的供热能力越强。

另外，在相同的毛细管供回水温差下，毛细管向墙体提供的热量相同，随着活化层位置由内向外变化，热活化墙体达到相同供回水温差所需毛细管的管长在增加，即是说当墙体的工作状态相同时，随活化层位置由内向外改变，毛细管向墙体提供相同的热量可以覆盖更多的外墙面积。

3. 管内水流速对热活化墙体热特性的影响

为直观反映水的流速变化对墙体热特性的影响，同时排除其他因素的干扰，模拟被设置在稳态条件下进行。室外空气温度设置为郑州地区的冬季供暖室外计算平均温度−3.8 ℃，室内温度则设定为20 ℃。墙体设置为北向，毛细管层内置于内抹灰层与砖块层之间，毛细管入口水温设定为20 ℃/28 ℃，水的流速在0.1～0.5 m/s之间变化。

通过模拟数据结果的分析得出以下结论：

(1) 相同入口水温下入口流速变化对墙体内外表面温度的影响

在相同入口水温下，入口水的流速变化对墙体内外表面温度的影响较小。

在毛细管入口温度为 20 ℃时，毛细管内水流速从 0.1～0.5 m/s 变化，墙体内表面温度变化为 0.1 ℃，外表面温度不发生改变。在毛细管入口温度为 28 ℃时，毛细管内水流速从 0.1～0.5 m/s 变化，墙体内表面温度变化为 0.1 ℃，外表面温度不发生改变。

（2）相同水温时流速对墙体工作状态的影响

水的流速不同，水温相同时，墙体的工作状态并不会发生改变。

在毛细管入口温度为 20 ℃时，毛细管内水流速从 0.1～0.5 m/s 变化，墙体内表面热流密度变化仅为 0.1 W/m^2，墙体工作状态保持为等效保温状态，不发生改变。在毛细管入口温度为 28 ℃时，毛细管内水流速从 0.1～0.5 m/s 变化，墙体内表面热流密度变化仅为 0.3 W/m^2，墙体工作状态保持为供热状态，不发生改变。

综上可得，毛细管位于同一位置时，墙体的工作状态由毛细管的入口水温决定，水的流速变化对墙体热特性影响较小。

该研究表明，热活化墙体的热特性主要受毛细管入口水温和热活化层位置的影响，而毛细管入口水的流速对热活化墙体热特性的影响较小。冬季工况下，随着毛细管入口水温的增加，墙体内表面温度逐渐增加，室内向墙体传递的热流密度逐渐减小。热活化墙体从无效状态转换为等效保温状态再转换为平衡状态最后转换为供热状态。对热活化墙体而言，随着热活化层的由内向外变化，墙体的无效水温降低、理想水温升高；在相同毛细管入口水温和流速下，墙体的内表面温度逐渐降低，墙体的供热能力逐渐降低，但墙体处于等效保温状态的水温范围增加。

4. 模拟结果综述

从上述模拟结果中可以得出结论，表皮热活性化可以带来以下的热工性能改善：

（1）理想水温远小于任何其他供热系统供水水温(21.1～21.5 ℃)；

（2）无效水温可以低至远低于室温(位置 3，12.9 ℃)；

（3）在外保温结构中，热活性层越靠近外墙面，其等效保温温度范围越大(位置 3，12.9～21.1 ℃)。

由于模拟采用的是单位延长米，可以进一步推论，在长于 1 延长米的热活性层中，其热活性效果将沿长度逐渐衰减，并从理想趋向无效。位置越向外，则衰减越小，即可以用同样的水量和入口水温激活更大面积的墙面。如果入口为理想水温，则沿程降温直至无效水温。按模拟结果，可以假设在位置 3 采用入口水温 20 ℃，则水温沿长度不断衰减，直至趋近无效水温，但其等效热阻变化不大。

仅以模拟所提供的冬季供热工况结果推论，可以认为理想水温值与室外温度相关性不大，而无效水温则随室外温度变化，室外温度越低，则无效温度越低，这也意味着在室外温度更低的情况下，无效温度甚至可以趋近 0 ℃。在考虑采用防冻液的情况下，可以想象表皮热活性化所起到的等效保温作用可以替代无法无限加厚的常规保温材料，从而使得建筑节能措施更加趋于合理，同时仅需要投入在其他场合完全无法应用的各类低品位热源，或充分发挥太阳能集热器的冬季集热能力。

另外可以推论，在室外温度变化时，完全可以通过控制供水温度来适应变化，直至停止循环，从而避免过度保温而引起的室内产热无法排出，以至于出现室内过热，甚至人为造成无谓的供冷能耗需求的情况出现。同样，在夏季循环冷水的模拟也应当可以得出类似的结论，即形成动态 U 值所带来的回报将远优于常规隔热和采用机械制冷(图 6-35)。

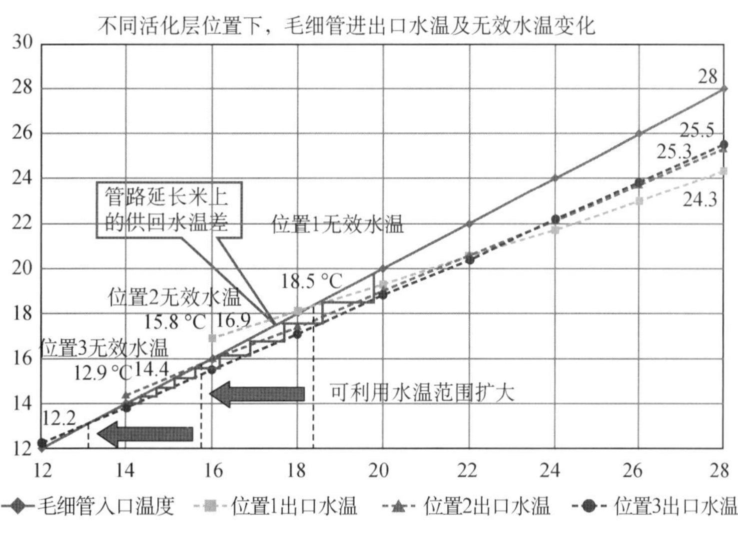

图 6-35 延长管路时的水温变化情况

6.4 透明热活性化表皮技术

6.4.1 透明表皮的影响及其热活性化途径

尽管窗户面积一般只占建筑外表皮表面积的 1/8～1/6 左右，但在多数建筑中，通过窗户损失的采暖和制冷热能[21]占到建筑表皮能耗的 50% 左右。因此，门窗往往是建筑节能的关键部位。

沈翀测试了一幢典型玻璃幕墙建筑八个朝向房间在冬季、夏季和过渡季的自然室温、负荷和气密性，总结现象并分析影响因素，并得出以下结论。

(1) 玻璃幕墙建筑表皮负荷很高，波动很大。在室内仅为灯光发热的情况下，实测阳面房间的显热负荷超过 80 W/m^2。在过渡季和冬季，外区阳面房间甚至极易出现过热的情况。而且由于玻璃热惯性小，室温上升迅速，可在一小时内升高 5 ℃～6 ℃；而降温缓慢，热量不易散失，温室效应显著。

(2) 由于太阳辐射实时变化，导致负荷在时间上和空间上差异显著。同一时刻，不同朝向受到太阳辐射不同，供冷供热需求不同，如北向通常较冷，南向通常过热。同一房间，不仅在不同季节冷热需求不同，还可能在一天内的不同时刻出现不同需求，如冬季阳面房间出现早上寒冷、上午快速温升、中午过热的情况。表皮面积较大的角屋更为严重。

(3) 理想的表皮性能应充分结合主被动技术，拓展现有的自然能源利用范围。传统的遮阳、保温和开窗等方式热工性能可调性有限，难以有效利用自然能源，无法显著降低建筑全年空调能耗，迫切需要更高效降低玻璃表皮负荷的技术方案。

降低门窗 U 值可以改善传热部分的热损失，但对于阳光入射部分所引起的夏季得热以及造成的负荷并无明显效果。减少热射负荷的方式中主要靠遮阳系数（SC）和太阳得热系数（SHGC）（民用建筑热工设计规范）。二者之间迄今为止尚无成熟的结合技术。

如果将现有门窗节能技术中除调节遮阳设备以外不附加机械系统（风机、水泵等）划归“被动式”技术一类的话，则包括（不限于）以下技术：

- 改善玻璃性能（Low-E，中空、三玻两腔等）；
- 内外遮阳装置（百页、卷帘等）；
- 选择性透光（选择性涂层、变色玻璃等）；
- 双层玻璃幕墙（内/外循环，主/被动循环等）。

其中遮阳装置又分为内遮阳、外遮阳，中置遮阳等。在拦截阳光的同时，遮阳装置自身将一部分阳光转化成为热能。根据其在幕墙所在的位置，这部分热能仍将以不同的形式影响到透明表皮的整体热工性能。利用幕墙间的空腔形成空气循环，以及与玻璃、遮阳装置结合的液体介质循环热活性化技术，可以作为改善透明表皮热工性能的手段。

6.4.2 遮阳系统热活性化技术

对于遮阳系统进行液体介质循环热活性化优化，可以有三个相应的介入位置：外遮阳、夹层遮阳和内遮阳（图 6-36）。

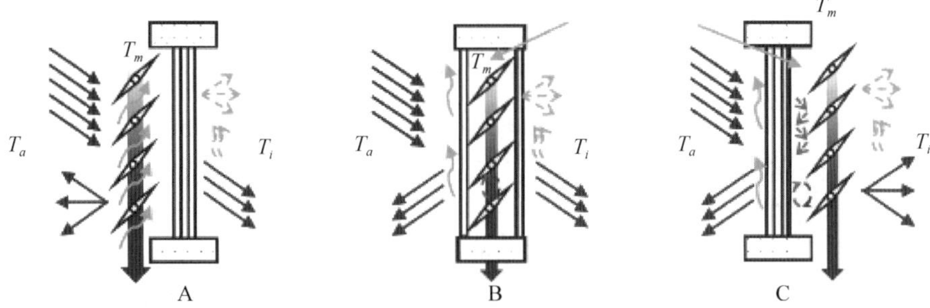

图 6-36 热活性化层位置：A，外遮阳位置；B，夹层遮阳位置；C，内遮阳位置

尽管介入位置对于最终室内热湿环境及光环境影响可以相同，但介入位置对于热活性化的能量(冷热量)及品位要求却相差较大。同时，不同介入位置所需技术的难度将有较大不同。

1. 外遮阳热活性化

图 6-36A 展示的是针对外遮阳的热活性化原理，即将由外遮阳装置拦截入射阳光所转化的热量通过介质循环带走。

由于外遮阳热活性化相当于人为地改变室外贴近建筑物外立面的环境温度，热活性化位置处于室外环境，受室外环境影响最大，而技术要求又最为严酷，即需要承受室外所有气象条件，包括室外空气温湿度、室外风雨、室外空气腐蚀性、阳光直射等，同时为建造牢固的建筑外遮阳，其成本也将偏高。对于高层建筑的运行维护也是一个难以克服的障碍。

另外，由于外遮阳处于室外空气循环的环境，其自身温度将受到室外空气影响，因而趋近于室外空气温度，进一步通过介质循环改变其温度，对于透明表皮的热工性能改善并不会起到明显效果。所以迄今为止，尚未见到相应研究应用的报道及宣传。类似的创新思路则是直接将外遮阳与太阳能集热器相结合，直接通过外遮阳装置进行光热转换获得热水。但此类研发迄今为止并无使用产品问世。

2. 夹层遮阳热活性化

图 6-36B 所展示的是夹层遮阳热活性化技术。由于双层玻璃的夹层作为空腔可以容纳各种不同的介质通道，以及遮阳装置，如百叶和卷帘等，故较多的研究聚焦于该位置。

Chow 等[22,23]对于外窗部位的热平衡做了数值分析，并建立了无介质换热、光伏薄膜+空气介质换热和液体介质换热三种不同情况下的热平衡模式(图 6-37—图 6-39)。

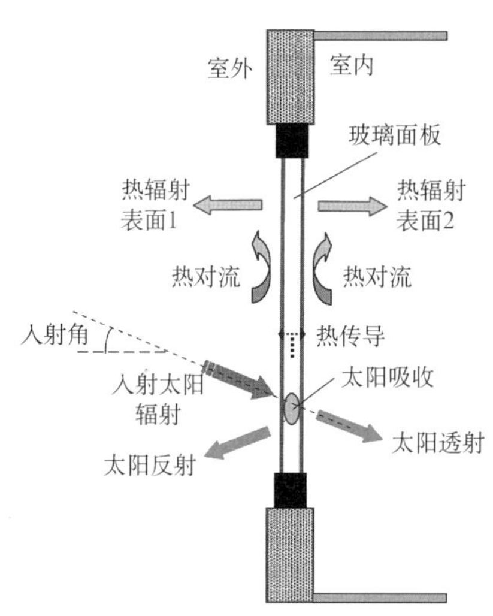

图 6-37 单玻情况下幕墙的能量流[22]

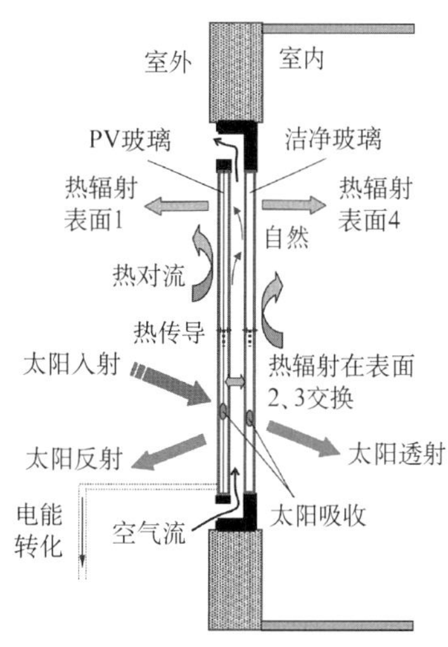

图 6-38 自然空气循环冷却光伏双层玻璃能量流[22]

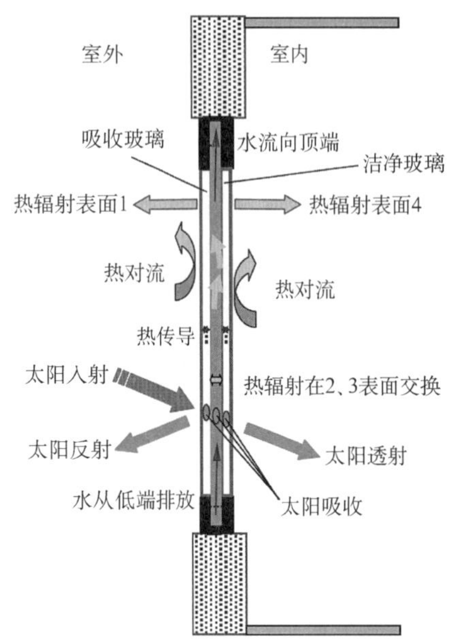

图 6-39　双层水循环玻璃幕墙能量流[23]

对于上述三种形式的模拟结果表明，在夏季工况下采用水通道可以有效地控制玻璃幕墙的热流，不但可以在保证室内采光通透的前提下减少由阳光入射带来的热扰，同时还可以将所截留的热量以热水预热的方式进行回收。

该技术实现的前提是需要能在双层玻璃之间形成一个液体通道，而这个在工艺上的难度较高，实现也较困难。直接将双玻的空腔作为液体通道尽管理论上可行，但在工程实施上，往往只能有条件地在空腔内设置嵌入式的流体通道（图 6-40—图 6-42）。

中置百页（门窗百叶一体化）技术是相对于内外遮阳技术的一个技术创新，通过幕墙百叶一体化来提高玻璃幕墙的整体性，同时也可以改善遮阳百页的工作环境。

清华大学李先庭课题组采用“嵌管窗”技术，采用水循环进行了中置遮阳百叶的热活性化研究[21,24,25]。

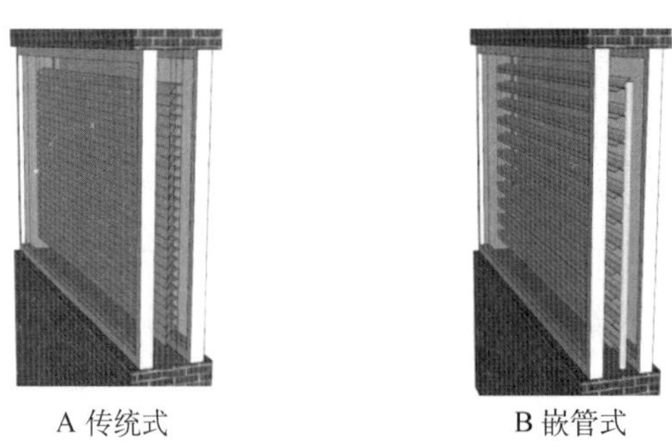

图 6-40　传统式与嵌管式双层玻璃窗[13]

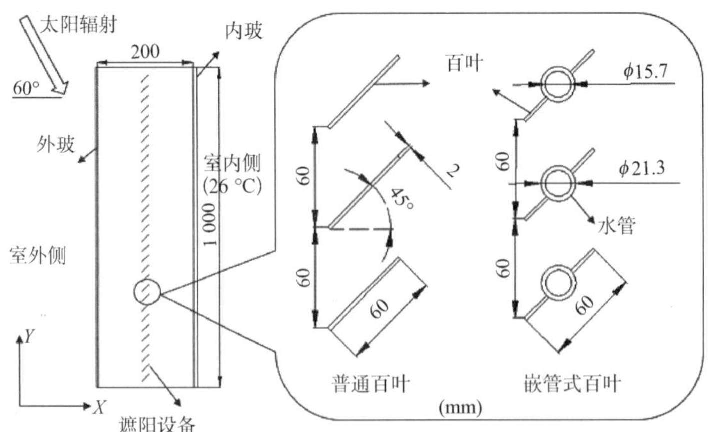

图 6-41　嵌管式窗户示意图[13]

6 表皮热活性化技术理论及应用

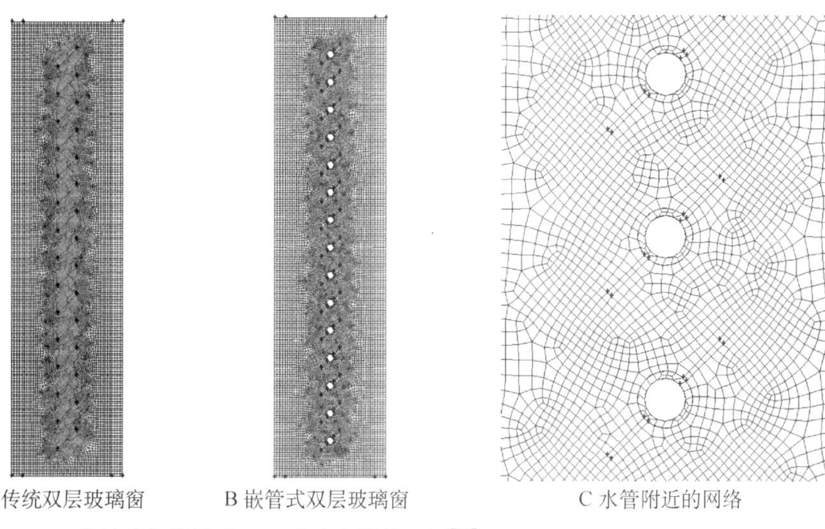

图 6-42　传统式与嵌管式双层玻璃窗网格示例[13]

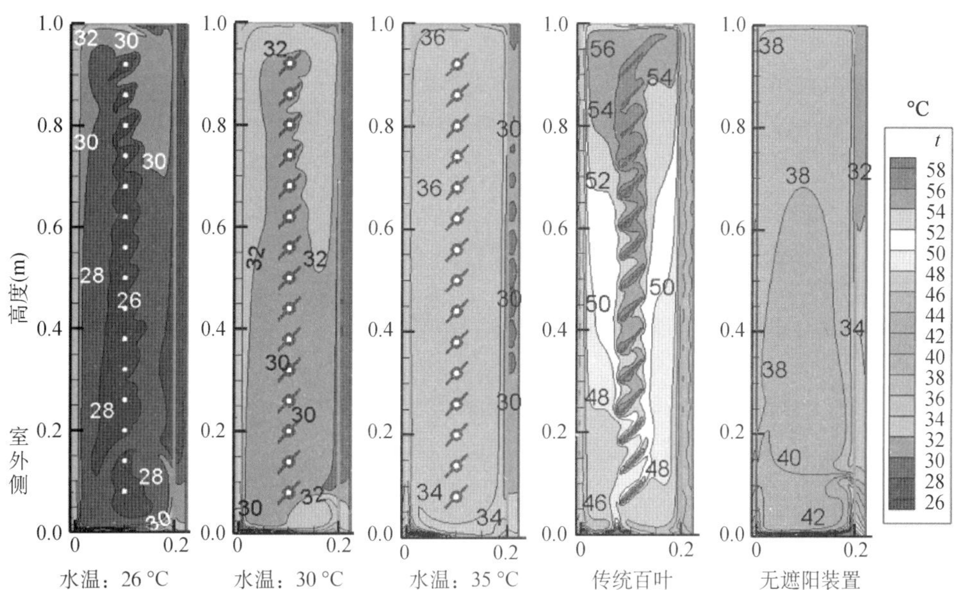

图 6-43　不同窗户的温度场横截面[13]

在沈翀[13]的模拟中，设计了 5 个典型工况，室温为 26 ℃。根据北京市夏季空调设计气象条件，室外温度为 33 ℃；根据窗户热工性能评价标准，辐射强度设为 500 W/m²。各工况的横截面温度场示于图 6-43。当水温为 26 ℃时，百叶附近的温度也接 26 ℃，嵌管式百叶的换热效果良好。腔体整体温度控制在了 30 ℃以内，太阳辐射热量基本被嵌管系统消化。当水温为 30 ℃时，腔体温度也没有超过 32 ℃，而 30 ℃的冷却水是很容易从自然界获得的。腔体底部的左半部分由于直接受到太阳辐射，所以温度略高。当水温达到 35 ℃时，腔体温度不超过 36 ℃，靠近内玻处温度稍低。而在传统遮阳百叶工况中，由于遮阳百叶吸收了大量太阳辐射，温度可超过 50 ℃，腔体内出现明显的竖向热分层，最高温度可达 56 ℃。对于没有遮阳装置的工况，空腔底部容易受到更多的太阳辐射，附近温度超过 40 ℃，空腔内温度为下高上低。加之玻璃会吸收太阳辐射而发热，因此即使没有遮阳百叶空腔内温度也在 38 ℃以上。

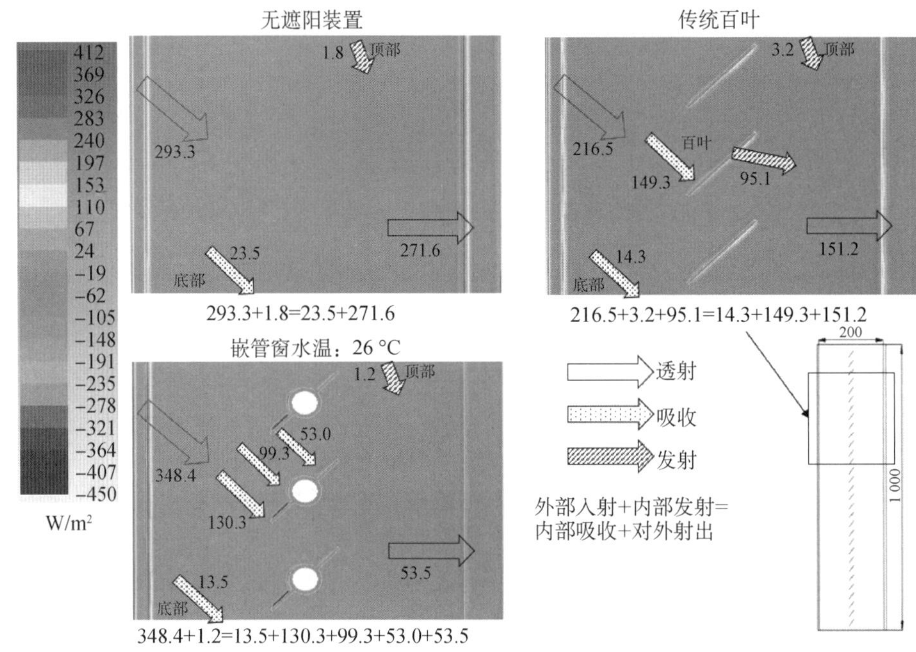

图 6-44 不同窗户的辐射能量传递云图[13]

热辐射是窗内换热最重要的影响因素之一。腔体内的辐射可被分成 5 大类：从外玻璃传入腔体的辐射，腔体内高温壁面的辐射，腔体内高温壁面净发射的辐射，腔体内低温壁面净吸收的辐射，通过内玻璃传出腔体(传入室内)的辐射。图 6-44 给出了典型工况中各部分辐射的传递情况，它们之间满足图中所列的平衡关系。参与辐射换热的表面包括底板，顶板、内玻、外玻、百叶和水管等。无遮阳工况，底板吸收了部分太阳辐射，而绝大部分辐射通过内玻传入了室内，导致较高的得热。同时底板温度较高。在传统百叶工况，百叶阳面吸收了大量辐射，但是百叶阴面又同时向室内发射了较多辐射，导致最终透过内玻的辐射量仍较大。由于传统百叶温度较高，也通过外玻向室外环境散热，所以外玻侧传入的净辐射热流少于无遮阳工况。在嵌管式百叶工况，嵌管吸收了大量热辐射，由于位置关系左侧百叶辐射量最大。而百叶几乎没有对室内发射净热辐射，所以最终通过内玻传入室内的辐射热流很小。不过，也由于嵌管百叶温度较低，导致从外部传入腔体的热辐射较高。

在太阳辐射下，外玻吸收热量后温度上升，通常高于室外气温。也就是说，此时的外玻同时向室内和室外散热，太阳辐射是该换热过程中的热源，室内外环境和水管是热汇。图 6-45 将太阳辐射能进行了细致的拆分。在无遮阳工况，57.4%的太阳辐射热量直接进入了室内，主要由对内的直接辐射热流引起。在传统百叶工况，百叶遮挡住了太阳辐射，窗户整体温度较高。由此增加了对外的辐射和流散热，并大大减少了传入室内的辐射热流量。不过由于窗户温度较高，所以对内的流失热量实际高于无遮阳工况。在嵌管百叶工况，水管带走了绝大部分太阳辐射，对室内和对室外的传热量均显著降低。换言之，水管承担了大量负荷，同时室内空调承担的负荷减少。在本工况中，嵌管承担的热流量约比室内减少两倍。

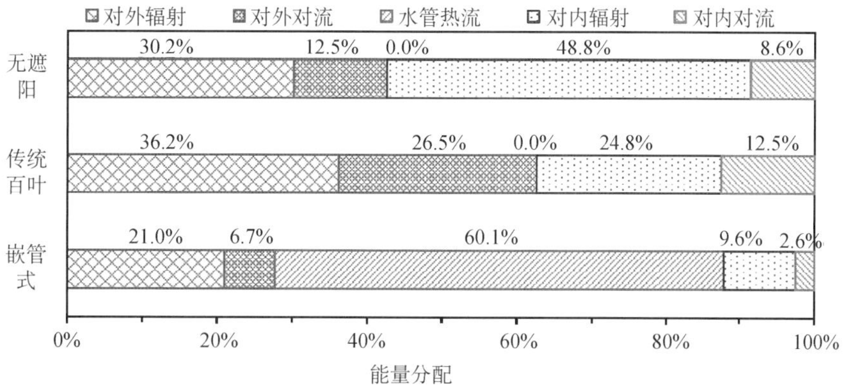

图 6-45　不同窗户的太阳能分配[13]

此外，各工况中对内辐射热流量均数倍于对内对流热量，说明辐射是透过窗户最重要的得热来源。而太阳辐射热源温度很高，理论上高温水即可带走太阳辐射。将嵌管百叶与传统百叶对比发现，采用 26 ℃的冷却水可降低 67%的内玻传热量，即使采用 35 ℃的冷却水，也可降低 51%的传热量。这正是得益于冷却水可带走辐射热量。在嵌管百叶局部，水侧的对流换热系数通常在 2 000 W/(m^2 · K)以上，铝合金百叶的导热系数可在 200 W/(m · K)以上。换热阻主要在风侧，所以嵌管百叶的表面温度接近冷却水温，效果较好。

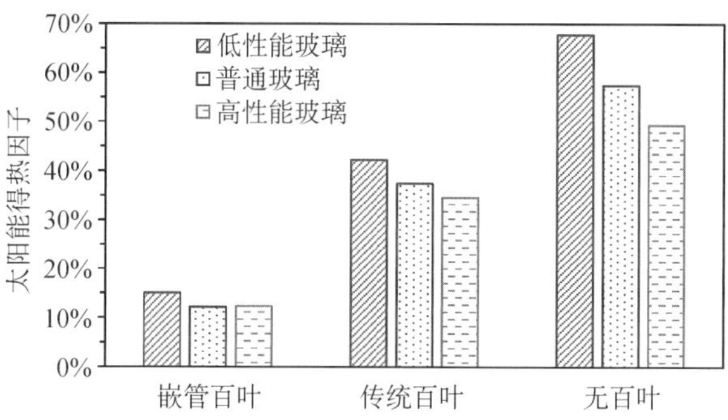

图 6-46　不同窗户的太阳得热系数[13]

各工况窗户的太阳得热系数(SHGC)示于图 6-46。可见,对于嵌管百叶,不同玻璃的组合对于太阳得热影响不大,并且系数很低,均在 15%以下,遮阳效果良好。嵌入水管后,窗户的热工性能主要由水管(水温等)决定,而非玻璃。对于传统百叶,太阳得热系数大约为 35%,高性能玻璃的优势相对明显。对于无百叶的传统窗户,采用高性能玻璃后得热系数为 49%,采用低性能玻璃后得热系数为 68%,窗户整体性能受玻璃性能影响很大。

将嵌管百叶与传统百叶对比,传热降低率显著。对于目前普遍采用的通玻璃(即内玻保温、外玻单玻)的做法,传热降低率最高,可达 60%。其中,水管带走的热量占太阳辐射能的 67%。对于高性能玻璃,传热降低率反而降低,主要是因为此时窗户的性能已经较好,水管能带走的热流量也没有其他工况高。综上,对于嵌管式玻璃的夏季工况,可以采用性能普通甚至较差的玻璃来降低成本,并不会造成得热大幅增加的情况。

图 6-47 嵌管窗实验舱及测试样品[13]

沈翀[13]对于内嵌管式窗户进行了实验舱实测,其结果支持该技术作为改善透明表皮热工性能的选择(图 6-47),其实验部分得出以下结论。

(1) 自然室温实验:冬季仅用 14 ℃的水即可显著提高室温,较传统舱最高温升 5.5 ℃,在外温 0 ℃时室温不低于 11 ℃,并且将室温波动从 11.3 ℃减到 7.3 ℃。夏季用冷却水即可显著降低实验舱自然室温,当传统舱室温高达 48 ℃时,嵌管舱的室温仅为 31 ℃左右。

(2) 降低负荷效果实验:得到了室内负荷、总负荷与水温之间的关联式,冬季仅用 10.3 ℃的水即可降低 23%的窗户传热,同时总负荷因窗户变热而增加,增加量为室内负荷减少量的 1.5 倍。夏季用 28 ℃的水即可降低 58%的实验舱负荷。低于室温的水可在冬季辅助供热,高于室温的水可在夏季辅助供冷。

(3) 得到了窗户内的温度分布及其与水温和外温之间的关联式,嵌管窗内温度分布均匀,且随室外温度波动影响较小。嵌管与百叶换热良好,叶片与空腔温度均接近供水温度。冬季窗户平均温度可提高 6~15 ℃,窗户内壁温度可提高 1.1~5.5 ℃;夏季窗户平均温度可降低 8~15 ℃。

3. 采用微通道玻璃实现透明表皮热活性化

Su、Fraass[26]等对充液窗(fluidic windows)的热工性能进行了研究(图 6-48)。

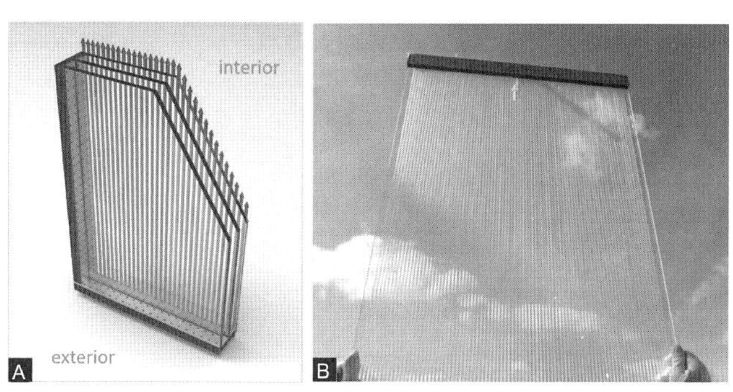

图 6-48 微通道玻璃结构:A,三层玻璃,其中内侧为毛细流道玻璃;B,毛细通道玻璃样品 800×600 mm²[38]

微通道玻璃是一种以层压方式制作的,中间层有流道可以通过液体的多层玻璃板。在制作中通过工艺形成了平行的毛细流道,可以在多层玻璃窗、幕墙上替换其中的一层或多层,以获得充液幕墙的结构(图 6-49)。充液幕墙中可以通过液体循环实现热活性化,如在夏季采用 15～22 ℃的液体循环,可以获得改变玻璃窗/幕墙热工性能的效果。

Su[26,27]等对该技术做了以下模拟:以一个约 0.5 m^2 的样品的供冷能力做模拟,假设将该玻璃幕墙安装在欧洲中部一个 24 m^2 的办公楼壁面,按照窗/地比例 0.42、单位面积冷负荷为 80 W/m^2,采用不低于露点温度的高温冷水(≈16 ℃)进行水循环。按上述方案建立计算模型进行模拟表明,与同样三玻两腔房间相比,该对比房间的室内温度可以相差 15 ℃(图 6-50)。

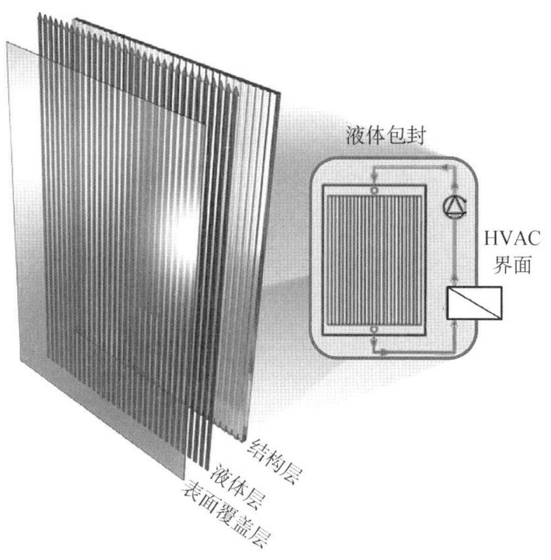

图 6-49 将充液窗与空调系统相接示意图[26]

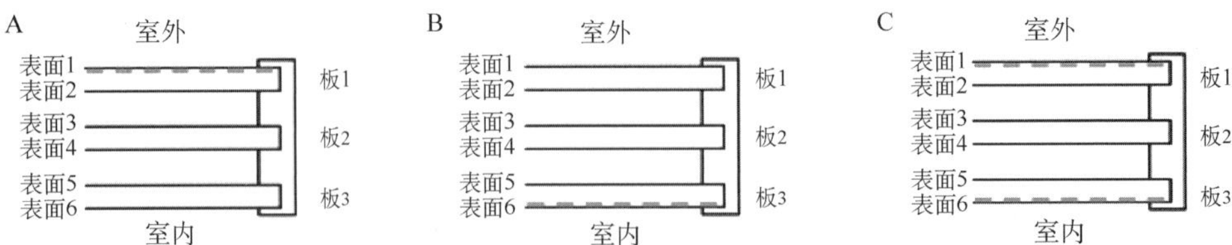

图 6-50　在三玻两腔幕墙中安置单层(A、B)或双层(C)充液毛细流道玻璃的结构示意[26]

6.4.3　玻璃幕墙内遮阳热活性化技术

1. 与外遮阳技术相比

传统遮阳理论中，对于内遮阳技术评价均较为负面，其原因如下：

(1) 由于遮阳技术主要用于夏季工况下减少热射负荷，因而将日射尽量阻挡在玻璃幕墙外侧来减少玻璃幕墙的温升；

(2) 在外遮阳与玻璃幕墙之间的温室效应温升可以直接散发到室外环境中，而不形成实际负荷。

传统理论认为，在采用内遮阳情况下，日射通过玻璃后，将在玻璃和内遮阳之间形成温室效应，进而将日射得热直接转化为负荷。这部分负荷最终需要通过向室内输送冷量加以消除，因而内遮阳并未减少日射负荷，甚至优于温室效应使得负荷反而增加。而采用外遮阳可以通过室外空气流动和幕墙散射消除遮阳与玻璃之间的升温，因而其效果将优于内遮阳。

而采用内遮阳作为热活性化阻热层的出发点如下：

- 为尽量消除热射负荷，外遮阳经常导致室内可见光获得不足；
- 为抵抗室外气候变化，即风吹雨淋等极端气候，外遮阳的质量要求远高于内遮阳；
- 外遮阳的维护极为困难，尤其是对于高层建筑，外遮阳无疑是一个高空坠物的隐患；
- 对于外遮阳进一步增加热活性化技术几乎无法实现。

2. 与玻璃幕墙、玻璃窗热活性化相比

将遮阳百叶嵌入双层或多层玻璃中，在双层玻璃中制备空气、液体通道等技术，如上面所介绍的各方面探讨，均要求制作技术含量远高于现有玻璃窗、玻璃幕墙的要求。在透明表皮目前的造价已经成为建筑表皮、建筑外表皮最昂贵的部分情况下，进一步增加幕墙的技术含量，推高成本，对于建筑造价而言很难说是个合理选择。尤其是在热工上合理的要求，如液体循环通道，或机械操作系统，对于玻璃幕墙而言，很可能造成极为昂贵的制造成本，或者并不可靠的性能质量。

此外，对于目前大量使用中的既有建筑而言，成规模地更换外窗和玻璃幕墙也是一个不可取的节能改造方案。

3. 透明表皮全时段及全方位热活性化有效性分析

对于表皮进行热活性化，其应用场景不应仅局限于夏季阳光直射时段，也应当考虑其他时段的应用效果。对此上述2方案均有所涉及，并都对其优于传统形式玻璃窗、幕墙给予模拟及实测的证明，如对于冬季时段的应用效果模拟。但对于其工程应用的经济合理性并未作更多考量，尤其是对于一栋建筑全方位采用透明表皮热活性化后的综合能量平衡，均未给出相应的方案。

对于中置百叶热活性化方案，在消除日射负荷之外的应用场景中，较为典型的夜间/冬季通过热活性化改善室内热环境的应用，此时中置百叶热活性化的应用将呈现某种程度的缺陷：如果在冬季/夜间启动中置百叶热活性化窗/幕墙，则其无谓热损耗将远大于内置热活性化装置。

除了冬暖夏热气候地区的朝阳面幕墙外，其他建筑气候地区的幕墙都会有远高于夏季日射时段的表皮热平衡，尤其是冬季的非日射时段，所有朝向均将面临改善表皮热工性能的需求，即采用低品位能源替代常规供热系统，从而减少热负荷，进而降低能耗的需求。此时过于暴露的热活性化透明表皮将由于无谓的向外热损耗而牺牲其热工性能。

对于整栋建筑的全方位热活性化需求，如果仅在受到日射方向设置透明表皮热活性化装置，则对于整栋建筑的朝向热平衡而言仍然缺乏调节能力。

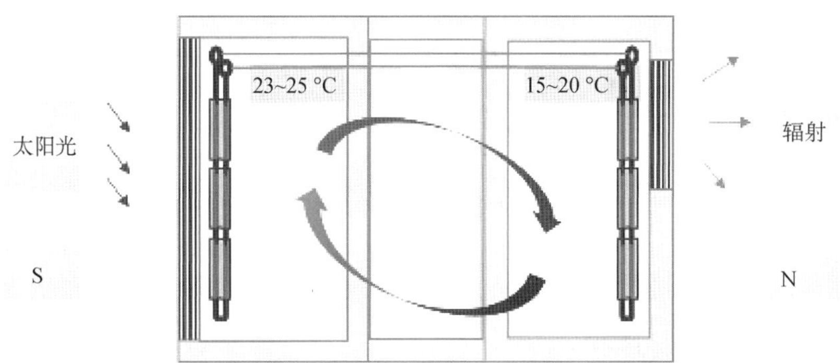

图 6-51　不同朝向透明表皮热活性化的意义

如图6-51所示，建筑表皮热活性化不仅针对接受阳光照射的外墙面有意义，对其他墙面同样有意义。尤其是对于相反朝向的外墙面，在其所获得的日照强度不同而引起室内环境差异较大的情况下，通过构建不同朝向热活性化墙面的热媒循环，可以很好地利用热活性化墙面所获得的自然能源来平衡朝向温度失衡。在上述方案2中对此尚未给出相应的技术方案。以方案2所采用的技术基础来分析，二者也多少有不适合：首先背阴面原则上并无安装中置百叶的需求，因而很难想象为冬季/夜间热活性化而特意安装热活性化中置百叶窗；其次如果采用制冷剂循环实现蒸发/冷凝所带来的热泵效应，则过长的输送距离将使得沿程损失过大，从而无法实现热输送。同时，在冬季工况下，透明表皮由于保温性能差而造成的向外无谓热损耗过大，也使得该技术在全年、全方位应用上较为不利。

在上述考量之下，对于将内遮阳进一步优化升级成为热活性化的阻热层是技术上更加可实现的应用方案。

4. 内遮阳热活性化技术的研发成果及展望

对于现有的内层遮阳系统进行优化，形成热活性化的阻热层，并采用低品位能源运行热活性化遮阳，对比其他方案有实用、可靠、便于维护和灵活操作等优点。

迄今为止，这方面可以搜索到的研究成果极为有限，暂未发现已发表的相关学术论文。仍处于实验探索阶段的为德国某毛细管制造企业提出的概念化产品，即将毛细管换热技术应用于幕墙内部的窗帘位置，通过水循环来形成动态阻热层。同济大学中德工程学院由郭海新辅导的大学生创新团队则在创新项目“毛细管窗帘”中，用毛细管及管间嵌入半透明薄膜方式进行了部分实测。实验中采用间距为 20×2.0 mm 干管，4.3×0.8 mm 毛细管，40 mm 间距的毛细管系模拟“热活性化窗帘”，在两根毛细管间采用半反射塑料膜作为导热叶片，以减少直射阳光。该半反射膜在光线入射方向可以反射部分光线，同时可以允许部分光线透过。同时，通过改变翅片的夹角，或改变毛细管间距、收拢毛细管，便可以改变窗帘的透光量(图 6-52)。

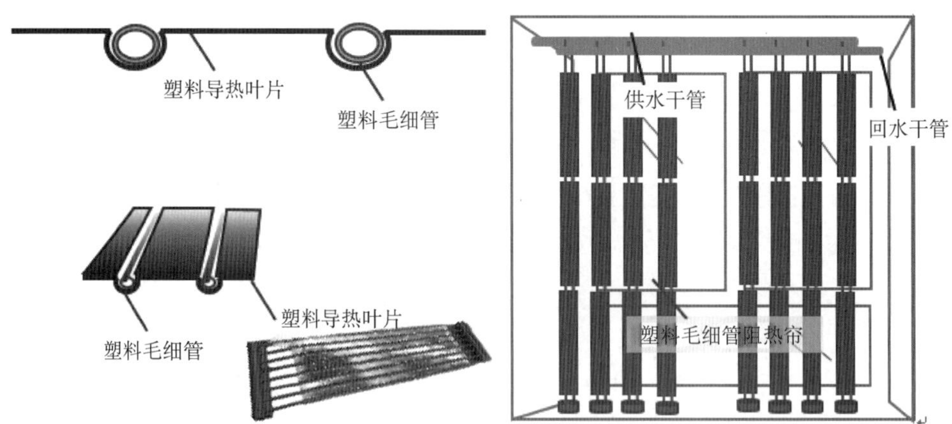

图 6-52　通水阻热窗帘：毛细管、叶片、悬挂方式、样品照片

毛细管干管接到一组冷热源及水循环系统上，通过控制水温和调节、测量水量来确定输入毛细管的冷热量。在室内安排了轴线方向的 9 个测点，以获取室内温度分布。而壁面温度、热活性化窗帘表面温度、外窗内表面温度靠红外线测温仪获得。作为对比的一个同样形式的房间，不加窗帘，采用电加热器进行冬季供热，以获取不同加热方式效果的对比结果。受限于实验条件和学校实验室管理规定，此次试验成果并不能充分展示该技术方案的具体性能，但基本可以证明该方案的可行性(图 6-53、表 6-6)。

图 6-53 测试实验室实景(由左到右)测试房间，阻热窗帘，对比房间

表 6-6 2016/17 冬季某日测试结果整理

冬季，室外温度≈0~10 ℃	
阻热窗帘房间(热水加热阻热窗帘)	对比房间(电加热室内升温)
热水温度 38~33 ℃	电加热器表面温度>60 ℃
阻热窗帘内表面温度≈26 ℃	无
外窗玻璃内表面温度≈20 ℃	外窗玻璃内表面温度≈12 ℃
室温≈20 ℃	室温≈20 ℃
室内空气最低温度≈20 ℃	室内空气最低温度≈14 ℃
内墙表面最低温度≈18 ℃	内墙表面最低温度≈14 ℃

6.5 相关示范及研发简述

6.5.1 上海中森住宅梦公园样板房

上海中森集团在上海市政府所资助的住宅建筑产业化示范基地“上海梦公园”项目中，采用了“恒温恒湿恒氧”设计，并在外墙分别安装了以毛细管席和预制内嵌毛细管保温装饰一体板的热活性保温层，并预埋了温度测点，以便在运行工况下远程监测外墙温度情况。同时该项目设计安装了太阳能热水器、河水换热器和土壤蓄热池，通过可再生能源循环来维持外墙的适宜温度，以降低室内侧能耗。该项目于 2017 年验收，但由于其他原因，该项目未能持续运行，故未得到相关数据(图 6-54)。

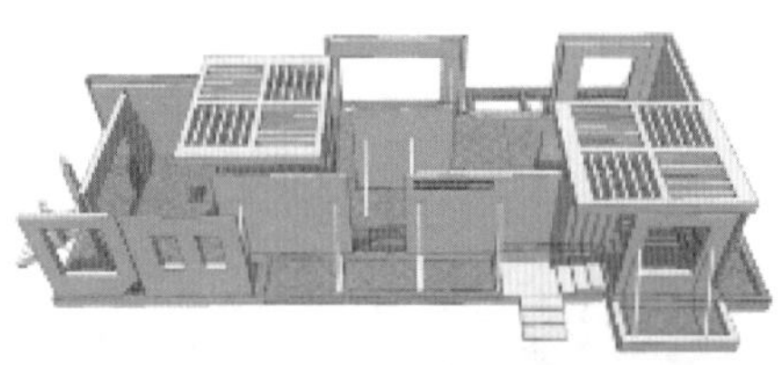

BIM项目设计：

全专业采用BIM建模，为项目在全生命周期的运行提供基本的数据支持；可进行施工模拟，对构件的施工安装起到指导作用，减少返工、控制施工进度

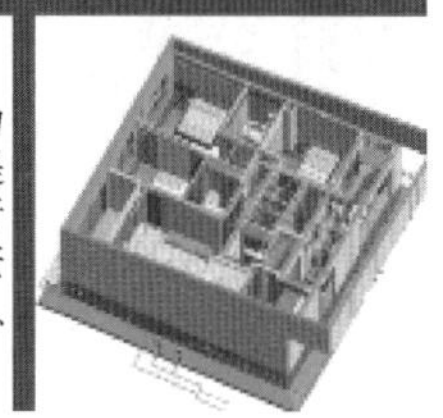

图 6-54　上海梦公园项目(由左到右)：BIM 效果图，施工现场(毛细管热活性化外墙、土壤蓄能池)，预制一体板

6.5.2　ISOMAX①

卢森堡工程师伦克尔(Krecké)毕生从事各类低能耗建筑的尝试，而表皮热活性化也属于其特别注重的技术之一，并将之称为热屏障(temperature barrier)。其方案同样是将太阳能、土壤蓄热和外墙“热屏障”相连接，屋顶内嵌的管路系统负责搜集太阳能热量并将其输送到土壤中，在冬季，室外空气温度低于室温时，热量被重新提取出来并送入外墙循环；在夏季，则用较冷的水冷却墙面(图 6-55、图 6-56)。

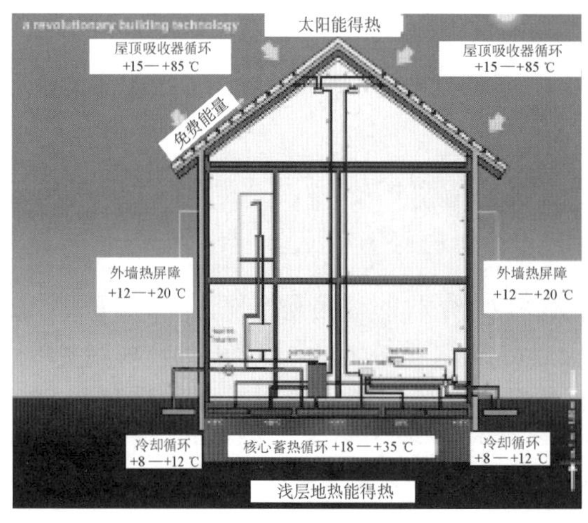

图 6-55　伦克尔的“革命性建筑技术”(由左到右)原理图，预制太阳能集热屋顶，屋顶安装现场

① Isomax Terrasol：Home http://isomax-terrasol.eu/home.html.

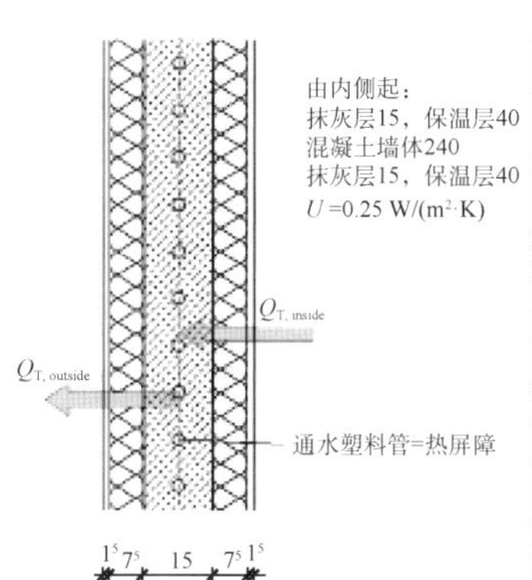

图 6-56　Krecké 的“热屏障”外墙，预制热屏障墙体和现场安装

伦克尔在卢森堡、中国和印度做了若干示范工程，并对此类项目做了测试，并在其网站上公布了相关数据。图 6-57 所示是在卢森堡的一个独户住宅做的 4 年跟踪测试数据。

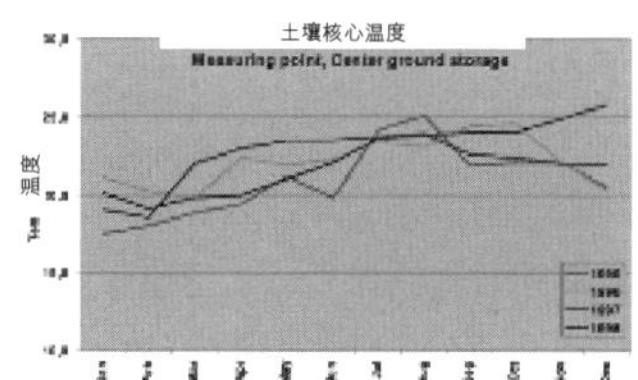

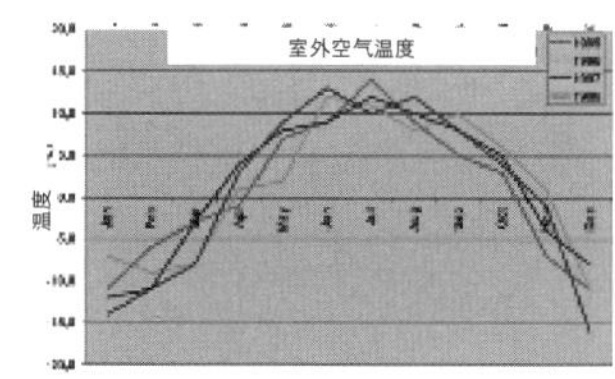

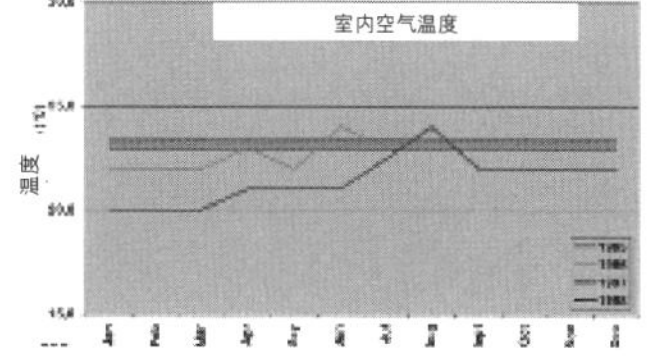

图 6-57　卢森堡热屏障项目跟踪测试数据

按照伦克尔的书面介绍，该项目的外表皮热损耗在未做热屏障前位 Qh = 60.7 kW·h/(m²·a)，采用热屏障后则可降到 17.3 kW·h/(m²·a)，此时室温为 +18 ℃，并采用新风热回收。数据中未进一步给出上述系统的输送能耗。

6.5.3　“主被动”预制面板改造示范项目

该建筑项目坐落于德国的巴德埃布林市，一个零能耗小城(图 6-58)。与迄今为止普遍采用的纯泡沫板保温加抹灰的表皮节能改造技术方式不同，该建筑采用了预制高性能保温木结构预制外墙单元。由于连节能窗在内的一体化预制技术，使得现场超过 500 m² 外表皮的改造工程能在数

图 6-58　德国的巴德埃布林市零能耗改造项目(由左到右)改造前/中/后

日内全部翻新。除此以外，预制件中植入的加温单元形成了带有热活性化的表皮特征，从而可以直接采用太阳能光热方式来供热。

该项目由总承包商在其企业官网上介绍，未提供具体能耗运行方面数据。图中可以看到，用于改造的预制外墙板内贴了毛细管席作为热活性层。

7 表皮湿活性化技术理论及应用

7.1 建筑湿环境与人体健康

7.1.1 表皮内墙表面湿度与对环境的影响

在关注室内空气相对湿度的同时，必须要对表皮内表面的湿度给予足够的关注。目前关于室内热环境的研究已取得了丰硕的成果，相比之下，对室内湿环境的研究则甚少。从目前已有的研究成果来看，相关理论仍不完善，被忽略的因素较多。无论从测试方法、模拟分析方面，还是微观机理分析方面，湿环境的研究仍很不成熟。

同样，建筑湿环境是影响人体热舒适、人体健康，建筑结构耐久性以及建筑能耗等的关键因素。室内湿环境不仅包括空气的相对湿度，也包括墙体的湿度。建筑表皮的吸湿、放湿过程既影响室内空气的动态湿平衡，也影响室内空气的热平衡。建筑表面及内部的冷凝和结露会使建筑表皮的热工性能变差，而增大建筑采暖与空调能耗，也会使建筑表皮的耐久性变差。建筑表面泛潮引起霉菌繁殖，诱发人体多种疾病。试验研究表明，相对湿度过小不仅会使流感病毒和致病力很强的革兰氏阴性菌繁殖速度加快，还会随粉尘扩散引发流行，导致各种传染病的发病率显著增高。而相对湿度过大同样会使人体感觉不舒适，严重的还会引起胃病、皮疹和风湿性关节炎等疾病。另外，高于 40%的湿度有利于防止产生静电(图 7-1)。

适宜的室内相对湿度同样能实现巨大的节能效应。由于除湿能耗占空调能耗比例较大，故在室内温度 26 ℃情况下，随着室内相对湿度的增大，空调节能率随之升高呈近似线性分布。相对湿度每增加 5%，节能率提高 10%。因此在满足热舒适前提下，适当调高室温和相对湿度对降低能耗是非常有益的。此外，空气相对湿度还具有令人意想不到的功效。有实验研究表明空气负离子浓度随着温度或湿度的升高而升高，且湿度

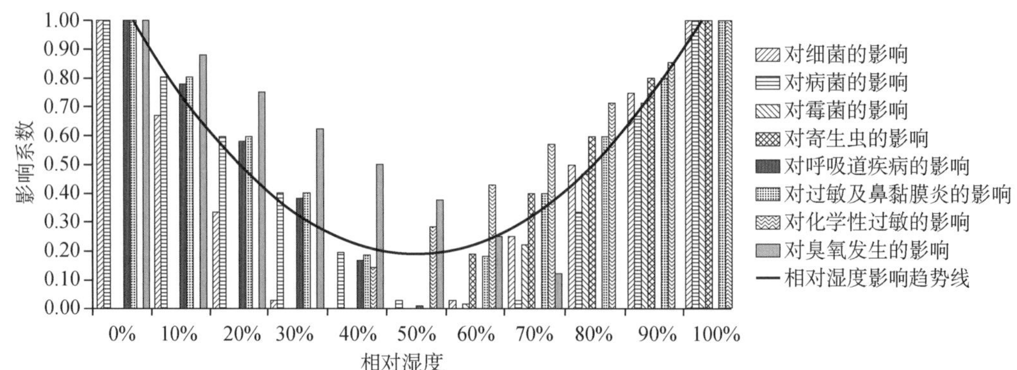

图 7-1　建筑环境中最适宜的相对湿度

对空气负离子浓度的影响比温度更明显，当相对湿度从 10%升至 80%、负离子浓度将从 200 个/cm^3 升至 8 000 个/cm^3 以上时，室内相对湿度大，有利于降低装修后甲醛和氨浓度。由此可见，控制生活环境中的湿度十分重要(图 7-2)。

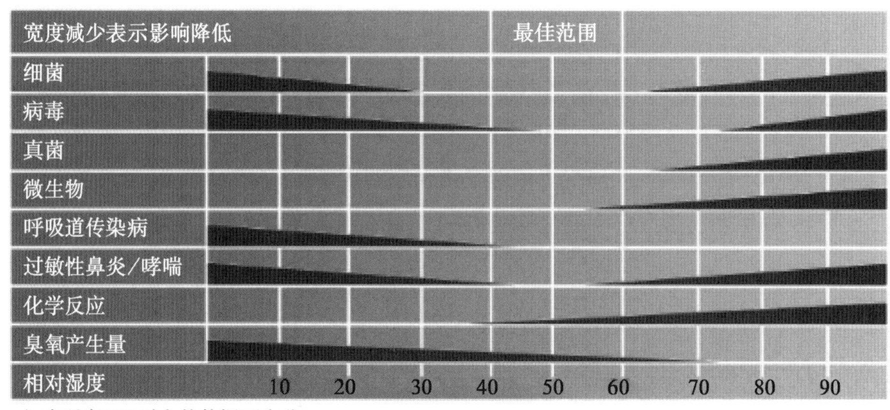

图 7-2　相对湿度对环境和健康的影响[1]

同样，过高的室内相对湿度必然将引起室内材料的吸湿作用，尤其是壁面在空气中水蒸气与墙体材料含水率的共同作用下出现湿迁移。而过高的墙体材料含水量则会引起其他的问题。

7.1.2　霉菌及其他问题

室内霉菌污染是室内空气污染的重要方面，控制污染源是避免污染的最好方式。霉菌会引发人体呼吸道感染并产生流行性感冒、肺结核等疾病。然而霉菌的产生与繁殖必须具备以下条件：(1)菌种随空气传播，空气能到达的地方都有霉菌繁殖的可能性；(2)各种物质发生化学变化时都可能为霉菌提供食物；(3)适于人类居住的舒适温度范围同样适于霉菌生长,在相对湿度 70%~93%时,菌类将快速蔓延[2]。

建筑墙体发霉一直是令人苦恼的问题。建筑外墙面由于发霉导致饰面层褪色甚至脱落不仅影响了建筑的美观,还破坏墙体的结构、降低墙体的使用寿命。同时霉菌代谢产物包含微生物有机挥发物(MVOC),也可能引起病态建筑综合征[3]。

在宜居的建筑温湿度环境下,霉菌是最容易生长的微生物之一。据估计,北欧和北美大约 20%~40%的建筑受到室内霉菌污染的影响,在对人们身体健康造成危害的建筑室内环境中,可能存在几百种霉菌和微生物[5]。

影响霉菌生长的主要因素包括温度、相对湿度(水分活性)、营养物质、暴露时间,而 pH 值、氧气、光线、表面粗糙度、生物体相互作用等的影响相对较小。大部分霉菌能够在 pH 值 3~9 范围内生长,部分霉菌甚至能够在 pH 值 2~11 范围生长。尽管多种建材(如混凝土)的 pH 值>12,但是依然能够在上面发现霉菌的存在,其主要原因是这些霉菌能够释放有机酸[8]改变环境 pH 值来适合自身生长,也就是说,pH 值对霉菌生长不起决定性作用。霉菌生长所需氧气量最低值为 0.14%~0.25%,大部分建材表面含氧量都超过这个值。在光滑的表面霉菌也能够生长,只是粗糙的表面更容易沉积养料和水分。生物体的相互作用只会引发建材表面不同种类霉菌此消彼长,而不影响对整体霉菌的生长[3]。以下以霉菌、孢子为例阐述霉菌对墙体产生的影响。

(1) 霉菌孢子的实际含水量与孢子初始含水量、环境温度及相对湿度等有关。霉菌孢子的初始含水量对孢子自身萌发的影响小于环境相对湿度,并且随着时间的推移,其影响逐渐减小。

(2) 不考虑太阳辐射及雨水侵蚀等不利于孢子萌发的因素,室外墙面除了冬季不容易发霉,其他季节都可能促使孢子萌发及菌丝体的生长。室内墙面发霉主要集中在 5 月中旬到 6 月中旬及 8 月至 9 月中旬这两个时段。

(3) 如果室内墙体表面含有机污染物,可能导致墙体霉菌孢子提前萌发,整个墙体发霉风险增大。对人体有害霉菌的生长,主要在 5 月中旬至 6 月中旬及 8 月上旬至 9 月上旬两个时段。在这些霉菌可能生长的时间段,加强对室内湿度控制,尽量减小室内相对湿度,同时保持室内的卫生良好,可以降低霉菌生长的概率[4]。

绝大部分建筑墙体为多孔介质材料,多孔介质材料表面积大,具有良好的吸水性,因而能为微生物滋生提供更多的水分和空间。多孔介质材料表面粗糙,可以吸附灰尘,从而为霉菌滋生提供更多的营养物质。

多孔介质墙体内部具有霉菌滋生繁殖的空间。研究表明,真菌孢子的中值直径小于 3.19 pm,因而,常见多孔介质墙体材料内微孔比霉菌孢子直径大得多，孢子可以随空气与水进入多孔介质材料内部，材料内部有霉菌孢子滋生与繁殖的空间。若满足霉菌滋生的其他条件，霉菌就会在墙体内部滋生、生长与繁殖，从而对墙体结构造成极大的威胁[4]。

霉菌滋生的各条件，例如温度、营养基、氧气、pH值等，均非常容易满足。因而，在建筑墙体表面以及内部，只要达到相应的湿度条件，霉菌就会生长繁殖。

建筑墙体表面乃至墙体内部霉菌滋生均容易满足，其中最关键的因素是湿度。建筑环境中温度和湿度通常互相影响，因此，为了准确研究墙体霉菌滋生情况，必须掌握墙体瞬时温湿度分布。墙体霉菌的滋生还应考虑满足条件的温湿度的持续时间[4]。

霉菌生长是建筑表皮的一种常见现象，世界卫生组织（WHO）的研究表明，全球约20%的房屋都存在霉菌生长的问题[5]。我国建筑霉菌污染状况远高于其他国家，调查结果表明，全国超过80%的居民建筑均有不同程度的霉菌存在。同时，美国医学研究所（IOM）的研究报告指出，室内表面的霉菌会释放挥发性有机物（微生物VOC或MVOC），这些悬浮的霉菌产物如被室内人员吸入，可引起咳嗽、哮喘等呼吸道疾病。世界卫生组织在潮湿与霉菌危害的研究报告中指出，在美国存在潮湿和霉菌问题的家庭中，呼吸道疾病的患病率增加约30%～70%。

7.1.3 表皮湿迁移研究成果

所有与霉菌成因相关的研究表明，形成霉菌的主要原因是含水材料中的含水量。而为了保持室内舒适的热湿环境，又必须将室内空气相对湿度保持在一个合理的范围。维持室内相对湿度处于较为合理的范围，即夏季室内空气相对湿度40%～65%RH，冬季室内空气相对湿度30%～60%RH，对于室内热湿环境营造系统而言，主要关心的是如何采用空调通风系统来控制空气的相对湿度，而对墙体材料的湿度控制则显得力不从心。

然而，在墙体材料的含水量得不到控制，甚至反过来影响室内空气品质的情况下，必须采取合适的技术措施对此加以解决。为此，需要对墙体材料的湿迁移，以及室内空气相对湿度及空气品质的影响有所了解。

由墙内含水所造成的问题，远不止霉变对室内空气品质产生影响。在室内外温差较大的严寒地区，由湿传递导致的建筑损坏，包括建筑外表面脱落和建筑内表面潮解粉化，这类湿损坏比我国其他地区都要严重。由于表皮含水率造成的保温材料传热系数恶化，也造成了较为严重的供热能耗增加，以及由于内墙表面温度偏低而引起的室内墙体冷辐射，进而影响到室内的热舒适。保温材料长期受到高湿影响而失去其保温性能，更是影响建筑物使用寿命和室内舒适度持续恶化，进而造成能耗持续上升的因素。

对于表皮内的湿迁移，学术界从各方面做了大量的研究。但迄今为止，仅建立了各种相关理论及计算、模拟模型。这些理论及模型离实际准确计算湿迁移，以及提供相应的控制技术方案，仍有较大的距离。工程上目前只能根据各类实测数据、测算系数等方法估算湿迁移的发生和程度，离有效解决由此带来的各类实际问题尚有较大的距离。

多孔介质内热湿迁移是由“推动势”推动，根据选择的推动势不同，建立的数学模型也不同。多孔介质理论研究近 50 年，国内外学者根据不同迁移势提出了不同的数学模型，1934 年 Luikov 提出了热湿耦合模型，但方程中包含参数过多，所以先后于 1966 年和 1975 年对方程做了改进，但仍包含四个物性参数；1939 年 Henry 根据蒸发冷凝理论提出了数学模型；1957 年 Philip 和 Devries 以温度梯度和含湿量度为驱动势建立了热湿耦合模型；Berger 和 Per 于 1973 年以及 Whitaker 于 1977 年根据不同的驱动势分别建立了相应的数学模型。这些数学模型的主要问题是没有热湿计算的物性参数，并且模型高度非线性耦合，给求解带来了困难。目前对于求解这类耦合方程的数学方法包括 Laplace 变化、积分变化，都有特定的边界条件[6,7]。

多孔介质内部传递机理相当复杂，任何数学模型都做了必要的假设。根据水蒸气扩散模型可以建立墙体内热湿传递模型。热物性参数可以通过各类参数表获得，而湿物性参数则只能由实验获得(表 7-1)。

表 7-1 多孔介质内热湿传递机理[7]

传递现象	传递机理	推动势
热传递	导热 热辐射 空气流动 使其流动引起的焓流动	温度 温度的四次方 总压差/密度差 水蒸气相变和液体水流动
水蒸气迁移	气体扩散 分子扩散 液体扩散 对流	水蒸气分压力 水蒸气分压力 水蒸气分压力 总压梯度
液体水迁移	毛细传导 表面扩散 渗流流动 水力传导 电力传导 离子渗流	毛细压力 相对湿度 重力 总压差 电子浓度场 离子浓度

国内主要研究者在国外研究成果基础上，主要尝试建立热湿传递耦合的数学模型，其基本原理主要基于热质守恒定律、菲克定律、达西定律，以及考虑到水的三态(固液气态)在多孔材料中迁移过程特性和毛细力等

作用,建立数学模型。从上文所提到的过于复杂的热湿迁移驱动力、热湿耦合方式、不同状态的水在多孔材料中迁移方式假设的前置条件及边界条件,很难得出有价值的解析解。故大多数研究者在尝试搭建数学模型后,均改为尝试采用数值解来对特定研究方向的热时传递结果求得模拟结果,并进而对模拟结果做相应分析。以下介绍几个较为典型的研究成果。

1. 王莹莹[8]对于表皮冷热负荷的修正研究

王莹莹综合利用理论分析、验证分析、数值计算和现场测试的方法,利用 COMSOL 多种分析的系数型偏微分方程对热湿耦合迁移控制方程进行编程求解,分析了在多种边界条件下考虑与未考虑墙体湿迁移情况、墙体内表面温度及热流的差异特性,获得了墙体传湿对传热过程的影响关系。研究了表皮湿迁移对室内热环境和建筑冷热负荷的定量影响关系。

通过对表皮热湿迁移机理分析,建立了完善的表皮热湿耦合传递及内表面热湿迁移数学模型;针对以往表皮传热传质系数的恒值设定难以反映该系数随环境变化的情况,通过研究发现了传热传质系数随温度和湿度变化的函数关系。研究发现了不同材料墙体内表面温度的降低值:松木板墙,0.1～1.4 ℃;混凝土墙,0～0.2 ℃;多孔砖墙,0.1～0.7 ℃。考虑传湿时墙体内表面的潜热换热量占壁体总传热量的比值:松木板墙,12%～73%;混凝土墙,0%～8%;多孔砖墙,9%～36%。

考虑墙体含湿量差异,分别对 4 种墙体含湿量不同的建筑内表面温度和室内空气热湿状态进行了现场测试,分析了墙体含湿及湿传递对室内热环境的影响。结果表明,夏季空调期,墙体内表面的湿迁移作用可明显降低墙体内表面温度,进而降低平均辐射温度,在同等热舒适条件下,可以减少空调负荷或使用时间。墙体内表面的吸放湿过程对室内湿环境的调节作用随室外相对湿度幅度的增大而明显,而对室内空气温度的影响较小。考虑墙体传湿与未考虑墙体传湿相比,室内空气相对湿度的降低幅度为:广州,5%左右;西安,3%左右;哈尔滨,3%左右;北京,5%左右。

针对湿热地区白天空调降温、夜间自然通风降温的建筑,研究了墙体湿传递和表面湿迁移在考虑夜间换气的情况下对室内热湿环境及负荷的影响。结果表明,夜间通风换气次数的大小对室温降低效果的差别不明显,而对室内空气相对湿度的影响较为显著;考虑传湿与未考虑传湿时总负荷相比较,夜间换气次数为 5 次/时,总负荷减少 6%左右;为 15 次/时,总负荷却增加 20%左右,可见,在热湿气候区,夜间通风换气次数须合理设置才可有效降低空调负荷。针对我国建筑热湿气候地域差别大的特点,通过对典型气象年最热月和最冷月的平均室外空气相对湿度进行统计,以相对湿度作为区划指标对我国进行湿气候区划分,获得冬季及夏季的湿气候分区；通过大量分析计算，提出考虑墙体湿传递和表面湿迁移时的建筑负荷的计算方法，获得了湿热、湿冷、干热、干冷地区主要城市在考虑墙体湿传递和表面湿迁移时建筑负荷的修正程度。为工程应用提供参考。

研究成果表明，传统的负荷计算仅考虑了干工况下表皮的保温性能，而实际能耗与墙体湿度有非常大的关系。如果不对传统的负荷进行修正，则无法体现实际能耗。由于传湿造成的负荷变化并非都是负面的，即增大负荷，传湿引起的负荷变化有增有减，因而修正值也可正可负。

在经测试验证模拟数据的基础上，认为需要在国内原有的、以室外全年温度为特征的建筑气候区域（《民用建筑设计通则》GB 50352—2019）再进行湿分区（表 7-2）。

表 7-2 夏季及冬季湿度划分标准[8]

分区名称	夏季	分区名称	冬季
潮湿	平均相对湿度≥75%	潮湿	平均相对湿度≥70%
适中	55%≤平均相对湿度<75%	适中	45%≤平均相对湿度<70%
干燥	平均相对湿度<55%	干燥	平均相对湿度<45%

根据模拟计算结果，对全国主要城市的冷热负荷计算提出传湿影响下的修正值（表 7-3）：

表 7-3 主要城市考虑传湿时的冷热负荷修正程度

编号	城市	冷负荷修正	热负荷修正	编号	城市	冷负荷修正	热负荷修正
1	哈尔滨	−5%	+2%	13	西安	−20%	0
2	长春	−4%	+3%	14	兰州	−2%	0
3	沈阳	−4%	+2%	15	西宁	−3%	0
4	天津	−8%	+5%	16	南京	−8%	+6%
5	北京	−5%	+2%	17	合肥	−16%	+7%
6	呼和浩特	−3%	0	18	上海	−9%	+5%
7	乌鲁木齐	−3%	0	19	杭州	−8%	+7%
8	石家庄	−8%	+5%	20	武汉	−6%	+22%
9	太原	−9%	0	21	重庆	−12%	+10%
10	银川	−9%	0	22	成都	−18%	+12%
11	济南	−11%	+9%	23	拉萨	−1%	0
12	郑州	−12%	+10%	24	南昌	−15%	+7%

（续表）

编号	城市	冷负荷修正	热负荷修正	编号	城市	冷负荷修正	热负荷修正
25	长沙	−8%	+6%	29	南宁	−10%	+11%
26	福州	−13%	+14%	30	昆明	−3%	+1%
27	贵阳	−7%	+1%	31	海口	−13%	+9%
28	广州	−15%	+12%				

注：表中“+”表示负荷的增加，“−”表示负荷的减少。

2. 邹凯凯[9]对于保温层形式位置与霉变风险相关性的研究

邹凯凯将研究的重点放在南方冬冷夏热地区，该地区同时被认为是高温高湿地区。该区域全年湿度处于较高水平，环境中水蒸气经过建筑材料的内部孔隙渗透进入墙体内部，墙体内部或表面结露的风险远高于其他地区。目前，南方基本沿用了北方的外墙保温体系，区别仅在于聚苯板等保温层厚度有所降低，在技术上并没有太大的突破，并且适应南方气候、达到节能标准、满足舒适要求的保温系统还不成熟。保温墙体内部或表面结露会给墙体带来一系列的危害，造成的主要危害有以下三点。

(1) 保温性能降低：含水保温材料的热阻远高于干燥的保温材料。

(2) 墙体结构破坏：由于各种材料不一致的干缩湿胀现象，湿胀、冻胀将引起墙体的强度降低以致剥落。

(3) 墙体表面发霉：影响空气品质、人体健康。

作者根据热湿耦合传递思想，建立以温度与相对湿度为计算驱动势的一维墙体热湿耦合传递模型，分别采用有限体积法、附加源项法对控制方程、边界条件进行离散处理，并对二者离散方程的形式进行统一。接着，使用 python 语言，采用 numpy 科学计算框架与 TOMA 迭代法提高计算效率，得到热湿耦合传递模拟程序。根据文献中解析解与实验数据对程序与模型进行验证，程序模拟结果的相对误差小于 5%。

通过对夏热冬冷地区气象条件影响下的保温表皮建立上述热湿传递模型，并进行模拟分析得出结论：在长期高湿工况下，无论采用内保温还是外保温墙体，墙体内部均会在某一时间段形成湿累积或结露状态，并需要采取相关的防结露措施延缓湿累积或结露情况的发生。

模拟结果显示，采取外保温或内保温形式，室内侧的结露都可能发生。在室内侧采用空调、没有控制湿度的情况下，结露的风险会变大。过渡季节如果不采取适度控制措施，结露风险也会增大。外保温情况下的外墙基层处于高湿状态，会出现苔藓类植物生长，进而破坏墙体。

改善上述情况的手段分为主动式（空调除湿技术）与被动式（设置特殊的墙体材料层，如空气层、隔汽层或调湿材料层）。作者对不同保温材料做了相应分析，并给出了结论，如表 7-4 所示。

表 7-4 防结露措施分析比较[9]

防结露措施	设置位置	作用位置	作用效果
湿度控制	—	内壁面	较好
湿阻大的保温材料(XPS)	保温层	保温层	一般
空气层	保温层与基层之间	保温层	较弱
隔汽层	保温层与壁面层之间	保温层	较好
调湿材料	内壁面	内壁面	较弱

3. 刘向伟[10]对于墙体湿传递影响峰值负荷的研究

刘向伟应用基于有限元方法的多物理场耦合模拟仿真软件COMSOL多种分析对建筑墙体热、空气、湿耦合传递模型进行求解，用泊松方程模型独立求解空气流动方程，获得墙体内的空气压力分布，进而计算通过建筑墙体孔隙内的空气流量，然后将其作为热湿方程的输入参数，采用系数形式的偏微分方程模型对热湿控制方程及对应边界条件同时进行求解，从而获得墙体内的热湿分布。同时搭建了墙体热湿耦合传递实验测试平台，测试了以长沙地区为例的实际气候条件下加气混凝土墙体内的温湿度分布情况，为验证墙体热湿耦合模型提供了实测数据。随后，将新建模型模拟结果与ENl5026验证实例、HAMSTAD验证实例和实验数据进行对比，验证了新建模型的正确性。

基于其建热、空气、湿耦合模型，分析了我国夏热冬冷地区建筑墙体内湿传递对墙体热工性能及建筑能耗的影响；优化了该地区外墙保温层厚度，并分析了墙体内湿传递对优化结果的影响；提出了墙体内霉菌生长控制策略及霉菌生长风险评估指标。

根据空调度日数(CDD26)和采暖度日数(HDD18)将夏热冬冷地区分为四个子气候区域，并在每一子气候区域选取一个典型城市作为研究城市。以典型城市成都、上海、长沙和韶关为例，选取我国夏热冬冷地区居住建筑常用砖墙(水泥砂浆—红砖—石灰水泥砂浆)为研究对象，分析了该地区建筑墙体内湿传递对墙体热工性能及建筑能耗的影响，结果表明该地区建筑表皮内湿传递对建筑热性能和能耗性能有显著的影响。分析后得出以下结果(表 7-5)：

(1) 当忽略湿传递时，夏季和冬季的峰值负荷分别被高估了 2.1%～3.9%和 4.2%～10.1%；

(2) 在忽略湿传递情况下，制冷季总的显热负荷被高估了 5.1%～37.1%；

(3) 制冷季总的潜热负荷占全热负荷的 14.3%～52.2%，全年潜热负荷占全年全热负荷的 4.9%～6.6%；

(4) 当忽略湿传递时，制冷季、供暖季和全年全热负荷分别被低估了

9.9%～34.4%、1.6%～4.0%和4.4%～6.8%。

表 7-5 夏热冬冷地区子区域划分、相应划分准则以及典型城市[10]

气候区域	子区域	划分准则	典型城市
夏热冬冷地区	A	1 000≤HDD18<2 000，CDD26≤50	成都
	B	1 000≤HDD18<2 000，50<CDD26≤150	上海
	C	1 000≤HDD18<2 000，150<CDD26≤300	长沙
	D	600≤HDD18<1 000，100<CDD26≤300	韶关

* HDD18 表示基准温度为 18 ℃时的采暖度日数，CDD26 表示基准温度为 26 ℃时的空调度日数。

4. 郭兴国[11]对于热湿气候地区不同结构外墙内表面结露风险的研究

郭兴国对热湿气候地区多层墙体的传热传质规律进行了详细分析和讨论。在 Budaiwi 模型的基础上，通过考虑相变及墙体内部液态水传递建立了多层墙体热湿耦合传递模型，将墙体与周围介质的质量、能量传递过程作为问题的边界条件处理，将墙体内部水分的蒸发冷凝换热作为能量守恒的一部分。该模型以空气含湿率和温度为驱动势，避免了多层材料交界处或材料与空气边界处的不连续现象，从而可将材料内部的热湿迁移过程与材料表面吸放湿过程联系起来，使分析过程变得简便。

同时还建立了多层墙体热湿耦合传递的实验测试方法。以水泥砂浆—砖—水泥抹灰墙体为代表，在实际气候条件下对长沙地区 1 月份和 7 月份空调房间外墙体内的温湿度分布进行了测试。对该红砖墙体而言，实验测试结果表明：

(1) 无论是在夏季还是在冬季，该红砖墙体内的温、湿度变化都存在着很强的耦合作用，并且温度对湿度的影响尤为显著。

(2) 无论是在夏季还是在冬季，水泥砂浆与红砖界面处的温度、湿度都严重受到室外温、湿度变化的影响，室内环境的变化对其影响比较小，红砖与水泥抹灰界面处的温度、湿度主要受室内温、湿度的影响，变化较小。

(3) 在夏季和冬季进行空气调节时，不论阴雨天还是晴天，水泥砂浆与红砖界面处的相对湿度均有可能达到饱和状态，并有相当长的时间该位置的相对湿度高于 80%。

(4) 在夏季时，内表面贴有发泡塑料壁纸的墙体 2 内各界面处的温、湿度普遍比没有贴壁纸的墙体 1 内相应界面处的要高；在冬季时，两种墙体内各界面处的温度基本相同，但没贴壁纸的墙体 1 内各界面处的湿度比贴壁纸的墙体 2 中的湿度要略高。

(5) 无论是在夏季还是在冬季，阴雨天气候对墙体内的含湿量影响都很大，会造成水泥砂浆与红砖界面处的相对湿度长期接近饱和状态，并且存在水分凝结现象。

(6) 无论是在夏季还是在冬季,太阳辐射强度对墙体内的温、湿度变化都存在着很大的影响,且明显影响着墙体内温湿度的分布规律。

运用通过实验数据验证过的模型,以长沙地区气候条件为例,对南方地区典型的几种墙体进行了热湿性能分析。取室内湿度为75%,温度为24 ℃,室外温度和湿度为标准气象年逐时平均温度和相对湿度。墙体的内、外表面的热交换系数分别取为 8.72 W/(m^2·K)和 23.26 W/(m^2·K),质交换系数根据 Lewis 关系式求出(令 Lewis 数等于 1)。墙体的初始温、湿度跟室内条件相同。以下为几种墙体的热湿传递模拟结果。

● 砖墙:墙体由内至外依次为石灰水泥砂浆、红砖和水泥砂浆,墙厚 0.28 m,其中水泥砂浆和石灰水泥砂浆均为 0.02 m。

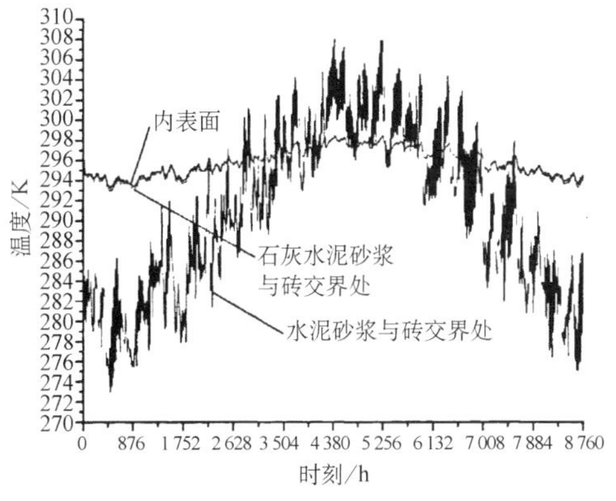

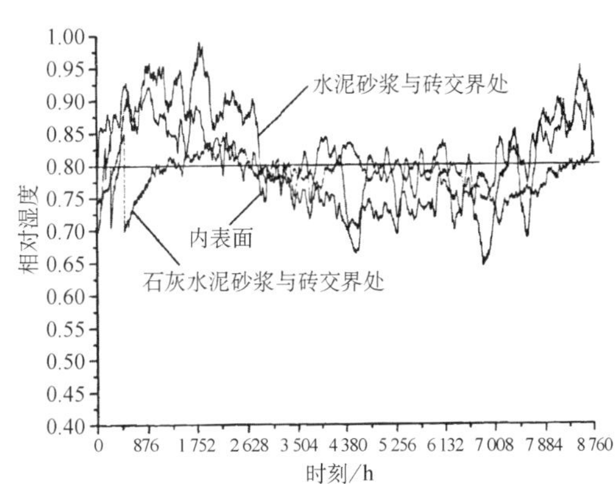

图 7-3　砖墙各分界面处温湿度变化(左温右湿)[11]

图 7-3 右图中可以看出,内表面的相对湿度变化比较平缓,水泥砂浆与砖交界面处的相对湿度变化比较剧烈。在春、冬两季各分界面的相对湿度都长时间地保持在 80%以上,极易引起霉菌生长。

● 加气混凝土墙体:墙体由内至外依次为石灰水泥砂浆、加气混凝土、水泥砂浆,墙厚 0.34 m,其中水泥砂浆和石灰水泥砂浆均为 0.02 m。玻璃纤维的液态水扩散率与材料含湿量无关,其值恒为 1.0×10^{-8} m^2/s。

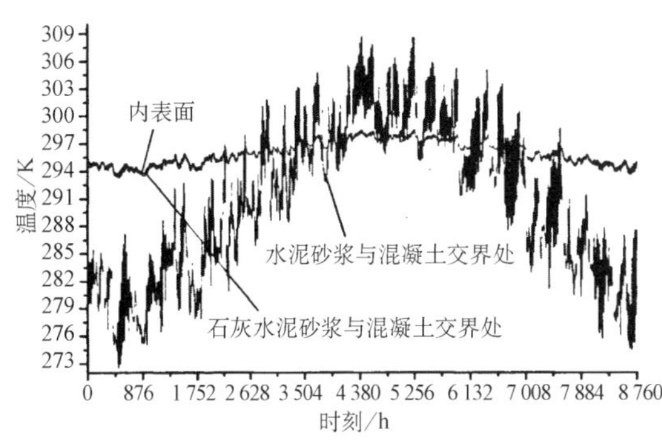

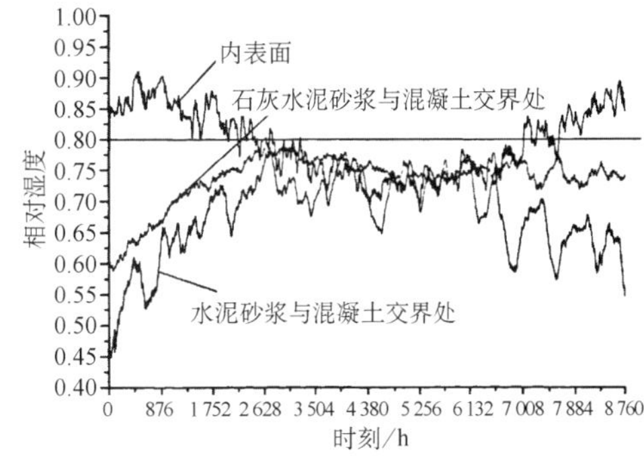

图 7-4　加气混凝土各分界面处温湿度变化(左温右湿)[11]

从图 7-4 左图中可以看出加气混凝土内表面的温度变化幅度和石灰水泥砂浆与混凝土交界处的温度变化幅度很小，这主要是由于加气混凝土的导热系数比较小，而且厚度比较厚，使得石灰水泥砂浆层几乎不受室外温度的影响，只与室内温度变化有关。同时由于石灰水泥砂浆的导热系数很大，该层的温度梯度很小，使得内表面的温度变化曲线几乎和石灰水泥砂浆与混凝土交界处的温度变化曲线重合。而从右图中可以看出墙体各分界面处的相对湿度在一年中的变化情况。这种墙体的内表面的相对湿度在春季和冬季都有很长一段时间维持在 80%以上，极易引发霉菌生长。其他分界面处的相对湿度都在 80%以下。

- 石膏板—玻璃纤维—砖墙：墙体构造由内至外依次为石膏板、玻璃纤维、砖，墙厚 0.14 m，其中石膏板与砖均为 0.02 m。

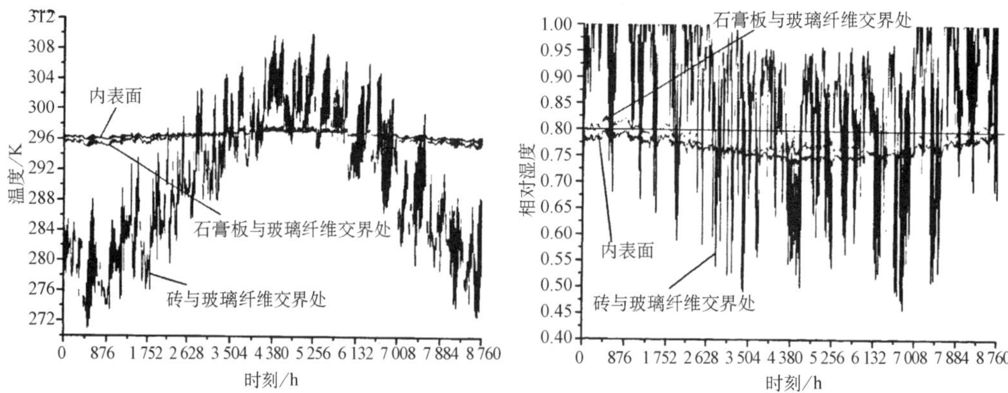

图 7-5　石膏板与玻璃纤维各分界面处温湿度变化（左温右湿）[11]

如图 7-5 所示，石膏板与玻璃纤维交界处的温度变化曲线与内表面的温度变化曲线几乎完全重合，差不多都是一条直线，这主要是由于玻璃纤维的绝热作用，使得石膏板的温度不受室外温度变化的影响而只与室内温度变化有关，又因为室内温度设为恒定的，所以变化曲线差不多为一条直线。图 7-5 右表示在标准气象年墙体内的逐时相对湿度分布情况。可以看出，内表面的相对湿度全年都维持在 80%以下，石膏板与玻璃纤维交界处的相对湿度绝大部分时间也都维持在 80%以下，霉菌生长概率很小。由于玻璃纤维的水蒸气渗透系数很小，使得石膏板层内的含湿量几乎不受室外湿度的影响，只与室内湿度变化有关，两条湿度变化曲线的波动幅度都很小。然而，在砖与玻璃纤维交界处的相对湿度变化曲线波动十分剧烈，最高相对湿度达到 1，这表明在该分界面处有冷凝现象发生，产生湿积累。

- 新型木结构墙体：墙体结构由外至内分别为石膏板、玻璃纤维、胶木、石膏板，墙厚 0.28 m，其中石膏板为 0.01 m，胶木厚度为 0.02 m。

可以看出，在石膏板与玻璃纤维交界处的温度变化曲线跟室外环境

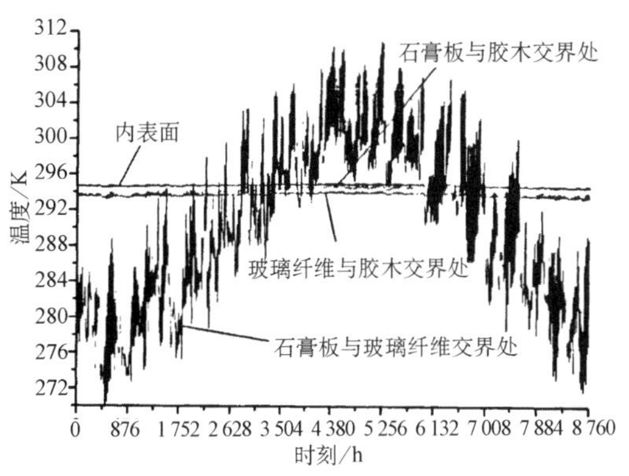

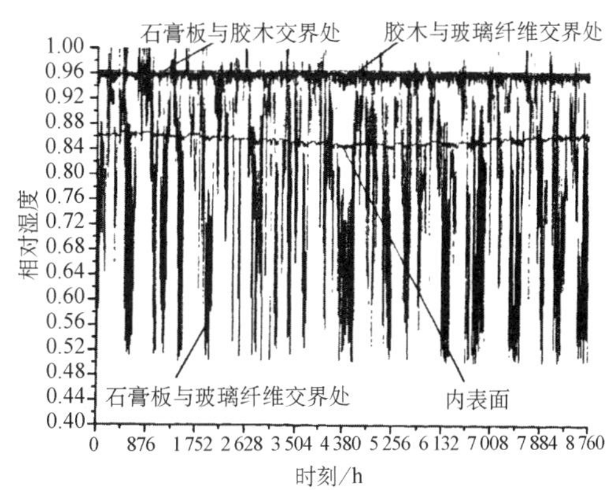

图 7-6　加气混凝土各分界面处温湿度变化(左温右湿)[11]

温度的变化曲线是一致的，这是由于石膏板的导热系数较大，整个石膏板层的温度梯度较小所引起的。玻璃纤维与胶木交界面及胶木与石膏板交界面处的温度变化曲线都比较平缓，在室内温度(297 K)上下波动，这表明石膏板与胶木层主要是受室内温度的影响，室外环境温度对这两层材料基本没有影响，这是由于玻璃纤维的绝热作用所引起的。由图 7-6 可以看出，在石膏板与玻璃纤维交界处的空气相对湿度变化比较剧烈，其变化曲线跟室外环境的相对湿度变化曲线一致，这表明该层墙体内的湿度变化情况受室外环境中的湿度变化影响较大。同时，该层最高相对湿度达到 1，有冷凝水产生。玻璃纤维与胶木交界面及胶木与石膏板交界面处的相对湿度变化曲线都比较平缓，这表明胶木层与室内侧石膏板层的湿度情况受室内湿度的影响：因为玻璃纤维的水蒸气渗透系数很小，所以室外湿度变化对这两层材料的影响很小。为了避免墙体内产生冷凝水，需在室外侧设置水蒸气隔层，或者在不影响舒适性的前提下，提高室内空调设置温度。此外，从图 7-6 中可以看出，这种墙体的内表面的相对湿度几乎全年都保持在 80%以上，容易引起霉菌生长。

5. 孙先景[12]对于严寒地区外墙保温受湿传递影响的研究

建筑外墙体的热湿传递过程对建筑的使用性能影响很大，尤其是在室内外温差较大的严寒地区。严寒地区常见的由湿传递导致的建筑损坏包括建筑外表面脱落和建筑内表面潮解粉化，这类湿损坏比我国其他地区都要严重。孙先景基于严寒地区建筑外墙体热湿传递进行了研究，以期对严寒地区建筑外墙的热湿传递规律有更深刻的认识。该研究利用专门的热湿传递数值计算软件 CHAMPS-BES 对哈尔滨地区符合建筑节能标准的外墙体进行了一系列的计算，研究了各热湿传递因素、墙体构造形式、材料属性、室外环境条件的影响。最后，他将理论研究和数值模拟研究的成果相结合，对墙体热湿耦合传递数学模型进行了简化。

建筑表皮的湿传递如果得不到有效的控制，材料的内部很容易因水

图 7-7 墙体外表层脱落图片

蒸气凝结而出现液态水分。这将导致某些建筑构件的腐蚀，影响其机械强度，减少使用寿命。受湿积累影响最大的应该要数保温材料，由于特殊的蓬松多孔构造，相比于主体材料（砖、混凝土等），它们在受到湿侵蚀时更易发生变形，进而将会导致表面保护层的脱落（图 7-7）。在严寒地区，设置在外墙外侧的较为密实的保温层使得水分容易在表皮内部发生凝结，由于此地区温度较低，从而会带来冻胀的危险，严重影响建筑使用效果。

该研究通过模拟分析得出以下结论：

（1）外保温墙体结构层采用陶粒砌块材料会增加保温板冷凝的风险，削弱保温板内部温度波动幅度，降低严寒地区墙体冻胀的风险；

（2）外保温形式下，材料体积含水率的年降低量更加明显，有利于降低材料内部的湿积累，同时降低了结构层内部冷凝的风险，使多层墙体的温度维持在更接近室内温度的水平，有利于提高室内环境的舒适性；

（3）EPS 板相比于 XPS 板对室外温度波动削减的程度更明显，同种条件下采用 XPS 板会使得保温材料内部水分凝结风险增加；

（4）室外空气温湿度设为全年平均值时会使保温板内部的温度、相对湿度和体积含水率分布与设为周期性逐时变化值时有较大变化，而采用分段均值的设置方法使计算结果的可靠性有较大提高（图 7-8）。

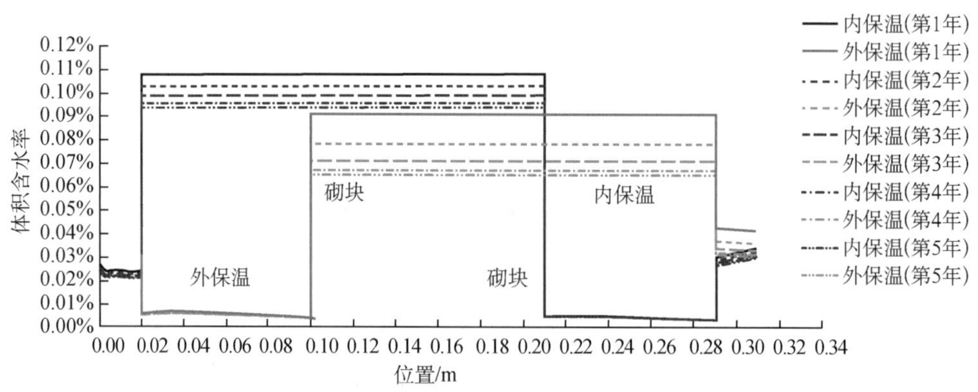

图 7-8 内、外保温形式下不同时刻体积含水率随位置的分布情况[12]

6. 王强[13]对南北方表皮霉菌滋生机理的研究

王强基于 Delphin 软件及 VTT 模型，通过模拟探究对比南北方地区墙体霉菌滋生的成因及研究北方地区热桥部位内霉菌滋生与墙体构造的关联，提出可以抑制或减少霉菌生长的表皮构造。计算分析以严寒地区代表的哈尔滨，在以加气混凝土和钢筋混凝土为墙体的承重部分，同时考虑以 EPS 板为保温材料的内保温和外保温的墙体时，墙体里的热湿传递及霉菌滋生问题，在得到不同墙体构造下的墙体内部温湿度分布中，墙体内湿累积，保温层平均液态水含量和导热系数变化，以及霉菌滋生情况。同时研究分析了夏热冬冷地区代表城市的长沙以钢筋混凝土以及聚苯板为保温材料的内外保温墙体的热湿传递问题，以及霉菌滋生问题，得到墙体内温湿度分布，湿累积以及霉菌滋生情况。并进一步对比分析南北方霉菌滋生情况，以及墙体内部温湿度分布问题。

根据研究计算结果，主要得到以下几点结论：

(1) 墙体空气渗透会在一定程度上增加霉菌滋生的风险。

(2) 严寒地区室内的温湿度对于墙体内表面的霉菌滋生有很大的影响。在相对湿度相同时，温度越高，霉菌滋生速度越快，越容易达到稳定，且稳定后的值越大。同理温度相同，相对湿度越大时候也一样。且可以发现在室内温度 22 ℃，相对湿度 84%时，室内表面霉菌滋生因子 M 可以达到 2，此时霉菌滋生的程度，刚好到达威胁人类健康的程度。

(3) 在严寒地区，在以钢筋混凝土层和 EPS 板组成的内外保温墙体中，外保温墙体要更好，原因在于内保温墙体不能很好地排出室内湿量，使得墙体内湿累积较大，且保温层湿含晕也增大，严重影响墙体保温性，同时也导致霉菌滋生严重；而在以加气混凝土和 EPS 板组成的墙体，要取决于室内湿度，如果是室内湿度较大的环境，则内保温墙体要更好，原因在于外保温墙体不能很好排出湿量，使得墙体内湿累积较大，不仅影响保温层的保温性，而且促进霉菌滋生的发生。如果室内湿度较低，则外保温墙体选择性更好，原因在于其对于墙体的保温性更好。

(4) 在夏热冬冷地区，以钢筋混凝土层和聚苯板作为墙体结构时，内保温墙体更好，原因在于后者用于外保温构造时，对于室外湿量的阻碍性较大，使得在保温层处存在湿累积，因而在墙体外表面会有霉菌滋生的情况。

(5) 夏热冬冷地区和严寒地区由于湿问题，导致的霉菌滋生情况有所不同。前者主要是如果墙体构造不合理，则使得墙体外侧湿度高，使得墙体内湿度分布由外往内逐渐递减，所以应当选择墙体 A 种水蒸气扩散阻力因子由室外往室内逐渐递减的构造；而北方则是如果墙体构造不合理，就会阻碍室内往室外的传湿的过程，使得墙体内侧湿度较大，进而墙体内存在湿累积，所以应当选择墙体 B 这种水蒸气扩散阻力因子由室内往室外逐渐递减的外保温墙体。假如严寒地区选择内保温墙体时，应当根据室内湿度情况，如果室内湿度较大，则选择墙体 C 这种水蒸气扩散阻力因子由室内往室外逐渐递减的内保温墙体。而室内湿度不大时，则选择墙体 D 这种外保温墙体，原因在于外保温墙体的保温性能较好。

(6) 严寒地区冬季某些墙体热桥内表面温度可达到 10 ℃左右甚至零下，而相对湿度能够达到饱和，这对于墙体表面的霉菌滋生影响极大。此外结合霉菌滋生情况，可以发现热桥处霉菌滋生因子 M 能在短短几年就超过 2，完全达到对于人体身心健康及墙体本身结构造成危害的情况。因而可通过屋面里加保温涂层及窗框里加断桥铝隔热条来解决。

在哈尔滨地区，分析以钢筋混凝土，加气混凝土和 EPS 保温板组成的内外保温的墙体。总共 4 种墙体结构，具体结构如下(表 7-6)。

表 7-6 传热系数

	传热系数/[W/(m^2 · K)]
墙体 A	0.433 2
墙体 B	0.433 2
墙体 C	0.276 1
墙体 D	0.276 1

- 墙体结构 A：内保温，外侧石灰砂浆 20 mm，钢筋混凝土 200 mm，EPS 板 80 mm，内侧石灰砂浆 20 mm。
- 墙体结构 B：外保温，外侧石灰砂浆 20 mm，EPS 板 80 mm，钢筋混凝土 200 mm，内侧石灰砂浆 20 mm。
- 墙体结构 C：内保温，外侧石灰砂浆 20 mm，加气混凝土 200 mm，EPS 板 80 mm，内侧石灰砂浆 20 mm。
- 墙体结构 D：外保温，外侧石灰砂浆 20 mm，EPS 板 80 mm，加气混凝土 200 mm，内侧石灰砂浆 20 mm。

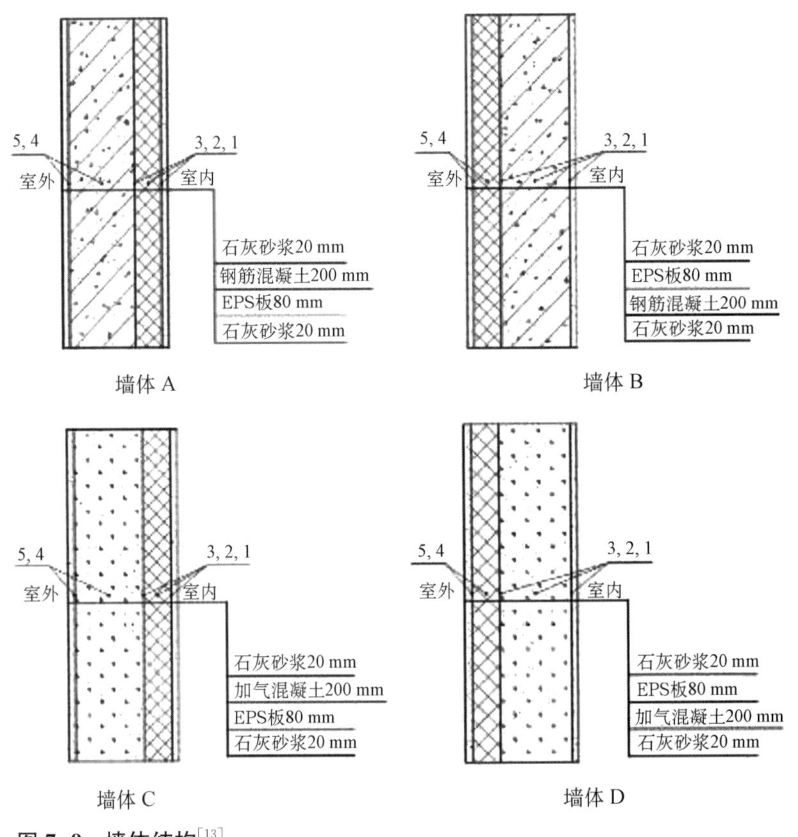

图 7-9 墙体结构[13]

对于 4 种墙体，在模拟计算中，分别在各种材料的交界面及保温层和混凝土层的中心点设置 1、2、3、4、5 五个温湿度监测点，由于墙体内外侧与 1 点，5 点只间隔 20 mm 的石灰砂浆层，因而就直接将 1 点和 5 点设定为墙体的内外侧，如图 7-9—图 7-11 所示。

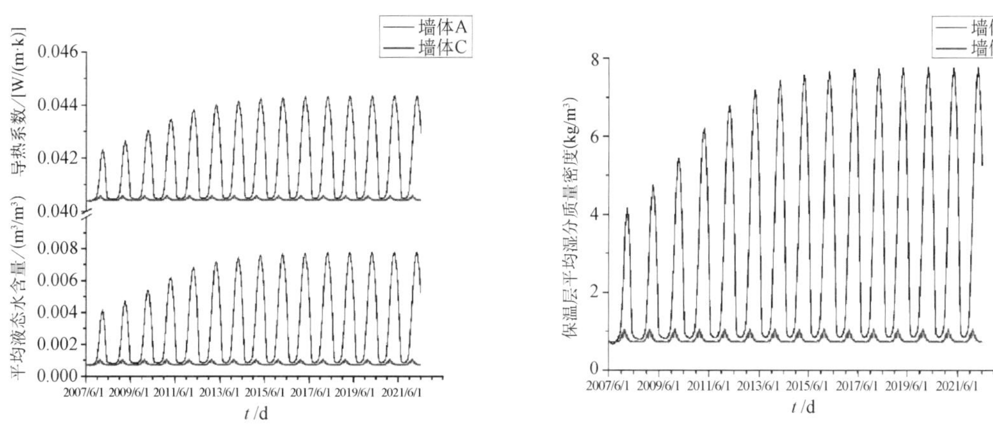

图 7-10　墙体 A 与墙体 C 保温层导热系数、平均液态水含量图以及墙体的平均湿量密度图[13]

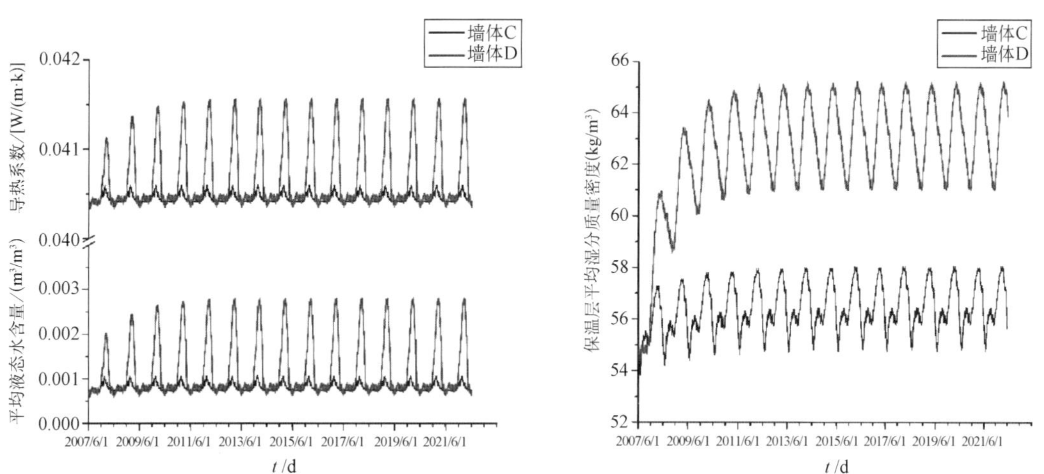

图 7-11　墙体 C 与墙体 D 保温层导热系数、平均液态水含量图以及墙体的平均湿量密度图[13]

7. 李魁山、张旭等对夏热冬冷地区外墙结露风险的模拟研究

李魁山、张旭等[6,7]通过建立一维墙体内热湿耦合传递模型，并求解该方程，数值结果同文献中实验结果吻合较好。以夏热冬冷地区室外典型年温度和水蒸气密度为计算参数，计算多层墙体温度和水蒸气密度分布，得到如下结论：在冬季室外周期条件作用下，内保温容易出现内部结露，而在夏季两种方式均不会出现结露；冬、夏季，内保温热流密度高于外保温，采用外保温有利于减小负荷，降低能耗。其模拟结果摘录如下(图 7-12—图 7-14)：

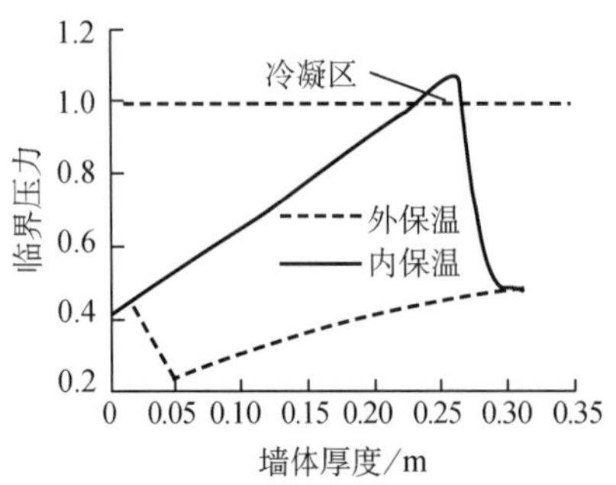

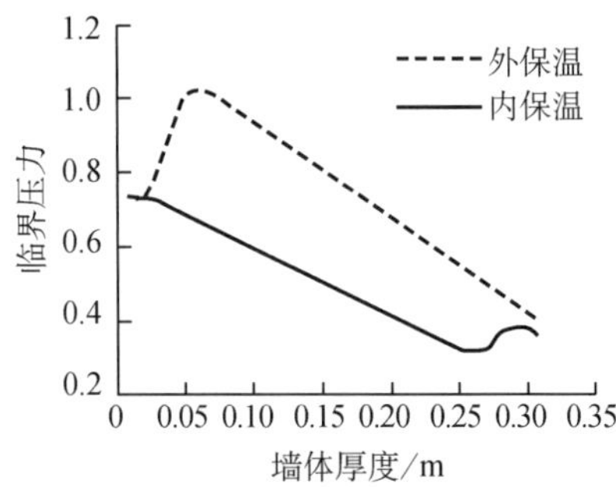

图 7-12　墙体内水蒸气分压力分布(左冬右夏)[6]

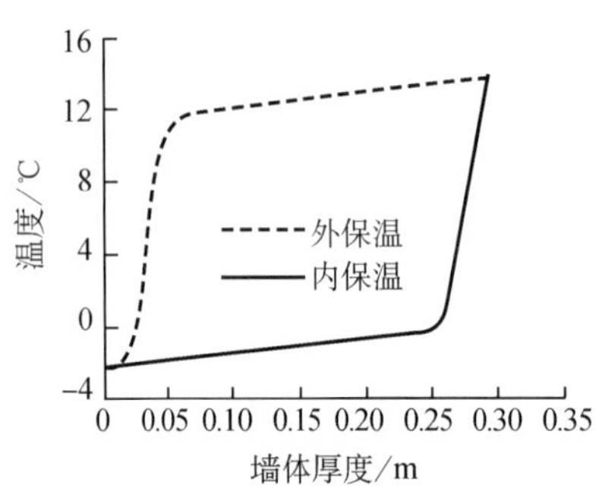

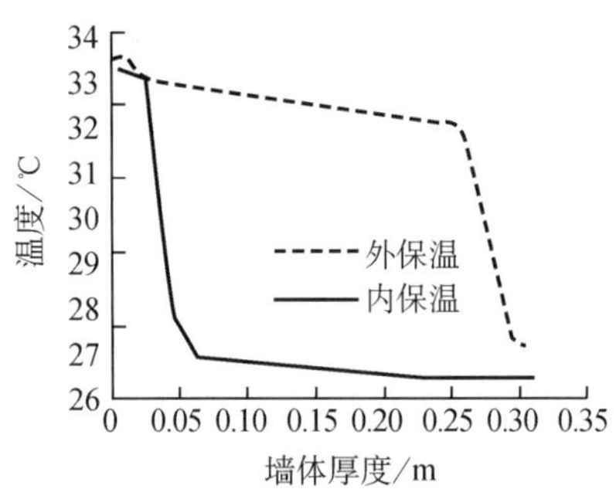

图 7-13　墙体内温度分布(左冬右夏)[6]

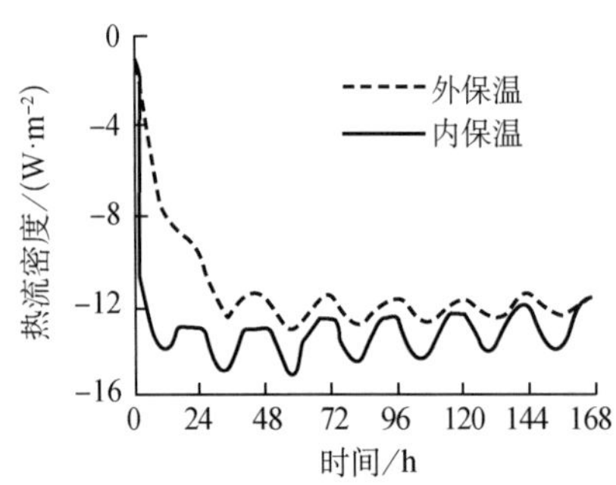

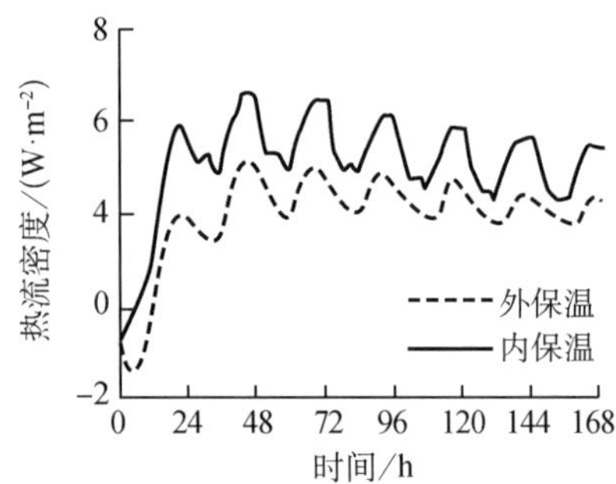

图 7-14　墙体内表面热流密度分布(左冬右夏)[6]

8. 章重洋等对于不同材料的表皮在不同气候区域结露风险的模拟研究

章重洋、李景广、陆津龙等[14]运用德国弗朗霍夫研究所开发的 WUFI Pro 6.2 软件模拟了外墙的非稳态热湿传递过程。结果表明：墙体内部的热湿动态迁移过程受主体材料、保温材料和当地气象条件等多个因素的共同影响；加气混凝土(AAC)墙体表现出较好的保温性能和吸湿性能，在不同气候区都有良好的适应性；结构强度较大的钢筋混凝土(CON)墙体的保温性能和吸放湿性能相对较差，容易造成室内过多的湿负荷。模拟工况中室内边界条件依据 BS EN 15026:2007 设置为高湿负荷，外墙材料的初始相对湿度和温度分别设定为 80%和 20 ℃，计算时段从当年 10 月 1 日至第 5 年 10 月 1 日。

其模拟结果摘录如下(图 7-15、图 7-16)：

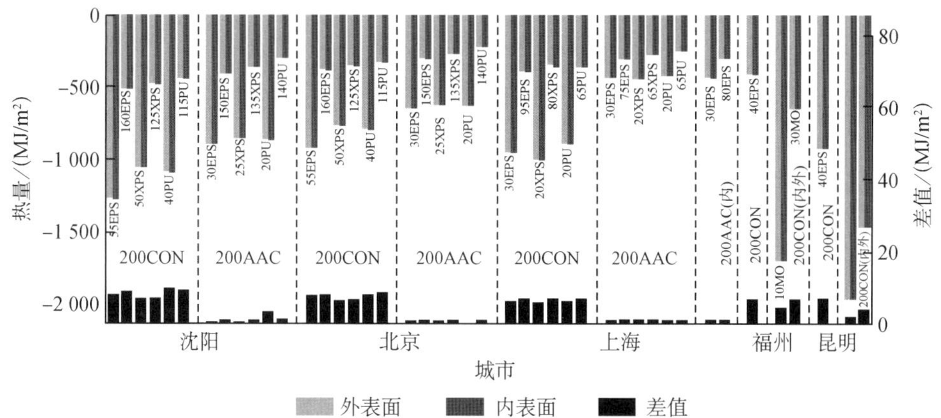

图 7-15　不同气候区代表城市外墙传递热量[14]

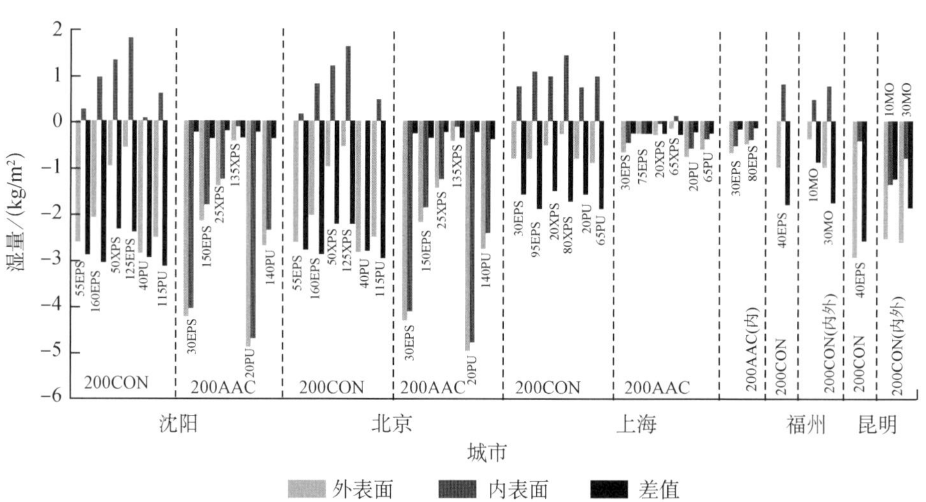

图 7-16　不同气候区代表城市外墙传递湿量[14]

模拟结果表明，通过所有外墙的净湿量均小于零，因而建筑标准设计图集提供的不同气候区外墙运行 5 年后不发生湿累积。对于 AAC 墙体，沈阳、北京、上海 3 个城市各种类型外墙的内、外表面传递的湿量均为负值，即内表面从室内吸湿经由外表面传递至室外，且外表面流向室外的总湿量均大于内表面吸收的总湿量，墙体整体处于放湿状态。对于 CON 墙体，沈阳、北京、上海、福州 4 个城市各种类型外墙总体处于放湿过程，但内表面的传湿量均为正值，即外墙向室内传湿，增加室内湿负荷。因此，相比之下，AAC 墙体的吸湿性能较好，对室内高湿负荷有一定的调节作用。

对于昆明地区，采用与上海、福州地区相同的 CON 外墙时，与上海、福州的情况相反，其内表面的总湿量均为负值，即室内空气向墙体传湿；同样地，采用与福州相同的混凝土保温砂浆内外组合保温墙体时，与福州的情况相反，其内表面的总湿量均为负值，即室内空气向墙体传湿。以上 2 点表明，昆明地区采用图集推荐的外墙时室内湿度水平较高。因此相较于其他地区，昆明采用图集中推荐的 2 类外墙时，内表面霉菌生长风险会偏高。

对于组成墙体的多孔材料来说，其导热系数和含水量有较大关系，材料的保温性能随含水量的增加而急剧降低，增加建筑能耗。不同城市的 CON 外墙在运行 5 年期间，含水量在每年冬季会出现短暂的上升，但总体呈现逐年递减趋势，前 3 年下降趋势较快，3 年后逐渐趋于稳定，表明 CON 外墙初始含水显偏高导致墙体干燥缓慢；不同气候区的代表城市对比发现，墙体内含水量受当地气象条件影响较大，高温高湿的福州地区 CON 外墙含水量高于其他城市，上海、昆明、北京和沈阳 CON 外墙含水量水平依次降低，北京和沈阳均属于低温低湿气候，总体水平相差不大(图 7-17、图 7-18)。

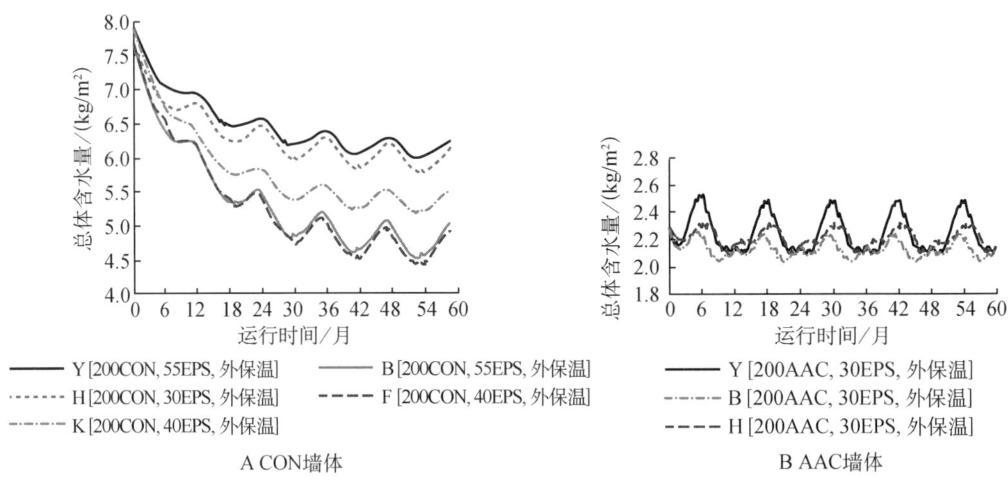

图 7-17　不同城市墙体总体含水量的变化[14]

预测霉菌生长风险方面采用 Sedlbauer[15] 提出的生物热湿模型和等值线模型，得到墙体内表面霉菌生长率指标，并采用 VTT 模型中的霉菌指数指标进行分析，如表 7-7 所示，0～6 分别代表不同的墙体发霉程度。

7 表皮湿活性化技术理论及应用

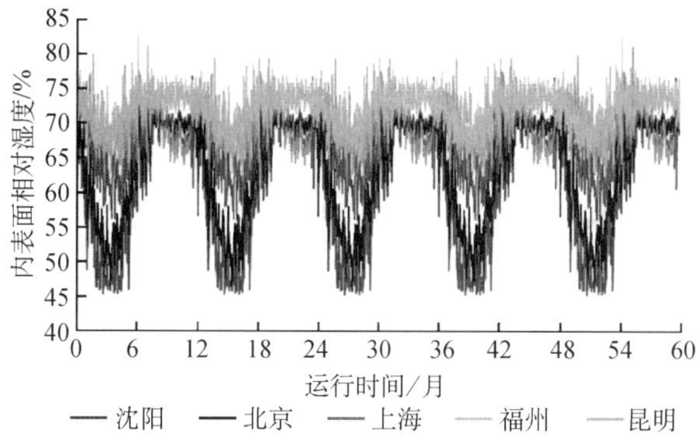

图 7-18　不同气候区外墙内表面湿度随墙体运行时间的变化

表 7-7　不同霉菌指数的霉菌覆盖率[14]

霉菌指数	霉菌生长程度
0	没有霉菌生长
1	表面有少量霉菌生长
2	表面有小于 10%的霉菌覆盖率
3	表面有 10%～30%的霉菌覆盖率
4	表面有 30%～70%的霉菌覆盖率
5	表面有大于 70%的霉菌覆盖率
6	表面接近 100%的霉菌覆盖率

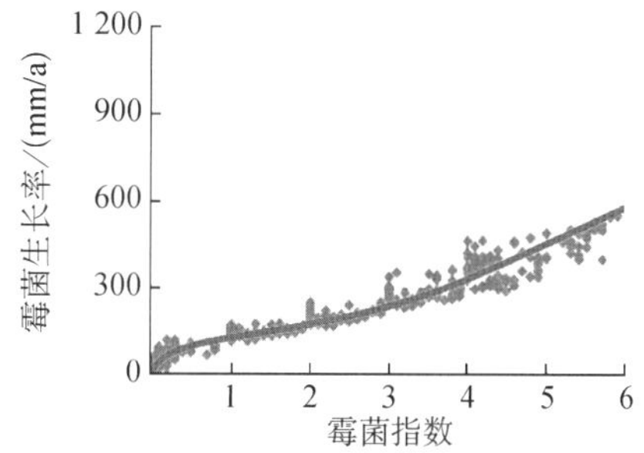

图 7-19　霉菌生长率与霉菌指数函数关系

研究表明，湿度是影响霉菌生长的重要因素，不同气候区墙体内表面湿度变化是影响霉菌生长率和霉菌指数的关键因素。而在模拟中显示外墙内表面含水量最高的区域，也有着相应最高的霉菌生长风险(图 7-19—图 7-21)。

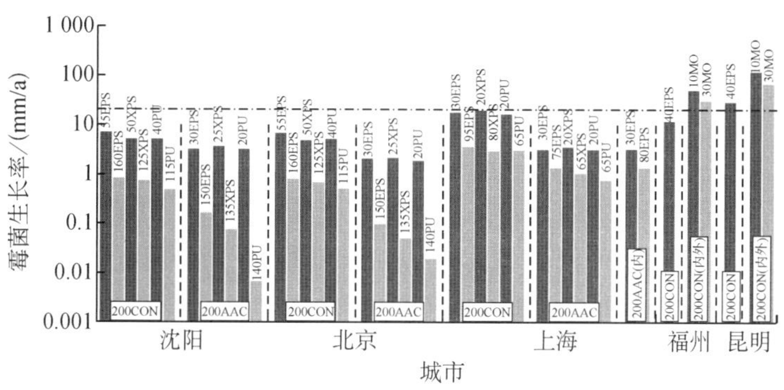

图 7-20　不同气候区代表城市外墙内表面霉菌生长率[14]

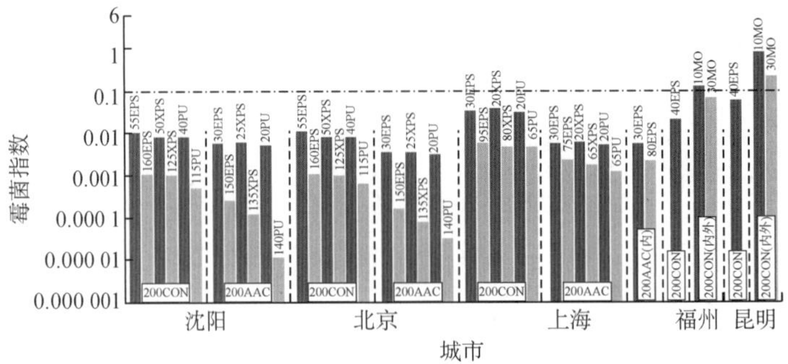

图 7-21　不同气候区代表城市外墙内表面霉菌指数

9. 陈国杰等对于霉菌滋生风险室内温湿度临界值的模拟结果

为了评价霉菌滋生风险，陈国杰、王汉青、陈友明[16]等提出了霉菌滋生风险室内湿度临界值及温湿度临界线等概念，并建立吸湿性墙体热湿耦合迁移瞬态的数学模型，通过与典型案例对比对该数学模型进行了验证。该课题研究针对南方主要城市两种典型墙体（红砖墙体与加气混凝土墙体）的霉菌滋生风险室内温湿度临界值进行了模拟分析。研究结果发现：(1)随着室内温度逐步升高，各地市两种墙体的霉菌滋生风险湿度临界值均逐步降低；(2)各地市霉菌滋生风险室内湿度临界值相差较大；(3)不同墙体的室内温湿度临界值各不相同，加气混凝土墙体温湿度临界线均高于红砖墙体。

该研究以相对湿度（φ）和温度（T）为驱动，是基于傅里叶、菲克及达西定律，考虑水的气液相变，根据质量、能量守恒定律，建立吸湿性墙体热湿耦合迁移瞬态数学模型。但所建模型为非线性偏微分方程组，很难求得解析解，因而采用数值方法求解。同时，用墙体热湿迁移领域典型案例 HAMSTAD 对所建立模型进行验证。

HAMSTAD 案例分析了单层各向同性材料的等温干燥过程，材料初始含湿量为 84.768 7 kg/m^3，即为相对湿度 95%，初始温度为 20 ℃。同时，在某时刻，材料内、内外相对湿度分别变为 65%、45%，①温度仍然保持为 20 ℃[17]。

相对墙体外侧夹层而言，墙体内表面霉菌滋生对居民的健康与舒适影响更大，因此，在该研究中仅对墙体内表面处霉菌滋生风险室内温湿度临界线进行研究。东南西北四个方向中，北向墙体霉菌滋生风险最大，因而该研究中也只分析北向墙体。

霉菌滋生的主要条件有氧气、pH 值、营养基以及适当的温湿度等。在民居建筑中，霉菌滋生所需的氧气、pH 值、营养基均容易满足，因而，温度、湿度是决定日常建筑环境霉菌是否滋生的关键条件。通常认为，当温

① HAGENTOFT C E. Final report: methodology of HAM modeling [R]. 如果 HAMSTAD 案例的环境条件为终状态室内相对湿度为 65%，室外 45%，是否意味着该环境不属于高湿地区？ 采用相对干燥气候条件下的实测案例验证用于高湿气候条件下吸湿性墙体热湿耦合迁移瞬态数学模型的数值解是否合适？ ——本书作者。

度大于 0 ℃且相对湿度大于 80%时，就具备了霉菌滋生条件。在此，将 0 ℃和 80%相对湿度定为临界值①。

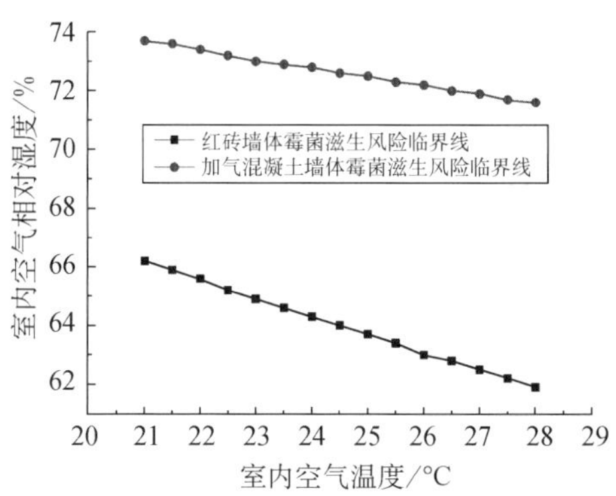

图 7-22 长沙地区墙体霉菌滋生风险室内温湿度临界线

由图 7-22 可见，随着室内空气温度逐步升高，霉菌滋生风险湿度临界值逐步降低。对于红砖墙体，当室内空气温度为 21 ℃时，室内空气相对湿度临界值为 66.2%，当室内空气温度为 28 ℃时，霉菌滋生风险湿度临界值为 61.9%。对于加气混凝土墙体，当室内温度为 21 ℃时，霉菌滋生风险湿度临界值为 73.7%。当室内温度为 28 ℃时，霉菌滋生风险湿度临界值为 71.6%。

随着室内温度的升高，两种典型墙体的湿度临界值均呈现下降趋势，加气混凝土墙体的霉菌滋生风险温湿度临界线高于红砖墙体，湿度临界线的斜率绝对值小于红砖墙体，因而，在长沙地区，与红砖墙体相比加气混凝土墙体霉菌滋生风险低。

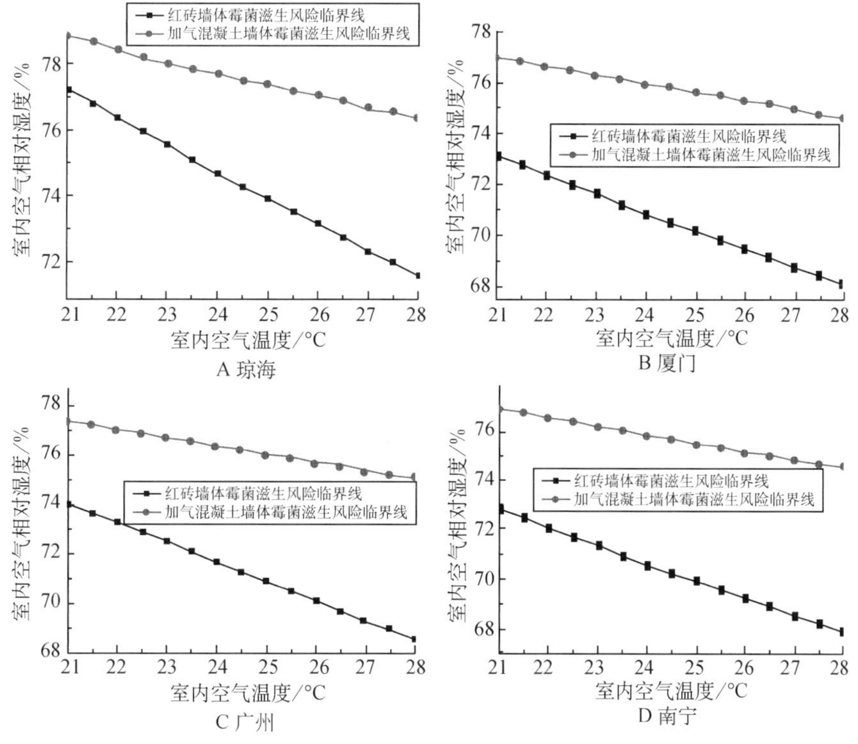

① CORNICK S M, DALGLIESH W A. A moisture index approach to characterizing climates for moisture management of building envelopes [C] //Proceedings of the 9th Canadian Conference on Building Science and Technology. Vancouver: Institute for Research in Construction, 2003: 383-398. 温度高于 0 ℃为临界值明显带有北方气候区域研究者的思维模式，是否对于高温高湿地区仍应沿用？——本书作者。

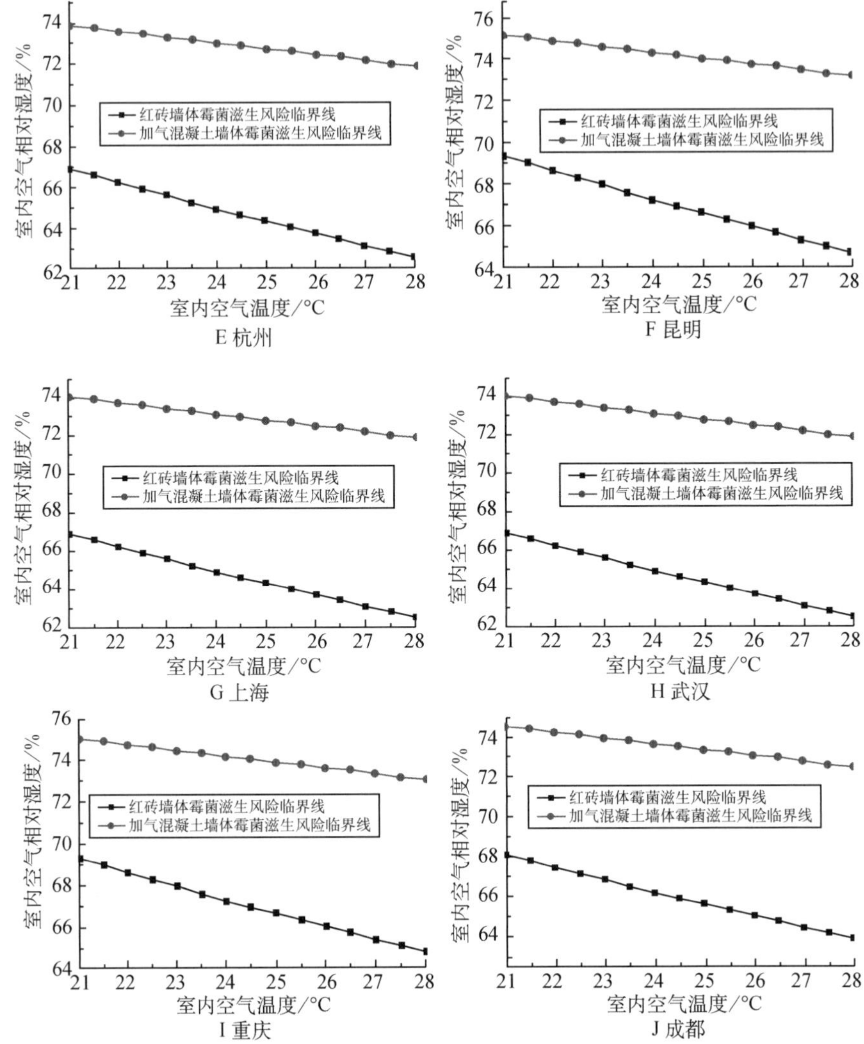

图 7-23　南方地区主要地市墙体霉菌滋生风险临界线[16]

10. 陈国杰等的霉菌滋生风险评价指标研究

陈国杰、陈友明、刘向伟等[17]采用了相对湿度大于 80%，并且温度高于 0 ℃时，墙体就具备了霉菌滋生条件这一依据[19]，建立了墙体霉菌滋生风险评价指标，即

$$S_{RHT80}=\sum_{t=1}^{n}(RH_t-RH_1)\times(T_t-T_1) \tag{7-1}$$

式中，RH_t 为墙体某时刻的相对湿度，%；RH_1 为霉菌滋生的临界相对湿度，取值 80%，当墙体相对湿度 RH_t 小于 RH_1 时，$RH_t-RH_1=0$；T_t 为墙体某时刻的温度，℃；T_1 为霉菌滋生的临界温度，取值 0 ℃，当墙体温度 T_t 小于 T_1 时，$T_t-T_1=0$。式中 RH_t 与 T_t 通过墙体热湿耦合迁移模型计算得出，计算时间为 1 年，n 取值为 8 760 h。

霉菌滋生风险指标考虑了温度、湿度及持续时间，能较好地用于霉菌滋生风险比较（见脚注 1）。霉菌滋生风险评估指标值越大，则霉菌滋生风险越高。此外，还考察墙体内相对湿度超过 80%的小时数 H_{80}，H_{80} 反映了承受霉菌滋生风险的时间长度。S_{RHT80} 和 H_{80} 可以较好地评价墙体霉菌滋生风险（图 7-23、表 7-8、表 7-9）。

表 7-8　不同太阳辐射下墙体内的 H_{80} 与 S_{RHT80}[17]

位置	东向		南向		西向		北向		无太阳辐射	
	H_{80}/h	S_{RHT80}	H_{80}/h	S_{RHT80}	H_{80}/h	S_{RHT80}	H_{80}/h	S_{RHT80}	H_{80}/h	S_{RHT80}
位置 1	2 284	1 213.69	2 304	1 350.03	2 291	1 229.02	2 719	1 546.23	4 178	3 660.01
位置 2	2 573	1 606.42	2 390	1 402.28	2 555	1 607.01	2 696	1 775.58	2 837	2 170.36

表 7-9　南方各地霉菌滋生风险[17]

省份	地点	H_{80}	S_{RHT80}	地点	H_{80}	S_{RHT80}	地点	H_{80}	S_{RHT80}
海南	海口	2 304	1 697.88	琼海	3 004	2 141.57	—	—	—
福建	崇武	2 036	2 077.02	建瓯	1 235	650.41	上杭	947	497.62
	福州	1 091	762.52	南平	618	348.22	厦门	1 418	1 091.57
广东	电白	2 058	1 378.72	南雄	1 243	968.61	韶关	1 397	721.20
	广州	1 966	2 127.21	汕头	1 204	927.06	阳江	2 487	2 148.79
	河源	1 038	837.96	汕尾	1 895	1 530.06	增城	1 815	1 596.46
广西	百色	686	344.72	河池	853	378.62	南宁	1 790	1 546.32
	都安	1 252	696.08	灵山	1 560	893.12	钦州	2 350	1 727.05
	桂林	1 114	1 169.51	龙州	1 528	857.23	梧州	1 980	1 426.78
	桂平	1 768	1 079.12	—	—	—	—	—	—
浙江	定海	395	141.55	洪家	1 306	802.32	温州	1 105	707.71
	杭州	1 078	938.86	衢州	1 376	903.56			
江西	赣州	891	511.28	南昌	1 221	863.28	宜春	2 136	1 077.93
	吉安	1 584	881.42	南城	1 588	1 061.54	玉山	900	635.21
	景德镇	906	442.80	遂川	1 711	1 014.98	—	—	—
湖南	长沙	2 304	1 350.03	零陵	1 241	597.12	武冈	1 886	694.89
	常德	867	493.92	南县	1 001	663.63	芷江	1 277	701.12
	常宁	1 984	934.64	石门	1 066	693.79	株洲	1 662	1 088.04
贵州	毕节	907	163.89	桐梓	532	155.71	遵义	482	138.69
	贵阳	555	197.67	咸宁	389	82.43	兴义	712	220.17
	三穗	919	338.12	—	—	—	—	—	—

（续表）

省份	地点	H_{80}	S_{RHT80}	地点	H_{80}	S_{RHT80}	地点	H_{80}	S_{RHT80}
云南	楚雄	75	11.82	丽江	130	24.99	思茅	378	130.15
	昆明	296	128.12	临沧	282	73.59	腾冲	1 049	594.73
	德钦	61	6.72	勐腊	1 089	553.08	元江	148	62.59
	澜沧	512	197.56	蒙自	159	54.15	—	—	—
江苏	东台	770	462.02	淮阴	410	321.45	南京	617	415.58
	赣榆	152	83.09	吕泗	1 272	863.82	徐州	206	78.95
安徽	安庆	651	326.08	合肥	1 344	1 002.06	寿县	641	228.88
	蚌埠	731	524.62	霍山	1 275	769.39	桐城	841	529.07
湖北	鄂西	1 502	793.27	武汉	749	452.88	郧西	326	176.72
	老河口	409	174.56	宜昌	1 101	908.96	钟祥	519	241.93
四川	泸州	1 752	1 092.43	成都	1 152	776.65	乐山	1 377	531.36
	南充	1 186	441.4	会理	189	53.93	绵阳	444	179.14
	理塘	0	0	红原	0	0	九龙	5	0.19
	马尔康	0	0	甘孜	0	0	松潘	0	0

尽管该结果为较为传统的红砖墙体，因而并不能够代表目前已经充分普及的各类绿色建筑及节能建材，但就 H_{80} 与 S_{RHT80} 所表达的我国南方各地霉菌滋生风险而言，该预测所提供的警示仍然有足够的价值。

7.2 表皮材料调湿理论及研究现状

7.2.1 被动式调湿理论简介

尽管由于墙体材料中的湿迁移带来了上述的各类问题，但在保持室内空气相对湿度的方式中，利用墙体材料的调湿能力也作为“被动式”调湿的手段得到重视。

调湿材料是指不需要借助任何人工能源和机械设备，依靠自身的吸放湿性能，感应所调空间空气温湿度的变化，自动调节空气相对湿度的材料。利用调湿材料的吸放湿特性来控制调节湿度，是一种被动式生态性方法，无须消耗不可再生能源。研制具有良好调湿能力的材料，对于改善人居热湿环境、提高物品的保存质量、降低间歇式空调的能耗、保持环境生态的可持续发展，无疑有着重要的意义[18]。

材料调湿性能好坏是用吸放湿性能来描述的. 它包含两个方面的内容：(1)吸放湿量的大小；(2)吸放湿的快慢。前者反映吸放湿能力，后者反映吸放湿的应答性。

调湿材料这一概念，是由西藤、宫野、田中首先提出来的，是指不需要借助任何人工能源和机械设备，依靠自身的吸放湿性能，感应所调空间空气温湿度的变化，自动调节空气相对湿度的材料。在环境湿度较高的时候，调湿材料吸附水蒸气，降低环境湿度；当环境湿度降低时，调湿材料则会释放其吸收的水分，稳定环境湿度。因此就调湿材料的作用而言，也可以将其视为一种具有自动蓄放湿能力的容器。

图 7-24 说明了调湿材料的调湿原理：当空气相对湿度超过某一值 φ_2 时，平衡含湿量急剧增加，材料吸收空气中水分，阻止空气相对湿度增加；当空气相对湿度低于某一值 φ_1 时，平衡含湿量迅速降低，材料放出水分加湿空气，阻止空气相对湿度下降。只要材料的含湿量处于 d_{min}—d_{max} 之间，室内空气相对湿度就自动维持在 φ_1—φ_2 范围内[20]。

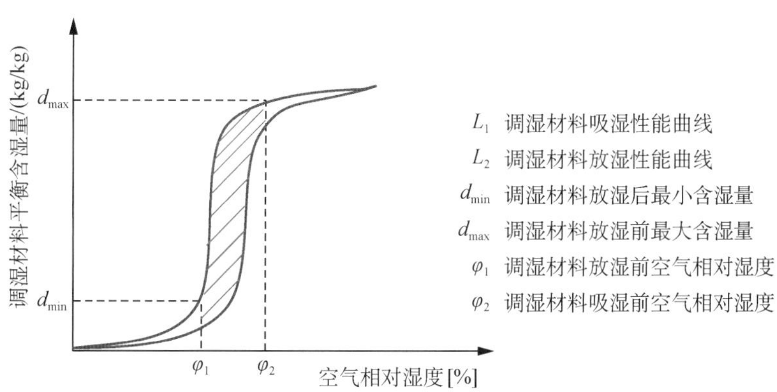

图 7-24 理想调湿材料的等温平衡含湿曲线[19]

从该原理图中可以看出当材料具有如下特性时，其调湿性能较好。

(1) 图中阴影部分越狭窄越好。当图中的阴影部分窄小时(即吸放湿曲线间滞后环宽度足够小)，材料的吸放湿能力很接近，这样材料可以将吸收的水分等量地释放到环境中，才能起到真正“调湿”的作用。

(2) 图中 φ_1—φ_2 之间斜率越大越好，这样调湿材料可使室内相对湿度稳定在相当窄小的范围内，即材料的调湿精度才能比较高，真正起到“自律”调湿的目的。

(3) φ_1—φ_2 最好在 40%～60%之间，这样就可以满足室内相对湿度的要求，真正实现调湿材料环保、节能的宗旨。

我国几个典型地区的全年(2008 年)相对湿度分布如图 7-25 所示，图中虚线阴影部分为舒适湿环境范围($RH=40\%\sim60\%$)，图内附选取的 6 个典型代表区域地理位置。从图中可得，各地城市的湿环境随季节变化明显，而且大部分城市表现冬干夏湿的特征，这就需要夏季除湿，冬季加湿才能达到舒适的湿环境。传统的空调湿处理方式是在除湿阶段将室内余湿排出；而在加湿阶段再向室内补充所需的湿量。事实上，对于冬干夏湿地区，特别是那些全年需除湿量与加湿量相当的地区，如果房间内部能把除湿阶段的余湿储存起来，到需要加湿时再释放出去，那么该房间将不需要其他的除湿、加湿设备。调湿材料就是这样一种具有蓄放湿能力的材料，将调湿材料与胶结料复合制成建筑墙体材料即所谓的调湿建材，它是利用调湿材料对水蒸气的自动吸放作用调节室内空气湿度，通过储存与释放湿的方式调节室内湿度[21]。

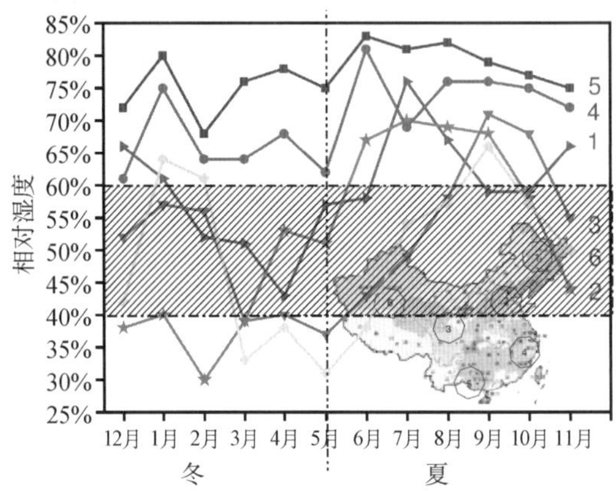

图 7-25　我国部分城市各月相对湿度[21]

与针对表皮中湿迁移引起各类问题的研究相同，对于调试材料的研究也同样关注湿迁移的机理，并采用了基本相同的研究路径。二者之间不同的则为各自的关注点：在前者主要关注墙体传湿引起的各类常规建材所带来的问题，而后者则希望湿迁移能用于室内湿度调节，因而更多地关注墙体材料的调湿能力，即吸附脱附能力，进而探讨各种不同调湿材料的性能。

调湿材料对空气中水蒸气的吸收其实是一种吸附现象。所谓的吸附，就是当两相存在时，相中的物质或在该相中所溶解的溶质，在相与相的界面附近的浓度与相内不一样的现象。被吸附的物质叫作吸附质，吸附的物质叫作吸附剂。在调湿材料吸湿过程中，调湿材料是吸附剂，而水蒸气是吸附质。

根据吸附剂与吸附质的相互作用的关系，吸附现象可以分为物理吸附与化学吸附。物理吸附由范德华力引起，因此也称为范德华吸附；化学吸附是伴随着电荷移动相互作用或形成化学键的吸附。当吸附剂与吸附质相界面上存在不平衡的物理力时，则发生物理吸附；而当相邻相的原子和分子在界面形成化学键时，则发生化学吸附。物理吸附和化学吸附的具体区别见表 7-10。从物理吸附和化学吸附的比较，特别是从吸附量、吸附速度、可逆性三方面可以看出，调湿材料的吸湿过程应当以物理吸附最为理想。多孔调湿材料的吸湿就属于物理吸附。

表 7-10 物理吸附和化学吸附的比较[22]

项目	物理吸附	化学吸附
吸附质	无选择性	有选择性
生成特异的化学键	无	有
固体表面的物性变化		显著
温度	低温下吸附量大	在比较高温度下发生
吸附热	小。相当于冷凝热	大。相当于反应热
吸附量	大于单分子吸附量	小于单分子吸附热
吸附速度	快	慢
可逆性	有可逆性	有不可逆性的场合

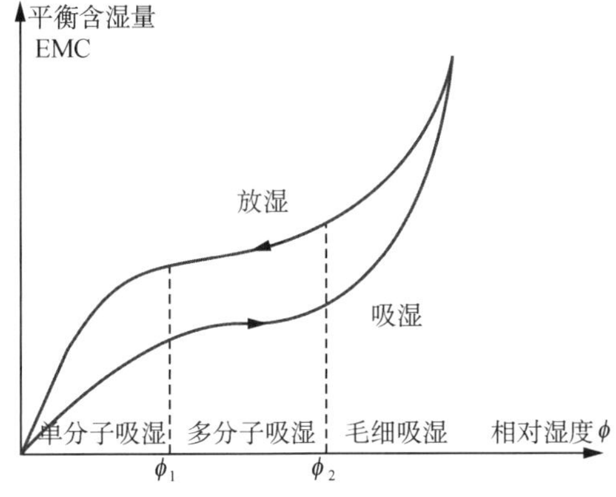

图 7-26 多孔材料典型的等温吸湿曲线[22]

通过对多孔调湿材料吸湿过程的分析，一般认为多孔材料的孔隙表面先被一层单分子水膜覆盖，称之为单分子膜吸附；在材料的单分子水膜层基础上，吸附进入了多分子膜状况：当多分子膜进一步发展时，材料中出现毛细管被水阻塞，在材料中开始出现弯月水面，产生了毛细管吸附或毛细管凝结，直至水分充塞那些毛细管使其在弯月面上形成的湿迁移与其四周空间中湿迁移热平衡为止。一般对建筑材料而言，单分子膜吸湿和多分子膜吸湿的界线 ϕ_1 大概在 20%～40%，多分子膜吸湿和毛细孔吸湿的界线 ϕ_2 大概在 60%～80%(图 7-26)。

多孔调湿材料的吸附滞后现象给定义材料的平衡含湿量与空气相对湿度关系的严格分析解带来了麻烦，但平衡含湿曲线图上吸附回线的存在，同时也在拉近了多孔调湿材料同理想调湿材料间的距离，为理想调湿材料的制备提供了线索。

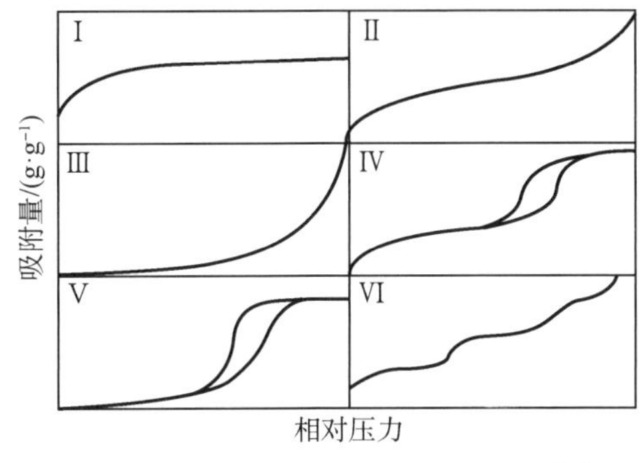

图 7-27 IUPAC 归纳的 6 种等温线类型[24]

但目前还没有一种理论可以很满意地解释所有吸附行为。许多方程都是在一定条件下可以对某些吸附系统的吸附现象进行解释。

IUPAC(国际理论与应用化学联合会)将现有材料的水蒸气等温吸附线分成 6 大类，具体如图 7-27 所示。Ⅰ型等温线对应超亲水材料，这类材料在极低相对压力下吸水量陡增。具有Ⅱ型或Ⅳ型曲线的物质也被归类为亲水性材料，这些材料在低、中段相对压力区间就有着较大的吸水量。此外，亲水性材料还包括那些不常见的、有着阶梯状的Ⅵ型等温线的材料。而具有Ⅲ型曲线形态的材料通常被认为是疏水的或低亲水的，这类材料中、低段相对压力下吸水量很小，只有在相对压力接近 1 时，吸水量才突增。和Ⅲ型等温线类似，Ⅴ型等温线在低相对压力下吸水量也很低，但不同的是，Ⅴ型等温线在中间相对压力段有着明显的 S 形曲线，这意味着吸水量在某一较窄相对压力区间内突然上升。

结合调湿材料的调湿原理，可以发现理想的调湿材料应具有Ⅴ型平衡吸放湿曲线。这是因为具有Ⅰ、Ⅱ和Ⅳ型等温线的材料亲水性较高，在较低相对压力区间也有着较大的吸水量；而对于Ⅲ型等温线的材料，吸水量通常在较高相对压力下才发生。这些材料难以使待调空间相对湿度维持在一个较窄的中段相对压力范围[23]。

固体吸附除湿靠的是固体吸湿剂对水蒸气分子的吸附作用。固体吸附剂吸附水分后就失去吸附能力，需要加热再生。吸附剂的吸附特性可以用吸附等温线来表示，吸附等温线的表达式有 Langmuir、Henry、Freundlich、BET、Dubinin-Radushkevich 等多种表达形式，对于吸湿材料，平衡吸湿量可以用式(7-2)统一表示：

$$\frac{W}{W_{max}}=\frac{\phi}{C+(1-C)\phi} \tag{7-2}$$

式中

W ——单位质量吸湿剂平衡时所吸附的水分，kg(水分)/kg(吸湿剂)；

W_{max}——100%相对湿度下的最大吸湿量，kg(水分)/kg(吸湿剂)；

C ——吸附等温线的形状因子；

ϕ ——相对湿度。

按照吸附等温线的不同形状，人们将各种吸附等温线划分为Ⅰ型(包括ⅠE、ⅠM)、Ⅱ型(或线性)和Ⅲ型(包括ⅢM 和ⅢE)五种，分别如图 7-28 所示，它们对应的形状因子分别是 $C=0.01, 0.1, 1.0, 10, 100$。可以发现，在图 7-28 所示的各种吸湿剂中，分子筛具有的吸附等温线属于Ⅰ型，硅胶属于线性，而活性铝和离子交换树脂属于Ⅲ型。不同的工艺过程要求的材料吸湿特性不同，对于除湿过程，Ⅰ型吸湿材料比较有利；而对于空调新风与排风之间的热湿回收，Ⅲ型材料比较有利[24]。

使用固体吸湿剂的空气绝热处理过程可以看作是等焓升温过程，所以为了得到温度较低的空气，还应对干燥后的空气进行冷却处理。以硅胶为例，其减湿处理过程如图 7-29 所示。如果需要将状态 1 的空气处理到状态 2，则令其通过硅胶层。当潮湿空气通过硅胶层时，其中的水

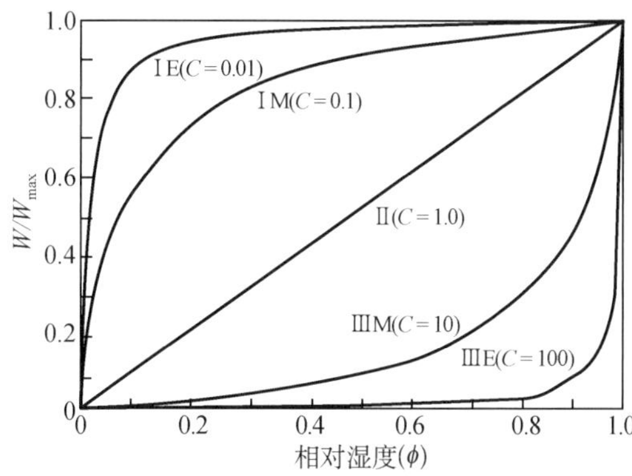

图 7-28　理想吸湿剂的吸附等温线[25]

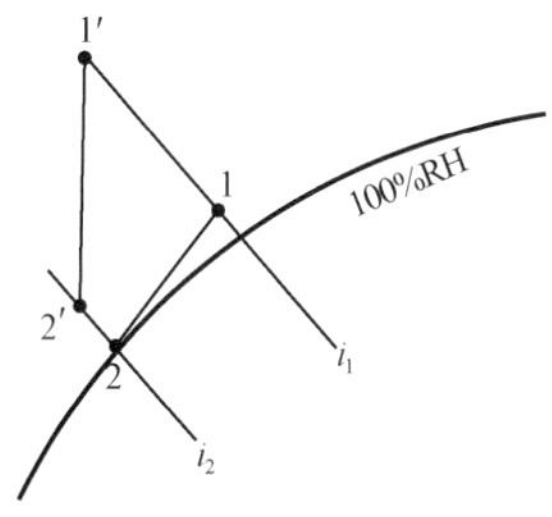

图 7-29　固体吸湿剂绝热除湿过程[24]

蒸气被吸附，同时放出吸附热（可以近似认为等于汽化潜热），将空气加热，因此保持了硅胶层前后空气焓的不变，而温度上升，如图 7-29 中 1—1′。为了得到温度较低的空气还需对状态 1′的空气进行降温处理。为了得到状态 2 的空气，通常需要由状态 1′先等湿冷却到状态 2′，然后再绝热加湿到状态 2，此过程即经常采用的除湿冷却过程。为了实现吸附床的快速循环，常在吸附床中装备肋片管并通冷水冷却，来强化吸附床的传热。

7.2.2　国内外调湿材料研究概述

1. 调湿材料及其分类简介[22]（图 7-30）

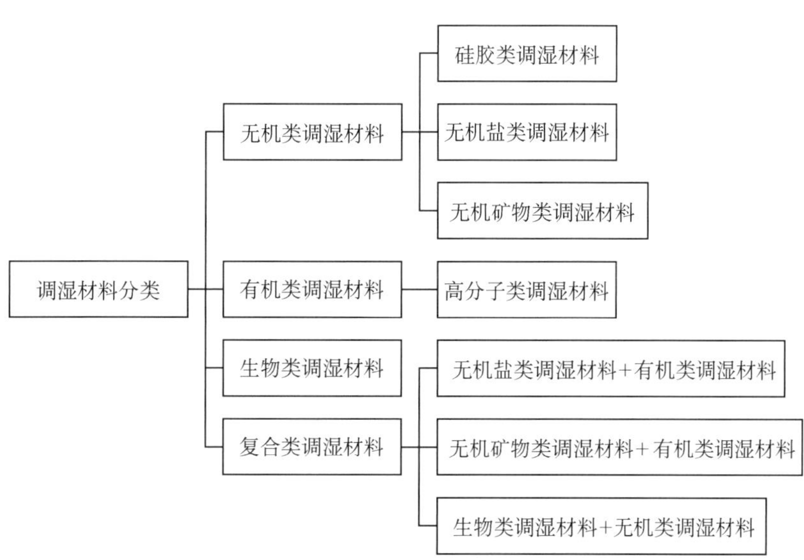

图 7-30　调湿材料的分类[25]

调湿材料根据其成分可以分为有机类和无机类，同时也可按其吸附作用（物理吸附、化学吸附和物理化学吸附）来分类。但国内外学者按调湿材料的发展及其分支状况，通常将调湿材料分成以下几类：

（1）特种硅胶

硅胶是一种具有多孔结构的二氧化硅，其化学组成为 $SiO_2 \cdot nH_2O$，是由硅酸钠溶液经无机酸、有机酸式盐处理，再经干燥而制得具有微孔结构的橡胶状凝胶。硅胶的孔径分布范围广，具有很大的比表面，在经各种"活化"处理后，它的比表面积可达 700 m^2/g。通常将硅胶视为一种理想的干燥吸附剂，据文献报道，硅胶能吸收重量为其自身一半的水分，在温度 20 ℃和相对湿度为 60％的情况下，硅胶的吸湿量能达到自身重量的 24％，而且硅胶的吸湿过程是可逆的，即可作为调湿材料。硅胶的优点在于其出众的吸湿量和吸湿速度，但它的解析过程比较吸附呈现较严重的滞后现象，而且硅胶的成本较高，使其应用受到很大的限制。

（2）无机盐类

无机盐类调湿材料的调湿作用机理是利用无机盐饱和盐溶液对应于饱和蒸汽压，从而对应于相对湿度这一原理。当外界湿度低于其对应的相对湿度时，由于外界蒸气压低于其饱和蒸气压，促使水分挥发，从而阻止湿度下降；当外界湿度高于其对应的相对湿度时，由于外界蒸气压高于其饱和蒸气压，促使盐溶液吸收水分，从而阻止湿度上升，因此可起到控制湿度的作用。在同样温度下，饱和盐溶液的蒸气压越低，所控制的相对湿度也越小。虽然在差不多整个湿度范围内能够通过选择适当的盐水饱和溶液来维持一定的湿度，但由于大部分固体无机盐，随着吸湿量的增加，自身慢慢潮解，而且在常温下不稳定，极易产生盐析，并随着时间的延长日趋严重，从而对保存的物品空间产生污染，也正是这个原因，使它的应用受到限制。而且这类调湿材料需要与空气有较大的接触面积才能达到较快的调湿速度（表 7-11）。

表 7-11　部分饱和盐溶液的饱和蒸气压力及对应的相对湿度[25]

名称	蒸气压力/mmHg	相对湿度
$ZnCl_2 \cdot 1.5H_2O$	1.74	10.0%
$LiCl \cdot H_2O$	2.63	15.0%
CH_3COOK	3.51	20.0%
$CaCl_2 \cdot 6H_2O$	5.66	32.3%
$Zn(NO_3)_2 \cdot 6H_2O$	7.36	42.0%
$Na_2Cr_2O_7 \cdot 6H_2O$	9.03	52.0%
$NaNO_2$	11.60	66.0%
NH_4Cl	13.90	79.2%

(续表)

名称	蒸气压力/mmHg	相对湿度
KCl	14.70	84.0%
$ZnSO_4 \cdot 7H_2O$	15.80	90.0%
$Pb(NO_3)_2$	17.20	98.0%

氯化钙是白色的多孔结晶体,略有苦咸味,吸湿能力较强,但吸湿后立即潮解,最后变为氯化钙溶液。氯化钙对金属有强烈的腐蚀作用,使用起来不如硅胶方便,但因其价格便宜,加热后也能再生和重复使用,所以应用比较普遍。常用的氯化钙有两种,一种是工业纯氯化钙,纯度为70%,吸湿量可达自身重量的100%;另一种是无水氯化钙,纯度为95%,吸湿量可达自身重量的150%。由于工业纯氯化钙的价格只是无水氯化钙的15%左右,因此使用工业纯氯化钙比较经济[25]。

(3) 有机高分子类材料

1969年,美国农业部北方实验室将淀粉的丙烯酸接枝共聚物用碱水解后,得到一种吸水能力为自重数百倍的聚合物,从而开发了一种新型高分子材料——高吸水性树脂(Super Absorbent Polyme, SAP),并于1974年进入市场。随后各类高吸水性树脂的研发逐渐兴起。高分子调湿材料的吸湿性主要取决于其本身的化学结构和物理结构。高分子调湿材料极性越大,与吸附物质水分子的作用力也越大,吸湿量也越大;反之,如果是非极性分子,则吸湿量几乎为零。物理结构中最重要的因素是结晶度,分子越规整就越不利于高分子材料吸湿。高分子调湿材料大多是低交联度聚合物,其吸湿后的极限体积可达到初始体积的数倍,所以具有很大的吸湿容量;但吸、放湿速度(即对湿度的响应速度)受高分子凝胶膨胀速度的影响很严重,而且放湿速度慢,放湿量小的缺点很难避免。目前市场上的高分子调湿材料具备粉末状、颗粒状、条状或透明薄膜等多种形式,以适应不同的应用场合。高分子吸水性树脂生产工艺复杂,制造成本高,而且有些产品还有副作用、功能寿命短等问题。

(4) 复合调湿材料

所谓复合调湿材料是将上述不同类型的调湿材料复合或与其他无机材料经反应或混合后制得。最常见的是高吸水性树脂与无机填料的复合。复合调湿材料的作用机理是各组分作用机理的共同作用与相互作用之和。例如高分子与无机材料复合材料,高分子材料优越的吸湿性使之具有较高的湿容量,而无机材料的物理吸附和毛细凝聚使其具有较快的吸放湿速度。用于复合的高分子材料通常由于其分子的规整,被吸附的水分难解析,放湿性能差。通过与无机填料的复合(通常为电解质或多孔载体),不仅充分利用高分子聚合物优越的吸湿性,而且经填料复合,使聚合物内部离子浓度提高,进而增大了聚合物内外表面的渗透压,加速聚合物外表面水分进入内部。聚合物经填料复合后，原聚合物规整表面变得疏松，增大了比表面积，增大了调湿材料与空气中水蒸气分子的接触表面，提高了材料的调湿性能。这类材料的优点是不仅吸湿速度增大，而且放滞速度也得到很大的提高；缺点是制造工艺复杂，成本较高。而且复合材料在将各材料的优点复合到一起的同时，也常把各材料的缺点复合到了一起。例如，与无机盐复合的复合材料，同样具有易潮解、不稳定和产生污染等缺点。

(5) 多孔无机类材料

无机矿物类调湿材料主要包括竹炭、木炭、活性炭、沸石、硅藻土、高岭土、蒙脱土和海泡石等。多孔无机材料其孔径从几十 Å(10^{-10})到数千 Å 不等，其比表面积从几百到几千 m_2/g，多孔无机类材料的吸湿机理正是凭借惊人的比表面积和孔容积对水蒸气进行物理吸附。此外，多孔无机类材料良好的均匀透过性和耐高温、抗腐蚀等性能，使它具有其他材料难以取代的优异性质，它可以用于冶金、化工、环保、能源、生物等行业中的气体分离、液体分离、液相色谱柱填充剂、离子选择性电极、放射性废弃物的处理、催化剂或酶的载体等方面。无机矿物质调湿材料最大的特点是吸放湿速度快(尤其是放湿速度较快)、放湿滞后小，而且对人体和环境无毒无害。此外，这类调湿材料生产工艺简单，制造成本低，使用寿命长，因此该类材料在民间的应用是最为广泛和成熟的。但此类调湿材料相比较其他几类调湿材料而言，湿容量较小，一般很难超过 30%。

2. 复合调湿材料性能简介[23]

调湿材料种类众多，根据调湿基材、调湿机理、基材获取方式的不同，大体可分为无机类、有机类、生物质类和复合类 4 大类。其中无机类主要包含硅胶、无机盐和无机矿物 3 类。硅胶的多孔结构和表面上存在的大量羟基使其能吸收自身重量一半的水分，但较宽的孔径分布极大地限制了其对湿度的自控能力。无机盐类湿度调节范围广，但常温下易潮解，且存在腐蚀被调环境的隐患。沸石、蒙脱石、海泡石、高岭土、硅藻土等无机矿物微孔发达、比表面积大、吸附能力强且取自天然，制造成本低，但湿容量普遍较小，调湿区间窄。有机高分子材料通过表面官能团与水分子间的作用力调节湿度，较无机类材料吸湿容量大，且能制成粉状、膜状、粒状等不同形式，可用于不同应用场所，但放湿性能较差。生物质类调湿材料以生物质废弃物为主要原料，绿色环保，但易受环境温度和材料种类的限制(图 7-31)。

可以发现，单一类别的调湿材料难以同时具备较高吸湿容量、较快吸放湿速度的要求。因此国内外学者们展开不同类型调湿材料的复合研究，以提升其吸湿性能。[23]

(1) 无机—无机类[23]

无机类调湿材料种类繁多，主要包含硅胶、无机盐和无机矿物 3 类调

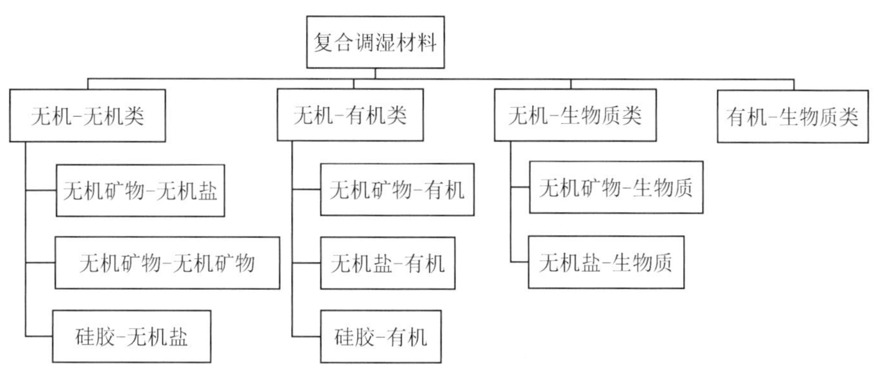

图 7-31　复合调湿材料分类[23]

湿材料，这 3 类调湿材料各有优缺点，硅胶和无机矿物发达的孔隙结构正好弥补了无机盐吸湿后易潮解、盐溶液溢出腐蚀周围环境的隐患，因此，一系列无机矿物—无机盐、硅胶—无机盐复合调湿材料被研制出来。此外，常见的无机—无机类复合调湿材料还包括通过对沸石、蒙脱石、海泡石、高岭土、硅藻土等两种或多种无机矿物进行混合、烧结等处理，制备出具有更优孔隙结构的无机矿物—无机矿物复合多孔调湿材料。

无机盐改性的无机矿物复合调湿材料主要通过将无机矿物浸渍到无机盐溶液，再辅以加热、搅拌、微波等一种或多种手段进行合成，从而实现盐颗粒成功地浸渍到无机矿物的内部孔隙中。硅藻土是一种由古代硅藻遗骸形成的硅质岩石，其化学成分主要为二氧化硅。藻壁壳存在大量有序排列的微孔结构，使其具有比表面积大、内部孔隙多、吸附性和渗透性强等优异性能，此外，还具有杀菌、隔热、化学稳定性好、吸音等特性，因而是无机盐改性的首选基质。

沸石是一种含碱金属或碱土金属元素的铝硅酸矿物，自然界已发现的沸石有方沸石、菱沸石、钙沸石、辉沸石等 40 多种，其晶体结构通常由硅氧四面体和铝氧四面体连接成架状结构，形成形状和大小不同的空腔，能选择吸附和过滤分子尺寸比孔道小的非极性、极性分子。在过去的几十年里，大量与天然沸石结构和性质相似，但具有更大比表面积、更优孔隙结构、更强吸附性能的人造沸石被不断合成，被作为吸附剂、催化剂和离子交换剂使用。

此外，铁硅酸盐（一般由可溶性铁盐和可溶性硅酸盐制得）、黏土烧结制品等也被用于合成无机盐改性的复合调湿材料。

硅胶是由二氧化硅微粒凝聚成的多孔体的总称。硅胶能吸收自身质量一半的水分，但通常发生在高相对湿度范围，在相对湿度低于 70%RH 区间，硅胶的吸湿能力显著下降，极大地削弱了其调湿性能[36]。通过将能精准控制湿度的无机盐调湿材料浸渍到硅胶孔隙内，可以促使硅胶基质的等温吸湿线往左移动，从而增大中间相对湿度区间（30%RH～70%

RH)的吸水能力。

无机矿物—无机矿物复合调湿材料通过对硅藻土、沸石、火山灰等两种或多种无机矿物调湿材料的掺杂混合等处理,从而制备出具有更优孔隙结构的复合无机多孔调湿材料。

(2) 无机—有机类[23]

现有文献报道的无机—有机类复合调湿材料主要有无机矿物—有机类、无机盐—有机类、硅胶—有机类 3 类。

无机矿物的多孔结构能吸附和释放空气中的水蒸气,但吸湿容量大多较小,调湿性能较差,而有机高分子材料吸湿性能强,但放湿性能差。因此,通过无机矿物和有机高分子材料的交联反应,能充分发挥各自优势,得到具有大吸湿量和高吸放湿速率的复合调湿材料。

聚丙烯酸系列有机高分子材料具有高吸湿性能,是这类复合调湿材料最常见的有机组分。

无机矿物—有机高分子复合调湿材料有着不错的湿容量和调湿速度。这一方面是由于有机高分子经交联聚合反应进入无机矿物的孔隙、层间中,使无机矿物的孔隙大小和层间间距有一定程度的增大,另一方面得益于引入的有机高分子材料的高吸湿性能。

在吸湿性能优异的有机高分子电解质中加入无机盐是无机—有机类复合调湿材料制备的一种常见方法。

通过添加合适的吸湿性无机盐,并控制合理的盐含量,这类无机盐—高分子电解质复合调湿材料能充分发挥无机盐的高吸湿性能和高分子聚合物的强蓄水能力,从而具备优异的湿容量和较快的吸放湿速率。

近年来,也有学者对硅胶和有机高分子聚合物的合成进行相关研究。

较之无机—无机和无机—有机复合调湿材料难降解的不足,生物质类复合调湿材料独有的生物亲和性和生物降解性特点,既绿色环保,又能实现资源的可持续利用,因而具有很大的发展潜力。其中,无机—生物质类主要包括无机矿物和无机盐改性的生物质复合调湿材料。

将海泡石、蒙脱土、硅藻土等无机矿物掺入杨木、泥炭藓等多孔生物质调湿材料,能有效提高生物质材料的吸湿量,并保留生物质材料的高降解性。

将生物质类调湿材料浸入无机盐溶液或掺杂无机盐粉末,就形成了含盐的生物质基复合调湿材料。

(3) 有机—生物质类[23]

将有机高分子调湿材料引入多孔生物质调湿材料的孔隙或层间,能进一步增大生物质的孔径和层间距,使有机高分子—生物质复合调湿材料的湿容量和调湿速度较单一的有机类或生物质类调湿材料明显提高,同时仍保有一定的生物降解性。其中,以玉米、高粱、小麦等农作物秸秆为原料,通过改性得到相应纤维素基材进而合成复合高吸水树脂的研究最常见。

除了秸秆类原料，也有学者对亚麻、核桃壳等进行相关的研究报道。

3. 几种高性能调湿材料对比[26]（表 7-12、表 7-13）

表 7-12 几种高性能的调湿材料的吸湿效果对比[26]

调湿材料	吸湿温度	吸湿相对湿度	吸湿时间	吸湿率
合成聚丙烯酸(PAA)	20 ℃	80%	24 h	55.36%
聚丙烯酰胺(PAM)	20 ℃	80%	24 h	20.23%
丙烯酸-丙烯酰胺共聚物(AA—AM)	20 ℃	80%	24 h	44.96%
人造沸石交联丙烯酸-丙烯酰胺共聚物(AA—AM—人造沸石)	20 ℃	80%	24 h	39.09%
高岭土交联丙烯酸-丙烯酰胺共聚物(AA—AM—高岭土)	20 ℃	80%	24 h	47.39%
人造沸石	20 ℃	80%	24 h	32.90%
高岭土	20 ℃	80%	24 h	2.24%

表 7-13 几种高性能的调湿材料的放湿效果对比[26]

调湿材料	吸湿温度	吸湿相对湿度	吸湿时间	吸湿率
合成聚丙烯酸(PAA)	20 ℃	35%	24 h	13.36%
聚丙烯酰胺(PAM)	20 ℃	35%	24 h	2.89%
丙烯酸-丙烯酰胺共聚物(AA—AM)	20 ℃	35%	24 h	12.51%
人造沸石交联丙烯酸-丙烯酰胺共聚物(AA—AM—人造沸石)	20 ℃	35%	24 h	8.49%
高岭土交联丙烯酸-丙烯酰胺共聚物(AA—AM—高岭土)	20 ℃	35%	24 h	15.41%
人造沸石	20 ℃	35%	24 h	8.24%
高岭土	20 ℃	35%	24 h	0.42%
硅藻土	20 ℃	35%	8 h	1.74%

4. 硅藻土的相关介绍[21]

(1) 硅藻土矿物材料简介

硅藻是最早在地球上出现的一种水生单细胞藻类，形体一般只有几微米到十几微米。硅藻能进行光合作用，在生长繁衍过程中，吸取水中胶态二氧化硅，在细胞壁沉积并逐步转变为蛋白石（非晶质 SiO_2），形成硅藻壳。硅藻土是硅藻遗骸经过几百万年的沉积矿化作用而形成的多孔性疏松土状化石，主要由 80%～90%，有的达 90%以上的硅藻壳组成。硅藻土经亿万年的积累和地质变迁形成具有足够质量和规模以及可采性的硅藻土矿。

硅藻土的矿产资源十分丰富，除南极其他各洲均有发现。据分析，全球 122 个国家和地区都有硅藻土资源，初步估计储量约为 92 000 万 t（截至 2003 年），其中美国 25 000 万 t。中国 11 000 万 t，次于美国，居世界第二位。

硅藻土主要化学成分为 SiO_2，但硅藻土中的 SiO_2 不是纯的含水氧化硅，而是含有与之紧密伴生的其他组分的一种独特类型的氧化硅，称为硅藻氧化硅。硅藻土中还含有少量的 Al_2O_3、Fe_2O_3、CaO_2、MgO、K_2O、Na_2O、P_2O_5 和有机质。

天然硅藻土是一种水合 Mg、Al、Si 的黏土矿，由生长在海洋或湖泊中的单细胞植物硅藻残骸沉积形成。硅藻土是以蛋白石-A 为矿物主要组分的硅质生物沉积岩，其 XRD 谱线表现为弥散的宽峰，高度无序，是一种无定形结构的二氧化硅，由通过氧和羟基连接的 Si-O 四面体构成，Si-O 四面体结构有缺陷。

硅藻土的物质主要组分为硅藻壳，其矿物成分为一种有机成因的硅藻蛋白石，是有益组分；其次为黏土矿物，如水云母、高岭石、蒙脱石等；还有混入的碎屑矿物，例如石英、长石、黑云母等；也常含有有机质以及盐类，这些物质则是有害组分。

纯净的硅藻土呈白色、土状，含杂质时则呈灰白、黄、灰、绿以至黑色。硅藻土的硬度一般为 1～1.5，硅藻骨架可达 4.5～5，密度一般是 1.9～2.35 g/cm^3。硅藻土不溶于一般的酸（HCl、H_2SO_4、HNO_3），耐酸性较好，易溶于 HF 和碱性溶液，化学稳定性较好。折射率低，较高的液体吸附能力，大的表面积，适中的摩擦性能，对声、热、电低传导性等性能。

硅藻土是一种天然材料，不含有害化学物质，除了具有防水、调湿特点外，还有不燃、隔音、重量轻以及隔热、除臭、净化室内空气等作用，而且硅藻土造价低，无须复杂加工，非常适合大面积地推广与应用。日本是最早将硅藻土制成调湿材料，如硅藻土和合成树脂制成调湿内墙涂料、硅藻土板材等。目前，日本和国内市场上已出现以硅藻土、硅藻泥为主要成分的涂料、瓷砖、墙体及壁材等调湿建筑材料，但是这些硅藻土调湿建材仍存在吸湿性较低等缺点，限制了硅藻土在调湿领域的规模应用。因此还需要进一步研究硅藻土的结构特征和调湿机理、提纯硅藻土改善硅藻土的孔结构，进而开发和提高硅藻土的吸湿性。

利用扫描电镜展示硅藻土、硅藻壳结构表征[21]，见图 7-32 中 A～D 依次是成活硅藻群、成活单个硅藻模拟图片和硅藻土、单个硅藻壳扫描电镜 SEM 照片。从图 7-32 中 A、B 硅藻图片可以看到，硅藻形态各异，是一种多孔壳单细胞植物，其细胞壁上有规则排列着微孔结构。硅藻细胞壁是由 2 个套合的半片组成，硅藻的半片称上壳（在外）、下壳（在内），上下壳均有一凸起的面称壳面。硅藻常用一分为二的繁殖方法产生。分裂

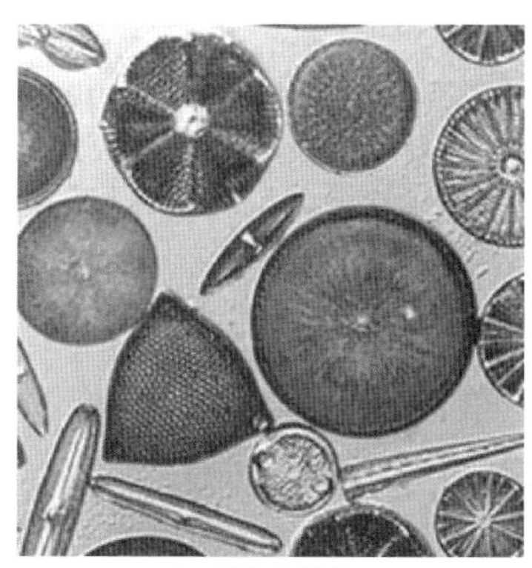
A 成活硅藻群

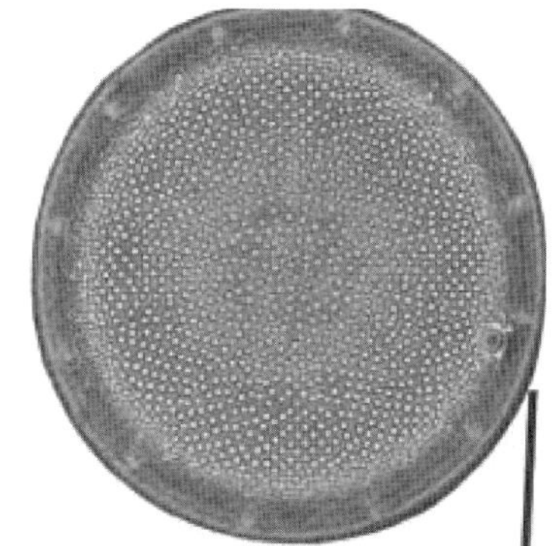
B 成活单个硅藻

C 硅藻土

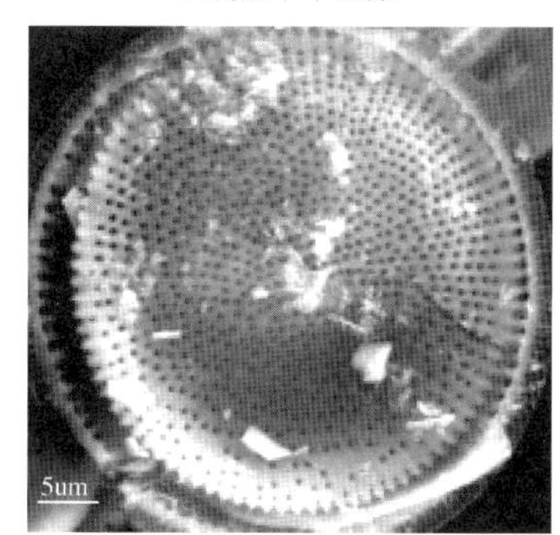

D 单个硅藻壳

图 7-32　硅藻和硅藻土形貌[21]

之后，在原来的壳里，各产生一个新的下壳，盒面和盒底分别名为上、下壳面。

从图 7-32C、D 硅藻土扫描电镜(SEM)可得，硅藻土是由硅藻壳堆积而成，每个硅藻壳基本上保持与硅藻细胞壁类似的结构。

图 7-33 为单个硅藻完整壳体的 SEM，内图附局部放大的照片。从图中可以得到，硅藻壳体由上下半壳套合而成，一大一小，大的套在外面，小的在里面，硅藻上、下壳相互套合，像盒子一样套在一起。上壳和下壳都不是整块的，皆由壳面和相连带两部分组成。壳面平或略呈凹凸状，壳面边缘略有倾斜的部分，叫壳套；与壳套相连，和壳面垂直的部分，叫相连带，亦称带面。

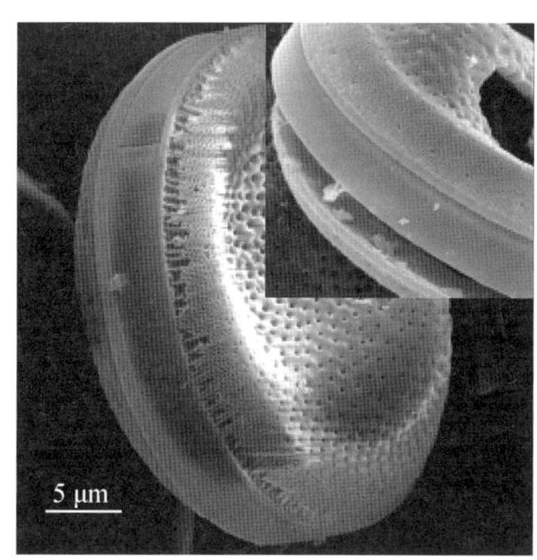

图 7-33　硅藻壳扫描电镜[21]

硅藻土的显著特性是多孔性，这与硅藻细胞壁排列大量气孔直接相关。硅藻土中存在两种孔：一是由硅藻壳堆积形成的不规则孔；二是硅藻壳面的规则微孔，包括中心部位的圆柱形通孔和边缘部位的墨水瓶形孔道。

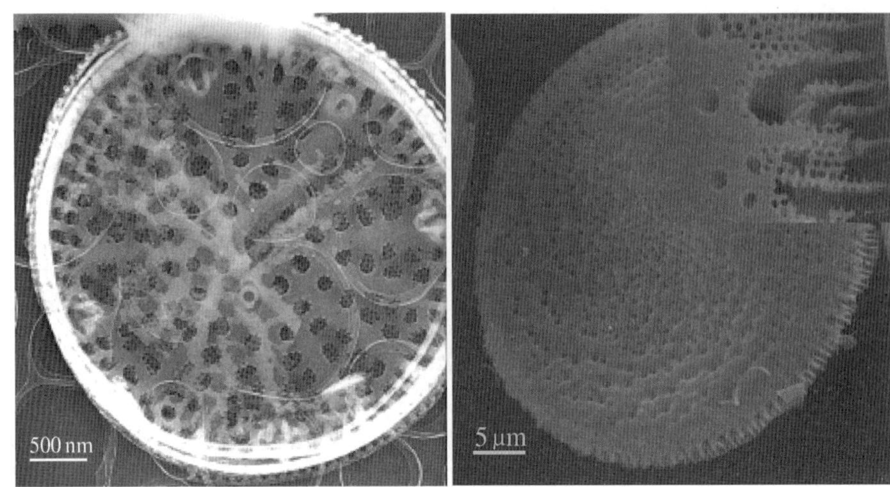

图 7-34　硅藻壳透射电镜(左)硅藻壳及局部放大扫描电镜(右)[21]

利用透射电镜(TEM)和 SEM 可获得表征硅藻土的孔结构形貌。图 7-34(左)为硅藻壳的 TEM,从图中可得硅藻壳面中心部分的圆柱形通孔;图 7-34(右)为硅藻壳体上半壳的 SEM,内图为边缘部分局部放大图,从图中可得硅藻壳面中心圆柱通孔和边缘墨水瓶形孔道。

(2) 开发与应用

地域资源条件导致硅藻种属、结构也有差异,各国都针对本国硅藻土资源的特点,开发利用本国的硅藻土资源。例如,美国由于有质量优良的 lompoc 硅藻土矿,而且储量巨大,因此助滤剂占 67%,填料占 13%,其他占 20%。丹麦因为没有质量优良的硅藻土,但 Moler 型硅藻土很丰富,因此保温材料占 60%,填料占 40%。法国助滤剂占 50%,填料占 50%。德国填料占 50%,助滤剂占 33%,催化剂占 20%。日本填料占 35%,助滤剂占 33%,建筑材料占 21%,保温材料占 1%。我国硅藻土资源的品位较低,20 世纪 50 年代主要用于生产保温材料、轻质砖,而后又用于硫酸工业作矾溶媒载体,随后又开发用于饮料、酿酒业的助滤剂。

近年来,由于硅藻土独特的多孔结构和吸附性,使其应用范围不断扩大,如超多孔质构造赋予的调湿性、脱臭性、耐火性等多功能性及价格便宜,品种多样等特点,硅藻土被广泛使用在了室内建筑装饰材料之中,特别是硅藻土调湿材料成为近年来建材领域的研究热点。

孔伟[21]对各地硅藻土吸湿性进行测试,图 7-35 为各矿区硅藻土吸湿率随时间变化曲线,图中显示,云南先锋硅藻土的吸湿性最好,饱和吸湿率达 13%;吉林临江硅藻土次之,饱和吸湿率接近 10%;广东海康和浙江嵊县硅藻土的饱和吸湿率较低,约 5%。硅藻土吸湿性与硅藻矿种属构成有关。硅藻土的产地不同,硅藻种属构成和矿物组成不同,硅藻壳形态各异,进而表现不同的孔结构、吸附性质,造成吸湿性能差异。云南先锋硅藻土其圆筛形和宽椭圆形的硅藻壳，比表面积和孔容积较大，有利于水分子的自由扩散和存储，同时富含的有机质极易吸附水分子，因此吸湿性较好。但是，富含的有机质和夹杂的褐煤成分使得硅藻土呈现褐色或者黑色，SiO_2 含量低，硅藻土品位低，不利于工业应用；广东海康杆形硅藻土和浙江嵊县筒形硅藻土，硅藻壳形状限制，吸湿性较差；吉林临江的冠盘或圆筛形硅藻土，圆筛状硅藻壳面增大与空气中水蒸气分子的接触面积，盒状的上下壳结构，增大硅藻土的湿容量，吸湿性较好，而且 SiO_2 含量较高，硅藻土品位较高，较适合应用于调湿建材领域。

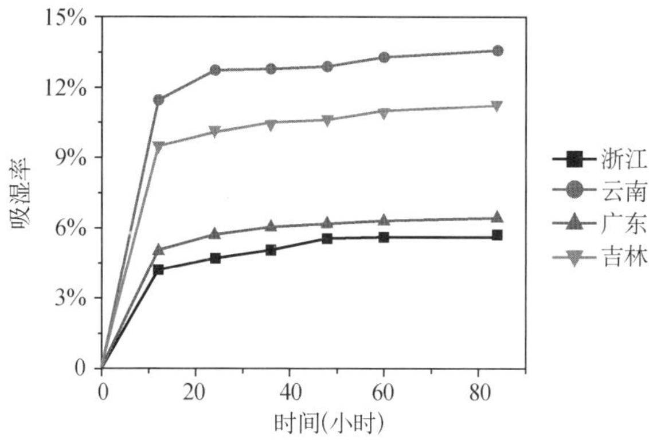

图 7-35　各矿区硅藻土吸湿率随时间变化曲线[21]

(3) 硅藻土的调湿性能

几种常见调湿材料的吸放湿性如图 7-36 所示。结合图 7-36 左右图可得，有机高分子类如聚丙烯酸(PAA)的饱和平衡吸湿率最高(达 52%)，具有较大的湿容量，吸湿曲线斜率变化较小，吸湿速度较慢。饱和放湿率较低(3%左右)，放湿曲线的斜率变化小，放湿速度慢。硅胶的最大吸湿率接近 30%，50 h 后基本达到吸湿平衡，湿容量较大，吸湿速度中等。

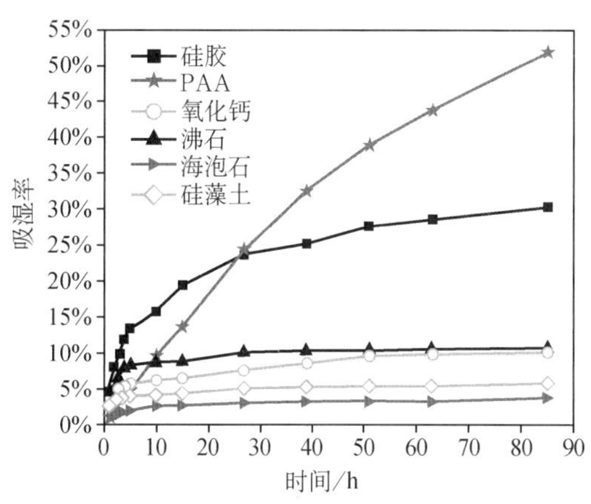

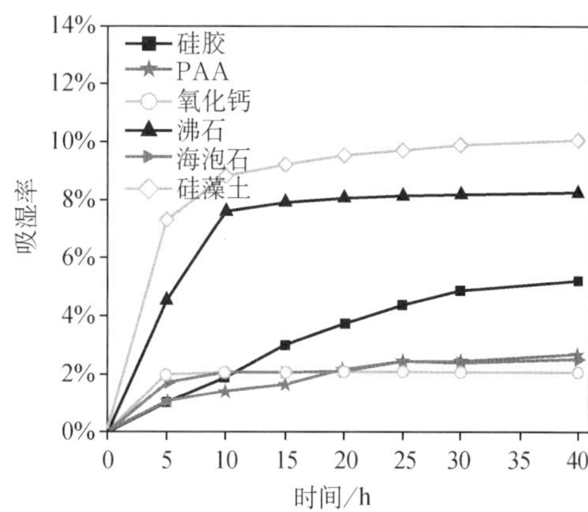

图 7-36　不同调湿材料吸放湿率随时间的变化曲线(左吸右放)[21]

硅胶具有与聚丙烯酸(PAA)类似的放湿曲线，饱和放湿率在5%左右。氧化钙的饱和吸湿率大约在10%，吸湿曲线斜率变化大，吸湿速度较快。其对应的饱和放湿率在2%左右，放湿曲线的斜率较大，放湿速度快。无机矿物材料类的饱和吸湿率都比较低，沸石接近10%，硅藻土为5%，海泡石大约3%，三种无机矿物类调湿材料放湿性较好，其中硅藻土放湿率可达10%，沸石接近8%，海泡石在2%左右，吸放湿曲线的斜率变化大，吸放湿速度较快。

硅胶多孔性和表面羟基亲水性，使其具有较高的吸湿量和较快的吸湿速度，吸湿性较好，然而吸水膨胀性也导致放湿性差，特别是水的吸附与解析循环中呈现较严重的滞后现象，限制了它的工业应用。有机高分子类的调湿材料如聚丙烯酸(PAA)内部松散的网络结构和强亲水性基团决定其有最高的吸水率和保水性，大分子结构也造成吸放湿的速度慢，放湿性能差，制作工艺复杂等等缺点，限制了它的工业应用。干燥剂氧化钙与水发生化学反应是其吸湿性原因，这也决定了其放湿量低。无机矿物材料如硅藻土、沸石、海泡石等主要依靠内部较多的孔道与极大的比表面对水分子进行吸附、脱附作用，表现吸湿量有限，放湿再生能力较好。

值得注意的是，硅藻土这种矿物材料其饱和吸湿率为5%，而其放湿率接近10%，吸放湿循环性较好，较符合理想调湿材料的吸放湿比例要求。

硅藻土调湿性在于其表面羟基性质和硅藻壳孔结构。硅藻氧化硅羟基亲水性使其表面通常是由一层羟基和吸附水覆盖，硅藻土中SiO_2一旦与湿空气接触，表面上的Si原子就会和水“反应”，以保持氧的四面体配位，满足表面Si原子的化合价，形成的羟基表面对水有相当强的亲和力，水分子可以不可逆地或可逆地吸附在表面上。前者是键合到表面Si原子上的羟基与单分子水氢键键合，是化学吸附的水；后者是毛细效应吸附在表面的分子水，也就是物理吸附的水。

硅藻土是由一个个多孔结构的硅藻壳堆积而成，硅藻壳颗粒堆积形成的不规则孔道和硅藻壳本身的多孔结构，赋予硅藻土独特的多孔性，孔隙率高，比表面积大，具有强大的吸附性。硅藻颗粒堆积形成的不规则孔道和硅藻壳面中心部分圆柱形的通孔，提供了水蒸气扩散及进出的通道，通孔结构和较高孔隙率有利于水蒸气的扩散，吸放湿速度快，湿环境应答性好；硅藻壳上下壳层的“盒子”构造和硅藻盘边缘的墨水瓶形孔道，提供了较大的水和水蒸气的储蓄空间，吸水量大，湿容量大，调湿缓冲能力强。硅藻土的湿容量和湿环境响应值接近理想调湿材料，因此硅藻土具有较强的调湿潜力。

采用N_2吸附法对硅藻土的孔结构进行表征，结果如图7-37和7-38所示。图7-37为硅藻土的N_2吸脱附曲线，图7-38是硅藻土孔径分布曲线(BJH)。

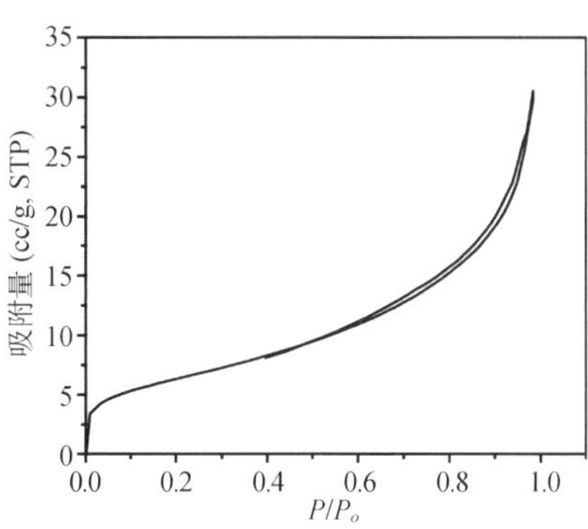

图 7-37 硅藻土 N_2 吸脱附曲线[21]

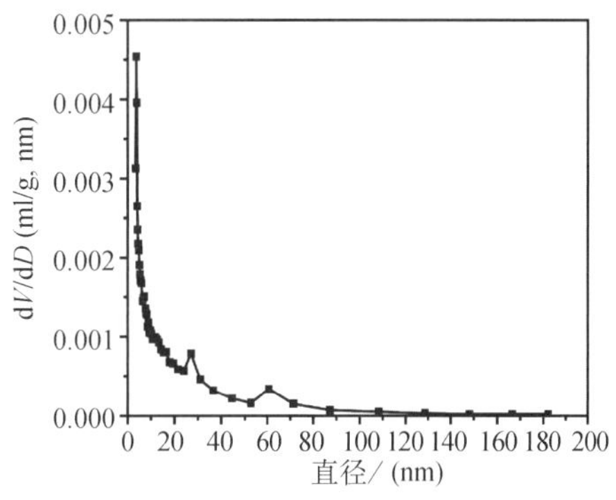

图 7-38 硅藻土 BJH 孔径分布曲线[21]

图 7-37 中 N_2 吸脱附曲线近似为Ⅱ和Ⅳ型，说明硅藻土具有大孔（孔径大于 50 nm）结构和介孔结构；类似于 H_1 和 H_2 型的迟滞环，说明具有圆柱形细长孔道和墨水瓶形孔道特征，这与图 7-36 得出的结果一致。图 7-38 中的 BJH 曲线说明，硅藻土孔径集中于 20～40 nm 和 50～70 nm，具有二级孔道结构。

7.2.3 调湿材料调节室内湿度的可行性分析

1. 李继领等[26]的模拟分析

对于上海等国内一些高温高湿地区，全年湿负荷量大，几乎全年需要除湿负荷，对于此类应用场合，需要寻找新型的调湿材料，该调湿材料必须满足吸湿量大放湿速度快，而一般性调湿材料普遍存在常温下放湿困难，要求放湿温度高（表 7-14），这就需要寻找一种新型调湿材料。

表 7-14 上海地区湿负荷计算条件[26]

房间情况	房间体积	门	窗	
	6 m×5 m×4 m	2 m×1 m	2 m×2.5 m	
室内温湿度设置	3、4、5 月（春季）24 ℃ 40%～60%	6、7、8、9 月（夏季）27 ℃ 40%～60%	10、11 月（秋季）24 ℃ 40%～60%	12、1、2 月（冬季）20 ℃ 40%～60%
室内产湿（人员产湿）	人数 3	产湿时间 8:00—17:00（周一至周五）	产湿量（极轻劳动）20 ℃：69（g/h）；24 ℃：96（g/h）；27 ℃：115（g/h）	
新风量	8:00—17:00（周一至周五）30[m^3/(h·人)]		其他时间 0	

全年湿负荷计算设定如下：

（1）认为室外空气只通过新风通道进入室内，无渗入；

（2）办公室（三级）新风量标准为 8:00—18:00（周一至周五）30[m^3/(h·人)]；

（3）对进入室内新风进行预热处理。

并运用以下公式计算产湿量：

$$V\rho_a \frac{d_{r(n)} - d_{r(n-1)}}{\Delta\tau} = G_{r(n)}\rho[d_{0(n)} - d_{r(n)}] + W_n - Q_{(n)} \quad (7\text{-}3)$$

式中

V——房间体积（m^3）；

$d_{r(n)}$——n 时刻室内空气含湿量（kg/kg）；

$d_{r(n-1)}$——（$n-1$）时刻室内空气含湿量（kg/kg）；

$d_{0(n)}$——n 时刻室外空气含湿量（kg/kg）；

$G_{r(n)}$——n 时刻的新风量（m^3/h）；

$W_{(n)}$——n 时刻房间内扰散湿量（kg/h）；

$Q_{(n)}$——n 时刻空调系统的湿负荷（kg/h）；

ρ_a——空气密度（kg/m^3）；

$\Delta\tau$——时间间隔（h）。

因取估算值，所以每个季度选取最有代表性的月份进行计算，即春季，4 月份；夏季，7 月份；秋季，10 月份；冬季，1 月份。所得结果如表 7-15 所示。

表 7-15 上海地区湿负荷计算结果[26]

季节	春	夏	秋	冬
除湿负荷	0	1 054.9	12.3	0
加湿负荷	0	0	0	35.5

由表 7-15 可以看出，对于上海地区一年四季中春、冬季基本上相对湿度能够满足要求，但是夏季要除去大量湿负荷。如果采用调湿材料来减少除湿能耗，就需要我们在选择调湿材料时，所选调湿材料需要满足：(1)调湿材料的吸湿量要大；(2)调湿材料的吸放湿速度要快。

一般调湿材料吸湿量和吸湿速度均能满足，但对于怎样制备常温下能够快速放湿的调湿材料，目前还没有行之有效的途径。同样，表 7-15 也显示了全年吸湿方式总量之间的不平衡（对比表 7-14）。在此类场合希望调湿材料能够通过日夜湿差和季节湿差来完成控制室内相对湿度的蓄放仍然是极为困难的。

除此以外，调湿材料的脱附控制也是一个较大的难题。对于同种调湿材料，影响其脱附速度的因素主要有：脱附温度、气流速度、脱附相对湿度。当调湿材料安装在室内以后，那么其脱附温度就被变成了室内温度，即其脱附速度要受到室内温度的影响，对于空调房间，在一定时期内，其温度一般保持不变。另外，考虑相当湿度对人体舒适度的影响，认为室内相对湿度在一个较小的范围内波动，我们假定其不变。由于气流速度与调湿材料的脱附速度成正比，即气流速度越快，调湿材料的脱附速度也就越快，所以提高调湿材料周围气流速度也是一个提高脱附速度的行之有效的途径。对于高温高湿地区，由于需要除去室内大量的湿负荷，调湿材料在使用一定时间后，其调湿性能就会降低，如何在不影响室内相对湿度控制的前提下让接近饱和的调湿材料放湿，以便再次利用，也是被动式调湿技术的一个关键问题。

2. 黄季宜等[27,28]的模拟分析

调湿建材对水蒸气的吸收与释放取决于其表面的水蒸气分压力（P_s）及周围环境空气的水蒸气分压力（P_a）。其中 $P_s > P_a$ 时，水蒸气被释放；当 $P_s < P_a$ 时，水蒸气被吸收；当 $P_s = P_a$ 时，二者达到平衡。利用调湿建材调节室内湿度的可行性分析可以通过清华大学黄季宜[28]的房间湿平衡方程计算并证明。

一般而言，单位时间房间空气湿度增量＝室内产湿速率±房间通风换气湿迁移速率±房间内表面吸放湿速率，这里："＋"表示室内加湿；"－"表示室内除湿。在此基础上，黄季宜提出房间湿平衡方程：

$$V\rho_a \frac{d_n^r - d_{n-1}^r}{\Delta t} = G_n \rho_a [d_n^0 - d_n^r] + W_n - Q_{(n)} \tag{7-4}$$

式中

V——房间体积（m^3）；

d_n^r——n 时刻室内空气含湿量（kg/kg）；

d_{n-1}^r——（$n-1$）时刻室内空气含湿量（kg/kg）；

d_n^o——n 时刻室外空气含湿量（kg/kg）；

G_n——n 时刻的新风量（m^3/h）；

W_n——n 时刻房间内扰散湿量（kg/h）；

Q_n——n 时刻空调系统的湿负荷（kg/h），$Q_n > 0$ 为除湿负荷，$Q_n <$ 0 为加湿负荷；

ρ_a——空气密度（kg/m^3）；

Δt——时间间隔（h）。

基于此方程，以北京地区室内尺寸 5 m×5 m×3 m（长×宽×高）的办公室为例，先根据上述公式计算 n 时刻的湿负荷 Q_n，进而计算其在北京气候条件下的全年湿负荷。

计算时，先假设湿负荷 Q_n 为 0，由上式算出 n 时刻室内空气含湿量 d_n^r，对应 n 时刻的温度可得该时刻的室内相对湿度 φ_n，若 n 时刻在上班时间段内，并且 φ_n 超出室内湿度的设定范围，则须设定 φ_n 的值（当 $\varphi_n >$ 65%时，设 $\varphi_n = 65\%$；当 $\varphi_n < 40\%$时，设 $\varphi_n = 40\%$），并算出其对应的 d_n^r，代入上式反过来求解时刻的湿负荷 Q_n。

表 7-16 全年湿负荷计算条件[28]

<table>
<tr><td rowspan="2">房间基本情况</td><td>房间体积</td><td>门</td><td colspan="2">窗</td></tr>
<tr><td>5 m×5 m×3 m</td><td>2 m×1 m</td><td colspan="2">2 m×2 m</td></tr>
<tr><td>室内温湿度设置</td><td>4、5 月(春季)
24 ℃ 40%～60%</td><td>6、7、8 月(夏季)
27 ℃ 40%～60%</td><td>9、10 月(秋季)
24 ℃ 40%～60%</td><td>11、12、1、2、3 月(冬季)
20 ℃ 40%～60%</td></tr>
<tr><td>室内产湿(人员产湿)</td><td>人数 3</td><td>8:00—18:00(周一至周五)</td><td colspan="2">产湿量(极轻劳动)
20 ℃:69(g/h);24 ℃:96(g/h);27 ℃:115(g/h)</td></tr>
<tr><td>新风量*</td><td colspan="2">8:00—18:00(周一至周五 30[m³/(h·人)]</td><td colspan="2">其他时间 0</td></tr>
</table>

* 认为室外空气只通过新风通道进入室内,无渗入。

计算结果(表 7-16):北京地区冬季室外空气含湿量较低,全年新风湿负荷为负值,其绝对值与全年室内产湿负荷相当,从而保证了房间全年的除湿负荷与加湿负荷相当,并且呈现为冬季要求加湿、夏季要求除湿的情形(图 7-39),因此可以使用调湿建材将夏季的余湿蓄存起来,到冬季时再释放出去,不需其他调湿手段。

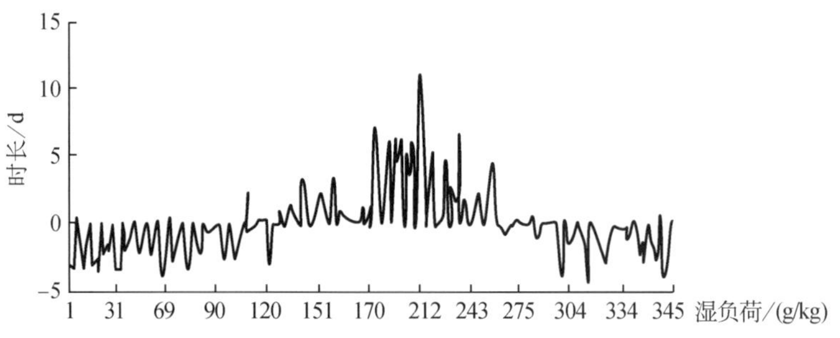

图 7-39 北京日平均湿负荷全年变化

表 7-17 北京地区全年湿负荷[28]　　单位:kg

全年新风湿负荷	全年室内产湿量	全年除湿负荷	全年加湿负荷
−689	702	244	−231

从表 7-17 得知,北京地区该房间一年的加、除湿量在 240 kg 左右,若使用调湿建材独立调节室内湿度,则要求其蓄湿量达 240 kg,假设该房间使用了 54 m^2(除去门窗后的墙体内壁面积)的调湿建材,建材厚 20 mm,即所用的调湿建材体积为 1.08 m^3,可得调湿建材所要求的蓄湿量约为 222 kg/m^3。此外为了保证室内相对湿度较舒适,还要求调湿建材蓄湿量在 222 kg/m^3 左右时,仍保持其表面对应的空气相对湿度在较舒适范围[28]。

黄季宜等[27]进一步以调湿材料 Gel 的特性为基础，对采用该材料制作调试板实现上述被动式调湿的可行性做了估算。Gel 是由高分子树脂吸收盐溶液后形成的凝胶，其调湿原理是利用了凝胶中的盐溶液对水蒸气的吸收与释放作用。常用的盐溶液为 $CaCl_2$ 或 LiCl。采用 $m_0=30\%$［盐溶液初始浓度 mass%］，$A_0=15$［初始吸收倍数＝被吸收的盐溶液质量/树脂质量］的 $CaCl_2$ 凝胶掺混到水泥、珍珠岩等材料中，制成板状耐火材料，可测得其水蒸气质扩散系数 D_{eff}（m^2/s）。图 7-40 是该耐火材料（调湿板）的等温吸湿曲线，实验环境温度为 25 ℃，图中还给出了同温度下石膏板的等温吸湿曲线。石膏板是普通墙体材料中吸湿能力较好的一种，但从图 7-40 可以看出，在相同的湿度变化范围内，调湿板的含水量变化要远大于石膏板，表明其调湿能力要强于普通墙体材料。

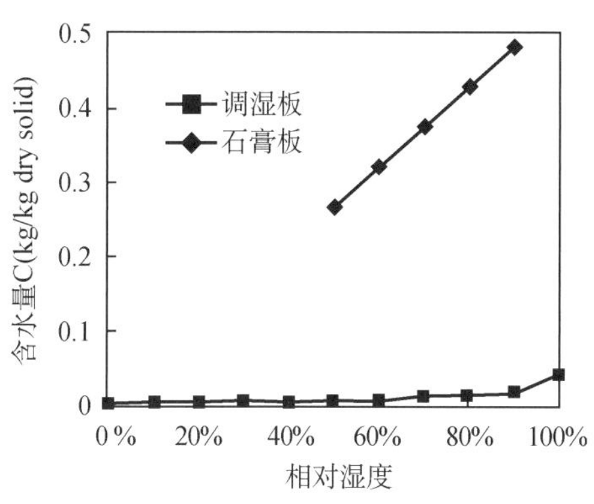

图 7-40　不同材料的等温吸湿曲线[27]

采用以上基础数据，针对以表 7-18 中所描述的上海一间办公室进行模拟计算。其中气象数据由清华同方人工环境公司开发的供热空调能耗分析用逐时气象数据生成系统（Medpha）算得。

表 7-18　房间基本情况（办公型建筑）[27]

房间基本情况	房间体积(m^3)	门(m^2)	窗(m^2)	调湿板面积(m^2)
	5 m×5 m×3 m	**2 m×1 m**	**2 m×2 m**	**63.2＊**
换气形式	冬夏季 7—16 点	冬夏季 17—6 点	春秋季 7—16 点	春秋季 17—6 点
	90(m^3/h)	0.3 次/h	90(m^3/h)	0.3 次/h
季节划分	春季	夏季	秋季	冬季
	4、5 月	6、7、8、9 月	10、11 月	12、1、2、3 月
室内温湿度设置	24 ℃	28 ℃	24 ℃	20 ℃
室内产湿情况（人员产湿）	人数	8:00—18:00	产湿量（极轻劳动）	
	3	7—16 点	20 ℃:69(g/h)；24 ℃:96(g/h)；28 ℃:123(g/h)	

＊调湿板面积为除去门窗、地板以外的内壁面积的 80%。

从图 7-40 可以拟合出相对湿度 φ 与调湿板中含水量 C（kg/kg 干燥剂）的关系式

$$C=3.057\varphi-0.446 \tag{7-5}$$

由于一定浓度的盐溶液，在不同温度下均对应相同的相对湿度，因此当假设调湿板式中的盐溶液仍保持该特性时，上式适用于其他温度范围。在 $t=0\sim40$ ℃，$\varphi=30\%\sim85\%$ 范围内，相对湿度 φ 与绝对含湿量

X(kg/kg 干空气)的关系为：

$$\varphi = 240X\exp(-0.062t) \tag{7-6}$$

通过联立方程便可得出含水量 C 与绝对含湿量 X 的关系式

$$X = 1.363 \times 10^{-3}\exp(0.062t)C + 0.608 \times 10^{-3}\exp(0.062t) \tag{7-7}$$

对该调湿板采用以下物性参数作为计算依据：

- $\rho_{dry} = 621(\mathrm{kg/m^3})$
- $D_{eff} = 3.2 \times 10^{-10}(\mathrm{m^2/s})$
- $h_m = 0.001\,273(\mathrm{m/s})$

利用流体掠过平壁的对流传质公式如下，并设风速 $u = 0.3$ m/s，定性尺寸 $l = 2.5$ m，在常温时查得空气物性参数算得[27]。

$$\frac{h_m l}{D_{eff}} = 0.664\left(\frac{ul}{v}\right)^{0.5} Sc^{\frac{1}{3}} \tag{7-8}$$

计算过程采用板壁一维非稳态值扩散方程、房间湿平衡方程联立、利用有限差分法求解，可得全年各时刻壁体各部位的含水量及房间绝对含湿量，再根据相对湿度与绝对含湿量的关系式可得各时刻室内相对湿度。

在对板厚 $x_0 = 20$ mm 时有与没有调湿板的情形做全年室内相对湿度变化模拟计算并进行比较，其结果如图 7-41 所示。

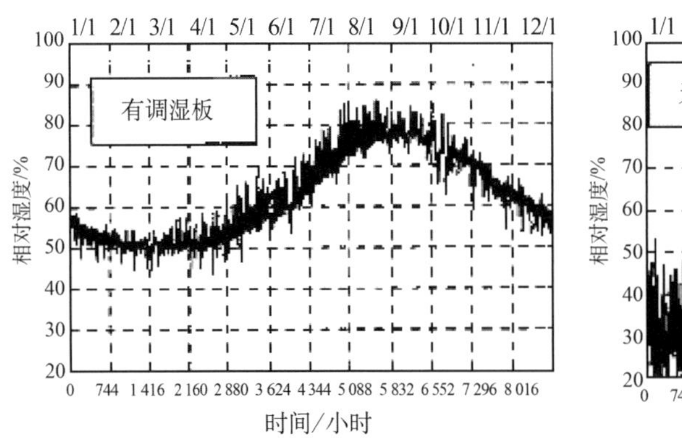

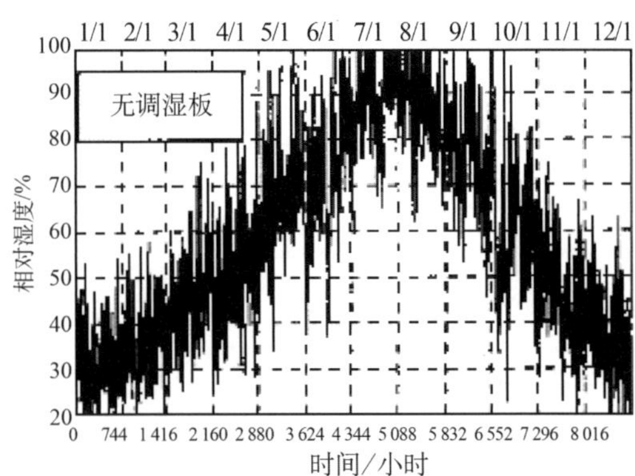

图 7-41 上海全年室内相对湿度(调湿板：左有右无)[27]

对比图 7-41 左右两侧曲线，可以看出使用调湿板后室内相对湿度在 45%到 86%之间波动，无调湿板时，室内相对湿度在 20%到 100%之间波动，调湿板能减小室内相对湿度的日波动及年波动。

图 7-42 是工作时间段内室内相对湿度在各范围出现的时间占整个工作时间的百分比。可以看出有调湿板时，室内相对湿度有 68%的时间

在较舒适范围内（35%<RH<70%），相对湿度超过 70%的时间比没有调湿板时少 8 个百分点，相对湿度低于 35%及高达 10%的情形均没有。但采用调湿板仍无法避免室内相对湿度过高的情况出现。

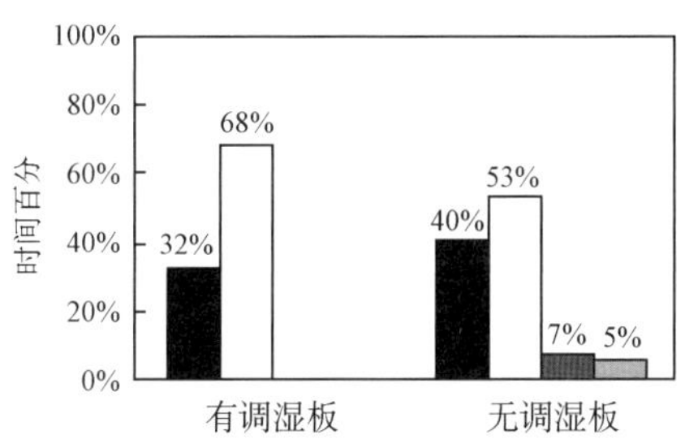

图 7-42　上海全年室内相对湿度在各范围出现的比例[27]

3. 张寅平等[24]的模拟分析

张寅平等在李继领等的研究基础上，用不同的方式做了模拟分析。

将高吸水性树脂配成凝胶（英文称为 Gel）。Gel 是由吸水性树脂吸收盐溶液后形成的凝胶。由于盐溶液的吸湿特性，Gel 对水蒸气有较强的吸收作用。配制 Gel、常用的盐溶液为 $CaCl_2$、LiCl、$MgCl_2$ 等。其中由于 $CaCl_2$ 吸湿特性较好且价格便宜，因此一般选用 $CaCl_2$ 溶液。配制 Gel 时采用日本触媒株式会社研制的吸水性树脂（CN-80M），该吸水性树脂属交联聚乙烯醇系聚合物，未吸水前为白色粉末，吸收盐溶液后形成透明凝胶。并不是所有吸水性树脂均能吸收盐溶液，有些吸水性树脂吸入盐溶液后，会出现盐溶液与树脂分离的现象，无法形成凝胶。配制 Gel 时，要选用对盐溶液吸收能力较强的吸水性树脂。

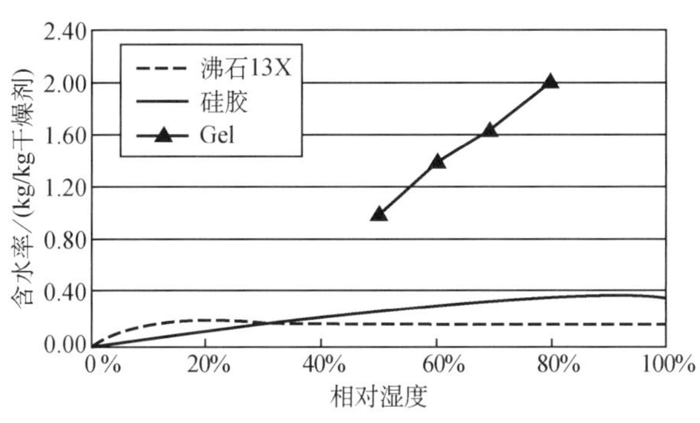

图 7-43　不同调湿材料平衡含水率曲线比较(25 ℃)[25]

图 7-43 给出了 Gel 在不同相对湿度下的平衡含水率（平衡含水率是指调湿材料与环境的湿交换达到平衡时的含水率）。配制 Gel 所用的盐溶液为 $CaCl_2$ 溶液，其质量百分比浓度为 20%，溶液质量是树脂质量的 17.9 倍。为便于比较，图中还给出了 13X 沸石分子筛与硅胶的相应数

据。从图 7-43 可以看出在相对湿度 $\phi=50\%\sim80\%$之间，Gel 不仅平衡含水率高，而且其对相对湿度的斜率最大，有利于保持材料表面空气湿度不随吸放湿急剧变化，是一种较理想的调湿材料。

Gel 是胶状物质，不能直接用于表皮内表面，必须将其掺混到胶结料中，让之固结成型，做成板状，以下简称为调湿板。其中胶结料由胶结剂及骨料组成。常用的胶结剂为水泥、石膏等气硬性胶结剂，骨料为塑料砂、珍珠岩等颗粒较小、密度较轻的材料。制备调湿板时，应先分别配制 Gel 和胶结料，再将二者混合。其中盐溶液的浓度，吸水性树脂与盐溶液的质量比以及 Gel 与胶结料的体积比等参数对调湿板的成型及其吸放湿特性均有很大影响。

制备调湿板时，吸水性树脂 CN-80M 与 $CaCl_2$ 的质量比应大于等于 0.22，以保证调湿板在常温常湿环境下保持表面干燥；而盐溶液浓度的选择原则是在保证顺利胶结的前提下，尽量选用高浓度（25%～30%），从而提高调湿板中 $CaCl_2$ 的含量。

为简化调湿板非稳态热湿迁移模型分析，假定：

（1）调湿板的热湿迁移按一维处理；

（2）调湿板中的湿分绝大部分以液态形式存在；

（3）湿迁移的动力是调湿板内的含水率梯度，由于调湿板应用于表皮内表面，其内部温度梯度较小，因此可忽略纯粹由温度梯度引起的湿迁移；

（4）湿迁移的能力用湿扩散系数 D 表示，D 与温度、含水率有关；

（5）调湿板表面含水率与其对应相对湿度的关系简化为线性或分段线性关系；

（6）调湿板吸放湿时所释放或吸收的潜热全部被调湿板吸收或由调湿板提供；

（7）忽略湿迁移附带的热迁移；

（8）认为调湿板的导热系数是常数，其密度及比热则与含水率有关。

- 调湿板内湿迁移方程

$$\frac{\partial w}{\partial x}=\frac{\partial}{\partial x}\left[D\frac{\partial w}{\partial x}\right] \tag{7-9}$$

其中扩散系数 D 与含水率 w、温度 T 有关。

- 调湿板热传导方程

$$\frac{\partial T}{\partial x}=\frac{\partial}{\partial x}\left[\frac{k}{\rho c_p}\frac{\partial T}{\partial x}\right] \tag{7-10}$$

其中导热系数 K 可近似视为常数，ρc_p 则是含水率 w 的函数。

湿方程的边界条件如图 7-44 所示。

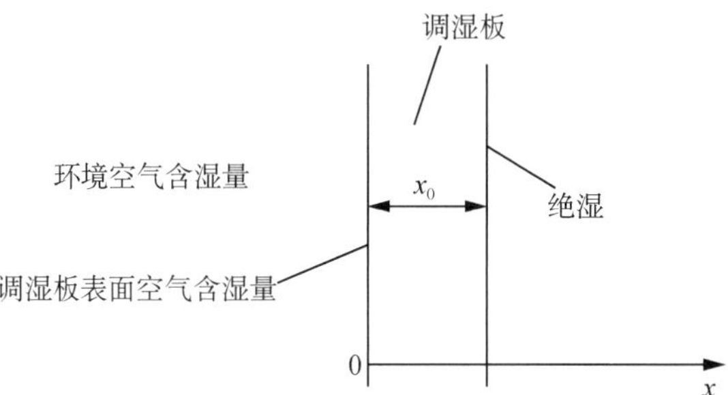

图 7-44　调湿板湿迁移边界条件示意图[24]

$$x=0,\ -D\frac{\partial w}{\partial x}=h_m(d_a-d_s) \tag{7-11}$$

$$x=x_0,\ \frac{\partial w}{\partial x}=0 \tag{7-12}$$

其中调湿板表面空气含湿量 d_s 与表面含水率 w_s 的对应关系，可由调湿板的平衡含水率曲线获得。调湿板的平衡含水率与其对应相对湿度基本呈分段线性关系，而空气相对湿度 φ 与含湿量 d 及温度 T 的关系又可以表示为：

$$\varphi=a_1 w e^{-a_2\tau} \tag{7-13}$$

在 $T=0\sim40$ ℃，$\varphi=30\%\sim70\%$ 范围内，荒井给出的 $a_1=0.260$，$a_2=0.062$。由此式算出的温湿度与实际结果相差较大。为此在 $\varphi=5\%\sim100\%$ 范围内，对其重新进行分段拟合，得到如下系数：

$$T=-15\sim0\ ℃,\ a_1=0.278\,0,\ a_2=0.085\,8$$
$$T=0\sim10\ ℃,\ a_1=0.264\,3,\ a_2=0.070\,6$$
$$T=10\sim35\ ℃,\ a_1=0.241\,6,\ a_2=0.062\,8$$

上述公式最大相对误差为 6.95%，它们出现在 $T>30$ ℃，$\varphi<10\%$ 这类高温低湿状态点上。在 $T=10\sim30$ ℃，$\varphi=30\%\sim100\%$ 的常用温湿度范围内，其相对误差小于 3%。

- 热方程的边界条件

$$\begin{cases} x=0, & -k\dfrac{\partial T}{\partial x}=h(T_a-T_s)+h_m\rho_a(d_a-d_s)q \\ x=x_0, & -k\dfrac{\partial T}{\partial x}=0 \end{cases} \tag{7-14}$$

其中下标 a 和 s 分别表示室内空气和调湿板表面空气，q 表示水的汽化潜热，kJ/kg。

- 热湿方程的初始条件

$$t=0,\ 0\leqslant x\leqslant x_0,\ w=w_0$$
$$t=0,\ 0\leqslant x\leqslant x_0,\ T=T_0$$

实际应用中，不同的应用方式，调湿板的边界条件，初始条件会有所不同(图 7-45)。

从以上方程及边界条件可以看出，调湿板热湿迁移的耦合表现在以下方面。

(1) 热对湿的影响：温度 T 影响材料表面含水率 w 与其对应表面空气含湿量 d 的转换关系，温度还会影响湿扩散系数 D 的大小。

(2) 湿对热的影响：调湿板表面吸放湿所释放或吸收的潜热会影响材料表面温度，进而影响材料内部温度及环境空气温度。

由于热湿耦合作用，以下采用交替迭代求解的方法，即先求解热方程，获得表皮各节点温度后，再求解湿方程，然后将湿方程求解得到的吸放湿潜热代入热方程，进行新一轮的求解，如此反复，直到前后两次计算的相对误差小于控制值。

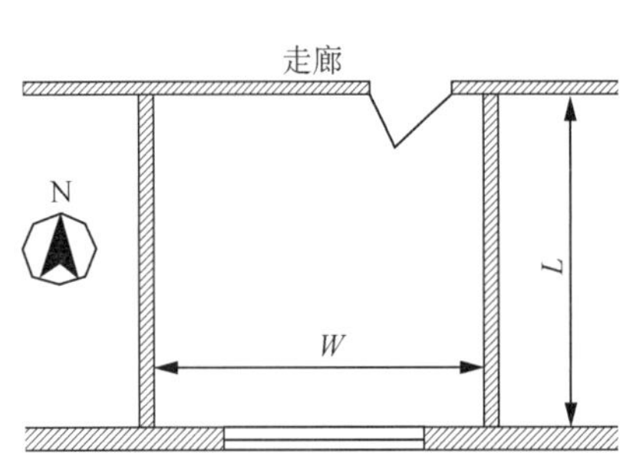

图 7-45　房间几何尺寸示意图单击或点击此处输入文字。

例如一个房间，设房间东西向宽 5 m，南北向长 5 m，高 3 m，只有南墙为外墙。外墙采用 250 mm 加气混凝土墙+50 mm 聚苯板保温层(保温层外置)，外表面做浅色粉刷。内墙采用 100 mm 加气混凝土墙，楼板为 150 mm 钢筋混凝土楼板。调湿板应用于内、外墙及顶棚内表面，考虑地板材料的特殊性要求(耐磨、易清洁等)，调湿板不用于地板表面。房间表皮热物理特性如表 7-19—表 7-21 所示。

表 7-19　加气混凝土墙数据[9]

导热系数 k/[W/(m·℃)]	密度 ρ/(kg/m³)	比热 c_p/[J/(kg·℃)]
0.29	627	1 590

表 7-20　聚苯板保温层数据[9]

导热系数 k/[W/(m·℃)]	密度 ρ/(kg/m³)	比热 c_p/[J/(kg·℃)]	外表面吸收系数
0.027	30	2 000	0.4

表 7-21　窗户传热系数及有关窗辐射的数据[24]

窗户传热系数 k/[W/(m·℃)]	窗户传热系数	窗玻璃有效面积	全遮阳系数
0.29	627	0.85	0.65

外窗设在南墙，高 2 m，宽 2 m，为单层钢窗，采用 3 mm 厚的普通玻璃，无外遮阳，内遮阳采用浅色百叶窗帘。玻璃窗的传热按稳态传热计

算。门为内门，忽略其传热。

(1) 房间热平衡

• 外墙内外表面热平衡

外墙外表面热平衡方程：导热量＋所吸收的太阳辐射热量（散射、直射）＋所吸收的地面反射辐射热量＋与室外空气的对流换热量＋与天空及地面的辐射换热量＝0，其中最后两项可以合成为周围空气对表皮外表面的总换热量减去有效辐射。外墙外表面总换热系数取 18.6 W/(m^2·℃)。

外墙内表面热平衡方程：导热量＋与室内空气的对流换热量＋直接承受的辐射热晕＋各表面之间的互辐射量＋表面吸放湿附带的潜热量＝0。

由于表皮内表面使用了调湿板，其对水蒸气的吸收、释放远大于普通墙体材料，因此要考虑吸放湿过程中附带的潜热对表皮表面温度的影响。这正是热湿耦合的表现之一。

因为室内空气在表皮内表面无强制对流，因此可认为表皮内表面与室内空气的换热是纯自然对流换热。对流换热系数可通过自然对流换热准则关联式求得，计算时涉及的壁面与空气的温差采用前一时刻的值代替。

对于墙体内表面直接承受的辐射热量，为简化计算，假设照明、设备和人员等内扰辐射散热以及透过街户的太阳辐射均布在表皮内表面。

外墙内外表面与环境的具体换热情况如图 7-46 所示。

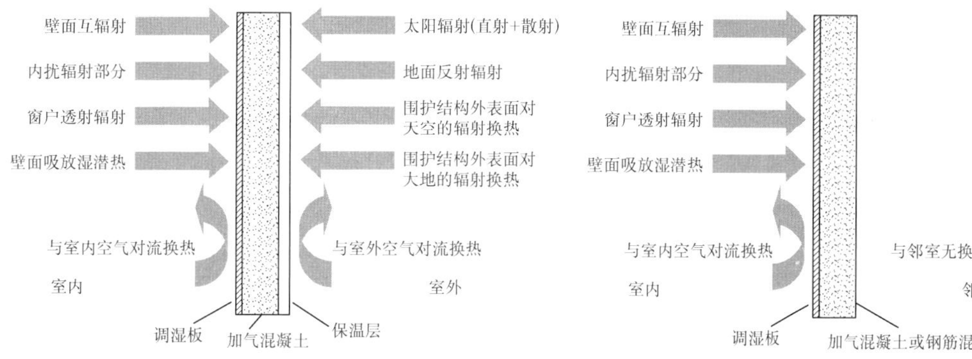

图 7-46 外墙内外表面与环境的热交换[24]

图 7-47 内墙、顶棚内外表面与环境的热交换[24]

• 内墙、顶棚内外表面热平衡

将内墙、顶棚与邻室空气接触表面定义为外表面，与本房间空气接触表面定义为内表面，并认为外表面与邻室无换热，而内表面的热平衡则与外墙内表面热平衡相同，如图 7-47 所示。

• 房间热平衡

房间空气的热平衡方程可表示为：

$$\rho_a c_{pa} V_t \frac{\mathrm{d}y}{\mathrm{d}x} = \sum_i Q_i + Q_c + Q_v + Q_{win} \tag{7-15}$$

式中，Q_i 是房间各表皮内表面与室内空气的对流换热量，kW；Q_c 是内扰的对流部分；Q_v 是由室内外空气交换造成的热交换；Q_{win} 是通过玻璃窗传入室内的热量。

联立板壁与房间的热平衡方程，采用隐式有限差分法求解，可以得到板壁内各节点温度及房间自然室温。

2. 房间湿平衡

为便于叙述，称调湿板与室内空气接触表面为其外表面，与其他墙体材料接触表面为其内表面。并将使用于顶棚表面的调湿板称为顶棚—调湿板，使用于内外墙表面的调湿板分别称为内墙-调湿板及外墙-调湿板。

(1) 外墙内外表面湿平衡

● 外墙外表面湿平衡忽略外墙外表面与室外空气的湿交换，并认为湿迁移过程仅局限于调湿板内部，认为调湿板与其他墙体材料结合处不透湿，如图 7-48 所示。

● 外墙内表面湿平衡与室内空气的对流湿交换量＋湿扩散量＝0，其中对流湿交换系数 k 可由自然对流质交换准则关联式求得。

(2) 内墙及顶棚内外表面的湿平衡与外墙相同，如图 7-49 所示。

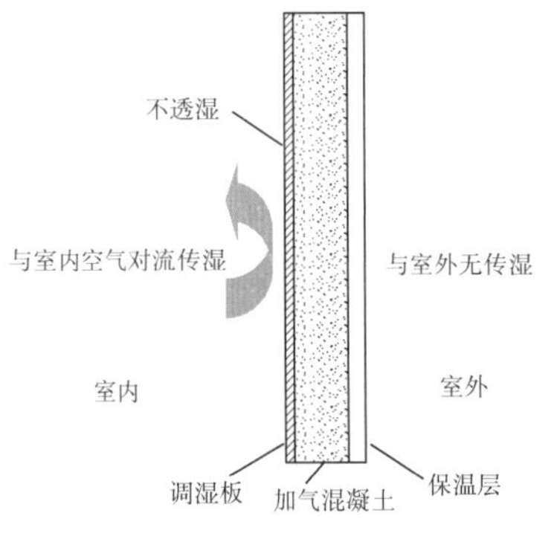

图 7-48 外墙内外表面与环境的湿交换[24]

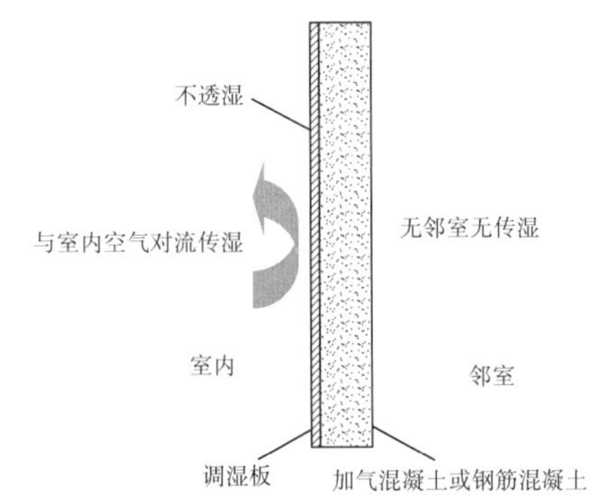

图 7-49 内墙、顶棚内外表面与环境的湿交换[24]

(3) 房间湿平衡

房间空气的湿平衡方程可表示为：

$$\rho_a V_r \frac{\mathrm{d}(d)}{\mathrm{d}t} = \sum_i W_i + W_v + W_G \tag{7-16}$$

式中，W_i 是各表皮内表面与室内空气的对流湿交换量，kg/s；$W_i > 0$ 为放湿，$W < 0$ 为吸湿；W_v 是由室内外换气造成的湿交换量；W_G 是室内产湿量。

7 表皮湿活性化技术理论及应用

联立板壁与房间湿平衡方程，采用隐式有限差分法求解，可得板壁内各节点含水率 w 及房间空气含湿量 d，结合热方程求得的温度，即可得到房间空气相对湿度 φ。

为了验证调湿板与其他墙体表面材料相比是否具有湿度调节的优越性，针对表 7-22 和图 7-50 所示的另外四种材料以及房间内没有任何调湿材料五种情况进行了模拟计算，房间内外扰等计算条件均与调湿板房间相同，材料厚度也相同，均为 10 mm。CBWF 是一种木屑和水泥混合材料，是英文 Cement-Boned Wood Fiber 的缩写。

采用 Gel 调湿板模拟获得的房间逐时湿度如图 7-51 所示。表 7-22 列出采用不同材料做成的调湿板后房间湿度极限值。

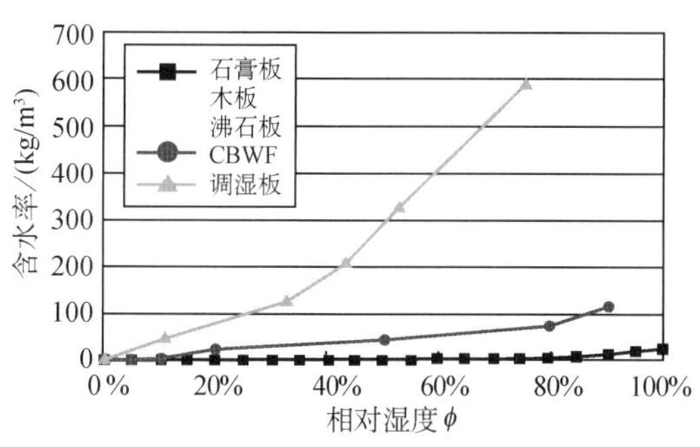

图 7-50　几种调湿材料的平衡含水率曲线[24]

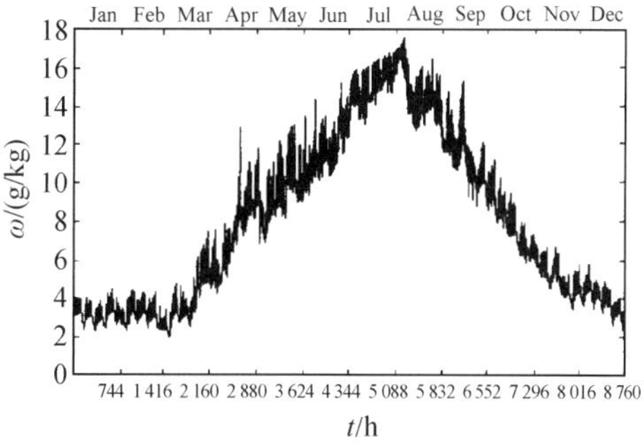

图 7-51　室内空气含湿量全年变化

表 7-22　工作时间段室内湿度极值比较[24]

	无调湿材料	石膏板	木板	沸石板	CNWF	调湿板
φ_{max}	81.5%	82.8%	78.0%	77.9%	77.6%	70.8%
φ_{min}	7.7%	8.3%	12.1%	14.7%	14.1%	18.0%
$d_{max(g\cdot kg)}$	19.57	19.88	18.74	18.72	18.64	17.00
$d_{min(g\cdot kg)}$	1.12	1.21	1.75	2.14	2.05	2.62

从表 7-22 可以看出调湿板房间的室内湿度最大值不超过 71%，比其他房间低 7%～12%左右，冬季相对湿度最小值则比其他材料高 4%～10%左右，表明调湿板可以维持室内湿度在较小范围内波动，室内湿度过高或过低的现象均有明显改善。调湿板与其他调湿材料相比，其夏季湿度调节效果较突出，冬季则可以避免室内湿度低于 20%，但仍有较长时间低于 30%，冬季加湿效果不够理想。从图 7-51 来看，在 7～9 月，调湿板房间室内相对湿度变化范围在 45%～70%间，相对湿度高于 70%的时间只有 34 h，远小于其他 5 种情形，可见调湿板夏季的除湿效果远胜于其他调湿材料。

4. 秦孟昊等[29-31]的模拟分析

湿缓冲理论的提出着眼于多孔材料吸放湿现象对周围环境的影响，是传统的多孔建筑材料内热湿耦合传递研究的延伸和发展。湿缓冲值的提出对研究多孔材料湿缓冲现象有着重要的理论价值。然而，其数学表达形式及实验测定方法仍尚未完善，需要开展进一步的研究。秦孟昊等[32]以几种常见多孔调湿材料作为研究对象，基于调研数据对不同材料的湿缓冲值进行测定，并探讨其在建筑能耗计算和室内环境评价中的实际应用。

湿缓冲值(MBV)是指多孔材料暴露在周期性变化的相对湿度中时，单位时间、单位面积、单位相对湿度变化量内吸收或放出的湿量，其单位是 $kg/(m^2 \cdot \%RH)$。与传统的湿特性参数相比，湿缓冲值最大的不同在于：其主要描述材料在相对湿度变化过程中的动态吸放湿能力，并在动态过程中测得。目前对于湿缓冲值的表征方法主要有以下两类。

(1) 湿扩散系数。当量化多孔材料的吸湿系数时，湿扩散率起关键的作用，因为它在确定典型动态吸放湿条件下材料的储湿能力方面非常重要。材料表面相对湿度变化周期内的穿透深度是表征上述储湿能力的一个重要参数。

(2) 有效含水量。即材料在给定的空气相对湿度和时间内吸放湿的总量。

秦孟昊等使用 NORDTEST 法来对长江中下游地区常用多孔调湿材料进行实验，测定其湿缓冲值相关参数。实验选用 3 种建筑材料作为实验试件。它们分别为纤维水泥、硅藻泥和稻草板。其中，纤维水泥为目前常用的复合型建筑材料，而硅藻泥、稻草板为新型建筑材料，各试验材料基本性能如表 7-23 所示，试件的尺寸均为 60 mm×60 mm×9 mm。

表 7-23　试验材料基本性能[32]

材料名称	容重/(kg/m^3)	孔隙率/(m^3/m^3)	导热系数/[W/(m·k)]	强度/MPa
纤维水泥板	1 000	0.28	0.25	≥14.0
硅藻泥	700	0.70	0.13	≥1.0
稻草板	440	0.12	0.11	≥2.0

该实验的一个周期为 24 h，分为两个阶段。(1)吸湿阶段：将已经达到平衡含湿量的调湿材料试样置于相对湿度 75%的瓶内，每隔 1 h 用高精度电子天平对材料试样进行称重直至 8 h 后。(2)放湿阶段：快速将材料由相对湿度为 75%的密封瓶取出，置于相对湿度为 33%的密封瓶内，每隔 2 h 对材料试样进行称重直至 16 h 后。通过这一个实验周期，可以得到材料在吸湿阶段(前 8 h)和放湿阶段(后 16 h)分别的含湿量变化数据。8 h 的吸湿阶段与 16 h 的放湿阶段组成一个完整的材料吸放湿周期。以 24 h 为一个周期，该实验可重复多个周期，实验数据相对地趋于稳定。最后，根据测定的实验数据可以得到多个连续周期内材料的含湿量随时间

变化的关系曲线。

湿缓冲值在实验中的计算方法可以简化为单位时间单位面积内材料含湿量的变化。根据实验数据,各调湿材料在吸湿和放湿过程中的湿缓冲值都可以计算得到,见表 7-24。

表 7-24 3 个稳定周期内材料的湿缓冲值[30]

		湿缓冲值(MBV)/[g/(m² · %RH)]			
		周期 1	周期 2	周期 3	平均值
纤维水泥	吸湿	1.25	1.36	1.67	1.43
	放湿	2.20	2.14	1.72	2.02
硅藻泥	吸湿	0.35	0.35	0.41	0.37
	放湿	0.41	0.35	0.41	0.39
稻草板	吸湿	1.12	1.54	1.54	1.40
	放湿	1.47	1.47	1.68	1.54

由表 7-24 可知:

(1) 硅藻泥在吸湿和放湿阶段的湿缓冲值大致相同,对湿度变化反应较为敏捷,但吸湿、放湿量小,因此调湿作用有限。

(2) 总体来看,3 种材料在放湿阶段的湿缓冲值均高于吸湿阶段。

利用 NORDTEST 法测定材料湿缓冲值选择的湿度区间为 33%~75%,但这个区间的设定依据是北欧地区的气候条件,与湿热地区的真实湿度变化区间并不相同。探讨针对中国湿热气候地区材料的湿缓冲值的测定,需要对该气候类型下住宅温湿度情况进行调研作为研究依据。而南京地区在梅雨季节室内相对湿度波动较为明显,相对湿度变化区间为 60%~85%,平均相对湿度为 75%,属于典型的高温高湿气候。因此,对原有实验进行了调整,对 NORDTEXT 法中的湿度区间设定进行了调整:将相对湿度区间临界值从原来的 33%~75%提高到 60%~85%。这个区间与调研中实际的湿度变化范围一致,使标定的相对湿度区间更接近热湿气候地区的真实状况,实验条件的模拟更为准确。

根据该实验得到的新区间下 3 个周期内调湿材料的含湿量,可以计算得到区间调整后测定得到的调湿材料 MBV 值,记为 MBV1(表 7-25)。

表 7-25 根据实验结果计算得到的热湿气候地区调湿材料的湿缓冲值[30]

		湿缓冲值(MBV)/[g/(m² · %RH)]			
		周期 1	周期 2	周期 3	平均值
石膏板	吸湿	0.48	0.32	0.30	0.37
	放湿	0.28	0.32	0.29	0.30

（续表）

		湿缓冲值(MBV)/[g/(m² · %RH)]			
		周期 1	周期 2	周期 3	平均值
硅藻泥	吸湿	0.66	0.76	0.75	0.72
	放湿	0.75	0.75	0.76	0.75
稻草板	吸湿	1.21	1.02	0.97	1.07
	放湿	0.71	0.86	0.90	0.82
纤维水泥	吸湿	3.15	3.30	3.36	3.27
	放湿	3.02	3.32	3.35	3.23

将这 3 种经由不同测定试验得出的材料湿缓冲值做对比分析如表 7-26。

表 7-26　试验改进前后测定的湿缓冲值的对比[30]

		33%～75%	60%～85%
硅藻泥	吸湿	0.37	0.72
	放湿	0.39	0.73
稻草板	吸湿	1.40	1.07
	放湿	1.54	0.82
纤维水泥	吸湿	1.43	3.27
	放湿	2.02	3.23

从硅藻泥和纤维水泥的结果来看，相同材料试件在湿度区间调整前后两次测定的湿缓冲值的差异明显，高湿度区间内测定的材料湿缓冲值较高。由此说明湿缓冲值的测定方法中关于湿度区间的设定对试验结果有直接影响。

湿缓冲值主要用于评价材料从一个相邻空间吸收和释放水分的能力，它在实际应用中可以用来估算房间内的湿平衡状态。以下是一个计算示例：给定一个真实条件下的房间，该房间的尺寸为 4 m×5 m×3 m，房间的体积大约为 $V=60\ \text{m}^3$。设定房间内人的居住和活动每个小时所释放的湿量为 $G=100$ g。房间的四周被墙体包裹，取窗墙比 0.2 计算可得墙体和顶棚的表面积总和为 $A=63.2\ \text{m}^2$。假定房间没有通风，且空气的储湿忽略不计，那么下面就可以根据这些数据和实验所得到的 MBV 值来估算室内的相对湿度在一个工作日内(8 h)变化量。

在不考虑墙体表面有调湿材料的情况下，可以认为该房间的墙体与室内环境没有湿交换，即吸湿和放湿都为零。而如果墙体表面使用了调湿材料，以硅藻泥为例，根据上述针对热湿气候的实验方法测得的数据，稻草板的湿缓冲值为 $MBV=0.72(\mathrm{g/m^2\cdot\%RH})$。假定所有室内湿源所释放的湿都被稻草板墙面材料所吸收，那么相对湿度的变化量就可以通过吸收的总湿量以及湿缓冲值计算出来。

$$\Delta RH=\frac{G\cdot\Delta t}{MBV\cdot A}=\frac{(100\ \mathrm{g/h})\cdot 8\ \mathrm{h}}{0.72\ \mathrm{g(m^2\cdot\%)}\cdot 63.2\ \mathrm{m^2}} \tag{7-17}$$

计算表明，在不考虑室内外湿交换的情况下，假定房间内湿源所释放的湿全部被由调湿材料覆盖的墙体所吸收，那么在 8 h 工作时间内，房间内的相对湿度变化量将达到 17.6%，该值表示在没有其他调湿手段辅助或干预的情况下，建筑内表面多孔调湿材料的吸放湿作用对于房间内湿度调节的影响。

如果房间内不使用除湿机，而假定在这个相对湿度变化过程中，空气中的水分全部由墙体的调湿材料所吸收，那么由 MBV 值可以算出，当墙体使用硅藻泥作为装饰材料，室内相对湿度在 85%时，若要相对湿度稳定在人体舒适的 50%，稻草板墙面所吸收的湿量为

$$G=A\cdot\%RH\cdot MBV=63.2\ \mathrm{m^2}\cdot 0.72\ \mathrm{g/(m^2\cdot\%)}=1\,592.6\ \mathrm{g} \tag{7-18}$$

在此基础上，秦孟昊等[33]进一步对于处于不同室外气候条件下的建筑采用调湿材料节能效果进行了模拟。如图 7-52 所示，选用 IEA ECBCS Annex 21 中的 BESTEST 基础建筑模型作为数值模拟的研究对象。假设所有墙体构造均为 BESTEST 轻质结构，墙体内表面层为 0.05 m 厚的加气混凝土，考虑到墙体的隔水性可忽略墙体的传湿作用。

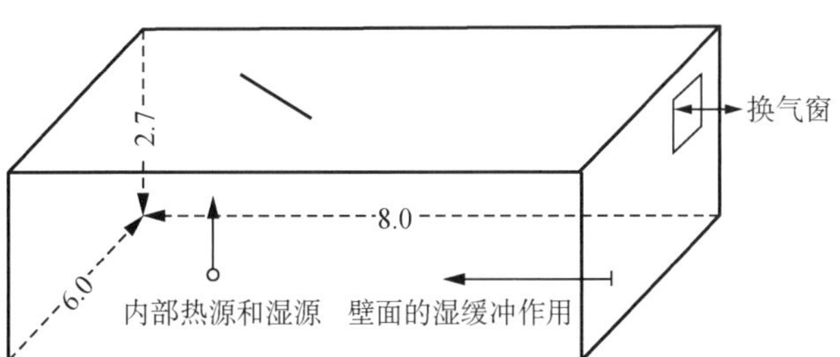

图 7-52 IEA BESTEST 基础建筑模型(单位:m)[31]

此建筑为一栋办公楼，在 9:00～17:00 时间段内，办公楼为使用状态。内部热源的产热速率为 15 W/m²，内部湿源的产湿速率为 6 g/(m³·h)。HVAC 系统将内部温度控制在 20～26 ℃之间，内部湿度控制在 65%以下。其他时间段均为空闲状态，且办公楼无内部热湿源，HVAC 系统关闭。此建筑全天通风换气次数为 0.5 ACH。当建筑模型墙体内表面无湿缓冲材料覆盖时，可不考虑内墙表面的湿缓冲效应；当墙体内表面被湿缓冲材料覆盖时，需要考虑内墙表面的湿缓冲效应，其中湿缓冲材料的湿缓

冲值范围为 0.5～1.5 g/(m^2·%RH)，覆盖面积分为 0、32.4 m^2（双面内墙）、75.6 m^2（所有内墙）和 171.6 m^2（内墙、天花板和地板）4 种工况。

室外气候条件不仅影响室内的热湿环境，对于室内的湿缓冲现象也有重要影响。在理想状况下，室内调湿材料能够吸收额外湿量以减少办公楼使用时间 HVAC 系统的潜热负荷，并在空闲时间段的低湿环境下释放多余湿量以准备开始下一个循环使用周期。

数值模拟选择了 4 个具有典型气候特点的城市：上海（潮湿的亚热带气候）、北京（潮湿的大陆性气候）、巴黎（温带气候）和马德里（寒冷的半干旱气候）。

由于湿缓冲效应中的吸、放湿作用存在水蒸气的相态变化，对于总显热负荷的计算影响较小，因此在数值模拟过程忽略其影响。表 7-27 给出了 4 种典型气候条件下不同工况的总能耗计算结果，同时给出了使用湿缓冲值为 1 g/(m^2·%RH)湿缓冲材料后计算得到的建筑总体节能量和节能效率。

表 7-27　4 种典型气候条件下的能耗值[31]

湿缓冲材料覆盖面积/m^2	能耗总量/(kW·h)				节能效率			
	马德里	巴黎	北京	上海	马德里	巴黎	北京	上海
0	1 542.87	1 965.76	2 752.46	2 648.73				
32.4	1 379.88	1 813.08	2 648.30	2 583.43	10.56%	7.77%	3.78%	2.47%
75.6	1 273.05	1 705.84	2 603.44	2 542.19	17.49%	13.22%	5.41%	4.02%
171.6	1 146.35	1 547.01	2 561.13	2 489.36	25.70%	21.30%	6.95%	6.02%

从表 7-27 可知，随着湿缓冲材料覆盖面积的增大，节能效率也随之提高，且巴黎和马德里比北京和上海体现得更为明显。当建筑内墙表面全部被湿缓冲材料覆盖时，马德里和巴黎的节能效率都超过了 20%，而北京和上海的节能率却只有 6%。其原因为北京和上海的夏季气候中的昼夜湿度波动幅度较小，类似气候条件极大限制了湿缓冲材料性能的发挥，从而导致节能效率的低下。

数值模拟结果表明，湿缓冲材料在昼夜湿度差异较大的气候条件下表现良好。办公楼空闲时间内的较低湿环境，能够为干燥、再生湿缓冲材料提供有利环境，因此半干旱气候带是使用湿缓冲材料较为理想的区域。当然，如果湿缓冲材料能够配合设计和控制良好的 HVAC 系统一起使用的话，可以实现全气候条件下建筑节能的目的。

对于典型气候条件下不同类别的调湿材料湿缓冲值和建筑能耗之间的关系也进行了数值模拟，结果如表 7-28 所示（假设数值模拟中的房间内表面全部由湿缓冲材料覆盖）。

表 7-28　缓冲值和潜在节能效率的关系[31]

湿缓冲值(MBV)/[g/(m²·%RH)]	潜在节能效率			
	马德里	巴黎	北京	上海
0～0.5	0%～20%	0%～15%	0%～5%	0%～4%
>0.5～1.0	20%～25%	15%～20%	5%～8%	4%～7%
>1.0～1.5	25%～30%	20%～30%	8%～15%	7%～15%

7.3　调湿材料实际应用方向探讨

7.3.1　优势

（1）调湿材料对于处理室内湿负荷而言是一个较为根本的方式，他可以直接将室内空气相对湿度控制在合适范围内。

（2）相比采用新风或冷凝方式除湿，调湿材料除湿的湿㶲损耗最小。

- 调湿材料：室内和材料的水蒸气分压力差。
- 新风除湿：室内水蒸气分压力>墙面材料水蒸气分压力>送风水蒸气分压力。
- 室内冷凝除湿（风盘）：室内空气露点>表冷器表面温度。

7.3.2　问题

（1）无论采用何种现有技术，都无法避免墙面吸附水蒸气，因此造成的室内空气品质进一步恶化（脱附、霉变等），并且无法通过现有手段消除；

（2）吸附能力是否能满足室内适度控制需求（计算表明困难）；

（3）高吸附能力的材料吸附—脱附能力差异大（回归曲线），大部分水分停留在材料内，无法脱附；

（4）高含水调湿材料控制霉变未能有效解决，长期高含水对于室内环境起到反作用；

（5）有效吸附时间不足（24～48 小时），迅速饱和；

（6）对于高湿地区而言时间太短无意义，饱和后即失去效力；

（7）调湿材料的脱附—再生问题尚无有效技术方案；

（8）采用现有成熟可能的解决方案可能仍仅限于用低含水量空气在室内循环再生，此时循环空气需要更低的水蒸气分压力，才能形成送风水蒸气分压力<室内循环水蒸气分压力<墙面水蒸气分压力<调湿材料水蒸气分压力的再生机制，进而要求送风有更低的温度和相对湿度，其代价和对室内舒适度的影响可想而知；

(9) 调湿材料的性价比问题未能充分探讨,各类调湿材料吸附能力差别巨大,控制室内相对湿度所需的材料总量、铺设面积和厚度仅有简单的试算,无法作为产品开发和实际工程的依据。

7.3.3 解决方案方向性探讨

(1) 目前看来硅藻泥已经具备商业价值,尽管吸附能力并不强,但远优于传统墙面涂料,吸附—脱附平衡,性价比高,施工简便;

(2) 硅藻泥的再生并未解决,其效应仅在新房启用的一段和过渡季节的自平衡;

(3) 开窗通风方式无法解决调湿材料再生问题,因为在需要调试的季节,室外空气相对湿度高于室内相对湿度;

(4) 材料更换对于现有技术而言尚无可行的合理解决方案,必须立足于现有墙面涂料;

(5) 必须找到直接在室内、墙面上脱附——再生的技术,其他方式无现实意义。

基于此,本文提出的初步解决方案应考虑下述:

(1) 采用中空纤维膜内嵌技术,将中空纤维植入调湿材料墙体(硅藻泥),类似毛细管抹灰;

(2) 在中空纤维中循环除湿溶液,形成“主动调湿”能力;

(3) 通过溶液浓度可以形成足够的湿势能差,即送风水蒸气分压力>室内空气水蒸气分压力>墙面水蒸气分压力>调湿材料水蒸气分压力>中空纤维内溶液水蒸气分压力的湿势能场,使得空气中的水蒸气可以受控地向墙面—调湿材料—中空纤维膜—溶液方向迁移,最终被带离室内;

(4) 溶液的水蒸气分压力可以通过浓度、溶液温度两个变量来主动调节,加以流量控制,可以形成一套“主动式”墙面吸附调湿系统,必要时甚至可以通过调整管内压力(负压)来控制水蒸气分压力;

(5) 通过调整管内水蒸气分压力,可以在必要时将整个湿势能场翻转,形成室内空气水蒸气分压力<墙面水蒸气分压力<调湿材料水蒸气分压力<中空纤维内溶液水蒸气分压力的湿势能场,从而形成加湿能力;

(6) 由于溶液自身携带了除了溶液浓度所含有的化学能、潜热能外,还有由溶液温度所提供的显热能,故在溶液循环中可以同时通过墙面辐射向室内提供显热换热(冷热辐射)。

7.4 建筑表皮湿活性化技术

7.4.1 热环境温度下外表皮热湿平衡模型

对于以夏季空调工况为主的气候区域,通过建筑外表皮蒸发冷却来降低冷负荷也是一种被长期研究的技术手段。目前已有的研究，分为淋水、蓄水墙面方案和汲液墙面方案。除此以外，墙面绿植则是介乎于建筑学的绿色植被外表皮技术和建筑环境上的利用遮挡和蒸发消除表皮负荷的一个技术手段。

在阳光照射和室外空气共同作用下，当含水的建筑外表皮的水蒸气分压力大于环境空气水蒸气分压力时，建筑外表皮的水分将出现相变蒸发，以蒸气形式散发到周边空气中，同时带走外表皮的热量，降低外表面温度。该机理能够有效地减少通过表皮进入室内的热流，甚至带走室内的热量，起到控制以致降低室内温度的效果。

尽管采用低品位的高温冷源作为热环境温度下的表皮热活性化也能获得远高于非热活性化的整体效果，但如上分析，对于高温冷源的获取在高温高湿地区并没有想象中那么简单，而由于高温冷源品位不足，使得输配能耗从可以忽略上升到代价过大，也是工程运用中不得不面对的问题，即：

不同温差下介质平均温度—需要控制的热活性层温度—介质温差—输配能耗。

同时，采用高温冷却介质进行显热热平衡的模式与人体控制体温的模式也有明显差别，这在上述人体与建筑物高温环境下的㶲分析中也已经得到结论。而引入湿活性化模式后，其综合效应将有完全不同的表现。

在引入湿活性化模式后，对比人体表皮热湿平衡模式，表皮墙体部分的热湿平衡将以下述形式呈现（表 7-29）：

表 7-29　人体皮肤与表皮热湿活性化层在热环境温度下的热湿平衡

环境温度	介质温度	负荷	人体表皮(B)	建筑物表皮		
t_o	t_m			纯热活性化(TABE)	纯湿活性化(HABE)	热湿活性化(THABE)
I $t_o \approx t_b/t_i$	a $t_m < t_i$	Q_I：代谢产热/内扰	不存在	承担部分内扰 传热冷却	不承担	承担部分内扰 传热冷却
		Q_O：环境输入热量(外扰) 1. 辐射部分 Q_{OR} 2. 传热部分 Q_{OT}	不存在	消除外扰 1. 直接吸收 Q_T 2. 传热冷却 Q_T	消除外扰 蒸发冷却 Q_H	消除外扰 1. 蒸发冷却 Q_H 2. 传热冷却 Q_T
	b $t_m = t_i$ $t_m = t_b$	Q_I：代谢产热/内扰	汗液蒸发排热	不承担	不承担	不承担
		Q_O：环境输入热量(外扰) 辐射部分 Q_{OR}	汗液蒸发排热	消除部分外扰 直接吸收 Q_T	蒸发冷却 Q_H	消除外扰 1. 部分吸收 Q_T 2. 部分蒸发冷却 Q_H

（续表）

环境温度	介质温度	负荷	人体表皮(B)	建筑物表皮		
t_o	t_m			纯热活性化(TABE)	纯湿活性化(HABE)	热湿活性化(THABE)
Ⅱ $t_o > t_b/t_i$	a $t_m < t_i$	Q_I：代谢产热／内扰	不存在	承担部分内扰传热冷却 Q_T	不承担	承担部分内扰传热冷却 Q_H
		Q_O：环境输入热量(外扰) 1. 辐射部分 Q_{OR} 2. 传热部分 Q_{OT}	不存在	消除外扰 Q_T 1. 直接吸收 Q_T 2. 传热冷却 Q_T	消除外扰蒸发冷却 Q_H	消除外扰 1. 部分吸收 Q_T 2. 部分蒸发冷却 Q_H
	b $t_m = t_i$ $t_m = t_b$	Q_I：代谢产热／内扰	汗液蒸发排热	不承担	不承担	不承担
		Q_O：环境输入热量(外扰) 1. 辐射部分 Q_{OR} 2. 传热部分 Q_{OT}	汗液蒸发排热	消除外扰 1. 直接吸收 Q_T 2. 传热冷却 Q_T	消除外扰蒸发冷却 Q_H	消除外扰 1. 部分直接吸收 Q_T 2. 部分蒸发冷却 Q_H
	c $t_m = t_o$	Q_I：代谢产热／内扰	不存在	不承担	不承担	不承担
		Q_O：环境输入热量(外扰) 辐射部分 Q_{OR}	不存在	形成部分外扰 1. 直接吸收 Q_T 2. 部分内外墙间传热($-Q_T$)	消除外扰蒸发冷却 Q_H	可能形成部分外扰 1. 蒸发冷却 Q_H 2. 部分内外墙间传热($-Q_T$)

表中

t_o—环境温度

t_b—躯干内腔温度

t_i—室温

t_m—表皮平均温度/热活性介质平均温度

Q_I—室内向表皮外侧传热(内扰)

Q_{OR}—表皮辐射得热

Q_{OT}—表皮传热得热

Q_T—表皮热活性化排热

Q_H—表皮湿活性化排热

事实上，在人体表皮/表皮外表面—皮下毛细血管网/热活性层之间，仍有一个相应的温差，即热活性层平均温度与外表面平均温度之间的温差，因而也存在着相应的传热。但由于确定外表面温度涉及过多的因素，难以建立模型，在此暂且忽略，并忽略该层材料蓄热的影响。

对于湿活性化而言，蒸发冷却散热过程与表皮是否有热扰并无直接关系，而是由外墙材料含水量和室外空气含湿量之差决定的，准确而言是外墙多孔材料中所含空气的含湿量和环境空气含湿量决定的，即二者之间是否有湍存在。由于热湿交换同时发生情况极为复杂，在此做了极大

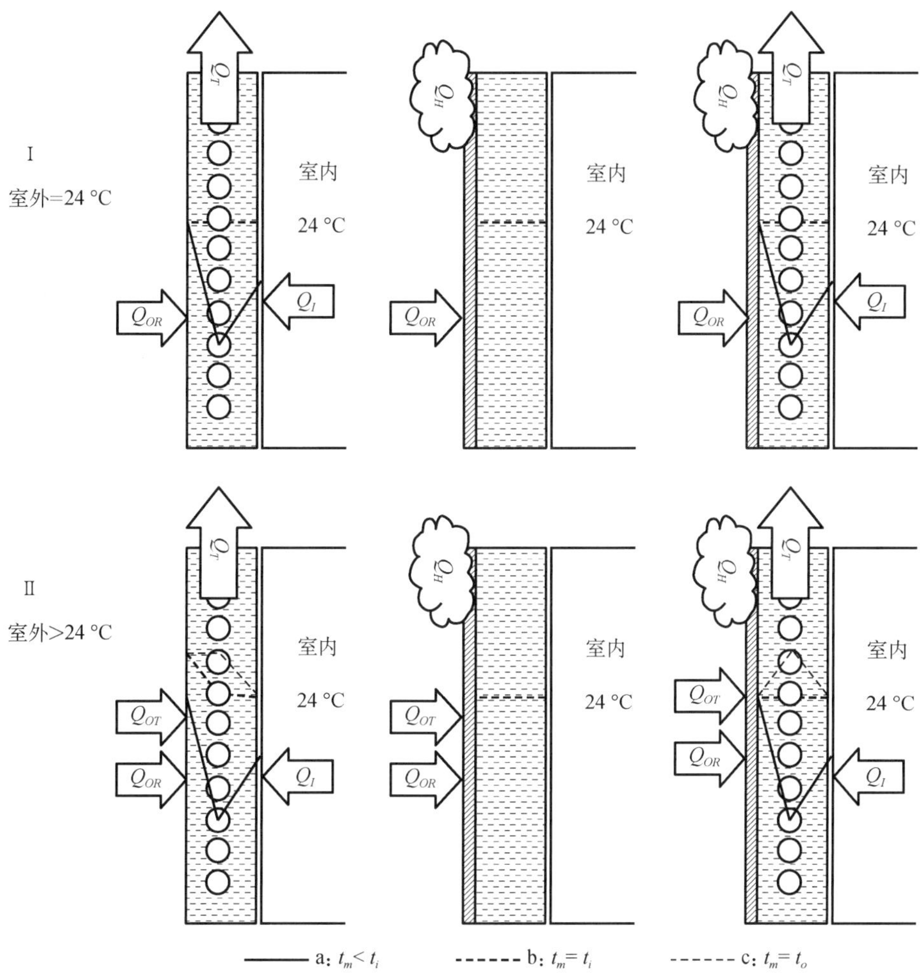

图 7-53　围护结构纯湿活性化及热湿耦合活性化原理

程度的简化，仅以总体热流发生方向作为判断。

纯湿活性化方式主要采用多孔蓄水材料外墙＋墙面淋水方式，此时所采用的水温对外墙温度的影响基本可以忽略。同时，无论蒸发过程能带走多少热量，都将由外侧环境补充进来。由于内外墙面之间存在表皮的热阻远大于环境与蒸发表面换热热阻，除非蒸发过程引起了极大程度的表皮外表面温降，否则内部热量在 $t_o \geqslant t_i$ 情况下不可能传递到表皮外表面。因而纯湿活性化并不能承担减少内扰的任务（图 7-53）。

以上分析可以得出结论，即湿活性化方式对热环境温度的消除外扰将更加有效：

- 湿活性化对于水温无特别要求；
- 湿活性化可以消除几乎全部外扰（Q_{OT}/Q_{OR}）；

湿活性化作为蒸发冷却技术，按照刘晓华等[41]的湿烑（湇）理论，是火积—湽转化的结果。在水源充分的地区，采用蒸发冷却技术仅需提供蒸发足够的水量及输配能耗。

按照刘晓华等的研究成果，湿空气—水之间的热湿交换过程可分为显热传递过程、传质过程与热湿转换过程的 3 个独立过程，对于任意过程，热湿转换只发生在饱和湿空气与水之间，损失只发生在显热传递过程和传质过程中。对于传递过程，只要存在显热传递温差或传质含湿量差，即存在显热火积损失或湿火积(湽)损失，且传递火积/湽损失永远为正，总火积/湽损失是过程微元传递火积/湽损失的总和。当考虑传递损失后，显热火积、湿火积(湽)转换系数不变。

火积—湽转换系数为：

$$K_{W_s}=r_0\left(\frac{\Delta T}{\Delta d}\right)_{st} \tag{7-19}$$

式中，$(\Delta T/\Delta d)_{st}$ 为饱和线上温度和含湿量之间的线性系数；r_0 为水的汽化潜热；K_{W_s} 为火积—湽的转换系统。

由于在外墙面蒸发冷却过程中火积—湽转换过于复杂，暂不作深入讨论。

7.4.2 热湿活性化的外墙结构及功能设计

本书第 6 章综合介绍了采用表皮热活性化在热环境温度下消除外扰的研究成果。从迄今为止的研究成果中可以看出，湿活性化的降温节能效果基本无疑问。但对持续湿活性化或可控湿活性化的方式目前仍在探讨中。而其中主要涉及的问题是如何控制外墙面的含湿量。

迄今为止主流技术仍是从墙外对墙面进行加湿，由此带来的技术问题也在第 6 章中有所介绍。以其他方式维持外墙面的含湿量则仅有若干理论探讨[32,33]，对于具体产品的描述设计则极为简略。

迄今为止尚无人对将外墙湿活性化与溶液系统形成组合的模式进行探讨，以下对该技术的产品设计加以介绍。

1. 外墙溶液系统性能描述及工作原理

设置外墙溶液系统的主要目的为在夏季炎热的气候区域，尤其是高温高湿区域获得以下的特性：

- 通过埋设在外墙表面多孔材料内的中空纤维膜内溶液循环持续的向外墙输送水分；
- 通过外墙表面与中空纤维膜内的水蒸气分压力差形成水蒸发，从而大幅度消减日射形成的外扰；
- 通过水蒸发浓缩中空纤维膜内的溶液。

由于溶液系统并不依赖热量火积，而仅靠溶液浓度形成的水蒸气分压力(湿火积)工作，甚至对于外墙蒸发冷却而言，完全可以采用纯水作为媒介。采用溶液有以下优势：

- 借助外墙获得的能量进行溶液再生；
- 可以通过调节溶液浓度控制外墙蒸发，进而控制表皮热流；
- 保持溶液系统的充盈，进而保持整体系统的水力特性；
- 避免过度蒸发使得中空纤维膜管路系统的机械性能受损（干裂）；
- 在必要的情况下可以通过溶液循环控制外墙材料的含水量，即控制表皮内的湿迁移；
- 在冬季工况下可以作为表皮热活性化系统使用，并避免出现冻管。

由于该系统完全不需要热量（冷量），而是充分利用系统内外的水蒸气分压力达到消减热扰的作用，其原理是利用湰差，故该系统同样除了输送能耗外，几乎不需要其他能量。

溶液循环过程中由于不断地蒸腾，溶液浓度将升高，需要监控溶液浓度的极限以避免出现结晶。同时也需要不断地对溶液进行冷却和补水。以保证系统持续工作。溶液冷却的工作同样可以交由冷却塔完成，在室外空气湿球温度 t_0 低于室温 t_r 的情况下，对溶液的冷却应当足以形成持续循环蒸发冷却外墙的效果。

通过外墙蒸发浓缩并通过冷却塔冷却过的浓溶液，可以直接进入室内除湿系统，也可在溶液再生能力过剩时储存起来，作为系统的蓄能形式。如果外墙蒸发后的溶液浓度不足，无法直接用于室内除湿，则需要利用溶液再生系统进一步浓缩溶液。

由于溶液蒸发冷却过程主要发生在因日射而大幅升温的外墙面，故背阴面的外墙并无必要安装溶液系统。

由于南向系统持续接受日照，因此溶液再生的功能在过渡季节依然可以用于制备浓溶液，从而可以将太阳能转化成高密度的化学能，并可长期储存。

溶液系统的控制也较为简单，如果以日间蒸发冷却为主的系统，则可以在太阳落山后关闭系统；如有较大的溶液储罐用于蓄能，则可以在夜间循环溶液系统，利用外墙表面低于溶液温度来对日间再生的溶液进行冷却。但与此同时要注意夜间是否会出现逆向反应，即由于室外温度降低，水蒸气分压力也同时降低，此时不排除中空纤维膜内外水蒸气分压力差发生逆转，中空纤维膜内的溶液反倒被稀释。因此也可以在室外温度下降后直接关闭系统。

2. 热湿活性化外墙的结构形式及功能

对于热环境温度而言，热湿活性化外墙大致是室内焓湿板工作方式的翻转：内嵌中空纤维膜的多孔板材与室外空气进行热湿交换，并以湿交换为主，通过蒸腾散热维持外墙表面的温度，从而消除外扰。

由于溶液循环自身可以携带部分冷量，故任何低于室外温度的冷源均可以用于显热降温，从而达到上述热湿活性化（THABS）的效果。

由于中空纤维膜并不适于现场施工，故热湿活性化外墙应当以成品形式为主。这也符合目前装配式建筑的发展趋势。

外墙热湿活性化本身也可以有种实施方式：固定式和悬挂式。其中固定式的应用效果与人体表皮相类似，而悬挂式则与外墙绿植相类似。

(1) 室外型固定式热湿活性一体化外墙(图 7-54)

采用适于外墙使用的多孔材料，嵌入中空纤维膜预制成外墙板材，便可制成外墙热湿活性一体化板材。

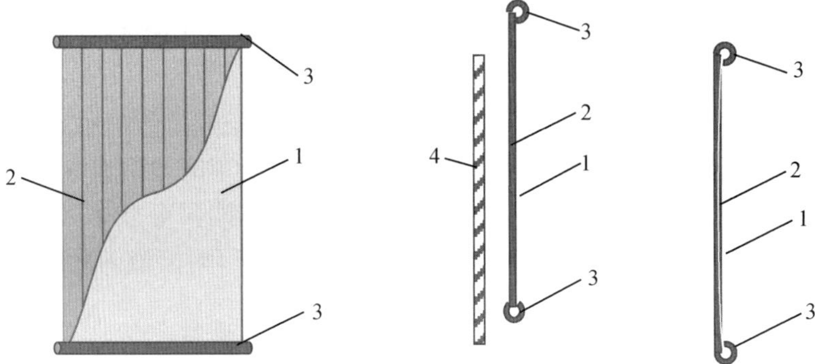

图 7-54 固定式外墙热活性一体化板材(专利申报号)

1—多孔材料；2—中空纤维膜；3—上下联箱；4—保温板

(2) 室外型非固定式热湿活性一体化单元(图 7-55)

采用能够耐受室外气象条件的透气透水材料作为骨料和面材，内嵌中空纤维，可以制成具有类似于人体皮肤或植物叶片的“人工皮肤”或“人工叶片”装置。在该装置中循环一定浓度的溶液，则可通过该装置与室外形成热湿交换。

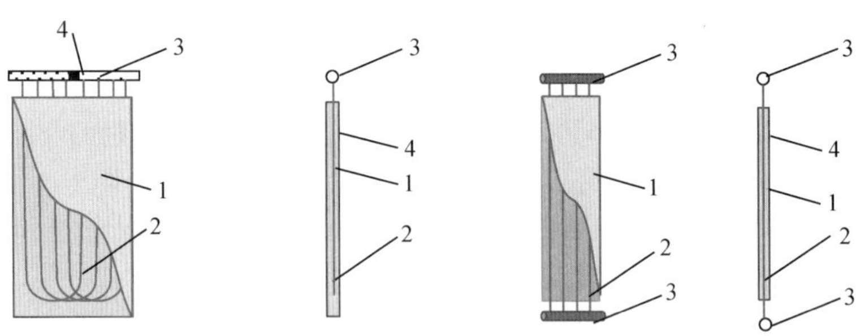

图 7-55 悬挂式外墙热湿热活性一体化板材

1—高性能吸水纤维(super absorbant fiber，SAF)；2—中空纤维膜；3—上下联箱；4—透气面材(尼龙)

室外型一体化单元的制作方式与室内型相似，但需满足以下条件，其中材料单元本身制造为主要要求。

- 主要材料应能耐受室外气象条件，如：

日晒，主要体现为高温和紫外线造成的老化；

雨淋，主要体现为材料含水后的物性变化。

● 整体设计应能承受室外风速所造成的拉力，包括单元本身和相应溶液循环系统。

● 整体设计及各组成部分应当尽量免维护。

● 部分单元或系统损坏不会导致整体系统失效。

室外型一体化单元应用方式主要采用悬挂方式，可通过网架、悬索等方式实现；

室外型一体化单元对室内热湿环境可以起到以下效果(图 7-56)。

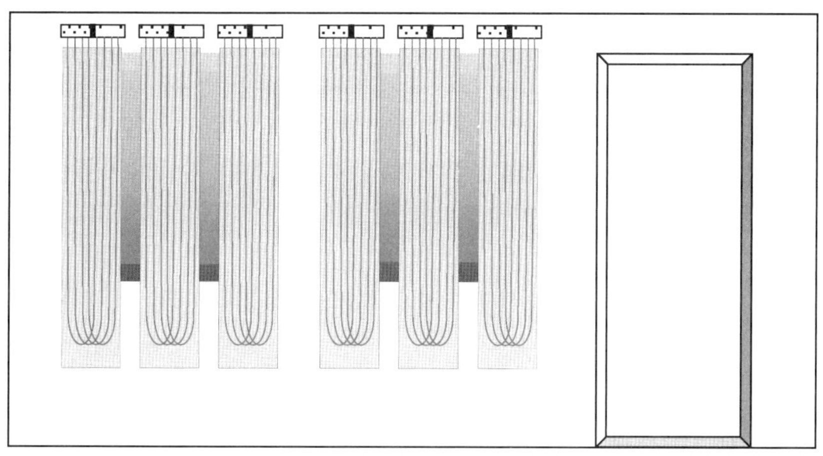

图 7-56　室外悬挂示例

● 夏季工况

起到外遮阳效果，遮挡入射日光；

通过中空纤维内循环的液体(水或稀溶液)蒸发(蒸腾效应)带走热量，降低表皮外表面温度，抵消外扰；

浓缩溶液，起到溶液再生作用。

● 冬季工况

通过中空纤维内循环的浓溶液吸收周边空气水分，释放汽化潜热，提高表皮外表面温度，减少表皮热损失；

利用余热废热适当加热浓溶液，同样提高表皮外表面温度，减少表皮热损失。

● 过渡季节工况

在阳光充足的情况下尽量制备浓溶液储存，达到化学储能的效果；

对于不同朝向房间通过溶液循环系统输送能量，改善不利朝向室内热湿环境。

3. 表皮热湿活性化所需要的性能范围

对于表皮热湿活性化而言，可以根据期待其所承担的功能对其所应具有的性能进行预测，从而对相应产品技术开发提供指导性意见。

表皮热湿活性化主要应用场景为在热环境温度下通过热湿转化而消减外扰，而溶液一体化的末端则同时承担了部分溶液再生的功能。同时可以具备的热活性化功能，即在采用溶液介质情况下，仅承担显热交换功能。该部分的性能要求已在各类热活性化开发中有较为深入的研究。唯一需要注意的是溶液的比热容。由于溶液的比热容仅有水的一半左右，故在同样温差下，溶液的流量将是水的一倍。

而表皮湿活性化所需承担的，是在较强外扰下，向外墙面多孔材料持续的提供足够用于蒸腾的水量。由于外墙位置的变化，不同时段收到日射强度的变化，以及室外温湿度的变化等都对蒸腾产生影响，故该数据应当为极端情况下的最大值。结合外墙多孔材料自身的蓄水能力，通过墙内中空纤维膜渗透进入多孔材料供水速率将是一个较难确定的参数。

以冯燕珊[45]的实验数据为参照，在太阳辐照度最强烈的 13:00 左右，建筑多孔材料通过蒸发可以获得的蒸发换热量最大值约为 300 W/m^2，而此时试件的最大逐时蒸发量为 0.45～0.5 kg/(m^2 · h)(试件 1)和 0.58～0.63 kg/(m^2 · h)。以该测试为依据，则内嵌中空纤维膜需要达到约 0.5～0.65 kg/(m^2 · h)的通过膜壁渗透供水能力。对比人体皮肤最高 0.05～0.3 g/(m^2 · h)的出汗量和植物白天 0.015～0.25 kg/(m^2 · h)的蒸腾速率(见本书第 1 章)，可见对于湿活性外墙的蒸腾速率要求还是非常高的。

如果以稀溶液作为介质，从而通过外墙循环获得溶液的浓缩效果，并假设外墙溶液循环过程中溶液浓度变化为 10%，则外墙单位面积的溶液循环量将达到 5～6.5 kg/(m^2 · h)。

按照目前各类室内辐射换热末端的水系统工程应用的流体力学优化结果，一般取 10～20 m^2 作为一个循环末端控制区域。超过该范围则末端流动阻力过大，造成水泵输配能耗不合理；低于该范围则分区太多，同时也容易出现水力失调。如以 10 m^2 作为一个末端循环单元，则该单元需要的溶液循环量将达到 50～65 kg/(m^2 · h)。

从控制角度而言，对于夏季负荷最高峰时段可以考虑采用浓度较低的溶液，来降低溶液循环量，直至完全采用水循环，从而满足蒸腾用水需求。

对于由中空纤维膜向外墙面多孔材料的供水能力，涉及跨膜湿迁移＋多孔材料湿迁移的驱动力、湿迁移过程的湿阻力等复杂情况，目前未见有相关研究。期待以后在该方向上能够有相应成果出现。

新型热湿耦合室内末端技术

8.1 烱理论视角下的理想室内末端技术

对建筑热湿环境产生影响的因素可以分为外扰和内扰，而内外扰又可以分为热扰和湿扰。

(1) 外热扰：指室外空气的温度、太阳辐射强度，风速和风向，以及邻室的空气温度对室内热环境的影响。通过表皮的传热、太阳辐射透过半透明玻璃向室内摄入的辐射热等方式进行传热量的交换，以及通过室内外空气的交换产生质交换。

(2) 外湿扰：指室外空气的湿度对室内湿环境的影响，主要通过室内外空气的交换产生质交换。

(3) 内热扰：指室内照明装置、设备和人体的散热，主要以对流和辐射方式影响室内热环境。

(4) 内湿扰：以人体散湿为主对室内湿环境的影响，该影响同时会以潜热形式进一步对室内形成内热扰。

不同扰量发生的方式、强度均有较大差异：首先外扰与建筑所处气候区域关系最大；其次则是建筑物的热工性能，即表皮的各项指标；最后内扰则与建筑物的使用方式、使用强度有关。

迄今为止的建筑热湿环境营造技术，是通过改善表皮的热工性能来减少外扰部分的影响，但对于最终进入室内的外扰，是与内扰一并处理的。对于热扰和湿扰则大都一并处理。温湿度独立控制技术(THIC)将热扰和湿扰进行了区分，但并未对内外扰进行区分。

在对于能耗不作为主要系统性能评价标准的情况下，区分上述扰量的来源、特点和强度并无更多的意义，尤其是采用同一组末端消除扰量影响的情况下，更多的分析也并无相对应的消除措施作为系统优化的技术手段。

在当前对于能耗、碳排放的要求下，对于上述各种扰量进行针对性分析，并采取更加合适的消除措施，必要情况下将系统及末端进行分离，达到“各司其职”的效果，以求各部分的性能最优，最终获得总和最优的效果，则是值得尝试的一个途径。

8.1.1 外扰中热扰、冷扰及湿扰的影响

1. 采暖度日数、空调度日数和湿日数概念

《建筑节能气象参数标准》(JGJ/T 346—2014)中，给出了采暖度日数和空调度日数的定义：

(1) 采暖度日数(heating degree day)

采暖度日数为从需要采暖的强度和需要采暖的天数两个方面反映一地气候寒冷程度的指标。一年中，当室外全年日平均温度低于冬季采暖室内计算温度时，将日平均温度与冬季采暖室内计算温度差的绝对值累加，得到一年的采暖度日数。本标准中冬季采暖室内计算温度采用18 ℃，以HDD18表示。

在第 m 年中，当日平均干球温度低于18 ℃时，计算日平均干球温度与18 ℃的差值，并将此差值累加，得到第 m 年的采暖度日数 t_m^{hdd}：

$$t_m^{hdd}=\sum_{i=1}^{365}(18-t_{m,i})\times \mathrm{sign}(18-t_{m,i}) \tag{8-1}$$

$$\mathrm{sign}(18-t_{m,i})=\begin{cases}1, & 18-t_{m,i}>0\\ 0, & 18-t_{m,i}\leqslant 0\end{cases} \tag{8-2}$$

(2) 空调度日数(cooling degree day)

从需要空调降温的强度和需要空调降温的天数两个方面反映一地气候炎热程度的指标。一年中，当室外全年日平均温度高于夏季空调室内计算温度时，将日平均温度与夏季空调室内计算温度差的绝对值累加，得到一年的空调度日数。本标准中夏季空调室内计算温度采用26 ℃，以CDD26表示。

在第 m 年中，当日平均干球温度高于26 ℃时，计算日平均干球温度与26 ℃的差值，并将此差值累加，得到第 m 年的空调度日数 t_m^{cdd}：

$$t_m^{cdd}=\sum_{i=1}^{365}(t_{m,i}-26)\times \mathrm{sign}(t_{m,i}-26) \tag{8-3}$$

$$\mathrm{sign}(t_{m,i}-26)=\begin{cases}1, & t_{m,i}-26>0\\ 0, & t_{m,i}-26\leqslant 0\end{cases} \tag{8-4}$$

度日数(包括空调和采暖度日)被广泛用于研究气候与能源使用之间的关系，且可用于大区域及城市尺度能耗评估。国内外学者基于度日数方法开展了系列研究，研究了城市的采暖制冷能耗趋势。但是，采暖/制冷度日数的计算仅基于气温这一单一要素，并未考虑其他气候要素对能耗变化的贡献，是否能够反映建筑的真实能耗，评估能耗的适用性和可靠

性有待于评估。

孙玫玲等[1]在中国5个建筑气候区各选一座代表城市进行分析，各气候区相应选择昆明、广州、上海、天津和哈尔滨。但由于昆明气候四季适宜，冬无严寒，夏无酷暑，对制冷和供热无强制要求，更没有表皮限值，无法进行能耗模拟，故研究中不再考虑昆明。根据实际情况，广州地区冬季不考虑供热。对上述城市进行HDD和CDD计算后，再与TRNSYS所做的全年能耗模拟进行对比，由此分析度日数与全年冷热能耗之间的关联性。结果表明，各城市采暖度日与热负荷之间存在线性正相关关系，其中严寒地区的哈尔滨和夏热冬冷地区的上海二者的决定系数分别为0.995和0.991，而寒冷地区的天津和夏热冬冷地区的上海二者的决定系数也达到0.952。从本研究结果来看，供热能耗与采暖度日有极好的相关性，度日数可以解释不同气候区供热能耗的95%以上，这要源于气温是影响这些气候区供热能耗的唯一关键因子。所以，可以用单一气温计算得到的采暖度日反映建筑供热能耗。

从各气候区代表城市制冷季逐月制冷度日与冷负荷的回归分析来看，尽管各城市制冷度日与冷负荷的正相关关系均达到极显著水平，但各城市之间有明显差异。而且二者的相关关系为非线性关系，表明各代表城市的冷负荷受多个气象要素的共同影响。具体来看，位于夏热冬冷地区的上海，制冷度日与冷负荷的相关性最好，决定系数为0.886；天津和广州次之，决定系数分别为0.700和0.637，哈尔滨相关性最低，决定系数仅为0.2。这表明基于单一气温计算的制冷度日数并不能真实反映夏季办公建筑制冷能耗的变化特征，即用制冷度日表征制冷能耗将会有较大的偏差。分析结果表明，不同气候区代表城市各月制冷度日难以反映各月能耗，且不同月份间存在较大差异，上海各月度日数仅可以解释制冷能耗的60%左右，而其他城市除天津7月可以解释55%外，均低于50%。也表明利用度日数反映建筑制冷能耗是不可靠的。与该研究结果类似，李明财等[2]基于模拟能耗评估了寒冷地区代表城市利用采暖/制冷度日反映不同类型建筑能耗的适用性，表明采暖度日可以可靠地反映供热能耗，而制冷度日反映制冷能耗是不完全的。该研究进一步证实了不但寒冷地区，严寒地区、夏热冬冷地区和夏热冬暖地区利用制冷度日反映制冷能耗也有较大偏差。

尽管制冷能耗与制冷度日达到极显著水平，但度日数对制冷能耗的解释度较低，且在不同气候区和不同月份有明显差异，这主要是因为气温并非影响制冷能耗的唯一气候因子。从以往寒冷地区的研究结果表明，制冷能耗不但受气温的影响，与湿度有较大的关系。对不同气候区的研究结果也表明，气温并非唯一影响要素，而且制冷季各月差异明显，比如哈尔滨制冷能耗6月和8月均受气温影响，而7月湿度也起到一定作用；上海6月主要受气温影响，7～9月主要受湿球温度的影响；广州6～9月均以湿球温度为主要影响因子。此外，太阳辐射也有一定的贡献。由于制冷能耗受多个气候要素的影响，使得基于单一温度计算的度日数难以可靠地反映建筑制冷能耗。

全年除去供暖和制冷外的季节称为过渡季节。在过渡季节的某些时间段，尤其是春末夏初，虽然室外空气温度不高，但是室外空气含湿量却很大，此时通风会导致室内湿度超标，需要向房间输送干燥空气维持适宜的湿度。

王建奎等[3]针对上述除室内外温差外影响室内舒适度的室外空气含湿量干扰因素提出了除湿工况的定义：在过渡季节，须对空气进行除湿才能维持室内所要求的热湿环境的工况。一年中除去供暖、制冷、除湿外的工况称为通风工况，在这段时间内，可以通过自然通风或者机械通风的方式来满足人体舒适度的要求。对于除湿工况又进一步划分为以Ⅰ级舒适度为目标的除湿工况，和以Ⅱ级舒适度为目标的除湿工况(图 8-1)：

(1) 以Ⅰ级舒适度为目标的除湿工况，即全年的过渡季节中室外日平均温度高于 18 ℃、低于 26 ℃，但室外日平均相对湿度超过 60%，需要除湿的时间段；

(2) 以Ⅱ级舒适度为目标的除湿工况，即全年的过渡季节中室外日平均温度高于 18 ℃、低于 28 ℃，但室外日平均相对湿度超过 70%，需要除湿的时间段。

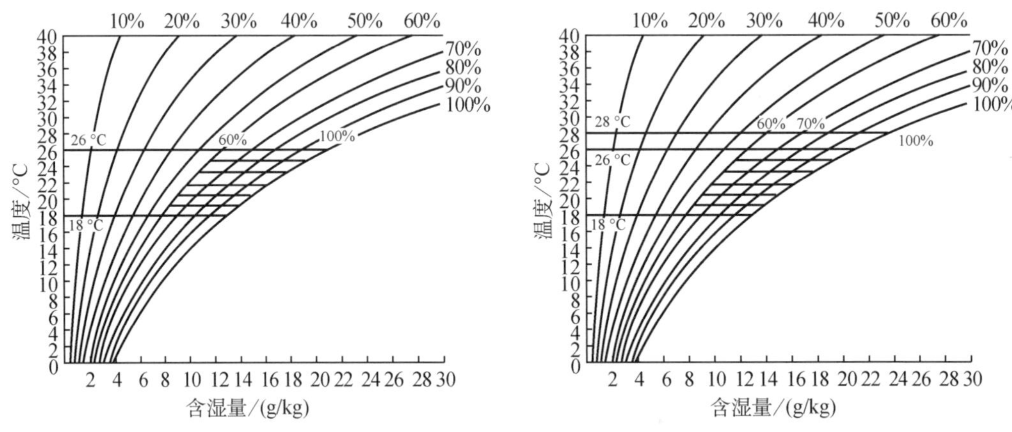

图 8-1　除湿工况在焓湿图上的表达[3]。左：以Ⅰ级舒适度为目标，右：以Ⅱ级舒适度为目标

在此基础上，王建奎等[3]进一步提出了湿日数(MCD)的概念：湿日数是指在过渡季节中，当某天室外日平均相对湿度大于规定的最大允许相对湿度 φ(视房间要求而定)时，用该天平均含湿量减去基准含湿量所得出的值乘以 1 天，所得出的乘积的累加值。

$$MCD=\sum_{i=1}^{365}(d_i-d_0),d_i \geqslant d_0 \tag{8-5}$$

式中，MCD 为湿日数，g/(kg·d)；d_i 为标准年中过渡季节相对湿度大于规定最大允许相对湿度 φ 时当天的日平均含湿量，g/kg；d_0 为基准日平均含湿量，g/kg。

当($d_i - d_0$)为负值时，即在过渡季节内如果该天的相对湿度小于最大允许相对湿度，则该天属于通风工况，不需计算湿日数。湿日数指标包含了湿的程度和持续时间两个因素，作为分区指标能反映除湿能耗的大小。

将除湿工况划分为Ⅰ级舒适度和Ⅱ级舒适度，是为了在满足室内基本舒适的前提下，尽量减少过渡季节的除湿能耗。对于不同的地区，以杭州为例，在Ⅰ级舒适度的场合，杭州市除湿天数为 118 d，湿日数为 396.1 g/(kg·d)；而在以Ⅱ级舒适度为目标的情况下，相对湿度超过 70%才进行除湿，杭州地区除湿天数为 112 d，湿日数为 262.3 g/(kg·d)。Ⅱ级舒适度湿日数减少了 133.8 g/(kg·d)，比Ⅰ级舒适度减少了 33.8%[3]。

根据《中国建筑热环境分析专用气象数据集》选取五个地区的代表城市：严寒地区，哈尔滨；寒冷地区，北京；夏热冬冷地区，杭州；夏热冬暖地区，广州；温和地区，昆明。对这五个城市分别以Ⅰ级和Ⅱ级舒适度为目标划分除湿工况，计算湿日数，并比较除湿工况持续时间和能耗。结果见表 8-1。

表 8-1　五个典型气候区的湿日数左：Ⅰ级舒适度；右：Ⅱ级舒适度

	相对湿度以>60%的天数/d	除湿工况平均含湿量/(g/kg)	湿日数/[g/(kg·d)]	相对湿度以>60%的天数/d	除湿工况平均含湿量/(g/kg)	湿日数/(g/kg·d)	湿日数减少百分比
杭州	118	13.68	396.1	112	14.89	262.3	33.8%
北京	72	12.77	174.8	58	15.36	109.8	37.2%
广州	117	14.82	487.5	162	16.23	432.6	11.3%
哈尔滨	60	12.35	145.3	48	13.14	62.0	57.4%
昆明	125	11.26	305.4	45	11.60	136.9	55.2%

上述湿日数的定义，其目标为判断在达到室外温度高于室内控制温度之前，即>18 ℃，但<26 ℃，或<28 ℃，在此期间，需要采用通风以外手段除湿的持续时间与湿的程度。而该时间段应当理解为持续通风、但尚未开启制冷机的时间段。在该工况下如何进行除湿，则需要另外寻找合适的方式。

曾纯宪等[4]在此基础之上提出了除湿湿日数的新定义：以夏季空调室内设计温度 26 ℃、相对湿度 60%时对应的含湿量 12.79 g/kg 为基准，一年中，当某天室外日平均含湿量高于 12.79 g/kg 时，将该日平均含湿量与 12.79 g/kg 的差值乘以 1 d，所得乘积的累加值，其单位为 g·d/kg。

当含湿量大于 12.79 g/kg，表示该日人体感觉热湿或者闷湿，必须降温除湿或者必须除湿。

以 26 ℃、相对湿度 60% 为原点，由等湿线和等温线构成的坐标和象限的焓湿图如图 8-2 所示，除湿日数区域也可表示为图 8-2 中第一象限的范围和第四象限的范围。

一年中，当某天的日平均含湿量低于 12.79 g/kg，且日平均气温高于 26 ℃时，将该日平均气温与 26 ℃的差值乘以 1 d，所得乘积的累加值定义为干燥高温度日数，其单位为℃·d。在焓湿图中表征不需除湿仅需降温的区域，为图 8-2 中第二象限的范围，该度日数定义为干燥度日数[4]。

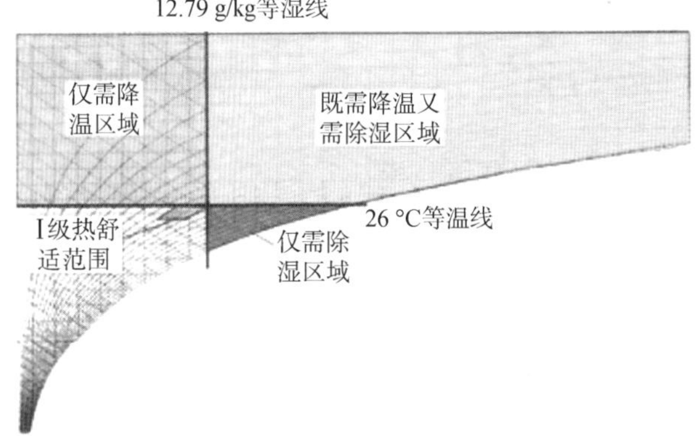

图 8-2 降温除湿象限图[4]

同样根据《中国建筑热环境分析专用气象数据集》统计计算全国典型气候区 5 个典型城市的年除湿湿日数，依据干燥高温季节长短，可计算各个城市的年干燥高温度日数。将供冷度日数、除湿湿日数和干燥高温度日数对应的天数进行比较，结果如表 8-2 所示，差异较大。

表 8-2 供冷度日数、除湿湿日数和干燥高温度日数对应的天数[4]

	供冷度日数的天数	除湿湿日数的天数	干燥高温度日数的天数
杭州	59	128	0
北京	43	64	11
西安	49	76	11
广州	128	210	1
上海	61	125	0

曾宪纯等定义的湿日数，与王建奎等定义的湿日数在统计方面有所不同：王建奎等仅考虑室外温度低于 26 ℃时需要除湿的时段，而曾宪纯则将所有高于 12.79 g/kg 的时段全部包含在内，即对于一年内所有需要除湿的时段均考虑在内。从图 8-2 中可以看出。王建奎的湿日数仅为第

四象限，而曾宪纯的湿日数则含第一、第四两个象限。

引入湿日数对建筑热湿环境营造所需的末端系统选择进行指导，对进一步优化系统、降低能耗有着极为重要的意义。尤其是在中国东南沿海、即胡焕庸线右侧，几乎均处于第一、第四象限，湿日数均远高于同纬度或近似室外年平均温度的其他国家地区，由此造成的对系统的要求也有着极大的差别。

同时，在区分内外扰的情况下，由室内外空气温度差造成的“外热扰”，以及由室内外空气含湿量造成的“外湿扰”同时作用在作为系统边界的建筑物表皮上，同时作用在通过系统边界进入室内、形成室内外循环的空气上。但作用在表皮上的外湿扰，对于室内热湿环境营造而言的影响有限而缓慢；作用在空气上的外湿扰，则直接影响到室内的热湿舒适。对于采用内外扰分离式的热湿营造系统方案而言，也需要更加谨慎地选择相应的系统及末端（表 8-3）。

表 8-3　典型城市的焓湿图中各象限负荷累计值比较[4]

	第一象限		第二象限	第四象限	合计	
	度日数/(℃·d)	湿日数/(g·d/kg)	度日数/(℃·d)	湿日数/(g·d/kg)	度日数/(℃·d)	湿日数/(g·d/kg)
杭州	174.95	395.51	0	172.26	174.95	567.77
北京	38.71	150.05	16.08	105.29	54.79	255.34
西安	93.50	164.14	17.47	69.93	110.97	234.07
广州	282.52	817.07	0.10	281.12	282.62	1 098.19
上海	136.03	400.76	0	161.87	136.03	562.63

2. 湿扰对自然通风的影响分析

袁涛等[5]选择长沙、广州、沈阳和西安 4 个不同气候区公共建筑作为研究对象，于 2008 年过渡季节通过采用现场建筑内热湿参数实测和室内人员问卷调查相结合的方式对公共建筑热环境现状进行了研究。实测结果得到了过渡季节我国不同气候区公共建筑的室内空气温度、空气相对湿度、空气流速、操作温度和服装热阻的分布特征，问卷调查分析则表明，过渡季节各地区公共建筑内绝大部分人员热感觉投票值 *TSV* 都在－1～＋1 之间，热感觉比较合适，但各地区公共建筑内部还有约 30％的人感觉稍不舒适，热感觉与热舒适存在差异。线性回归分析得到了不同地区建筑内的热中性温度和热舒适温度范围。过渡季节各地区公共建筑室内实测热中性温度都要小于理论热中性温度，人们更偏向低于理论值的室内温度（图 8-3—图 8-6）。

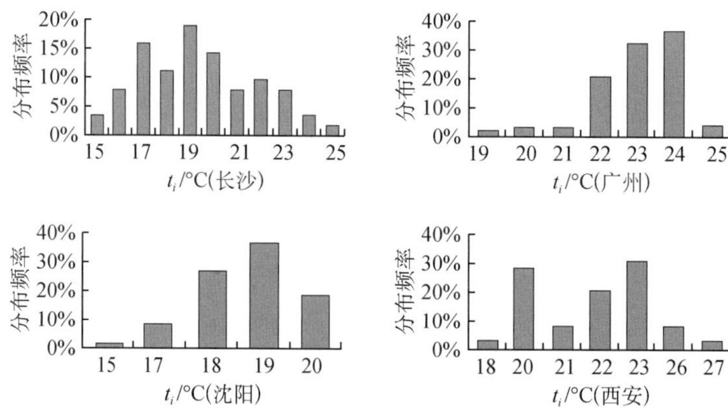

图 8-3　不同地区过渡季节公共建筑室内空气温度 t_i 分布频率[5]

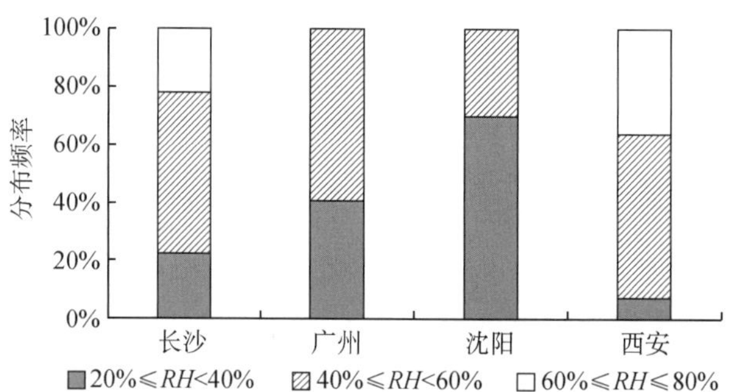

图 8-4　过渡季节不同地区公共建筑室内空气相对湿度 RH 分布频率[5]

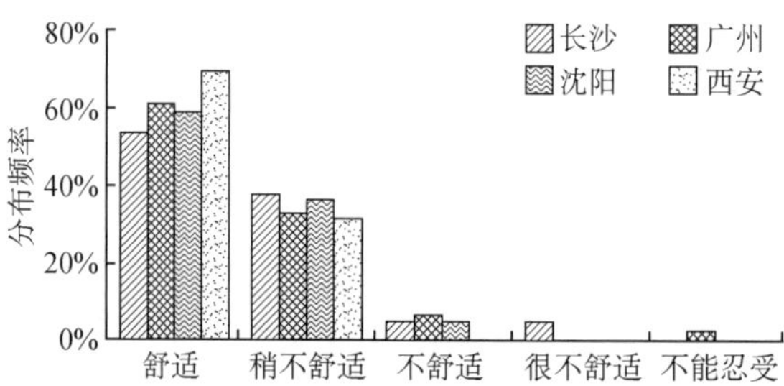

图 8-5　过渡季节不同地区公共建筑室内人员热舒适投票分布[5]

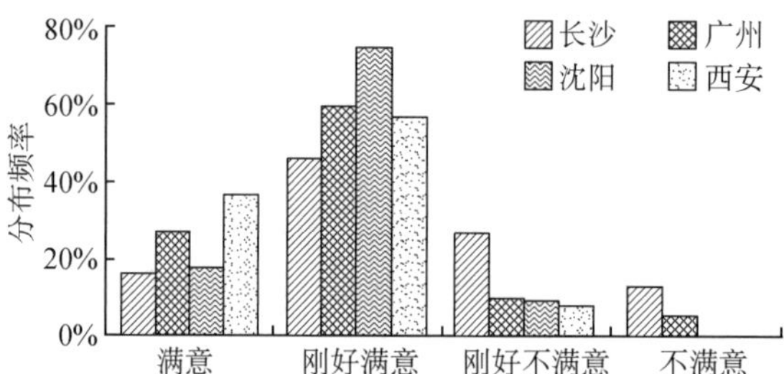

图 8-6　过渡季节不同地区公共建筑室内人员总体满意程度投票分布[5]

在袁涛等的调研中，首先并未对不舒适部分人群的进行不满意原因进行进一步分析，也没有对于室内相对湿度对于舒适度的影响进行相应的问卷调查。其原因应当首先是无论 TSV 法还是 PMV 法都没有直接针对室内相对湿度的单向调查项；其次是人对于湿度的敏感程度不如对温度的敏感程度，对于湿度的反应作为定性调查而言也不易获得较有价值的统计结果。但从过渡季节各地区公共建筑室内实测热中性温度都要小于理论热中性温度，人们偏向低于理论值的室内温度的结论分析，加上其统计数字显示，存在不满意较高的气候区恰好都属于夏季高湿地区，所以可以初步推测，由于室内相对湿度过高而引起的不舒适，这是约 30%的受调查人员仍然感觉稍有不适的主要原因之一。

李峥嵘等[6]对夏热冬冷地区（上海地区）过渡季节直接通风的适用性做了详细分析。结果显示：从控制湿度的角度考虑，6 月不宜采取直接通风，而 5 月的湿度达标率偏低，也使得该月的有效通风小时率普遍较低。10 月份的有效通风小时率随室内得热水平的升高呈递减规律，但只要得热量不超过 40 W/m^2，有效通风小时率均大于 60%，直接通风效果就很好。4 月份的直接通风最有利点出现在室内得热量为 30 W/m^2 的情形下，而 11 月的最有利点出现在室内得热量为 50 W/m^2 的情况下，这两个月的整体有效通风小时率普遍较高，基本保持在 70%以上（表 8-4）。

表 8-4 湿度限制条件的达标率[6]（T_{a-dp}：室外空气露点温度）

月份	平均温度(℃)	总小时数(h)	$T_{a-dp}\leqslant 17$ ℃(h)	温度达标率
4 月	16.2	330	308	93.9%
5 月	18.6	341	214	62.8%
6 月	25.4	330	46	13.9%
10 月	20.2	341	321	93.1%
11 月	14.3	330	296	89.7%

该研究的结论如下：

（1）高湿度对通风效果有干扰作用。6 月份的室外湿度较高，白天露点温度超过 17 ℃的时数超过 280 h，湿度达标率仅为 13.9%，不宜进行直接通风。同时，5 月的湿度达标率偏低，这使得该月的有效通风小时率普遍处于较低的水平。

（2）平均温度会影响有效通风小时数随室内得热量的变化规律。随着室内得热量水平的上升，平均温度最高的 10 月份的有效通风小时率呈递减的规律，但只要得热量不超过 40 W/m^2，有效通风小时率均大于 60%，直接通风效果良好。

(3) 不同月份直接通风的最有利点出现的位置不同。比较各点的有效通风小时率,除了上述10月份之外,4月份的最有利点出现在室内得热量为30 W/m^2 的情况下,而11月的最有利点则出现在室内得热量为50 W/m^2 的情况下。且该两个月份的总体有效通风小时率普遍较高,除去得热量为10 W/m^2 的情况,其余各点值均在70%以上。

上述研究成果说明以下现象:

(1) 判断室外空气是否能提供自然冷源,不仅要看其温度,还要看其含湿量。同样空气温度下,含湿量越高,其比焓越高,从而所能用于带走室内热湿负荷的潜力就越少;

(2) 尽管室外空气温度低于室温,但含湿量过高的室外空气对改善室内舒适性并无太大贡献;

(3) 只有在内热扰相对较大的情况下(≥40 W/m^2),低于室温的室外空气才有用于带走内热扰的价值(图8-7)。

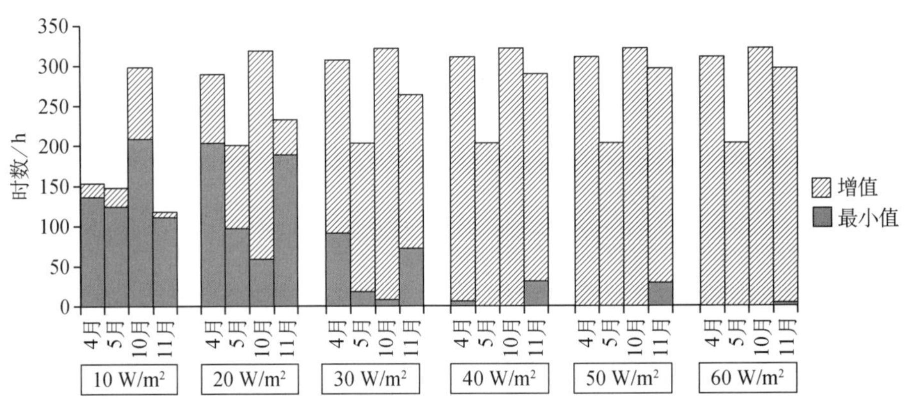

图8-7　各得热量情形下的理论有效通风时数(h)[6]

8.1.2　内扰中显热负荷的特点及适用末端

以营造建筑热湿环境的思路出发,并将内外扰区分后,室内末端所承担的任务便将以内扰为主。内扰则包括各种灯具、各种功能的电气设备及人员所散发的热量,这些热量中一部分以对流形式直接进入室内空气成为余热,另一部分则以辐射的形式与室内墙壁表面等换热,再通过墙壁表面和室内空气之间的对流换热成为室内余热。内扰在影响途径上有对流辐射之分,此外还有热源温度水平高低之分,即所谓"品位"的区别。热源温度高低是影响空调系统排热效率的重要因素。产生余热的热源温度越低,将其排出室外所需的冷源温度越低。直接影响室内环境的各种热源的品位如图8-8所示。

这些热源的热量,在最理想的情况下,将通过表皮流向室外。如果以

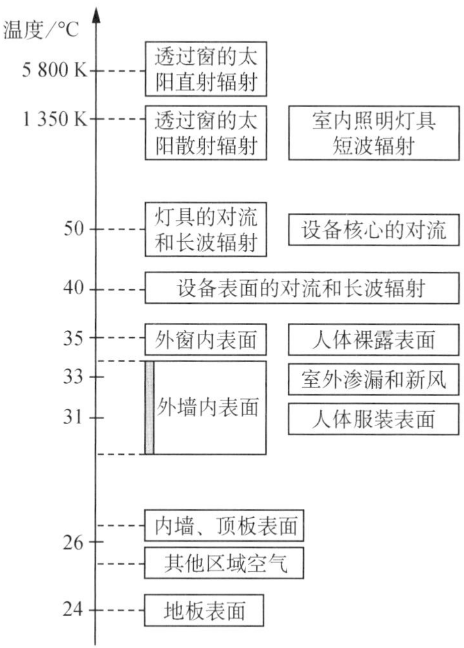

图 8-8　直接影响建筑物室内热环境的各种热扰源温度品位的差异[7]

室外作为热汇，则该过程将可以采用 T-Q 图表示其传热过程。

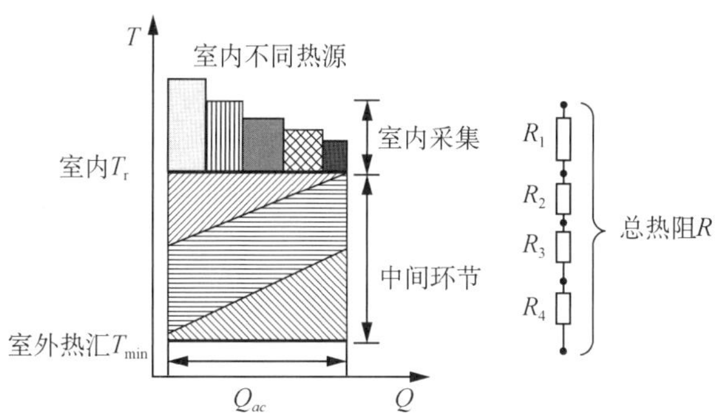

图 8-9　主动式空调系统的各环节损失(自然冷源)[8]

图 8-9 给出了利用自然冷源直接排热时从室内热源到室外热汇之间热量排除过程的 T-Q 图。当排热量 Q_{ac} 一定时，若能减小各环节的炽耗散或等效热阻，就有助于减小整个排热过程热阻、减少从室内热源到室外热汇之间的总炽耗散 $\Delta E_{n,dis}$ 和整个排热过程需求的驱动温差 ΔT_{total}。同样，在不得不采用机械制冷循环提供热量传递过程驱动力时，由于各环节的存在使得蒸发侧、冷凝侧在热量传递过程中产生了炽耗散，体现在过大的制冷循环的工作温差 ΔT_{HP}(蒸发温度与冷凝温度之差)上。减少驱动力消耗或减少炽耗散对提高制冷循环的能效有重要作用。

按热源传热量 Q 是否显著受环境影响，可将室内热源分为近似定热流量 Q 类和近似定温度 T 类两类热源[8]，其中定 Q 类热源如太阳辐射和室内照明、设备、人员产热等，这类热源的热流量通常取决于热源自身产热，基本不受热量在室内传递过程的影响。在一定的室内温湿度环境下，这些室内热源、湿源通常可视为具有定发热量（定热流 Q）的源，如人体、电脑、灯具，以及进入室内的太阳直射热流等；定 T 类热源如表皮传热（轻型表皮）和渗风热量等，可视为给定壁面温度（如表皮内表面温度）或者空气温度（如渗风温度）的热源，其传热量与传热温差、传热过程能力相关。

表 8-5 列出了室内一些典型热源的温度水平，热量是从高于室内空气温度的表面直接或间接传递给室内空气的。

表 8-5　室内热源温度水平[8]

热源温度水平	短波辐射(温度很高)	约 50 ℃	约 40 ℃	30～35 ℃
典型热源种类	透过窗的太阳直射辐射； 透过窗的太阳散射辐射； 室内照明灯具短波辐射	灯具的对流和长波辐射、设备核心的对流	设备表面的对流和长波辐射	人体表面

可以看出，室内热源，尤其是内扰部分的热源温度均处于较高的水平，以人体表面温度为最低点，可以判断，所有内扰热源的温度均远高于室外的湿球温度（≥26 ℃）。

表 8-6　不同类型热源热量采集过程的目标[8]

热源特征		热流 Q 一定 （太阳辐射、室内产热等）	热流 Q 一定 （表皮传热、渗风等）
采集目标		提高冷源温度 T_c	减小传热量 Q_T；提高冷源温度 T_c
优化方法	热源侧热阻 冷源侧热阻	减小 $R_{Q,1}$ → 提高 T_c 减小 $R_{Q,2}$ → 提高 T_c	减小 $R_{T,1}$ → 减少 Q_T 减小 $R_{T,2}$ → 提高 T_c

由表 8-6 中可以看出，定 Q 类热源除了太阳直射辐射热外，均为明显的内扰；而定 T 类热源则明显地属于外扰。如果采用内外扰分别控制系统方案，则室内末端应当以负责定 Q 类的内扰为主。因而对于室内排热末端的要求就将变得较为简单，即通过提高末端温度 T_c 来优化系统，减少火积耗散，如图 8-10 左侧所示。

8.1.3　湿扰的负荷特性

对于一般的民用建筑而言，室内产湿源主要来自人体散湿，表 8-7 给出了在极轻劳动强度下人员散湿量水平[8]。当要求的室内温度确定的情况下，人员散湿量可视为与上述“定热流”热源性质类似的“定湿流”湿

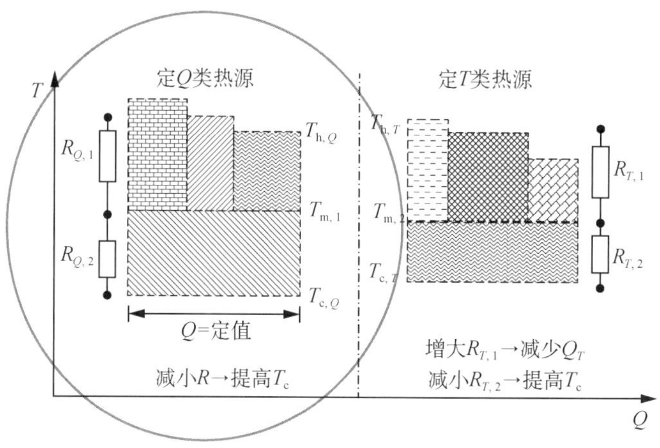

图 8-10　不同热源热量采集过程的 T-Q 图表示[8]

源[8]。产湿源的"品位"可用室内空气的含湿量来描述，例如室温 25 ℃、相对湿度 50%情况下，室内含湿量为 9.9 g/kg。

表 8-7　极轻劳动强度下人员散湿量水平[8]

室内温度/℃	24.0	25.0	26.0	27.0
人员散湿量/(g/h)	96	102	109	115
室内露点温度① /℃	12.9～15.8	13.9～16.7	14.8～17.6	15.7～18.6
室内含湿量① /(g/kg)	9.3～11.2	9.9～11.9	10.5～12.6	11.1～13.4
室温-露点温度① /℃	8.2～11.1	8.3～11.1	8.4～11.2	8.4～11.3

① 为相对湿度 50%～60%的分析结果。

与热量采集过程(排热过程)相比，对室内多余水分的采集过程(即排湿过程)具有不同的特点，两种过程的区别主要体现在[8]以下方面

(1) 产热、产湿源的特性不同：室内的产湿源一般比较单一，一般为人体散湿，还可能包括植物散湿、开敞水面散湿等，并以水蒸气的形式出现在室内空气中，成为湿负荷；与热量存在多种来源、不同热量的温度品位存在较大差异相比，产湿源及湿负荷的特性更为简单。

(2) 可选取的排除方式不同：排除室内热源、既可以通过低温的送风，也可以通过低温的冷表面换热来实现，即可通过对流换热、辐射换热等方式实现热量的排除。而排除室内水分，目前仍然只能需要采用空气置换的方式、即送入室内低含湿量的空气来排除室内产生的多余水分、实现对室内湿度的调节效果。

(3) 对冷源品位的要求不同；室内热量排除过程中需求的冷源温度理论上只要低于所排除热源的温度即可，若不同品位热源的热量掺混到室

内，其理论上需求的冷源温度即为低于室内温度；而排除室内水分，当无可直接利用的干燥空气来源时，对于普遍采用的冷凝除湿方式，则要求冷源的温度必须低于室内空气的露点温度(一般比室内温度低 8～11 ℃)。

如果引进湉(湿烟)概念[9]，将室内湿传递过程表达在 d-W 图上，则应当如图 8-11。

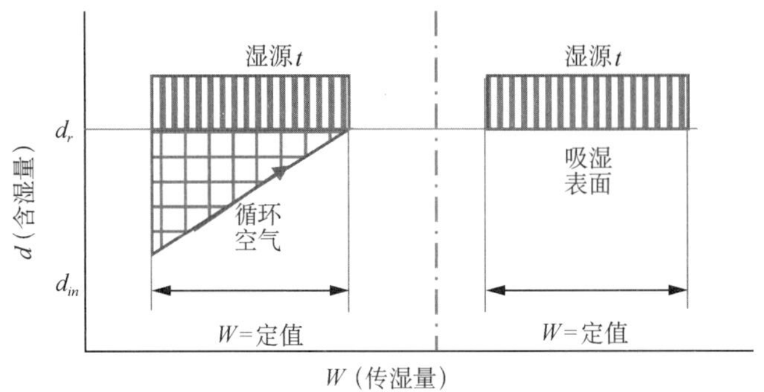

图 8-11　传湿量-含湿量的 d-W 图。左，空气除湿；右，吸湿表面除湿

图 8-11 为采用 d-W(含湿量-传湿量)图表达的湿传递过程图。左侧为采用循环空气排出室内湿源散发水量的过程，右侧则为湿量由室内吸湿表面将湿量排出室内空气的过程。相比于右侧，左侧下方的三角形则是湉耗散部分。该部分的物理意义，应当是由于采用了干空气循环，而必须制备远低于室内空气含湿量 d_r 的干空气所造成的损耗。也就是说，这部分湉在与空气掺混过程中被耗散掉了。如果室内有一个吸湿表面，其表面空气含湿量等于室内空气设计含湿量，则完全可以取代循环空气的除湿，满足室内热湿环境营造的效果。空气循环系统在不再承担室内湿度控制功能的前提下，仅承担室内的卫生标准，空气流动，新风量及新风除湿部分功能，则能在充分利用自然冷源的前提下，更少需要机械制冷。

1. 高湿气候区域对于系统及末端选择的限制因素

马宏权[10]等认为，我国夏热冬冷和夏热冬暖地区全年湿度普遍较高(表 8-8)，许多城市夏季平均相对湿度大于 80%，空气含湿量在 20 g/kg 以上，这些地区传统空调的控制策略为温度优先，在高湿季节许多空调系统由于除湿能力不足而难以获得较好的室内空气质量。从理论上分析，温湿度独立控制系统应该是适合这一地区的较好的空调模式，但在实际应用中会涉及一系列复杂问题，主要涉及各类温度和湿度处理系统的匹配、系统实施前提的满足、系统供冷能力与空调负荷的匹配、系统的全年运行策略、控制计量与收费模式等。

表 8-8 国内部分城市夏季空气平均相对湿度[10]

南京 81%	福州 76%	长沙 83%	青岛 82%	上海 80%	合肥 82%
杭州 79%	广州 83%	重庆 78%	海口 82%	郑州 84%	武汉 80%

通过对华东地区采用温湿度独立控制系统实际工程的调研，马宏权等[10]分别对温湿度独立控制的末端及系统做了基于用户反馈及运行效果的相应问题分析：

(1) 辐射供冷的防结露要求带来大量的实际应用困扰，如 a，限制了温湿度独立控制系统的应用范围。这是因为辐射供冷系统的进水温度为避免结露一般不能低于 18 ℃，而为实现有效辐射供冷其回水温度又不能高于 21 ℃，这样小的供回水温差自然降低了各类辐射供冷技术（包括原本供冷能力较大的金属辐射板）承担显热负荷的能力，采用新风系统承担部分显热负荷又可能增加新风处理能耗。因此辐射供冷加独立新风的技术组合对表皮的保温和密闭性提出了较高的要求，高湿地区辐射供冷系统单独供冷量难以高于 60 W/m^2，如果不能将总的面积冷负荷指标降到 80～100 W/m^2 以下，实施辐射供冷加独立新风系统是存在较大困难的。在住宅建筑中也不可能绝对限制开窗，这使得辐射供冷技术不能脱离热性能良好的表皮和体积较大的除湿系统单独存在。b，由于辐射供冷管道预埋在建筑楼板内，其向室内墙体壁面的热传导的时间延迟较长，因此其集中控制对室内负荷变化的敏感度是很低的，只能通过连续运行（或过渡季节夜间低谷电价时连续运行蓄能）使室内温度相对恒定，在辐射供冷系统运行的同时，为避免结露，独立新风系统也必须运行。从而使单个用户无法关闭或微调室内热湿环境。c，为防止结露，这种系统要求用户在空调季节不得开窗，这使得用户无法利用自然通风，延长了空调系统的运行时间，甚至过渡季节也必须关窗用空调。因此用户不可能实施行为节能。

(2) 由于新风系统需要承担除消除潜热负荷外的满足避免结露、室内卫生标准和排风量，以及室内总冷负荷等方面的要求。因而新风量不可能低于传统集中空调系统，而且新风机组实际上只能常开。在高湿地区，尽管温湿度独立控制系统实现了温度和湿度处理设备的分离，但为了避免辐射供冷系统结露，显热控制需要潜热控制为其服务，这实际上使湿度控制与温度控制重新耦合起来了。

(3) 缺乏天然冷源使得辐射供冷系统的运行仍需依赖机械制冷，进而使得其采用自然能源的优势丧失。由于我国在大陆性季风气候主导下的大部分地区的空调负荷强度要明显高于同纬度的其他国家，服务对象又以规模很大的新建建筑为主，很难单靠天然冷源实现建筑空调，即使只解决建筑的显热负荷也难以稳定地实现。比如上海地区的地下深层土壤温度在 18～20 ℃之间，作为地源热泵的冷却水——地埋管换热器内的循环水温度夏季可以达到近 40 ℃，而地埋管换热器循环水不进热泵机组直接作为辐射供冷的高温冷水，持续运行时很难稳定在 25 ℃以下，这样就失去了作为辐射冷源的意义。

(4) 缺少真正高效的高温冷水机组使得机械制冷理论上所应提高的能效比实际上更难实现。温湿度独立控制系统中实现节能的一个重要因素是高温冷水机组效率的提升，但目前高温冷水机组的市场缺乏有效供应，辐射供冷系统大多采用低温冷水混水或经板式换热器换热，有些号称能够提供高温冷水的制冷机组只是在常规冷水机组的蒸发器前设置了旁通。常规冷水机组稳定的最高冷水温度一般只能达到 15 ℃，此时的制冷效率约可提高 20%，但混水过程增加了㶲损，高温冷水供水系统的小温差大流量，以及增加的板式换热器都会使输配系统能耗增加，系统变得更为复杂，却难以实现有效节能。

温湿度独立控制系统作为一种基于对传统热湿一体化处理的单一系统和末端在热湿处理上进行分控优化，从而在理论上有较大节能潜力的技术，在高温高湿地区遇到了上述的问题，造成了其实际节能效果和节约成本两方面的不理想。因而对于末端优化的进一步探索就成为本书的重点。

2. 人体作为内扰源的热湿交换特征

人体作为室内既为热扰、又为湿扰的最主要的内扰源，同时又是作为建筑热湿环境营造的受体，也即对夏季舒适空调而言服务的目标，其散热散湿的模式与其他内扰源并不一致。除人体外，其他既为热扰、又为湿扰的内扰源，则为数甚少，如菜肴、热饮等。同时相比室内人体，其余热湿一体的内扰所占比例较少。因而对于室内人体的内扰发生方式，以及人体舒适的要求之间相关性，进而对于室内热湿环境营造系统的末端设备需求的分析，则具有相比处理其他内扰更加重要的价值。

在室内人员向环境散热散湿过程中，周边空气的状态。假设人体裸露表面温度为 32 ℃，由于出汗而形成表面极薄的饱和空气层，该层的空气由于汗水蒸发而达到饱和点。汗水蒸发的过程为显热转变成为潜热的过程，即透过皮肤的汗液吸收人体表皮的热量，使得人体表皮降温，汗液自身由液态转变成为气态，并扩散到周边空气中。

除了其他室内的高温热源，如照明、电气设备等，以及忽略透过半透明表皮直接落在人体上的直射阳光外，人体的温湿度均高于室内空气以及周边环境，也可以认为人体在室内只有向室内单向散热散湿，而在散热过程中，除了与室内墙体内表面的辐射外，其他显热和潜热都将通过周边空气对流传递(图 8-12)。

假设人体表面的温度(裸露皮肤)为 32 ℃，皮肤表面的相对湿度为 100%，则可在饱和蒸气压力表上得到皮肤表层空气的饱和蒸气压为 4 757.8 Pa。同时室内空气状态点取 26 ℃，60%，即空气含湿量为 12.67 g/kg，水蒸气分压力为 1 960 Pa(图 8-13)。这就意味着人体皮肤与

8 新型热湿耦合室内末端技术

室内空气间存在的水蒸气分压力为：

$$\Delta p = P_{w,skin} - P_{w,air} = 4\,758\ \text{Pa} - 1\,960\ \text{Pa} = 2\,798\ \text{Pa} \qquad (8\text{-}6)$$

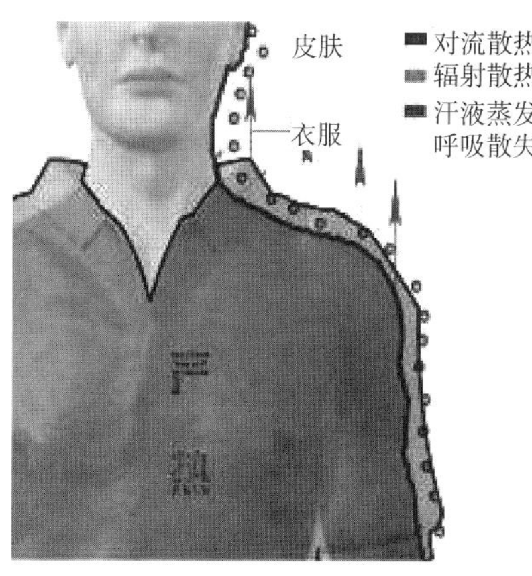

图 8-12　人体与周边的热湿交换

图 8-13　人体与室内空气热湿交换焓湿图

由于人体在室内散热散湿是一个几乎恒定的过程，即处于热中性状态的人体将通过代谢以恒定热湿量持续的向室内散热散湿。同时，在采用机械系统营造室内热湿环境时，室内空气的温湿度可以视为恒定，即人体与室内空气在热湿交换中各自的温湿度均不发生变化，则可以将人体在室内的散热散湿过程用 T-Q 图和 d-W 图表示，如图 8-14 所示。

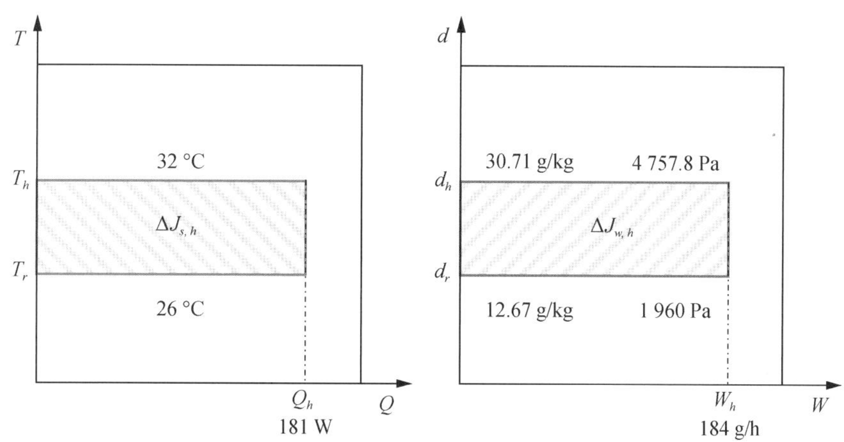

图 8-14　人体与室内空气热湿交换的炽(左)T-Q 图和湇(右)d-W 图

图 8-14 中 T_h、d_h 为人体表皮空气层的温度和含湿量，T_r、d_r 为室内空气温度和含湿量。Q_h 为轻度劳动人体散热量（显热＋潜热），W_h 为轻度劳动人体散湿量。左侧由 T_h/T_r 和 Q_h 形成的面积为人体向室内环境散热产生的炽耗散 $\Delta J_{s,h}$，右侧由 d_h/d_r 和 W_h 形成的面积则为人体向室

内环境散湿产生的湇耗散 $\Delta J_{w,h}$。按上述数据可以计算出每个室内轻度劳动的人体散热散湿传入室内空气(忽略辐射换热)所产生的炽和湇。

人体的炽耗散和湇耗散为人体代谢所产生的热湿,必须通过与环境的温差和湿差散出,以维持人体的舒适感。同时这个炽耗散和湇耗散也是室内由人体作为热湿内扰所代表的能量品位。从节能的角度而言,消除热湿扰所需要动用的能量品位,应当尽量接近热湿扰自身的能量品位,或者从炽和湇的角度来看,消除热湿扰所需要发生的炽和湇耗散,不应当与热湿扰自身产生的炽与湇耗散差别过大。

8.1.4 优化末端的方向原则

刘晓华等[11]通过热学分析的方法,提出了对热湿营造系统进行进一步优化的原则(图 8-15)。

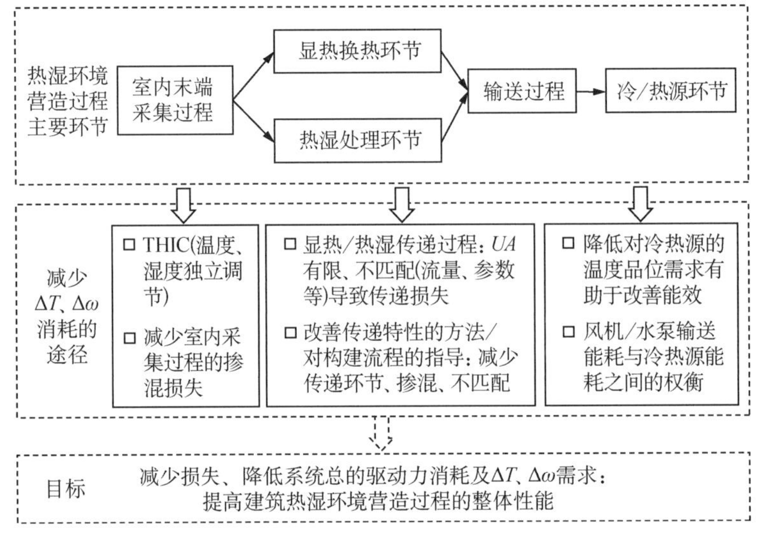

图 8-15 从各环节出发改善系统传递特性的主要措施[8]

1. 原则 1:减少冷热抵消(干湿抵消)

为了满足室内一定的热量、水分排除需求,建筑热湿环境营造过程中通过多个环节来完成热量、水分的传递任务。当系统需求排除的热量 Q、水分含量 m 即传递目标一定时,要避免增加处理过程的热量传递、水分传递的量,即避免不必要的冷热抵消、干湿抵消。

2. 原则 2:减少传递环节

建筑热湿环境营造过程中热量、水分的排放过程需要投入一定的总驱动力,即付出一定的炽耗散来完成,总驱动力由内部各环节消耗。从单个传递过程的驱动力特性来看,显热传递过程的驱动力为温差 ΔT,水分传递过程的驱动力为湿差 $\Delta\omega$,各个传递环节均需要消耗一定的驱动力来满足传递需求。减少传递环节,也就减少了可能产生驱动力(温差)消耗的环节，有助于减少整个系统的传递驱动力或煅耗散需求。

3. 原则3：减少掺混损失

掺混过程尽管不带来热量、质量的损失，却发生了热量或质拔传递，增加了整个处理过程的传递损失。空调系统中不同环节的掺混过程均会带来损失，例如两股不同温度的冷水混合、送风与室内空气间的混合等，室内采集过程、传输过程等环节中存在的掺混损失，导致对冷/热源环节传递驱动力的需求增加。减少不必要的掺混过程，有助于降低整个空调系统的传递损失（煅耗散），从而提高空调系统的整体性能。

4. 原则4：改善匹配特性

主动式空调系统是由若干个换热器、热湿传递部件等组成的。对于换热装置、热湿传递装置而言，传递过程的损失除了有限的传递能力 UA 所导致之外，换热过程与热湿传递过程的不匹配也是造成损失的重要因素。不匹配损失的主要原因包括流型、流量不匹配、入口参数不匹配（对于热湿传递过程）等，在系统或流程构建中应当重视减少不匹配造成的损失，改善整个传递过程的匹配特性。

8.2 新型末端工作原理描述

综合本书各章节对室内热湿环境控制的原理分析及煅理论所指出的优化方向，可以对尚未出现的新型末端进行展望，并在现有制造能力下对产品结构和其性能进行描述。同时，在考虑到冷热辐射系统技术及溶液除湿技术迄今为止在市场推广中所遇到的各类技术及应用问题反馈，新型的室内末端应具有以下的特征：

(1) 尽可能覆盖显热负荷，进而减少甚至避免对空气系统携带显热的依赖；

(2) 尽可能减少换热温差，从而提高煅效率；

(3) 尽可能在室内覆盖湿负荷，同样尽可能减少空气循环量；

(4) 尽可能杜绝墙面结露现象，改变辐射制冷必须密封表皮的与生活习俗相左的困境；

(5) 尽可能避免溶液与室内空气直接接触，避免由于室内空气带液引起的困扰；

(6) 尽可能减少现场安装的工作量，降低施工的专业化程度，进而减少施工过程带来的质量不确定性，同时减少施工过程的人工和管理成本；

(7) 尽可能改变目前系统过度隐蔽、难于维护的状况，减少售后维保的难度。

8.2.1 热交换末端工作原理

对于中国的寒冷地区和严寒地区而言，除了后面会提到的返潮现象，总体而言需要考虑补充室内的烟亏。采用室内墙面、天花和地板的热活性化都可以用最小的烟来补偿烟亏。同时，在夏季也能作为辐射换热，用最小的烟来消减室内的烟盈。

室内表皮表面的热活性化需要考虑与室内空气的对流换热，和与室内人员、发热体(灯具、电气设备)及家具等的辐射换热，故其循环水温度应当可控，冬季高于室温，夏季低于室温但高于露点。

如整个建筑物拥有分布较广的表皮内表面热活性化系统，并能与外墙活性化系统相配合，真正形成类似人类躯体的“弥散式”热量分配系统，则可以在整个建筑物实现局部烟盈和局部烟亏之间的微动平衡，减少除输送能耗以外的烟投入。

在典型设计工况下，如果综合考虑外墙热活性化和内墙热活性化各自的贡献，则可以避免强求一套系统承担最大负荷的不合理设计，即仅有极少时段需要系统的设计能力，而在全年绝大多数时间仅在部分负荷下运行的状况。

在外表皮热活性化仅能做到采用自然冷热源来消减烟盈和补偿烟亏的情况下，室内的热湿环境营造无法精准，而室内表皮的热活性化则可以通过少量的常规能源补偿这一缺憾。

对于位于总体处于烟亏状态的建筑物而言，如中国寒冷地区和严寒地区，采用水系统运行表皮内表面热活性化应当能够基本满足各方面需求，而无须再添置溶液系统。从上述分析中可以看出，辐射末端，以及进一步与墙面结合的毛细管嵌入式末端，作为 TABS 的一种形式，在显热交换上做到了极致。其不足之处则为无法处理湿负荷，其受限之处则为无法低于露点工作，二者为一枚硬币的两面。

同时，迄今为止的毛细管嵌入式末端技术仍依赖现场专业人士施工，由此带来了较多的施工质量不确定性。因而工厂化生产，现场拼装必然是需要努力的方向。也就是说，从现有辐射技术上能做的改进，将局限于预制化、标准化。

同时，按照烟效率最大化的“小温差、大流量”原则，需要尽量增大有效换热面积，而目前辐射技术尚无法覆盖的部分则是透明表皮部分，即外窗或玻璃幕墙部分。

8.2.2 湿交换末端工作原理

湿交换末端工作原理首先对于中国夏热冬冷地区和夏热冬暖地区，其次对于温暖地区，建筑物的湍盈是一个几乎贯彻全年的问题，而溶液循环系统则能够对此提供较好的解决方案。

迄今为止的溶液调湿方案，均为除湿、再生一体化的设备方案，即在对送风进行除湿处理的同时，对除湿溶液进行再生。与此同时，为了提高设备的性能，大多同时考虑了对送风进行制冷，从而完整的提供了一个空气处理机组所需要的全部功能。

而溶液系统则是将调湿与再生进行分离，并以溶液罐为缓冲和储存，使得室内调湿过程与溶液再生过程完全独立运行。独立运行的室内除湿末端迄今为止并未开发出来。

室内调湿末端的工作原理，比照显热负荷处理的对流、辐射两种原理，可以分为空气循环除湿，和墙面吸附—吸收表面除湿两种方式。

设置于建筑物内表面的焓湿板可以通过吸附—吸收过程有效地排出室内空气中的水分，使得室内相对湿度保持在合适的状态。除湿面板的工作原理及构造、性能已在本书第7章介绍。

采用局部溶液循环系统驱动相应区域的除湿面板，辅之以调温装置(冷却加热)，基本可以满足室内热湿环境营造的需求。计算案例请见本书第9章。

通常情况下，㶲盈和湇盈经常同时发生(高温高湿)，而㶲亏可能单独发生(寒冷)。“弥散式”的溶液系统可以同时承担提供㶲或消减的任务，即通过热溶液对室内加温，和通过冷溶液对室内同时降温除湿。

在整个建筑物既有外墙溶液系统又有内墙溶液系统的情况下，可以通过“溶液机房”来调配溶液，让稀溶液流向室外，供应日晒下的外墙溶液蒸腾再生，同时将再生冷却过的浓溶液送到室内除湿面板，调节室内的热湿环境。将溶液输送系统延伸到室内，并在室内除湿的方案，已经在清华大学的《温湿度独立控制》《溶液除湿》两书中有所提及，在其他设计溶液调湿的研究中，也对此方案有所考虑。但由于迄今为止尚无适合的末端技术开发出来，该方案一直未能完善。

1. 空气循环调湿末端方案

在室内的热质迁移过程迄今为止大致采用以下的技术分类。

(1) 单纯的热迁移，专门针对显热部分负荷：

- 各类供热技术：散热器、地暖；
- 冷辐射或局部干工况对流技术，辐射吊顶、冷梁、干式风机盘管。

(2) 单纯的湿迁移，专门针对潜热和湿负荷：

- 除湿机；
- 采用调湿材料的内墙。

(3) 热质迁移共同完成，同时解决显热和潜热部分负荷：

- 全空气空调系统技术；
- 湿工况末端技术：风机盘管、分体空调。

迄今为止的新风及回风系统，在很多情况下承担了室内的㶲和湇平衡任务，不仅仅是为了满足室内人员的新风要求，同时也需要部分或全部地承担室内的热湿负荷。极端情况下，整个室内的热湿环境营造全部依赖送风系统，空气作为冷热媒和质交换媒介，根据设计的热湿比线运行，完成室内热湿环境的营造。

在室内热湿环境营造已经由表面热湿活性化承担的情况下，可以将新风的任务简化为满足室内控制二氧化碳和其他有害物浓度，从而将热湿与新风解耦。在采用热回收技术后，新风给室内带来的㶲差和湽差是否仍需要采用空气调节的传统方式消除，或者交由室内热湿活性化表面处理，本书第7章对此做了讨论，计算案例见本书第9章。

减少对新风所承担的热湿负荷要求，只要求新风系统能够承担室外空气过滤、热回收等“纯被动”的洁净和节能要求，将大幅度减少室内系统的复杂性，进而在控制、运维上节省投入。在新风的送风状态点基本满足室内温度场需求的前提下，将新风的其余负荷交由室内热湿交换表面处理，从而不再需要为新风系统配备高㶲耗散的冷热源，将能够进一步提高整体系统的能效。

同时，如室内热湿交换内表面能够承担部分新风所带来的热湿负荷，则给建筑物在大多数时间开窗自然通风提供了基本条件。

在室内设置一个溶液调湿末端装置，将溶液输送到末端内，并让室内空气在末端装置内循环，通过溶液与空气接触过程中的吸收/释放作用完成调湿过程。该末端又可采取两种技术方案(图8-16)。

(1) 采用直接接触方案：利用填料或浸润膜使溶液和空气充分接触，通过溶液和空气中的水蒸气分压力差完成调湿过程，随后通过挡液板等技术阻挡溶液飞沫进入室内；

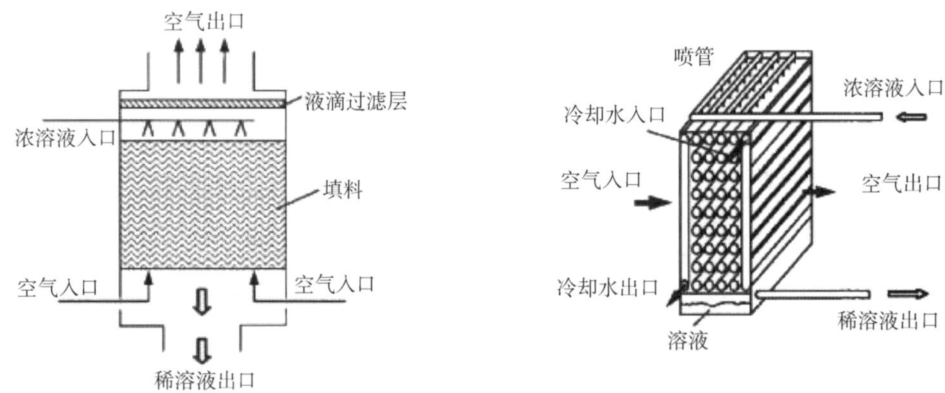

图8-16　绝热型与内冷型溶液除湿空气处理装置[11]：左，绝热型；右，内冷型

(2) 采用间接接触方案：利用平板膜或中空纤维膜丝技术做成质交换器，在水蒸气分压力差的作用下，水分由高压侧向低压侧流动，完成调湿过程，溶液中的盐分(溴化锂、氯化锂、氯化钙)将不与空气接触。

以上两个方案仍然是采用与传统制冷剂或水系统末端原理类似的末端形式，通过驱动室内空气流经末端设备完成空气处理，然后再通过设备的机外余压营造室内的气流组织，使得调湿后的空气能将室内未经处理的空气稀释/置换掉，并经过持续循环使得室内空气的相对湿度保持在

40%～60%之间(图 8-17)。

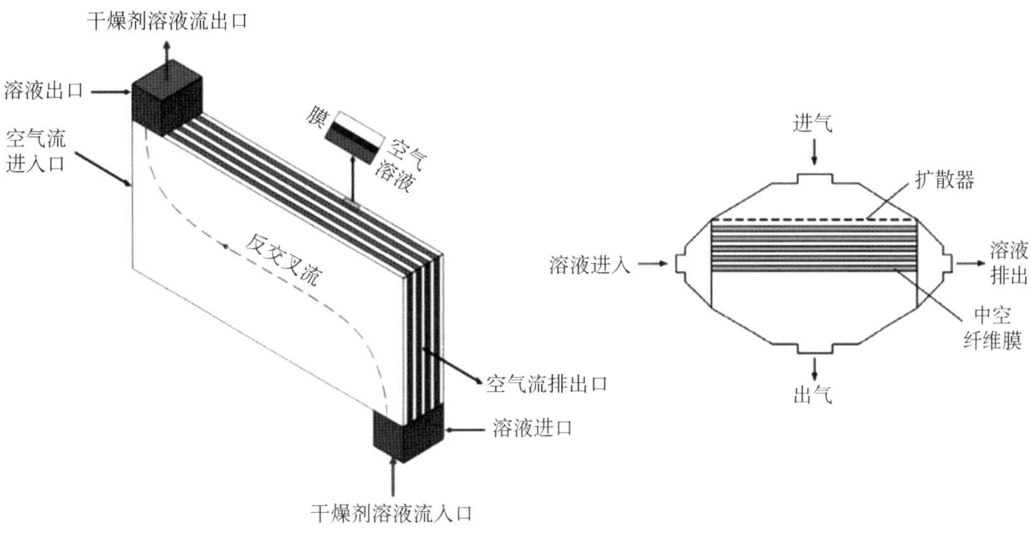

图 8-17 平板膜式溶液除湿组件(左);中空纤维膜式溶液除湿组件(右)[12]

2. 传统空调系统湿交换过程的湿阻和湆耗散

与热交换不同,湿交换作为质交换中的一种,并不存在"辐射"形式的非接触传递方式,因此所有调湿过程均需通过与空气之间的接触完成。类似于辐射换热类的质交换并不存在。因而在湿源—空气—湿汇之间的质传递无法避免。

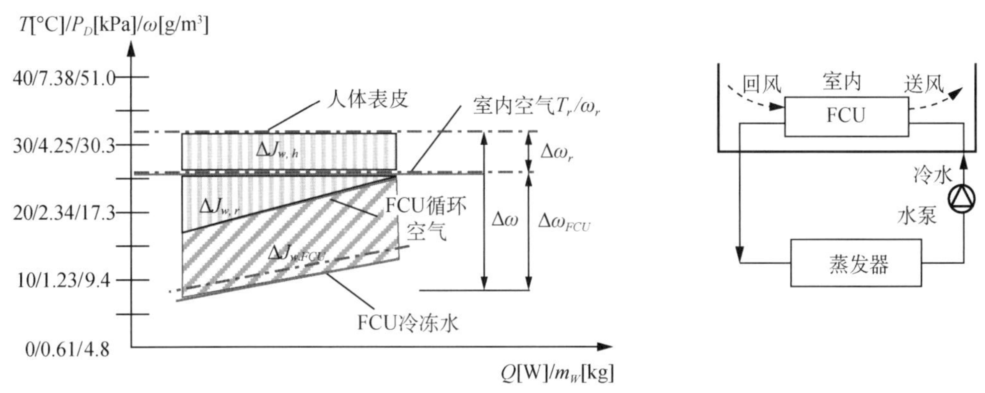

图 8-18 FCU 方式中室内排湿过程湆耗散的表示(左);风机盘管末端原理(右)

而以湆(湿烟)的角度看待热湿环境营造系统的湆耗散,则可以出现以下的状态:

图 8-18 的中 $\Delta J_{w,h}$、$\Delta J_{w,r}$ 及 $\Delta J_{w,FCU}$ 分别为由人体向室内空气、室内空气通过空气循环,即空气循环通过 FCU 的盘管冷却成为冷凝水的迁移过程中的湆耗散。可以看到,对于室内人员而言,其可视为恒定的排汗

只需要在室内空气温度为 26 ℃时，相对湿度处于不高于 60%即可，即相当于 12.67 g/kg 含水量或 1 960 Pa 的饱和水蒸气分压力(图 8-14)。

由于需要维持室内的空气相对湿度为 65%，而在采用 FCU 排出室内空气中水分系统时，唯一的方式便是将空气温度降至露点之下，使空气中的水分冷凝出来，并以带有较多冷量的冷凝水形式(约 15 ℃)直接排放。在整个湿迁移中，由于需要将空气冷却到露点以下(≈14 ℃)而不得不承受 ΔJ_{FCU} 的湋耗散，以及由此带来的 7～12 ℃冷冻水的炽耗散。

3. 墙面质交换方案

如本书第 7 章所介绍，“被动式”湿交换同样受到了大量的关注，而且被动式湿交换事实上发生在每时每刻。只要空气中的水蒸气分压力与墙面材料内的水蒸气分压力不同，湿迁移就会自然发生。而不受控的、过度的湿迁移也正是室内热湿环境营造的困境。

图 8-19 中左图所示的就是采用调湿墙面材料后，夏季工况下湿迁移过程中的湋耗散情况。图中 $\Delta\omega_w$ 为水分由室内空气向墙体迁移所需的当量含湿量差，$\Delta J_{w,w}$ 为由空气向墙内湿迁移的湋耗散。对比图 8-18 和图 8-19，可以看出，$\Delta J_{w,w}$ 小于 $\Delta J_{w,FCU}$，因此在同样排出室内空气中水分的情况下，理论上采用调湿墙面材料来调节室内空气相对湿度将需要更少的能耗，甚至在采用“呼吸式”墙体技术的情况下，调节室内空气相对湿度完全是不消耗能量的“被动式”技术。理论上，调试墙面的吸附过程仅与多孔材料的含水量有关，与材料的温度几乎无关。因此，完全可以采用与室温相同的材料来调节室内空气相对湿度。

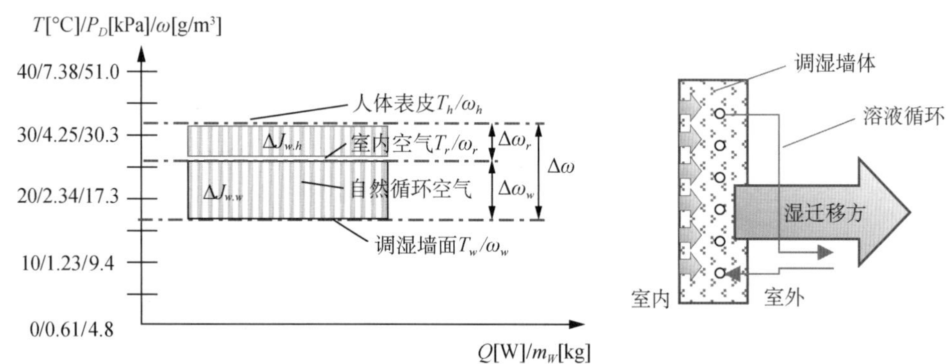

图 8-19 采用调湿墙面时排湿过程湋耗散的表示(左)；水蒸气向外迁移示意图(右)

而“被动式”技术所尝试的，则是通过选择合适的、能够更多容纳水分的材料代替传统墙面材料，从而使得室内的相对湿度波动能够因此被控制在合理范围内。但由于墙面材料的各方面限制(物性、厚度)，以及充分吸湿后可能出现的霉变、软化等问题，墙面材料无法完全解决室内热湿环境营造问题。

假设将墙面调湿材料理解成为一个多孔的缓冲容器，用于调节室内空气相对湿度，则可以进一步对墙面调湿进行开发：墙面调湿无法完成是因为水分在这个“容器”中的蓄放只能通过墙面和室内空气的接触，而容器的总容量又受到墙面物性和度的限制，那么就意味着对墙面这个容器而言，还需要另外一个调节容器中水量的系统。这个系统可以通过某种介质循环调节墙面内部的含水量，根据需求增补或减少墙面内部的含水量。

如果本书其他章节所介绍的中空纤维膜丝植入墙面，就应当能够建立这个功能：在中空纤维膜丝管路所形成的回路中采用溶液进行循环，管中溶液的浓度、温度和压力最终形成了管内的水蒸气分压力，而这个水蒸气分压力进而与墙面材料中的水蒸气分压力形成必要的分压力差，进而造成墙面材料中水分与管内形成迁移：如果管内分压力低，则墙面材料内的水分被排干；如果墙面材料中水蒸气分压力低，则水分由管内进入墙面，湿润墙面，并进一步对室内空气加湿。

通过在墙面吸湿材料内植入中空纤维膜丝，形成了一个水分质迁移的“主动式”系统。

(1) 除湿过程：保持中空纤维膜丝管内水蒸气分压力＜墙面材料水蒸气分压力＜室内空气水蒸气分压力，室内空气中水分通过墙面材料最终迁移到中空纤维膜丝管内溶液中，并被溶液循环带离室内。此时整个湿迁移理解成由湿源(人体)经由室内空气和调湿墙面材料向湿汇(溶液)的迁移过程。

(2) 加湿过程：保持中空纤维膜丝管内水蒸气分压力＞墙面材料水蒸气分压力＞室内空气水蒸气分压力，通过循环进入室内的溶液内水分通过墙面材料最终迁移到室内空气中，完成对室内空气的加湿。此时整个湿迁移过程则成为了人体与溶液均成为湿源，而室内空气则为湿汇的补充室内水分的过程。

需要注意的是，与呼吸式调湿墙面不同，内嵌中空纤维膜丝的墙体在湿迁移过程中，仍需要对其湿传递过程中的湿阻进行进一步研究。呼吸式的调湿墙面面临的仅仅是水分以墙面为界，在室内空气和多孔调湿材料之间发生吸附与脱附；而在内嵌中空纤维膜丝，通过膜丝内的溶液循环的系统中，水分由室内迁移到溶液中或逆向迁移，都需要经历更多的过程：

- 吸附—水分通过墙面进入多孔调湿材料；
- 脱附/吸收—水分离开多孔调湿材料，通过中空纤维膜壁进入溶液。

水分进入墙面本身并无特殊的要求，属于加强自然发生的湿迁移过程。但由多孔材料脱附，再通过中空纤维膜壁进入溶液，均有相应的湿阻力。对于这类湿阻力迄今为止尚无成熟的实验结果，因此需要通过进一步的理论分析及实验数据对该步骤进行实测。

8.2.3 室内热湿耦合末端工作原理

假设上述设备的原理成立，并在制作上没有技术难度，则该设备从结构上与毛细管内嵌的结构极为类似：同样是将液体循环管路嵌入墙体材料，同样是在管内有介质流动，同样是在室内和管内存在着势差。其不同之处在以下几点：

(1) 纯辐射墙面采用的是不透水蒸气的塑料管，调湿墙面采用的是允许水蒸气透过的管管；

(2) 纯辐射墙面采用的是常规石膏/混凝土抹灰，吸湿性能差，调湿墙面采用的是吸湿能力强的高含水材料，如硅藻泥等；

(3) 纯辐射墙面管内采用的是水循环，仅需携带显热能，调试墙面管内采用的是溶液循环，除调湿所需的溶液浓度所具有的化学能外，同样由于溶液的温度状态，同样可以携带显热能。

这就意味着，如果在调湿过程中适当调节溶液温度，就可以形成一个同时与室内发生热质交换的完整系统。

- 由于在调湿过程中需要通过溶液温度控制其水蒸气分压力，所以在溶液和室内空气之间已经具备了一个热量炽。
- 该热量炽将形成一个墙面和室内的换热，除了表面温差形成的对流换热外，还有墙面与室内其他表面之间的辐射换热。
- 因此就出现了室内的新的热湿耦合形式：水蒸气分压力作为湿炽(湇)，温差作为热量炽。
- 供冷时需要低于室温的溶液温度，除湿时需要低于室内水蒸气分压力的溶液水蒸气分压力，二者确定了热交换和质交换的势能方向，而且应当是同向的。
- 供热时正好相反，但也正好是同向的。
- 所以该模式的热湿耦合是一个互补型的耦合，而不是互斥型的。
- 但热湿耦合仍然遇到一个“度”或者“量”的问题：处理显热负荷，即建立热量炽所需要的温差，和处理湿负荷，即建立湿炽所需要的温差，是否在同一个量级。
- 如果出现不同量级的情况，则需要考虑再加入仅处理显热负荷炽的手段，如同时嵌入毛细管，不承担湿炽，仅提供热量炽。
- 如果量级相同，则可以考虑采用预冷预热手段，用一套系统完成热湿耦合型的室内热湿环境营造任务。
- 延伸到系统形式，从溶液循环作为介质的角度分析热湿负荷，可以看到，在每次循环中，显热负荷＋潜热负荷带来了明显的温升(有效炽损耗)，而溶液浓度则并未出现很大变化(湿炽损较小，不超过 3%)，因而意味着一部分的湿炽转化成为显热炽，通过溶液循环的热量炽差带离室内，与此同时湿炽损耗较小。

● 这也意味着在不需要再生的情况下，可以通过溶液循环继续除湿，从而提高溶液循环的效率，这也意味着可以通过一份浓溶液的反复循环来提供湿㶲（湽），同时通过对循环溶液的换热提供显热㶲。

以溴化锂溶液焓湿图为例，说明热湿一体化室内末端夏季工况下的理想工作原理。

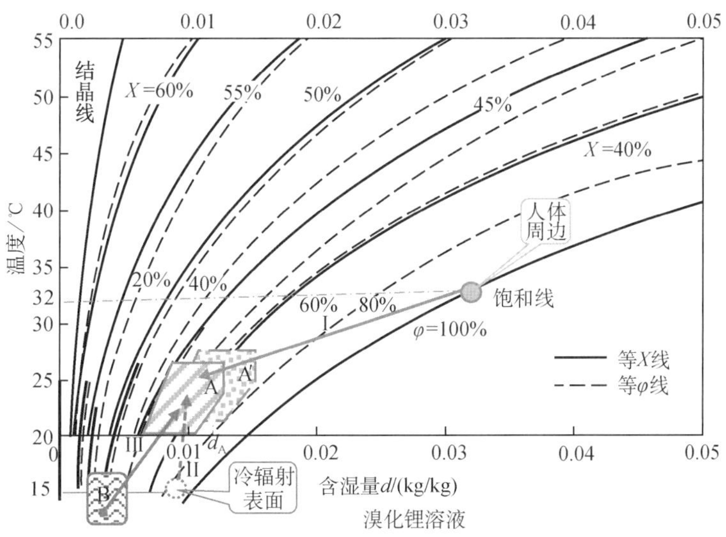

图 8-20　人体热湿扰对室内环境影响以及通过热湿一体化末端消除影响的溶液焓湿图表达

图中溶液浓度用 X 表示，空气含湿量用 d 表示。

图 8-20 中，人体周边点表示在室内人员向环境散热散湿过程中，周边空气的状态。假设人体裸露表面温度为 32 ℃，由于出汗而形成表面极薄的饱和空气层，该层的空气由于汗水蒸发而达到饱和点。

除了其他室内的高温热源，如照明、电气设备等，以及忽略透过半透明表皮直接落在人体上的直射阳光外，人体的温湿度均高于室内空气以及周边环境，即可以认为人体在室内只有向室内单向散热散湿，而在散热过程中，除了与室内墙体内表面的辐射外，其他显热和潜热都将通过周边空气对流传递，而该部分热湿传递的结果，将使室内空气状态由原始的 A 区域向 A′区域偏移。这个过程也可以理解为被人体加热加湿的部分空气（32 ℃、100%）沿路径Ⅰ与室内空气（20～26 ℃、40%～65%）掺混，进而出现向温湿度升高方向的偏移。

仅就这部分内扰所形成的负荷，即 A′的偏移而言，传统的处理方式是以低于室内温湿度的空气送入室内进行掺混，即送入空气状态 B 范围（≈15 ℃、$<d_A$）的空气，沿路径Ⅱ与室内空气掺混，将室内空气状态再次拉回 A 区域。

同时，为了制备 B 状态的空气，将需要产生大量的㶲耗散（见本书第

4 章)，同时为促使室内空气由 A′回归 A 区域，又需要对空气进行掺混，进一步消耗驱动能耗和产生㶲耗散。

而采用冷辐射方式处理室内负荷，则为由 15 ℃的冷表面，将室内空气沿路径Ⅲ进行等含湿量降温，此时室内空气仅能由 A′区域向下垂直发生变化，其湿负荷并未消除，因而室内的相对湿度反而会升高。在冷辐射表面温度低于 A′状态下含水量空气温度达到露点时则将发生结露现象。

出现上述不理想的消除人体内扰的问题，其主要原因是室内热湿处理末端的选择有限：采用空气作为最终媒介完成热湿处理出现制备与室内掺混两重㶲耗散，而辐射换热又缺乏处理湿负荷的能力。

以上分析可以得出以下结论，即采用带有除湿功能的表面作为末端，将可以提供比上述空气/辐射处理手段更加合理的消除人体热湿内扰的处理方案。也即是说，如果在室内有不需要通过空气掺混便能够进行与空气的湿交换的末端，则可以在应用冷辐射的同时，通过比如吸附的方式将室内空气水分带走，对于人体内扰而言就足以实现较低程度㶲耗散下的热湿平衡。

从溶液焓湿图上可以看出，与舒适区内 40%～65%相对湿度所对应的溴化锂溶液浓度，大致为 35%～45%。这也意味着，大于 45%的溶液浓度，如果和室内空气进行接触，便能通过吸收过程除去室内空气中的水分。同样，如果在该空气相对湿度下，室内空气中的水分便将开始向墙面调湿材料迁移，则同样可以通过保持墙面调湿材料的吸附能力，便能持续的将室内空气中的水分去除，而不需要动用低温冷源和空气循环。

1. 与建筑结构结合的热湿耦合末端方案

如前面所分析的，在室内空气含湿量较高，因而水蒸气分压力大于墙体表面蒸气压的情况下，将出现由空气向墙体内部材料的湿迁移。如果室内空气水蒸气分压力在墙体调湿材料吸附力上下波动，则墙体内水分将通过吸附/解吸过程自动平衡；如果室内空气水蒸气分压力持续高于墙体，则将出现墙体含水量过高，以致出现进一步的各种问题，如霉变、材质下降、表皮脱落、保温性能下降等。

应对该问题的关键是维持墙体材料的含水率在合理的程度。对于高湿地区而言，高含水率的墙体能提供更大的缓冲，但持续高湿则引起墙体吸湿饱和后的更严重的问题。迄今为止解决该问题的方案是通过室内干燥空气再解吸墙内水分，但该方案能耗过高，同时通过冷凝方式制备的低温干燥空气又会影响到室内的热舒适，干空气的再次加热又导致进一步的能量损失。

因而在墙体内部将水分排出便成了一个较为合理的方案。如在排出墙体水分的同时，能对墙体进行调温，则墙面就可以有效地参与室内热湿环境营造，最终解决低能耗运行下的室内温湿度控制。

图 8-21 为现有调湿材料墙面与内嵌中空纤维膜丝＋溶液循环调试

材料墙面湿迁移过程的示意图。A 为常规调湿墙面的水蒸气吸附/解吸过程，其原理在本书第 5 章有所分析。A 方案中，当室内空气含湿量较高时，室内湿空气中的水分被墙面调湿材料吸附，并储存在调湿材料中；只有当室内侧的空气含湿量低于调湿材料的吸附能力时，水分才会反向地从调湿材料中解吸，回到空气中，并由空气循环带出室外。

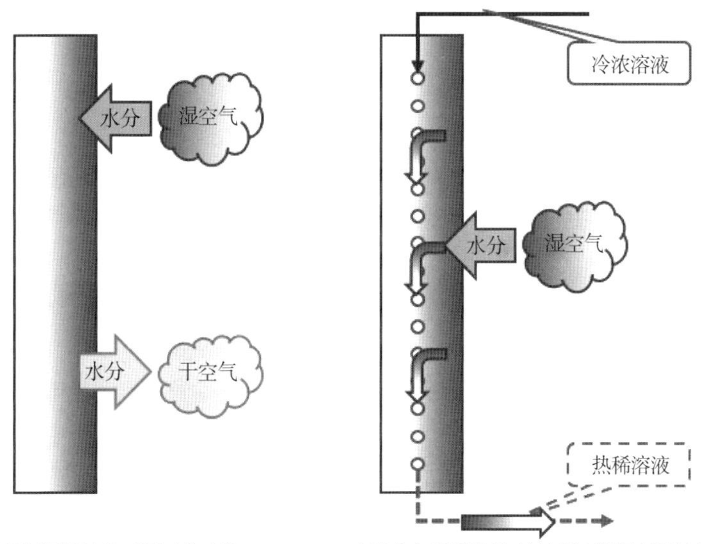

图 8-21　A 调湿材料墙面吸附-解析；B 吸收-排出示意

B 方案则是本书下述发明方案（焓湿板）的工作原理：在同样的墙面调湿材料中嵌有中空纤维模式，膜丝内有除湿溶液（氯化钙、氯化锂、溴化锂）循环，溶液的浓度根据需求调整。当室内空气含湿量较高时，室内湿空气中的水分被墙面调湿材料吸附，当调湿材料的含水量高于中空纤维膜丝中溶液相对的表面蒸气压时，水分将进一步由调湿材料中透过中空纤维膜壁向管内的溶液迁移，使得调湿材料中的含水率再次下降，并拥有进一步从室内空气中吸附水分的能力。在溶液不断循环，从而保持中空纤维内溶液浓度的前提下，调湿墙面的吸附除湿过程便可以持续进行，实际上形成了对室内空气的除湿过程。

如果溶液浓度较低，即溶液表面蒸气压较高，同时室内空气含湿量较低，则调湿材料中的水分将向空气中解吸，迁移到空气中，而在调湿材料含水量低于相对的溶液表面蒸气压力时，溶液中的水分将透过中空纤维膜壁向调湿材料中迁移，提高调湿材料的含水量，从而使得调湿材料向室内空气的解析得以持续进行，实际上形成了对室内空气的加湿过程。

图 8-22 为内嵌中空纤维膜丝＋溶液循环调湿材料墙体，t_r、d_r、p_r 为室内空气的温度、含水量和水蒸气分压力，t_w、k_w、p_w 为墙体调湿材料的特征温度、含水量和表面蒸气压，k_w、ξ_s、p_s 为中空纤维中溶液的平均

温度、平均浓度和表面蒸气压。

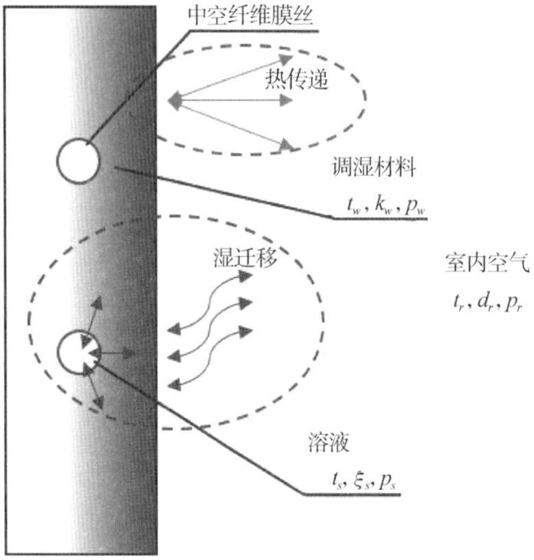

图 8-22 内嵌中空纤维膜丝+溶液循环调湿材料墙体

室内空气的温湿度同时受到内外扰的影响，呈现偏离设计值的趋势；而墙面调湿材料将在表面蒸气压力 p_w 小于室内空气水蒸气分压力 p_r 时吸附室内水分，使调湿材料的含水量 k_w 增加；当调湿材料的含水量 k_w 与浓度为 ξ_s 之间出现足够的传递势能时，则调试材料中的水分将透过中空纤维膜向溶液迁移，最终形成水分从室内空气向中空纤维内溶液的迁移。此时可以将湿迁移视为由含湿量 d_r 恒定的室内空气向平均浓度为 $\bar{\xi}_s$ 的溶液的迁移，而室内空气中水分通过墙体表面向调湿材料内部的迁移、在调试材料内部向中空纤维膜外壁的迁移、透过中空纤维膜进入溶液的迁移，都可以视为克服湿迁移的阻力，即湿阻。此时可以简化整个湿迁移过程，以湍(湿炽)来表达该湿迁移，即采用 d-W 图来表达整个过程的湍耗散。

同样，当室内空气温度 t_r 高于调湿材料温度 t_w 时，热量将向墙内传递，当 t_w 高于溶液温度 t_s 时，热量将进一步向溶液传递，最终形成热量从空气向溶液的热传递。此时也同样可以将热传递视为由温度 t_r 恒定的室内空气向平均温度为 $\bar{t}_s$ 的溶液的热传递。而室内空气向墙面、由墙面向中空纤维膜壁、通过膜壁向溶液的传递，也可视为克服热传递的阻力，即热阻。此时也可以简化整个热传递过程，以炽来表达该热传递，即以 T-Q 图来表达整个过程的炽耗散。

对于采用墙内溶液循环营造室内热湿环境，可以做以下假设：

(1) 室内温湿度 t_r、d_r 恒定，t_r=26 ℃，φ=60%，d_r=12.67 g/kg；

(2) 墙面温度为露点温度，t_w=17.50 ℃，d_w=d_r=12.67 g/kg；

(3) 溴化锂溶液入口温度为 12 ℃，浓度为 45%，查溶液焓湿图（估算）相当于空气含水量 $d_s \approx 5$ g/kg；

(4) 溴化锂溶液出口温度为 15 ℃，浓度为 42%，相当于空气含水量 $d_s \approx 8$ g/kg。

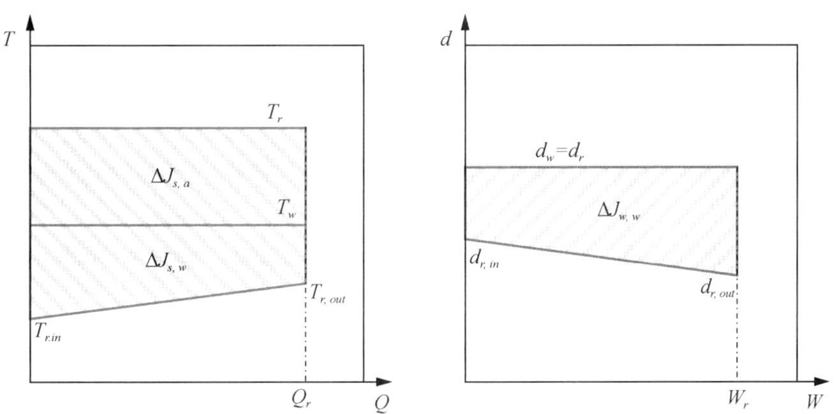

图 8-23　室内空气透过墙面与溶液热湿交换的炽(左)*T-Q* 图和湇(右)*d-W* 图

图 8-23 中，左侧为表现炽耗散的 $T-Q$ 图，热量由室内空气传递到墙面的炽耗散为 $\Delta J_{s,a}$，由墙面传到溶液的炽耗散为 $\Delta J_{s,w}$；右侧为表现湇耗散的 $d-W$ 图，由于湿空气在室内的扩散不存在阻力，故在墙面温度为室内空气露点温度的情况下，墙面的空气含水量 d_w 与室内空气含水量 d_r 相同。由墙面空气通过调湿材料进入墙体，进而进入溶液的传湿阻力作为一体看待，其引起的湇耗散为 $\Delta J_{w,w}$。Q_r、W_r 分别是室内的冷负荷和湿负荷。

对比上述热湿耦合末端方案与传统系统的炽耗散和湇耗散，就可以得出结论，热湿耦合末端方案的炽耗散和湇耗散将明显小于传统系统。尤其在湇耗散上，热湿耦合方案将具有明显的优势。

由于在上述热湿传递模型中溶液可以在两个维度上变化，故对室内空气而言就将出现 4 种不同的调节模式，如图 8-24 所示。

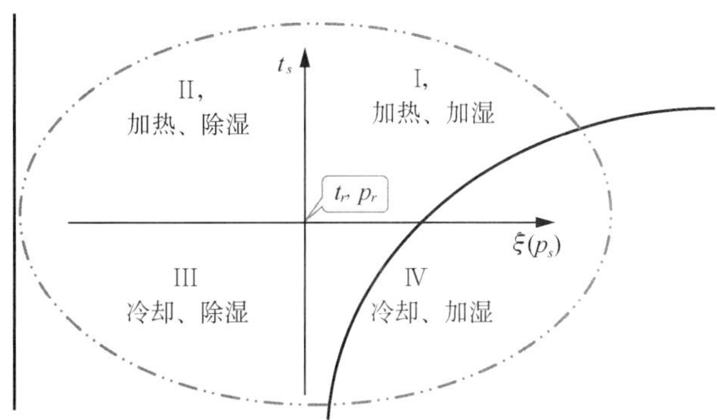

图 8-24　采用墙内溶液循环调节室内温湿度的不同热湿交换过程

图 8-24 中叠加在焓湿图上的横坐标为溶液的浓度 ξ，以及与之相对应的溶液表面蒸气压 p_s，纵坐标为溶液的温度 t_s。对应室内空气温度 t_r 和室内空气含水量 d_r，以及与之相对应的室内空气水蒸气分压力 p_r，在 4 个象限将会出现以下的热湿交换组合，其中脚标 s 为溶液，r 为室内。

(1) 象限Ⅰ：$t_s > t_r$，$p_s > p_r$，溶液中的热量通过调湿材料和墙面向室内空气传递，同时溶液中的水分通过调湿材料和墙面向室内空气迁移，相当于针对冬季工况的辐射供热和加湿过程。

(2) 象限Ⅱ：$t_s > t_r$，$p_s < p_r$，溶液中的热量通过调湿材料和墙面向室内空气传递，同时室内空气中的水分通过调湿材料和墙面向溶液迁移，相当于针对南方“回南天、梅雨天”工况的加热除湿过程。

(3) 象限Ⅲ：$t_s < t_r$，$p_s < p_r$，室内空气中的热量通过调湿材料和墙面向溶液传递，同时室内空气中的水分通过调湿材料和墙面向溶液迁移，相当于针对夏季高温高湿工况的辐射供冷和除湿过程。

(4) 象限Ⅳ：$t_s < t_r$，$p_s > p_r$，室内空气中的热量通过调湿材料和墙面向溶液传递，同时溶液中的水分通过调湿材料和墙面向室内空气迁移，应当说该工况极少出现。

(5) 纵坐标 t_s：$t_s \gtreqless t_r$，$p_s = p_r$，溶液浓度不发生变化，溶液仅作为介质传递热量，相当于冷热辐射墙面，无除湿或加湿功能。

(6) 横坐标 $\xi(p_s)$：$t_s = t_r$，$p_s \gtreqless p_r$，溶液温度不发生变化，室内水分通过墙面除湿材料与溶液之间发生迁移，墙面作为室内湿度调节系统运行。

上述各象限所发生的热湿迁移中，未详细描述湿迁移中的热湿转换部分影响。事实上，在由室内空气中水分向溶液的湿迁移中，由于空气中水蒸气在调湿材料中、就可能出现气液相变，从而释放出汽化潜热。而在进入溶液时，则必然释放大量汽化潜热，故整个过程中存在着热湿转化，即显热㶲和湿㶲(湤)的转化。尤其在第Ⅲ象限的工况下，降温除湿过程中伴随的潜热将对溶液的温度表面蒸气压有较大影响，造成溶液事实上承担了显热负荷、潜热负荷和湿负荷。在该运行工况下，只要对溶液进行足够的再生，即提供足够的溶液浓度，以及足够的降温，即让溶液承载足够的冷量，则可以将室内的冷负荷和湿负荷全部覆盖。

同时，由于采用墙面调湿材料，并通过水分的吸附和向溶液转移进行调湿，解决了传统冷辐射表面的防结露担忧，同时较冷的墙体表面和调湿材料拥有更低的表面蒸气压，即更佳的吸附功能，因而对溶液的入口温度不再有高于露点温度的限制，进一步提高了溶液携带冷量的能力。

2. 独立于建筑结构的热湿耦合末端方案

为了与室内空气进行热湿交换，从而完成建筑热湿环境营造的目的，除了将墙体进行优化，使其拥有热湿活性化的能力外，也可以将拥有同样能力的末端安装或悬挂在室内墙面，并通过溶液输配管线驱动。对于既有建筑改造的场合，以及墙面由于各种原因无法实施热湿活性化，如公共建筑中的玻璃幕墙、屏风分隔等情况，则采用墙面安装固定或者悬挂方案更加使用有效。图 8-25 展示了一个悬挂式热湿耦合末端“焓湿帘”的结构示意图。

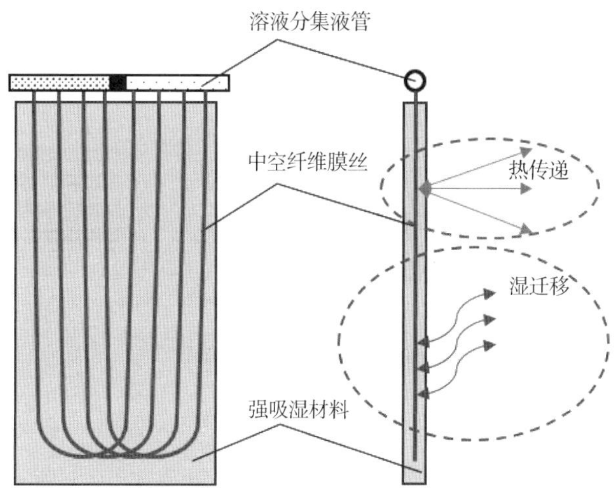

图 8-25 墙面固定(悬挂)式热湿活性化板/帘

采用独立于建筑结构的热湿活性化末端，其工作原理与热湿活性化墙面并无区别，同样是以热湿耦合的方式与室内空气进行热湿交换。如采用墙板/吊顶板方式，则可以采用同样的调湿材料作为板材，此时其热湿交换过程与上述墙面基本无区别；如采用防水透气膜作为面料，柔性强吸湿织物作为吸湿储水材料，从而使得悬挂末端也成为可以灵活收放的柔性末端。由于吸湿织物的表面辐射性能弱于墙面材料，因而单位面积的辐射换热能力会小于墙面。

但同时悬挂式热湿耦合末端可以同时用两面与室内进行热湿交换，以及能够增加较多的对流换热部分热交换，以及通过对流增强湿交换，因而柔性悬挂末端的性能应当与热湿耦合墙面相差不大。

8.2.4 热湿耦合新风处理末端原理

由于上述室内末端仅能处理内扰，对于处理新风所形成的外扰则比较困难：除非新风进入室内，引起室内温湿度变化，再通过室内末端进行处理。为减少新风对室内热湿环境的影响，对其作预处理再行送入室内是更加合理的选择。

与常规系统不同，拥有室内热湿耦合处理末端的系统不需要新风承担室内的热湿负荷，因而新风处理的难度将大幅度减少。同时由于室内系统采用溶液作为介质，因而可以同样采用热湿耦合技术来处理新风，从而进一步提高溶液系统的效率。

新风处理末端的工作原理，与本书第 4 章介绍的中空纤维膜溶液调湿原理相同。除湿溶液通过中空纤维膜丝，与新风形成足够的水蒸气分压力差，从而形成水分在新风与向除湿溶液之间的湿迁移，达到新风调湿的目的。同时溶液自身的温度与新风温度之间的温差也将形成新风与除湿溶液之间的热交换，达到新风调温的目的。

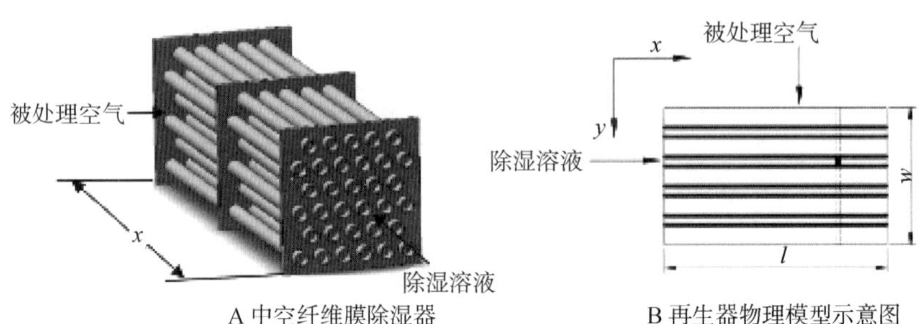

图 8-26　A 中空纤维膜除湿器；B 再生器物理模型

由于热湿耦合新风末端实质上是一个在空气/溶液之间进行热质交换的膜交换器，故除了应用在新风处理上，也可以用于回风的热湿回收。通过溶液循环可以将回风中的余热余湿回收(图 8-26)。

与室内热湿耦合的末端相同，在热湿传递模型中溶液可以在焓湿图上的两个维度上变化，故对经过末端空气而言同样将出现 4 种不同的调节模式，如图 8-27 所示，但所进行热质交换的对象换成了新风或回风。

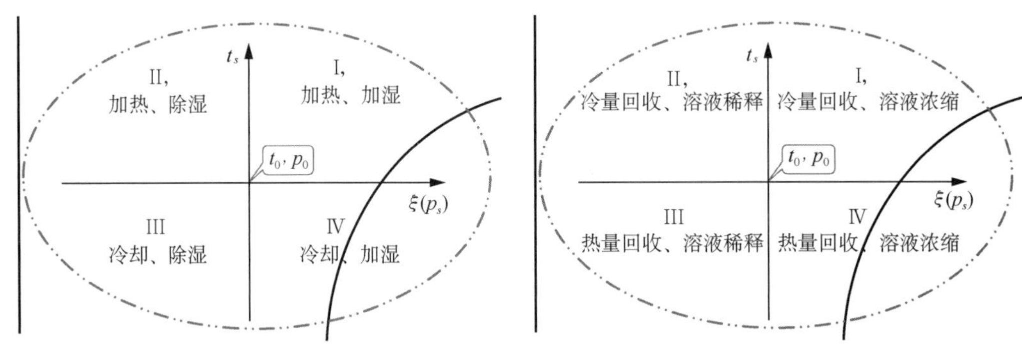

图 8-27　采用膜交换器调节室内温湿度的不同热湿交换过程；左，新风；右，排风

此时对于新/排风而言就会在 4 个象限出现以下的热湿交换组合，其中脚标 0 为室外，r 为室内，s 为溶液。

(1) 针对新风处理

● 象限Ⅰ：$t_s > t_0, p_s > p_0$，溶液中的热量通过膜交换器向新风传递，同时溶液中的水分通过膜交换器向新风迁移，相当于针对冬季工况的新风加热和加湿过程。

● 象限Ⅱ：$t_s > t_0, p_s < p_0$，溶液中的热量通过膜交换器向新风传

递，同时新风中的水分通过膜交换器向溶液迁移，相当于针对南方"回南天、梅雨天"工况的新风加热除湿过程。

● 象限Ⅲ：$t_s < t_0$，$p_s < p_0$，新风中的热量通过膜交换器向溶液传递，同时新风中的水分通过膜交换器向溶液迁移，相当于针对夏季高温高湿工况的降温和除湿过程。

● 象限Ⅳ：$t_s < t_0$，$p_s > p_0$，新风中的热量通过膜交换器向溶液传递，同时溶液中的水分通过膜交换器向新风迁移，应当说该工况极少出现。

● 纵坐标 t_s：$t_s \gtrless t_0$，$p_s = p_0$，溶液浓度不发生变化，溶液仅作为介质传递热量，相当于加热或冷却新风，无除湿或加湿功能。

● 横坐标 $\xi(p_s)$：$t_s = t_0$，$p_s \gtrless p_0$，溶液温度不发生变化，室内水分通过膜交换器与溶液之间发生迁移，膜交换器作为室内湿度调节系统运行。

(2) 针对回风处理

● 象限Ⅰ：$t_s > t_r$，$p_s > p_r$，溶液中的热量通过膜交换器向回风传递，溶液自身被冷却；同时溶液中的水分通过膜交换器向回风迁移，溶液浓度增加，相当于针对夏季工况回风的负炽回收和负湉回收过程。

● 象限Ⅱ：$t_s > t_r$，$p_s < p_r$，溶液中的热量通过膜交换器向新风传递，溶液自身被冷却，同时回风中的水分通过膜交换器向溶液迁移，溶液浓度降低，该工况应当并无意义。

● 象限Ⅲ：$t_s < t_r$，$p_s < p_r$，回风中的热量通过膜交换器向溶液传递，溶液被加热，同时回风中的水分通过膜交换器向溶液迁移，溶液浓度降低，相当于针对冬季工况的炽和湉回收过程。

● 象限Ⅳ：$t_s < t_r$，$p_s > p_r$，回风中的热量通过膜交换器向溶液传递，溶液被加热，同时溶液中的水分通过膜交换器向回风迁移，溶液浓度增加，相当于"回南天、梅雨天"的回风炽回收和负湉回收。

● 纵坐标 t_s：$t_s \gtrless t_r$，$p_s = p_r$，溶液浓度不发生变化，溶液仅作为介质传递热量，相当于回风炽或负炽回收。

● 横坐标 $\xi(p_s)$：$t_s = t_r$，$p_s \gtrless p_r$，溶液温度不发生变化，室内水分通过膜交换器与溶液之间发生迁移，相当于回风湉或负湉回收。

对于回风的热湿能量回收，此处用炽和湉代替，其含义在于将相应的传热传湿能力回收，间接表示能量或湿量。

上述分析中，忽略了潜热部分的热湿转换影响。

在采用热湿耦合的新风/排风末端情况下，与室内末端的结合可能出现以下的组合(表 8-9)。

表 8-9 室内、新风、回风末端不同季节组合

季节 \ 象限	室内末端	新风末端	回风末端
高温高湿	Ⅲ	Ⅲ	Ⅰ

(续表)

季节＼象限	室内末端	新风末端	回风末端
高温	纵坐标－	纵坐标－	纵坐标＋
高湿	横坐标＋	横坐标＋	横坐标－
低温低湿	Ⅰ	Ⅰ	Ⅲ
低温	纵坐标＋	纵坐标＋	纵坐标－

通过上述组合，可以将溶液系统各部分的能量充分发挥，并通过回风热湿回收使得系统能效进一步提高。需要指出的是，新风末端和室内末端尽管都是在同一季节使用，由于面临的处理对象不同，所需要的炽和湇在同一季节的不同时段并不相同。其中室内末端所面临的炽和湇要求比较恒定，而室外新风在同一季节的不同时间段则会产生不同的炽差或湇差。由于室外新风温度在夏季高于室温，在冬季低于室温，同时室外新风含湿量也远高于室内，因而可以在溶液分配中考虑将高品位的能量首先用于室内，然后以串联形式用于室外。而回风部分由于与室内空气状态相关，与气象条件几乎无关，故选择自由度较大。只要在同一季节有足够的回收潜力，则应当尽量通过溶液循环将回风中所带的能量予以回收。

8.3 硅藻泥吸湿板＋内嵌中空纤维膜一体板技术

“一体板”或“焓湿板”产品设计的出发点，是在迄今为止的 TABS 以及辐射空调原理基础上，要求拥有热交换能力的室内墙面，进一步拥有质交换功能。其意义和工作原理已在前面详细分析。

作为辐射空调系统的“升级”版，焓湿板的结构形式与辐射板有极高的相似度，但在热质交换能力上则完全不同。通过改变构成焓湿板板体和通道的材料物性，使其拥有了水分在其中迁移的能力，从而可以实现同时控制室内温湿度的目的。

8.3.1 “焓湿板”的功能原理

图 8-28 为所设计的同时可以与周边环境实现热湿交换的“焓湿板”概念。

(1) 硅藻土及吸湿板复合中空纤维膜要求：

- 刚性板材；
- 板材厚度 15～20 mm，宽×高≈600 mm×1 200 mm 或 600 mm×1 800 mm；
- 表面符合建筑内装修要求；

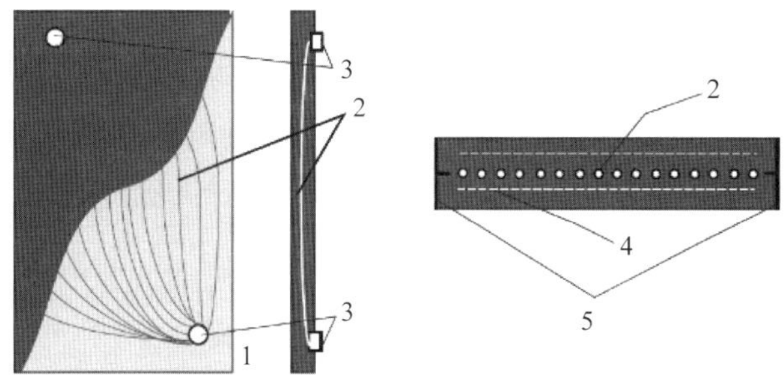

图 8-28 多孔材料内嵌中空纤维焓湿板

- 内嵌中空纤维膜,密度为 20～50 根/m 宽度;
- 中空纤维膜管径 0.3～0.5 mm,扯不断,以保证制作不出断头;
- 膜壁厚度保证制作中不产生过度变形,内部通透;
- 中空纤维膜束在板材两端(对角线或居中)汇集,并通过接头接到板外系统上;
- 接头型式要求采用快装密封接头,能经受 8 kg 工作压力。

温湿度一体板工作原理如下:

与辐射板的结构类似,温湿度一体板也是在装饰板材内嵌入流体通道,通过介质循环实现与室内空气及周边物体的热湿交换功能。与辐射板的差异如表 8-10 所示。

表 8-10 辐射板与温湿度一体板(焓湿板)性能对比

	辐射板	一体板
板材	金属板/石膏板/玻镁复合板	硅藻泥复合板
管材	铜管/塑料管	中空纤维膜丝
介质	水/蒸汽	除湿溶液
功能	热交换(冷热辐射)	传热传质(冷热辐射+吸附脱附)

8.3.2 一体板制作初步方案

与传统建筑室内装饰板材相比,一体板(焓湿板)需要有以下性能特征:

(1) 板材较厚(可以在 15～20 mm 间),从而能够容纳较多的水分;

(2) 板材内嵌中空纤维,其位置大致居中;

(3) 为此需要在材料中添加植物纤维,以及多层尼龙网,以增强板材的强度;

(4) 面板不能再进行表面处理,以避免影响吸附效果。因此板材表面必须满足室内装修的美观和材质要求;

(5) 拼缝部分必须考虑中空纤维的分液和集液管和接头要求,同时满足室内装修最基本的外观和施工要求;

(6) 板材需要考虑屋顶、墙面安装方便。由于需要连接中空纤维分液管与集液管，以及在板材后方分布溶液循环系统管路，故需要考虑采用龙骨安装，从而可以利用龙骨空间容纳管路系统和接头；

(7) 为方便维护保养，需要考虑便于装卸的龙骨和板材固定结构，如锁扣、压舌、磁吸等。

图 8-29 所示为一体板(焓湿板)的结构—接管初步方案。

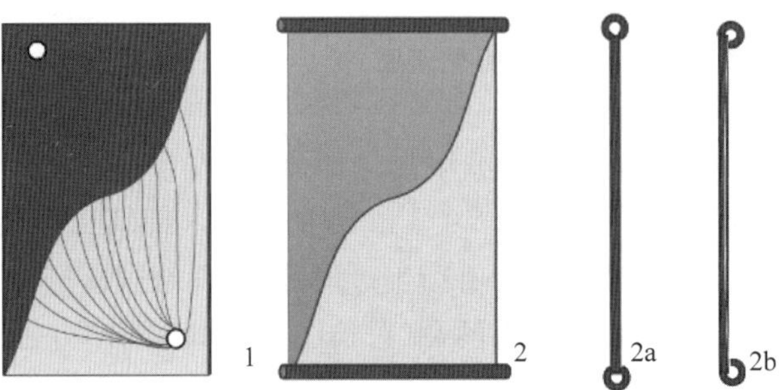

图 8-29 焓湿板的初步外观设计

一体板制作的关键，是将中空纤维尽量均匀的分布在板材的居中位置，使得中空纤维内部的溶液能够更加有效地吸收渗入板材的水分，进而通过循环带出室内。中空纤维的分集液管需要通过接头连接上溶液总管，需要保证接头不泄漏，溶液分配均匀，分集液管、接头的大小位置不对板材的安装、溶液系统的连接构成过大障碍，同时便于维护保养。

与龙骨的配合需要十分注意，因为除了留下分集液管的位置、接头位之外，还需要考虑供回液管的走向布置，以保证溶液在室内的分配和循环(图 8-30)。

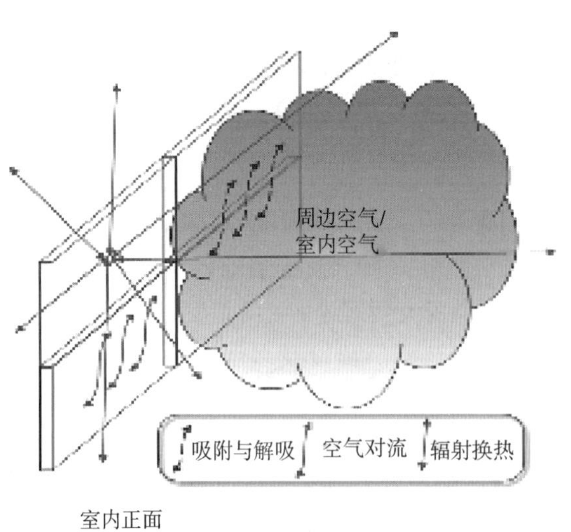

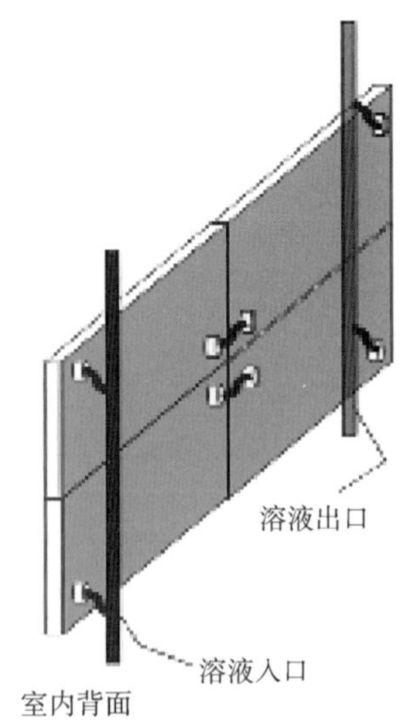

图 8-30 焓湿板墙面安装示意图

8.3.3　温湿度一体化焓湿板室内侧系统(图 8-31)

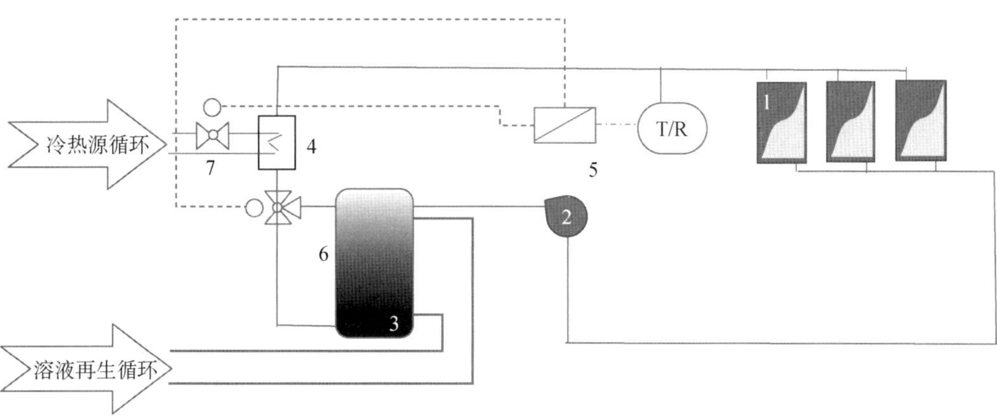

图 8-31　溶液一体化系统室内侧系统设计方案

① 温湿度一体板　⑤ 控制模块
② 蠕动泵　⑥ 三通阀
③ 溶液储罐　⑦ 调节阀
④ 换热器

(1) 温湿度一体板测试系统说明:

- 蠕动泵 2 为防腐可调型,可以对流量精准测量;
- 蠕动泵放在溶液储罐 3 的入口端,使得一体板内中空纤维膜系统处于负压状态;
- 选择真空自吸罐作为溶液储罐,储罐上部分别有 2 个入口和 1 个出口,下部分别有 1 个入口和 1 个出口;
- 防腐型合流三通入口分别接在储罐上部与下部,出口接到换热器;
- 换热器必须为防腐型,初级端为冷热源,次级端为流出储罐的溶液;
- 溶液再生循环为由储罐高处流出稀溶液,前往再生中心,浓溶液由再生中心回到储罐下部;
- 由于溶液消耗(除湿浓度降低)与调温流量并不匹配,因此浓溶液补充和稀溶液排出并不需要连续进行,因此在储罐空间够大的前提下,可以采用一根溶液管,间歇性(潮汐式)地排出稀溶液和补充浓溶液。

(2) 对常规南方夏季湿负荷进行估算,可以得出溶液需求量如下:

- 不考虑新风负荷;
- 假设室内人体湿负荷为 120 g/h,则每天为 2 880 g,即约 3 kg 汗液;
- 如循环溶液浓度差为 10%,则需要每人每天 30 kg 溶液循环量,或 1.2 kg/h 溶液循环量;
- 室内人体的潜热负荷为约 80 W,大致与常规冷辐射 1.5 m^2 辐射面积相当,如采用水作为介质,需要约 3 ℃温差;
- 采用溶液作为介质需考虑介质比热容的差别,约为水的 1/2,则需要对热湿比进行匹配；

- 加大流量或者加大温差均可作为选项；
- 由于溶液同时对室内进行热湿处理，故需要取一项为主要控制项，如室温，而另一项则可以允许出现较大波动，如室内相对湿度；
- 在不出现结露、霉变的前提下，室内相对湿度的波动对于舒适度影响较小(50%～65%)。只要系统保持除湿能力，并且保证表面不发生结露，则室内相对湿度的波动完全可以接收。

总的来说采用溶液与室内进行热湿交换，对于消除人体热湿负荷而言有足够的潜力。至于其他部分负荷则需要进行进一步的计算和模拟，以及实验室测试。

也就是说，采用及时调节溶液温度，并在溶液初始浓度足够情况下，不断吸收除湿，并及时排除溶液中的潜热，以保证室内热湿状态，直至溶液浓度过低，不再具有与室内进行湿交换的势能，再置换高浓度溶液的方案是可行的。

8.3.4 温湿度一体化调节子系统工作原理

一体化调节子系统负责一个小区域(房间、公寓、楼层、独栋住宅)的室内热湿环境营造。

系统主要部件仍与传统水系统类似，负责提供介质的驱动、输配、换热、储存、控制等功能。在此之上，一体化系统拥有与环境进行质交换的功能，即通过一体化板材和室内空气进行传湿。

与传统水系统不同，一体化调节系统采用除湿溶液作为介质，该介质除了拥有一半流体通过温差承载和输送热能的功能，还拥有通过溶液浓度差承载和输送水分的功能。

只要在介质和周边环境之间存在温差，两者之间便拥有热量传递的热势能，也就是炽；同样，只要在介质和周边空气之间存在水蒸气分压力差，二者之间便拥有水分传递的“湿势能”，本书暂名为湇。只要通过介质循环不断维持“炽”和“湇”，则有效的传热传质就能最终达到室内热湿环境营造的效果。

同样一份流体，即同一个流量下流体所携带的热势能和湿势能比例并不相同。也就是溶液所提供的“热湿比”与空气系统的热湿比并不是同一个数量级。其中“湿势能”一般而言明显大于“热势能”。并且，“湿势能”与“热势能”之间会发生转化，即水蒸气—水之间相变的汽化潜热，便是在“湿势能”与“热势能”之间的转化。而由于汽化潜热的单位焓值远高于介质单位温度变化的焓值，故介质携带热势能的能力远低于携带湿势能的能力。

除湿溶液的比热容大多小于水，一般大约是水的一半，因而热势能与湿势能的比值差异更加巨大。换言之，同样的介质流量，所能处理的湿负荷将远大于热负荷。而这种现象也反映在现有的溶液除湿技术上：在设定的溶液循环过程中，溶液的浓度差变化极小，一般不到 1%，而温度差则极大，有可能达到 10 ℃温差。

这也就意味着溶液的潜能在一次循环中无法完全被释放出来：尽管溶液的浓度仍然远未到达饱和点，但由于溶液温度的升高，使得溶液水蒸气分压力上升，进而失去了吸附能力，无法再继续除湿。

此时如果对溶液仅仅进行冷却，将溶液所吸收的汽化潜热带走，进而降低了溶液的水蒸气分压力，则溶液在不需再生的情况下完全可以继续除湿。如果一份溶液反复通过换热器降温，并再次投入与室内的热湿交换，直至多次循环到溶液浓度已经低至饱和点，无法再通过降温获得湿势能，此时对溶液的再生就将获得更高的系统效率。

由于溶液在吸附过程中从“湇”转化成的“炽”品位稍高于空气与溶液间的“炽”，而这部分热量也属于室内的热负荷，故溶液系统用于提供冷量的温度也可以稍高于传统的水系统。这也是由于除湿过程不是采用冷冻除湿，而是利用吸收过程的化学能除湿。该优势也进而带来了冷源侧的节能潜力，除了可以采用 COP 值较高的制冷机之外，还可以更大范围地利用自然冷源。

基于上述工作原理，一体化系统的运行方式有如下特点。

(1) 子系统采用蠕动泵持续运行，将焓湿板接在蠕动泵的吸入端，通过制造负压提高一体板的吸附能力。

(2) 子系统中的溶液通过换热器持续被冷却，排出室内热量。

(3) 溶液的再生并不持续进行，溶液储罐中的溶液反复循环，每次增加通过吸附从空气中所获得的水分，溶液浓度不断下降。直至某一临界点。

(4) 溶液的再生通过周期性的“置换”方式完成：每隔一个时间段将溶液储罐放空，排出所有稀溶液，再重新注入浓溶液，进入下一周期。该置换只需要用 1 根主管，通过反向驱动便可完成，在此期间储罐可能有短暂的放空，但随后便可恢复运行。

(5) 由于中空纤维膜本身的透气性(水蒸气)，以及溶液罐的放空能力，故该系统可以将储罐作为零压点，而不必让整个子系统带压运行，其工作原理类似抽水马桶的水箱。但储罐需要尽量隔绝室内空气和溶液的接触，以保护溶液浓度。

(6) 可以考虑采用周期性的“潮汐式”溶液置换模式，定期通过管道排空储罐，将稀溶液送回机房，再通过同一根管道向储罐充注浓溶液，完成溶液置换。

(7) 除了采用单管双向排充外，甚至可以考虑放弃管道，采用高浓溶液“兑水”方式补充：用移动储罐补充浓溶液，同时收回稀溶液，形成不靠管路的溶液置换流程，从而使得溶液具有了类似“能源”的特性，通过“加液、排液”方式完成溶液更新，同时将溶液再生进一步集中化，就近利用余热废热、太阳能热水等经济能源进行再生，并可集中高浓度地储存浓溶液，用储存“化学能”的方式充分利用周边低品位能源。

(8) 如果采用子系统高浓度溶液置换的模式，可以进一步引申出新型的商业模式：先在周边有低品位热源(太阳能集热器、余热废热)的场所建立溶液再生站，再以较为简单的配送方式(如桶装水)提供给用户自行配置浓溶液，同时回收稀溶液进行再生，形成新的节能产业链，起到空调节能的效果。

(9) 子系统的冷却由于主要承担了高“㶲”的汽化潜热，而室内的显热负荷则完全可以采用低“㶲”的高温冷水来处理，进一步降低了对冷源的需求，即冷热负荷可以仍然采用常规系统方式制备和配送，所需提供的冷热水品位(水温)和水量则由于不再需要承担湿负荷而大为降低。

(10) 如果再生能力充裕，则可考虑采用蒸发制冷技术来获取低品位冷冻水：采用浓溶液对循环空气进行除湿，使其获得负“㶲”，但同时获得正“㶲”，即循环空气的温度升高，但含水量下降，此时用冷却塔冷却循环空气，使循环空气拥有低“㶲”和低“㶲”，从而拥有“冷量”。进一步对循环空气进行绝热加湿，则能获得相当于汽化潜热的冷量。该部分冷量可以通过空气/水换热器提取，用于向上述一体化系统提供高温冷水。也可以设计成空气/溶液式的换热器，减少换热㶲耗散，直接用于冷却一体化系统中的循环溶液。

8.4 柔性焓湿帘技术

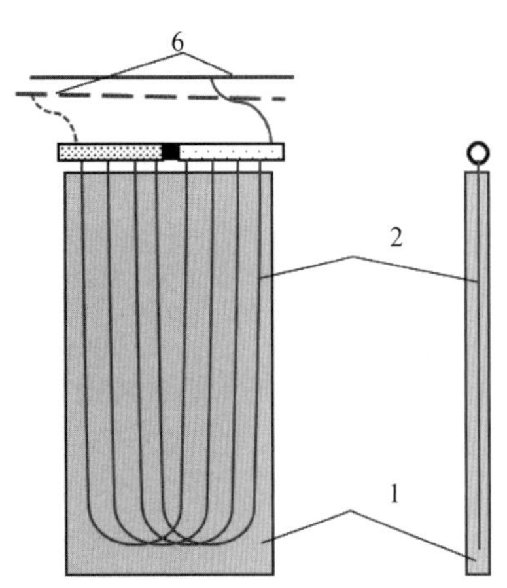

图 8-32 焓湿帘产品结构前视图及侧视图
① 吸水织物(棉布或其他化纤)
② 中空纤维膜
③ 溶液分配管
④ 溶液收集管
⑤ 分集管堵头
⑥ 溶液循环系统及软接头

柔性焓湿帘是在上述焓湿板基础上，根据具体应用场景设计出来的一种非固定式的热湿交换室内末端。其用途与焓湿板相同，用于室内空气进行热湿交换。除此之外，还可以利用其类似百页、窗帘的柔性可调整其形状的特性，用于玻璃幕墙内侧，同时起到内遮阳的作用。由于内遮阳的功能已经超出了室内温湿度调控的范围，而同时属于对外扰的调控，因此在本书第 6 章中对其有原理分析。

8.4.1 构造示意图

该装置又可称为一体化内遮阳，其结构为吸水织物＋内嵌中空纤维膜结构(图 8-32)。

8.4.2 构造说明

1. 超吸水纤维作为填充材料

焓湿帘采用超吸水纤维(Super Absorbent Fiber,

SAF)作为填充料。超吸水纤维的比表面积大约是普通粉状树脂的 8～10 倍,并具有微孔结构,因此吸水速度比粉状树脂快得多。如一些型号 10 s 即可达到饱和吸水量的 70%左右;另一些型号仅 15 s 就可达到 90%以上的饱和吸收率。超吸水纤维不仅吸收水溶液,而且具有萃取功能,即可从非水流体(气体或液体)中萃取水分,因而它会从大气中吸湿,直至达到平衡(摘自百度文库)。

高吸水纤维(SAF)是在高吸水树脂的基础上发展起来的一种功能性纤维,它的出现弥补了高吸水树脂的一些不足,而且具有自身的优越性。高吸水纤维可以吸收自身重量 30～50 倍的生理盐水或 150 倍以上的无离子水,越来越广泛地应用于工业、农业,日常生活和医疗卫生等领域。高吸水纤维的高分子结构由主链骨架、吸水基团和交联基团等构成,通过交联技术形成三维网状结构,从而体现出优越的吸水能力、保液性能和溶胀特性。通常高吸水树脂是粉末状的,应用时需均匀分散在基材上制成产品,而粉末不固定,易移动,造成铺展不均匀,影响吸水后的强度和完整性等(图 8-33)。相比之下,高吸水纤维不仅克服了以上缺点,还具有许多高吸水树脂无法比拟的优越性,主要表现在以下几个方面[14-16]。

(1) 使用方便,可与其他纤维混纺形成各种纺织制品或与其他纤维一起制成非织造布,简化了卫生用品的制作工艺,即使在纤维吸水量较高时也能保持良好的柔软性。

(2) 由于纤维直径较小,通常为 30 μm 左右,因此具有大的比表面积,高吸水纤维的比表面积大约是普通粉状树脂的 8～10 倍,并且纤维具有微孔结构,因此吸水速度比粉状树脂快得多。

(3) 纤维具有大的长径比(>100),可与其他纤维缠绕在一起不易迁移。

(4) 高吸水纤维吸水后仍能保持纤维态结构,其形成的凝胶是溶胀纤维的缠结体,因而凝胶具有内聚力和较高强度。当凝胶纤维干燥后,可恢复原来的形态,并仍具有吸水能力。

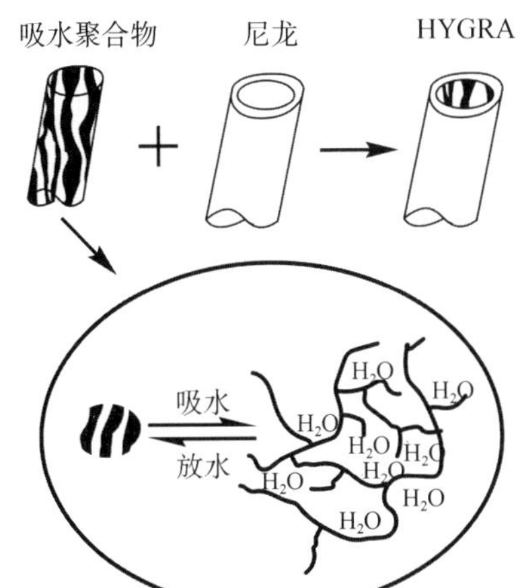

图 8-33　超高吸湿纤维结构原理(来源:百度百科)

因此,基于高吸水纤维的这些特殊优势,就可以相应开发新型的高吸水纤维,并用非织造成网加固工艺将高吸水纤维加工制成高吸水性非织造布,用于农业、工业和医疗卫生等领域。这种材料不仅具有良好的吸水保水性,而且加工工艺简单,加工方便,更重要的是提高使用的舒适性。

2. 防水透气面料作为表面材料

防水透气面料是一种新型的纺织面料,其成分由高分子防水透气材料(PTFE 膜)与布料复合而成。根据不同产品需求作两层复合及三层复合,它被广泛应用于户外服饰、登山服、风衣、雨衣、鞋帽手套、防寒夹克、体育用品、医疗设备等，且被逐步应用于时尚服饰。

防水透气面料的主要功能有：防水，透湿，透气，绝缘，保暖。其透湿量为每 24 h 每平方米 16 000 g，防水压可达到 8 000～20 000 mm 水柱，绝缘最高可达 10 万伏。该面料在恶劣的环境中也能保持其最佳功效，可适应温度为：427 ℃至零下 200 ℃。从制作工艺上讲，防水透气面料的技术要求要比一般的防水面料高得多；同时从品质上来看，防水透气面料也具有其他防水面料所不具备的功能性特点。防水透气面料在加强布料气密性、水密性的同时，其独特的透气性能，可使结构内部水汽迅速排出，避免结构滋生霉菌，并保持人体始终干爽，完美解决了透气与防风，防水，保暖等问题，是一种健康环保的新型面料(图 8-34)。

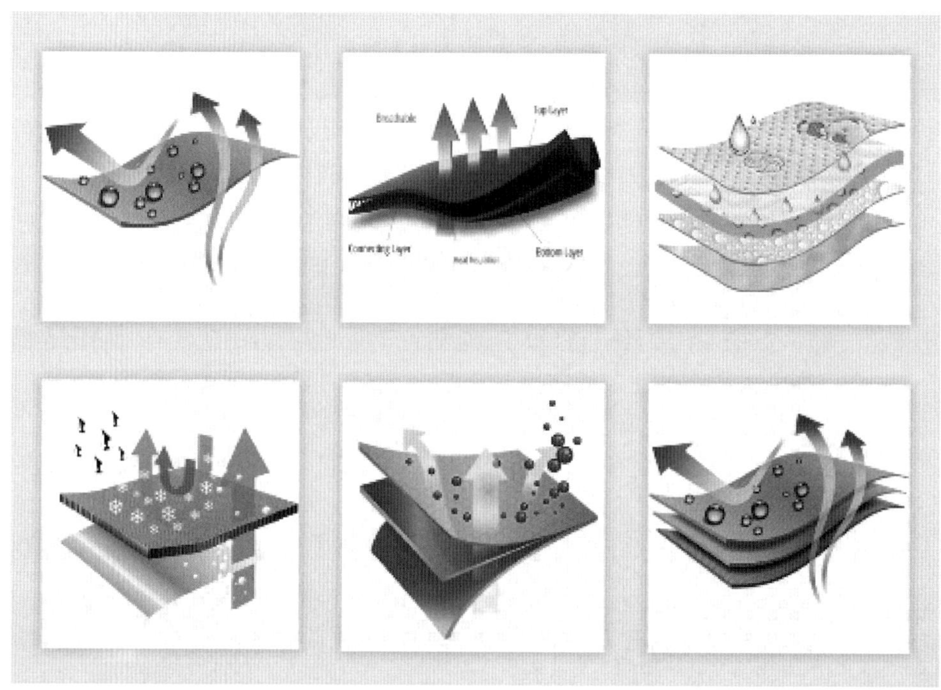

图 8-34　防水透气布原理(来源：百度百科)

3. 多层复合结构

焓湿帘的结构分为主体部分、悬挂/控制部分和循环系统连接部分：

(1) 超吸水纤维为主体吸水材料；

(2) 中空纤维为内部溶液循环通道；

(3) 防水透气面料为面层；

(4) 悬挂、固定装置与常规内百叶、内卷帘类似，可以设计为横向或纵向，可以根据需求收束和展开；

(5) 溶液循环系统接口既要考虑溶液循环的指标要求(流量、阻力、密封等)，也要考虑作为内遮阳所需要保持的灵活性和耐受性，可以承受多次反复收放，不至于出现接头脱落、渗漏等问题。

8.4.3 工作原理

温湿度一体活性化内遮阳装置是在常见的内遮阳装置(窗帘、百页、卷帘等)内嵌入以中空纤维为材料的流体通道，通过介质循环实现与室内空气及周边物体的热湿交换功能。与常规内遮阳/窗帘的差异如表 8-11 所示。

表 8-11 焓湿帘与常规遮阳/窗帘性能对比

	常规内遮阳/窗帘	一体内遮阳
面材	天然纤维/人造纤维/无纺布/其他塑料	除要求吸水性墙外无差别
管材	无液体循环通道	中空纤维膜丝
介质	无热湿交换介质	除湿溶液
功能	遮挡日光(热辐射)、隔断内外热交换(对流/辐射)	附加功能：传热传质(冷热辐射＋吸附脱附)

8.4.4 调节方式

除以下针对透明表皮部分(门窗/玻璃幕墙)所需要具备的根据日照强度调整入射量外，通过溶液循环控制室内温湿度的系统要求与一体板相同(见后续介绍)。

(1) 通过改变单元与幕墙间夹角控制入射量

常规电动垂直帘系统的角度改变装置如下(图 8-35)：

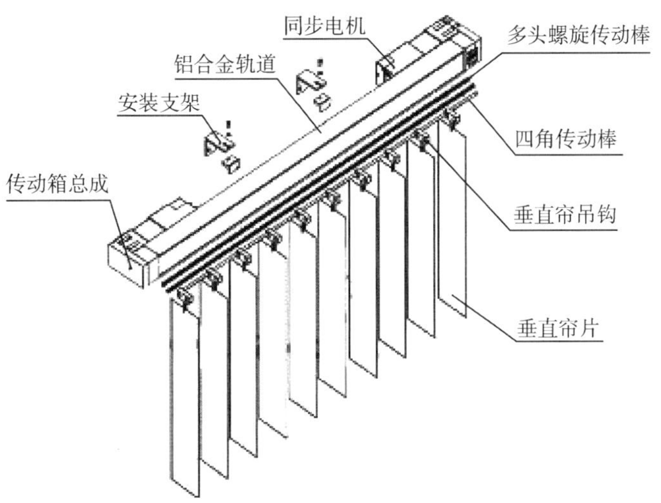

图 8-35 可调角度垂直帘系统示例(垂直百叶)

除在水平方向收拢垂直帘的功能受限外，改变单个单元夹角的方式与上述技术相同。

(2) 通过向两侧收束控制入射量

如较宽的一体化帘的每个单元都有足够的柔软度，则可以采用下述方式收束一体化帘(图 8-36、图 8-37)。

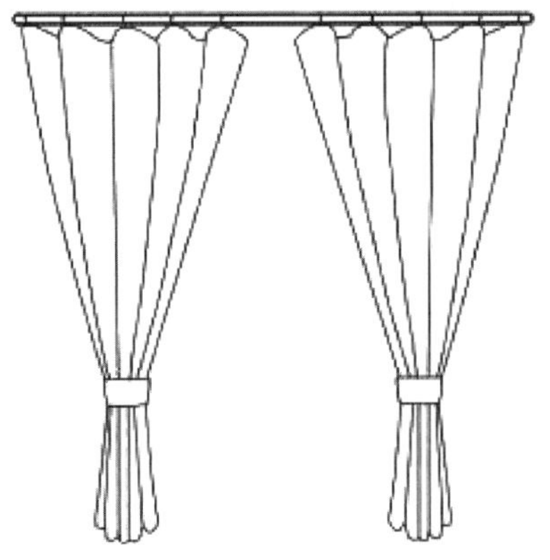

图 8-36　可收束窗帘示例

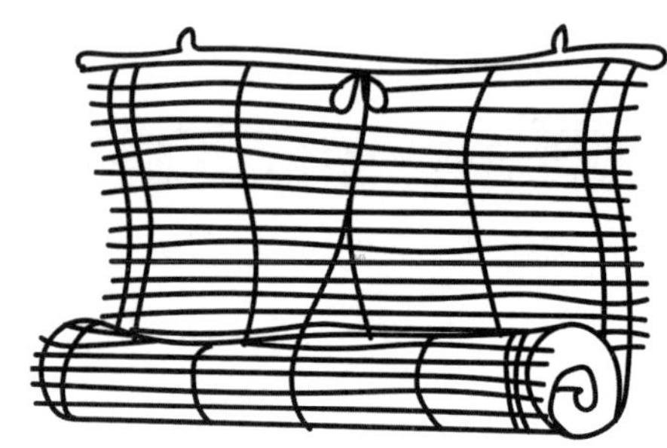

图 8-37　可收卷遮阳帘示例

(3) 通过向上收卷控制入射量

如一体化帘采用大尺寸单元，则可以向上卷绕收起。

8.3.5　系统原理

作为一体化辐射板的补充产品，一体化内遮阳的工作原理几乎完全相同，但相比一体化板具有以下优势。

(1) 适用于无法安装一体化板的透明表皮侧。

(2) 通过叶片材料遮挡阳光同时起到遮阳效果。

(3) 可以直接通过溶液循环调节遮阳层的表面温度，从而直接消除外扰对室内热环境的影响。

(4) 当遮阳帘表面平均温度控制在接近室温的情况下，透明表皮负荷得以控制，同时形成室内更加理想的温度场，消除了不舒适的外区。

(5) 对于无法进行墙面改造、热湿控制不理想的既有建筑，可以选择将一体化内遮阳作为墙面装饰物直接悬挂在墙面上。此时一体化遮阳的效果与一体化板相当，但安装更为简单。

(6) 在夏季阳光直射，同时空气循环良好的情况下，溶液中的水分蒸腾可以有效降低遮阳帘表面温度。

(7) 经阳光直射而得以蒸发后的溶液，实际上得到了浓缩，所获得的浓溶液可以在降温后直接用于室内空气热湿交换。

8.4.6　室外型一体化单元

采用能够耐受室外气象条件的透气透水材料作为骨料和面材，内嵌中空纤维，可以制成具有类似于人体皮肤或植物叶片的“人工皮肤”或“人工叶片”装置。在该装置中循环一定浓度的溶液，则可通过该装置与室外形成热湿交换（图 8-38、图 8-39）。

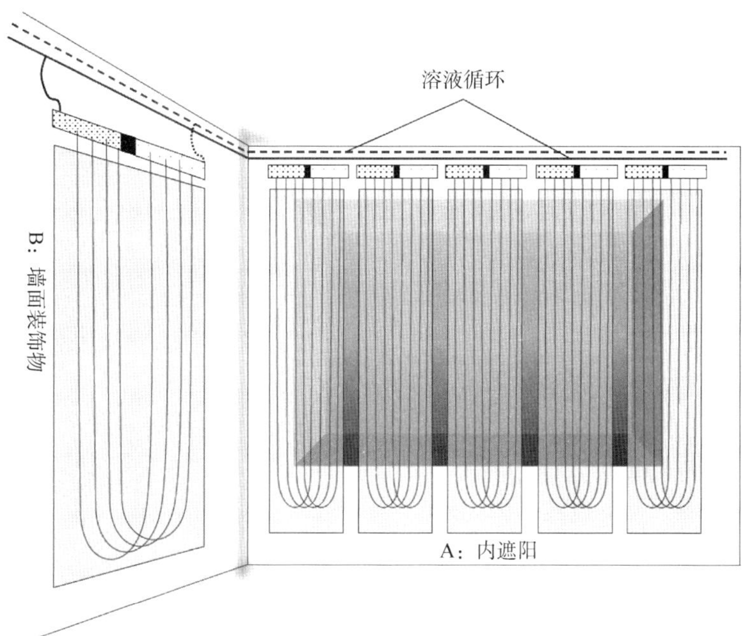

图 8-38　室内悬挂示例

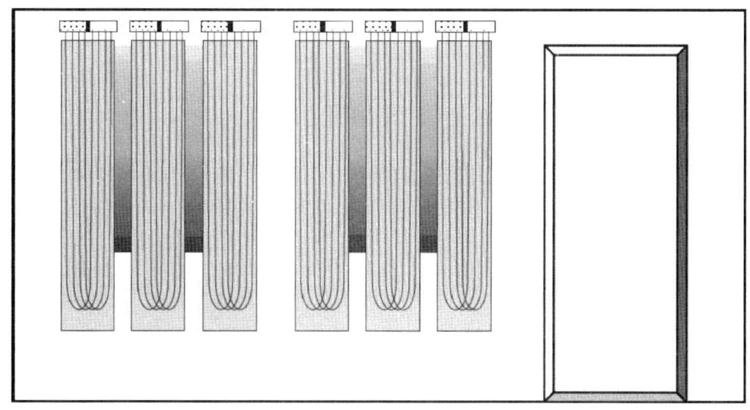

图 8-39　室外悬挂示例

室外型一体化单元的制作方式与室内型相似，但需满足以下条件：

（1）主要材料应能耐受室外气象条件，如：

- 日晒，主要体现为高温和紫外线造成的老化；

• 雨淋，主要体现为材料含水后的物性变化。

(2) 整体设计应能承受室外风速所造成的拉力，包括单元本身和相应溶液循环系统。

(3) 整体设计及各组成部分应当尽量免维护。

(4) 部分单元或系统损坏不会导致整体系统失效。

室外型一体化单元应用方式主要采用悬挂方式，可通过网架、悬索等方式实现。

室外一体化单元对室内热湿环境可以起到以下效果：

(1) 夏季工况

• 起到外遮阳效果，遮挡入射日光；

• 通过中空纤维内循环的液体(水或稀溶液)蒸发(蒸腾效应)带走热量，降低表皮外表面温度，抵消外扰；

• 浓缩溶液，起到溶液再生作用。

(2) 冬季工况

• 通过中空纤维内循环的浓溶液吸收周边空气水分，释放汽化潜热，提高表皮外表面温度，减少表皮热损失；

• 利用余热废热适当加热浓溶液，同样提高表皮外表面温度，减少表皮热损失。

(3) 过渡季节工况

• 在阳光充足的情况下尽量制备浓溶液储存，达到化学储能的效果；

• 对于不同朝向房间通过溶液循环系统输送能量，改善不利朝向室内热湿环境。

8.5 新风热湿处理技术

8.5.1 溶液调湿机组工作原理回顾

与吸收式制冷机原理相同，但使用场合不同的溶液除湿机组，其作用是利用溶液的吸湿性能，将空气中的水蒸气吸附出来，从而制备干燥空气(图 8-40)。

与吸收式制冷机不同的是溶液除湿机组是在开敞式常压状态下运行。按照溶液与空气的接触方式分为以下几种：

(1) 填料塔式；

(2) 液膜式；

(3) 平板半透膜式；

(4) 中空纤维式。

其中平板半透膜式和中空纤维式属于膜技术/分子筛技术，可以有效防止空气被除湿溶液污染，故作为重点加以开发。二者相比，中空纤维由于单位空间比表面积大，可以有更高的质交换效率。

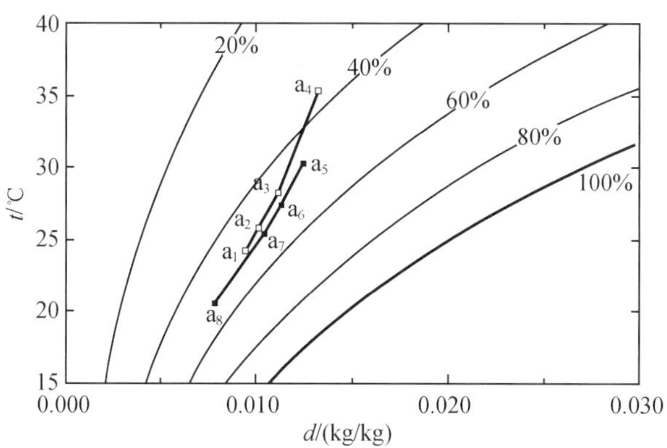

图 8-40　液膜式溶液式全热回收过程在焓湿图上的过程线

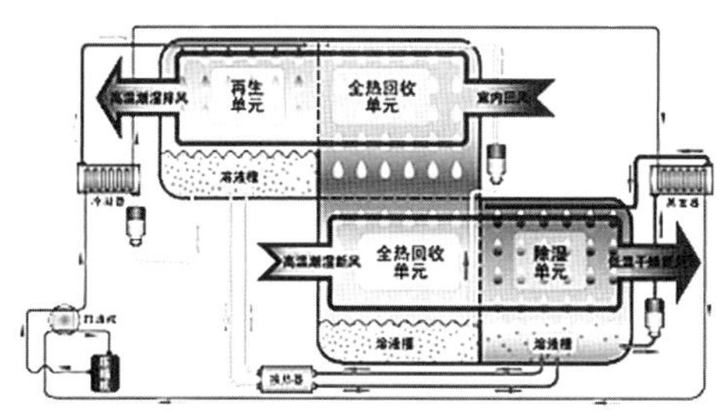

图 8-41　平板膜式溶液调湿机组(杭州兴环)

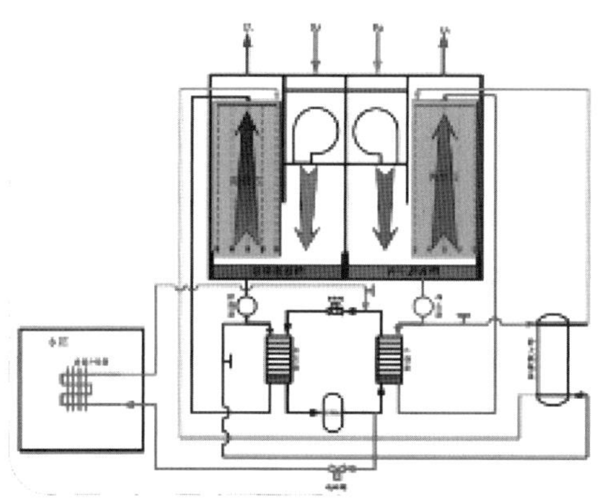

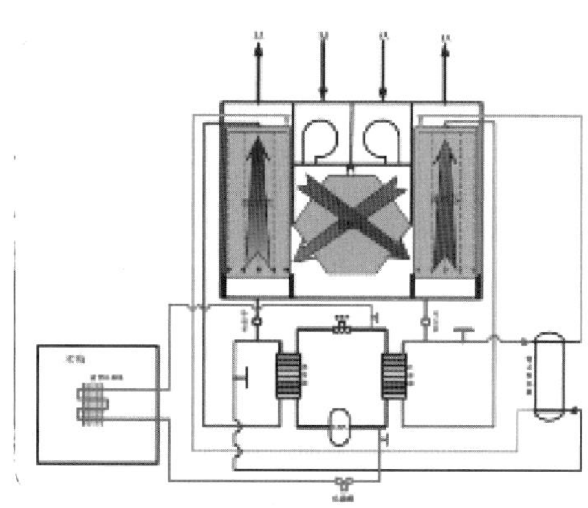

图 8-42　液膜式溶液调湿空调机组(华创瑞风)

以上 2 个案例所展示的为液膜式和平板膜式。中空纤维式迄今无定型产品。上述溶液调湿机组均追求一体化，即将热泵内置，从而得以形成除湿——再生的闭合循环系统(图 8-41、图 8-42)。

对于采用溶液系统的新风除湿末端而言，不再需要考虑再生部分，在保证浓溶液——稀溶液循环的前提下，新风调湿末端应当可以大幅简化。但考虑到节能需求，应当将热回收加入，同时也应当考虑冬夏季工况的切换，即夏季除湿，冬季加湿。

8.5.2 中空纤维溶液换热装置

由于中空纤维本身在膜两侧水蒸气分压力不同的情况下，可以双向地传递水蒸气，因而可以想象在一根膜丝的两端分别有高于/低于膜丝中水蒸气分压力的情况下，通过膜丝内部的溶液流动，可以将水蒸气由一端传到另一端，起到类似于“热管”效应的“湿管”效果。

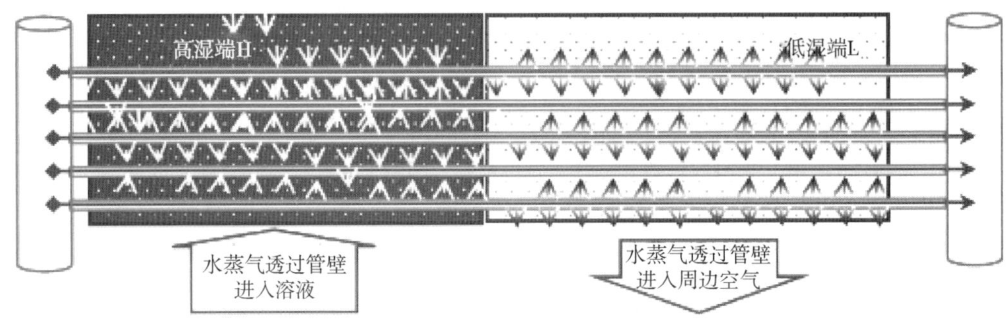

图 8-43 中空纤维的“湿管”功能

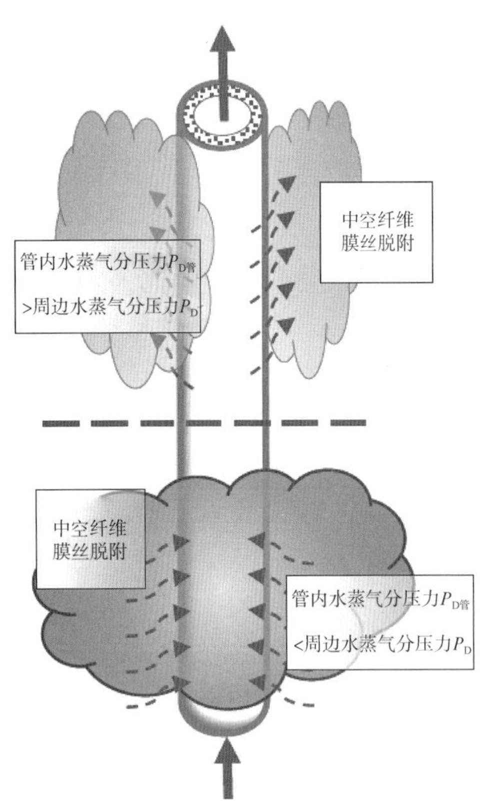

图 8-44 中空纤维的“湿管”功能示意

如管内溶液由高湿端向低湿端流动，在 $P_H > P_R > P_L$（水蒸气分压力：高湿端＞管内＞低湿端）时，水蒸气/水分将由高湿端 H 向低湿端 L 迁移。由于吸收过程的水蒸气液化成为水，同时释放汽化潜热，而这部分汽化潜热将同时向管外部分耗散，故跟随溶液进入低湿端 L 的热量并不是全部热量，而部分热量将在高温段加热空气。

如果进入高温段的溶液已被预冷，直至其所携带的冷量大于汽化潜热，以致在吸湿后升温仍低于高湿端空气温度，则此时溶液将可以携带所有的显热及潜热到低湿端。但此时由于溶液初始温度较低，如果吸湿升温后仍低于低温段空气温度，则热传递同样无法实现。如果由于溶液温度过低，以致溶液水蒸气分压力低于低湿端水蒸气分压力，则连传湿都无法进行。

因而对于实用而言，除非可以控制到“湿管”能够在高湿端通过吸湿同时获得显热和潜热，以及水蒸气，而其升温既低于高湿端空气，又高于低湿端空气，则可以实现全热回收过程。

更进一步，应当完全没有必要将高湿端和低湿端放置在一起，用直连的"湿管"来进行热回收。在稀溶液罐和除湿废热被搜集起来的情况下，完全可以通过中空纤维质交换器和排风进行交换来回收排风中的冷量和让排风带走水分。

张立志[17]对以中空纤维膜替换金属(铜管)制作的全热交换器做过研究，认为由于中空纤维可以实现热湿回收，对于允许水或蒸气在初级端和次级端迁移的全热交换场合，其优势明显大于其他形式的显热交换，而且由于中空纤维的阻隔，除了水分将在两侧间迁移，其他物质则完全无法掺混，在获得优质的全热交换的同时，可以保证两端的空气品质不受影响。王赞社[14]则进一步对采用中空纤维换热器在浓溶液/稀溶液两侧进行热质交换做了初步测试。Abdel-Salam 等则对近年来涉及液体除湿技术的各类学术成果进行了回顾[15]，认为膜接触器在各方面性能均优于传统液体除湿技术[16,17]，并分别对膜接触器在干冷气候中的加湿能力、采用不同热源进行溶液再生等技术方案做了能耗模拟[18]。

膜全热交换器是一种被动除湿方法，即水蒸气由高湿气体向低湿气体渗透，在实际工程中，有时需要实现水蒸气由低湿气流向高湿气流的传递，即"湿泵"。如果采用膜法除湿，目前比较可行的实现湿泵方法是压力除漫，但它要消耗机械压缩功，不是空调工程发展的方向。为此，江亿提出一种"膜湿泵"概念，即靠膜两侧气流的温度差实现水蒸气由低湿气流向高湿气流传播。其原理如图 8-43 所示，处理空气(如新风)流经膜的一侧，在另一侧高温气流(称为驱动气流，可以是新鲜空气或排风经加热后获得)作用下，水蒸气由处理空气进入驱动气流，最后排入环境中。除湿后的气流流经热交换器，降温后供室内或其他工业场合使用；驱动气流经热交换器加热后，温度升高，再经过加热器进一步加热，达到一定的温度后，进入膜组件，去驱动并带走水蒸气。加热器可以由余热驱动，实现节能[17](图 8-44)。

8.5.3 中空纤维膜新风热湿处理技术

1. 矩形箱体空气处理机组

矩形箱体机组的设计思路是维持传统矩形空气处理机组的制造工艺，并在其中间增加交换器，用以代替传统机组的冷冻除湿功能段，并以除湿功能为主(图 8-45)。

2. 方形箱体与圆形箱体空气处理机组

放弃方形的空气处理机组箱体而选择圆形作为空气处理机组箱体，将带来以下方面的优势：

(1) 从流体力学角度，圆形截面符合流场的最佳分布，内部的设备(如换热器、过滤器)所能够利用的有效表面最大(无死角)；

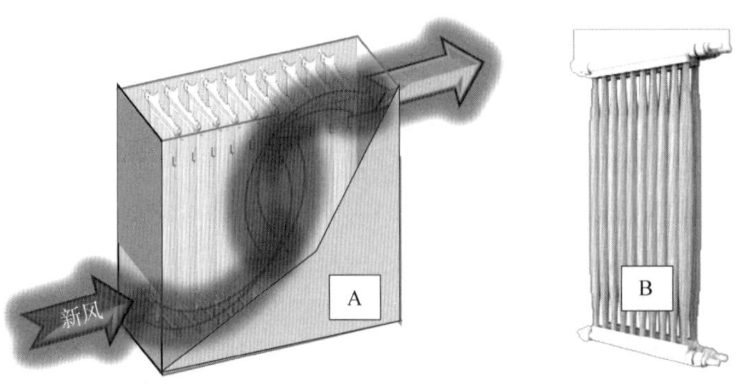

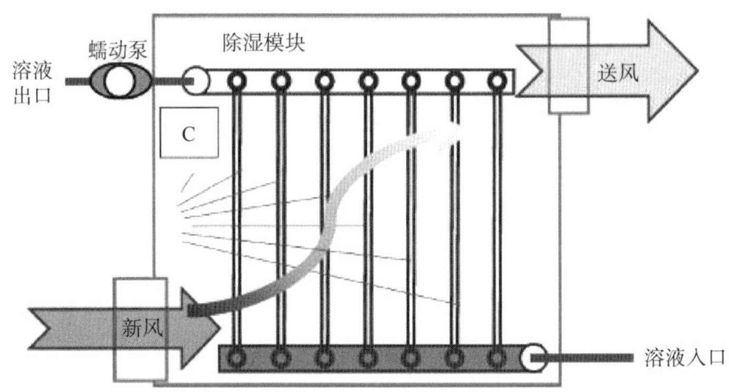

图 8-45 矩形中空纤维膜除湿模块
A，3D 示意图；B，中空纤维帘式膜；C，设备原理图

(2) 从结构力学的角度，圆形箱体的结构最为稳定，达到同样的结构强度所需要的材料投入最小（无框架），受压形变也最小；

(3) 从传热学的角度，圆形箱体是包容同样体积情况下外表面积最小的形状，同时不存在冷桥，因此箱体散热最小；

(4) 从箱体密封角度，圆形箱体除了接头外不存在边框，因此也不存在缝隙渗透；

(5) 从洁净空调角度，圆形箱体的内部清洗最方便（无死角）（图 8-46—图 8-48）。

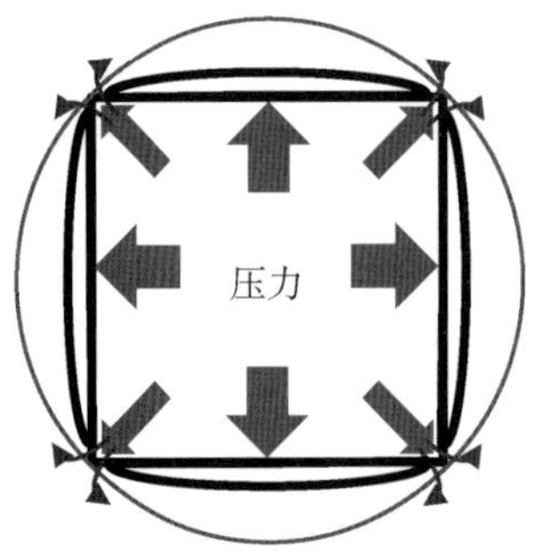

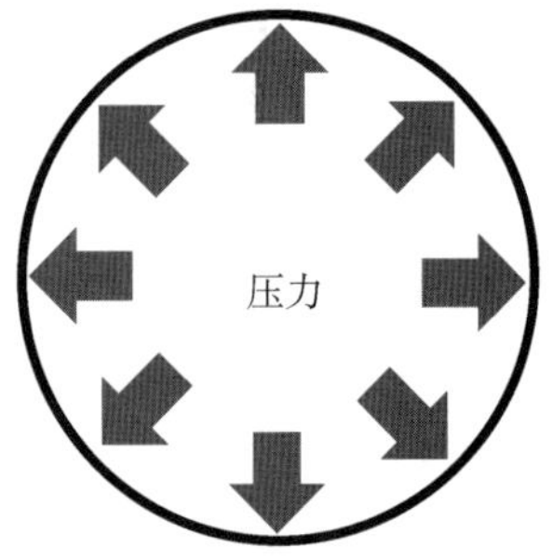

图 8-46 方形箱体与圆形箱体的承压情况

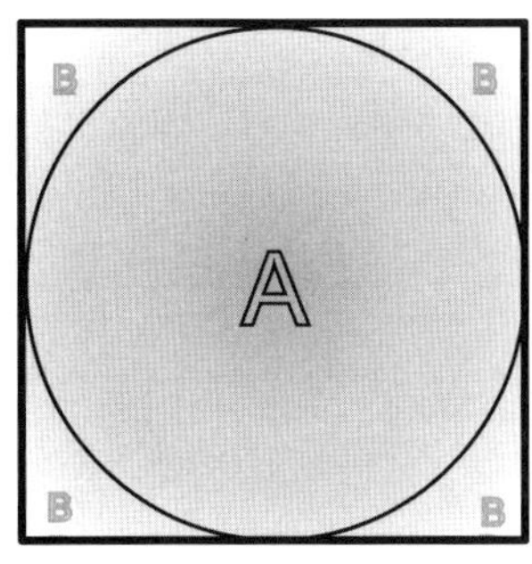

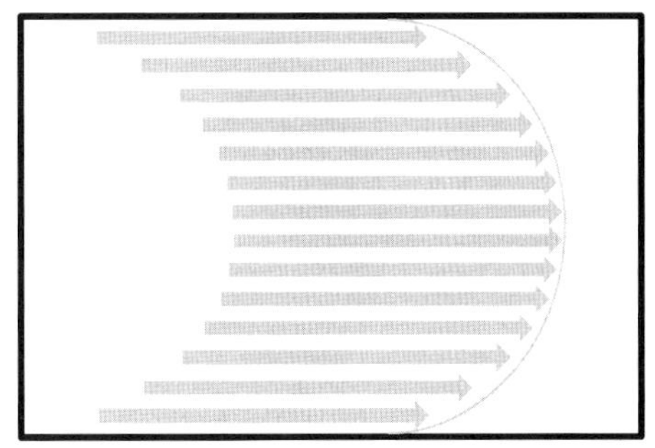

图 8-47 方形截面内流体分布及死角(左);纵面流场情况,中心流体总量大于周边(右)

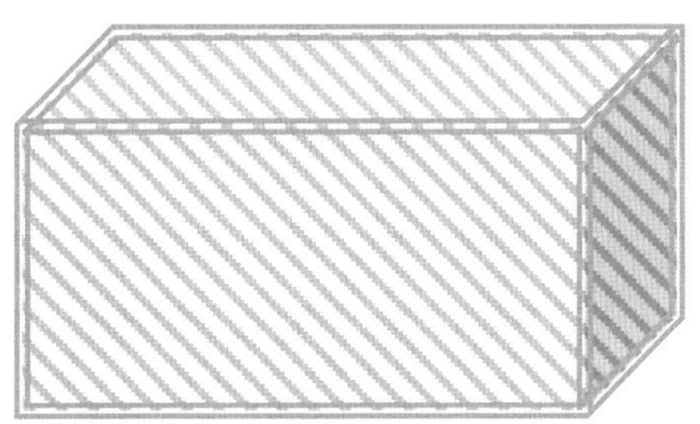

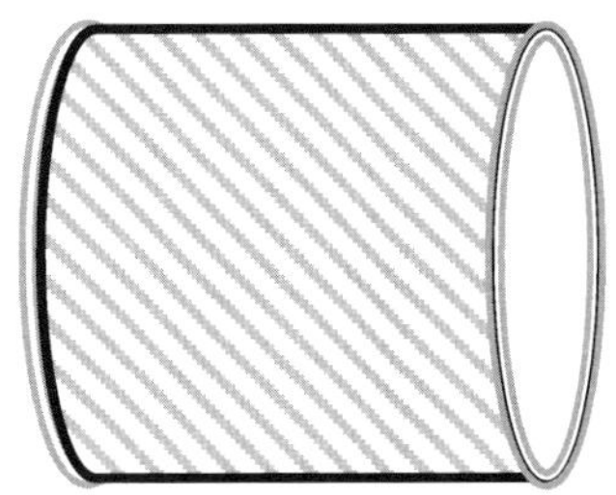

图 8-48 方形箱体的可能冷桥位置(左);圆形箱体的可能冷桥位置(右)

传统空气处理机组中鲜有考虑圆形箱体的其他原因,则是相应的设备部件均未按照圆形方式设计。如换热器、风机、过滤器、风阀等。在中空纤维空气处理机组中考虑圆形箱体,则是基于中空纤维换热器比传统的金属换热器塑性能力强,可以适应筒形、锥形的外形。同时,在无蜗壳风机已经普遍应用的前提下,风机适应圆形箱体不再是问题。而蝶形风阀、光圈阀等圆形阀也已经得到普遍应用(图 8-49—图 8-52)。

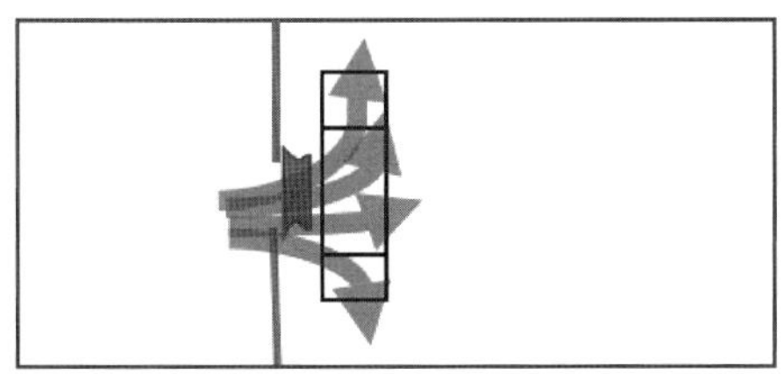

图 8-49 无蜗壳风机

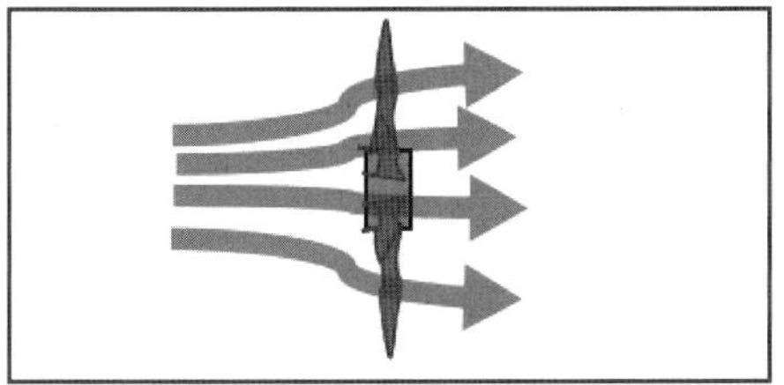

图 8-50 轴流风机

图 8-51 光圈阀(左);圆柱形空气过滤器(右)

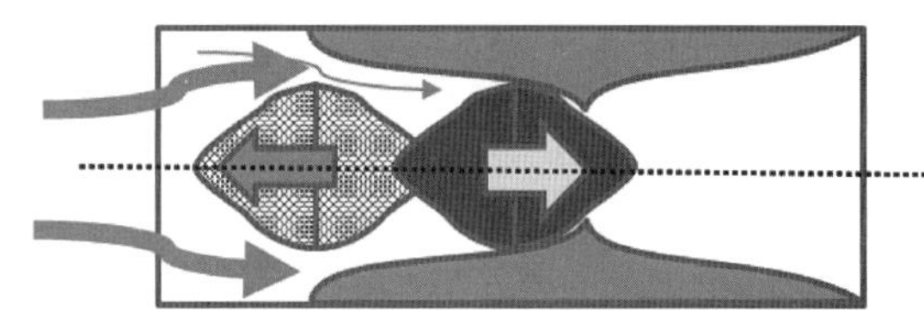

图 8-52 文丘里阀(左);文丘里阀调节示意(右)

- 圆筒—圆筒形箱体机组
- 圆筒—圆锥形箱体机组

结构说明:

- 所有三种形式的外壳 1 均采用防腐材料,如玻璃钢或其他类型的增强高分子材料;
- 采用中空纤维帘式膜 2 或类似结构作为与空气进行热湿交换的交换器(接触器);
- 空气通过膜交换器的通道设计成非直通式,以使得空气通过交换器的时间足够;
- 采用除湿溶液(如溴化锂、氯化锂、氯化钙,LiBr、LiCl、CaCl)作为空气的热湿交换介质,在膜交换器的中空纤维中流过;
- 圆筒形设备采用同轴式的风机驱动空气流动,可以根据所需压力选用轴流风机或者无蜗壳风机;
- 圆筒—圆筒设备采用内外筒结构,其中内筒 5 壁面由孔板构成,筒底为圆形风阀 3,风阀关闭时空气被强迫透过筒壁小孔,风阀打开时空气直接流过内筒;
- 圆筒—圆锥设备内筒 5 呈圆锥形,同样由孔板构成,筒底也为圆形风阀 3,其控制方式同上;
- 矩形设备中以平行方式排列若干中空纤维帘式膜交换器 2,运行时空气由入口进入设备，并陆续穿过多层中空纤维帘式膜交换器 2，空气与膜丝内的溶液透过膜丝进行热质交换；

● 筒形设备在内筒外部采用中空纤维帘式膜环绕成热质交换器 2，透过孔板的空气将进一步透过中空纤维帘式膜 2，从而进行热质交换(图 8-53—图 8-54)。

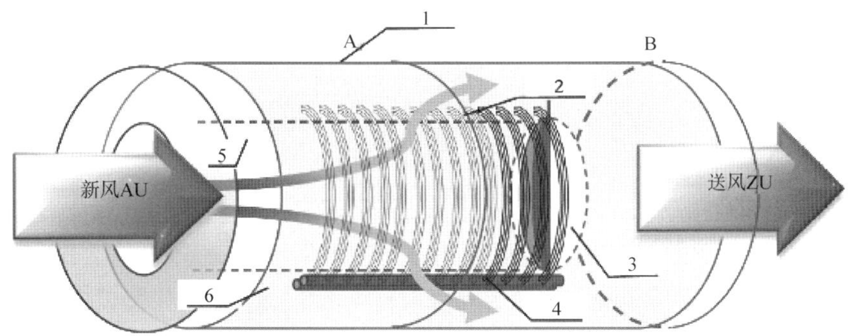

图 8-53　圆筒形中空纤维膜除湿模块

A，换热除湿模式；B，过流模式；C，3D 设备原理图

1—圆筒形壳体；2—中空纤维帘式膜；3—风阀；4—溶液分液集液管；5—圆形内筒；6—挡板

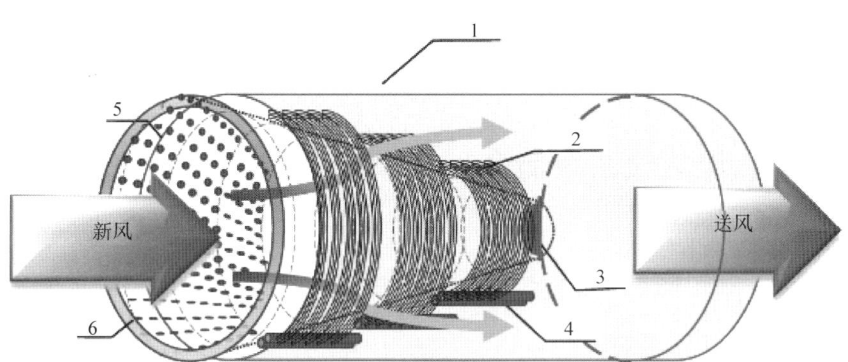

图 8-54　圆筒-圆锥形中空纤维膜除湿模块

1—圆筒形壳体；2—中空纤维帘式膜；3—风阀；4—溶液分液集液管；5—锥形内筒；6—挡板

热湿活性表皮工程初步设计

本章将尝试描述一个以溶液为介质的热湿活性表皮系统，包括其末端、冷热源及输配系统。以一个模拟项目方案设计方式展示该系统的整体开发思路，通过该模拟设计，可以进一步考核该整体方案的完整性，以及各系统环节、元器件可能的缺失和不成熟之处。由于该技术迄今并无先例，所提供的算例也仅为基于现有文献资料所提供的数据进行推算，并依此与其他常规系统进行对比，进而预测其可行性和技术、节能潜力。该方案的实施和成熟，尚需进一步的理论分析、样品制作、实验室测试，及其样板工程运行跟踪测试等大量工作，从而获得足够的产业化前期数据，作为产业化、技术推广的决策依据。

9.1 热湿活性系统简介

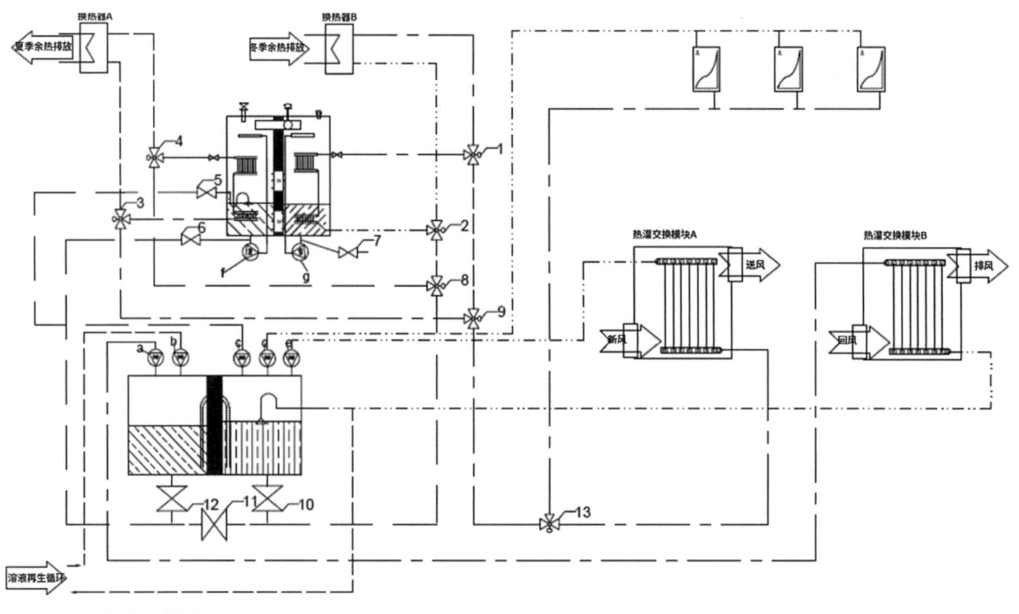

图 9-1　溶液一体化系统原理

表 9-1 溶液一体化系统主要组成及部件

冷热源系统	溶液分配系统	空气处理系统	控制区域
● 吸收式冷热源模块 A/B ● 换热器 A/B ● 换向阀 1～9 ● 溶液循环泵 f ● 循环水泵 g	● 溶液储罐 A/B ● 溶液泵 a～e ● 换向阀 10～12 ● 分流阀 13	● 热湿交换模块 A/B	● 温湿度一体化呼吸板

溶液一体化系统(室内组合)将冷热源、输配及蓄能缓冲、室内焓湿板/帘,以及新风处理(送回风模块)从溶液一体化系统中提取出来,意在通过针对该系统的具体应用场景模拟,确定溶液一体化系统的选型范围,从而判断其实际应用的可行性(图 9-1、表 9-1)。

该系统未考虑外墙焓湿板/帘,也即以策略 B(见下文)为基础进行选型,从而确定该技术的合理性。

对于该系统的应用场景,必须考虑了同一个典型房间,在不同典型气候区域、不同工况下的设计方案。图 9-2—图 9-4 分别展示了供冷、供热和纯除湿工况下的系统运行原理。

9.1.1 夏季工况

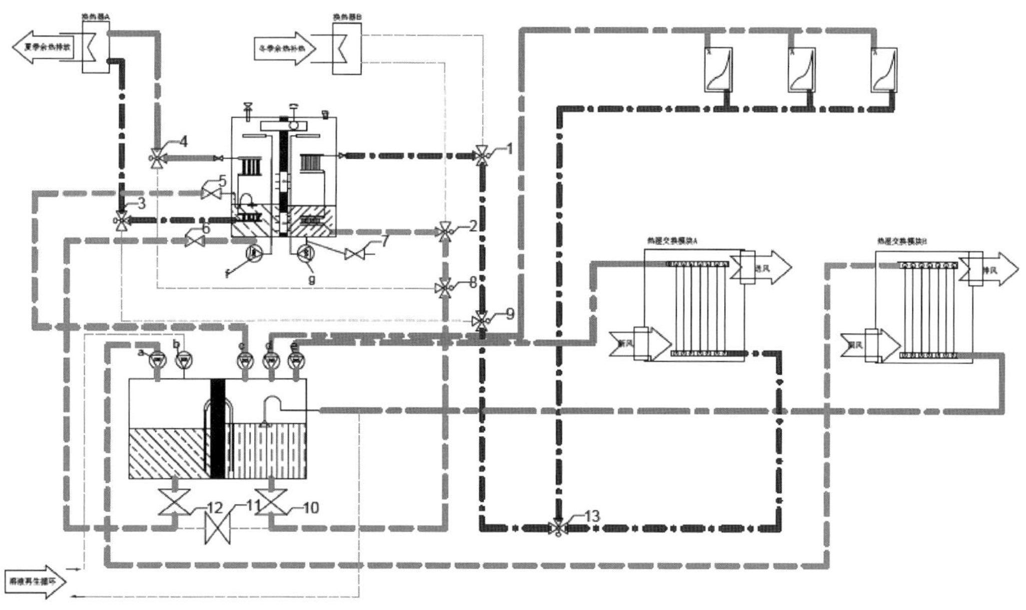

图 9-2 溶液一体化系统夏季工况运行原理

1. 夏季工况工作原理

(1) 溶液泵 f 启动,溶液在吸收式冷热源模块 A 中循环,吸收蒸气,造成负压;

(2) 循环泵 g 启动，冷剂水在吸收式冷热模块 B 中循环，不断蒸发，吸收热量；

(3) 换向阀组 1-2 开启与系统侧循环，向系统提供冷量；

(4) 控制阀组 3-4 开启与换热器 A，通过吸收式冷热模块 A 与换热器 A 间溶液循环(泵未标出)将溶液吸收—系统制冷过程中余热排放出系统；

(5) 溶液泵 d 开启，通过溶液储罐 A—阀 11—换向阀 8—换向阀组 1-2/吸收式冷热源模块 B—换向阀 9—分流阀 13—焓湿板—溶液泵 d—溶液储罐 B 形成溶液循环，溶液储罐 A 中中温浓溶液首先流经吸收式冷热模块 B 被冷却，再流入焓湿板在室内进行热湿交换，再通过溶液泵 d 送回溶液储罐 B；

(6) 溶液泵 e 开启，通过溶液储罐 A—阀 11—换向阀 8—换向阀组 1-2—换向阀 9—分流阀 13—热湿交换模块 A—溶液泵 d—溶液储罐 B 形成溶液循环，溶液储罐 A 中中温浓溶液首先流经吸湿追冷热模块 B 被冷却，通过分流阀 13 流入热湿交换模块 A 对新风进行热湿处理，再通过溶液泵 d 送回溶液储罐 B。其中由吸收式模块至分流阀 13 段与焓湿板系统合流；

(7) 溶液泵 a 开启，通过溶液储罐 B—热湿交换模块 B—溶液泵 a 形成溶液循环，经过热湿交换的高温稀溶液热湿交换模块 B 内的浮头吸入口流出，流经热湿交换模块 B，与室内流出的回风进行热湿交换，被回风冷却，从而回收回风中的冷量，并由回风带走部分溶液中的水分；

(8) 溶液泵 c 开启，通过吸收式冷热模块 A 中的浮头吸入口吸入稀溶液，送到溶液储罐 B；

(9) 控制阀 6 开启，通过溶液泵 f 向吸收式冷热模块 A 补充浓溶液；

(10) 溶液泵 b 由系统外向溶液储罐 A 补充浓溶液，稀溶液通过溶液储罐 B 回收(泵未标出)；

(11) 控制阀 7 开启，通过循环泵 g 向吸收式冷热源模块 B 补充水量，维持蒸发冷却过程。

溶液一体化系统的夏季工况属于该系统最典型的应用场景。在该工况下，系统的热湿负荷均由溶液承担。对于不同气候区域的典型城市，其系统配置将根据不同的优先级别进行。

• 对于夏热冬冷地区和夏热冬暖地区，将按照“以湿定热”的原则进行。

• 对于上述地区而言，“纯除湿”工况需要作为选型验证的重点。不排除纯除湿工况成为典型运行工况的可能性。

9.1.2 冬季工况

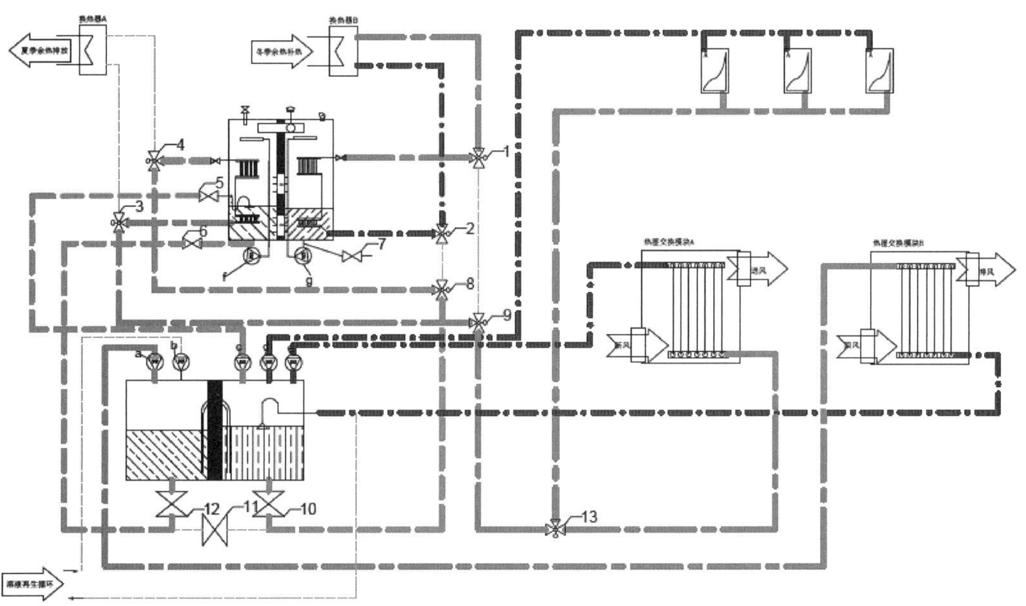

图 9-3　溶液一体化系统冬季工况运行原理

1. 冬季工况工作原理(图 9-3)

(1) 溶液泵 f 启动,溶液在吸收式冷热源模块 A 中循环,吸收蒸气,造成负压;

(2) 循环泵 g 启动,冷剂水在吸收式冷热模块 B 中循环,不断蒸发,吸收热量;

(3) 控制阀组 3-4 开启,向系统提供热量;

(4) 控制阀组 1-2 开启,通过吸收式冷热模块 B 与换热器 B 间溶液循环(泵未标出)从外界向溶液吸收—系统供热过程提供所需热量;

(5) 溶液泵 d 开启,通过溶液储罐 B—阀 10—换向阀 8—换向阀组 3-4/吸收式冷热源模块 A—换向阀 9—分流阀 13—焓湿板—溶液泵 d—溶液储罐 B 形成溶液循环,溶液储罐 B 中中温稀溶液首先流经吸收式冷热模块 A 被加热,再流入焓湿板在室内进行热湿交换,再通过溶液泵 d 送回溶液储罐 B;

(6) 溶液泵 e 开启,通过溶液储罐 B—阀 10—换向阀 8—换向阀组 3-4—换向阀 9—分流阀 13—热湿交换模块 A—溶液泵 d—溶液储罐 B 形成溶液循环,溶液储罐 B 中中温浓溶液首先流经吸收式冷热模块 A 被加热,通过分流阀 13 流入热湿交换模块 A 对新风进行热湿处理,再通过溶液泵 d 送回溶液储罐 B。其中由吸收式模块至分流阀 13 段与焓湿板系统合流;

(7) 溶液泵 a 开启,通过溶液储罐 B—热湿交换模块 B—溶液泵 a 形成溶液循环,经过热湿交换的高温稀溶液热湿交换模块 B 内的浮头吸入口流出,流经热湿交换模块 B,与室内流出的回风进行热湿交换,被回风加热,从而回收回风中的热量,并回收由回风带走部分溶液中的水分;

(8) 溶液泵 c 开启,通过吸收式冷热模块 A 中的浮头吸入口吸入稀溶液,送到溶液储罐 B;

(9) 控制阀 6 开启,通过溶液泵 f 向吸收式冷热模块 A 补充浓溶液;

(10) 溶液泵 b 由系统外向溶液储罐 A 补充浓溶液,稀溶液通过溶液储罐 B 回收(泵未标出);

(11) 控制阀 7 开启,通过循环泵 g 向吸收式冷热源模块 B 补充水量,维持蒸发冷却过程。

冬季工况对于夏热冬冷地区而言属于需要进行校核计算的工况,即在夏季工况或纯除湿工况的选型基础上,确定系统及末端是否能满足冬季工况。

对于寒冷地区而言,因为其湿负荷较小,并且以冬季工况为典型工况,故溶液一体化系统的意义并不十分大。在此仅作为对比性方案。

9.1.3 纯除湿工况

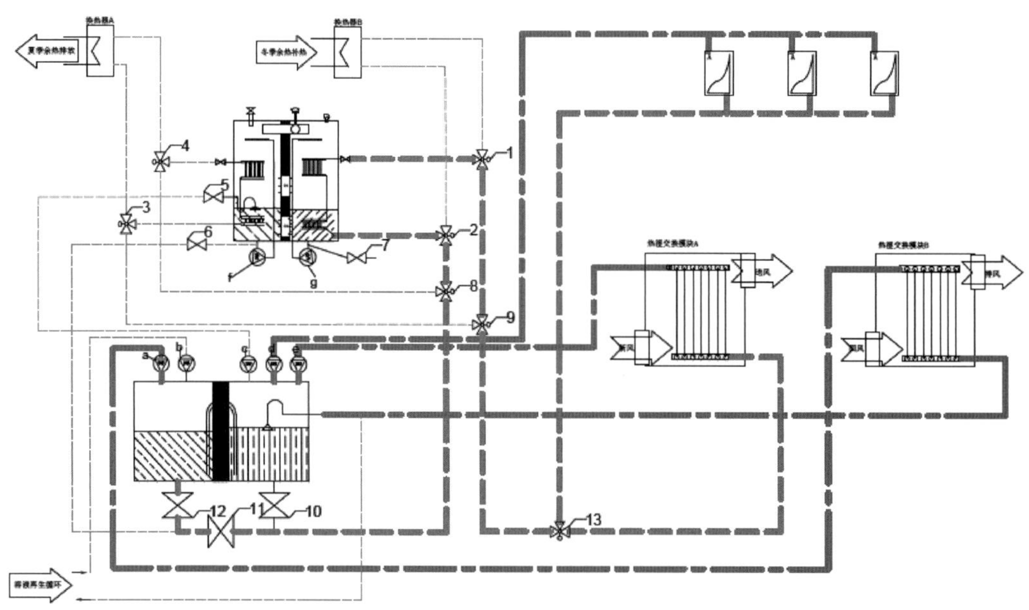

图 9-4 溶液一体化系统纯除湿工况运行原理

1. 纯除湿工况工作原理(图 9-4)

(1) 溶液泵 d 开启,通过溶液储罐 A—阀 11—换向阀 8—换向阀组 1-2—吸收式冷热源模块 B—换向阀 9—分流阀 13—焓湿板—溶液泵 d—溶液储罐B形成溶液循环，此时阀组1-2—吸收式冷热源模块B部分仅为过流，不发生热量传递。溶液随后通过分流阀13流入焓湿板在室内进行湿交换，再通过溶液泵d送回溶液储罐B；

(2) 溶液泵e开启，通过溶液储罐A—阀11—换向阀8—换向阀组1-2/吸收式冷热源模块B—换向阀9—分流阀13—热湿交换模块A—溶液泵e—溶液储罐B形成溶液循环，此时阀组1-2—吸收式冷热源模块B部分仅为过流，不发生热量传递。溶液随后通过分流阀13流入热湿交换模块A对新风进行热湿处理，再通过溶液泵d送回溶液储罐B。其中由溶液储罐A—吸收式模块至分流阀13段与焓湿板系统合流；

(3) 溶液泵a开启，通过溶液储罐B—热湿交换模块B—溶液泵a—溶液储罐A形成溶液循环，经过热湿交换的高温稀溶液由热湿交换模块B内的浮头吸入口流出，流经热湿交换模块B，与室内流出的回风进行热湿交换，由回风带走部分溶液中的水分；

(4) 溶液泵b由系统外向溶液储罐A补充浓溶液，稀溶液通过溶液储罐B回收(泵未标出)。

纯除湿工况可以说是体现溶液一体化系统技术优势的重点。由于迄今为止的各类空调技术在应对纯湿负荷工况上均有各种不足，因而针对中国南方高温高湿地区的典型高湿气候一直无法提供合适的热湿营造技术方案。其中最典型的则为江南地区的“梅雨季节”和华南地区的“回南天”。

9.2 末端配置策略

采用溶液系统的末端选型计算，应当首先进行热湿环境营造策略的分析。由于溶液系统有超过空气、水和制冷剂的多变量调节能力，相比于其他系统仅有温度和流量2个变量，溶液系统可调的变量有溶液的温度、浓度和流量，甚至系统运行压力也可以作为变量进行调节，这也意味着溶液系统有多达4个变量，故可选的热湿营造策略将有更加多的灵活性(图9-5)。

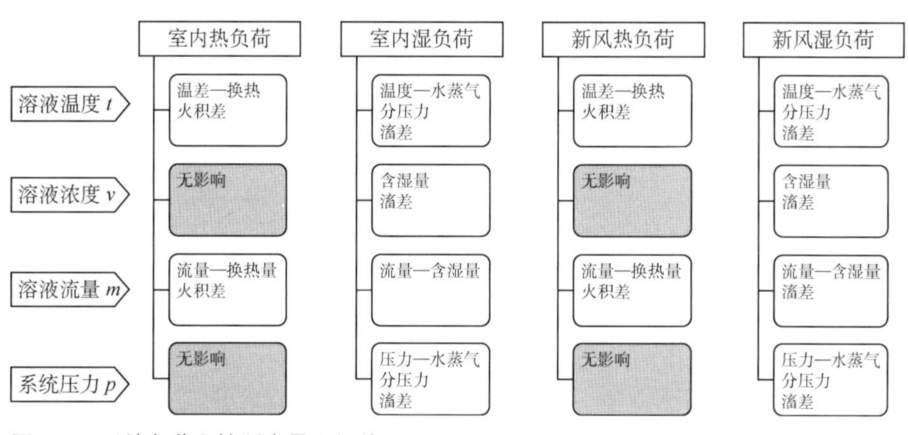

图9-5 系统负荷和控制变量之间关系

对于室内末端而言，由于存在焓湿板/焓湿帘和新风换气机 2 个末端，可以选择以下的不同热湿环境营造策略(图 9-6)。

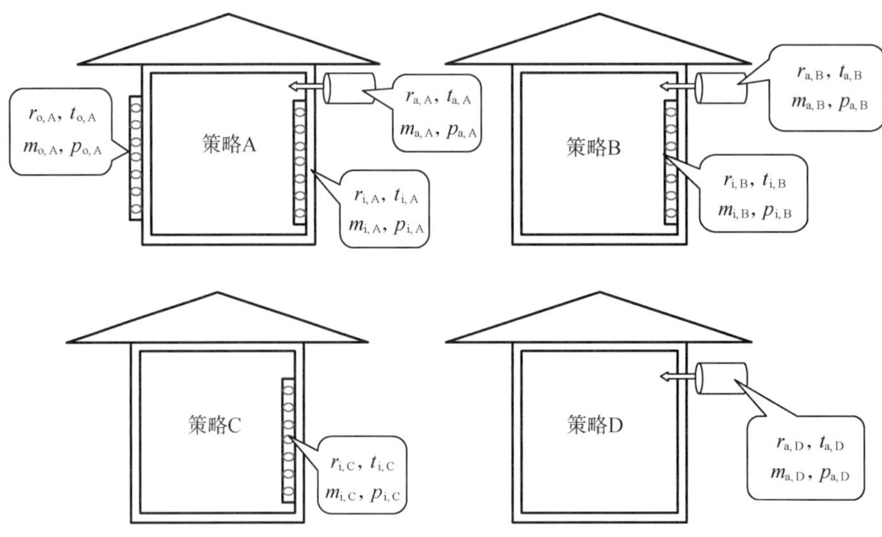

图 9-6　采用不同组合营造热湿环境的策略

r　溶液浓度　m　溶液流量　脚标 o　外墙　脚标 a　　空气
t　溶液温度　p　溶液压力　脚标 i　内墙　脚标 A—D　策略 A—D

9.2.1　策略 A:外墙热活性型

策略 A:外墙焓湿板承担表皮负荷，室内焓湿板承担室内热湿负荷，新风机组承担新风热湿负荷(外墙热活性型)(图 9-7)：

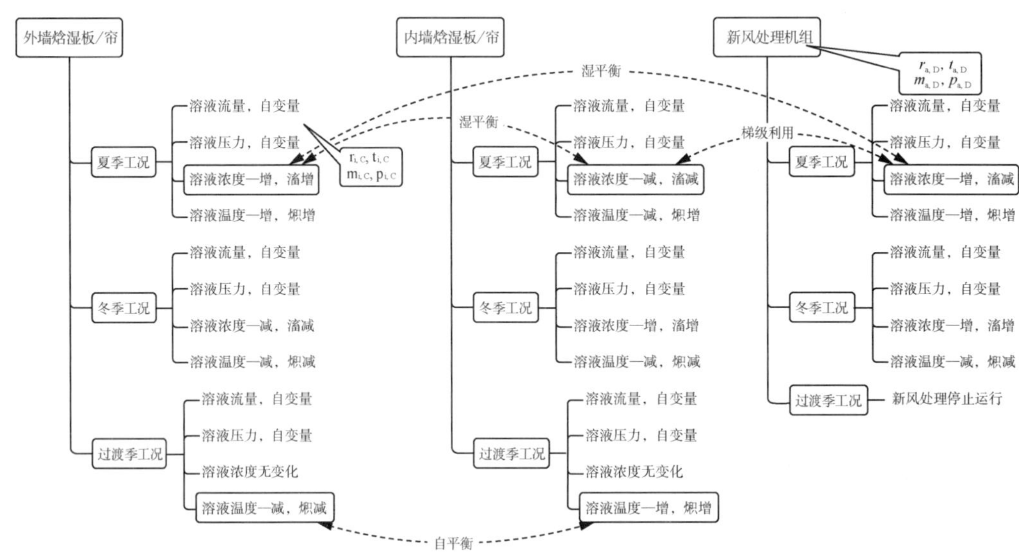

图 9-7　采用策略 A 时各单元溶液参数变化及互补性

策略 A 将热湿环境营造过程中的所有负荷以其源头作了最大限度划分,并相应的在最适宜的位置采用能量品位最低的方式加以处理。该策略假设外扰完全由外墙热湿活性化消除,新风仅处理到室内空气状态点,而室内的热湿负荷则完全由焓湿板解决。

该方案中含有 3 个独立的末端系统:外墙热湿活性化系统、内墙热湿活性化系统,新风处理末端。每个末端系统均承担相对最小的负荷,但整体系统则较为复杂。

此时三个系统所需要的溶液则可能呈现完全不同的需求,因而可以考虑进一步进行“梯级利用”的组合。

(1) 室外热湿活性化在夏季以蒸腾效应为主,可以将稀溶液浓缩,起到再生的作用,相当于自然能源的搜集器,但自然能源的形式为高温浓溶液。由于再生后溶液温度过高,需要采取降温措施。

(2) 室内热湿活性化在夏季以消除室内热湿负荷为主,面临的室内空气含湿量较低,应当采用浓度较高的溶液,同时需要较低的溶液温度,以维持室内的换热,以及合适的水蒸气分压力。

(3) 新风处理在夏季面临较高的室外空气温度和含湿量,故可以采用温度较高、浓度较低的溶液进行处理。

通过上述分析可以看出,如对三个末端系统分别采用不同流量的独立循环、并在系统中增加缓冲、换热、浓度调节等装置,便可高效地利用溶液中所携带的能量,达到系统运行的最佳状态。

在夏季工况下,由于室内外均处于由系统外向系统内输入热量的状态下,为达到系统的热平衡,必须由系统内输出热量,因而无法做到三个单元形成自平衡;但向系统输入湿量则仅为室内(人员、物体)和新风,而室外单元则可以承担通过外墙蒸发形成湿平衡的作用。该性能也是溶液系统的一个较大的优势。

在冬季工况下,该策略的运行原理应当大致相同,除了热湿传递的方向相反,以及冬季的热负荷小于冷负荷,故系统处于部分负荷运行状态。此时可以考虑将室内或室外热湿活性化墙面系统停运一组,而用另一组满足需求。或者可以采用室内焓湿板向室内散湿,维持冬季室内空气相对湿度。

在过渡季节,对于室内及新风的含湿量原则上不必要处理,因而溶液的浓度并不需要调整,可以维持在一个与室内和新风之间不发生湿交换的浓度。但通过溶液的循环,完全可以在室内外形成热平衡。同样,与过渡季节工况类似的日夜、朝向引起的建筑物内热失衡现象,也可以通过室内外溶液系统循环来进行平衡。

策略 A 的一个较为特殊的情况,是采用新风全热回收机组,不再做深度热湿处理。此时新风在夏季均会有部分热湿负荷需要由室内焓湿板/帘承担。

9.2.2 策略 B:传统替代型

策略 B:室内焓湿板承担表皮负荷+室内热湿负荷,新风机组承担新风热湿负荷(传统替代型)(图 9-8)。

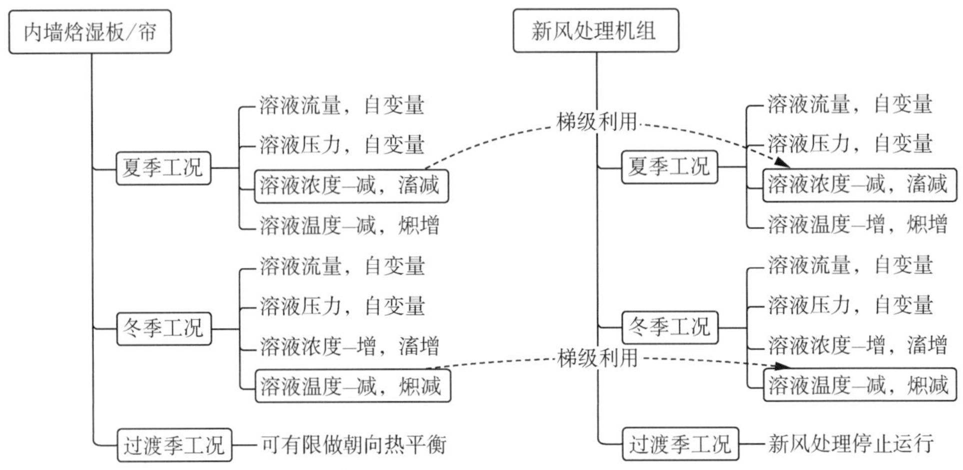

图 9-8 采用策略 B 时各单元溶液参数变化及互补性

策略 B 的末端完全沿用传统温湿度独立控制(THIC)系统的方案,将新风负荷单独处理。与 THIC 不同之处在于焓湿板/焓湿帘能够同时处理热负荷和湿负荷,因而无须在新风负荷上再增加送风量,用以消除室内湿负荷,以及补足由于辐射板供冷的露点限制而可能缺失的冷量。由于该策略不采用外墙热湿活性化来消除外扰,故室内焓湿板/焓湿帘需要承担表皮(含空气渗透)负荷。

由于室内焓湿板在夏季需要承担更大的冷量,但湿负荷不变,因而需要考虑采用以下 2 种方式满足增大的冷负荷。

(1) 降低溶液温度,从而增大换热温差,提高单位面积的冷量。

(2) 增大铺设面积,从而增大总换热量。

两种情况下都需要找到合适的热湿比,即溶液浓度/和温度的合适比例,避免由于过度除湿造成室内相对湿度过低的情况出现。

与策略 A 可能的选项相同,如果采用全热新风热回收设备,并且不对新风做深度热湿处理,则室内焓湿板/帘需要进一步承担剩余的新风热湿负荷。

对于冬季工况而言,该策略也同样可以通过调节溶液温度满足供热需求。在需要对室内空气加湿的情况下,可以通过循环稀溶液的方通过焓湿板加湿。

由于存在内墙热湿活性化系统,因而在过渡季节或类似的夏季夜间可以利用系统来做建筑物内部的朝向平衡和日夜平衡。

9.2.3 其他策略

除上述策略外，还可以通过以下策略实现室内热湿环境营造目的（图 9-9）。

策略 C：室内焓湿板承担表皮负荷＋室内热湿负荷＋新风热湿负荷（主被动型）。

策略 D：新风机承担表皮负荷＋室内热湿负荷＋新风热湿负荷（纯被动型）。

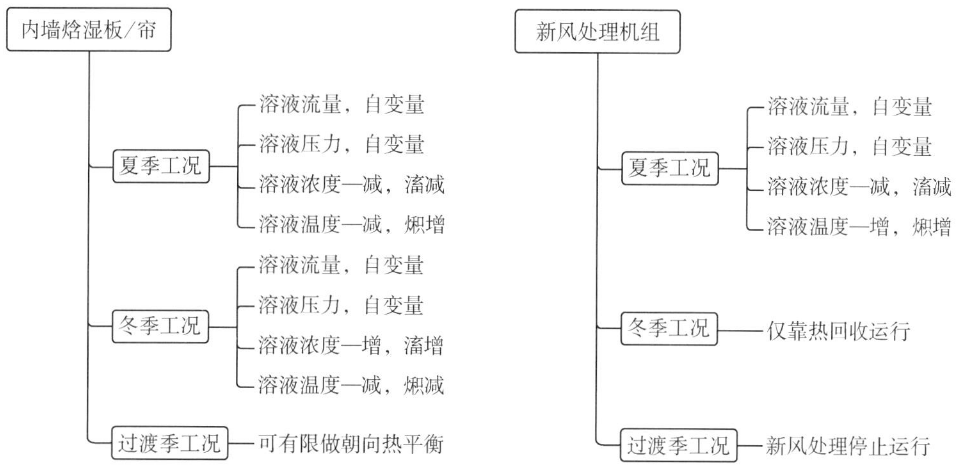

图 9-9　采用策略 C 或 D 时各单元溶液参数变化（左 C 右 D）

策略 E：新风热回收承担 50%新风热湿负荷，其余由室内焓湿板承担（新风最简化型）。

策略 F：新风热回收承担 50%新风热湿负荷，室外焓湿板承担表皮负荷，兼做可再生能源收集，室内焓湿板承担其余热湿负荷（自洽型）。

策略 G：室内仅有辐射板，新风及室内湿负荷均由新风承担（THIC 温湿度独立控制型）。

策略 H：表皮热活性化，所有热湿内扰均由新风机组承担。

采用策略 C 时，内墙热湿活性化为所有选项中可以最大限度承担热湿负荷，减少投资的选项。此时新风换气可以完全靠开窗完成，不再考虑采用新风换气设备。该方案对于寒冷地区的冬季而言应当不适用，但对于夏热冬冷地区或夏热冬暖地区而言，有可能是最为简易的一个方案。除去极端气候条件，仅靠焓湿板以及自然冷热源就可以最大限度地营造室内热湿环境。

采用策略 D 则为被动房技术的一个变种，即采用溶液新风处理机组代替常规的新风热回收机组。在配有可以进行热湿交换的中空纤维全热交换器的前提下，该设备有能力对新风进行深度热湿处理。此时新风机组所需承担的负荷最高。尤其在夏季，需要同时承担冷负荷与湿负荷。

采用策略 E 及 F 则可视为最大限度简化新风系统，及最大限度发挥焓湿板作用的方案。其中策略 F 则可利用外墙焓湿板做最充分的建筑物各个房间之间的热平衡，以及对溶液系统提供最大化的系统效率。

9.3 模拟设置

为了对上述系统在各类气候区域应用的全年能耗平衡做以判断，同时也对将来实际应用过程中所需要采用的系统特征进行梳理，选择了 2 个较为典型的示范建筑进行系统设计，作为相应的算例。

该算例选择了一个典型住宅和一个典型办公楼。住宅中针对卧室、客厅和书房进行了模拟计算，办公楼则针对不同朝向做了模拟计算。

通过鸿业暖通空调负荷计算 10.0 辅助计算，按照《近零能耗建筑技术标准》(GB/T 51350—2019)中的要求选择相应的表皮，对不同气象区域(夏热冬暖、夏热冬冷、寒冷、严寒)的几个典型城市的冷、热、湿负荷进行计算。计算过程中人员数量，灯光及设备负荷取值相同。得到不同区域的负荷，分析总结不同气象区域表皮保温厚度对的影响，以及普通保温与近零能耗保温的区别。以此为基础，对溶液一体化系统尝试进行末端选型。

9.3.1 住宅项目案例

本案例选取原型为苏州某高档酒店别墅型客房的某套房作为计算选型对象，将其作为具有代表性的住宅项目。应考虑到数据的可比性，采取

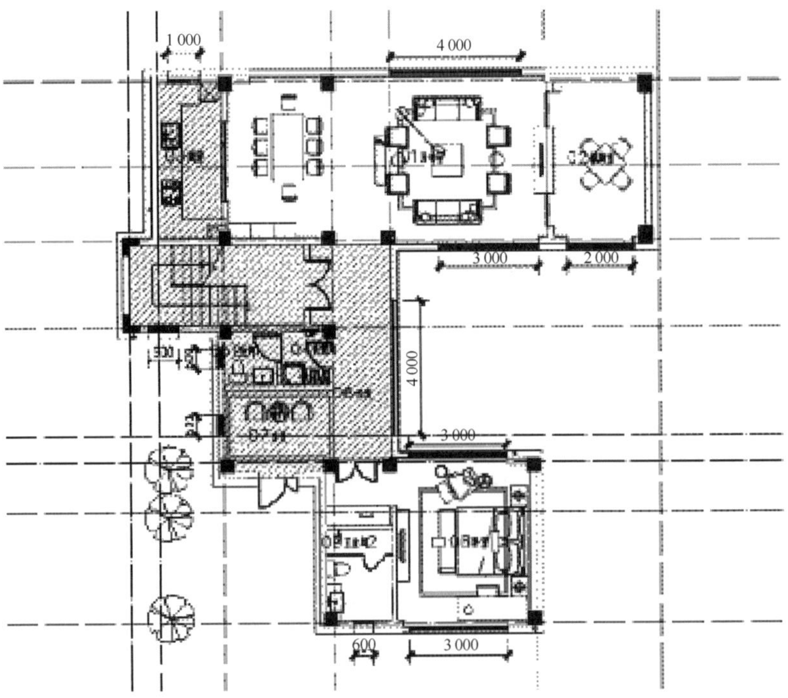

图 9-10 某酒店别墅型套房平面图

偏向南方的单层模拟建筑作模拟设计。建筑处于二层，面积为 135.1 m^2，相邻楼层均为空调区域，计算层高 3.5 m，南侧窗墙比约为 45%，其余三侧均为 25%左右，建筑分区包括活动室、棋牌室、厨房、过道、楼梯间、卧室及卫生间，平面图如图 9-10 所示。在模拟设计中仅考虑卧室（含卫生间）、活动室和棋牌室，其余部分不考虑在溶液一体化系统内。

9.3.2 办公楼项目案例

本案例选取原型为杭州某公司总部办公大楼作为计算选型对象，将其作为具有代表性的住宅项目（图 9-11）。该大楼建筑总面积 21 000 m^2，大楼共 6 层，建筑高度为 25.4 m。地上 5 层，地下一层。地下一层层高为 5.2 m，地上一层层高为 5.1 m，地上二层至五层层高为 3.6 m。应考虑数据的可比性，选择位于底层东向、西南向、西北向三个房间单层模拟建筑作模拟设计。

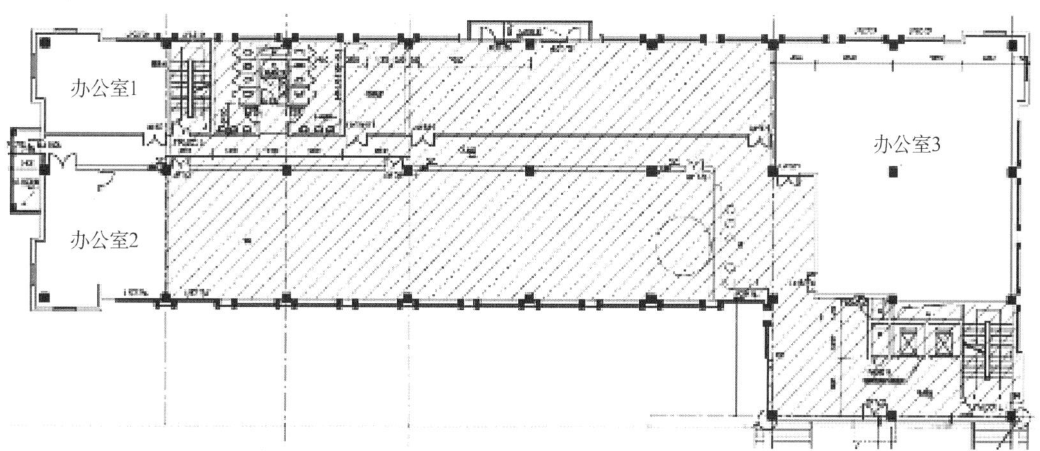

图 9-11 某办公楼局部平面图

9.3.3 设计参数

为验算溶液一体化系统与末端在不同气候区域及不同资源禀赋区域的性能特征，以及其与常规系统之间在自然能源应用、全年能量平衡上的潜力，选取了全国范围 6 个城市进行负荷计算和能耗模拟：广州、上海、成都、北京、西安和长春。

1. 气象参数

在《民用建筑热工设计规范》（GB 50176—2016）[1] 中根据不同的指标，将我国划分为严寒、寒冷、夏热冬冷、夏热冬暖及温和五个热工设计分区，在研究中根据规范划分的区域如表 9-2 所示。

表 9-2　所选典型城市气象数据

气象区域	区划指标		代表城市
	主要指标	辅助指标	
夏热冬暖地区	10 ℃ $<t_{\min\cdot m}$ 25 ℃ $<t_{\max\cdot m}\leqslant$ 29 ℃	$100\leqslant d_{\geqslant 25}<200$	广州
夏热冬冷地区	0 ℃ $<t_{\min\cdot m}\leqslant$ 10 ℃ 25 ℃ $<t_{\max\cdot m}\leqslant$ 30 ℃	$0\leqslant d_{\leqslant 5}<90$ $40\leqslant d_{\geqslant 25}<110$	上海，成都
寒冷地区	−10 ℃ $<t_{\min\cdot m}\leqslant$ 0 ℃	$90\leqslant d_{\leqslant 5}<145$	北京，西安
严寒地区	$t_{\min\cdot m}\leqslant$ −10 ℃	$145\leqslant d_{\leqslant 5}$	长春

根据《民用建筑供暖通风与空气调节设计规范》(GB 50736—2012)[2]选择不同典型城市的负荷计算气象参数(表 9-3、表 9-4)。

表 9-3　夏季气象参数

城市	夏季大气压/Pa	室外平均温度/℃	室外干球温度/℃	室外湿球温度/℃	通风相对湿度	外平均风速/(m/s)	大气透明度等级
广州	100 400	30.7	34.2	27.8	68%	1.7	5
上海	100 540	30.8	34.4	27.9	69%	3.1	4
重庆	96 380	32.3	35.5	26.4	59%	1.1	6
北京	100 020	29.6	26.5	26.4	61%	2.1	4
西安	95 980	30.7	35	25.8	58%	1.9	5
长春	98 400	26.3	30.5	24.1	65%	3.2	4

表 9-4　冬季气象参数

城市	冬季大气压/Pa	室外干球温度(热)/℃	室外干球温度(空)/℃	室外相对湿度	最多风向平均风速/(m/s)
广州	101 900	8	5.2	72%	2.7
上海	102 540	−0.3	−2.2	75%	3
重庆	98 060	4.1	2.2	83%	1.6
北京	102 170	−7.6	−9.9	44%	4.7
西安	97 910	−3.4	−5.7	66%	2.5
长春	99 440	−21.1	−24.3	66%	4.7

2. 表皮参数

对于表皮的热工参数选择了按照《近零能耗建筑技术标准》(GB/T 51350—2019)选择的表皮参数。在《近零能耗建筑技术标准》(GB/T 51350—

2019)[3]中,对不同气象区域的外表皮相关参数给出了取值范围(表 9-5—表 9-8)。

表 9-5　居住建筑非透光表皮平均传热系数[3]

表皮部位	传热系数 $K/[W/(m^2 \cdot K)]$				
	严寒地区	寒冷地区	夏热冬冷地区	夏热冬暖地区	温和地区
屋面	0.10～0.15	0.10～0.20	0.15～0.35	0.25～0.40	0.20～0.40
外墙	0.10～0.15	0.15～0.20	0.15～0.40	0.30～0.80	0.20～0.80
地面积外挑楼板	0.15～0.30	0.20～0.40	—	—	—

表 9-6　公共建筑非透光表皮平均传热系数[3]

表皮部位	传热系数 $K/[W/(m^2 \cdot K)]$				
	严寒地区	寒冷地区	夏热冬冷地区	夏热冬暖地区	温和地区
屋面	0.10～0.20	0.10～0.30	0.15～0.35	0.30～0.60	0.20～0.60
外墙	0.10～0.25	0.10～0.30	0.15～0.40	0.30～0.80	0.20～0.80
地面积外挑楼板	0.20～0.30	0.25～0.40	—	—	—

表 9-7　居住建筑外窗(包括透光幕墙)产热系数(*K*)和太阳得热系数(SHGC)值[3]

性能参数		严寒地区	寒冷地区	夏热冬冷地区	夏热冬暖地区	温和地区
传热系数		≤1.00	≤1.20	≤2.00	≤2.50	≤2.00
太阳能得热系数 SHGC	冬季	≥0.45	≥0.45	≥0.40	—	≥0.40
	夏季	≤0.30	≤0.30	≤0.30	≤0.15	≤0.30

表 9-8　公共建筑外窗(包括透光幕墙)产热系数(*K*)和太阳得热系数(SHGC)值[3]

性能参数		严寒地区	寒冷地区	夏热冬冷地区	夏热冬暖地区	温和地区
传热系数		≤1.20	≤1.50	≤2.20	≤2.80	≤2.20
太阳能得热系数 SHGC	冬季	≥0.45	≥0.45	≥0.40	—	—
	夏季	≤0.30	≤0.30	≤0.15	≤0.15	≤0.30

负荷计算及常规空调系统选型均采用鸿业暖通 10.0 完成。其他系统则采用手工计算。根据规定范围选择出不同建筑气候区域的外表皮相应组成材料及厚度(表 9-9),表 9-10 中则为由软件计算得出的相对应的表皮热工性能系数。

表 9-9 近零能耗外表皮组成

城市		广州	上海/成都	北京/西安	长春
表皮参数		厚度			
聚合物砂浆加强面层外保温 1-2-聚苯板(外墙)	外涂料装饰层/mm	20			
	聚合物砂浆加强面层/mm	20			
	聚苯板	40	100	240	320
	KP1 多孔砖/mm	240			
	内墙面抹灰层/mm	15			
空气层热防护玻璃窗(外窗)	平板玻璃/mm	12	12	12	12
	空气层/mm	5	5	9	12

表 9-10 近零能耗外表皮参数

	城市	广州	上海/成都	北京/西安	长春
外墙	夏季传热系数/[W/(m^2·K)]	0.72	0.39	0.19	0.15
	冬季传热系数/[W/(m^2·K)]	0.73	0.39	0.19	0.15
	表皮延迟/h	10.70	11.50	14.80	15.50
	表皮衰减	0.30	0.14	0.08	0.05
外窗	夏季传热系数/[W/(m^2·K)]	1.80	1.80	1.19	0.95
	冬季传热系数/[W/(m^2·K)]	1.84	1.84	1.21	0.96
	表皮延迟/h	0.80	0.80	1.40	1.10
	表皮衰减	0.99	0.99	0.97	0.98

对于冬季工况的计算，鸿业暖通软件提供采暖负荷和空调负荷的选项，在本算例中采用空调负荷。计算中按照算例所选图纸的实际门窗大小计算负荷，不考虑不同气候区域要求相应窗墙比造成的负荷计算差异。

9.4 计算结果分析

不同气象区域按《近零能耗建筑技术标准》(GB/T 51350—2019)[3]选择表皮后计算得到不同朝向的冷/热/湿负荷及各地各项负荷。为了同时观察直接设置在表皮不同位置的末端系统是否能够起到消除外扰的效果，以及如何分别处理热湿负荷，故将负荷计算中的各朝向、内外扰、热湿负荷等子项分别列出。

9.4.1 住宅项目

1. 各朝向表皮负荷

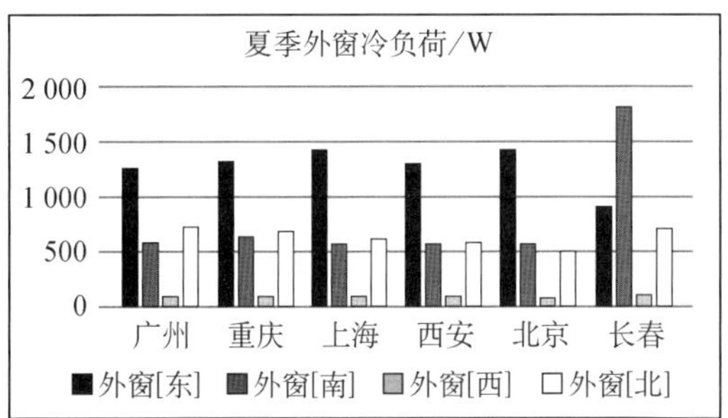

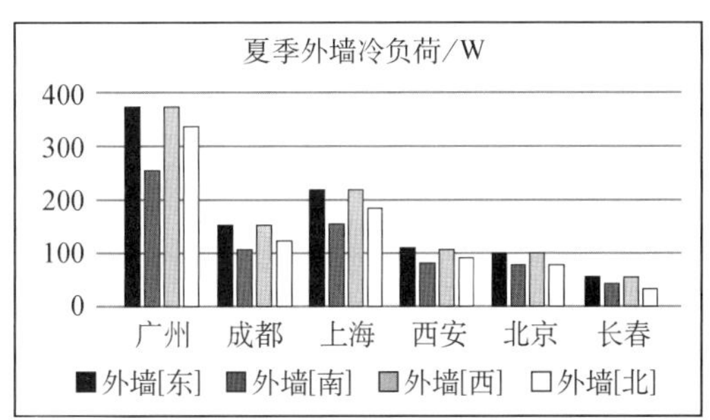

图 9-12 夏季各朝向负荷(左窗右墙)(住宅)

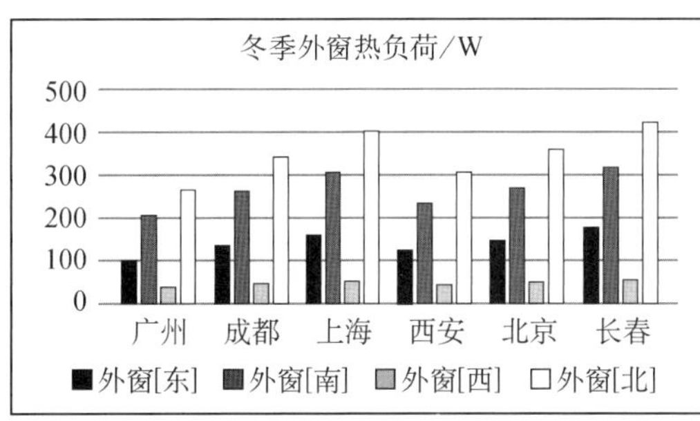

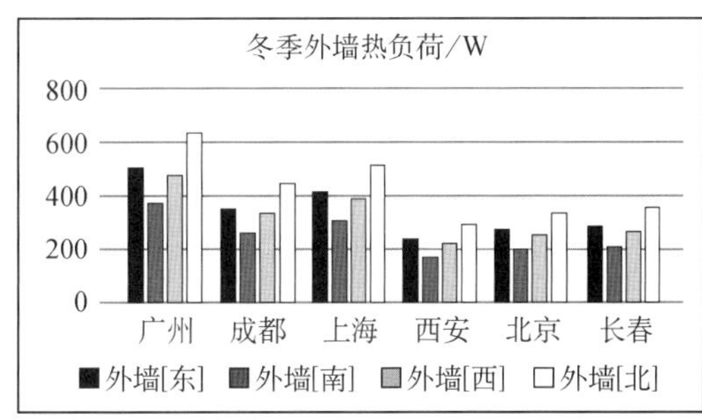

图 9-13 冬季各朝向负荷(左窗右墙)(住宅)

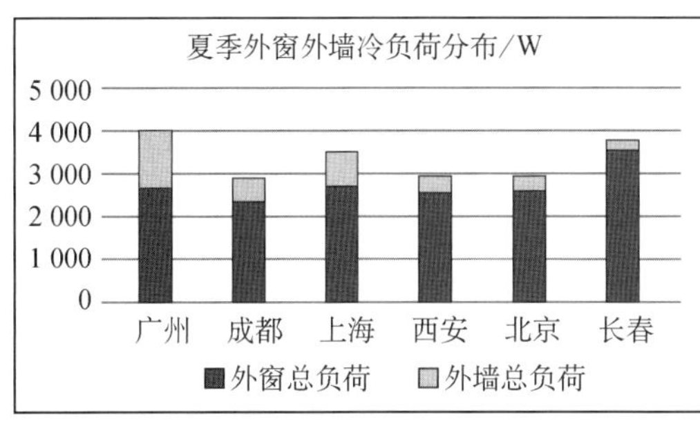

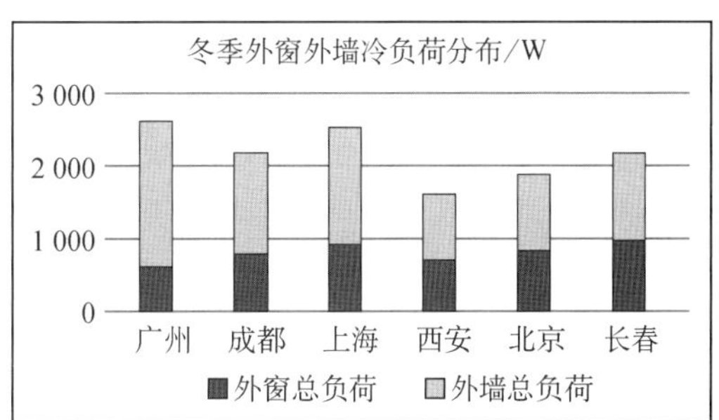

图 9-14 外窗外墙负荷(左夏右冬)(住宅)

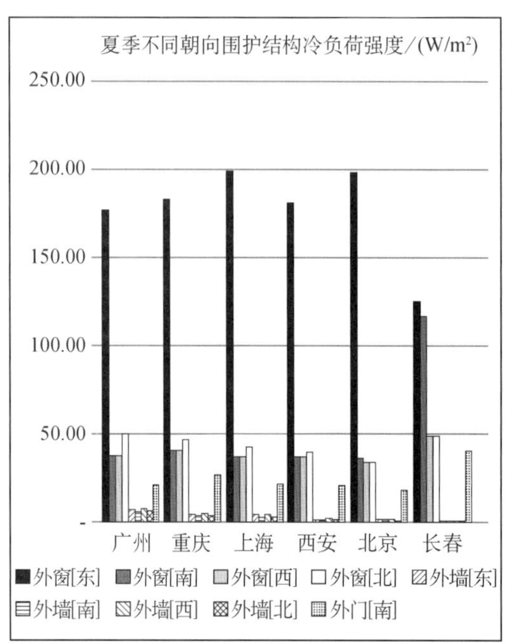

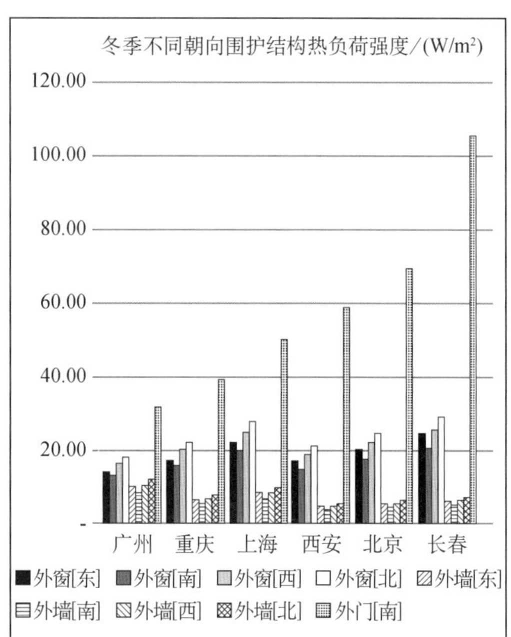

图 9-15 不同朝向表皮负荷强度(左夏右冬)(住宅)

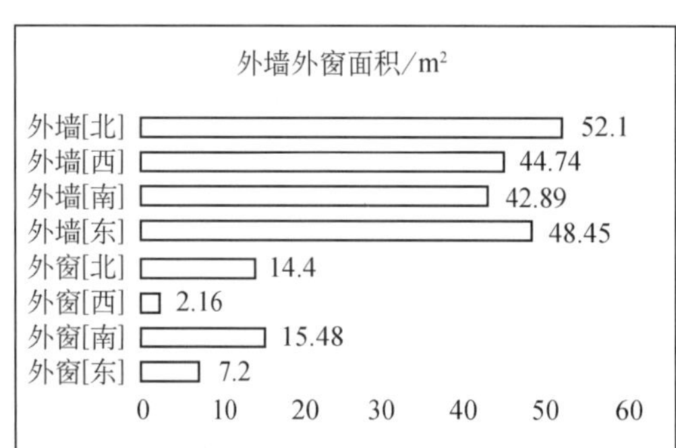

图 9-16 外墙外窗面积(住宅)

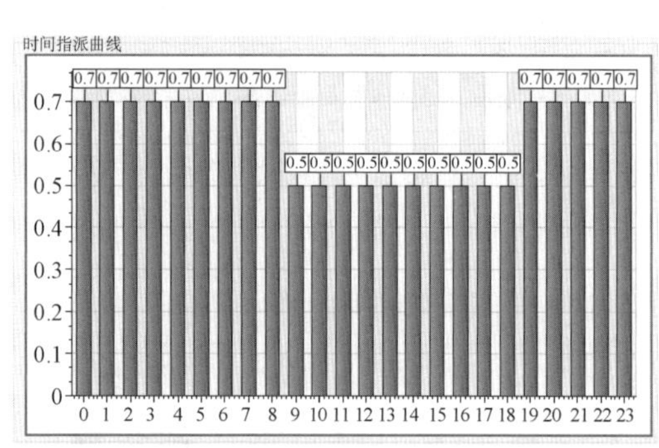

图 9-17 住宅时间指派曲线

2. 不同房间各类型负荷

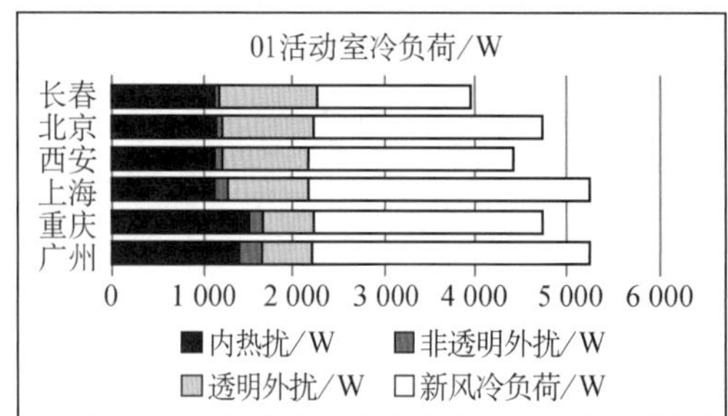

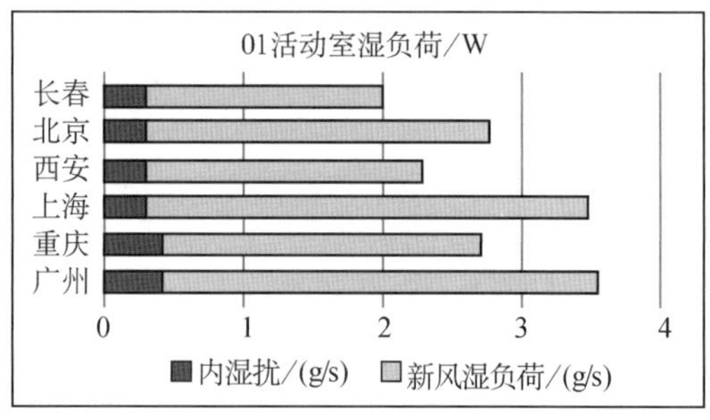

图 9-18 01 活动室冷湿负荷(左热右湿)(住宅)

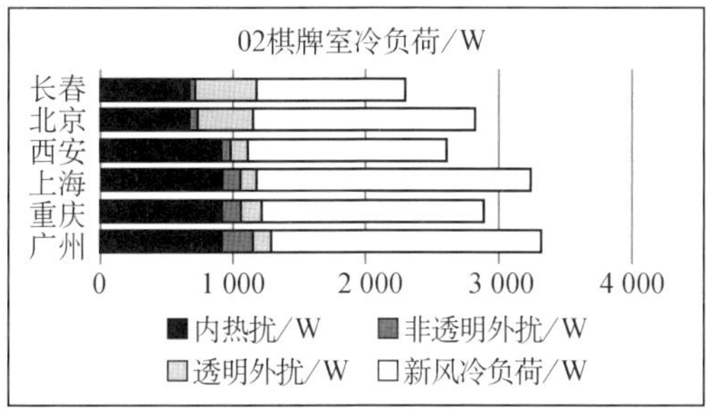

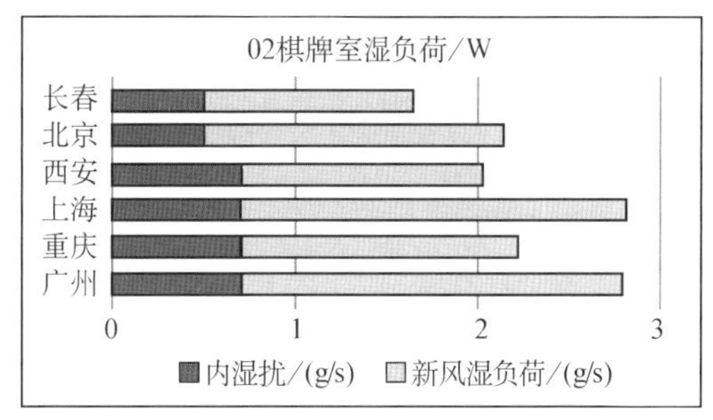

图 9-19　02 棋牌室冷湿负荷(左热右湿)(住宅)

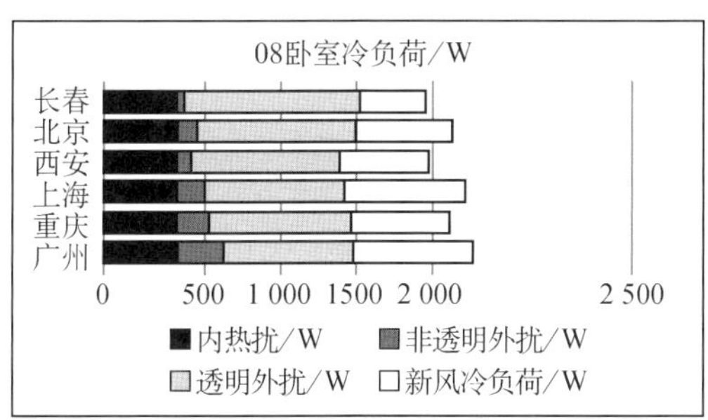

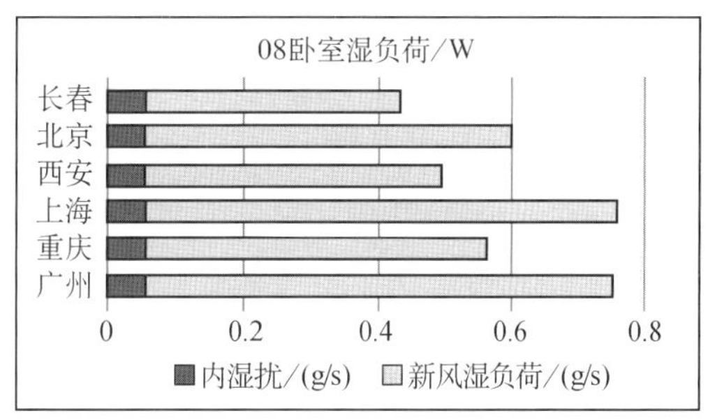

图 9-20　08 卧室热湿负荷(左热右湿)(住宅)

3. 负荷计算结果分析

图 9-12、图 9-13 为整个住宅建筑不同朝向在不同区域的外墙及外窗夏季和冬季的计算负荷。

图 9-14 为整个住宅建筑在不同区域的外墙与外窗的总负荷。

由以上表分析，可以看出在不同气候区域的表皮透明部分和非透明部分负荷、不同朝向的负荷，都有很大的区别：

(1) 夏季透明部分的负荷，远大于非透明部分表皮负荷数倍。图 9-12 外窗/外墙负荷的纵坐标差异，以及图 9-14 均显示得很明确；

(2) 仅在冬季工况时，透明部分与非透明部分负荷大致在相当的数量级(图 9-14 右图)；

(3) 不同朝向的表皮，其表皮负荷在同一时刻可能相差极大。

在采取表皮热活性化技术时，需要根据朝向、窗墙和季节判断热激活的透明即非透明表皮是否有足够的贡献。除此而外，在各不同朝向不同单元之间调配热量，取长补短，也应当具有较大的意义。

图 9-15 所示为不同朝向窗墙在不同区域及朝向在单位面积的负荷强度。可以看出，对于夏季负荷而言，应当对于不同的建筑形体，或者外立面特征，存在一个“最不利朝向”，而该朝向的负荷强度又主要体现在窗上。注意该图采用最大负荷生成的负荷强度数据，而不同城市的最大冷负荷时段并不相同，如长春的最大负荷出现在上午 11 点，而其他城

市则出现在上午8点。冷负荷强度最大的是“最不利朝向”的外窗部分(左图),而冬季热负荷则平均得多(右图),如果忽略外门的负荷(北方大多会采取保温措施),则冬季负荷强度显示与朝向无关(图9-16、图9-17)。

图9-18—图9-20为三个典型房间活动室、棋牌室和卧室在夏季的负荷构成。图中可以看出以下特点:

(1) 新风部分的热湿负荷占夏季总负荷的主要部分;

(2) 非透明表皮部分(墙体)负荷所占比例极小;

(3) 内部热内扰(热扰)所占比例较大,而内湿扰所占比例也较小;

(4) 不同的房间根据室内人员密度不同,内湿扰的比例也有很大区别,人员密集的房间内湿扰更大。

在上述分析下,所谓“分而治之”的方案,即通过表皮的热活性化及其他手段将各个负荷独立出来,各自拥有“神经结”,能够自主地处理热湿负荷,并在各独立单元之间调配可用能,将会比较重要。

9.4.2 办公楼项目

1. 各朝向表皮负荷(图9-21—图9-26)

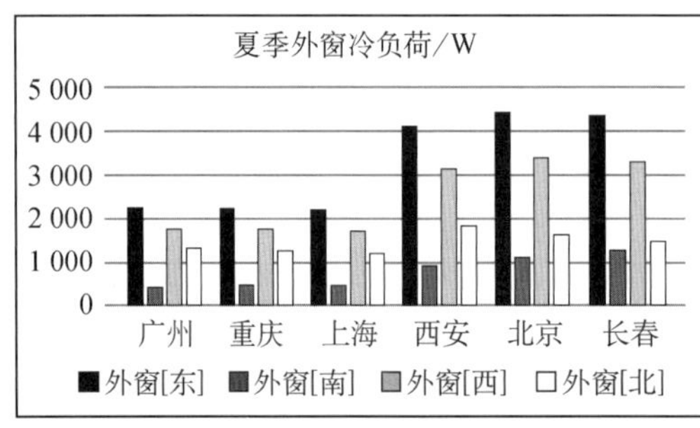

图9-21 夏季各朝向负荷(左窗右墙)(办公楼)

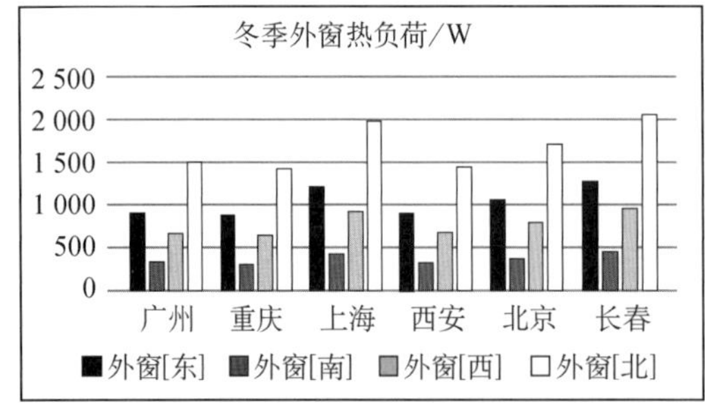

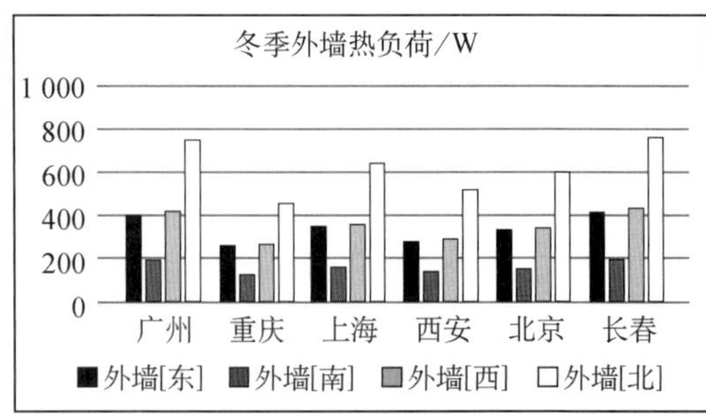

图9-22 冬季各朝向负荷(左窗右墙)(办公楼)

9 热湿活性表皮工程初步设计

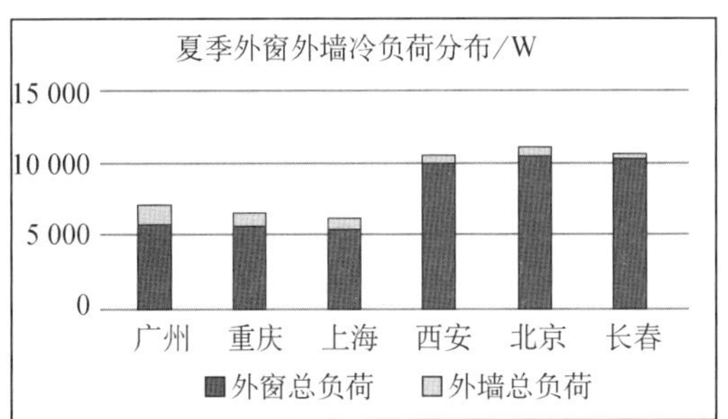

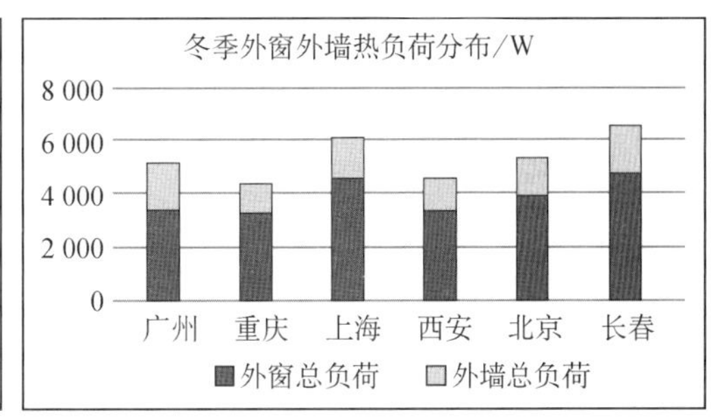

图 9-23　外窗外墙负荷(左夏右冬)(办公楼)

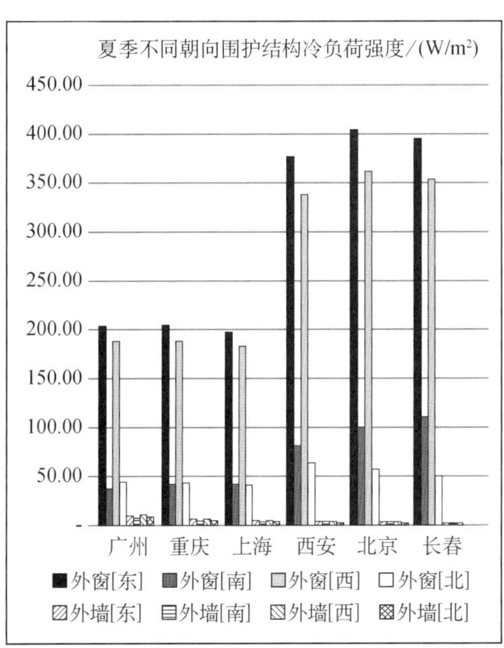

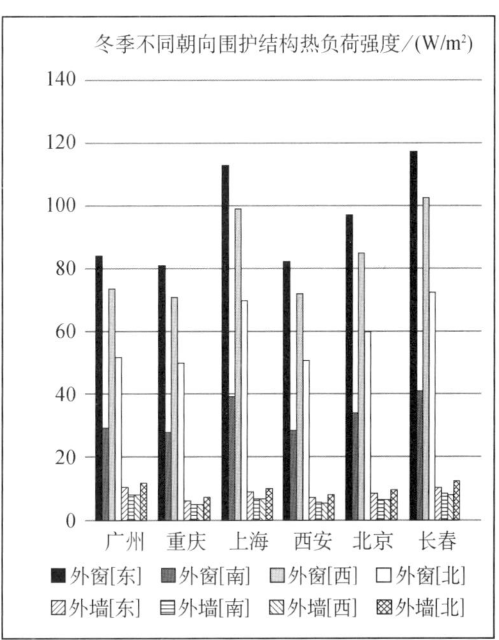

图 9-24　不同朝向表皮负荷强度(左夏右冬)(办公楼)

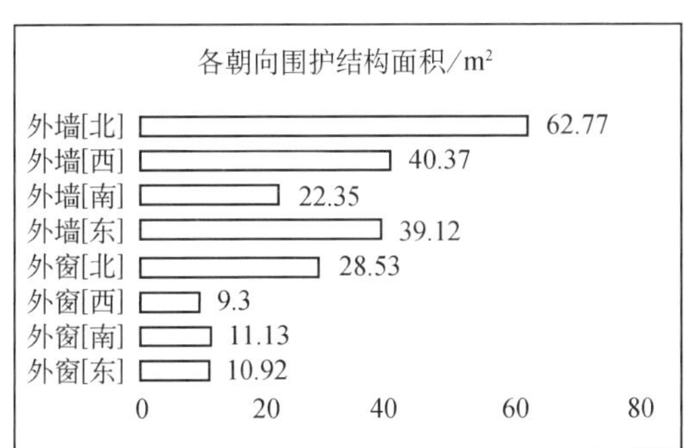

图 9-25　外墙外窗面积(办公楼)

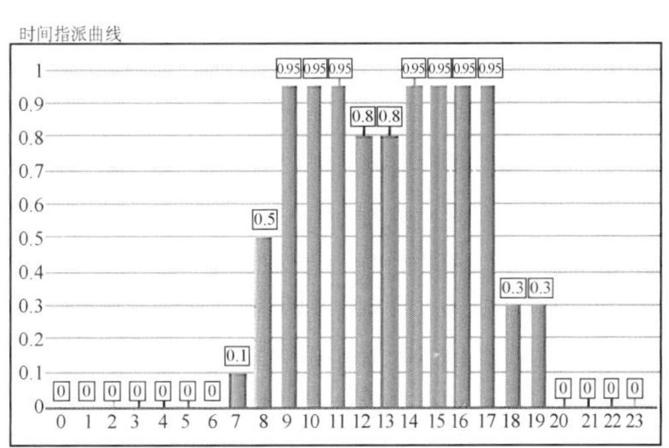

图 9-26　办公楼时间指派曲线

2. 不同房间各类型负荷

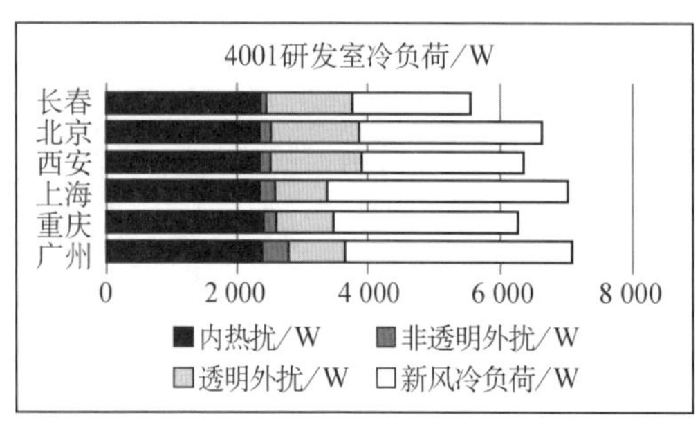

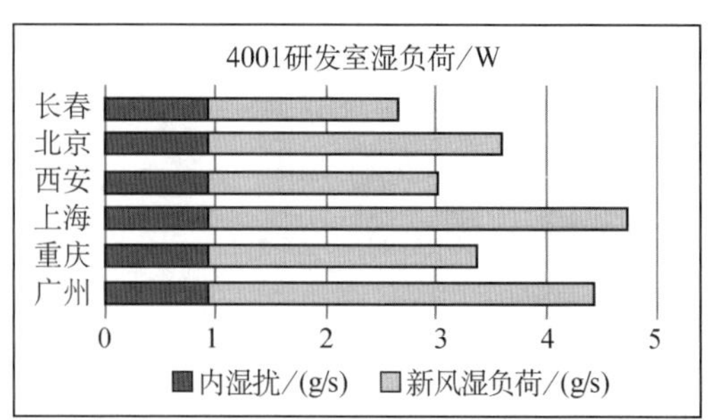

图 9-27　4001 室[研发]热湿负荷(左热右湿)(办公楼)

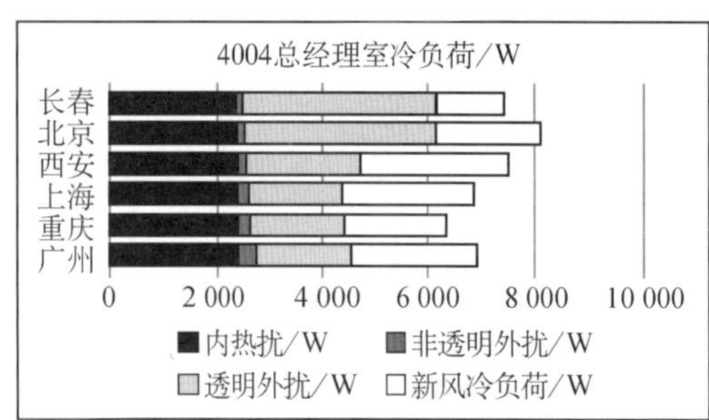

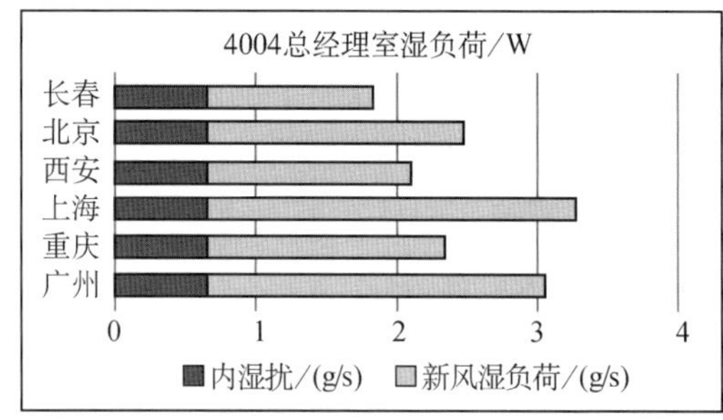

图 9-28　4004 室[总经理]热湿负荷(左热右湿)(办公楼)

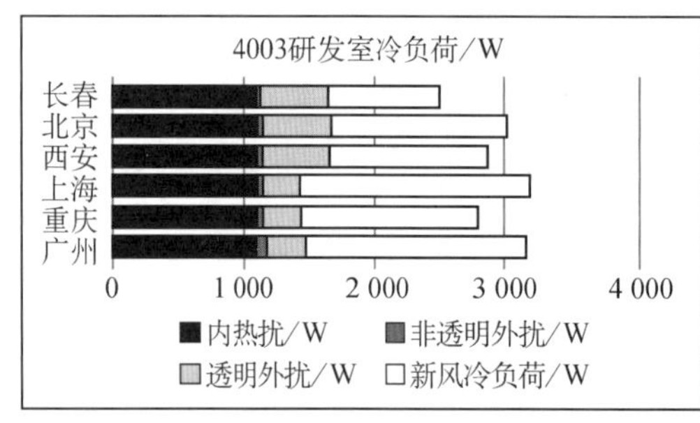

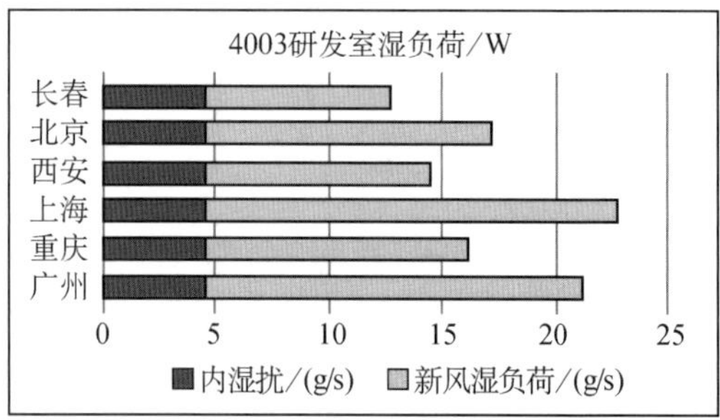

图 9-29　4003 室[研发]热湿负荷(左热右湿)(办公楼)

3. 负荷计算结果分析

处于同一气候区域的办公楼建筑与住宅建筑有着大致类似的负荷构成特征，但由于办公楼的建筑及使用方式的不同，相比住宅还具有以下的负荷构成特征：

(1) 表皮负荷在门窗间的分配

由与住宅建筑相比，办公建筑大多采用更大的窗墙比，直至全玻璃幕墙的程度。所选择项目中的透明表皮部分面积也远大于非透明表皮，尤其是北向的透明表皮部分也较大。从图 9-12 数据分析中可以看出，透明表皮部分的负荷大出非透明表皮部分的负荷甚至不止一个数量级，直至几十倍的程度。这个现象也佐证了本书的一个观点，即在现代建筑形式下，过多地关注墙体保温已无法进一步改善建筑热工性能。

如果按照国家建筑热工及供热空调各项标准，应当对建筑物的窗墙比有所约束，在不同气候区域，同样的窗墙比，则寒冷地区与严寒地区的透明结构部分的传热系数要求将远高于其他地区[4]。在假定不同城市的办公楼均采用同样的开窗面积、并满足上述传热系数要求的前提下，各地外窗部分的负荷仍远大于外墙，而且窗墙部分的负荷比例也大致相同。值得注意的是，夏季冷负荷中，北方城市的外窗冷负荷强度甚至大于南方城市。

(2) 表皮负荷在各朝向的差异

由图 9-27—图 9-29 负荷强度分析中可以看出，与住宅建筑相同，办公建筑也有一个“最不利朝向”。但与所选择的住宅案例不同，该办公建筑还有一个“次不利朝向”。该办公建筑的东向和西向均有相比其他朝向更高的负荷强度。由于负荷强度表达的是单位面积的负荷，与该朝向的总面积并无关联。因此可以认为具有某种程度的普适性。由此也可进而推断，在以表皮为对象采取节能措施时，如通过增加保温或做表皮热活性化等技术时，并无必要对各朝向一视同仁。将合理的降低表皮负荷技术用于所需的朝向，应当能进一步优化节能投入。

(3) 供冷供热负荷的差异

由图 9-23 的对比分析中可以得出，冬季的热负荷小于夏季的冷负荷，而且透明部分的冬季负荷不再像夏季那样占有统治地位。尽管冬季透明部分的热负荷仍大于非透明部分，但差距不再那么明显。非透明部分的冬季热负荷与夏季冷负荷的差距也没有透明部分大，以至于些典型城市的某些朝向上，冬夏季的负荷强度几乎相同。

这也意味着，在以表皮热工性能为目标的节能改造技术，以及室内热湿营造设备新兴的末端技术，只要能满足夏季消除冷负荷的换热强度需求，则冬季补充热负荷的换热强度将得到自然满足。反之，如果是针对冬季热负荷所做的系统及末端，其夏季换热能力将无法满足对热湿环境营造的需求。

(4) 内外扰及其他负荷构成的特征

由于热负荷计算中将所有内热源均作为裕量考虑，因而不存在内扰。而在冷负荷计算中则需要将内扰充分考虑在内。由图 9-28、图 9-29 中可以看出，内扰占负荷的比例相当可观。尤其是人员较多的房间，如研发室 4001 和 4004，其内扰占比均大于 1/3。同时内扰与地区无关，在所有典型城市强度均相同。

如果将新风冷负荷再划出，则通过表皮的外扰仅占总负荷的不到 1/3。如上分析。外扰中又以透明表皮的负荷占绝对多数。其中尤其是北方城市透明表皮外扰大于南方城市，也是需要重视的一个特征。

(5) 湿负荷的构成

湿负荷由内湿扰、空气渗透湿扰和新风湿负荷三部分组成。其中内湿扰主要是室内人员散湿，在办公建筑中不考虑食品散湿，也未考虑绿植等散湿。内湿扰与室外空气状态无关，因而各城市完全相同。空气渗透湿扰和新风湿负荷两部分则与室外空气含水量有关。负荷计算的结果显示，广州、上海的新风湿负荷最高，而重庆意外地低于北京，仅略高于西安，与人们的常识并不相符。

空气渗透湿扰与新风湿负荷相同，取决于室外空气含湿量。但空气渗透风量较为固定，与表皮密封性能相关与室内人员密度和房间使用方式无关。同时空气渗透量主要取决于窗的密封质量，与窗的综合传热系数也并无关系。对于目前的算例，由于采用了送新风的方案，使得室内处于正压状态，因此可以不考虑空气渗透所造成的负荷。

(6) 时间指派曲线

与住宅的最大不同在于办公楼的间歇使用特征。如时间指派曲线图9-26所示，办公楼的使用时间仅为全天的不足50%，与住宅的50%～70%之间相差甚远。而且办公楼的特点是日出而作日落而息，夜间可以按照完全无使用需求。除此之外，还有周末和节假日的完全闲置时间段。总的来说，办公楼的系统实际能力输出时间远少于住宅，而这也带来了系统闲置时间远高于住宅，从而得以在间歇期间减少能耗，以及补充能源储备的机会。毕竟太阳能与其他自然能源形式的输出并无节假日之说，因而在节假日里补充蓄能是完全可能的。这也是办公建筑在实现零碳建筑的能力上优于住宅的特征。

9.5 末端选型及设计

9.5.1 住宅项目

1. 传统方案设计选型及问题

对于项目中的卧室、活动室和棋牌室是主要使用房间，其余厨卫、更衣室等则为辅助房间。其中活动室和棋牌室按照设计应当能够容纳角度人员同时活动，因而在室内末端选型时应当按此考虑室内负荷。如活动室应当按照9人就餐、轻度劳动的指标计算人员负荷，而棋牌室则按6人轻度劳动计算。同时，对活动室和棋牌室都需考虑食物的热扰湿扰。

然而在采用常规系统时，遇到以下问题：

(1) 如果按照《民用建筑热工设计规范》(GB 50176—2016)[1]进行负荷计算，则可以在全新风系统或者风机盘管＋新风系统中选择满足室内热湿比的末端；

(2) 如果按照《近零能耗建筑技术标准》(GB/T 51350—2019)进行负荷计算，则将出现热湿比过小，从而无法选出合适的室内末端设备的尴尬局面。

以上海为例，选用全新风系统。此时活动室只能选用“静坐”，而按照就餐选择“轻度劳动”，则同样出现热湿比过小，而无法选出合适的室内末端的问题。图 9-30 所示是上海地区活动室和棋牌室的选型失败结果，其他城市基本情况相同。

同样，采用风机盘管系统时也无法成功选型，见图 9-31。

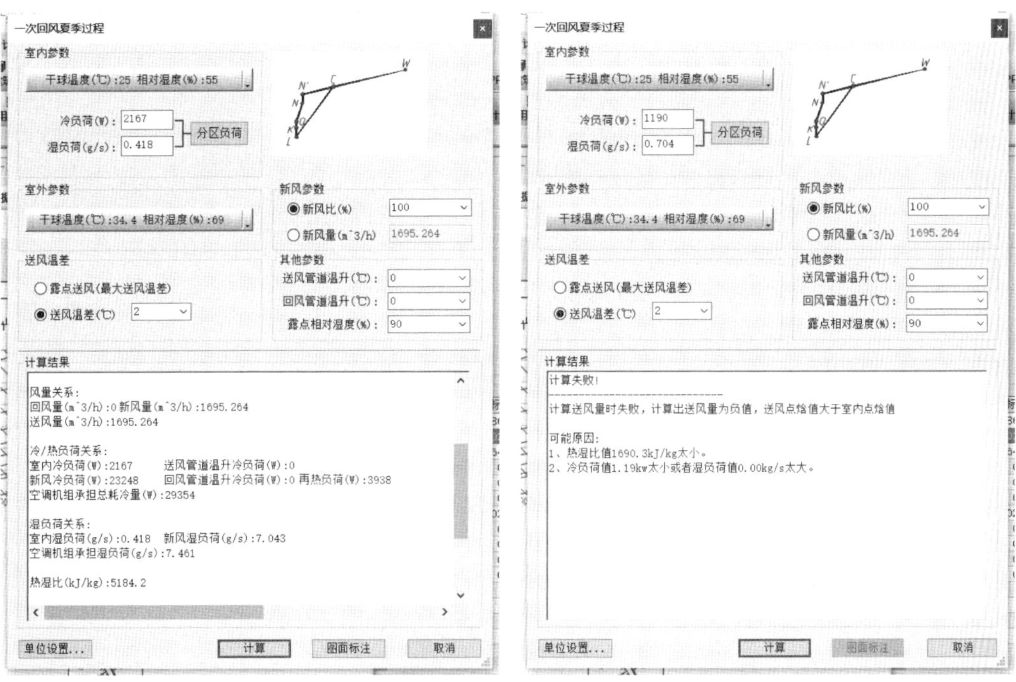

图 9-30　活动室与棋牌室采用全空气系统选型结果 左:活动室,右:棋牌室

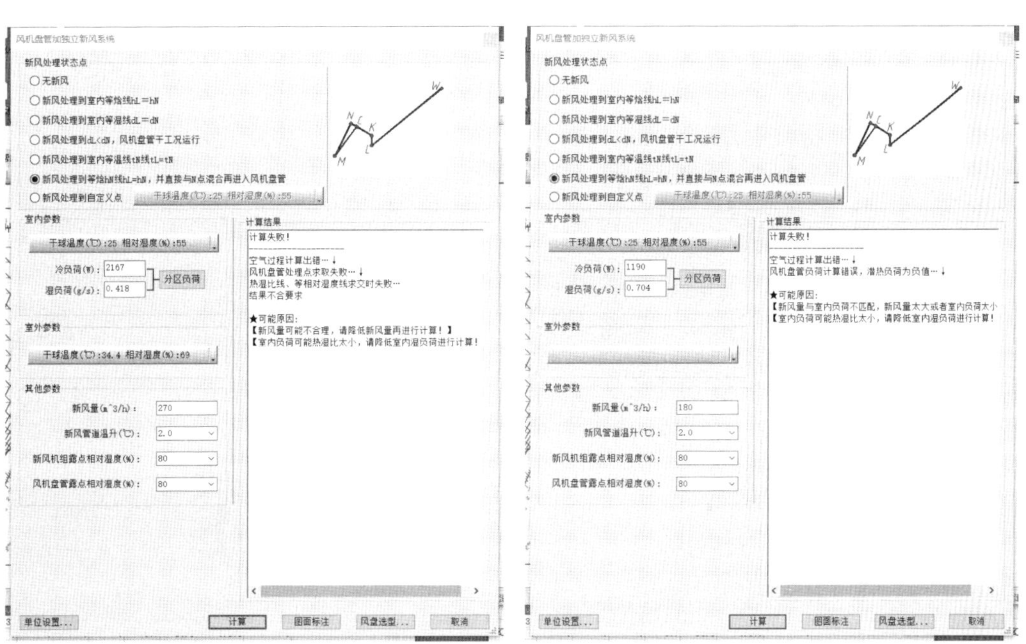

图 9-31　活动室与棋牌室采用风机盘管系统选型结果 左:活动室,右:棋牌室

可见，在这三个房间比较正常的使用情况下，由于近零能耗节能技术仅降低了显热负荷，而并未相应的降低湿负荷，使得常规空调反而无法完成合理的热湿营造：如未能满足足够的除湿量，或者提供的冷量过高，使得室内温度过低。

2. 温湿度独立控制设计选型

鉴于上述典型房间计算中显示出其特征是热湿比与常规系统并不相同，同时考虑热湿比问题自身原为制约空调系统效率的重要因素，故在此按照温湿度独立控制方案（THIC）对该项目同样做一个末端选型作为对比。

对于选择室内的辐射面则有四种选择：

(1) 在室内天花铺设辐射板，考虑工程上的约束，此时有效辐射面积取室内面积的 0.7；

(2) 在地板铺设冷热辐射，考虑到工程上的约束和家具遮挡，此时有效辐射面积取地板面积的 0.5；

(3) 在内墙墙面上铺设辐射板，同样考虑铺设比例仅为墙面面积的 0.7；

(4) 综合天花和墙面铺设，即二者相加。

辐射板/辐射面选型铺设结果见图 9-32。

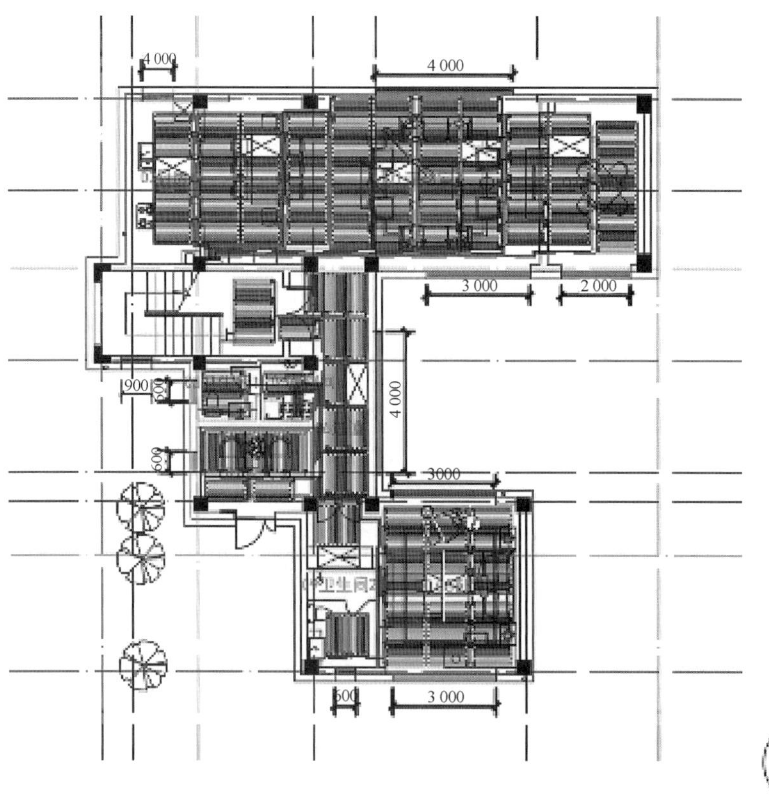

图 9-32　冷辐射吊顶满铺设计方案

选型中所暴露问题如下：

(1) 不同房间由于天花板/地板面积或内墙面积过小，单独铺设将会出现单位辐射面积承担过大负荷(≥80 W)的问题，而且每个房间位置并不相同，有顶有墙；

(2) 如果将墙面加入辐射面，则模拟计算显示基本没有过载情况出现；

(3) 计算中未考虑需要新风/送风承担的风量/冷量/湿量，即空气处理机组仅处理室内湿负荷，不承担热负荷；

(4) 由于其中有个别房间(以棋牌室为典型)室内铺设面积较小，以至于单位铺设面积(冷辐射出力为≤80 W/m^2)无法满足室内冷负荷需求，但同时室内湿负荷较高[≥50 g/(m^3 · h)]，故通过新风提供冷量应当能满足室内热湿负荷需求。但此时送风状态将需要调整，即降低送风温度。在新风集中处理的情况下降很难与其他房间联控而不出现失调。

3. 焓湿板/焓湿帘设计选型

在外墙/内墙热湿活性化的若干选择中，策略 A 各单元均仅需最小末端选型，而策略 C 需要最大面积的室内热湿活性化表面，策略 D 需要最大的空气处理机组。

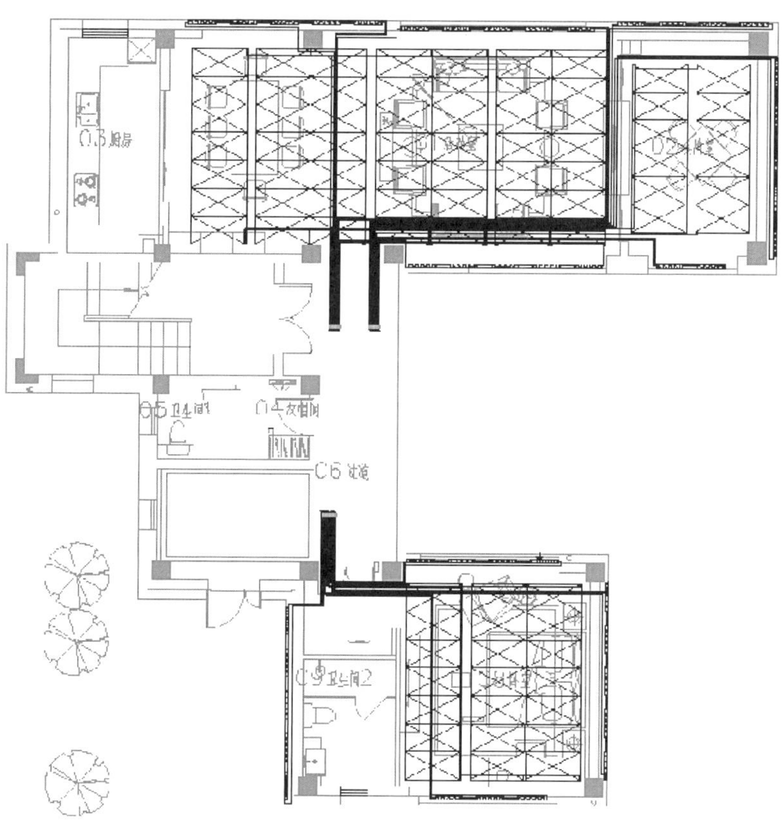

图 9-33　住宅案例采用焓湿板/帘的优化铺设方案

作为模拟方案，将选择焓湿板承担最大负荷的情况做选型方案计算，并反推该系统对焓湿板出力的要求。故以策略 E 和 F 为基础进行单位面积出力的设计选型，同时选择对新风仅做热回收(热湿回收效率均为50%)、不做深度除湿、深度冷却和二次加热的处理(表 9-11)。

表 9-11 住宅案例采用焓湿板/帘的选型表格

名称	房间面积/m^2	朝向	规格/m	数量	面积/m^2	环路编号
活动室	47.1	北	0.6×2.4 焓湿帘	5	7.20	③
		北	0.6×2.4 焓湿板	5	7.20	②
		南	0.6×2.4 焓湿帘	5	12.96	④
		屋顶	0.6×1.2 焓湿板	49	35.28	①
卧室	20.1	西	0.6×2.4 焓湿帘	5	7.20	⑨
		南	0.6×2.4 焓湿帘	3	4.32	⑩
		东	0.6×2.4 焓湿板	5	7.20	⑪
		北	0.6×2.4 焓湿帘	4	5.76	⑫
		屋顶	0.6×1.2 焓湿板	21	15.12	⑪
棋牌室	13.1	北	0.6×2.4 焓湿板	4	5.76	⑧
		东	0.6×2.4 焓湿板	5	7.20	⑦
		南	0.6×2.4 焓湿帘	2	2.88	⑤
		屋顶	0.6×1.2 焓湿板	12	8.64	⑥

图 9-33 所示为在吊顶、外墙、内墙铺设焓湿板的铺设方案，表 9-11 为不同房间铺设焓湿板的方案所铺设的焓湿板或焓湿帘的环路汇总。铺设中原则上不再对较小的墙面做透明和非透明部分的区分。如果某一个朝向的外墙宽度较小，又有透明部分，则直接将该墙面作为铺设焓湿帘看待。

原则上每个墙面均单独设一个回路，这样理论上可以在各墙面之间建立直接的换热回路，而不需要再通过系统进行混合，进而由于掺混而造成㶲耗散。

选型中考虑焓湿板的标准规格为 600 mm×1 200 mm，焓湿帘的标准规格为 600 mm×2 400 mm。不考虑其余规格填充面积的方案。出于建筑技术产业化的考量，对于焓湿板和焓湿帘的实施假设为装配式产品，尽量减少现场铺设工作量，因而仅考虑标准规格产品的铺设应用。对于标准规格焓湿板或焓湿帘无法覆盖的面积则予以舍弃。

选择住宅中负荷最典型的活动室为例，进一步分析末端焓湿板/帘和新风机组所需承担的负荷。其他房间由于室内人员负荷过高(棋牌室)和过低(卧室)，并不具有代表性。

表 9-12　住宅活动室各朝向承担相应外表皮冷负荷强度

	房间面积/m²		47.1	朝向负荷(W)/负荷强度						
朝向	规格/m	数量	面积/m²	环路编号	广州	重庆	上海	西安	北京	长春
北	0.6×2.4 焓湿帘	5	7.20	③	360	339	459	456	407	385
					50	47	64	63	57	53
北	0.6×2.4 焓湿板	5	7.20	②	175	111	89	44	38	16
					24	15	12	6	5	2
南	0.6×2.4 焓湿帘	5	12.96	④	271	268	494	530	649	725
					20.9	20.7	38.1	40.9	50.1	55.9

表 9-12 尝试将各朝向的表皮负荷分配到该朝向的焓湿板/帘上，可以看出焓湿板在这种系统特征下还是可以胜任的。如果将所有内扰再平摊到所有焓湿板/帘上，则可能出现过载(负荷强度>100 W/m²)。

尤其是南向的焓湿帘，从鸿业软件提供的负荷计算中可以看出，越往北方的城市，南向外窗的负荷越高。这应当是由于太阳能入射角造成的差异，由此甚至出现朝南房间的北方城市最大负荷超过南方城市现象。而采用焓湿帘方式拦截入射阳光则是较为理想的技术方案。

而采用屋顶铺设辐射板的方式，则可以更高效地利用。在不承担表皮部分负荷情况下，仅处理内扰完全可以胜任。但如加入新风负荷则无法实现(表 9-13)。

表 9-13　住宅活动室屋顶铺设焓湿板承担全屋冷湿负荷强度

	焓湿板数量		49		面积/m²		35.28
负荷类型	单位	广州	重庆	上海	西安	北京	长春
内热扰	负荷/W	1 416	1 522	1 145	1 145	1 151	1 145
	负荷强度/(W/m²)	40.14	43.14	32.45	32.45	32.62	32.45
室内总冷负荷	负荷/W	2 222	2 240	2 187	2 175	2 245	2 271
	负荷强度/(W/m²)	62.98	63.49	61.99	61.65	63.63	64.37
含新风总负荷	负荷/W	5 262	4 743	5 264	4 422	4 739	3 958
	负荷强度/(W/m²)	149.15	134.44	149.21	125.34	134.33	112.19
总湿负荷	负荷/(g/s)	3.56	2.71	3.47	2.29	2.77	2.01
	负荷强度/[g/(s·m²)]	0.10	0.08	0.10	0.06	0.08	0.06

策略 E 的选型计算显示，如果内墙焓湿板承担除新风热回收提供的 50%新风热湿负荷外的其余全部热湿负荷，则单位面积室内焓湿板需要承担最多到≥100 W/m² 的显热(冷)负荷和≥210 g/(m²·h)的湿负荷。

策略 F 的选型计算显示，新风同上，但采用外墙焓湿板分担表皮负荷时，内墙焓湿板需要承担的显热负荷可降到≤86 W/m^2，而湿负荷则不变。此时非透明表皮部分最大单位热流强度为≥3.5 W/m^2（广州 8:00），而透明表皮部分最大单位热流强度则为≥55 W/m^2。

可以看到，策略 E 和策略 F 对于焓湿板/帘或者新风机组要求均较高，尤其是要求焓湿板承担夏季的全部热负荷，可能导致单位面积焓湿板的负荷强度超过 100 W/m^2，该性能数据目前暂时无法确定是否能达到。

上述选型大致提供了焓湿板作为新型热湿一体化末端的性能需求范围，具体性能可见第 8 章。

4. 新风处理机组设计选型及其他不同运行策略

由于焓湿板/帘分担了湿负荷的压力，因此对于空气处理机组的要求相应降低。除了满足最小换气次数，以及最小新风量的规范要求外，在室内空气污染以水蒸气为主的情况下，送风将不再有必要承担全部的湿负荷，从而使得送风风量得以降低。

采用策略 H 方案要求新风机组承担最大的热湿负荷（除策略 D），此时新风（不含回风）需承担≥17 W/m^3 的冷量和≥48 $g/(m^3 \cdot h)$的湿负荷。新风系统需克服室内需要的除表皮负荷外的新风热湿全部内热扰和内湿扰，属于新风系统需要提供最大调温调湿能力的策略。策略 G 则属于温湿度独立控制方案，新风也需要承担全部湿负荷，但显热部分负荷则相对较小。策略 D 则完全是全空气系统方案，需要承担的冷湿负荷最大。

为了尽量减少空气所承担的热湿负荷，尽量发挥焓湿板的功效，故上述加大新风机组热湿负担的方案均不可取。原则上应当尽量减少空气处理的量，因而策略 A/B 仅要求新风处理机组承担新风的热湿负荷，而将表皮的负荷、室内的热湿负荷均交由焓湿板/帘处理。策略 E/F 则进一步将新风的部分热湿负荷交由焓湿板/帘处理，而仅要求新风通过全热回收而不是空气处理过程来控制室外新风带来的热湿负荷（按 50%估算）。从上面对于焓湿板/帘的负荷强度分析来看，实现策略 E/F 应当是比较现实的。此时对于新风处理的要求也相应最低，仅需采用全热回收型机组便能符合需求。

策略 C 则为放弃新风处理，完全依赖自然通风，并将室内热湿环境营造任务完全转交给焓湿板/帘的方案。相比于其他方案，该方案的系统最简单，几乎无调控需求，但室内热湿环境应当会有较大的波动。

9.5.2 办公楼项目

1. 办公楼末端选择的特殊性

办公楼再使用中与住宅有很大的不同，以下仅列举部分影响到末端选择的一些关键性差异。

（1）办公楼的使用时间与住宅不同：从图 9-21 和图 9-30 的对比可以看出，办公楼的使用全部集中在日间，而住宅则在早晚。对于夏季工况而言，日间也是负荷较高的时段，该时段的室内舒适度对于办公室的使用效果有着极大影响。

（2）办公室人员密集度往往大于住宅：尤其是大空间办公室，人均 5 m^2 的设计密度，使得内扰强度将大于住宅。

（3）办公室人员工位一般固定，而内外区的负荷则有较大不同，造成末端选择需要更多地考虑室内温度场和气流组织分布，进而影响到外区的使用。在住宅内由于人员可以自行寻找舒适区域，对室内温度场和气流组织的适应性反而较高。

（4）南向和西向的外窗由于眩光、日射负荷等问题，在合适采光和合适的遮阳之间很难取得平衡。采用大面积透明表皮则进一步加剧了这方面的问题。住宅则由于日间使用强度不高，以及人员可以灵活选择停留位置，该问题的严重性不高。

（5）在过渡季节，办公楼往往有较明显的朝向失衡，即南北侧房间、工位在温度上有较大的差异，一般情况下体现为南（西）热北冷。住宅尽管也存在此类情况，但由于不同房间的功能区别，如卧室和厨房等分别位于不同朝向，因而朝向失衡所带来的问题并不严重。

（6）采用大面积玻璃幕墙的现代建筑大多无法充分自然通风，必须采用机械通风以保证室内最小换气次数和最小人均新风量。而住宅中保留自然通风在绝大多数情况下（除北方冬季）是用户的首选。

2. 办公室末端选型的策略

在本章第 2 节所述各类末端组合策略中，为适应办公楼项目的建筑结构特征，考查不同策略的可行性。

表 9-14　办公楼案例采用焓湿板/帘的选型表格

名称	房间面积/m^2	朝向	规格/m^2	数量	面积/m^2	环路编号
4001 研发西	55.2	西	0.6×2.4 焓湿帘	7	10.08	①
		北	0.6×2.4 焓湿帘	10	14.40	③
		吊顶	0.6×1.2 焓湿板	54	38.88	②
4002 总经理室	73.9	西	0.6×2.4 焓湿帘	10	14.40	④
		南	0.6×2.4 焓湿帘	9	12.96	⑤
		吊顶	0.6×1.2 焓湿板	65	46.80	⑥
4003 研发东	264.8	北	0.6×2.4 焓湿帘	16	23.04	⑦
		东	0.6×2.4 焓湿帘	16	23.04	⑨
		吊顶	0.6×1.2 焓湿板	289	208.08	⑧

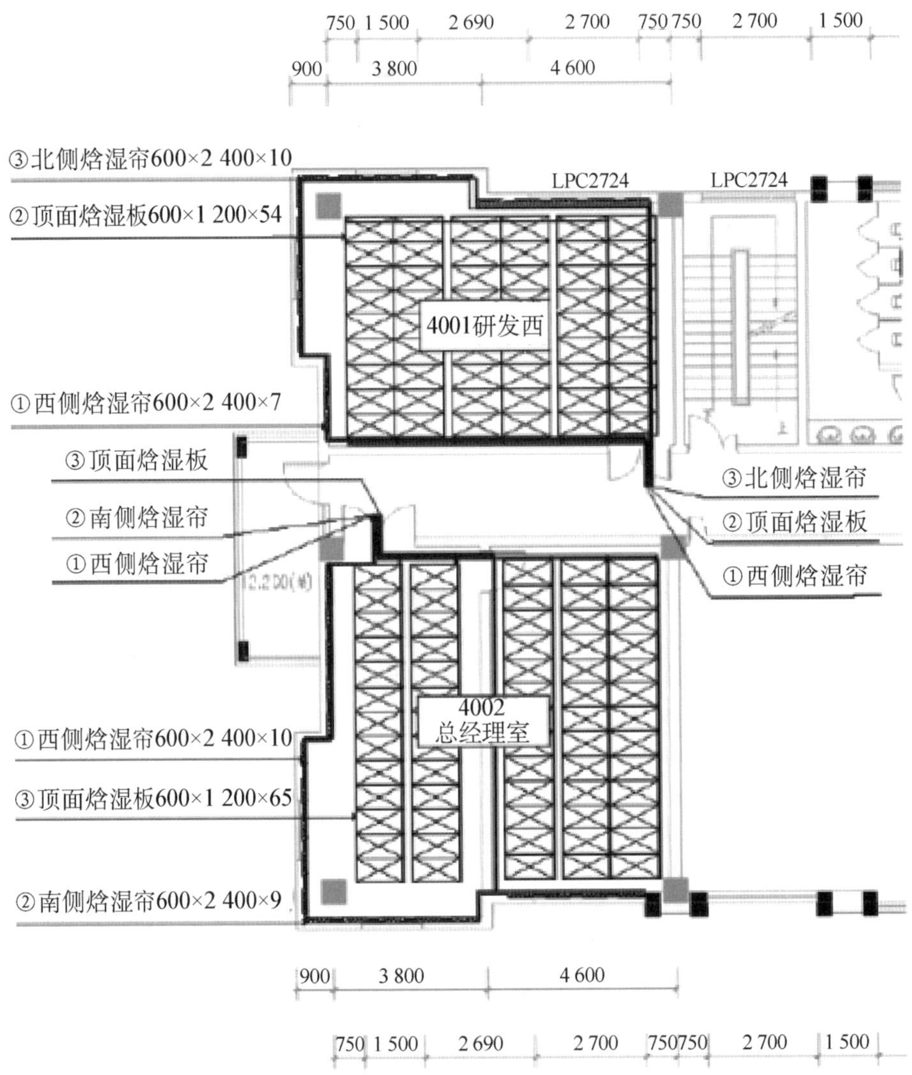

图 9-34　总经理室、研发西房间焓湿板、焓湿帘铺设示意

9 热湿活性表皮工程初步设计

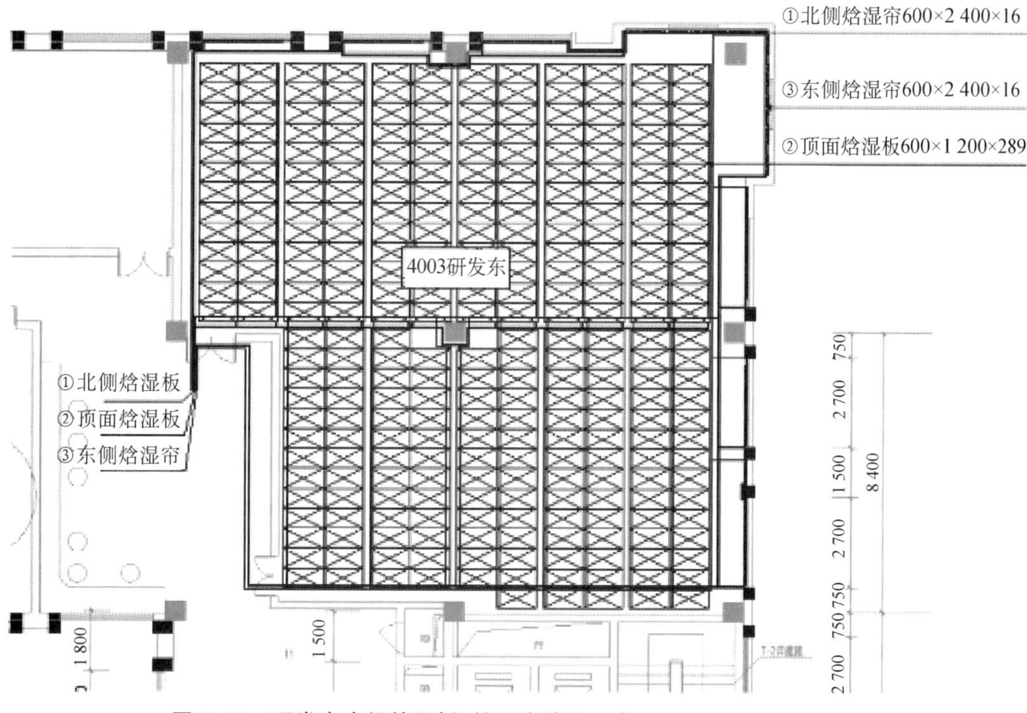

图 9-35　研发东房间焓湿板、焓湿帘铺设示意

表 9-14 中将 3 个所选办公室的外墙、外窗和屋顶可铺设面积按照标准焓湿板(0.6×1.2 m^2)和标准焓湿帘(0.6×2.4 m^2)铺设，获得各房间不同朝向所能铺设的数量统计。图 9-34 和图 9-35 为相应房间铺设示意。

在将室内吊顶和外墙面全部充分利用，铺设焓湿板或焓湿帘后，按照以上不同房间的负荷分配，可获得在不同城市、不同朝向及位置(吊顶)的焓湿板在承担不同程度负荷情况下的单位冷湿负荷需求。由分析中可以明显看出，办公建筑的末端需要承担的负荷强度要高于住宅。尤其是人员密度较高的房间，其内热扰和内湿扰明显大于住宅。

在透明表皮占比较大的情况下，北方的夏季冷负荷甚至高于南方，从负荷计算的结果可以看出，北方夏季非透明表皮部分冷负荷强度小于南方，但透明表皮冷负荷则远大于南方。但毕竟北方出现夏季冷负荷时段较短，并且日较差较大，故无法就此做出北方空调能耗大于南方的反常识的判断。但如以计算负荷为依据选择合适的末端，则南北方的差异并不大。

3. 焓湿板/焓湿帘设计选型

表 9-15　4001 研发西各朝向承担相应外表皮冷负荷强度

房间	4001 研发西		房间面积/m²	55.2		朝向负荷/W					
朝向	规格/m	数量	面积/m²	环路编号		广州	重庆	上海	西安	北京	长春
东	—	0	0	—	负荷/W	0.00	0.00	0.00	0.00	0.00	0.00
					负荷强度/(W/m²)	0.00	0.00	0.00	0.00	0.00	0.00
南	—	0	0	—	负荷/W	0.00	0.00	0.00	0.00	0.00	0.00
					负荷强度/(W/m²)	0.00	0.00	0.00	0.00	0.00	0.00
西	0.6×2.4 焓湿帘	7	10.08	①	负荷/W	647.50	552.68	527.25	863.28	915.16	864.76
					负荷强度/(W/m²)	64.24	54.83	52.31	85.64	90.79	85.79
北	0.6×2.4 焓湿帘	10	10.08	③	负荷/W	592.64	498.63	450.90	639.47	573.25	487.76
					负荷强度/(W/m²)	41.16	34.63	31.31	44.41	39.81	33.87
所有墙面	0.6×2.4 焓湿帘	17	46.08	①+③	内热扰/W	2 402.91	2 403.06	2 373.06	2 373.06	2 373.06	2 373.07
					负荷强度/(W/m²)	98.16	98.16	96.94	96.94	96.94	96.94
					内湿扰/(g/s)	0.95	0.95	0.95	0.95	0.95	0.95
					湿负荷强度/[g/(h·m²)]	139.71	139.71	139.71	139.71	139.71	139.71

表 9-16　4001 研发西吊顶铺设焓湿板承担全屋冷湿负荷强度

房间	4001 研发西	环路编号	②	吊顶焓湿板数量	54		焓湿板面积/m²		38.88	
焓湿板规格/m		0.6×1.2 焓湿板			广州	重庆	上海	西安	北京	长春
Ⅰ	内热扰/W				2 402.91	2 403.06	2 373.06	2 373.06	2 373.06	2 373.07
	负荷强度/(W/m²)				61.80	61.81	61.04	61.04	61.04	61.04
Ⅱ	内湿扰/(g/s)				0.95	0.95	0.95	0.95	0.95	0.95
	湿负荷强度/[g/(h·m²)]				87.96	87.96	87.96	87.96	87.96	87.96

（续表）

房间	4001 研发西	环路编号	②	吊顶烙湿板数量	54		焓湿板面积/m²		38.88	
焓湿板规格/m		0.6×1.2 焓湿板			广州	重庆	上海	西安	北京	长春
Ⅲ	室内总冷负荷(不含新风)/W				3 643	3 454	3 351	3 876	3 861	3 726
	负荷强度/(W/m²)				93.70	88.85	86.19	99.69	99.32	95.82
Ⅳ	含新风总负荷/W				7 100	6 255	7 015	6 361	6 648	5 519
	负荷强度/(W/m²)				182.62	160.87	180.43	163.60	171.00	141.95
Ⅴ	总湿负荷/(g/s)				4.43	3.37	4.74	3.01	3.59	2.66
	湿负荷强度/[g/(h·m²)]				410.19	312.04	438.89	278.70	332.41	246.30

表 9-17　4002 总经理室各朝向承担相应外表皮冷负荷强度

房间	4002 总经理室		房间面积/m²	73.9		朝向负荷/W					
朝向	规格/m	数量	面积/m²	环路编号		广州	重庆	上海	西安	北京	长春
东	—	0	0	—	负荷/W	0.00	0.00	0.00	0.00	0.00	0.00
					负荷强度/(W/m²)	0.00	0.00	0.00	0.00	0.00	0.00
南	0.6×2.4 焓湿帘	9	12.96	⑤	负荷/W	578.05	567.87	550.88	969.96	1 182.37	1 279.21
					负荷强度/(W/m²)	44.60	43.82	42.51	74.84	91.23	98.70
西	0.6×2.4 焓湿帘	10	14.40	④	负荷/W	1 533.35	1 431.51	1 383.58	2 437.57	2 601.55	2 506.65
					负荷强度/(W/m²)	106.48	99.41	96.08	169.28	180.66	174.07
北	—	0	0	—	负荷/W	0.00	0.00	0.00	0.00	0.00	0.00
					负荷强度/(W/m²)	0.00	0.00	0.00	0.00	0.00	0.00
所有墙面	0.6×2.4 焓湿帘	32	46.08	④+⑤	内热扰/W	2 422.38	2 422.53	2 422.53	2 422.53	2 391.53	2 401.54
					负荷强度/(W/m²)	88.54	88.54	88.54	88.54	87.41	87.78
					内湿扰/(g/s)	0.66	0.66	0.66	0.66	0.66	0.66
					负荷强度/[g/(h·m²)]	86.84	86.84	86.84	86.84	86.84	86.84

表 9-18　4002 总经理室吊顶铺设焓湿板承担全屋冷湿负荷强度

房间	4002 总经理室	环路编号	⑥	吊顶焓湿板数量	65		焓湿板面积/m^2		46.80	
焓湿板规格/m		0.6×1.2 焓湿板			广州	重庆	上海	西安	北京	长春
Ⅰ	内热扰/W				2 422.38	2 422.53	2 422.53	2 422.53	2 391.53	2 401.54
	负荷强度/(W/m^2)				51.76	51.76	51.76	51.76	51.10	51.31
Ⅱ	内湿扰/(g/s)				0.66	0.66	0.66	0.66	0.66	0.66
	负荷强度/[$g/(h \cdot m^2)$]				50.77	50.77	50.77	50.77	50.77	50.77
Ⅲ	室内总冷负荷(不含新风)/W				4 534	4 422	4 357	5 830	6 175	6 187
	负荷强度/(W/m^2)				96.88	94.49	93.10	124.57	131.95	132.21
Ⅳ	含新风总负荷/W				6 914	6 350	6 879	7 541	8 094	7 422
	冷负荷强度/(W/m^2)				147.73	135.68	146.99	161.13	172.95	158.59
Ⅴ	总湿负荷/(g/s)				3.05	2.33	3.27	2.08	2.48	1.84
	湿负荷强度/[$g/(h \cdot m^2)$]				234.62	179.23	251.54	160.00	190.77	141.54

表 9-19　4003 研发东各朝向承担相应外表皮冷负荷强度

房间	4003 研发东		房间面积/m^2	264.8		朝向负荷/W					
朝向	规格/m	数量	面积/m^2	环路编号		广州	重庆	上海	西安	北京	长春
东	0.6×2.4 焓湿帘	16	23.04	⑦	负荷/W	2 618.53	2 453.46	2 351.00	4 259.67	4 562.14	4 403.36
					负荷强度/(W/m^2)	113.65	106.49	102.04	184.88	198.01	191.12
南	—	0	0	—	负荷/W	0.00	0.00	0.00	0.00	0.00	0.00
					负荷强度/(W/m^2)	0.00	0.00	0.00	0.00	0.00	0.00
西	—	0	0	—	负荷/W	0.00	0.00	0.00	0.00	0.00	0.00
					负荷强度/(W/m^2)	0.00	0.00	0.00	0.00	0.00	0.00
北	0.6×2.4 焓湿帘	16	23.04	⑨	负荷/W	1 205.57	1 033.25	937.13	1 348.84	1 210.01	1 036.85
					负荷强度/(W/m^2)	52.33	44.85	40.67	58.54	52.52	45.00

（续表）

房间	4003 研发东		房间面积/m²	264.8		朝向负荷/W					
朝向	规格/m	数量	面积/m²	环路编号		广州	重庆	上海	西安	北京	长春
所有墙面	0.6×2.4 焓湿帘	32	46.08	⑦+⑨	内热扰/W	11 040.74	11 041.16	11 041.16	11 041.16	11 041.16	11 041.19
					负荷强度/(W/m²)	239.60	239.61	239.61	239.61	239.61	239.61
					内湿扰/(g/s)	4.57	4.57	4.57	4.57	4.57	4.57
					负荷强度/[g/(h·m²)]	357.03	357.03	357.03	357.03	357.03	357.03

表 9-20　4003 研发东吊顶铺设焓湿板承担全屋冷湿负荷强度

房间	4003 研发东	环路编号	⑧	吊顶焓湿板数量		289	焓湿板面积/m²	208.08
焓湿板规格/m		0.6×1.2 焓湿板	广州	重庆	上海	西安	北京	长春
Ⅰ	内热扰/W		11 040.74	11 041.16	11 041.16	11 041.16	11 041.16	11 041.19
	负荷强度/(W/m²)		53.06	53.06	53.06	53.06	53.06	53.06
Ⅱ	内湿扰/(g/s)		4.57	4.57	4.57	4.57	4.57	4.57
	负荷强度/[g/(h·m²)]		79.07	79.07	79.07	79.07	79.07	79.07
Ⅲ	室内总冷负荷(不含新风)/W		14 865	14 528	14 329	16 650	16 813	16 481
	负荷强度/(W/m²)		71.44	69.82	68.86	80.02	80.80	79.21
Ⅳ	含新风总负荷/W		31 449	27 961	31 905	28 570	30 183	25 085
	负荷强度/(W/m²)		151.14	134.38	153.33	137.31	145.05	120.55
Ⅴ	总湿负荷/(g/s)		21.24	16.19	22.77	14.43	17.24	12.76
	负荷强度/[g/(h·m²)]		367.47	280.10	393.94	249.65	298.27	220.76

如本书其余章节所分析，在空调系统选型中，应当尽量避免采用空气作为能量输配的介质。而溶液一体化系统也增强了系统同时处理热湿的能力。在末端方案选择中，将遵循尽量采用焓湿板/帘的选择，而同时尽量减少对于新风的处理过程。

在上述的选型策略中，由于办公建筑的透明表皮偏高，故在外墙/外窗部分全部采用自由悬挂的焓湿帘，而不再采用焓湿板安装到非透明部分的方案。但所有的吊顶都将尽量按照约 70%的覆盖比例采用焓湿板。而该策略大致相当于本章第 2 节的策略 B。但在墙面—吊顶—新风的负荷分配上，对以下几种选择进行了试算：

(1) 焓湿帘负责表皮显热负荷—吊顶焓湿板负责室内显热及潜热负荷—新风负责新风热湿负荷，以 4003 研发东房间而言，即墙面负荷部分＋屋顶的Ⅰ和Ⅱ部分负荷。新风则需处理到室内空气状态点，不需要考虑携带冷量和置换室内湿空气；

(2) 不安装吊顶焓湿板，完全依赖墙面焓湿帘消除室内热湿负荷，新风同样需要处理到室内空气状态点才能送入室内；

(3) 不安装墙面焓湿帘，完全依赖吊顶焓湿板消除室内热湿负荷，新风同样需要处理到室内空气状态点才能送入室内；

(4) 新风不进行除湿，仅降温到室内温度送入室内，此时新风所带入室内的水分将由室内的焓湿板和焓湿帘处理；

(5) 新风不作处理，直接以自然通风形式送入室内，由室内的墙面焓湿帘和吊顶安装的焓湿板分担所有发生的负荷；

(6) 仅安装吊顶焓湿板，墙面不安装焓湿帘，新风也不加处理，由吊顶焓湿板处理所有室内显热及潜热负荷。

方案 1 中，在提供最小新风/最小换气次数风量的前提下，将送风处理到室内空气状态点，不额外除湿，但也不增加室内的湿负荷。此时焓湿板和焓湿帘同时承担表皮部分负荷和室内的热湿负荷。由于焓湿帘所处位置，表皮负荷部分将完全由焓湿帘承担，由于焓湿帘的双面热湿交换能力，尽管室内热湿负荷从计算上分配给吊顶焓湿板，但实际上也是由焓湿板与焓湿帘共同承担。以负荷最大的 4003 研发东房间为例，从上面的算例中可以看到，方案 1 焓湿帘的热负荷强度要求为最强的 198 W/m^2(北京东)，而同时段的其他朝向(北京北)负荷强度则仅为 52.52 W/m^2。同时吊顶焓湿板所分配到的室内负荷强度则为 53.06 W/m^2。考虑到该房间东侧焓湿帘面积(23.04 m^2)和北侧(23.04 m^2)相同，而吊顶焓湿板面积则为 208.08 m^2，东侧出现最大负荷时，如东侧焓湿帘未能消除全部复合影响，则北侧焓湿帘和吊顶焓湿板将通过室内互相辐射换热和室内空气对流换热而分担其负荷。

如果按照方案 1 将室内湿负荷全部分摊到吊顶焓湿板则为 79.07 $g/(h\cdot m^2)$，应当属于比较容易实现的指标。由于湿负荷与位置无关，在同时安装焓湿板和焓湿帘的情况下，室内湿负荷将较为平均地分摊到室内焓湿板和焓湿帘上，因此方案 1 的单位强度湿负荷应小于 79.07 $g/(h\cdot m^2)$，最终负荷强度将视焓湿板与焓湿帘的运行工况，以及各自的除湿能力而定。因此方案 1 应当是较为合理的方案。

方案 2 和方案 3 则简化了系统，完全依赖墙面焓湿帘或者吊顶焓湿板的能力处理表皮和室内热湿负荷。此时焓湿板或焓湿帘的负荷强度将明显加大，在室内热湿负荷较大的情况下，方案 2 要求焓湿帘承担较大的热湿负荷强度，尤其在房间墙地比（外墙总面积/室内建筑面积）较小的情况下，该要求可能超出了焓湿帘的能力极限。

对 4003 研发东按照方案 2 将室内负荷继续分摊到焓湿帘上，则焓湿帘所需承担室内负荷的强度为 239.60 W/m^2，而这个负荷强度还需要与表皮负荷叠加。此时焓湿帘所需承担的负荷强度将超过 400 W/m^2，从焓湿帘的工作原理来看该方案并不现实，因此方案 2 应当不可行。同样，如果按照方案 2 将室内的湿负荷全部分摊到焓湿帘上，则湿负荷强度为 357.03 g/(h·m^2)，也较为难以实现。

但如对 4002 总经理室按方案 2 计算，则除焓湿帘最大负荷强度 180.66 W/m^2（北京西）外，其他城市和朝向均较低，而内负荷强度摊到焓湿帘上为 88.54 W/m^2，二者之和在 200 W/m^2 上下，仍属于可以接受的范围。而将室内湿负荷分摊到焓湿帘上，则仅为 86.84 g/(h·m^2)。因而对于 4002 总经理室这类人员密度低，内负荷较小的房间，仅靠焓湿帘承担全部室内负荷是可行的。

方案 3 将室内全部热湿负荷全部交由吊顶焓湿板承担，此时湿负荷强度为与方案 1 相同的 79.07 g/(h·m^2)，而冷负荷强度则为 80.80 W/m^2，可以认为方案 3 也是一个可行的方案，但方案 3 由于没有外区末端对于表皮部分负荷进行前置处理，必然出现较大的不舒适区域。特别是房间面积较大、人员密度较高的房间（4003 研发东），则仅靠焓湿板很可能无法承担所有上述热湿负荷。因此方案 2 应当仅在负荷较小、外区舒适度要求不高的场合适用（4002 总经理室）。在房间墙地比（外墙总面积/室内建筑面积）较小的情况下，可铺设较多的焓湿板，因而可以考虑应用在合适的场合。

方案 4 考虑对新风仅降温不除湿，观察各房间，则在仅安装吊顶焓湿板的情况下，湿负荷强度最高达到 438.89 g/(h·m^2)（4001 研发西，上海），最小则为 141.54 g/(h·m^2)（4002 总经理室，8，长春）。可以看出对于南方高湿气候区域可能有除湿能力不足的问题，对于北方室外相对湿度较低的气候区域则可以胜任。

方案 5 和方案 6 同样是采用自然通风，而差别在于方案 5 同时安装焓湿帘和焓湿板，而方案 6 仅安装焓湿板。通过对方案 6 所能承受的气候区域可以进一步推断方案 5 的适用场合。182.62 W/m^2（4001 研发西，广州）为该方案最高负总冷荷强度，说明在采用单纯吊顶焓湿板的方式时，对于广州的室外高温气候，焓湿板的冷负荷处理能力仍然可以胜任。但是与方案 3 相同，方案 5 仍然无法营造一个舒适的外区。该方案处理湿负荷强度的情况则与方案 4 相同，对于南方三城市（广州、重庆、上海）而言的湿负荷强度过高。北方城市的北京也处于较为临界的状态。

4. 办公建筑末端的设备热湿交换能力要求

对比住宅建筑和办公建筑的末端设备热湿交换能力要求，可以看出办公建筑的要求明显高于住宅，也即建筑对末端能力的要求可以代表设备末端的制造标准。

由于冬季热负荷小于夏季冷负荷，故可以默认在满足夏季设备能力要求的前提下，冬季的设备能力要求将会自然满足。因此可以将夏季负荷强度要求作为设备末端制造标准。

对于焓湿板/焓湿帘而言，按照上述分析，可以对其提出以下要求：

(1) 焓湿板热交换能力：$\dot{q}_{\text{tot}} \geqslant 150\ \text{W/m}^2$

(2) 焓湿帘热交换能力：$\dot{q}_{\text{tot}} \geqslant 250\ \text{W/m}^2$

(3) 焓湿板除湿能力：$\dot{v}_{\text{s}} \geqslant 150\ \text{g/(h} \cdot \text{m}^2)$

(4) 焓湿帘除湿能力：$\dot{v}_{\text{s}} \geqslant 300\ \text{g/(h} \cdot \text{m}^2)$

由于焓湿帘垂直悬挂，其对流换热能力强于水平布置，并且双侧同时可以热湿交换，所采用的材料为高吸水纤维，其吸附能力应当强于焓湿板所用的硅藻泥，故此对其提出较高的要求。

在焓湿板/焓湿帘具有较强的热湿交换能力的前提下，室内末端的布置则可以有更大的选择空间。在上述不同的方案之间进行灵活的组合，达到用较少的设备投入实现较理想的室内热湿环境营造的目的。而如果焓湿板/帘的热湿交换能力不强，则不得不采用更多的末端面积来进行热湿交换，造成成本的增加。

另外，以有机建筑的视野看待建筑，则应当使更多的建筑室内外表面拥有热湿交换能力，在此基础上通过控制不同表面进行热湿激活，从而使得建筑物内部空间可以形成一个尽量均有的温湿度场。

上述数据分析中实质上只激活了室内表面的约 50%。表皮的外立面和其余的内墙内表面均未激活。如果按有机建筑的仿生原理，则在将建筑物所有建筑结构热湿活性化的前提下，单位面积所需承担的负荷强度则将大幅度减少。可以预测，在此情况之下的单位面积冷热负荷强度将下降到$\leqslant 100\ \text{W/m}^2$，湿负荷强度将下降到$\leqslant 80\ \text{g/(h} \cdot \text{m}^2)$。

由于焓湿板和焓湿帘的概念产品仍在开发测试中，故更加具体的数据只能等待进一步的产品开发和实测数据。

参考文献

第一章

[1] Chrétien D, Bénit P, Ha H-H, et al. Mitochondria are physiologically maintained at close to 50 ℃[J]. PLOS Biology, 2018, 16(1): e2003992.

[2] 袁修干. 人体热调节系统的数学模拟[M]. 北京:北京航空航天大学出版社,2005.

[3] 潘瑞炽. 植物生理学:第 6 版[M]. 北京:高等教育出版社,2008.

[4] 黄晨. 建筑环境学:第 2 版[M]. 北京:机械工业出版社,2016.

[5] 朱颖心. 建筑环境学:第 3 版[M]. 北京:中国建筑工业出版社,2010.

第二章

[1] Dietrich Schmidt. Low Exergy Systems for High-Performance Buildings and Communities[R]. 2011.

[2] 过增元,程新广,夏再忠. 最小热量传递势容耗散原理及其在导热优化中的应用[J]. 科学通报,2003,1:21-25.

[3] 程新广,孟继安,过增元. 导热优化中的最小传递势容耗散与最小熵产[J]. 工程热物理学报,2005,11:1034-1036.

[4] 过增元,梁新刚,朱宏晔. 烟描述物体传递热量能力的物理量[J]. 自然科学进展,2006,10:1288-1296.

[5] Guo Z-Y, Zhu H-Y, Liang X-G. Entransy—A physical quantity describing heat transfer ability[J]. International Journal of Heat and Mass Transfer, 2007, 50(13-14): 2545-2556.

[6] Taschenbuch für Heizung und Klimatechnik//Taschenbuch für Heizung + Klimatechnik 07/08: Einschließlich Warmwasser- und Kältetechnik[M]. Aufl. München: Oldenbourg; Oldenbourg Industriever, 2007.

[7] 曾宪纯,李海波,邢艳艳,等. 夏热冬冷地区建筑能耗的区域特性分析及建筑节能技术探讨——以浙江省为例[J]. 建设科技,2012:44-49.

[8] 中华人民共和国住房和城乡建设部. 夏热冬冷地区居住建筑节能设计标准:JGJ 134—2010[S/OL]. 北京:中国标准出版社,2010.

[9] Dirk Müller. Heizen und Kühlen mit geringem Exergieeinsatz: -neue Komponenten und Systeme der Versorgungstechnik[S/OL].

[10] Hepbasli A. Low exergy (LowEx) heating and cooling systems for sustainable

buildings and societies[J]. Renewable and Sustainable Energy Reviews, 2012, 16(1): 73-104.

[11] 张军辉,刘娟芳,陈清华. 有机朗肯循环系统最佳蒸发温度和炯分析[J]. 化工学报,2013,3(3):820-826.

[12] 张可,孟宪阳,吴江涛. 有机朗肯循环工质的研究现状[J]. 中国科技论文在线精品论文,2014:512-520.

[13] 朱江,鹿院卫,马重芳,等. 低温地热有机朗肯循环-ORC-工质选择[J]. 可再生能源,2009,4:76-79.

[14] Tao Zhang, Haida Tang, Xiaohua Liu. Final Report I. Guide book of new analysis method for HVAC system: Annex 59: High Temperature Cooling & Low Temperature Heating in Buildings: IAE-EBC[R]. 2016.

[15] Ongun Berk Kazanci, Tao Zhang. Final Report II. Demand and novel design of indoor terminals in high temperature cooling and low temperature heating system: Annex 59: High Temperature Cooling & Low Temperature Heating in Buildings: IAE-EBC[R]. 2016.

[16] Masaya Okumiya (Nagoya University), Xiaohua Liu. Final Report III. Novel flow paths of outdoor air handling equipment: Annex 59: High Temperature Cooling & Low Temperature Heating in Buildings: IEA-EBC[R]. 2015.

[17] Cleide APARECIDA SILVA, JCJ Energetics (Belgium) Jules HANNAY, JCJ Energetics (Belgium) Xiaohua LIU, Tsinghua University (China) Jean LEBRUN, JCJ Energetics (Belgium) Vincent LEMORT, Université de Liège (Belgium) Valentina MONETTI, Politecnico di Torino (Italy) Marco PERINO, Politecnico di Torino (Italy) Francois RANDAXHE, Université de Liège. Final Report IV. Design guide for HTC and LTH systems: Annex 59: High Temperature Cooling & Low Temperature Heating in Buildings: IEA-EBC[R].

[18] 张涛,刘晓华,涂壤,等. 热学参数在建筑热湿环境营造过程中的适用性分析[J]. 暖通空调 HV&AC,2011,41(3):13-21.

[19] 江亿,刘晓华,谢晓云. 室内热湿环境营造系统的热学分析框架[J]. 暖通空调 HV&AC,2011,(41)3:1-12.

[20] 刘晓华,谢晓云,张涛,等. 建筑热湿环境营造过程的热学原理[M]. 北京:中国建筑工业出版社,2016.

第三章

[1] 江亿,刘晓华,谢晓云. 室内热湿环境营造系统的热学分析框架[J]. 暖通空调,2011,41(3):1-12.

[2] 刘晓华,谢晓云,张涛,等. 建筑热湿环境营造过程的热学原理[M]. 北京:中国建筑工业出版社,2016.

[3] 雷万军,代涛. 皮肤学[M]. 北京:人民军医出版社,2011.

第四章

[1] 中华人民共和国住房和城乡建设部. 民用建筑供暖通风与空气调节设计规范:GB 50736—2016[S/OL]. 北京:中国标准出版社,2016.

[2] 中华人民共和国住房和城乡建设部. 建筑节能气象参数标准:JGJ/T 346—2014[S/OL]. 北京:中国标准出版社,2014.

[3] 孙玫玲，李明财，曹经福，等. 利用采暖/制冷度日分析不同气候区建筑能耗的适用性评估[J]. 气象与环境学报，2018，10(34-5)：135-141.
[4] 江亿，刘晓华，谢晓云. 室内热湿环境营造系统的热学分析框架[J]. 暖通空调 HV&AC，2011，41(3)：1-12.
[5] 刘晓华，谢晓云，张涛，等. 建筑热湿环境营造过程的热学原理[M]. 北京：中国建筑工业出版社，2016.
[6] 张涛，刘晓华，涂壤，等. 热学参数在建筑热湿环境营造过程中的适用性分析[J]. 暖通空调，2011，41(3)：13-21.

第五章

[1] 张立志. 除湿技术[M]. 北京：化学工业出版社，2005.
[2] 冯燕珊. 建筑多孔饰面砖动态蒸发过程的风洞实验研究[D]. 广州：华南理工大学，2013，6.
[3] 孟庆林，胡文斌，张磊，等. 建筑蒸发降温基础[M]. 北京：科学出版社，2006.
[4] 孟庆林，李建成，汪志舞，等. 广州城市气候资源与被动蒸发冷却技术的应用[J]. 热带地理，1998，6.
[5] 孟庆林. 建筑表面被动蒸发冷却[M]. 广州：华南理工大学出版社，2001.
[6] 黄翔. 蒸发冷却空调理论与应用[M]. 北京：中国建筑工业出版社，2010.
[7] 刘伟，范爱武，黄晓明. 多孔介质传热传质理论与应用[M]. 北京：科学出版社，2006.
[8] 王敏，孙力. 垂直绿化对室内人体舒适度影响的实验研究[J]. 住宅科技，2016.09.
[9] Perini K, Ottelé M, Fraaij A, et al. Vertical greening systems and the effect on air flow and temperature on the building envelope[J]. Building and Environment, 2011, 46(11): 2287-2294.
[10] Pérez G, Rincón L, Vila A, et al. Green vertical systems for buildings as passive systems for energy savings[J]. Applied Energy, 2011, 88(12): 4854-4859.
[11] Pérez G, Coma J, Martorell I, et al. Vertical Greenery Systems (VGS) for energy saving in buildings: A review[J]. Renewable and Sustainable Energy Reviews, 2014, 39: 139-165.
[12] Pérez G, Rincón L, Vila A, et al. Behaviour of green facades in Mediterranean Continental climate[J]. Energy Conversion and Management, 2011, 52(4): 1861-1867.
[13] Susorova I, Angulo M, Bahrami P, et al. A model of vegetated exterior facades for evaluation of wall thermal performance[J]. Building and Environment, 2013, 67: 1-13.
[14] Susorova I, Angulo M, Bahrami P, et al. A model of vegetated exterior facades for evaluation of wall thermal performance[J]. Building and Environment, 2013, 67: 1-13.
[15] Alexandri E, Jones P. Temperature decreases in an urban canyon due to green walls and green roofs in diverse climates[J]. Building and Environment, 2008, 43(4): 480-493.
[16] Jaffal I, Ouldboukhitine S-E, Belarbi R. A comprehensive study of the impact of green roofs on building energy performance[J]. Renewable Energy, 2012, 43: 157-164.

[17] He Y, Yu H, Ozaki A, et al. An investigation on the thermal and energy performance of living wall system in Shanghai area[J]. Energy and Buildings, 2017, 140: 324-335.

[18] 薛伟伟. 建筑垂直绿化降温效果研究[D]. 合肥:合肥工业大学,2016,3.

[19] 周赛华,周孝清. 垂直绿化对建筑室内热环境的影响研究[J]. 建筑热能通风空调,2017,3:25-28,84.

[20] Sheweka S M, Mohamed N M. Green Facades as a New Sustainable Approach Towards Climate Change[J]. Energy Procedia, 2012, 18: 507-520.

[21] Perini K, Bazzocchi F, Croci L, et al. The use of vertical greening systems to reduce the energy demand for air conditioning. Field monitoring in Mediterranean climate[J]. Energy and Buildings, 2017, 143: 35-42.

[22] Mazzali U, Peron F, Romagnoni P, et al. Experimental investigation on the energy performance of Living Walls in a temperate climate[J]. Building and Environment, 2013, 64: 57-66.

[23] Olivieri F, Olivieri L, Neila J. Experimental study of the thermal-energy performance of an insulated vegetal façade under summer conditions in a continental mediterranean climate[J]. Building and Environment, 2014, 77: 61-76.

[24] Chen Q, Li B, Liu X. An experimental evaluation of the living wall system in hot and humid climate[J]. Energy and Buildings, 2013, 61: 298-307.

[25] Hoelscher M T, Nehls T, Jänicke B, et al. Quantifying cooling effects of facade greening: Shading, transpiration and insulation[J]. Energy and Buildings, 2016, 114: 283-290.

[26] Wong N H, Kwang Tan A Y, Chen Y, et al. Thermal evaluation of vertical greenery systems for building walls[J]. Building and Environment, 2010, 45 (3): 663-672.

[27] 梁丽莎. 广州地区攀援垂直绿化降温及节能效益研究[D]. 广州:华南理工大学,2019,6.

[28] 胡亚娟. 阳台绿化形式对室内温湿度影响的研究[D]. 上海:东华大学,2010,12.

[29] 黄任. 广州地区立体绿化对建筑热环境及能耗影响研究[D]. 广州:广州大学,2013,5.

[30] 施琪. 郑州市不同立体绿化方式的降温增湿效应研究[D]. 郑州:河南农业大学,2006,6.

[31] 熊秀,李丽,周孝清. 垂直绿化改善建筑室内、外热环境效果分析[J]. 建筑节能,2017,9(45):68-72.

[32] 吴艳艳. 深圳市垂直绿化增湿降温效应研究[J]. 现代农业科技,2010(13).

[33] Ottelé M, Perini K, Fraaij A, et al. Comparative life cycle analysis for green façades and living wall systems[J]. Energy and Buildings, 2011, 43 (12): 3419-3429.

[34] 陈威,张书琼,凌娟娟,等. 汲液式被动蒸发多孔墙体制冷性能及汲液特性分析[J]. 建筑科学,2017(2):34-41,112.

[35] Chen W, Zhang S, Zhang Y. Analysis on the cooling and soaking-up performance of wet porous wall for building[J]. Renewable Energy, 2018, 115: 1249-1259.

[36] Sven Schweikert, Jens von Wolfersdorf, Markus Selzer, et al. Experimental Investigation on Velocity and Temperature Distributions of Turbulent Cross Flows over Transpiration Cooled C/CWall Segments[R]. 2013.
[37] 吉洪亮,张长瑞,曹英斌. 发汗冷却材料研究进展[J]. 材料导报,2008(1):1-3.
[38] 洪长青,张幸红,韩杰才,等. 热防护用发汗冷却技术的研究进展[J]. 宇航材料工艺,2005(6):7-12.
[39] Van Foreest A, Gülhan A, Esser B, et al. Transpiration Cooling Using Liquid Water[C] //39th AIAA Thermophysics Conference. Reston, Virigina: American Institute of Aeronautics and Astronautics, 2007.
[40] Huang G, Liao Z, Xu R, et al. Self-pumping transpiration cooling with phase change for sintered porous plates[J]. Applied Thermal Engineering, 2019, 159: 113870.
[41] 廖致远,祝银海,黄干,等. 超声速主流平板相变发汗冷却实验研究[J]. 推进技术,2019,5:1058-1064.
[42] Huang G, Zhu Y, Liao Z, et al. Experimental investigation of transpiration cooling with phase change for sintered porous plates[J]. International Journal of Heat and Mass Transfer, 2017, 114: 1201-1213.

第六章

[1] Yu Y, Niu F, Guo H A, et al. A thermo-activated wall for load reduction and supplementary cooling with free to low-cost thermal water[J]. Energy, 2016, 99: 250-265.
[2] Lim J-H, Song J-H, Song S-Y. Development of operational guidelines for thermally activated building system according to heating and cooling load characteristics[J]. Applied Energy, 2014, 126: 123-135.
[3] Henze G P, Felsmann C, Kalz D E, et al. Primary energy and comfort performance of ventilation assisted thermo-active building systems in continental climates[J]. Energy and Buildings, 2008, 40(2): 99-111.
[4] Rijksen D O, Wisse C J, van Schijndel A. Reducing peak requirements for cooling by using thermally activated building systems[J]. Energy and Buildings, 2010, 42(3): 298-304.
[5] Romaní J, Gracia A de, Cabeza L F. Simulation and control of thermally activated building systems (TABS)[J]. Energy and Buildings, 2016, 127: 22-42.
[6] 朱求源,徐新华,高佳佳. 内嵌管式表皮传热分析[J]. 制冷技术,2012,9:1-5.
[7] 朱求源,徐新华. 内嵌管式表皮的频域热特性[J]. 华中科技大学学报(自然科学版),2013,11:64-67.
[8] 朱求源,徐新华,朴在元. 内嵌管式表皮的节能效果研究[J]. 建筑科学,2011,12:101-103.
[9] 郭辉. 内嵌管式表皮频域有限差分模型的实验验证[J]. 建筑科学,2016,2:61-64,130.
[10] Xie J, Zhu Q, Xu X. An active pipe-embedded building envelope for utilizing low-grade energy sources[J]. Journal of Central South University, 2012, 19(6): 1663-1667.

[11] Li A, Xu X, Sun Y. A study on pipe-embedded wall integrated with ground source-coupled heat exchanger for enhanced building energy efficiency in diverse climate regions[J]. Energy and Buildings, 2016, 121: 139-151.
[12] Chow T, Li C, Lin Z. Innovative solar windows for cooling-demand climate[J]. Solar Energy Materials and Solar Cells, 2010, 94(2): 212-220.
[13] 沈翀.利用自然能源降低建筑表皮负荷的方法研究[D].北京:清华大学,2018,4.
[14] Krzaczek M, Kowalczuk Z. Thermal Barrier as a technique of indirect heating and cooling for residential buildings[J]. Energy and Buildings, 2011, 43(4): 823-837.
[15] Šimko M, Ondrej Šikula, Peter Šimko, et al. Insulation panels for active control of heat transfer in walls operated as space heating or as a thermal barrier: Numerical simulations and experiments[J]. Energy and Buildings, 2018, 158: 135-146.
[16] Yu Y, Niu F, Guo H A, et al. A thermo-activated wall for load reduction and supplementary cooling with free to low-cost thermal water[J]. Energy, 2016, 99: 250-265.
[17] Niu F, Yu Y. Location and optimization analysis of capillary tube network embedded in active tuning building wall[J]. Energy, 2016, 97: 36-45.
[18] Glück B. Thermische Bauteilaktivierung: Nutzen von Umweltenergie und Kapillarrohren[M]. 1. Aufl. Heidelberg: Müller, 1999.
[19] Prof. Dr.-Ing. habil. Bernd Glück. Forschungsbericht LowEx: Förderung durch das Bundesministerium für Wirtschaft und Technologie[R], 2008.
[20] 邢洋洋.可利用低品位能源的热活化墙体热特性研究[D].哈尔滨:哈尔滨工业大学,2020,6.
[21] 闫帅,沈翀,李先庭,等.嵌管式窗户全年动态性能预测方法[J].暖通空调,2018(48),2
[22] Chow T, Li C, Lin Z. Innovative solar windows for cooling-demand climate[J]. Solar Energy Materials and Solar Cells, 2010, 94(2): 212-220.
[23] Chow T, Li C, Lin Z. Thermal characteristics of water-flow double-pane window [J]. International Journal of Thermal Sciences, 2011, 50(2): 140-148.
[24] Shen C, Li X. Solar heat gain reduction of double glazing window with cooling pipes embedded in venetian blinds by utilizing natural cooling[J]. Energy and Buildings, 2016, 112: 173-183.
[25] Shen C, Li X, Yan S. Numerical study on energy efficiency and economy of a pipe-embedded glass envelope directly utilizing ground-source water for heating in diverse climates[J]. Energy Conversion and Management, 2017, 150: 878-889.
[26] Su L, Fraaß M, Kloas M, et al. Performance Analysis of Multi-Purpose Fluidic Windows Based on Structured Glass-Glass Laminates in a Triple Glazing[J]. Frontiers in Materials, 2019, 6.
[27] Heiz B P V, Su L, Pan Z, et al. Fluid-Integrated Glass-Glass Laminate for Sustainable Hydronic Cooling and Indoor Air Conditioning [J]. Advanced Sustainable Systems, 2018, 2(10): 1800047.

第七章

[1] 谢华慧.复合调湿材料热力学性能及热湿环境影响研究[D].长沙:湖南大学,

2018,4.

[2] 苏向辉,昂海松.室内霉菌污染原因及其控制对策[J].环境污染与防,2003,6:150-153.

[3] 李念平,李炳华,胡锦华.建筑墙体霉菌生长特性模拟分析:湖南大学土木工程学院[J].科技导报,2010(28):42-44.

[4] 陈国杰.南方地区建筑墙体霉菌滋生风险研究[D].长沙:湖南大学,2017,5.

[5] 陈玉卿,高军,章重洋,等.表皮霉菌种类识别及生长风险研究[J].暖通空调,2021(51(2)):27—34,69.

[6] 李魁山,张旭,韩星,等.建筑材料等温吸放湿曲线性能实验研究[J].建筑材料学报,2009,2:81-84.

[7] 李魁山,张旭,高军.周期性边界条件下多层墙体内热湿耦合迁移[J].同济大学学报,2009,6:814-818.

[8] 王莹莹.表皮湿迁移对室内热环境及空调负荷影响关系研究[D].西安:西安建筑科技大学,2013.

[9] 邹凯凯.夏热冬冷地区保温墙体结露特性及防结露措施效果分析[D].南京:东南大学,2018,6.

[10] 刘向伟.夏热冬冷地区建筑墙体热空气湿耦合迁移特性研究[D].长沙:湖南大学,2015,9.

[11] 郭兴国.热湿气候地区多层墙体热湿耦合迁移特性研究[D].长沙:湖南大学,2010,5.

[12] 孙先景.严寒地区建筑外墙体热湿传递研究[D].哈尔滨:哈尔滨工业大学,2017,6.

[13] 王强.建筑墙体霉菌滋生预测研究[D].哈尔滨:哈尔滨工业大学,2020.

[14] 章重洋,李景广,陆津龙,等.我国不同气候区典型外墙的热湿迁移特性及霉菌生长风险评估[J].暖通空调,2021(51(2)):20-26,122.

[15] Klaus Sedlbauer. Prediction of mould fungus formation on Prediction of mould fungus formation on the surface of and inside building components [D]. Universität Stuttgart, 2001.

[16] 陈国杰,王汉青,陈友明,等.吸湿性墙体霉菌滋生风险室内温湿度临界值对比研究[J].南华大学学报(自然科学版),2019,4:1-7.

[17] 陈国杰,陈友明,刘向伟,等.我国南方地区吸湿性墙体内霉菌滋生风险评估[J].安全与环境学报,2017,4:730-734.

[18] 冉茂宇.封闭空间调湿材料新的调湿特性指标及其理论基础[J].华侨大学学报(自然科学版),2003,1:64-69.

[19] Cornick, S, Dalgliesh, et al. A Moisture index approach to characterizing climates for moisture management of building envelopes[J]. 2003: 383-398.

[20] 黄沛增.被动式绿色调湿材料性能的试验研究[D].西安:西安建筑科技大学,2007.

[21] 孔伟.硅藻土基调湿材料的制备与性能研究[D].北京:北京工业大学,2011,6.

[22] 彭昊.建筑表皮调湿材料理论和实验的基础研究[D].上海:同济大学,2006.

[23] 郑旭,袁丽婷.复合调湿材料的研究现状及最新进展[J].化工进展,2020(39),4:1378-1388.

[24] 张寅平,张立志,刘晓华,等.建筑环境传质学[M].北京:中国建筑工业出版社,2005.

[25] 郑佳宜. 硅藻土基调湿材料内热湿迁移过程及其在建筑中的应用研究[D]. 南京：东南大学，2015.
[26] 李继领，于航. 高温高湿地区调湿材料的应用及方案分析[R]. 上海市制冷学术年会，2009：328-330.
[27] 黄季宜，金招芬. 调湿板室内应用数值计算[J]. 全国暖通空调制冷 2020 年学术年会论文集，2001：545-548.
[28] 黄季宜，金招芬. 调湿建材调节室内湿度的可行性分析[J]. 暖通空调，2002(32-1)：105-106.
[29] 陈智. 复合调热调湿材料的理论制备及性能研究：建筑学专业优秀博士论文摘要选登[D]. 南京：南京大学，2017，5.
[30] 刘奕彪，秦孟昊. 多孔调湿材料湿缓冲特性的实验研究[J]. 土木建筑与环境工程，2015，10(37-5)：129-134.
[31] 吴智敏，秦孟昊，张明杰，等. 湿缓冲效应及其对建筑能耗的影响[J]. 中国科技论文，2018，1(13-1)：1-5.
[32] 刘伟，范爱武，黄晓明. 多孔介质传热传质理论与应用[M]. 北京：科学出版社，2006.
[33] 张寅平，张立志，刘晓华，等. 建筑环境传质学[M]. 北京：中国建筑工业出版社，2005.

第八章

[1] 孙玫玲，李明财，曹经福，等. 利用采暖/制冷度日分析不同气候区建筑能耗的适用性评估[J]. 气象与环境学报，2018，10：136-141.
[2] 李明财，郭军，史王君，等. 利用采暖制冷度日分析建筑能耗变化的适用性评估[J]. 气候变化研究进展，2013，1(9-1)：43-48.
[3] 王建奎，陈永攀，陆麟，等. 基于湿日数的除湿工况划分及节能分析[J]. 暖通空调 HV&AC，2013(43-9)：66-69.
[4] 曾宪纯，邢艳艳，陆麟，等. 基于除湿日数的温湿度独立控制系统设计方法[J]. 暖通空调 HV&AC，2016(46-1)：38-41，72.
[5] 袁涛，李剑东，王智超，等. 过渡季节不同气候区公共建筑热环境研究[J]. 四川建筑科学研究，2010，10：259-261.
[6] 李峥嵘，曹斌. 夏热冬冷地区过渡季节直接通风适用性分析[C]. 上海市制冷学会 2011 年学术年会论文集，2011.
[7] 刘晓华，江亿，张涛. 温湿度独立控制空调系统[M]. 北京：中国建筑工业出版社，2013.
[8] 刘晓华，谢晓云，张涛，等. 建筑热湿环境营造过程的热学原理[M]. 北京：中国建筑工业出版社，2016.
[9] 江亿，谢晓云，刘晓华. 湿空气热湿转换过程的热学原理[J]. 暖通空调 HV&AC，2011，41(3)：51-64.
[10] 马宏权，龙惟定. 高湿地区温湿度独立控制系统应用分析[J]. 暖通空调 HV&AC，2009(39-2)：64-69.
[11] 刘晓华，李震，张涛. 溶液除湿[M]. 北京：中国建筑工业出版社，2014.
[12] 梁曰巍. 膜式溶液除湿空调与 CO_2 跨临界循环热泵一体化系统性能研究[D]. 广州：广东工业大学，2018，5.
[13] 张立志. 除湿技术[M]. 北京：化学工业出版社，2005.

[14] 王赞社,冯诗愚,李云,等. 中空纤维膜换热器传热传质特性的实验和理论研究[J]. 西安交通大学学报,2009,5:40-45.

[15] Abdel-Salam A H, Simonson C J. State-of-the-art in liquid desiccant air conditioning equipment and systems [J]. Renewable and Sustainable Energy Reviews, 2016, 58: 1152-1183.

[16] Abdel-Salam A H, Ge G, Simonson C J. Performance analysis of a membrane liquid desiccant air-conditioning system[J]. Energy and Buildings, 2013, 62: 559-569.

[17] Abdel-Salam A H, Simonson C J. Annual evaluation of energy, environmental and economic performances of a membrane liquid desiccant air conditioning system with/without ERV[J]. Applied Energy, 2014, 116: 134-148.

[18] Abdel-Salam A, Simonson C. COP Evaluation for a Membrane Liquid Desiccant Air Conditioning System Using Four Different Heating Equipment [C] // Dzelzitis, E. Proceedings of REHVA Annual Conference "Advanced HVAC and Natural Gas Technologies". Riga: Riga Technical University, 2015-2015: 125.

第九章

[1] 中华人民共和国住房和城乡建设部. 民用建筑热工设计规范:GB 50176—2016[S/OL]. 北京:中国标准出版社,2016.

[2] 中华人民共和国住房和城乡建设部. 民用建筑供暖通风与空气调节设计规范:GB 50736—2012[S/OL]. 北京:中国标准出版社,2012.

[3] 中华人民共和国住房和城乡建设部. 近零能耗建筑技术标准:GB/T 51350—2019[S/OL]. 北京:中国标准出版社,2019.

附　录

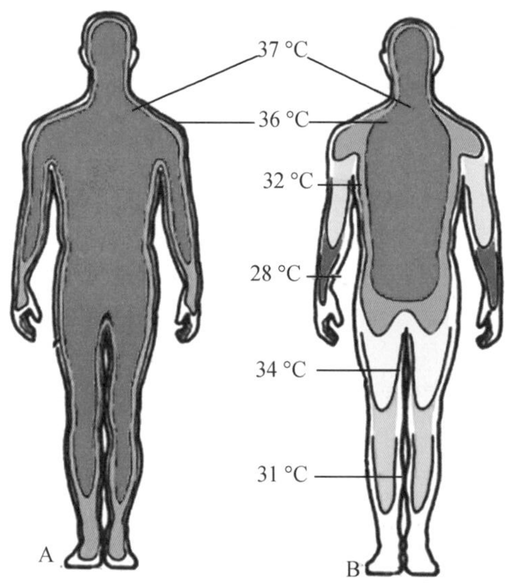

图 1　在不同环境温度下人体体温分布状态(来源:网络公开资源)

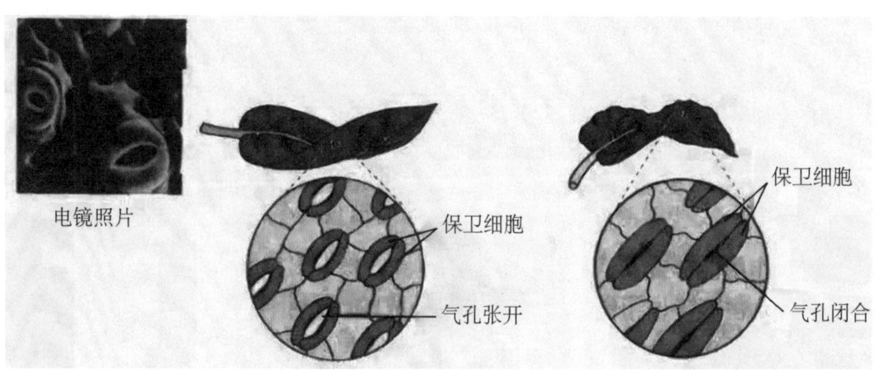

图 2　植物叶片上的气孔(来源:网络公开资源)

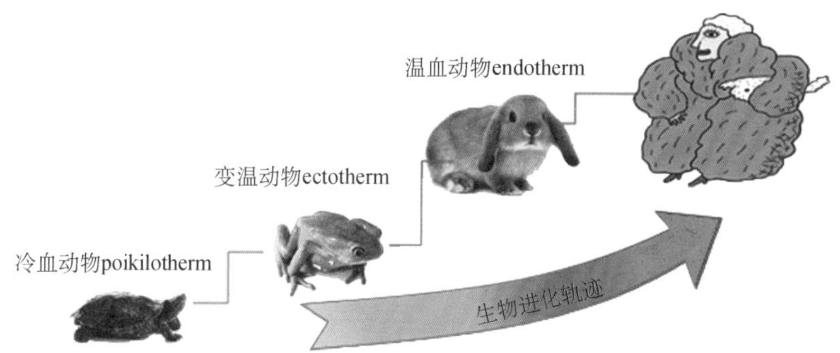

图 3　体温恒定能力随着生物进化轨迹

图 4　室内温度控制能力伴随着建筑技术进化，然而并未走生物进化的道路

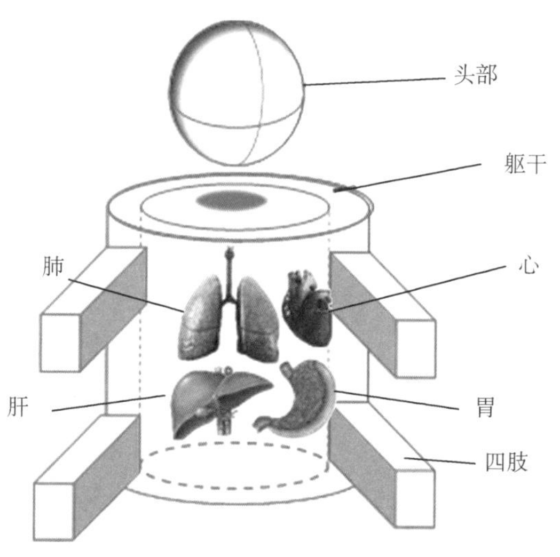

人体结构(器官)—建筑结构(设备部件)对照表

躯干、头部	建筑形体、围护结构
四肢	凸出结构、散热肋片
心脏	循环装置、水泵
肺脏	通风换气、风机
胃脏	能量转换装置、锅炉
肝脏	蓄能装置
动、静脉	供回水管路

图 5　几何化的人体构造

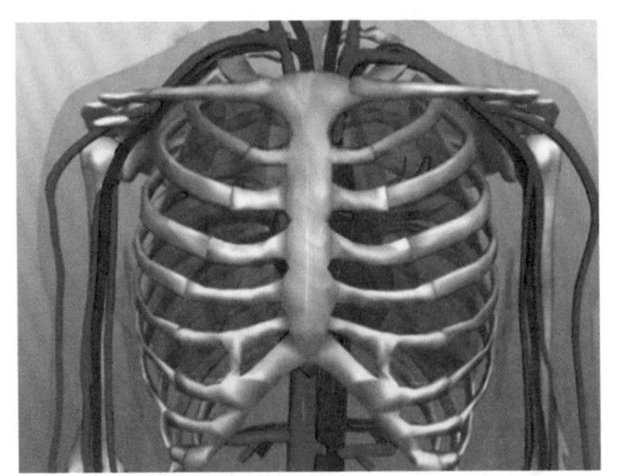
图 6 人体骨骼与框架结构建筑(来源:网络)

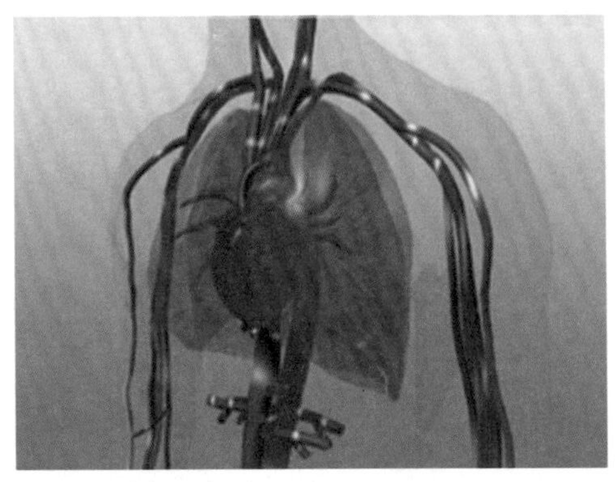
图 7 体心肺及动脉静脉与建筑通风及水系统(来源:网络)

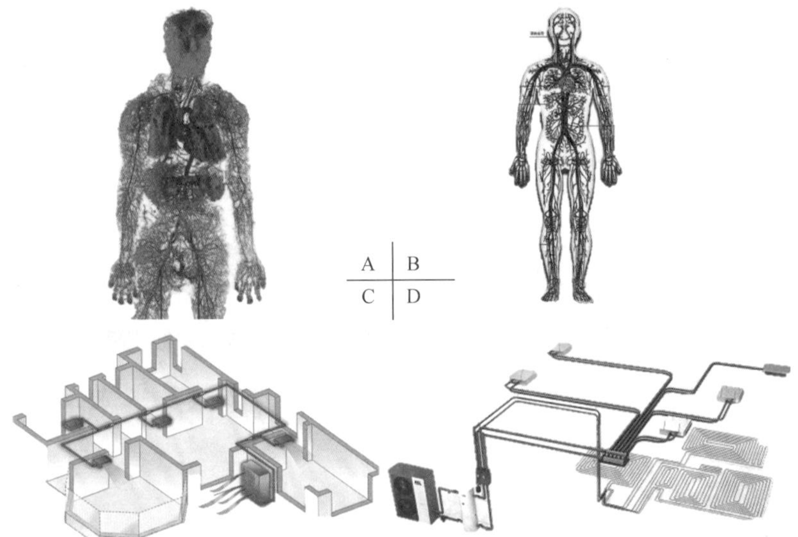

图 8 人体循环系统和建筑循环(冷热)系统(A,人体毛细血管;B,人体血液循环;C,建筑物空气系统;D,建筑物冷热水系统)(来源:网络)

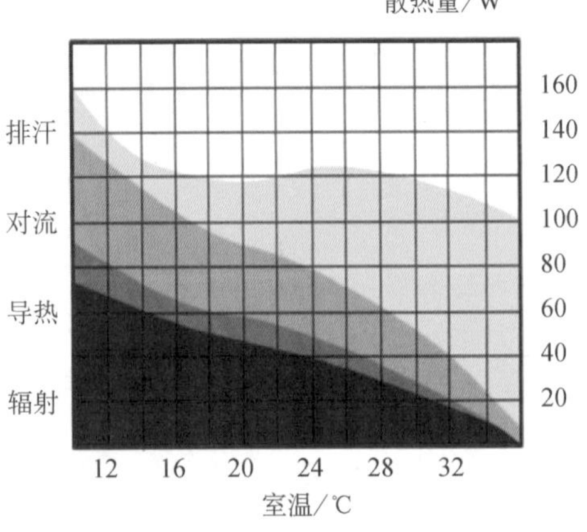

图 9 不同温度下人体散热方式比例

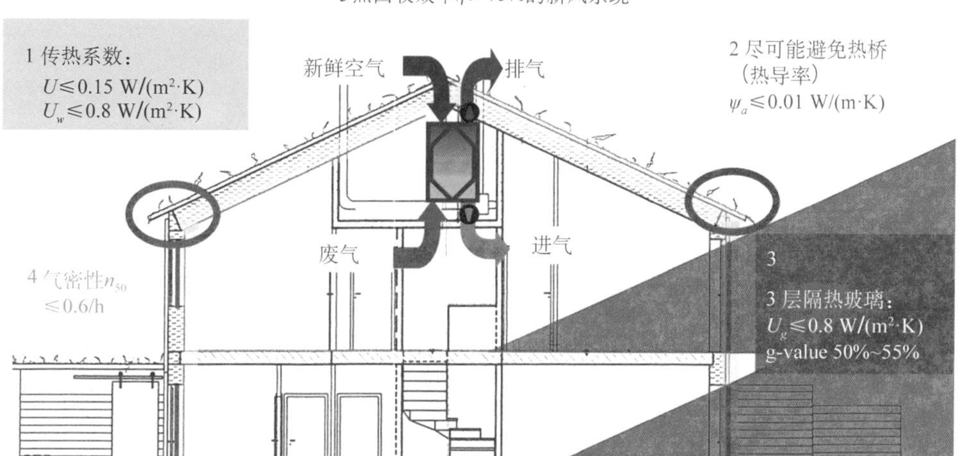

图 10　德国被动房技术节能措施（来源：德国 Passivhaus Institut）

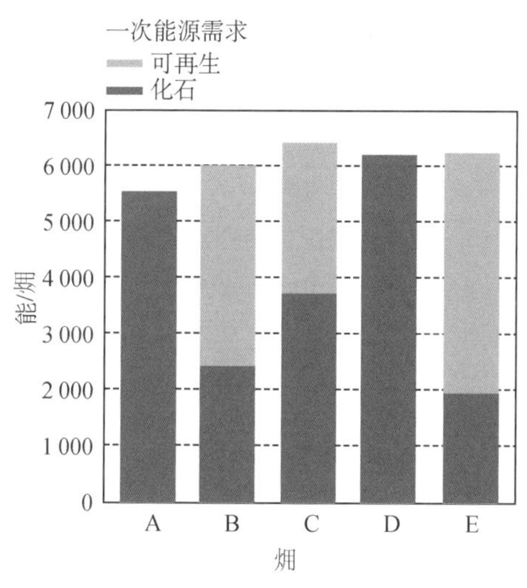

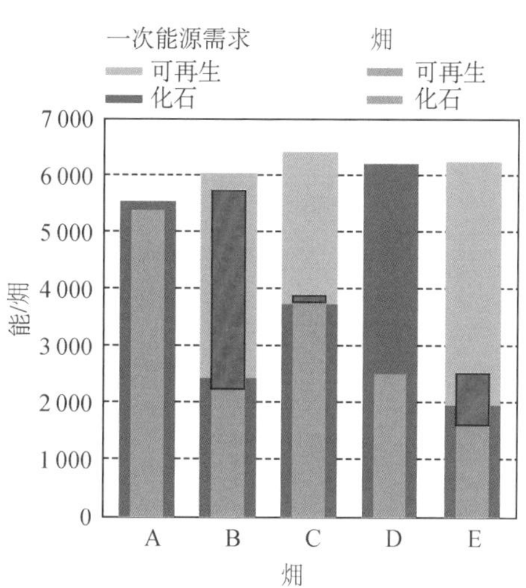

图 11　不同系统的能耗和烟耗

A　冷凝式锅炉/地暖
B　木屑球/地暖
C　地源热泵/
D　热网（废热）/地暖
E　热网/可再生能源（水温 28/22 ℃）

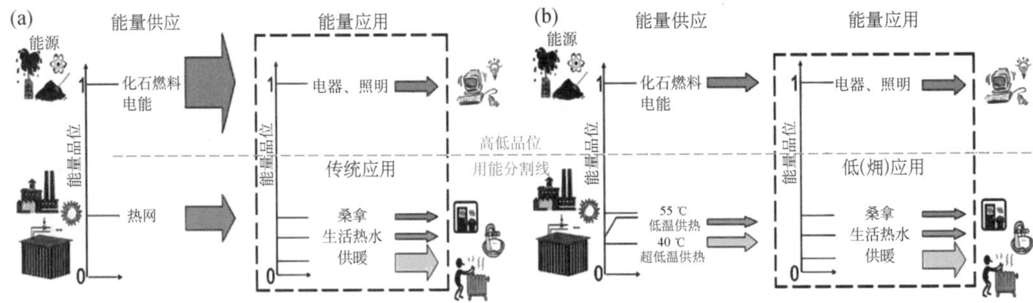

图 12　能源供应和能源需求的品位对比(A 现状;B 未来)

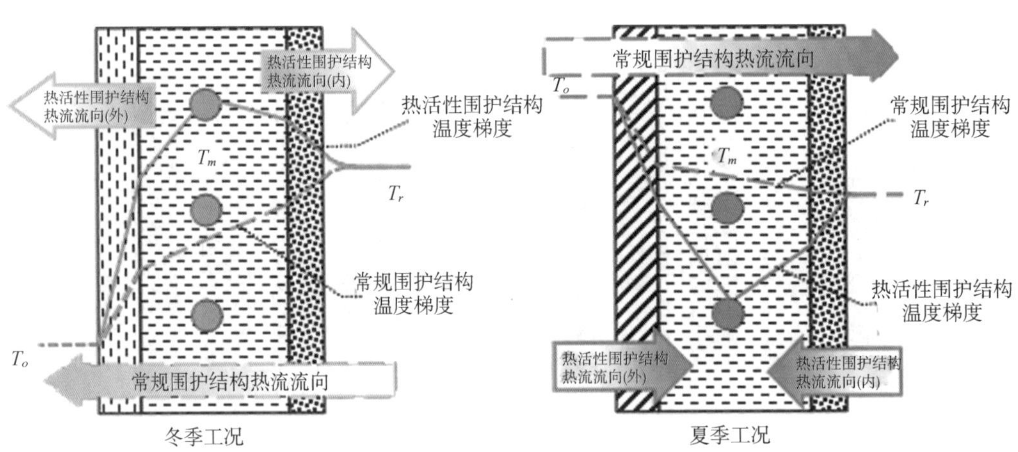

图 13　系统替代型围护结构热活性化与常规围护结构的温度梯度与热流对比

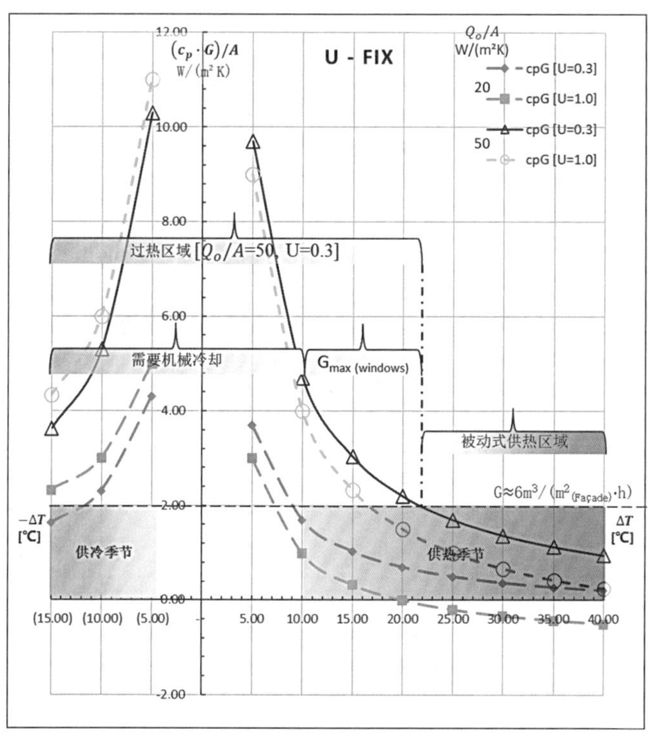

图 14 *U* 值固定前提下围护结构随 *G* 变化适应 T_0 变化的能力

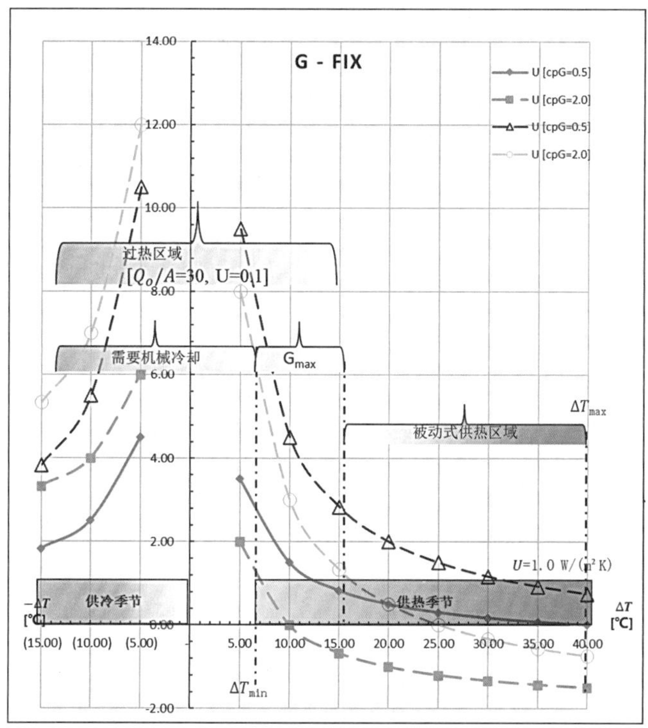

图 15 限制 *G* 前提下表皮随 *U* 值变化适应 T_0 变化的能力

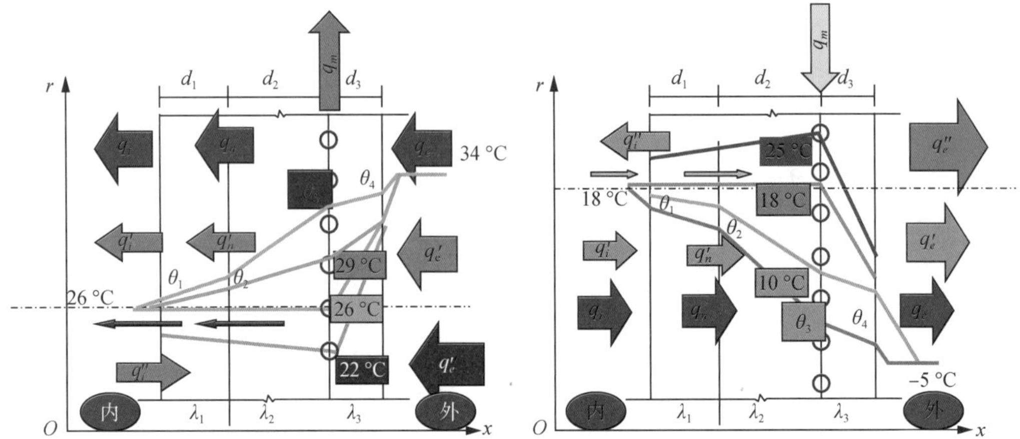

图 16　通过改变介质温度形成不同的温度梯度，从而起到了"等效热阻"的作用

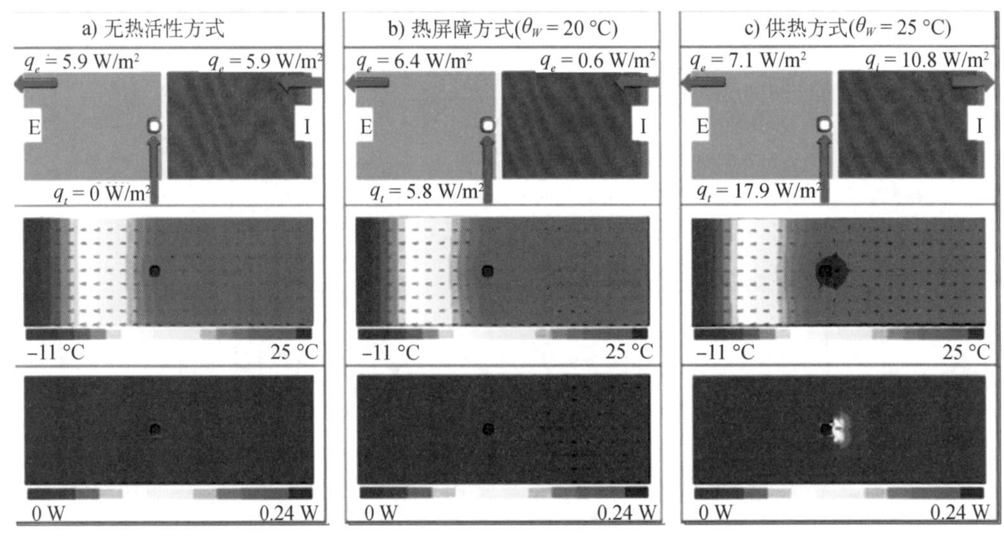

图 17　热流与温度分布情况，a) 无热活性方式；b) 热屏障方式；c) 供热方式

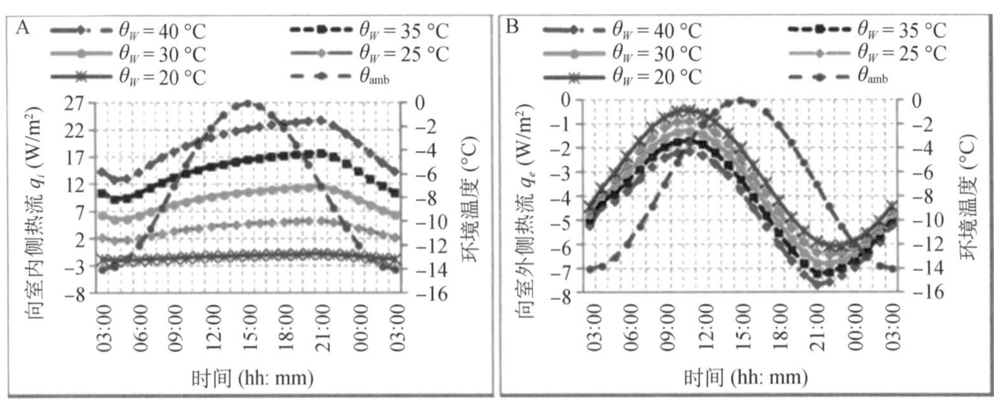

图 18　典型冬季日的热流情况：A 向室内侧热流；B 向室外侧热流

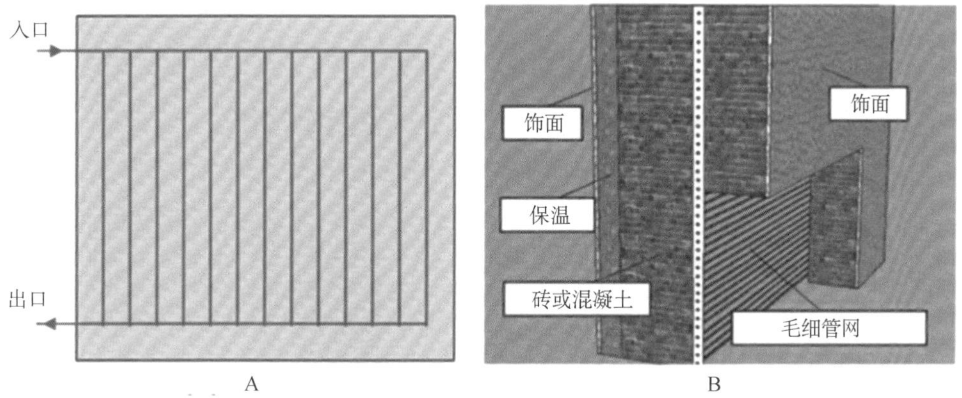

图 19　A 毛细管网;B 嵌入毛细管网的多层复合墙体结构

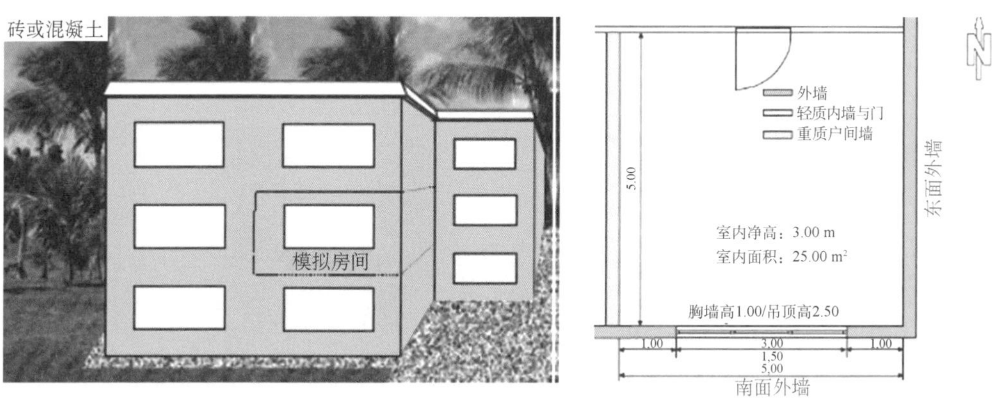

图 20　左—模拟建筑及单元外立面;右—模拟单元平面图

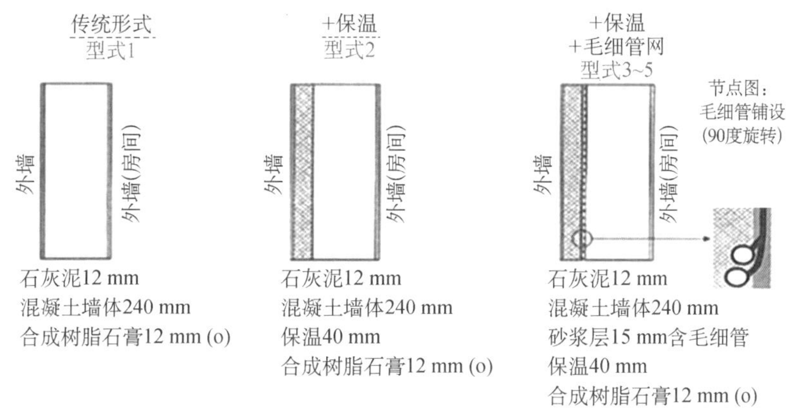

图 21　样板房墙体结构对比方案

A 传统式

B 嵌管式

图 22　传统式与嵌管式双层玻璃窗

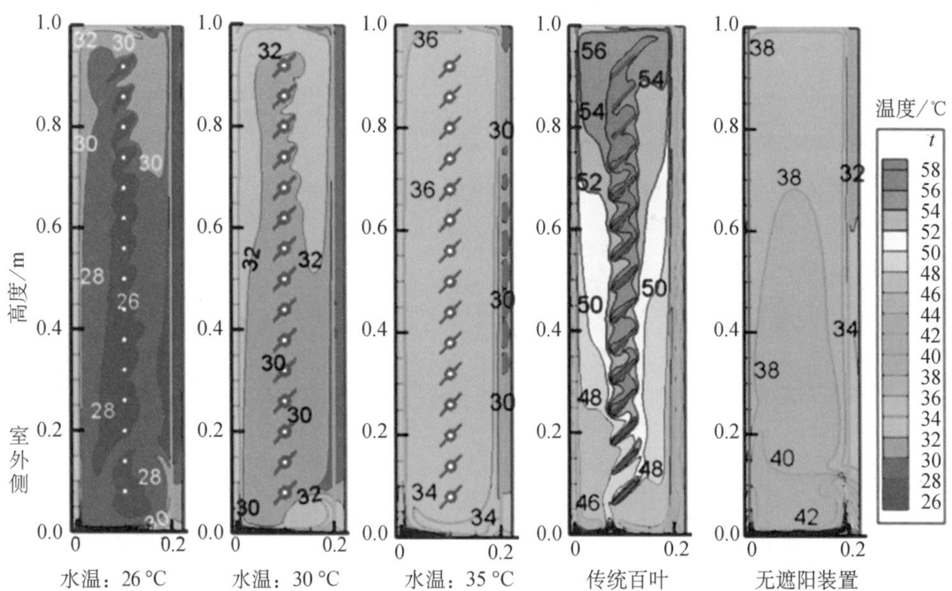

图 23　不同窗户的温度场横截面

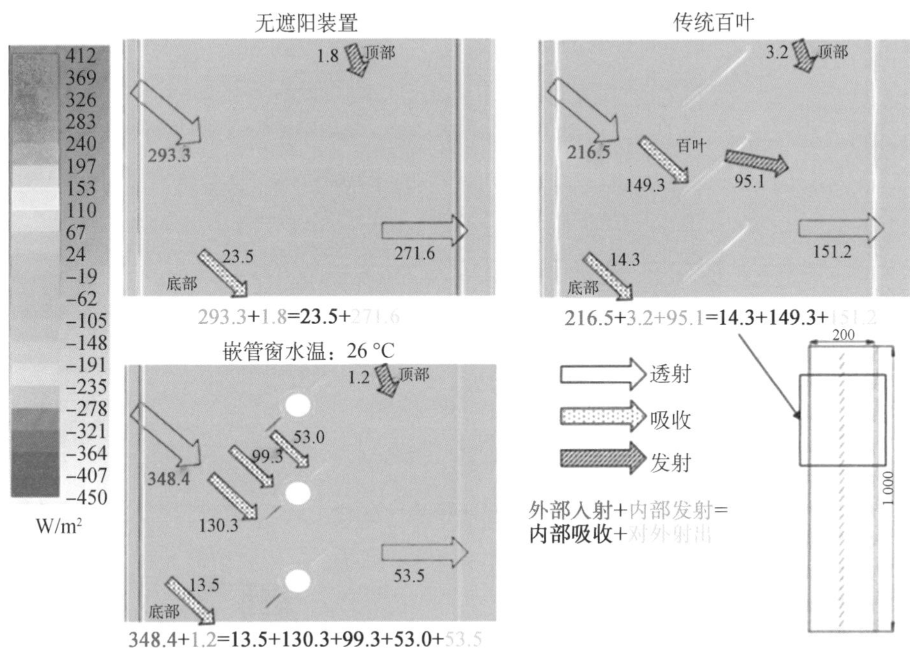

图 24　不同窗户的辐射能量传递云图

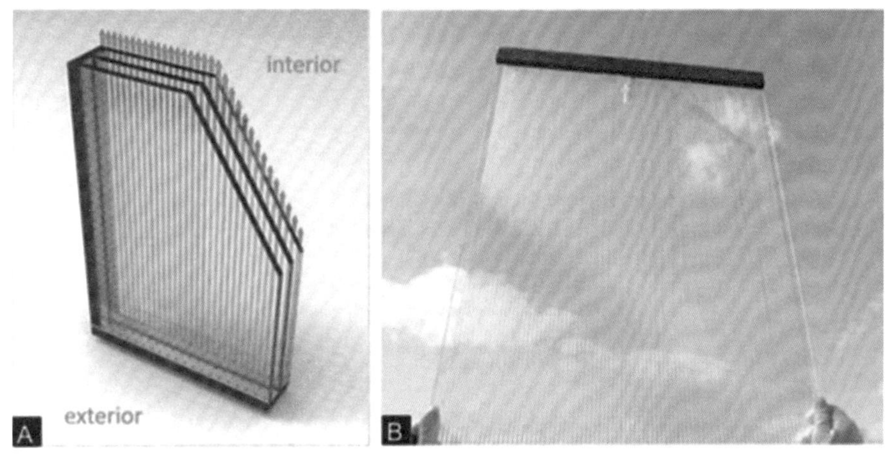

图 25　微通道玻璃结构：A—三层玻璃，其中内侧为毛细流道玻璃；B—毛细通道玻璃样品 800×600 mm²

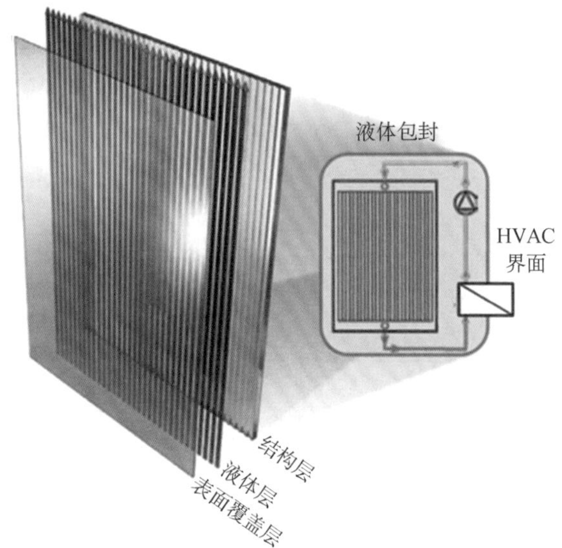

图 26　将充液窗与空调系统相接示意图

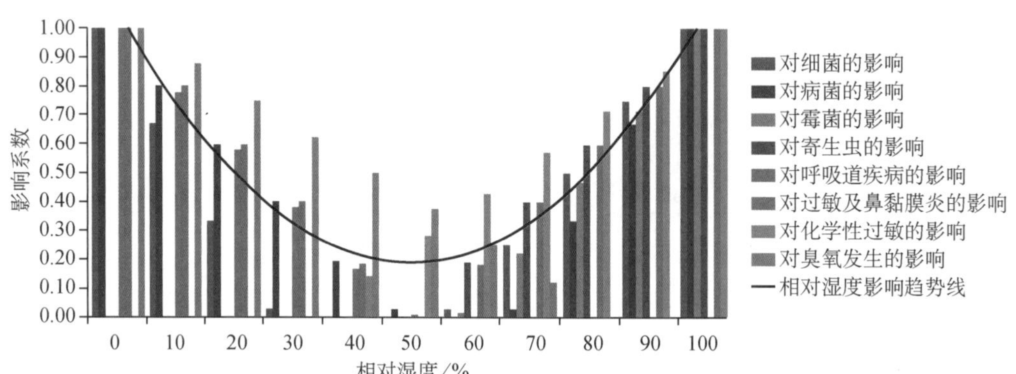

图 27　建筑环境中最适宜的相对湿度

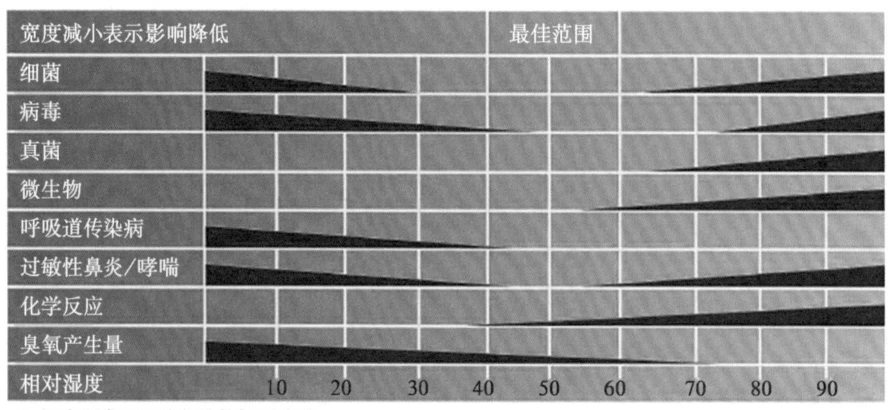

1. 相当湿度50%以上的数据不充分；
来源：(1984)ASHRAE Transactions V.90, part2.

图 28　相对湿度对环境和健康的影响

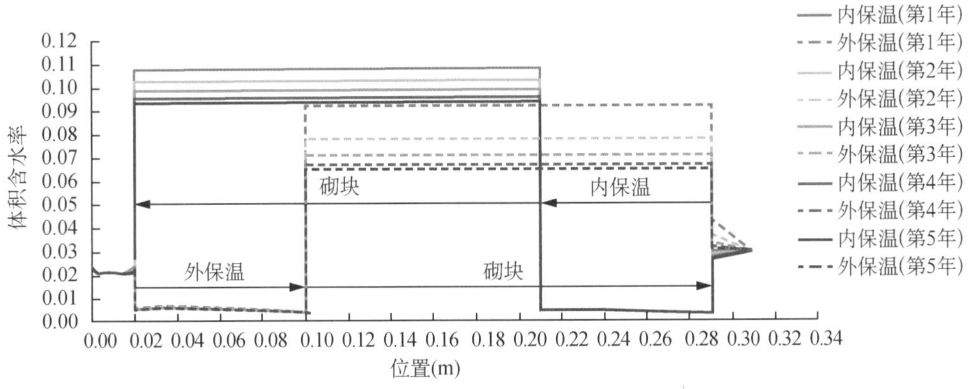

图 29　内、外保温形式下不同时刻体积含水率随位置的分布情况

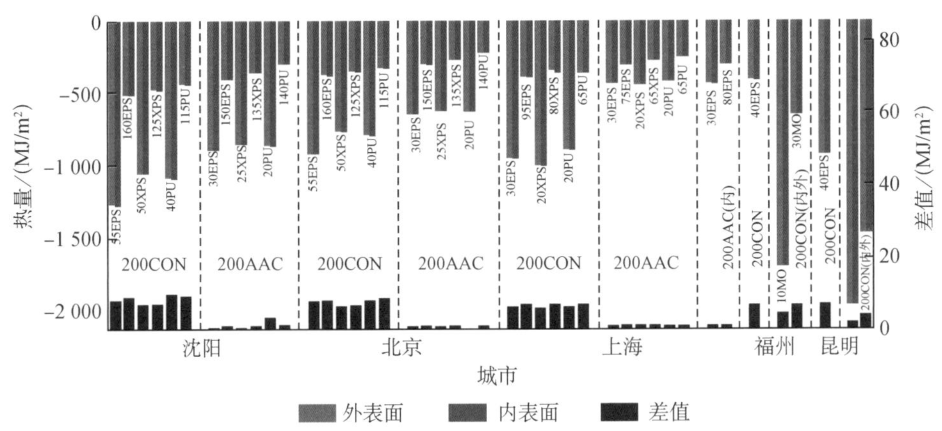

图 30　不同气候区代表城市外墙传递热量

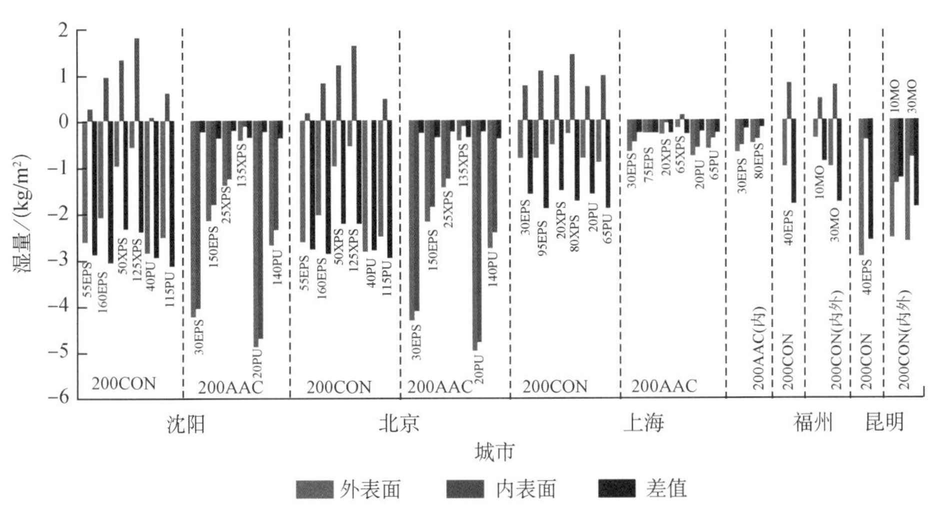

图 31　不同气候区代表城市外墙传递湿量

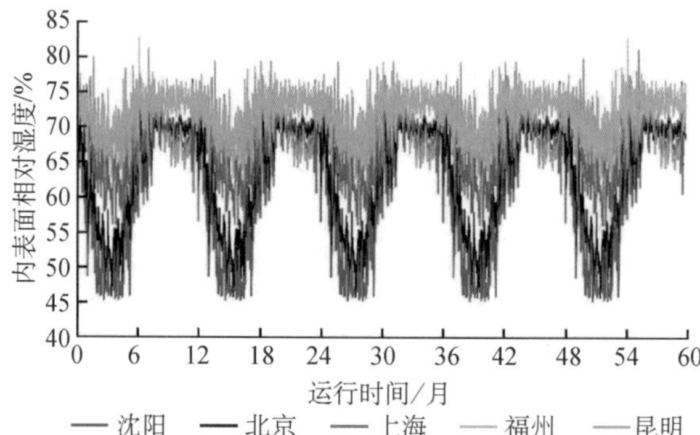

图 32 不同气候区外墙内表面湿度随墙体运行时间的变化

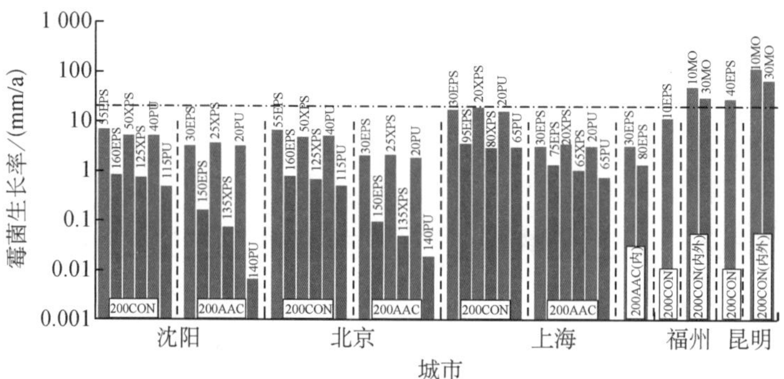

图 33 不同气候区代表城市外墙内表面霉菌生长率

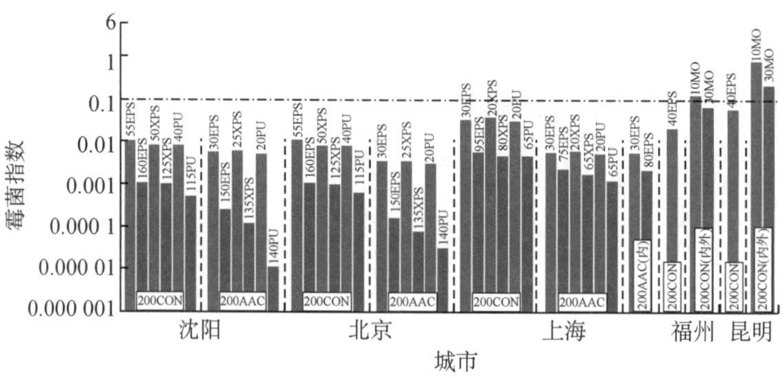

图 34 不同气候区代表城市外墙内表面霉菌指数

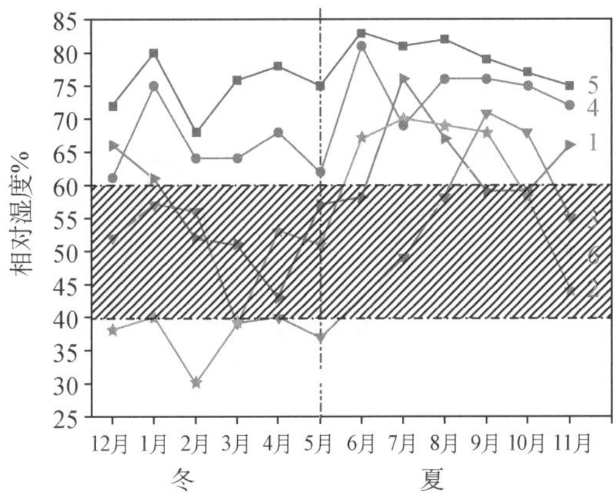

图 35　我国部分城市各月相对湿度

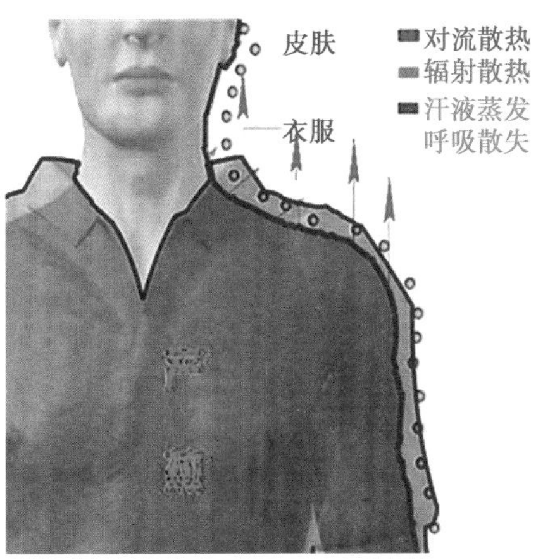

图 36　人体与周边的热湿交换

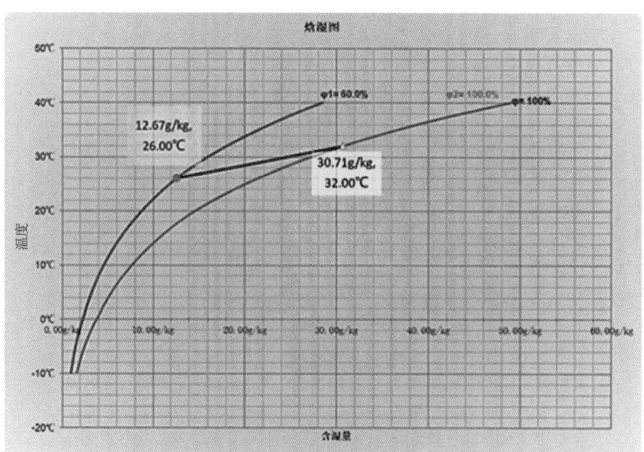

图 37　人体与室内空气热湿交换焓湿图

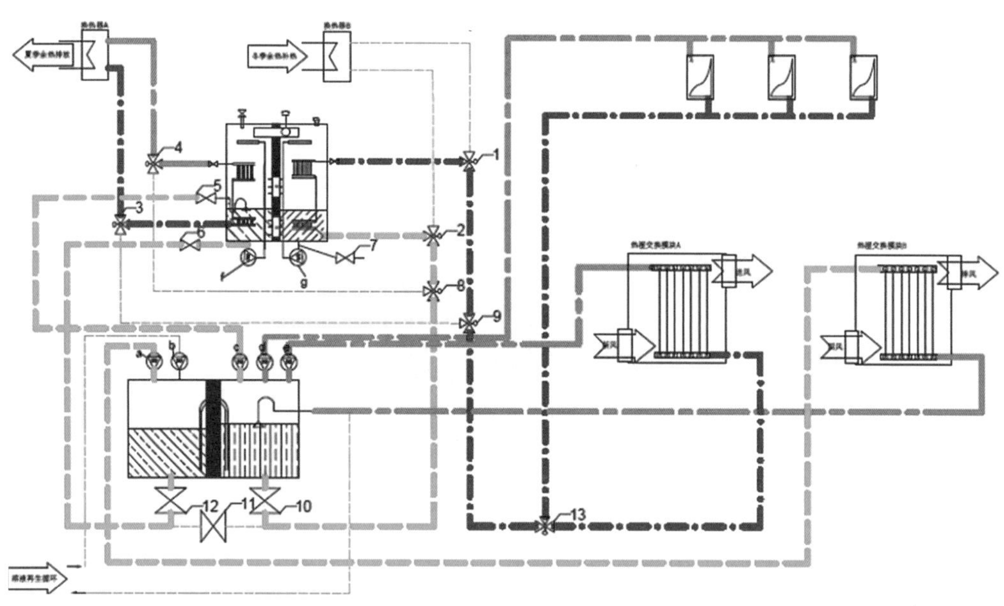

图 38　溶液一体化系统夏季工况运行原理

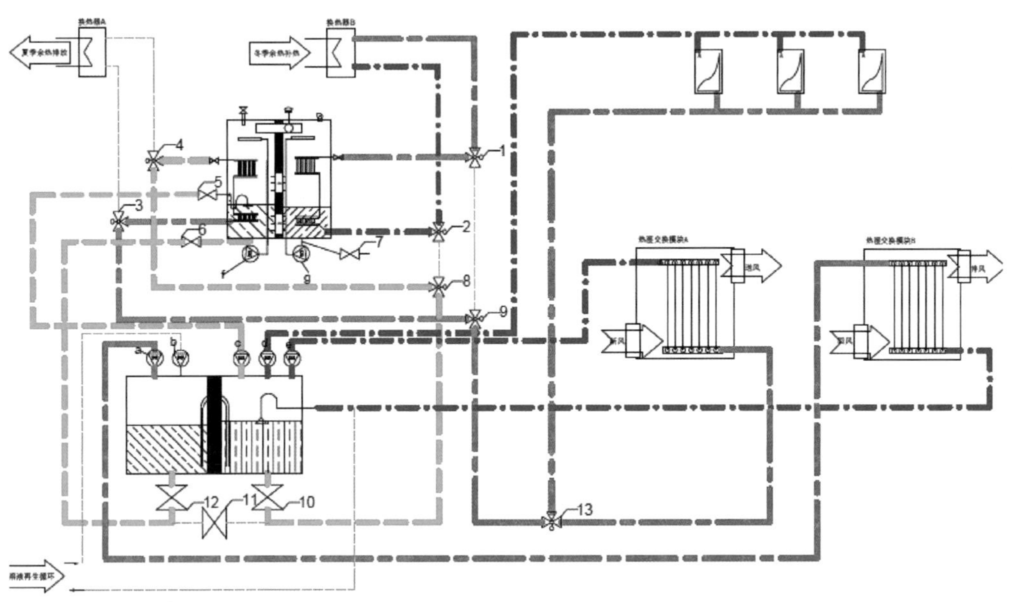

图 39　溶液一体化系统冬季工况运行原理

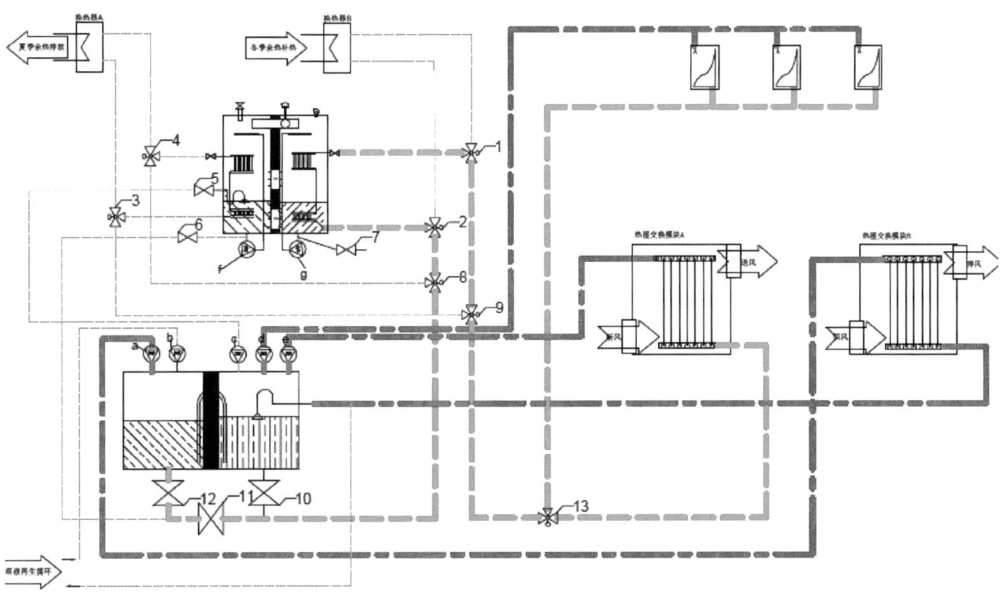

图 40　溶液一体化系统纯除湿工况运行原理